더플러스

더 쉽게 더 빠르게 합격 플러스

단기완성 위험물산업기사 실기

공학박사 현성호 지음

BM (주)도서출판 성안당

■ 도서 A/S 안내

성안당에서 발행하는 모든 도서는 저자와 출판사, 그리고 독자가 함께 만들어 나갑니다.

좋은 책을 펴내기 위해 많은 노력을 기울이고 있습니다. 혹시라도 내용상의 오류나 오탈자 등이 발견되면 "좋은 책은 나라의 보배"로서 우리 모두가 함께 만들어 간다는 마음으로 연락주시기 바랍니다. 수정 보완하여 더 나은 책이 되도록 최선을 다하겠습니다.

성안당은 늘 독자 여러분들의 소중한 의견을 기다리고 있습니다. 좋은 의견을 보내주시는 분께는 성안당 쇼핑몰의 포인트(3,000포인트)를 적립해 드립니다.

잘못 만들어진 책이나 부록 등이 파손된 경우에는 교환해 드립니다.

저자 문의 : shhyun063@hanmail.net(현성호)

본서 기획자 e-mail : coh@cyber.co.kr(최옥현)

홈페이지 : http://www.cyber.co.kr   전화 : 031) 950-6300

머리말

본 교재는 위험물산업기사 필기시험에 합격한 후 실기시험을 준비하는 수험생들에게 유용할 수 있도록 시험에 대비하여 다년간의 기출문제를 자세한 풀이와 함께 실었고, 방대한 내용의 이론을 중요한 핵심이론만 간추려 실기시험용 요약집으로 정리하여 수록하였으며, 이를 무료 동영상으로 제공한다. 또한 실험동영상 30편과 위험물시설 등에 대해 직접 현장에서 수집한 사진자료를 제공함으로써 위험물시설에 대한 법규사항을 보다 쉽게 이해할 수 있도록 하였고, 기출문제와 더불어 빈번하게 출제되는 유별 위험물성상 및 위험물시설에 대한 예상문제를 제시하여 실기시험에 철저하게 대비할 수 있도록 하였다.

2020년부터는 위험물산업기사 실기시험에서 작업형 동영상시험이 폐지되었지만, 기존 문제의 틀에서 크게 벗어나지 않는 범위에서 필답형으로 변형되어 출제되고 있다. 따라서 수험생들은 기존 작업형 동영상문제를 소홀히 하지 말고 반드시 필독하기 바라며, 제공되는 무료 동영상을 활용하면 이론을 보다 쉽게 이해할 수 있을 것이다.

저자는 대학 및 소방학교 강단에서 위험물 분야에 대해 오랜 시간 학생들을 상대로 강의한 경험을 통하여 위험물산업기사 실기시험에 대비하여 이해하기 쉽게 체계적으로 집필하고자 하였다. 특히 실기시험의 경우 해가 바뀔수록 위험물안전관리법규에 근거한 문제가 많이 출제되고 있기에 가급적 법규를 쉽게 이해할 수 있도록 편집하고자 하였다.

다소 기초실력이 부족한 학생도 본 교재만으로 위험물산업기사 실기시험에 만전을 기할 수 있도록 하였으며, 위험물산업기사 실기시험에 한번에 합격할 수 있도록 최근 7년간의 출제경향 및 출제기준을 분석하여 수험생의 입장에서 어느 분야가 중요한지 여부를 파악할 수 있도록 하였다. 또한 제4류 위험물의 경우 물리 화학적 특성치를 국가 위험물 정보센터 자료를 활용함으로서 수험생의 혼란을 피하고자 하였다.

정성을 다하여 만들었지만 오류가 많을까 걱정된다. 본 교재 내용의 오류 부분에 대해서는 여러분의 지적을 바라며, shhyun063@hanmail.net으로 알려주시면 다음 개정판 때 반영하여 보다 정확한 교재로 거듭날 것을 약속드리면서 위험물산업기사 자격증을 준비하는 수험생들의 합격을 기원한다.

마지막으로 본서가 출간되기까지 많은 지원을 해 주신 성안당 임직원 여러분께 감사의 말씀을 드린다.

저자 **현성호**

시험 안내

✦ 자격명 : 위험물산업기사(Industrial Engineer Hazardous material)
✦ 관련부처 : 소방청
✦ 시행기관 : 한국산업인력공단(q-net.or.kr)

1 기본 정보

(1) 개요

위험물은 발화성, 인화성, 가연성, 폭발성 때문에 사소한 부주의에도 커다란 재해를 가져올 수 있다. 또한 위험물의 용도가 다양해지고, 제조시설도 대규모화되면서 생활공간과 가까이 설치되는 경우가 많아짐에 따라 위험물의 취급과 관리에 대한 안전성을 높이고자 자격제도를 제정하였다.

(2) 수행 직무

소방법 시행령에 규정된 위험물의 저장ㆍ제조ㆍ취급소에서 위험물을 안전하게 취급하고 일반작업자를 지시ㆍ감독하며, 각 설비 및 시설에 대한 안전점검 실시, 재해빌생 시 응급소지 실시 등 위험물에 대한 보안, 감독 업무를 수행한다.

(3) 진로 및 전망

① 위험물(제1류~제6류)의 제조ㆍ저장ㆍ취급 전문업체에 종사하거나 도료 제조, 고무 제조, 금속 제련, 유기합성물 제조, 염료 제조, 화장품 제조, 인쇄잉크 제조업체 및 지정수량 이상의 위험물 취급업체에 종사할 수 있다.
② 산업체에서 사용하는 발화성ㆍ인화성 물품을 위험물이라 하는데 산업의 고도성장에 따라 위험물의 수요와 종류가 많아지고 있어 위험성 역시 대형화되어가고 있다. 이에 따라 위험물을 안전하게 취급ㆍ관리하는 전문가의 수요는 꾸준할 것으로 전망된다. 또한 위험물산업기사의 경우 소방법으로 정한 위험물 제1류~제6류에 속하는 모든 위험물을 관리할 수 있으므로 취업영역이 넓은 편이다.

※ 관련학과 : 전문대학 및 대학의 화학공업, 화학공학 등 관련학과

(4) 산업기사 응시자격

① 기능사 등급 이상의 자격을 취득한 후 응시하려는 종목이 속하는 동일 및 유사 직무분야에 1년 이상 실무에 종사한 사람
② 응시하려는 종목이 속하는 동일 및 유사 직무분야의 다른 종목의 산업기사 등급 이상의 자격을 취득한 사람
③ 관련학과의 2년제 또는 3년제 전문대학 졸업자 등 또는 그 졸업예정자
④ 관련학과의 대학 졸업자 등 또는 그 졸업예정자
⑤ 동일 및 유사 직무분야의 산업기사 수준 기술훈련과정 이수자 또는 그 이수예정자
⑥ 응시하려는 종목이 속하는 동일 및 유사 직무분야에서 2년 이상 실무에 종사한 사람

⑦ 고용노동부령으로 정하는 기능경기대회 입상자
⑧ 외국에서 동일한 종목에 해당하는 자격을 취득한 사람
※ 관련학과 : 전문대학 및 대학의 화학공업, 화학공학 등 관련학과

(5) 연도별 검정현황

연도	필기			실기		
	응시	합격	합격률	응시	합격	합격률
2022	25,227명	13,416명	53.2%	17,393명	8,412명	48.4%
2021	25,076명	13,886명	55.4%	18,232명	8,691명	47.7%
2020	21,597명	11,622명	53.8%	15,985명	8,544명	53.5%
2019	23,292명	11,567명	49.7%	14,473명	9,450명	65.3%
2018	20,662명	9,390명	45.5%	12,114명	6,635명	54.8%
2017	20,764명	9,818명	47.3%	11,200명	6,490명	57.9%
2016	19,475명	7,251명	37.2%	9,239명	6,564명	71%
2015	16,127명	7,760명	48.1%	9,206명	5,453명	59.2%

2 시험 정보

(1) 원서접수

① 원서접수방법 : 시행처인 한국산업인력공단이 운영하는 홈페이지(q-net.or.kr)에서 온라인 원서접수
② 원서접수시간 : 원서접수 첫날 10:00부터 마지막 날 18:00까지
※ 해마다 시험 일정이 조금씩 상이하니 정확한 시험 일정은 Q-net 홈페이지를 참고하시기 바랍니다.

(2) 시험 과목

① 필기 : 1. 일반화학
   2. 화재예방과 소화방법
   3. 위험물의 성질과 취급
② 실기 : 위험물 취급 실무

(3) 검정방법

① 필기 : CBT 형식 - 객관식(사지선다), 60문제(1시간 30분)
② 실기 : 필답형(2시간)

(4) 합격기준

① 필기 : 100점 만점으로 하여 과목당 40점 이상, 전 과목 평균 60점 이상
② 실기 : 100점 만점으로 하여 60점 이상

출제기준

위험물산업기사 실기 출제기준

| 직무 분야 | 화학 | 중직무 분야 | 위험물 | 자격 종목 | 위험물산업기사 | 적용 기간 | 2020.1.1. ~ 2024.12.31. |

- **직무내용**
  위험물을 저장·취급·제조하는 제조소 등에서 위험물을 안전하게 저장·취급·제조하고 일반 작업자를 지시·감독하며, 각 설비에 대한 점검과 재해 발생 시 응급조치 등의 안전관리 업무를 수행하는 직무

- **수행준거**
  1. 위험물 성상에 대한 전문 지식 및 숙련 기능을 가지고 작업을 할 수 있다.
  2. 위험물 화재 등 각종 사고 예방을 위해 안전조치를 취할 수 있다.
  3. 산업현장에서 위험물시설 점검 등을 수행할 수 있다.
  4. 위험물 관련 법규에 대한 전반적 사항을 적용하여 작업을 수행할 수 있다.
  5. 위험물 운송·운반에 대한 전문지식 및 숙련기능을 가지고 작업을 수행할 수 있다.

[실기 과목명] 위험물 취급 실무

주요 항목	세부 항목	세세 항목
1. 위험물 성상	(1) 위험물의 성질을 이해하기	① 제1류 위험물 성질을 파악할 수 있다. ② 제2류 위험물 성질을 파악할 수 있다. ③ 제3류 위험물 성질을 파악할 수 있다. ④ 제4류 위험물 성질을 파악할 수 있다. ⑤ 제5류 위험물 성질을 파악할 수 있다. ⑥ 제6류 위험물 성질을 파악할 수 있다.
	(2) 위험물 취급하기 및 연소특성 파악하기	① 제3류 및 제5류 위험물의 취급방법 및 연소특성을 설명할 수 있다. ② 제1류 및 제6류 위험물의 취급방법 및 연소특성을 설명할 수 있다. ③ 제2류 및 제4류 위험물의 취급방법 및 연소특성을 설명할 수 있다.
2. 위험물 소화 및 화재, 폭발 예방	(1) 위험물의 소화 및 화재, 폭발 예방하기	① 적응 소화제 및 소화설비를 알 수 있다. ② 화재 예방법 및 경보설비 사용법을 이해할 수 있다. ③ 폭발 방지 및 안전장치를 이해할 수 있다. ④ 위험물제조소 등의 소방시설 설치, 점검 및 사용을 할 수 있다.
3. 위험물시설 기준	(1) 위험물시설 파악하기	① 위험물제조소 등의 위치, 구조 및 설비에 대한 기준을 파악할 수 있다. ② 위험물제조소 등의 소화설비, 경보설비 및 피난설비에 대한 기준을 파악할 수 있다.

주요 항목	세부 항목	세세 항목
4. 위험물 저장·취급 기준	(1) 위험물의 저장·취급에 관한 사항 파악하기	① 유별 저장기준에 관한 사항을 파악할 수 있다. ② 유별 취급기준에 관한 사항을 파악할 수 있다.
5. 관련 법규 적용	(1) 위험물안전관리법규 적용하기	① 위험물제조소 등과 관련된 안전관리법규를 검토하여 허가, 완공절차 및 안전기준을 파악할 수 있다. ② 위험물안전관리법규의 벌칙규정을 파악하고 준수할 수 있다.
6. 위험물 운송·운반 기준 파악	(1) 운송·운반 기준 파악하기	① 운송기준을 검토하여 운송 시 준수사항을 확인할 수 있다. ② 운반기준을 검토하여 적합한 운반용기를 선정할 수 있다. ③ 운반기준을 확인하여 적합한 적재방법을 선정할 수 있다. ④ 운반기준을 조사하여 적합한 운반방법을 선정할 수 있다.
	(2) 운송시설의 위치·구조·설비 기준 파악하기	① 이동탱크저장소의 위치기준을 검토하여 위험물을 안전하게 관리할 수 있다. ② 이동탱크저장소의 구조기준을 검토하여 위험물을 안전하게 운송할 수 있다. ③ 이동탱크저장소의 설비기준을 검토하여 위험물을 안전하게 운송할 수 있다. ④ 이동탱크저장소의 특례기준을 검토하여 위험물을 안전하게 운송할 수 있다.
	(3) 운반시설 파악하기	① 위험물 운반시설(차량 등)의 종류를 분류하여 안전하게 운반할 수 있다. ② 위험물 운반시설(차량 등)의 구조를 검토하여 안전하게 운반할 수 있다.
7. 위험물 운송·운반 관리	(1) 운송·운반 안전조치하기	① 입·출하 차량동선, 주정차, 통제 관련 규정을 파악하고 적용하여 운송·운반 안전조치를 취할 수 있다. ② 입·출하 작업 사전에 수행해야 할 안전조치 사항을 파악하고 적용하여 운송·운반 안전조치를 취할 수 있다. ③ 입·출하 작업 중 수행해야 할 안전조치 사항을 파악하고 적용하여 운송·운반 안전조치를 취할 수 있다. ④ 사전 비상대응 매뉴얼을 파악하여 운송·운반 안전조치를 취할 수 있다.

차 례

★ 위험물산업기사 실기 합격플래너
★ 주기율표와 주기율표 암기법

Part 1 실기시험대비 요약본

- 기초화학 ·· 3
- 화재예방 ·· 4
- 소화방법 ·· 5
- 소방시설 ·· 7
- 위험물의 지정수량, 게시판 ··· 8
- 중요 화학반응식 ··· 11
- 제1류 위험물(산화성 고체) ·· 14
- 제2류 위험물(가연성 고체) ·· 15
- 제3류 위험물(자연발화성 물질 및 금수성 물질) ······························· 16
- 제4류 위험물(인화성 액체) ·· 17
- 제5류 위험물(자기반응성 물질) ·· 20
- 제6류 위험물(산화성 액체) ·· 21
- 위험물시설의 안전관리(1) ··· 22
- 위험물시설의 안전관리(2) ··· 23
- 위험물의 저장기준 ··· 24
- 위험물의 취급기준 ··· 25
- 위험물의 운반기준 ··· 26
- 소화설비의 적응성 ··· 27
- 위험물제조소의 시설기준 ··· 28
- 옥내저장소의 시설기준 ·· 30
- 옥외저장소의 시설기준 ·· 31
- 옥내탱크저장소의 시설기준 ··· 32
- 옥외탱크저장소의 시설기준 ··· 33
- 지하탱크저장소의 시설기준 ··· 34
- 간이탱크저장소의 시설기준 ··· 34
- 이동탱크저장소의 시설기준 ··· 35
- 주유취급소의 시설기준 ·· 36
- 판매취급소의 시설기준 ·· 36

Part 2 유별 위험물 성상 관련 예상문제

1. 〈디에틸에테르〉 관련 예상문제 ··· 39
2. 〈과염소산〉 관련 예상문제 ··· 41
3. 〈아연과 황산의 반응〉 관련 예상문제 ·································· 42
4. 〈금속분류(마그네슘, 철분, 아연)〉 관련 예상문제 ···················· 43
5. 〈황의 연소실험〉 관련 예상문제 ······································· 44
6. 〈마그네슘의 연소〉 관련 예상문제 ···································· 45
7. 〈철분과 염산의 반응〉 관련 예상문제 ································· 47
8. 〈과망가니즈산칼륨과 황산과의 반응〉 관련 예상문제 ················ 48
9. 〈이황화탄소와 물의 층분리실험〉 관련 예상문제 ···················· 49
10. 〈다이크로뮴산염류와 과망가니즈산염류〉 관련 예상문제 ············ 50
11. 〈나트륨 연소실험〉 관련 예상문제 ···································· 51
12. 〈마그네슘, 구리, 아연〉 관련 예상문제 ······························ 52
13. 〈황의 용해에 대한 실험〉 관련 예상문제 ···························· 53
14. 〈질산염류의 물의 용해성〉 관련 예상문제 ·························· 54
15. 〈염소산칼륨의 열분해〉 관련 예상문제 ······························ 55
16. 〈염소산칼륨+황산 반응〉 관련 예상문제 ···························· 57
17. 〈에테르의 유증기 역화실험〉 관련 예상문제 ························ 58
18. 〈소화기의 종류〉 관련 예상문제 ······································ 60
19. 〈질산칼륨과 질산나트륨의 용해성〉 관련 예상문제 ·················· 61
20. 〈과망가니즈산칼륨, 글리세린〉 관련 예상문제 ······················ 62
21. 〈질산칼륨, 숯, 황〉 관련 예상문제 ·································· 64
22. 〈아연과 황산과의 반응〉 관련 예상문제 ···························· 66
23. 〈이황화탄소와 벤젠의 연소실험〉 관련 예상문제 ···················· 67
24. 〈삼산화크로뮴, 메틸알코올, 목분〉 관련 예상문제 ·················· 68
25. 〈과산화나트륨과 적린〉 관련 예상문제 ······························ 69
26. 〈카바이드와 물의 반응실험〉 관련 예상문제 ························ 71
27. 〈휘발유·등유 실험〉 관련 예상문제 ·································· 72
28. 〈등유의 발화점〉 관련 예상문제 ······································ 73
29. 〈과산화수소의 산소가스 발생〉 관련 예상문제 ······················ 74
30. 〈1류+2류 혼촉발화실험〉 관련 예상문제 ···························· 75

| 차 례 |

Part 3 위험물시설 관련 예상문제

1. 옥내탱크저장소 ·· 79
2. 위험물제조소 ·· 83
3. 옥외탱크저장소 ·· 85
4. 옥외저장소 ·· 91
5. 일반취급소 ·· 94
6. 이송취급소 ·· 95
7. 옥내저장소 ·· 97
8. 주유취급소 ·· 100
9. 화학소방자동차 ·· 102
10. 이동탱크저장소 ·· 103

Part 4 실기 과년도 출제문제

- 2010년 제1회 ·········· 10-1
- 2010년 제2회 ·········· 10-14
- 2010년 제4회 ·········· 10-28

- 2011년 제1회 ·········· 11-1
- 2011년 제2회 ·········· 11-14
- 2011년 제4회 ·········· 11-26

- 2012년 제1회 ·········· 12-1
- 2012년 제2회 ·········· 12-11
- 2012년 제4회 ·········· 12-24

- 2013년 제1회 ·········· 13-1
- 2013년 제2회 ·········· 13-13
- 2013년 제4회 ·········· 13-24

- 2014년 제1회 ·········· 14-1
- 2014년 제2회 ·········· 14-13
- 2014년 제4회 ·········· 14-23

- 2015년 제1회 ·········· 15-1
- 2015년 제2회 ·········· 15-12
- 2015년 제4회 ·········· 15-24

- 2016년 제1회 ·········· 16-10
- 2016년 제2회 ·········· 16-13
- 2016년 제4회 ·········· 16-26

- 2017년 제1회 ·········· 17-10
- 2017년 제2회 ·········· 17-13
- 2017년 제4회 ·········· 17-26

- 2018년 제1회 ·········· 18-1
- 2018년 제2회 ·········· 18-12
- 2018년 제4회 ·········· 18-24

- 2019년 제1회 ·········· 19-1
- 2019년 제2회 ·········· 19-12
- 2019년 제4회 ·········· 19-24

- 2020년 제1회 ·········· 20-1
- 2020년 제1·2회 통합 ·········· 20-11
- 2020년 제3회 ·········· 20-22
- 2020년 제4회 ·········· 20-33
- 2020년 제5회 ·········· 20-45

- 2021년 제1회 ·········· 21-1
- 2021년 제2회 ·········· 21-10
- 2021년 제4회 ·········· 21-20

- 2022년 제1회 ·········· 22-1
- 2022년 제2회 ·········· 22-12
- 2022년 제4회 ·········· 22-21

- 2023년 제1회 ·········· 23-1
- 2023년 제2회 ·········· 23-12
- 2023년 제4회 ·········· 23-23

꿈을 이루지 못하게 만드는 것은 오직하나
실패할지도 모른다는 두려움일세...
-파울로 코엘료(Paulo Coelho)-
☆
해 보지도 않고 포기하는 것보다는 된다는 믿음을 가지고
열심히 해 보는 건 어떨까요?
말하는 대로 이루어지는 당신의 미래를 응원합니다.^^

PART 1 실기시험대비 요약본

위험물산업기사 실기

Industrial Engineer Hazardous material

실기시험에 자주 출제되는 중요이론 요약

Part 1 실기시험대비 요약본

기초화학	
밀도	밀도 $=\dfrac{\text{질량}}{\text{부피}}$ 또는 $\rho = \dfrac{M}{V}$
증기비중	증기의 비중 $=\dfrac{\text{증기의 분자량}}{\text{공기의 평균 분자량}} = \dfrac{\text{증기의 분자량}}{28.84}$
기체밀도	기체의 밀도 $=\dfrac{\text{분자량}}{22.4}$ (g/L) (단, 0℃, 1기압)
열량	$Q = mc\Delta T$ 여기서, m : 질량, c : 비열, T : 온도
보일의 법칙	일정한 온도에서 기체의 부피는 압력에 반비례한다. $PV = k$, $P_1V_1 = P_2V_2$ (기체의 몰수와 온도는 일정)
샤를의 법칙	일정한 압력에서 기체의 부피는 절대온도에 비례한다. $V = kT$ $\dfrac{V_1}{T_1} = \dfrac{V_2}{T_2}$ [$T(\text{K}) = t(℃) + 273.15$]
보일-샤를의 법칙	일정량의 기체의 부피는 절대온도에 비례하고 압력에 반비례한다. $\dfrac{P_1V_1}{T_1} = \dfrac{P_2V_2}{T_2} = \dfrac{PV}{T} = k$
이상기체 상태방정식	$PV = nRT$ 압력 부피 몰수 기체상수 절대온도 여기서, 기체상수 $R = \dfrac{PV}{nT} = \dfrac{1\text{atm} \times 22.4\text{L}}{1\text{mol} \times (0℃ + 273.15)\text{K}}$ (아보가드로의 법칙에 의해) $= 0.082\text{L} \cdot \text{atm/K} \cdot \text{mol}$ **기체의 체적(부피) 결정** $PV = nRT$에서 몰수$(n) = \dfrac{\text{질량}(w)}{\text{분자량}(M)}$ 이므로, $PV = \dfrac{w}{M}RT$ $\therefore V = \dfrac{w}{PM}RT$

〈 기체상수값 〉

R값	단위
0.082057	L · atm/(K · mol)
8.31441	J/(K · mol)
8.31441	kg · m²/(s² · K · mol)
8.31441	dm³ · kPa/(K · mol)
1.98719	cal/(K · mol)

	화재예방	
기체의 연소	① 확산연소 : 산소의 공급을 '가스'의 확산에 의하여 주위에 있는 공기와 혼합연소하는 것 ② 예혼합연소 : '가연성 가스'와 공기를 미리 혼합하여 연소시키는 것	
액체의 연소	① 분무연소(액적연소) : 점도가 높고, 비휘발성인 액체를 안개상으로 분사하여 연소하는 현상 ② 증발연소 : 가연성 액체를 외부에서 가열하여 액표면에 증기가 증발하여 연소되는 현상 ③ 분해연소 : 비휘발성이거나 끓는점이 높은 가연성 액체가 열분해하여 탄소가 석출되면서 연소하는 현상	

고체의 연소	① 표면연소(직접연소) : 열분해에 의하여 가연성 가스를 발생하지 않고 그 자체가 연소하는 형태로서 연소반응이 고체의 표면에서 이루어지는 형태
	  예 목탄, 코크스, 금속분 등
	② 분해연소 : '가연성 가스'가 공기 중에서 산소와 혼합되어 타는 형태
	  예 목재, 석탄, 종이 등
	③ 증발연소 : 가연성 고체에 열을 가하면 융해되어 여기서 생긴 액체가 기화되고 이로 인한 연소가 이루어지는 형태
	  예 황, 나프탈렌, 장뇌, 양초 등
	④ 내부연소(자기연소) : 물질 자체의 분자 안에 산소를 함유하고 있는 물질이 연소 시 외부에서의 산소 공급을 필요로 하지 않고 물질 자체가 갖고 있는 산소를 소비하면서 연소하는 형태
	  예 질산에스터류, 나이트로화합물류 등	

정전기에너지 구하는 식	$E = \frac{1}{2}CV^2 = \frac{1}{2}QV$
	여기서, E : 정전기에너지(J)
	  C : 정전용량(F)
	  V : 전압(V)
	  Q : 전기량(C)	

	화재 분류	명칭	비고	소화
화재의 분류	A급 화재	일반화재	연소 후 재를 남기는 화재	냉각소화
	B급 화재	유류화재	연소 후 재를 남기지 않는 화재	질식소화
	C급 화재	전기화재	전기에 의한 발열체가 발화원이 되는 화재	질식소화
	D급 화재	금속화재	금속 및 금속의 분, 박, 리본 등에 의해서 발생되는 화재	피복소화
	F급 화재 (또는 K급 화재)	주방화재	가연성 튀김기름을 포함한 조리로 인한 화재	냉각·질식소화

※ 주방화재는 유면상의 화염을 제거하여도 유온이 발화점 이상이기 때문에 곧 다시 발화한다. 따라서 유온을 20~50℃ 이상 낮추어서 발화점 이하로 냉각해야 소화할 수 있다.

소화방법

	소화설비	용량	능력단위
능력단위 (소방기구의 소화능력)	마른모래	50L(삽 1개 포함)	0.5
	팽창질석, 팽창진주암	160L(삽 1개 포함)	1
	소화전용 물통	8L	0.3
	수조	190L(소화전용 물통 6개 포함)	2.5
		80L(소화전용 물통 3개 포함)	1.5

소요단위

소요단위란 소화설비의 설치대상이 되는 건축물의 규모 또는 위험물의 양에 대한 기준단위이다.

소요단위	구분	내용
1단위	제조소 또는 취급소용 건축물의 경우	내화구조 외벽을 갖춘 연면적 100m²
		내화구조 외벽이 아닌 연면적 50m²
	저장소 건축물의 경우	내화구조 외벽을 갖춘 연면적 150m²
		내화구조 외벽이 아닌 연면적 75m²
	위험물의 경우	지정수량의 10배

할론소화약제의 종류

소화효과	종류	성상	주요 내용
• 부촉매작용 • 냉각효과 • 질식작용 • 희석효과 * 소화력 F＜Cl＜Br＜I * 화학안정성 F＞Cl＞Br＞I	할론 104 (CCl_4)	• 최초 개발 약제 • **포스겐 발생으로 사용 금지** • 불꽃연소에 강한 소화력	법적으로 사용 금지
	할론 1011 ($CClBrH_2$)	• 2차대전 후 출현 • 불연성, 증발성 및 부식성 액체	
	할론 1211(ODP=2.4) (CF_2ClBr)	• 소화농도 : 3.8% • 밀폐공간 사용 곤란	• 증기비중 5.7 • 방사거리 4~5m, 소화기용
	할론 1301(ODP=14) (CF_3Br)	• 5%의 농도에서 소화(증기비중=5.11) • **인체에 가장 무해한 할론 약제**	• 증기비중 5.1 • 방사거리 3~4m, 소화설비용
	할론 2402(ODP=6.6) ($C_2F_4Br_2$)	• 할론 약제 중 유일한 에탄의 유도체 • 상온에서 액체	독성으로 인해 국내외 생산 무

※ **할론소화약제 명명법** : 할론 X A B C D
- C원자의 개수
- F원자의 개수
- Cl원자의 개수
- Br원자의 개수
- I원자의 개수

	소화약제	화학식
할로겐화합물 소화약제의 종류	펜타플루오로에탄(HFC-125)	CHF_2CF_3
	헵타플루오로프로판(HFC-227ea)	CF_3CHFCF_3
	트리플루오로메탄(HFC-23)	CHF_3
	도데카플루오로-2-메틸펜탄-3-원(FK-5-1-12)	$CF_3CF_2C(O)CF(CF_3)_2$

※ HFC X Y Z 명명법(첫째 자리 반올림)
- X → 분자 내 탄소수 -1 (메탄계는 0이지만 표기 안 함)
- Y → 분자 내 수소수 +1
- Z → 분자 내 불소수

	소화약제	화학식
불활성기체 소화약제의 종류	불연성·불활성 기체혼합가스(IG-01)	Ar
	불연성·불활성 기체혼합가스(IG-100)	N_2
	불연성·불활성 기체혼합가스(IG-541)	N_2 : 52%, Ar : 40%, CO_2 : 8%
	불연성·불활성 기체혼합가스(IG-55)	N_2 : 50%, Ar : 50%

※ IG-A B C 명명법(첫째 자리 반올림)
- A → N_2의 농도
- B → Ar의 농도
- C → CO_2의 농도

	종류	주성분	화학식	착색	적응화재
분말소화약제의 종류	제1종	탄산수소나트륨(중탄산나트륨)	$NaHCO_3$	–	B·C급 화재
	제2종	탄산수소칼륨(중탄산칼륨)	$KHCO_3$	담회색	B·C급 화재
	제3종	제1인산암모늄	$NH_4H_2PO_4$	담홍색 또는 황색	A·B·C급 화재
	제4종	탄산수소칼륨+요소	$KHCO_3+CO(NH_2)_2$	–	B·C급 화재

※ 제1종과 제4종에 해당하는 착색에 대한 법적 근거 없음.

종류	열분해반응식	공통사항
제1종	$2NaHCO_3 \rightarrow Na_2CO_3+CO_2+H_2O$	• 가압원 : N_2, CO_2
제2종	$2KHCO_3 \rightarrow K_2CO_3+CO_2+H_2O$	• 소화입도 : 10~75μm
제3종	$NH_4H_2PO_4 \rightarrow HPO_3+NH_3+H_2O$ (메타인산)	• 최적입도 : 20~25μm

소화기의 사용방법	① 각 소화기는 적응화재에만 사용할 것 ② 성능에 따라 화점 가까이 접근하여 사용할 것 ③ 소화 시에는 바람을 등지고 소화할 것 ④ 소화작업은 좌우로 골고루 소화약제를 방사할 것
소화기의 외부 표시사항	① 소화기의 명칭　　　　　　　　　② 적응화재 표시 ③ 용기 합격 및 중량 표시　　　　　④ 사용방법 ⑤ 능력단위　　　　　　　　　　　⑥ 취급상 주의사항 ⑦ 제조연월일

	소방시설		
소화설비의 종류	① 소화기구(소화기, 자동소화장치, 간이소화용구) ② 옥내소화전설비 ③ 옥외소화전설비 ④ 스프링클러소화설비 ⑤ **물분무 등 소화설비**(물분무소화설비, 포소화설비, 불활성가스소화설비, 할로겐화합물소화설비, 분말소화설비)		
옥내·옥외 소화전설비의 설치기준	구분	옥내소화전설비	옥외소화전설비
	방호대상물에서 호스접속구까지의 거리	25m	40m
	개폐밸브 및 호스접속구	지반면으로부터 1.5m 이하	지반면으로부터 1.5m 이하
	수원의 양(Q, m³)	$N \times 7.8\text{m}^3$ (N은 5개 이상인 경우 5개)	$N \times 13.5\text{m}^3$ (N은 4개 이상인 경우 4개)
	노즐선단의 방수압력	0.35MPa	0.35MPa
	분당 방수량	260L	450L
스프링클러설비의 장단점	장점		단점
	• 초기진화에 특히 절대적인 효과가 있다. • 약제가 물이라서 값이 싸고 복구가 쉽다. • 오동작, 오보가 없다(감지부가 기계적). • 조작이 간편하고 안전하다. • 야간이라도 자동으로 화재 감지경보, 소화할 수 있다.		• 초기시설비가 많이 든다. • 시공이 다른 설비와 비교했을 때 복잡하다. • 물로 인한 피해가 크다.
포소화약제의 혼합장치	① **펌프프로포셔너방식**(펌프혼합방식) 　농도조절밸브에서 조정된 포소화약제의 필요량을 포소화약제탱크에서 펌프흡입측으로 보내어 이를 혼합하는 방식 ② **프레셔프로포셔너방식**(차압혼합방식) 　벤투리관의 벤투리작용과 펌프 가압수의 포소화약제저장탱크에 대한 압력에 의하여 포소화약제를 흡입하여 혼합하는 방식 ③ **라인프로포셔너방식**(관로혼합방식) 　펌프와 발포기 중간에 설치된 벤투리관의 벤투리작용에 의해 포소화약제를 흡입하여 혼합하는 방식 ④ **프레셔사이드프로포셔너방식**(압입혼합방식) 　펌프의 토출관에 압입기를 설치하여 포소화약제 압입용 펌프로 포소화약제를 압입시켜 혼합하는 방식		
전기설비의 소화설비	제조소 등에 전기설비(전기배선, 조명기구 등은 제외한다)가 설치된 경우에는 당해 장소의 면적 100m²마다 소형 수동식 소화기를 1개 이상 설치할 것		

위험물의 지정수량, 게시판

 ◀ 무료강의

⟨위험물의 분류⟩

지정수량 \ 유별	1류 산화성 고체	2류 가연성 고체	3류 자연발화성 및 금수성 물질	4류 인화성 액체	5류 자기반응성 물질	6류 산화성 액체
10kg		I 등급	I 칼륨 나트륨 알킬알루미늄 알킬리튬		• 제1종 : 10kg • 제2종 : 100kg 유기과산화물 질산에스터류 나이트로화합물 나이트로소화합물 아조화합물 다이아조화합물 하이드라진 유도체 하이드록실아민 하이드록실아민염류	
20kg			I 황린			
50kg	I 아염소산염류 염소산염류 과염소산염류 무기과산화물		II 알칼리금속 및 알칼리토금속 유기금속화합물	I 특수인화물 (50L)		
100kg		II 황화인 적린 황				
200kg		II 등급		II 제1석유류 (200~400L) 알코올류 (400L)		
300kg	II 브로민산염류 아이오딘산염류 질산염류		III 금속의 수소화물 금속의 인화물 칼슘 또는 알루미늄의 탄화물			I 과염소산 과산화수소 질산
500kg		III 철분 금속분 마그네슘				
1,000kg	III 과망가니즈산염류 다이크로뮴산염류	III 인화성 고체		III 제2석유류 (1,000~2,000L)		
		III 등급		III 제3석유류 (2,000~4,000L)		
				III 제4석유류 (6,000L)		
				III 동식물유류 (10,000L)		

〈위험물 게시판의 주의사항〉

내용 \ 유별	1류 산화성 고체	2류 가연성 고체	3류 자연발화성 및 금수성 물질	4류 인화성 액체	5류 자기반응성 물질	6류 산화성 액체
공통 주의사항	화기·충격주의 가연물접촉주의	화기주의	(자연발화성) 화기엄금 및 공기접촉엄금	화기엄금	화기엄금 및 충격주의	가연물접촉주의
예외 주의사항	무기과산화물 : 물기엄금	• 철분, 금속분, 마그네슘분 : 물기엄금 • 인화성 고체 : 화기엄금	(금수성) 물기엄금	–	–	–
방수성 덮개	무기과산화물	철분, 금속분, 마그네슘	금수성 물질	×	×	×
차광성 덮개	○	×	자연발화성 물질	특수인화물	○	○
소화방법	주수에 의한 냉각소화 (단, 과산화물의 경우 모래 또는 소다재에 의한 질식소화)	주수에 의한 냉각소화 (단, 황화인, 철분, 금속분, 마그네슘의 경우 건조사에 의한 질식소화)	건조사, 팽창질석 및 팽창진주암으로 질식소화 (물, CO_2, 할론 소화 일체 금지)	질식소화(CO_2, 할론, 분말, 포) 및 안개상의 주수소화 (단, 수용성 알코올의 경우 내알코올포)	다량의 주수에 의한 냉각소화	건조사 또는 분말소화약제 (단, 소량의 경우 다량의 주수에 의한 희석소화)

위험물 취급소	화기엄금	물기엄금	주유중 엔진정지
위험물	위험물의 **품**명 위험물의 위험**등**급 위험물의 **화**학명 위험물의 **수**용성 위험물의 **수**량 게시판 **주**의사항	위험물 제조소	위험물의 **유**별 위험물의 **품**명 취급 최대**수**량 지정수량 **배**수 위험물안전관리**자**

*한 변의 길이 0.3m 이상, 다른 한 변의 길이 0.6m 이상

1. 액상 : 수직으로 된 시험관(안지름 30밀리미터, 높이 120밀리미터의 원통형 유리관을 말한다)에 시료를 55밀리미터까지 채운 다음 당해 시험관을 수평으로 하였을 때 시료액면의 선단이 30밀리미터를 이동하는 데 걸리는 시간이 90초 이내에 있는 것을 말한다.
2. 황 : 순도가 **60중량퍼센트 이상**인 것을 말한다. 이 경우 순도측정에 있어서 불순물은 활석 등 불연성 물질과 수분에 한한다.
3. 철분 : 철의 분말로서 **53마이크로미터의 표준체를 통과하는 것이 50중량퍼센트 미만인 것은 제외**한다.
4. 금속분 : 알칼리금속·알칼리토류금속·철 및 마그네슘 외의 금속의 분말을 말하고, **구리분·니켈분** 및 **150마이크로미터의 체를 통과하는 것이 50중량퍼센트 미만인 것은 제외**한다.
5. 마그네슘 및 마그네슘을 함유한 것에 있어서 다음에 해당하는 것은 제외
   ① 2밀리미터의 체를 통과하지 아니하는 덩어리상태의 것
   ② 직경 2밀리미터 이상의 막대모양의 것
6. 인화성 고체 : **고형 알코올**, 그 밖에 1기압에서 **인화점이 섭씨 40도 미만인 고체**를 말한다.
7. 인화성 액체 : 액체(제3석유류, 제4석유류 및 동식물유류에 있어서는 1기압과 섭씨 20도에서 액상인 것에 한한다)로서 인화의 위험성이 있는 것을 말한다.
8. 특수인화물 : **이황화탄소, 다이에틸에테르**, 그 밖에 1기압에서 **발화점이 섭씨 100도 이하인 것** 또는 **인화점이 섭씨 영하 20도 이하이고 비점이 섭씨 40도 이하인 것**을 말한다.
9. 제1석유류 : **아세톤, 휘발유**, 그 밖에 1기압에서 **인화점이 섭씨 21도 미만인 것**을 말한다.
10. 알코올류 : 1분자를 구성하는 **탄소원자의 수가 1개부터 3개까지인 포화1가 알코올**(변성 알코올을 포함한다)을 말한다.
11. 제2석유류 : **등유, 경유**, 그 밖에 1기압에서 **인화점이 섭씨 21도 이상 70도 미만인 것**을 말한다.
12. 제3석유류 : **중유, 크레오소트유**, 그 밖에 1기압에서 **인화점이 섭씨 70도 이상 섭씨 200도 미만인 것**을 말한다.
13. 제4석유류 : **기어유, 실린더유**, 그 밖에 1기압에서 **인화점이 섭씨 200도 이상 섭씨 250도 미만의 것**을 말한다.
14. 동식물유류 : 동물의 지육 등 또는 식물의 종자나 과육으로부터 추출한 것으로서 1기압에서 인화점이 섭씨 250도 미만인 것을 말한다.
15. 과산화수소 : 그 농도가 **36중량퍼센트 이상**인 것
16. 질산 : 그 **비중이 1.49 이상**인 것
17. 복수성상물품(2가지 이상 포함하는 물품)의 판단기준은 보다 위험한 경우로 판단한다.
   ① **제1류**(산화성 고체) 및 **제2류**(가연성 고체)의 경우 **제2류**
   ② **제1류**(산화성 고체) 및 **제5류**(자기반응성 물질)의 경우 **제5류**
   ③ **제2류**(가연성 고체) 및 **제3류**(자연발화성 및 금수성 물질)의 **제3류**
   ④ **제3류**(자연발화성 및 금수성 물질) 및 **제4류**(인화성 액체)의 경우 **제3류**
   ⑤ **제4류**(인화성 액체) 및 **제5류**(자기반응성 물질)의 경우 **제5류**

중요 화학반응식

 ◀ 무료강의

물과의 반응식	(물질 + H_2O → 금속의 수산화물 + 가스) ① 반응물질 중 금속(M)을 찾는다. 금속과 수산기(OH^-)와의 화합물을 생성물로 적는다. 　　$M^+ + OH^- → MOH$ 　　M이 1족 원소(Li, Na, K)인 경우 MOH, M이 2족 원소(Mg, Ca)인 경우 $M(OH)_2$, M이 3족 원소(Al)인 경우 $M(OH)_3$가 된다. ② 제1류 위험물은 수산화금속+산소(O_2), 제2류 위험물은 수산화금속+수소(H_2), 제3류 위험물은 품목에 따라 생성되는 가스는 H_2, C_2H_2, PH_3, CH_4, C_2H_6 등 다양하게 생성된다.

제1류

(과산화칼륨) $2K_2O_2 + 2H_2O → 4KOH + O_2$
(과산화나트륨) $2Na_2O_2 + 2H_2O → 4NaOH + O_2$
(과산화마그네슘) $2MgO_2 + 2H_2O → 2Mg(OH)_2 + O_2$
(과산화바륨) $2BaO_2 + 2H_2O → 2Ba(OH)_2 + O_2$

제2류

(오황화인) $P_2S_5 + 8H_2O → 5H_2S + 2H_3PO_4$
(철분) $2Fe + 3H_2O → Fe_2O_3 + 3H_2$
(마그네슘) $Mg + 2H_2O → Mg(OH)_2 + H_2$
(알루미늄) $2Al + 6H_2O → 2Al(OH)_3 + 3H_2$
(아연) $Zn + 2H_2O → Zn(OH)_2 + H_2$

제3류

(칼륨) $2K + 2H_2O → 2KOH + H_2$
(나트륨) $2Na + 2H_2O → 2NaOH + H_2$
(트리에틸알루미늄) $(C_2H_5)_3Al + 3H_2O → Al(OH)_3 + 3C_2H_6$
(리튬) $2Li + 2H_2O → 2LiOH + H_2$
(칼슘) $Ca + 2H_2O → Ca(OH)_2 + H_2$
(수소화리튬) $LiH + H_2O → LiOH + H_2$
(수소화나트륨) $NaH + H_2O → NaOH + H_2$
(수소화칼슘) $CaH_2 + 2H_2O → Ca(OH)_2 + 2H_2$
(탄화칼슘) $CaC_2 + 2H_2O → Ca(OH)_2 + C_2H_2$
(인화칼슘) $Ca_3P_2 + 6H_2O → 3Ca(OH)_2 + 2PH_3$
(인화알루미늄) $AlP + 3H_2O → Al(OH)_3 + PH_3$
(탄화알루미늄) $Al_4C_3 + 12H_2O → 4Al(OH)_3 + 3CH_4$

제4류

(이황화탄소) $CS_2 + 2H_2O → CO_2 + 2H_2S$

연소반응식	① 반응물 중 산소와의 화합물을 생성물로 적는다. $C^{+4} \times O^{-2} \rightarrow C_2O_4 \rightarrow CO_2$ $H^{+1} \times O^{-2} \rightarrow H_2O$ $P^{+5} \times O^{-2} \rightarrow P_2O_5$ $Mg^{+2} \times O^{-2} \rightarrow Mg_2O_2 \rightarrow MgO$ $Al^{+3} \times O^{-2} \rightarrow Al_2O_3$ $S^{+4} \times O^{-2} \rightarrow SO_2$ ② 예상되는 생성물을 적고나면 화학반응식 개수를 맞춘다. 제2류: (삼황화인) $P_4S_3 + 8O_2 \rightarrow 2P_2O_5 + 3SO_2$ (오황화인) $2P_2S_5 + 15O_2 \rightarrow 2P_2O_5 + 10SO_2$ (적린) $4P + 5O_2 \rightarrow 2P_2O_5$ (마그네슘) $2Mg + O_2 \rightarrow 2MgO$ (알루미늄) $4Al + 3O_2 \rightarrow 2Al_2O_3$ (황) $S + O_2 \rightarrow SO_2$ 제3류: (칼륨) $4K + O_2 \rightarrow 2K_2O$ (트리에틸알루미늄) $2(C_2H_5)_3Al + 21O_2 \rightarrow 12CO_2 + Al_2O_3 + 15H_2O$ (황린) $P_4 + 5O_2 \rightarrow 2P_2O_5$ 제4류: (에탄올) $C_2H_5OH + 3O_2 \rightarrow 2CO_2 + 3H_2O$ (이황화탄소) $CS_2 + 3O_2 \rightarrow CO_2 + 2SO_2$ (벤젠) $2C_6H_6 + 15O_2 \rightarrow 12CO_2 + 6H_2O$ (톨루엔) $C_6H_5CH_3 + 9O_2 \rightarrow 7CO_2 + 4H_2O$ (아세트산) $CH_3COOH + 2O_2 \rightarrow 2CO_2 + 2H_2O$ (아세톤) $CH_3COCH_3 + 4O_2 \rightarrow 3CO_2 + 3H_2O$ (다이에틸에테르) $C_2H_5OC_2H_5 + 6O_2 \rightarrow 4CO_2 + 5H_2O$
열분해반응식	제1류: (염소산칼륨) $2KClO_3 \rightarrow 2KCl + 3O_2$ (과산화칼륨) $2K_2O_2 \rightarrow 2K_2O + O_2$ (과산화나트륨) $2Na_2O_2 \rightarrow 2Na_2O + O_2$ (질산암모늄) $2NH_4NO_3 \rightarrow 4H_2O + 2N_2 + O_2$ (질산칼륨) $2KNO_3 \rightarrow 2KNO_2 + O_2$ (과망가니즈산칼륨) $2KMnO_4 \rightarrow K_2MnO_4 + MnO_2 + O_2$ (삼산화크로뮴) $4CrO_3 \rightarrow 2Cr_2O_3 + 3O_2$ 제5류: (나이트로글리세린) $4C_3H_5(ONO_2)_3 \rightarrow 12CO_2 + 10H_2O + 6N_2 + O_2$ (나이트로셀룰로오스) $2C_{24}H_{29}O_9(ONO_2)_{11} \rightarrow 24CO_2 + 24CO + 12H_2O + 11N_2 + 17H_2$ (트리나이트로톨루엔) $2C_6H_2CH_3(NO_2)_3 \rightarrow 12CO + 2C + 3N_2 + 5H_2$ (트리나이트로페놀) $2C_6H_2(NO_2)_3OH \rightarrow 4CO_2 + 6CO + 3N_2 + 2C + 3H_2$ 제6류: (과염소산) $HClO_4 \rightarrow HCl + 2O_2$ (과산화수소) $2H_2O_2 \rightarrow 2H_2O + O_2$ (질산) $4HNO_3 \rightarrow 4NO_2 + 2H_2O + O_2$ (제1종 분말소화약제) $2NaHCO_3 \rightarrow Na_2CO_3 + H_2O + CO_2$ (제2종 분말소화약제) $2KHCO_3 \rightarrow K_2CO_3 + H_2O + CO_2$ (제3종 분말소화약제) $NH_4H_2PO_4 \rightarrow NH_3 + H_2O + HPO_3$

기타 반응식	(과산화나트륨+염산) $Na_2O_2 + 2HCl \rightarrow 2NaCl + H_2O_2$ (과산화나트륨+초산) $Na_2O_2 + 2CH_3COOH \rightarrow 2CH_3COONa + H_2O_2$ (과산화나트륨+이산화탄소) $2Na_2O_2 + 2CO_2 \rightarrow 2Na_2CO_3 + O_2$ (철분+염산) $2Fe + 6HCl \rightarrow 2FeCl_3 + 3H_2$, $Fe + 2HCl \rightarrow FeCl_2 + H_2$ (마그네슘+염산) $Mg + 2HCl \rightarrow MgCl_2 + H_2$ (알루미늄+염산) $2Al + 6HCl \rightarrow 2AlCl_3 + 3H_2$ (아연+염산) $Zn + 2HCl \rightarrow ZnCl_2 + H_2$ (칼륨+이산화탄소) $4K + 3CO_2 \rightarrow 2K_2CO_3 + C$ (칼륨+에탄올) $2K + 2C_2H_5OH \rightarrow 2C_2H_5OK + H_2$ (인화칼슘+염산) $Ca_3P_2 + 6HCl \rightarrow 3CaCl_2 + 2PH_3$ (과산화수소+하이드라진) $2H_2O_2 + N_2H_4 \rightarrow 4H_2O + N_2$

제1류 위험물(산화성 고체)

◀ 무료강의

위험등급	품명	품목별 성상	지정수량
I	아염소산염류 ($MClO_2$)	**아염소산나트륨($NaClO_2$)** : 산과 접촉 시 이산화염소(ClO_2) 가스 발생 $3NaClO_2 + 2HCl \rightarrow 3NaCl + 2ClO_2 + H_2O$	50kg
I	염소산염류 ($MClO_3$)	**염소산칼륨($KClO_3$)** : 분해온도 400℃, 찬물, 알코올에는 잘 녹지 않고, 온수, 글리세린 등에는 잘 녹는다. $2KClO_3 \rightarrow 2KCl + 3O_2$ $4KClO_3 + 4H_2SO_4 \rightarrow 4KHSO_4 + 4ClO_2 + O_2 + 2H_2O$ **염소산나트륨($NaClO_3$)** : 분해온도 300℃, $2NaClO_3 \rightarrow 2NaCl + 3O_2$ 산과 반응이나 분해반응으로 독성이 있으며 폭발성이 강한 이산화염소(ClO_2)를 발생. $2NaClO_3 + 2HCl \rightarrow 2NaCl + 2ClO_2 + H_2O$	50kg
I	과염소산염류 ($MClO_4$)	**과염소산칼륨($KClO_4$)** : 분해온도 400℃, 완전분해온도/융점 610℃. $KClO_4 \rightarrow KCl + 2O_2$	50kg
I	무기과산화물 (M_2O_2, MO_2)	**과산화나트륨(Na_2O_2)** : 물과 접촉 시 수산화나트륨($NaOH$)과 산소(O_2)를 발생 $2Na_2O_2 + 2H_2O \rightarrow 4NaOH + O_2$ 산과 접촉 시 과산화수소 발생. $Na_2O_2 + 2HCl \rightarrow 2NaCl + H_2O_2$ **과산화칼륨(K_2O_2)** : 물과 접촉 시 수산화칼륨(KOH)과 산소(O_2)를 발생 $2K_2O_2 + 2H_2O \rightarrow 4KOH + O_2$ **과산화바륨(BaO_2)** : $BaO_2 + 2H_2O \rightarrow 2Ba(OH)_2 + O_2$, $BaO_2 + 2HCl \rightarrow BaCl_2 + H_2O_2$ **과산화칼슘(CaO_2)** : $2CaO_2 \rightarrow 2CaO + O_2$, $CaO_2 + 2HCl \rightarrow CaCl_2 + H_2O_2$	50kg
II	브로민산염류 ($MBrO_3$)	–	300kg
II	질산염류 (MNO_3)	**질산칼륨(KNO_3)** : 흑색화약(질산칼륨 75% + 황 10% + 목탄 15%)의 원료로 이용 $16KNO_3 + 3S + 21C \rightarrow 13CO_2 + 3CO + 8N_2 + 5K_2CO_3 + K_2SO_4 + 2K_2S$ **질산나트륨($NaNO_3$)** : 분해온도 약 380℃ $2NaNO_3 \rightarrow 2NaNO_2$(아질산나트륨) $+ O_2$ **질산암모늄(NH_4NO_3)** : 가열 또는 충격으로 폭발. $2NH_4NO_3 \rightarrow 4H_2O + 2N_2 + O_2$ **질산은($AgNO_3$)** : $2AgNO_3 \rightarrow 2Ag + 2NO_2 + O_2$	300kg
II	아이오딘산염류 (MIO_3)	–	300kg
III	과망가니즈산염류 ($M'MnO_4$)	**과망가니즈산칼륨($KMnO_4$)** : 흑자색 결정 열분해반응식 : $2KMnO_4 \rightarrow K_2MnO_4 + MnO_2 + O_2$	1,000kg
III	다이크로뮴산염류 (MCr_2O_7)	**다이크로뮴산칼륨($K_2Cr_2O_7$)** : 등적색	1,000kg
I ~ III	그 밖에 행정안전부령이 정하는 것	① 과아이오딘산염류(KIO_4) ② 과아이오딘산(HIO_4) ③ 크로뮴, 납 또는 아이오딘의 산화물(CrO_3) ④ 아질산염류($NaNO_2$)	300kg
I ~ III		⑤ 차아염소산염류(MClO)	50kg
I ~ III		⑥ 염소화아이소시아눌산(OCNCIONCICONCI) ⑦ 퍼옥소이황산염류($K_2S_2O_8$) ⑧ 퍼옥소붕산염류($NaBO_3$)	300kg

- **공통성질**
  ① 무색 결정 또는 백색 분말이며, 비중이 1보다 크고 **수용성**인 것이 많다.
  ② **불연성**이며, **산소 다량 함유**, **지연성 물질**, 대부분 무기화합물
  ③ 반응성이 풍부하여 열, 타격, 충격, 마찰 및 다른 약품과의 접촉으로 분해하여 많은 산소를 방출하며 다른 가연물의 연소를 돕는다.
- **저장 및 취급 방법**
  ① **조해성이 있으므로 습기에 주의**하며, 용기는 밀폐하고 환기가 잘 되는 찬곳에 저장할 것
  ② 열원이나 산화되기 쉬운 물질과 산 또는 화재 위험이 있는 곳으로부터 멀리할 것
  ③ 용기의 파손에 의한 위험물의 누설에 주의하고, 다른 약품류 및 가연물과의 접촉을 피할 것
- **소화방법** : 불연성 물질이므로 원칙적으로 소화방법은 없으나 가연성 물질의 성질에 따라 주수에 의한 냉각소화(단, 과산화물은 모래 또는 소다재)

제2류 위험물(가연성 고체)			
위험등급	품명	품목별 성상	지정수량
II	황화인	**삼황화인(P_4S_3)** : 착화점 100℃, 물, 황산, 염산 등에는 녹지 않고, 질산이나 이황화탄소(CS_2), 알칼리 등에 녹는다. $P_4S_3+8O_2 \rightarrow 2P_2O_5+3SO_2$ **오황화인(P_2S_5)** : 알코올이나 이황화탄소(CS_2)에 녹으며, 물이나 알칼리와 반응하면 분해하여 황화수소(H_2S)와 인산(H_3PO_4)으로 된다. $P_2S_5+8H_2O \rightarrow 5H_2S+2H_3PO_4$ **칠황화인(P_4S_7)** : 이황화탄소(CS_2), 물에는 약간 녹으며, 더운 물에서는 급격히 분해하여 황화수소(H_2S)와 인산(H_3PO_4)을 발생	100kg
II	적린(P)	착화점 260℃, 조해성이 있으며, 물, 이황화탄소, 에테르, 암모니아 등에는 녹지 않는다. 연소하면 황린이나 황화인과 같이 유독성이 심한 백색의 오산화인을 발생 $4P+5O_2 \rightarrow 2P_2O_5$	100kg
II	황(S)	물, 산에는 녹지 않으며 알코올에는 약간 녹고, 이황화탄소(CS_2)에는 잘 녹는다 (단, 고무상황은 녹지 않는다). 연소 시 아황산가스를 발생. $S+O_2 \rightarrow SO_2$ 수소와 반응해서 황화수소(달걀 썩는 냄새) 발생. $S+H_2 \rightarrow H_2S$	100kg
III	철분(Fe)	$Fe+2HCl \rightarrow FeCl_2+H_2$ $2Fe+3H_2O \rightarrow Fe_2O_3+3H_2$	500kg
III	금속분	**알루미늄분(Al)** : 물과 반응하면 수소가스를 발생 $2Al+6H_2O \rightarrow 2Al(OH)_3+3H_2$ **아연분(Zn)** : 아연이 염산과 반응하면 수소가스를 발생 $Zn+2HCl \rightarrow ZnCl_2+H_2$	500kg
III	마그네슘(Mg)	산 및 온수와 반응하여 수소(H_2)를 발생한다. $Mg+2HCl \rightarrow MgCl_2+H_2$, $Mg+2H_2O \rightarrow Mg(OH)_2+H_2$ 질소기체 속에서 연소 시 $3Mg+N_2 \rightarrow Mg_3N_2$	500kg
III	인화성 고체	락카퍼티, 고무풀, 고형알코올, 메타알데하이드, 제삼뷰틸알코올	1,000kg

- **공통성질**
  ① **이연성, 속연성 물질**, 산소를 함유하고 있지 않기 때문에 **강력한 환원제**(산소결합 용이), 연소열 크고, 연소온도가 높다.
  ② 유독한 것 또는 연소 시 **유독가스를 발생**하는 것도 있다.
  ③ 철분, 마그네슘, 금속분류는 물과 산의 접촉으로 발열한다.
- **저장 및 취급 방법**
  ① 점화원으로부터 멀리하고 가열을 피할 것
  ② 용기의 파손으로 위험물의 누설에 주의할 것
  ③ 산화제와의 접촉을 피할 것
  ④ 철분, 마그네슘, 금속분류는 산 또는 물과의 접촉을 피할 것
- **소화방법** : 주수에 의한 냉각소화(단, 황화인, 철분, 금속분, 마그네슘의 경우 건조사에 의한 질식소화)
- **황** : 순도가 60중량퍼센트 이상인 것을 말한다. 이 경우 순도측정에 있어서 불순물은 **활석 등 불연성 물질과 수분**에 한한다.
- **철분** : 철의 분말로서 53마이크로미터의 표준체를 통과하는 것이 50중량퍼센트 미만인 것은 제외한다.
- **금속분** : 알칼리금속·알칼리토류금속·철 및 마그네슘 외의 금속의 분말을 말하고, 구리분·니켈분 및 150마이크로미터의 체를 통과하는 것이 50중량퍼센트 미만인 것은 제외한다.
- 마그네슘 및 마그네슘을 함유한 것에 있어서는 다음 각 목의 1에 해당하는 것은 제외한다.
  ① 2밀리미터의 체를 통과하지 아니하는 덩어리상태의 것
  ② 직경 2밀리미터 이상의 막대모양의 것
- **인화성 고체** : **고형 알코올**, 그 밖에 1기압에서 인화점이 섭씨 40도 미만인 고체

위험등급	품명	품목별 성상	지정수량
I	칼륨(K) 석유 속 저장	$2K+2H_2O \rightarrow 2KOH$(수산화칼륨)$+H_2$ $4K+3CO_2 \rightarrow 2K_2CO_3+C$(연소·폭발), $4K+CCl_4 \rightarrow 4KCl+C$(폭발)	10kg
I	나트륨(Na) 석유 속 저장	$2Na+2H_2O \rightarrow 2NaOH$(수산화나트륨)$+H_2$ $2Na+2C_2H_5OH \rightarrow 2C_2H_5ONa+H_2$	10kg
I	알킬알루미늄(RAl 또는 RAlX : C_1~C_4) 희석액은 벤젠 또는 톨루엔	$(C_2H_5)_3Al+3H_2O \rightarrow Al(OH)_3$(수산화알루미늄)$+3C_2H_6$(에탄) $(C_2H_5)_3Al+HCl \rightarrow (C_2H_5)_2AlCl+C_2H_6$ $(C_2H_5)_3Al+3CH_3OH \rightarrow Al(CH_3O)_3+3C_2H_6$ $(C_2H_5)_3Al+3Cl_2 \rightarrow AlCl_3+3C_2H_5Cl$	10kg
I	알킬리튬 (RLi)	–	10kg
I	황린(P_4) 보호액은 물	황색 또는 담황색의 왁스상 가연성, 자연발화성 고체. 마늘냄새. 융점 44℃, 비중 1.82. 증기는 공기보다 무거우며, 자연발화성(발화점 34℃)이 있어 물속에 저장하며, 매우 자극적이고 맹독성 물질 $P_4+5O_2 \rightarrow 2P_2O_5$, 인화수소($PH_3$)의 생성을 방지하기 위해 보호액은 약알칼리성 pH 9를 유지하기 위하여 알칼리제(석회 또는 소다회 등)로 pH 조절	20kg
II	알칼리금속 (K 및 Na 제외) 및 알칼리토금속류	$2Li+2H_2O \rightarrow 2LiOH+H_2$ $Ca+2H_2O \rightarrow Ca(OH)_2+H_2$	50kg
II	유기금속화합물류 (알킬알루미늄 및 알킬리튬 제외)	대부분 자연발화성이 있으며, 물과 격렬하게 반응 (예외 : 사에틸납[$(C_2H_5)_4Pb$]은 인화점 93℃로 제3석유류(비수용성)에 해당하며 물로 소화 가능. 유연휘발유의 안티녹크제로 이용됨) ※ 무연휘발유 : 납 성분이 없는 휘발유로 연소성을 향상시켜 주기 위해 MTBE가 첨가됨.	50kg
III	금속의 수소화물	수소화리튬(LiH) : 수소화합물 중 안정성이 가장 큼. $LiH+H_2O \rightarrow LiOH+H_2$ 수소화나트륨(NaH) : 회백색의 결정 또는 분말. $NaH+H_2O \rightarrow NaOH+H_2$ 수소화칼슘(CaH_2) : 백색 또는 회백색의 결정 또는 분말 $CaH_2+2H_2O \rightarrow Ca(OH)_2+2H_2$	300kg
III	금속의 인화물	인화칼슘(Ca_3P_2)=인화석회 : 적갈색 고체, $Ca_3P_2+6H_2O \rightarrow 3Ca(OH)_2+2PH_3$	300kg
III	칼슘 또는 알루미늄의 탄화물류	탄화칼슘(CaC_2) = 카바이드 : $CaC_2+2H_2O \rightarrow Ca(OH)_2+C_2H_2$ (습기가 없는 밀폐용기에 저장하고, 용기에는 질소가스 등 불연성 가스를 봉입) 질소와는 약 700℃ 이상에서 질화되어 칼슘시안아이드($CaCN_2$, 석회질소)가 생성된다. $CaC_2+N_2 \rightarrow CaCN_2+C$ 탄화알루미늄(Al_4C_3) : 황색의 결정. $Al_4C_3+12H_2O \rightarrow 4Al(OH)_3+3CH_4$	300kg
III	그 밖에 행정안전부령이 정하는 것	염소화규소화합물	300kg

제3류 위험물(자연발화성 물질 및 금수성 물질)

◀ 무료강의

- **공통성질**
  ① 공기와 접촉하여 **발열**, **발화**한다.
  ② 물과 접촉하여 발열 또는 발화하는 물질, 물과 접촉하여 가연성 가스를 발생하는 물질이 있다.
  ③ 황린(자연발화 온도 : 34℃)을 제외한 모든 물질이 물에 대해 위험한 반응을 일으킨다.
- **저장 및 취급 방법**
  ① 용기의 파손 및 부식을 막으며 **공기 또는 수분의 접촉을 방지**할 것
  ② 보호액 속에 위험물을 저장할 경우 위험물이 **보호액 표면에 노출되지 않게 할 것**
  ③ 다량을 저장할 경우는 소분하여 저장하며 화재발생에 대비하여 희석제를 혼합하거나 수분의 침입이 없도록 할 것
  ④ 물과 접촉하여 가연성 가스를 발생하므로 화기로부터 멀리할 것
- **소화방법** : 건조사, 팽창진주암 및 질석으로 질식소화(물, CO_2, 할론소화 일체금지)

※ 불꽃 반응색 : K(보라색), Na(노란색), Li(빨간색), Ca(주황색)

위험등급	품명		품목별 성상	지정수량
	제4류 위험물(인화성 액체) ◀ 무료강의			
I	특수인화물 (1atm에서 발화점이 100℃ 이하인 것 또는 인화점이 -20℃ 이하로서 비점이 40℃ 이하인 것) ※「위험물안전관리법」에서는 특수인화물의 비수용성/수용성 구분이 명시되어 있지 않지만, 시험에서는 이를 구분하는 문제가 종종 출제되기 때문에, 특수인화물의 비수용성/수용성 구분을 알아두는 것이 좋다.	비수용성 액체	**다이에틸에테르**($C_2H_5OC_2H_5$) : ㉐-40℃, ㉑1.9~48%, 제4류 위험물 중 인화점이 가장 낮다. 직사광선에 분해되어 과산화물을 생성하므로 갈색병을 사용하여 밀전하고 냉암소 등에 보관하며 용기의 공간용적은 2% 이상으로 해야 한다. 정전기 방지를 위해 $CaCl_2$를 넣어 두고, 폭발성의 과산화물 생성 방지를 위해 40mesh의 구리망을 넣어 둔다. 과산화물의 검출은 10% 아이오딘화칼륨(KI) 용액과의 반응으로 확인 **이황화탄소**(CS_2) : ㉐-30℃, ㉑1~50%, 황색, 물보다 무겁고 물에 녹지 않으나, 알코올, 에테르, 벤젠 등에는 잘 녹는다. 가연성 증기의 발생을 억제하기 위하여 물(수조) 속에 저장 $CS_2 + 3O_2 \rightarrow CO_2 + 2SO_2$, $CS_2 + 2H_2O \rightarrow CO_2 + 2H_2S$	50L
		수용성 액체	**아세트알데하이드**(CH_3CHO) : ㉐-40℃, ㉑4.1~57%, 수용성, 은거울, 펠링반응, 구리, 마그네슘, 수은, 은 및 그 합금으로 된 취급설비는 중합반응을 일으켜 구조불명의 폭발성 물질 생성. 불활성 가스 또는 수증기를 봉입하고 냉각장치 등을 이용하여 저장온도를 비점 이하로 유지 **산화프로필렌**(CH_3CHOCH_2) : ㉐-37℃, ㉑2.8~37%, ㉓35℃, 반응성이 풍부하여 구리, 철, 알루미늄, 마그네슘, 수은, 은 및 그 합금과 중합반응을 일으켜 발열하고 용기 내에서 폭발	
		암기법	**다이아산**	
II	제1석유류 (인화점 21℃ 미만)	비수용성 액체	**가솔린**($C_5 \sim C_9$) : ㉐-43℃, ㉓300℃, ㉑1.2~7.6% **벤젠**(C_6H_6) : ㉐-11℃, ㉓498℃, ㉑1.4~8%, 연소반응식 $2C_6H_6 + 15O_2 \rightarrow 12CO_2 + 6H_2O$ **톨루엔**($C_6H_5CH_3$) : ㉐4℃, ㉓480℃, ㉑1.27~7%, 진한 질산과 진한 황산을 반응시키면 나이트로화하여 TNT의 제조 **사이클로헥산** : ㉐-18℃, ㉓245℃, ㉑1.3~8% **콜로디온** : ㉐-18℃, 질소 함유율 11~12%의 낮은 질화도의 질화면을 에탄올과 에테르 3 : 1 비율의 용제에 녹인 것 **메틸에틸케톤**($CH_3COC_2H_5$) : ㉐-7℃, ㉑1.8~10% **초산메틸**(CH_3COOCH_3) : ㉐-10℃, ㉑3.1~16% **초산에틸**($CH_3COOC_2H_5$) : ㉐-3℃, ㉑2.2~11.5% **의산에틸**($HCOOC_2H_5$) : ㉐-19℃, ㉑2.7~16.5% **아크릴로나이트릴** : ㉐-5℃, ㉑3~17%, 헥산 : ㉐-22℃	200L
		수용성 액체	**아세톤**(CH_3COCH_3) : ㉐-18.5℃, ㉑2.5~12.8%, 무색투명, 과산화물 생성(황색), 탈지작용 **피리딘**(C_5H_5N) : ㉐16℃, **아크롤레인**($CH_2=CHCHO$) : ㉐-29℃, ㉑2.8~31%, **의산메틸**($HCOOCH_3$) : ㉐-19℃ **시안화수소**(HCN) : ㉐-17℃	400L
		암기법	**가벤톨시콜메초초의 / 아피아의시**	
	알코올류 (탄소원자 1~3개까지의 포화1가 알코올)		**메틸알코올**(CH_3OH) : ㉐11℃, ㉓464℃, ㉑6~36%, 1차 산화 시 포름알데하이드(HCHO), 최종 포름산(HCOOH), 독성이 강하여 30mL의 양으로도 치명적! **에틸알코올**(C_2H_5OH) : ㉐13℃, ㉓363℃, ㉑4.3~19%, 1차 산화 시 아세트알데하이드(CH_3CHO)가 되며, 최종적 초산(CH_3COOH) **프로필알코올**(C_3H_7OH) : ㉐15℃, ㉓371℃, ㉑2.1~13.5% **아이소프로필알코올** : ㉐12℃, ㉓398.9℃, ㉑2~12%	400L

※ ㉘은 인화점, ㉐은 발화점, ㉑은 연소범위, ㉔는 비점

위험등급	품명		품목별 성상	지정수량
III	제2석유류 (인화점 21~70℃)	비수용성 액체	등유(C_9~C_{18}) : ㉘39℃ 이상, ㉐210℃, ㉑0.7~5% 경유(C_{10}~C_{20}) : ㉘41℃ 이상, ㉐257℃, ㉑0.6~7.5% 스티렌($C_6H_5CH=CH_2$) : ㉘32℃ o-자일렌 : ㉘32℃, m-자일렌, p-자일렌 : ㉘25℃ 클로로벤젠 : ㉘27℃, 장뇌유 : ㉘32℃ 뷰틸알코올(C_4H_9OH) : ㉘35℃, ㉐343℃, ㉑1.4~11.2% 알릴알코올($CH_2=CHCH_2OH$) : ㉘22℃, 아밀알코올($C_5H_{11}OH$) : ㉘33℃ 아니솔 : ㉘52℃, 큐멘 : ㉘31℃	1,000L
		수용성 액체	포름산(HCOOH) : ㉘55℃ 초산(CH_3COOH) : ㉘40℃, $CH_3COOH+2O_2 \rightarrow 2CO_2+2H_2O$ 하이드라진(N_2H_4) : ㉘38℃, ㉑4.7~100%, 무색의 가연성 고체, 아크릴산 : ㉘46℃	2,000L
		암기법	등경스자클장부알아 / 포초하아	
	제3석유류 (인화점 70~200℃)	비수용성 액체	중유 : ㉘70℃ 이상 크레오소트유 : ㉘74℃, 자극성의 타르냄새가 나는 황갈색 액체, 아닐린($C_6H_5NH_2$) : ㉘70℃, ㉐615℃, ㉑1.3~11% 나이트로벤젠($C_6H_5NO_2$) : ㉘88℃, 담황색 또는 갈색의 액체, ㉐482℃ 나이트로톨루엔[$NO_2(C_6H_4)CH_3$] : ㉘o-106℃, m-102℃, p-106℃, 다이클로로에틸렌 : ㉘97~102℃	2,000L
		수용성 액체	에틸렌글리콜[$C_2H_4(OH)_2$] : ㉘120℃, 무색무취의 단맛이 나고 흡습성이 있는 끈끈한 액체로서 2가 알코올, 물, 알코올, 에테르, 글리세린 등에는 잘 녹고 사염화탄소, 이황화탄소, 클로로포름에는 녹지 않는다. 글리세린[$C_3H_5(OH)_3$] : ㉘160℃, ㉐370℃, 물보다 무겁고 단맛이 나는 무색 액체, 3가의 알코올, 물, 알코올, 에테르에 잘 녹으며 벤젠, 클로로포름 등에는 녹지 않는다. 아세트시안하이드린 : ㉘74℃, 아디포나이트릴 : ㉘93℃ 염화벤조일 : ㉘72℃	4,000L
		암기법	중크아나나 / 에글	
	제4석유류 (인화점 200℃ 이상 ~250℃ 미만)		기어유 : ㉐230℃ 실린더유 : ㉐250℃	6,000L

	동식물유류
	(1atm, 인화점이
	250℃ 미만인 것)
			아이오딘값 : 유지 100g에 부가되는 아이오딘의 g수, 불포화도가 증가할수록 아이오딘값이 증가하며, 자연발화의 위험이 있다.
			① 건성유 : 아이오딘값이 130 이상
			   이중결합이 많아 불포화도가 높기 때문에 공기 중에서 산화되어 액 표면에 피막을 만드는 기름
			   예) 아마인유, 들기름, 동유, 정어리기름, 해바라기유 등
			② 반건성유 : 아이오딘값이 100~130인 것
			   공기 중에서 건성유보다 얇은 피막을 만드는 기름
			   예) 참기름, 옥수수기름, 청어기름, 채종유, 면실유(목화씨유), 콩기름, 쌀겨유 등
			③ 불건성유 : 아이오딘값이 100 이하인 것
			   공기 중에서 피막을 만들지 않는 안정된 기름
			   예) 올리브유, 피마자유, 야자유, 땅콩기름, 동백기름 등
				10,000L

- **공통성질**
  ① 인화되기 매우 쉽다.
  ② 착화온도가 낮은 것은 위험하다.
  ③ 증기는 공기보다 무겁다.
  ④ 물보다 가볍고 물에 녹기 어렵다.
  ⑤ 증기는 공기와 약간 혼합되어도 연소의 우려가 있다.
- **4류 위험물 화재의 특성**
  ① 유동성 액체이므로 연소의 확대가 빠르다.
  ② 증발연소하므로 불티가 나지 않는다.
  ③ 인화성이므로 풍하의 화재에도 인화된다.
- **소화방법** : 질식소화 및 안개상의 주수소화 가능
- **인화성 액체** : 액체(제3석유류, 제4석유류 및 동식물유류에 있어서는 1기압과 섭씨 20도에서 액상인 것에 한한다)로서 인화의 위험성이 있는 것을 말한다.
- **특수인화물** : **이황화탄소, 다이에틸에테르**, 그 밖에 1기압에서 발화점이 섭씨 100도 이하인 것 또는 인화점이 섭씨 영하 20도 이하이고 비점이 섭씨 40도 이하인 것을 말한다.
- **제1석유류** : **아세톤, 휘발유**, 그 밖에 1기압에서 **인화점이 섭씨 21도 미만**인 것을 말한다.
- **알코올류** : 1분자를 구성하는 탄소원자의 수가 1개부터 3개까지인 포화1가 알코올(변성 알코올을 포함한다)을 말한다. 다만, 다음 각 목의 1에 해당하는 것은 제외한다.
  ① 1분자를 구성하는 탄소원자의 수가 1개 내지 3개의 포화1가 알코올의 함유량이 60중량퍼센트 미만인 수용액
  ② 가연성 액체량이 60중량퍼센트 미만이고 인화점 및 연소점(태그개방식 인화점측정기에 의한 연소점을 말한다. 이하 같다.)이 에틸알코올 60중량퍼센트 수용액의 인화점 및 연소점을 초과하는 것
- **제2석유류** : **등유, 경유**, 그 밖에 1기압에서 **인화점이 섭씨 21도 이상 70도 미만**인 것을 말한다. 다만, 도료류, 그 밖의 물품에 있어서 가연성 액체량이 40중량퍼센트 이하이면서 인화점이 섭씨 40도 이상인 동시에 연소점이 섭씨 60도 이상인 것은 제외한다.
- **제3석유류** : **중유, 크레오소트유**, 그 밖에 1기압에서 **인화점이 섭씨 70도 이상 섭씨 200도 미만**인 것. 다만, 도료류, 그 밖의 물품은 가연성 액체량이 40중량퍼센트 이하인 것은 제외한다.
- **제4석유류** : **기어유, 실린더유**, 그 밖에 1기압에서 **인화점이 섭씨 200도 이상 섭씨 250도 미만**의 것. 다만, 도료류, 그 밖의 물품은 가연성 액체량이 40중량퍼센트 이하인 것은 제외한다.
- **동식물유류** : 동물의 지육 등 또는 식물의 종자나 과육으로부터 추출한 것으로서 1기압에서 인화점이 섭씨 250도 미만인 것을 말한다.
- ※ **인화성 액체의 인화점 시험방법**
  ① 인화성 액체의 인화점 측정기준
    ㉠ 측정결과가 0℃ 미만인 경우에는 당해 측정결과를 인화점으로 할 것
    ㉡ 측정결과가 0℃ 이상 80℃ 이하인 경우에는 동점도 측정을 하여 동점도가 $10mm^2/S$ 미만인 경우에는 당해 측정결과를 인화점으로 하고, 동점도가 $10mm^2/S$ 이상인 경우에는 다시 측정할 것
    ㉢ 측정결과가 80℃를 초과하는 경우에는 다시 측정할 것
  ② 인화성 액체 중 수용성 액체란 온도 20℃, 기압 1기압에서 동일한 양의 증류수와 완만하게 혼합하여, 혼합액의 유동이 멈춘 후 당해 혼합액이 균일한 외관을 유지하는 것을 말한다.

품명	품목	지정수량
제5류 위험물(자기반응성 물질)		
유기과산화물 (-O-O-)	**벤조일퍼옥사이드[$(C_6H_5CO)_2O_2$, 과산화벤조일]** : 무미, 무취의 백색분말. 비활성 희석제(프탈산다이메틸, 프탈산다이뷰틸 등)를 첨가하여 폭발성 낮춤. **메틸에틸케톤퍼옥사이드[$(CH_3COC_2H_5)_2O_2$, MEKPO, 과산화메틸에틸케톤]** : 인화점 58℃, 희석제(DMP, DBP를 40%) 첨가로 농도가 60% 이상 되지 않게 하며 저장온도는 30℃ 이하를 유지 **아세틸퍼옥사이드** : 인화점(45℃), 발화점(121℃), 희석제 DMF를 75% 첨가	시험결과에 따라 위험성 유무와 등급을 결정하여 제1종과 제2종으로 분류한다. • 제1종 : 10kg • 제2종 : 100kg
질산에스터류 (R-ONO_2)	**나이트로셀룰로오스($[C_6H_7O_2(ONO_2)_3]_n$, 질화면)** : 인화점(13℃), 발화점(160~170℃), 분해온도(130℃), 비중(1.7) $2C_{24}H_{29}O_9(ONO_2)_{11} \rightarrow 24CO_2 + 24CO + 12H_2O + 11N_2 + 17H_2$ **나이트로글리세린[$C_3H_5(ONO_2)_3$]** : 다이너마이트, 로켓, 무연화약의 원료로 순수한 것은 무색투명하나 공업용 시판품은 담황색, 다공질 물질을 규조토에 흡수시켜 다이너마이트 제조 $4C_3H_5(ONO_2)_3 \rightarrow 12CO_2 + 10H_2O + 6N_2 + O_2$ **질산메틸(CH_3ONO_2)** : 분자량(약 77), 비중[1.2(증기비중 2.65)], 비점(66℃), 무색투명한 액체이며, 향긋한 냄새가 있고 단맛 **질산에틸($C_2H_5ONO_2$)** : 비중(1.11), 융점(-112℃), 비점(88℃), 인화점(-10℃), **나이트로글리콜[$C_2H_4(ONO_2)_2$]** : 순수한 것 무색, 공업용은 담황색, 폭발속도 7,800m/s	
나이트로화합물 (R-NO_2)	**트리나이트로톨루엔[TNT, $C_6H_2CH_3(NO_2)_3$]** : 순수한 것은 무색 결정이나 담황색의 결정, 직사광선에 의해 다갈색으로 변하며 중성으로 금속과는 반응이 없으며 장기 저장해도 자연발화의 위험 없이 안정하다. 분자량(227), 발화온도(약 300℃), $2C_6H_2CH_3(NO_2)_3 \rightarrow 12CO + 2C + 3N_2 + 5H_2$ **트리나이트로페놀(TNP, 피크르산)** : 순수한 것은 무색이나 보통 공업용은 휘황색의 침전 결정. 폭발온도(3,320℃), 폭발속도(약 7,000m/s) $2C_6H_2OH(NO_2)_3 \rightarrow 6CO + 2C + 3N_2 + 3H_2 + 4CO_2$	
나이트로소화합물	-	
아조화합물	-	
다이아조화합물	-	
하이드라진 유도체	-	
하이드록실아민	-	
하이드록실아민염류	-	
그 밖에 행정안전부령이 정하는 것	① 금속의 아지화합물[NaN_3, $Pb(N_3)_2$] ② 질산구아니딘[$C(NH_2)_3NO_3$]	

- **공통성질** : 다량의 주수냉각소화. 가연성 물질이며, 내부연소. 폭발적이며, 장시간 저장 시 산화반응이 일어나 열분해되어 자연발화한다.
  ① 자기연소를 일으키며 연소의 속도가 매우 빠르다.
  ② 모두 유기질화물이므로 가열, 충격, 마찰 등으로 인한 폭발의 위험이 있다.
  ③ 시간의 경과에 따라 자연발화의 위험성을 갖는다.
- **저장 및 취급 방법**
  ① 점화원 및 분해를 촉진시키는 물질로부터 멀리할 것
  ② 용기의 파손 및 균열에 주의하며 실온, 습기, 통풍에 주의할 것
  ③ 화재발생 시 소화가 곤란하므로 소분하여 저장할 것
  ④ 용기는 밀전, 밀봉하고 포장 외부에 화기엄금, 충격주의 등 주의사항 표시를 할 것
- **소화방법** : 다량의 냉각주수소화

위험등급	품명	제6류 위험물(산화성 액체)	지정수량
		품목별 성상	
I	과염소산 ($HClO_4$)	무색무취의 유동성 액체. 92℃ 이상에서는 폭발적으로 분해 $HClO_4 \rightarrow HCl + 2O_2$ $HClO < HClO_2 < HClO_3 < HClO_4$	300kg
	과산화수소 (H_2O_2)	순수한 것은 청색을 띠며 점성이 있고 무취, 투명하고 질산과 유사한 냄새, 농도 60% 이상인 것은 충격에 의해 단독폭발의 위험, **분해방지 안정제(인산, 요산 등)**를 넣어 발생기 산소의 발생을 억제한다. 용기는 밀봉하되 작은 구멍이 뚫린 마개를 사용 가열 또는 촉매(KI)에 의해 산소 발생 $2H_2O_2 \rightarrow 2H_2O + O_2$	300kg
	질산 (HNO_3)	직사광선에 의해 분해되어 이산화질소(NO_2)를 생성시킨다. $4HNO_3 \rightarrow 4NO_2 + 2H_2O + O_2$ **크산토프로테인 반응**(피부에 닿으면 노란색), **부동태 반응**(Fe, Ni, Al 등과 반응 시 산화물피막 형성)	300kg
	그 밖에 행정안전부령이 정하는 것	할로겐간화합물(ICl, IBr, BrF_3, BrF_5, IF_5 등)	300kg

- **공통성질** : 물보다 무겁고, 물에 녹기 쉬우며, 불연성 물질이다.
  ① 부식성 및 유독성이 강한 강산화제이다.
  ② 산소를 많이 포함하여 다른 가연물의 연소를 돕는다.
  ③ 비중이 1보다 크며 물에 잘 녹는다.
  ④ 물과 만나면 발열한다.
  ⑤ 가연물 및 분해를 촉진하는 약품과 분해 폭발한다.
- **저장 및 취급 방법**
  ① 저장용기는 내산성일 것
  ② 물, 가연물, 무기물 및 고체의 산화제와의 접촉을 피할 것
  ③ 용기는 밀전 밀봉하여 누설에 주의할 것
- **소화방법** : 불연성 물질이므로 원칙적으로 소화방법이 없으나 가연성 물질에 따라 마른모래나 분말소화약제
- **과산화수소** : 농도 36wt% 이상인 것. 질산의 비중 1.49 이상인 것

※ 황산(H_2SO_4) : 2003년까지는 비중 1.82 이상이면 위험물로 분류하였으나, 현재는 위험물안전관리법상 위험물에 해당하지 않는다.

	위험물시설의 안전관리 (1)	

설치 및 변경	① 위험물의 품명·수량 또는 지정수량의 배수를 변경 시 : 1일 전까지 행정안전부령이 정하는 바에 따라 시·도지사에게 신고
	② 제조소 등의 설치자의 지위를 승계한 자는 30일 이내에 시·도지사에게 신고
	③ 제조소 등의 용도를 폐지한 날부터 14일 이내에 시·도지사에게 신고
	④ 허가 및 신고가 필요 없는 경우
	   ㉠ 주택의 난방시설(공동주택의 중앙난방시설을 제외한다)을 위한 저장소 또는 취급소
	   ㉡ 농예용·축산용 또는 수산용으로 필요한 난방시설 또는 건조시설을 위한 지정수량 20배 이하의 저장소
	⑤ 허가취소 또는 6월 이내의 사용정지 경우
	   ㉠ 규정에 따른 변경허가를 받지 아니하고 제조소 등의 위치·구조 또는 설비를 변경한 때
	   ㉡ 완공검사를 받지 아니하고 제조소 등을 사용한 때
	   ㉢ 규정에 따른 수리·개조 또는 이전의 명령을 위반한 때
	   ㉣ 규정에 따른 위험물안전관리자를 선임하지 아니한 때
	   ㉤ 대리자를 지정하지 아니한 때
	   ㉥ 정기점검을 하지 아니한 때
	   ㉦ 정기검사를 받지 아니한 때
	   ㉧ 저장·취급기준 준수명령을 위반한 때	

위험물안전관리자	① 해임하거나 퇴직한 때에는 해임하거나 퇴직한 날부터 30일 이내에 다시 안전관리자를 선임 ② 선임한 경우에는 선임한 날부터 14일 이내에 소방본부장 또는 소방서장에게 신고 ③ 대리자가 안전관리자의 직무를 대행하는 기간은 30일을 초과할 수 없다.	

예방규정을 정하여야 하는 제조소 등	① 지정수량의 10배 이상의 위험물을 취급하는 제조소
	② 지정수량의 100배 이상의 위험물을 저장하는 옥외저장소
	③ 지정수량의 150배 이상의 위험물을 저장하는 옥내저장소
	④ 지정수량의 200배 이상을 저장하는 옥외탱크저장소
	⑤ 암반탱크저장소
	⑥ 이송취급소
	⑦ 지정수량의 10배 이상의 위험물 취급하는 일반취급소
	다만, 제4류 위험물(특수인화물을 제외한다)만을 지정수량의 50배 이하로 취급하는 일반취급소(제1석유류·알코올류의 취급량이 지정수량의 10배 이하인 경우에 한한다)로서 다음의 어느 하나에 해당하는 것을 제외
	   ㉠ 보일러·버너 또는 이와 비슷한 것으로서 위험물을 소비하는 장치로 이루어진 일반취급소
	   ㉡ 위험물을 용기에 옮겨 담거나 차량에 고정된 탱크에 주입하는 일반취급소	

정기점검대상 제조소 등	① 예방규정을 정하여야 하는 제조소 등 ② 지하탱크저장소 ③ 이동탱크저장소 ④ 제조소(지하탱크)·주유취급소 또는 일반취급소	
정기검사대상 제조소 등	액체위험물을 저장 또는 취급하는 50만L 이상의 옥외탱크저장소	
위험물저장소의 종류	① 옥내저장소 ② 옥외저장소 ③ 옥외탱크저장소 ④ 옥내탱크저장소 ⑤ 지하탱크저장소 ⑥ 이동탱크저장소 ⑦ 간이탱크저장소 ⑧ 암반탱크저장소	

	위험물시설의 안전관리 (2)		
탱크시험자	① 필수장비 : 방사선투과시험기, 초음파탐상시험기, 자기탐상시험기, 초음파두께측정기 ② 시설 : 전용사무실 ③ 규정에 따라 등록한 사항 가운데 행정안전부령이 정하는 중요사항을 변경한 경우에는 그 날부터 30일 이내에 시·도지사에게 변경신고		
압력계 및 안전장치	위험물의 압력이 상승할 우려가 있는 설비에 설치해야 하는 안전장치 ① 자동적으로 압력의 상승을 정지시키는 장치 ② 감압측에 안전밸브를 부착한 감압밸브 ③ 안전밸브를 병용하는 경보장치 ④ 파괴판(위험물의 성질에 따라 안전밸브의 작동이 곤란한 가압설비에 한한다.)		
자체소방대	① 설치대상 : 제4류 위험물을 지정수량의 3천배 이상 취급하는 제조소 또는 일반취급소와 50만배 이상 저장하는 옥외탱크저장소에 설치 ② 자체소방대에 두는 화학소방자동차 및 인원		
	사업소의 구분	화학소방자동차의 수	자체소방대원의 수
	제조소 또는 일반취급소에서 취급하는 제4류 위험물의 최대수량의 합이 지정수량의 3천배 이상 12만배 미만인 사업소	1대	5인
	제조소 또는 일반취급소에서 취급하는 제4류 위험물의 최대수량의 합이 지정수량의 12만배 이상 24만배 미만인 사업소	2대	10인
	제조소 또는 일반취급소에서 취급하는 제4류 위험물의 최대수량의 합이 지정수량의 24만배 이상 48만배 미만인 사업소	3대	15인
	제조소 또는 일반취급소에서 취급하는 제4류 위험물의 최대수량의 합이 지정수량의 48만배 이상인 사업소	4대	20인
	옥외탱크저장소에 저장하는 제4류 위험물의 최대수량이 지정수량의 50만배 이상인 사업소	2대	10인
화학소방자동차에 갖추어야 하는 소화능력 및 소화설비의 기준	화학소방자동차의 구분	소화능력 및 소화설비의 기준	
	포수용액방사차	• 포수용액의 방사능력이 2,000L/분 이상일 것 • 소화약액탱크 및 소화약액혼합장치를 비치할 것 • 10만L 이상의 포수용액을 방사할 수 있는 양의 소화약제를 비치할 것	
	분말방사차	• 분말의 방사능력이 35kg/초 이상일 것 • 분말탱크 및 가압용 가스설비를 비치할 것 • 1,400kg 이상의 분말을 비치할 것	
	할로겐화합물방사차	• 할로겐화합물의 방사능력이 40kg/초 이상일 것 • 할로겐화합물 탱크 및 가압용 가스설비를 비치할 것 • 1,000kg 이상의 할로겐화합물을 비치할 것	
	이산화탄소방사차	• 이산화탄소의 방사능력이 40kg/초 이상일 것 • 이산화탄소 저장용기를 비치할 것 • 3,000kg 이상의 이산화탄소를 비치할 것	
	제독차	가성소다 및 규조토를 각각 50kg 이상 비치할 것	
	※ 포수용액을 방사하는 화학소방자동차의 대수는 규정에 의한 화학소방자동차 대수의 3분의 2 이상으로 하여야 한다.		

	위험물의 저장기준

저장기준	① 옥내저장소에서 동일 품명의 위험물이더라도 자연발화할 우려가 있는 위험물 또는 재해가 현저하게 증대할 우려가 있는 위험물을 다량 저장하는 경우에는 지정수량의 10배 이하마다 구분하여 상호간 0.3m 이상의 간격을 두어 저장하여야 한다. 다만, 위험물 또는 기계에 의하여 하역하는 구조로 된 용기에 수납한 위험물에 있어서는 그러하지 아니하다.
	② 옥내저장소에 저장하는 경우 규정높이 이상으로 용기를 겹쳐 쌓지 않아야 한다.
	  ㉠ 기계에 의하여 하역하는 구조로 된 용기만을 겹쳐 쌓는 경우에 있어서는 6m
	  ㉡ 제4류 위험물 중 제3석유류, 제4석유류 및 동식물유류를 수납하는 용기만을 겹쳐 쌓는 경우에 있어서는 4m
	  ㉢ 그 밖의 경우에 있어서는 3m
	③ 옥내저장소에서는 용기에 수납하여 저장하는 위험물의 온도가 55℃를 넘지 아니하도록 필요한 조치를 강구하여야 한다(중요기준).
	④ 옥외저장소에서 위험물을 수납한 용기를 선반에 저장하는 경우에는 6m를 초과하여 저장하지 아니하여야 한다.

위험물 저장탱크의 용량	① 위험물을 저장 또는 취급하는 탱크의 용량은 해당 탱크의 내용적에서 공간용적을 뺀 용적으로 한다. 단, 이동탱크저장소의 탱크인 경우에는 내용적에서 공간용적을 뺀 용적이 자동차관리관계법령에 의한 최대적재량 이하이어야 한다.
	② 탱크의 공간용적
	  ㉠ **일반탱크** : 탱크 내용적의 100분의 5 이상 100분의 10 이하로 한다.
	  ㉡ **소화설비(소화약제 방출구를 탱크 안의 윗부분에 설치하는 것에 한한다)를 설치하는 탱크** : 해당 소화설비의 소화약제 방출구 아래의 0.3m 이상 1m 미만 사이의 면으로부터 윗부분의 용적으로 한다.
	  ㉢ **암반탱크** : 해당 탱크 내에 용출하는 7일간의 지하수의 양에 상당하는 용적과 해당 탱크의 내용적의 100분의 1의 용적 중에서 보다 큰 용적을 공간용적으로 한다.

탱크의 내용적	① 타원형 탱크의 내용적
	  ㉠ 양쪽이 볼록한 것
	  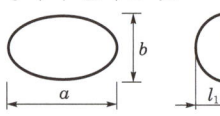 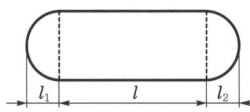 내용적 $= \dfrac{\pi ab}{4}\left(l + \dfrac{l_1 + l_2}{3}\right)$
	  ㉡ 한쪽은 볼록하고 다른 한쪽은 오목한 것
	  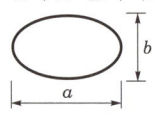 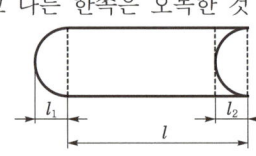 내용적 $= \dfrac{\pi ab}{4}\left(l + \dfrac{l_1 - l_2}{3}\right)$
	② 원통형 탱크의 내용적
	  ㉠ 횡으로 설치한 것
	  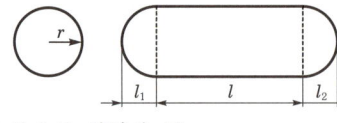 내용적 $= \pi r^2 \left(l + \dfrac{l_1 + l_2}{3}\right)$
	  ㉡ 종으로 설치한 것
	  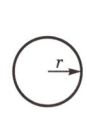 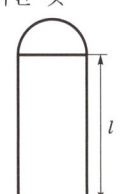 내용적 $= \pi r^2 l$

위험물의 취급기준

 ◀ 무료강의

적재방법	① 위험물의 ㉠명 · 위험㉡급 · ㉢학명 및 ㉣용성 ('수용성' 표시는 제4류 위험물로서 수용성인 것에 한한다.) ② 위험물의 ㉤량 ③ 수납하는 위험물에 따른 ㉥의사항

유별	구분	주의사항
제1류 위험물 (산화성 고체)	알칼리금속의 무기과산화물	"화기 · 충격주의", "물기엄금", "가연물접촉주의"
	그 밖의 것	"화기 · 충격주의", "가연물접촉주의"
제2류 위험물 (가연성 고체)	철분 · 금속분 · 마그네슘	"화기주의", "물기엄금"
	인화성 고체	"화기엄금"
	그 밖의 것	"화기주의"
제3류 위험물 (자연발화성 및 금수성 물질)	자연발화성 물질	"화기엄금", "공기접촉엄금"
	금수성 물질	"물기엄금"
제4류 위험물 (인화성 액체)	–	"화기엄금"
제5류 위험물 (자기반응성 물질)	–	"화기엄금" 및 "충격주의"
제6류 위험물 (산화성 액체)	–	"가연물접촉주의"

지정수량의 배수	지정수량 배수의 합 = $\dfrac{\text{A품목 저장수량}}{\text{A품목 지정수량}} + \dfrac{\text{B품목 저장수량}}{\text{B품목 지정수량}} + \dfrac{\text{C품목 저장수량}}{\text{C품목 지정수량}} + \cdots$
제조과정 취급기준	① **증류공정** : 설비의 내부압력의 변동 등에 의하여 액체 또는 증기가 새지 아니하도록 할 것 ② **추출공정** : 추출관의 내부압력이 비정상으로 상승하지 아니하도록 할 것 ③ **건조공정** : 온도가 국부적으로 상승하지 아니하는 방법으로 가열 또는 건조할 것 ④ **분쇄공정** : 분말이 현저하게 기계 · 기구 등에 부착하고 있는 상태로 그 기계 · 기구를 취급하지 아니할 것
소비하는 작업에서 취급기준	① **분사도장작업**은 방화상 유효한 격벽 등으로 구획된 안전한 장소에서 실시할 것 ② **담금질** 또는 **열처리작업**은 위험물이 위험한 온도에 이르지 아니하도록 하여 실시할 것 ③ **버너를 사용하는 경우**에는 버너의 역화를 방지하고 위험물이 넘치지 아니하도록 할 것
표지 및 게시판	① 표지는 한 변의 길이가 0.3m 이상, 다른 한 변의 길이가 0.6m 이상인 직사각형 ② 게시판에는 저장 또는 취급하는 위험물의 유별 · 품명 및 저장최대수량 또는 취급최대수량, 지정수량의 배수 및 안전관리자의 성명 또는 직명을 기재

	위험물의 운반기준	

운반기준	① 고체는 95% 이하의 수납률, 액체는 98% 이하의 수납률 유지 및 55℃의 온도에서 누설되지 않도록 유지할 것
	② 제3류 위험물은 다음의 기준에 따라 운반용기에 수납할 것
	    ㉠ 자연발화성 물질에 있어서는 불활성 기체를 봉입하여 밀봉하는 등 공기와 접하지 아니하도록 할 것
	    ㉡ 자연발화성 물질 외의 물품에 있어서는 파라핀·경유·등유 등의 보호액으로 채워 밀봉하거나 불활성 기체를 봉입하여 밀봉하는 등 수분과 접하지 아니하도록 할 것
	    ㉢ 자연발화성 물질 중 알킬알루미늄 등은 운반용기의 내용적의 90% 이하의 수납률로 수납하되, 50℃의 온도에서 5% 이상의 공간용적을 유지하도록 할 것	

운반용기 재질	금속판, 강판, 삼, 합성섬유, 고무류, 양철판, 짚, 알루미늄판, 종이, 유리, 나무, 플라스틱, 섬유판	
운반용기	① 고체위험물 : 유리 또는 플라스틱 용기 10L, 금속제 용기 30L ② 액체위험물 : 유리용기 5L 또는 10L, 플라스틱 10L, 금속제 용기 30L	

	차광성이 있는 것으로 피복해야 하는 경우	방수성이 있는 것으로 피복해야 하는 경우
적재하는 위험물에 따른 조치사항	• 제1류 위험물 • 제3류 위험물 중 자연발화성 물질 • 제4류 위험물 중 특수인화물 • 제5류 위험물 • 제6류 위험물	• 제1류 위험물 중 알칼리 금속의 과산화물 • 제2류 위험물 중 철분, 금속분, 마그네슘 • 제3류 위험물 중 금수성 물질

위험물의 운송	① **알킬알루미늄, 알킬리튬**은 운송책임자의 감독·지원을 받아 운송하여야 한다.
	② 위험물운송자는 장거리(고속국도에 있어서는 340km 이상, 그 밖의 도로에 있어서는 200km 이상을 말한다)에 걸치는 운송을 하는 때에는 2명 이상의 운전자로 할 것. 다만, 다음의 어느 하나에 해당하는 경우에는 그러하지 아니하다.
	    ㉠ 운송책임자를 동승시킨 경우
	    ㉡ 운송하는 위험물이 제2류 위험물·제3류 위험물(칼슘 또는 알루미늄의 탄화물과 이것만을 함유한 것에 한한다) 또는 제4류 위험물(특수인화물을 제외한다)인 경우
	    ㉢ 운송 도중에 2시간 이내마다 20분 이상씩 휴식하는 경우
	③ 위험물(**제4류 위험물에 있어서는 특수인화물 및 제1석유류에 한한다**)을 운송하게 하는 자는 위험물안전카드를 위험물운송자로 하여금 휴대하게 할 것

위험물의 구분	제1류	제2류	제3류	제4류	제5류	제6류
제1류		×	×	×	×	○
제2류	×		×	○	○	×
제3류	×	×		○	×	×
제4류	×	○	○		○	×
제5류	×	○	×	○		×
제6류	○	×	×	×	×	

(혼재기준)

실기시험대비 요약본

소화설비의 적응성

소화설비의 구분			건축물·그 밖의 공작물	전기설비	제1류 위험물 알칼리금속 과산화물 등	제1류 위험물 그 밖의 것	제2류 위험물 철분·금속분·마그네슘 등	제2류 위험물 인화성 고체	제2류 위험물 그 밖의 것	제3류 위험물 금수성 물품	제3류 위험물 그 밖의 것	제4류 위험물	제5류 위험물	제6류 위험물
물분무 등 소화설비		옥내소화전 또는 옥외소화전설비	O			O		O	O		O		O	O
		스프링클러설비	O			O		O	O		O	△	O	O
		물분무소화설비	O	O		O		O	O		O	O	O	O
		포소화설비	O			O		O	O		O	O	O	O
		불활성가스소화설비		O				O				O		
		할로겐화합물소화설비		O				O				O		
	분말소화설비	인산염류 등	O	O		O		O	O			O		O
		탄산수소염류 등		O	O		O	O		O		O		
		그 밖의 것			O		O			O				
대형·소형 수동식 소화기		봉상수(棒狀水)소화기	O			O		O	O		O		O	O
		무상수(霧狀水)소화기	O	O		O		O	O		O		O	O
		봉상강화액소화기	O			O		O	O		O		O	O
		무상강화액소화기	O	O		O		O	O		O	O	O	O
		포소화기	O			O		O	O		O	O	O	O
		이산화탄소소화기		O				O				O		△
		할로겐화합물소화기		O				O				O		
	분말소화기	인산염류소화기	O	O		O		O	O			O		O
		탄산수소염류소화기		O	O		O	O		O		O		
		그 밖의 것			O		O			O				
기타		물통 또는 수조	O			O		O	O		O		O	O
		건조사			O	O	O	O	O	O	O	O	O	O
		팽창질석 또는 팽창진주암			O	O	O	O	O	O	O	O	O	O

※ 소화설비는 크게 물주체(옥내·옥외, 스프링클러, 물분무, 포)와 가스주체(불활성가스소화설비, 할로겐화합물소화설비)로 구분하여 대상물별로 물을 사용하면 되는 곳과 안 되는 곳을 구분해서 정리하면 쉽게 분류할 수 있다. 다만, 제6류 위험물의 경우 소규모 누출 시를 가정하여 다량의 물로 희석소화한다는 관점으로 정리하는 것이 좋다.

위험물제조소의 시설기준

구분	안전거리
사용전압 7,000V 초과 35,000V 이하	3m 이상
사용전압 35,000V 초과	5m 이상
주거용	10m 이상
고압가스, 액화석유가스, 도시가스	20m 이상
학교·병원·극장	30m 이상
유형문화재, 지정문화재	50m 이상

안전거리

단축기준 적용 방화격벽 높이

방화상 유효한 담의 높이
① $H \leq pD^2+a$ 인 경우 $h=2$
② $H > pD^2+a$ 인 경우 $h = H-p(D^2-d^2)$ (p: 목조=0.04, 방화구조=0.15)

여기서, H: 건축물의 높이
D: 제조소와 건축물과의 거리
a: 제조소 높이
d: 제조소와 방화격벽과의 거리
h: 방화격벽의 높이

보유공지

① 지정수량 10배 이하 : 3m 이상
② 지정수량 10배 초과 : 5m 이상

표지 및 게시판

① 백색 바탕 흑색 문자
② 유별, 품명, 수량, 지정수량 배수, 안전관리자 성명 또는 직명
③ 규격 : 한 변의 길이 0.3m 이상, 다른 한 변의 길이 0.6m 이상

방화상 유효한 담을 설치한 경우의 안전거리

구분	취급하는 위험물의 최대수량 (지정수량의 배수)	안전거리(이상)		
		주거용 건축물	학교·유치원 등	문화재
제조소·일반취급소	10배 미만	6.5m	20m	35m
	10배 이상	7.0m	22m	38m

건축물 구조기준

① 지하층이 없도록 한다.
② 벽, 기둥, 바닥, 보, 서까래 및 계단은 불연재료로 하고, 연소의 우려가 있는 외벽은 개구부가 없는 내화구조의 벽으로 하여야 한다.
③ 지붕은 폭발력이 위로 방출될 정도의 가벼운 불연재료로 덮어야 한다.
④ 출입구와 비상구는 갑종방화문 또는 을종방화문을 설치하며, 연소의 우려가 있는 외벽에 설치하는 출입구에는 수시로 열 수 있는 자동폐쇄식의 갑종방화문을 설치한다.
⑤ 위험물을 취급하는 건축물의 창 및 출입구에 유리를 이용하는 경우에는 망입유리로 한다.
⑥ 액체의 위험물을 취급하는 건축물의 바닥은 위험물이 스며들지 못하는 재료를 사용하고, 적당한 경사를 두어 그 최저부에 집유설비를 한다.

구분	내용
환기설비	① 자연배기방식 ② 급기구는 낮은 곳에 설치하며, **바닥면적 150m²마다** 1개 이상으로 하되, **급기구의 크기는 800cm² 이상**으로 한다. 다만, 바닥면적이 150m² 미만인 경우에는 다음의 크기로 하여야 한다. | 바닥면적	급기구의 면적
60m² 미만	150cm² 이상
60m² 이상 90m² 미만	300cm² 이상
90m² 이상 120m² 미만	450cm² 이상
120m² 이상 150m² 미만	600cm² 이상 | ③ 인화방지망 설치 ④ 환기구는 지상 2m 이상의 회전식 고정 벤틸레이터 또는 루프팬 방식 설치
배출설비	① 국소방식 ② 강제배출, 배출능력 : **1시간당 배출장소 용적의 20배 이상** ③ 전역방식의 바닥면적 1m²당 18m³ 이상 ④ 급기구는 높은 곳에 설치 ⑤ 인화방지망 설치
피뢰설비	지정수량의 10배 이상의 위험물을 취급하는 제조소(제6류 위험물을 취급하는 위험물제조소를 제외한다)에는 피뢰침을 설치하여야 한다.
정전기제거설비	① 접지 ② 공기 중의 상대습도를 70% 이상 ③ 공기를 이온화

방유제 설치	① 옥내 ┌ 탱크 1기 : 탱크 용량 이상
	         └ 탱크 2기 이상 : 최대 탱크 용량 이상
	② 옥외 ┌ 탱크 1기 : 해당 탱크 용량의 50% 이상
	         └ 탱크 2기 이상 : 최대용량의 50%+나머지 탱크 용량의 10%를 가산한 양 이상

자동화재탐지설비 대상 제조소	① 연면적 500m² 이상인 것 ② 옥내에서 지정수량의 100배 이상을 취급하는 것(고인화점 위험물만을 100℃ 미만의 온도에서 취급하는 것을 제외한다) ③ 일반취급소로 사용되는 부분 외의 부분이 있는 건축물에 설치된 일반취급소
하이드록실아민 등을 취급하는 제조소 안전거리 (D)	$D = 51.1 \times \sqrt[3]{N}$ 여기서, N : 해당 제조소에서 취급하는 하이드록실아민 등의 지정수량의 배수

옥내저장소의 시설기준 ◀ 무료강의

안전거리 제외대상	① **제4석유류 또는 동식물유류의 위험물**을 저장 또는 취급하는 옥내저장소로서 그 최대수량이 **지정수량의 20배 미만인 것** ② 제6류 위험물을 저장 또는 취급하는 옥내저장소

보유공지

저장 또는 취급하는 위험물의 최대수량	공지의 너비	
	벽·기둥 및 바닥이 내화구조로 된 건축물	그 밖의 건축물
지정수량의 5배 이하	–	0.5m 이상
지정수량의 5배 초과 10배 이하	1m 이상	1.5m 이상
지정수량의 10배 초과 20배 이하	2m 이상	3m 이상
지정수량의 20배 초과 50배 이하	3m 이상	5m 이상
지정수량의 50배 초과 200배 이하	5m 이상	10m 이상
지정수량의 200배 초과	10m 이상	15m 이상

저장창고 기준

① 지면에서 처마까지의 높이(이하 "처마높이"라 한다)가 **6m 미만인 단층건물**로 하고 그 바닥을 지반면보다 높게 하여야 한다. 다만, 제2류 또는 제4류 위험물만 저장하는 경우 다음의 조건에서는 20m 이하로 가능하다.
　㉠ 벽·기둥·바닥·보는 내화구조
　㉡ 출입구는 갑종방화문
　㉢ 피뢰침 설치
② **벽·기둥·보 및 바닥 : 내화구조, 보와 서까래 : 불연재료**
③ **지붕**은 폭발력이 위로 방출될 정도의 가벼운 **불연재료**
④ **출입구에는 갑종방화문 또는 을종방화문**을 설치할 것
⑤ 저장창고의 창 또는 출입구에 유리를 이용하는 경우에는 **망입유리**를 설치할 것
⑥ 액상위험물의 저장창고 **바닥은 위험물이 스며들지 아니하는 구조**로 하고, 적당하게 경사지게 하여 그 최저부에 **집유설비**를 할 것
⑦ **지정수량의 10배 이상의 저장창고**(제6류 위험물의 저장창고를 제외한다)에는 **피뢰침**을 설치할 것

저장창고의 바닥면적

위험물을 저장하는 창고	바닥면적
① 제1류 위험물 중 아염소산염류, 염소산염류, 과염소산염류, 무기과산화물, 그 밖에 지정수량이 50kg인 위험물 ② 제3류 위험물 중 칼륨, 나트륨, 알킬알루미늄, 알킬리튬, 그 밖에 지정수량이 10kg인 위험물 및 황린 ③ 제4류 위험물 중 특수인화물, 제1석유류 및 알코올류 ④ 제5류 위험물 중 유기과산화물, 질산에스터류, 그 밖에 지정수량이 10kg인 위험물 ⑤ 제6류 위험물	1,000m^2 이하
①~⑤ 외의 위험물을 저장하는 창고	2,000m^2 이하
내화구조의 격벽으로 완전히 구획된 실에 각각 저장하는 창고	1,500m^2 이하

담/토제 설치기준

① 담 또는 토제는 저장창고의 외벽으로부터 2m 이상 떨어진 장소에 설치
② 담 또는 토제의 높이는 저장창고의 처마높이 이상
③ 담은 두께 15cm 이상의 철근콘크리트조나 철골철근콘크리트조 또는 두께 20cm 이상의 보강콘크리트블록조로 할 것
④ 토제의 경사면의 경사도는 60° 미만으로 할 것

다층 건물 옥내저장소 기준

① 저장창고는 각층의 바닥을 지면보다 높게 하고, 바닥면으로부터 상층의 바닥(상층이 없는 경우에는 처마)까지의 높이(이하 "층고"라 한다)를 6m 미만으로 하여야 한다.
② 하나의 저장창고의 바닥면적 합계는 1,000m^2 이하로 하여야 한다.
③ 저장창고의 벽·기둥·바닥 및 보를 내화구조로 하고, 계단을 불연재료로 하며, 연소의 우려가 있는 외벽은 출입구 외의 개구부를 갖지 아니하는 벽으로 하여야 한다.
④ 2층 이상의 층의 바닥에는 개구부를 두지 아니하여야 한다. 다만, 내화구조의 벽과 갑종방화문 또는 을종방화문으로 구획된 계단실에 있어서는 그러하지 아니하다.

옥외저장소의 시설기준		
설치기준	① 안전거리를 둘 것 ② 습기가 없고 배수가 잘 되는 장소에 설치할 것 ③ 위험물을 저장 또는 취급하는 장소의 주위에는 경계 표시	
보유공지	저장 또는 취급하는 위험물의 최대수량	공지의 너비
	지정수량의 10배 이하	3m 이상
	지정수량의 10배 초과 20배 이하	5m 이상
	지정수량의 20배 초과 50배 이하	9m 이상
	지정수량의 50배 초과 200배 이하	12m 이상
	지정수량의 200배 초과	15m 이상
	제4류 위험물 중 제4석유류와 제6류 위험물을 저장 또는 취급하는 보유공지는 공지너비의 $\frac{1}{3}$ 이상으로 할 수 있다.	
선반 설치기준	① 선반은 불연재료로 만들고 견고한 지반면에 고정할 것 ② 선반은 당해 선반 및 그 부속설비의 자중·저장하는 위험물의 중량·풍하중·지진의 영향 등에 의하여 생기는 응력에 대하여 안전할 것 ③ **선반의 높이는 6m를 초과하지 아니할 것** ④ 선반에는 위험물을 수납한 용기가 쉽게 낙하하지 아니하는 조치	
옥외저장소에 저장할 수 있는 위험물	① **제2류 위험물 중 황, 인화성 고체**(인화점이 0℃ 이상인 것에 한함) ② **제4류 위험물 중 제1석유류**(인화점이 0℃ 이상인 것에 한함), **제2석유류, 제3석유류, 제4석유류, 알코올류, 동식물유류** ③ **제6류 위험물**	
덩어리상태의 황 저장기준	① **하나의 경계표시의 내부의 면적은 100m² 이하일 것** ② 2 이상의 경계표시를 설치하는 경우에 있어서는 각각의 경계표시 내부의 면적을 합산한 면적은 1,000m² 이하로 하고, 인접하는 경계표시와 경계표시와의 간격은 공지의 너비의 2분의 1 이상으로 할 것 ③ 경계표시는 불연재료로 만드는 동시에 황이 새지 아니하는 구조 ④ **경계표시의 높이는 1.5m 이하로 할 것** ⑤ 경계표시에는 황이 넘치거나 비산하는 것을 방지하기 위한 천막 등을 고정하는 장치를 설치하되, 천막 등을 고정하는 장치는 경계표시의 길이 2m마다 한 개 이상 설치할 것 ⑥ 황을 저장 또는 취급하는 장소의 주위에는 배수구와 분리장치를 설치	
기타 기준	① 과산화수소 또는 과염소산을 저장하는 옥외저장소에는 불연성 또는 난연성의 천막 등을 설치하여 햇빛을 가릴 것 ② 눈·비 등을 피하거나 차광 등을 위하여 옥외저장소에 캐노피 또는 지붕을 설치하는 경우에는 환기 및 소화활동에 지장을 주지 아니하는 구조로 할 것. 이 경우 기둥은 내화구조로 하고, 캐노피 또는 지붕을 불연재료로 하며, 벽을 설치하지 아니하여야 한다.	

	옥내탱크저장소의 시설기준	

옥내탱크저장소의 구조	① 단층 건축물에 설치된 탱크전용실에 설치할 것 ② 옥내저장탱크와 탱크전용실의 벽과의 사이 및 옥내저장탱크의 **상호간에는 0.5m 이상의 간격**을 유지할 것 ③ 옥내저장탱크의 용량(동일한 탱크전용실에 옥내저장탱크를 2 이상 설치하는 경우에는 각 탱크의 용량의 합계를 말한다)은 **지정수량의 40배**(제4석유류 및 동식물유류 외의 제4류 위험물에 있어서 해당 수량이 **20,000L를 초과할 때에는 20,000L**) **이하**일 것 ④ 압력탱크(최대상용압력이 부압 또는 정압 5kPa을 초과하는 탱크를 말한다) 외의 탱크에 있어서는 밸브 없는 통기관을 설치하고, 압력탱크에 있어서는 안전장치를 설치할 것
탱크전용실의 구조	① 탱크전용실은 **벽·기둥 및 바닥을 내화구조**로 하고, **보를 불연재료**로 하며, 연소의 우려가 있는 외벽은 출입구 외에는 개구부가 없도록 할 것 ② 탱크전용실은 **지붕을 불연재료**로 하고, 천장을 설치하지 아니할 것 ③ 탱크전용실의 창 및 출입구에는 갑종방화문 또는 을종방화문을 설치할 것 ④ 탱크전용실의 창 또는 출입구에 유리를 이용하는 경우에는 **망입유리**로 할 것 ⑤ 액상의 위험물의 옥내저장탱크를 설치하는 탱크전용실의 **바닥은 위험물이 침투하지 아니하는 구조**로 하고, 적당한 경사를 두는 한편, **집유설비**를 설치할 것 ⑥ 탱크전용실의 출입구의 턱의 높이를 해당 탱크전용실 내의 옥내저장탱크(옥내저장탱크가 2 이상인 경우에는 최대용량의 탱크)의 용량을 수용할 수 있는 높이 이상으로 하거나 옥내저장탱크로부터 누설된 위험물이 탱크전용실 외의 부분으로 유출하지 아니하는 구조로 할 것

단층 건물 외의 건축물	① 옥내저장탱크는 탱크전용실에 설치할 것. 이 경우 제2류 위험물 중 황화인, 적린 및 덩어리유황, 제3류 위험물 중 황린, 제6류 위험물 중 질산의 탱크전용실은 건축물의 1층 또는 지하층에 설치해야 한다.
	② 주입구 부근에는 해당탱크의 위험물의 양을 표시하는 장치를 설치할 것
	③ 탱크전용실이 있는 건축물에 설치하는 옥내저장탱크의 펌프설비
	㉮ 탱크전용실 외의 장소에 설치하는 경우
	  ㉠ 펌프실은 **벽·기둥·바닥 및 보를 내화구조**로 할 것
	  ㉡ 펌프실은 상층이 있는 경우에 있어서는 상층의 바닥을 내화구조로 하고, 상층이 없는 경우에 있어서는 **지붕을 불연재료**로 하며, 천장을 설치하지 아니할 것
	  ㉢ 펌프실에는 창을 설치하지 아니할 것
	  ㉣ 펌프실의 출입구에는 **갑종방화문을 설치**할 것
	  ㉤ 펌프실의 환기 및 배출의 설비에는 **방화상 유효한 댐퍼 등을 설치**할 것
	㉯ 탱크전용실에 펌프설비를 설치하는 경우에는 견고한 기초 위에 고정한 다음 그 주위에는 불연재료로 된 **턱을 0.2m 이상의 높이**로 설치하는 등 누설된 위험물이 유출되거나 유입되지 아니하도록 하는 조치를 할 것

기타	① 안전거리와 보유공지에 대한 기준이 없으며, 규제 내용 역시 없다. ② 원칙적으로 옥내탱크저장소의 탱크는 단층 건물의 탱크전용실에 설치할 것

옥외탱크저장소의 시설기준

◀ 무료강의

	저장 또는 취급하는 위험물의 최대 수량	공지의 너비
보유공지	지정수량의 500배 이하	3m 이상
	지정수량의 500배 초과 1,000배 이하	5m 이상
	지정수량의 1,000배 초과 2,000배 이하	9m 이상
	지정수량의 2,000배 초과 3,000배 이하	12m 이상
	지정수량의 3,000배 초과 4,000배 이하	15m 이상

■ 특례 : 제6류 위험물을 저장, 취급하는 옥외탱크저장소의 경우
- 해당 보유공지의 $\frac{1}{3}$ 이상의 너비로 할 수 있다(단, 1.5m 이상일 것).
- 동일 대지 내에 2기 이상의 탱크를 인접하여 설치하는 경우에는 당해 보유공지 너비의 $\frac{1}{3}$ 이상에 다시 $\frac{1}{3}$ 이상의 너비로 할 수 있다(단, 1.5m 이상일 것).

탱크 통기장치의 기준

밸브 없는 통기관
① 통기관의 직경 : 30mm 이상
② 통기관의 선단은 45° 이상 구부려 빗물 등의 침투를 막는 구조
③ 인화점이 38℃ 미만인 위험물만을 저장·취급하는 탱크의 통기관에는 화염방지장치를 설치하고, 인화점이 38℃ 이상 70℃ 미만인 위험물을 저장·취급하는 탱크의 통기관에는 40mesh 이상의 구리망으로 된 인화방지장치를 설치할 것

대기밸브부착 통기관
① 5kPa 이하의 압력 차이로 작동할 수 있을 것
② 가는 눈의 구리망 등으로 인화방지장치를 설치

방유제 설치기준

① 용량 : 방유제 안에 설치된 탱크가 하나인 때에는 그 탱크 용량의 110% 이상, 2기 이상인 때에는 그 탱크 용량 중 용량이 최대인 것의 용량의 110% 이상으로 한다. 다만, 인화성이 없는 액체위험물의 옥외저장탱크의 주위에 설치하는 방유제는 "110%"를 "100%"로 본다.
② 높이 및 면적 : 0.5m 이상 3.0m 이하, 두께 0.2m 이상, 지하매설 깊이 1m 이상으로 할 것. 면적 80,000m² 이하
③ 방유제와 탱크 측면과의 이격거리
  ㉠ 탱크 지름이 15m 미만인 경우 : 탱크 높이의 $\frac{1}{3}$ 이상
  ㉡ 탱크 지름이 15m 이상인 경우 : 탱크 높이의 $\frac{1}{2}$ 이상

방유제의 구조

① 방유제는 철근콘크리트로 하고, 방유제와 옥외저장탱크 사이의 지표면은 불연성과 불침윤성이 있는 구조(철근콘크리트 등)로 할 것
② 내부에 고인 물을 외부로 배출하기 위한 배수구를 설치하고 이를 개폐하는 밸브 등을 방유제의 외부에 설치
③ 용량이 100만L 이상인 위험물을 저장하는 옥외저장탱크에 있어서는 밸브 등에 그 개폐상황을 쉽게 확인할 수 있는 장치를 설치
④ 높이가 1m를 넘는 방유제 및 칸막이 둑의 안팎에는 방유제 내에 출입하기 위한 계단 또는 경사로를 약 50m마다 설치
⑤ 이황화탄소의 옥외탱크저장소 설치기준 : 탱크전용실(수조)의 구조
  ㉠ 재질 : 철근콘크리트조(바닥에 물이 새지 않는 구조)
  ㉡ 벽, 바닥의 두께 : 0.2m 이상

지하탱크저장소와
간이탱크저장소의 시설기준 ◀ 무료강의

지하탱크저장소의 시설기준

저장소 구조	① 지하저장탱크의 윗부분은 **지면으로부터 0.6m 이상 아래**에 있어야 한다. ② 지하저장탱크를 2 이상 인접해 설치하는 경우에는 그 **상호간에 1m 이상의 간격**을 유지하여야 한다. ③ 액체위험물의 지하저장탱크에는 위험물의 양을 자동적으로 표시하는 장치 또는 계량구를 설치하여야 한다. ④ 지하저장탱크는 용량에 따라 압력탱크(최대상용압력이 46.7kPa 이상인 탱크를 말한다) 외의 탱크에 있어서는 70kPa의 압력으로, 압력탱크에 있어서는 최대상용압력의 1.5배의 압력으로 각각 10분간 수압시험을 실시하여 새거나 변형되지 아니하여야 한다.
과충전 방지장치	① 탱크용량을 초과하는 위험물이 주입될 때 자동으로 그 주입구를 폐쇄하거나 위험물의 공급을 자동으로 차단하는 방법 ② 탱크용량의 **90%가 찰 때 경보음**을 울리는 방법
탱크전용실 구조	① 탱크전용실은 지하의 가장 가까운 벽·피트·가스관 등의 시설물 및 대지경계선으로부터 0.1m 이상 떨어진 곳에 설치하고, 지하저장탱크와 탱크전용실의 안쪽과의 사이는 0.1m 이상의 간격을 유지하도록 하며, 당해 탱크의 주위에 마른모래 또는 습기 등에 의하여 응고되지 아니하는 **입자지름 5mm 이하의 마른 자갈분**을 채워야 한다. ② 탱크전용실은 벽·바닥 및 뚜껑을 다음 각 목에 정한 기준에 적합한 철근콘크리트구조 또는 이와 동등 이상의 강도가 있는 구조로 설치하여야 한다. 　㉠ 벽·바닥 및 뚜껑의 두께는 0.3m 이상일 것 　㉡ 벽·바닥 및 뚜껑의 내부에는 직경 9mm부터 13mm까지의 철근을 가로 및 세로로 5cm부터 20cm까지의 간격으로 배치할 것 　㉢ 벽·바닥 및 뚜껑의 재료에 수밀콘크리트를 혼입하거나 벽·바닥 및 뚜껑의 중간에 아스팔트층을 만드는 방법으로 적정한 방수조치를 할 것

간이탱크저장소의 시설기준

설비기준	① 옥외에 설치한다. ② 전용실 안에 설치하는 경우 채광, 조명, 환기 및 배출의 설비를 한다. ③ 탱크의 구조기준 　㉠ **두께 3.2mm 이상의 강판**으로 흠이 없도록 제작 　㉡ 시험방법 : **70kPa 압력으로 10분간 수압시험을 실시**하여 새거나 변형되지 아니할 것 　㉢ 하나의 탱크 용량은 **600L 이하**로 할 것
탱크 설치방법	① 하나의 간이탱크저장소에 설치하는 **탱크의 수는 3기 이하**로 할 것 ② 옥외에 설치하는 경우에는 그 탱크 주위에 **너비 1m 이상의 공지를 보유**할 것 ③ 탱크를 전용실 안에 설치하는 경우에는 **탱크와 전용실 벽과의 사이에 0.5m 이상의 간격**을 유지할 것
통기관 설치	① 밸브 없는 통기관 　㉠ 지름 : 25mm 이상 　㉡ 옥외 설치, 선단 높이는 1.5m 이상 　㉢ 선단은 수평면에 대하여 45° 이상 구부려 빗물 침투 방지 ② 대기밸브부착 통기관은 옥외탱크저장소에 준함

이동탱크저장소의 시설기준

구분	내용
탱크 구조기준	① 본체 : 3.2mm 이상 ② 측면틀 : 3.2mm 이상 ③ 안전칸막이 : 3.2mm 이상 ④ 방호틀 : 2.3mm 이상 ⑤ 방파판 : 1.6mm 이상
안전장치 작동압력	① 상용압력이 20kPa 이하 : 20kPa 이상 24kPa 이하의 압력 ② 상용압력이 20kPa 초과 : 상용압력의 1.1배 이하의 압력
설치기준	**측면틀** ① 탱크 상부 네모퉁이에 전단 또는 후단으로부터 1m 이내의 위치 ② 최외측선의 수평면에 대하여 내각이 75° 이상 **안전칸막이** ① 재질은 두께 3.2mm 이상의 강철판 ② 4,000L 이하마다 구분하여 설치 **방호틀** ① 재질은 두께 2.3mm 이상의 강철판으로 제작 ② 정상부분은 부속장치보다 50mm 이상 높게 설치 **방파판** ① 재질은 두께 1.6mm 이상의 강철판 ② 하나의 구획부분에 2개 이상의 방파판을 진행방향과 평형으로 설치
표지판 기준	① 차량의 전·후방에 설치할 것 ② 규격 : 한 변의 길이가 0.3m 이상 다른 한 변의 길이가 0.6m 이상 ③ 색깔 : 흑색 바탕에 황색 반사도료 '위험물'이라고 표시
게시판 기준	탱크의 뒷면 보기 쉬운 곳에 위험물의 유별, 품명, 최대수량 및 적재중량 표시
외부도장	<table><tr><th>유별</th><th>도장의 색상</th><th>비고</th></tr><tr><td>제1류</td><td>회색</td><td rowspan="5">① 탱크의 앞면과 뒷면을 제외한 면적의 40% 이내의 면적은 다른 유별의 색상 외의 색상으로 도장하는 것이 가능하다. ② 제4류에 대해서는 도장의 색상 제한이 없으나 적색을 권장한다.</td></tr><tr><td>제2류</td><td>적색</td></tr><tr><td>제3류</td><td>청색</td></tr><tr><td>제5류</td><td>황색</td></tr><tr><td>제6류</td><td>청색</td></tr></table>

기타	① 아세트알데하이드 등을 저장 또는 취급하는 이동탱크저장소는 당해 위험물의 성질에 따라 강화되는 기준은 다음에 의하여야 한다.
	  ㉠ 이동저장탱크는 불활성의 기체를 봉입할 수 있는 구조로 할 것
	  ㉡ 이동저장탱크 및 그 설비는 은·수은·동·마그네슘 또는 이들을 성분으로 하는 합금으로 만들지 아니할 것
	② 이동저장탱크의 상부로부터 위험물을 주입할 때에는 위험물의 액표면이 주입관의 선단을 넘는 높이가 될 때까지 그 주입관 내의 유속을 초당 1m 이하로 할 것

주유취급소와
판매취급소의 시설기준 ◀ 무료강의

주유취급소의 시설기준

주유 및 급유공지	① 자동차 등에 직접 주유하기 위한 설비로서(현수식 포함) **너비 15m 이상, 길이 6m 이상**의 콘크리트 등으로 포장한 공지를 보유한다. ② 공지의 기준 　㉠ 바닥은 주위 지면보다 높게 한다. 　㉡ 그 표면을 적당하게 경사지게 하여 새어나온 기름, 그 밖의 액체가 공지의 외부로 유출되지 아니하도록 배수구·집유설비 및 유분리장치를 한다.
게시판	**화기엄금**　　**적색바탕 백색문자** **주유 중 엔진정지**　**황색바탕 흑색문자**
탱크 용량기준	① 자동차 등에 주유하기 위한 고정주유설비에 직접 접속하는 전용탱크는 **50,000L** 이하이다. ② 고정급유설비에 직접 접속하는 전용탱크는 **50,000L** 이하이다. ③ 보일러 등에 직접 접속하는 전용탱크는 **10,000L** 이하이다. ④ 자동차 등을 점검·정비하는 작업장 등에서 사용하는 폐유·윤활유 등의 위험물을 저장하는 탱크는 **2,000L** 이하이다. ⑤ 고속국도 도로변에 설치된 주유취급소의 탱크용량은 **60,000L**이다.
고정주유설비	고정주유설비 또는 고정급유설비의 중심선을 기점으로 ① 도로경계면으로 : 4m 이상 ② 부지경계선·담 및 건축물의 벽까지 : 2m 이상 ③ 개구부가 없는 벽으로부터 : 1m 이상 ④ 고정주유설비와 고정급유설비 사이 : 4m 이상
설치가능 건축물	작업장, 사무소, 정비를 위한 작업장, 세정작업장, 점포, 휴게음식점 또는 전시장, 관계자 주거시설 등
셀프용 고정주유설비	① 1회의 연속주유량 및 주유시간의 상한을 미리 설정할 수 있는 구조일 것 ② 주유량의 상한은 **휘발유는 100L 이하, 경유는 200L 이하로 하며, 주유시간의 상한은 4분 이하**로 한다.
셀프용 고정급유설비	1회의 연속급유량 및 급유시간의 상한을 미리 설정할 수 있는 구조일 것. 이 경우 급유량의 상한은 100L 이하, 급유시간의 상한은 6분 이하로 한다.

판매취급소의 시설기준

종류별	① 제1종 : 저장 또는 취급하는 위험물의 수량이 지정수량의 **20배 이하인 취급소** ② 제2종 : 저장 또는 취급하는 위험물의 수량이 지정수량의 **40배 이하인 취급소**
배합실 기준	① **바닥면적은 6m² 이상 15m² 이하**이며, 내화구조 또는 불연재료로 된 벽으로 구획 ② 바닥은 위험물이 침투하지 아니하는 구조로 하여 적당한 경사를 두고 집유설비를 하며, 출입구에는 갑종방화문 설치 ③ **출입구 문턱의 높이는 바닥면으로 0.1m 이상**으로 하며, 내부에 체류한 가연성 증기 또는 가연성의 미분을 지붕 위로 방출하는 설치
제2종 판매취급소에서 배합할 수 있는 위험물의 종류	① 황 ② 도료류 ③ 제1류 위험물 중 염소산염류 및 염소산염류만을 함유한 것

PART 2

유별 위험물 성상 관련 예상문제

실기시험에 자주 출제되는 유별 위험물 성상 관련 문제

Industrial Engineer Hazardous material

Part 2 유별 위험물 성상 관련 예상문제

 1. <디에틸에테르> 관련 예상문제

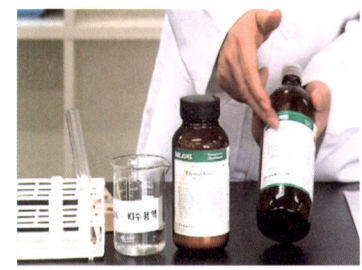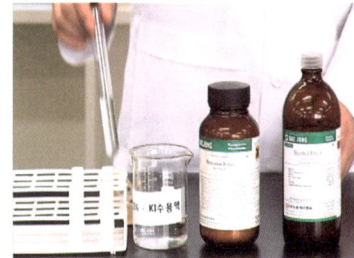
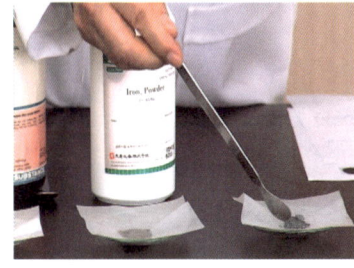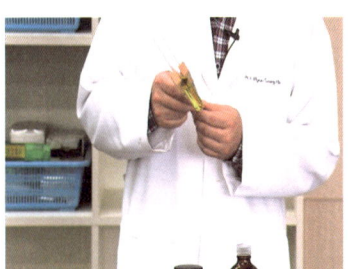

01 동영상에서 보여지는 물질의 연소범위와 인화점은?

답 연소범위(1.9~48%), 인화점(-40℃)

02 동영상에서 보여지는 물질을 대량 저장하는 경우의 조치사항에 대해 적으시오.

답 대량 저장 시에는 불활성 가스를 봉입하고, 운반용기의 공간용적으로 10% 이상 여유를 둔다. 또한, 옥외저장탱크 중 압력탱크에 저장하는 경우 40℃ 이하를 유지해야 한다.

03 동영상에서 보여지는 물질의 폭발성 과산화물 생성을 방지하기 위한 조치사항은?

답 40mesh의 구리망을 넣어 둔다.

04 동영상에서 보여지는 물질의 경우 아이오딘화칼륨 10% 용액을 넣는 이유는?

답 과산화물 검출 확인을 위해 넣는다.

05 동영상에서 보여지는 물질에 대해 다음 물음에 답하시오.
① 증기비중을 구하시오.
② 과산화물의 검출은 10% KI용액과의 (   )색 반응으로 확인한다.
③ 생성된 상기 물질을 제거하기 위한 시약이 무엇인지 쓰시오.

답 ① $\frac{74}{29} ≒ 2.55$
② 황
③ 황산제일철

06 동영상에서 보여지는 물질은 위험물안전관리법상 ① 제 몇 류 위험물에 해당하며, ② 품명은 어떻게 되는가?

답 ① 제4류
② 특수인화물

Part 2 유별 위험물 성상 관련 예상문제

2. <과염소산> 관련 예상문제

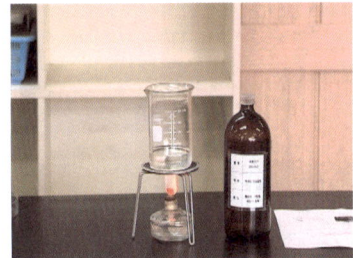

01 과염소산의 열분해반응식은?

> 답 $HClO_4 \rightarrow HCl + 2O_2$

02 다음 빈칸에 알맞은 수치를 쓰시오.
과염소산의 경우 (   )℃에서 폭발적으로 반응한다.

> 답 92

03 과염소산의 증기비중은?

> 답 $\dfrac{100.5}{28.84} \fallingdotseq 3.48$

04 과염소산의 폭발반응 시 발생하는 기체 중 위험성 기체는 무엇인가?

> 답 염화수소(HCl)

3. <아연과 황산의 반응> 관련 예상문제

01 동영상에서 보여지는 것처럼 아연과 황산의 반응식을 쓰시오.

답 $Zn + H_2SO_4 \rightarrow ZnSO_4 + H_2$

02 아연의 지정수량은?

답 500kg

03 아연이 산과 반응하면 발생하는 기체의 명칭은?

답 수소가스

4. <금속분류(마그네슘, 철분, 아연)> 관련 예상문제

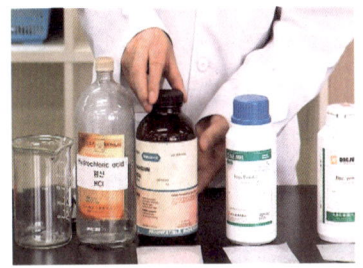 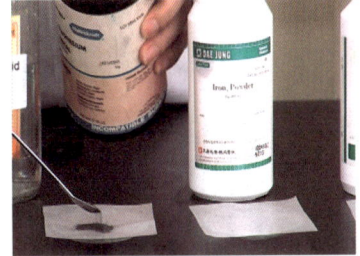 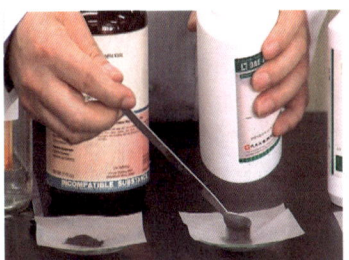

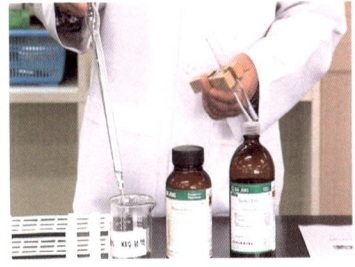 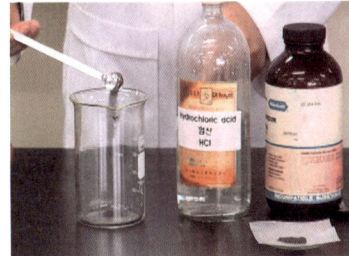 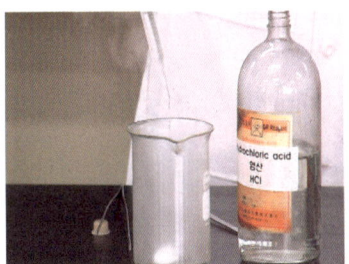

01 철분의 위험물안전관리법령상 한계는?

답 50mesh(53μm)의 표준체를 통과하는 것이 50중량퍼센트 이상인 것

02 철분이 공기 중에서 산화하는 경우의 반응식을 적으시오.

답 $4Fe + 3O_2 \rightarrow 2Fe_2O_3$

03 철분이 물과 접촉하는 경우의 반응식과, 마그네슘의 염산과의 반응식을 적으시오.

답 $2Fe + 3H_2O \rightarrow Fe_2O_3 + 3H_2$, $Mg + 2HCl \rightarrow MgCl_2 + H_2$

04 마그네슘, 철분, 아연의 3가지 물질 중 비중이 가장 작은 물질의 화학식은?

답 Mg

해설 Mg : 1.74, 철분 : 7.86, 아연 : 7.14

5. <황의 연소실험> 관련 예상문제

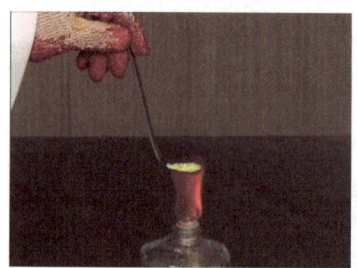

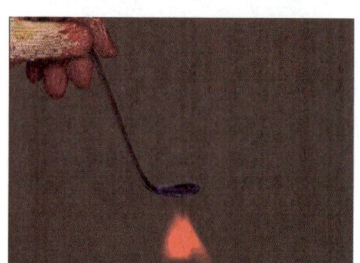

01 위험물안전관리법상 황은 순도가 얼마 미만인 것은 제외하는가?

정답 60wt%

02 황의 동소체를 모두 적으시오.

정답 사방황, 단사황, 고무상황

03 영상물에서 보여지는 위험물과 혼재해서는 안 되는 유별 위험물을 모두 적으시오.

정답 제1류, 제3류, 제6류

04 황 연소 시 발생하는 가스는?

정답 아황산가스(SO_2)

05 황의 연소반응식은?

정답 $S + O_2 \rightarrow SO_2$

6. <마그네슘의 연소> 관련 예상문제

01 동영상에서 보여지는 마그네슘에 대한 정의로서 다음 괄호 안에 적당한 말은?
마그네슘 또는 마그네슘을 포함한 것 중 (   )mm의 체를 통과하지 아니하는 덩어리 및 직경 (   )mm 이상의 (   )의 것은 제외한다.

답 2, 2, 막대모양

02 마그네슘의 연소반응식을 적으시오.

답 $2Mg + O_2 \rightarrow 2MgO$

03 마그네슘과 탄산가스와의 반응식을 적으시오.

답 $2Mg + CO_2 \rightarrow 2MgO + C$

04 다음 빈칸에 알맞은 말을 쓰시오.
마그네슘이 공기 중에 부유되는 경우 (　　　　)의 위험성이 있다.

정답 분진폭발

05 마그네슘은 냉수에는 서서히 반응하고, 더운물과는 급격히 반응한다. 이때 발생하는 가스는?

정답 수소

06 마그네슘의 지정수량은?

정답 500kg

07 마그네슘이 산 또는 물과 접촉하여 공통으로 발생하는 기체의 명칭을 적으시오.

정답 수소(H_2)

해설 $Mg + 2HCl \rightarrow MgCl_2 + H_2$
$Mg + 2H_2O \rightarrow Mg(OH)_2 + H_2$

7. <철분과 염산의 반응> 관련 예상문제

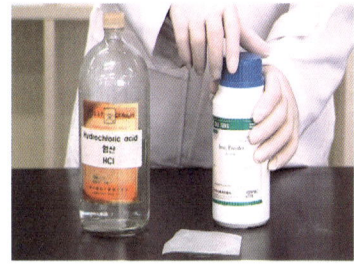 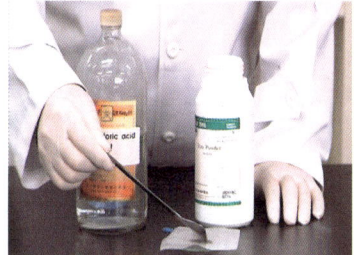 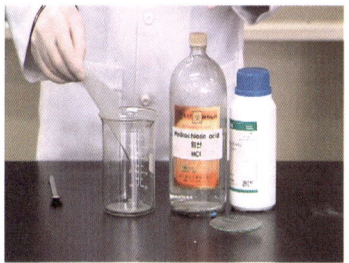

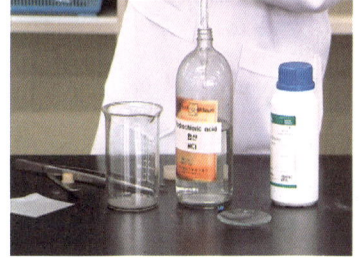 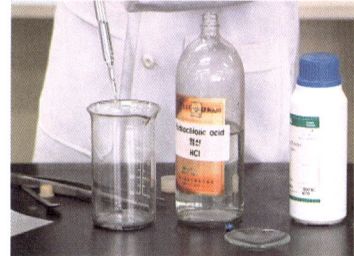 

01 철분이 염산과 반응하는 경우 반응식은?

정답 $2Fe + 6HCl \rightarrow 2FeCl_3 + 3H_2$

02 철분의 지정수량은?

정답 500kg

03 철분이 물과 접촉하는 경우 발생하는 기체의 명칭은?

정답 수소가스

8. <과망가니즈산칼륨과 황산과의 반응> 관련 예상문제

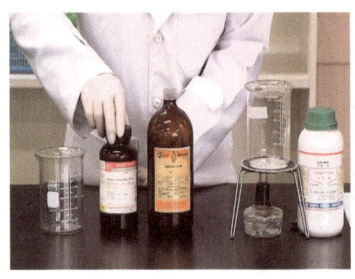

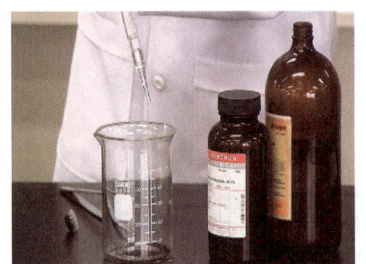

01 과망가니즈산칼륨의 열분해반응식은?

정답 $2KMnO_4 \rightarrow K_2MnO_4 + MnO_2 + O_2$

02 과망가니즈산칼륨의 묽은황산과의 반응식은?

정답 $4KMnO_4 + 6H_2SO_4 \rightarrow 2K_2SO_4 + 4MnSO_4 + 6H_2O + 5O_2$

03 과망가니즈산칼륨이 열분해하는 경우의 생성물을 쓰시오.

정답 과망가니즈산칼륨, 이산화망가니즈, 산소를 발생

04 과망가니즈산칼륨의 색상은?

정답 흑자색 또는 적자색의 결정

9. <이황화탄소와 물의 층분리실험> 관련 예상문제

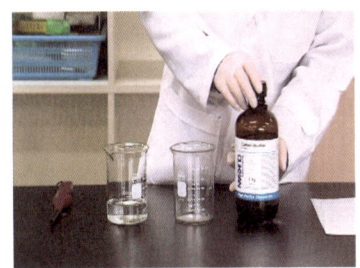

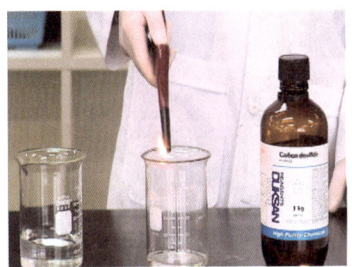

01 다음 주어진 용매 중 이황화탄소에는 잘 녹지 않는 것은?
〈보기〉 물, 알코올, 에테르, 벤젠

답 물

02 이황화탄소의 인화점은?

답 $-30℃$

03 이황화탄소가 고온의 물과 만나면 생기는 것은?

답 이산화탄소와 황화수소

해설 $CS_2 + 2H_2O \rightarrow CO_2 + 2H_2S$

04 이황화탄소의 연소범위는?

답 1~50%

10. <다이크로뮴산염류와 과망가니즈산염류> 관련 예상문제

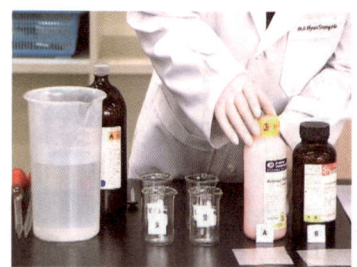  
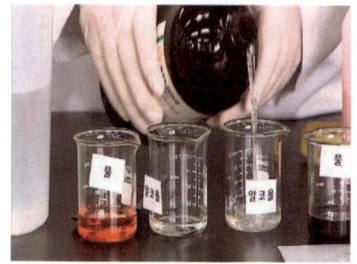 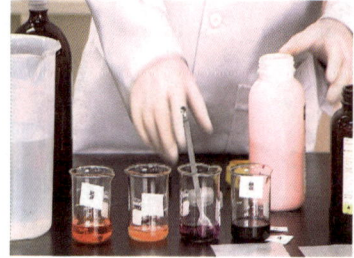 

01 다이크로뮴산칼륨과 과망가니즈산칼륨의 색상은?

답 다이크로뮴산칼륨 : 등적색, 과망가니즈산칼륨 : 흑자색

02 다이크로뮴산칼륨의 열분해반응식을 적으시오.

답 $4K_2Cr_2O_7 \rightarrow 4K_2CrO_4 + 2Cr_2O_3 + 3O_2$

03 다이크로뮴산칼륨의 지정수량은?

답 1,000kg

11. <나트륨 연소실험> 관련 예상문제

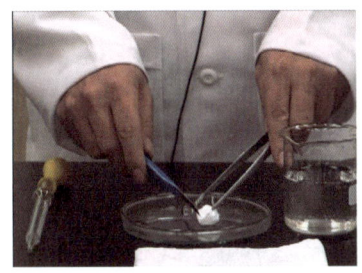  
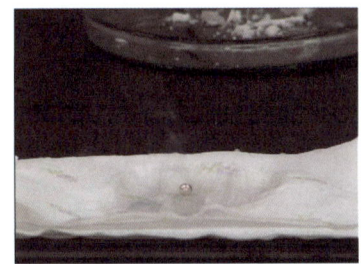 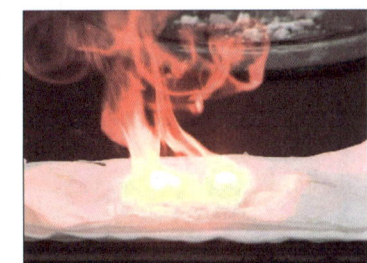 

01 동영상에서 보여지는 물질은 은백색의 무른 경금속으로 지정수량은 10kg이며, 제3류 위험물에 속하는 물질이다. 무엇인가?

답 나트륨(Na)

02 동영상에서 보여지는 물질이 물과 만날 경우 화학반응식은?

답 $2Na + 2H_2O \rightarrow 2NaOH + H_2$

03 동영상에서 보여지는 물질이 물과 만나서 둥글게 되는 현상은 무엇 때문인가?

답 표면장력 때문

04 동영상에서 보여지는 물질이 물과 만나서 발생하는 가스의 연소범위 및 위험도는?

답 연소범위 : 4~75vol%, 위험도 : $\dfrac{(75-4)}{4} = 17.75$

12. <마그네슘, 구리, 아연> 관련 예상문제

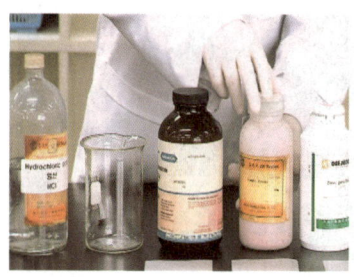 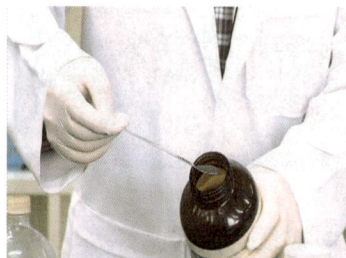 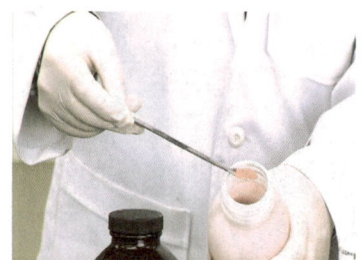

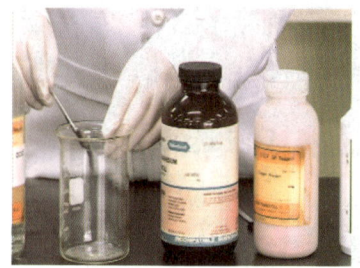 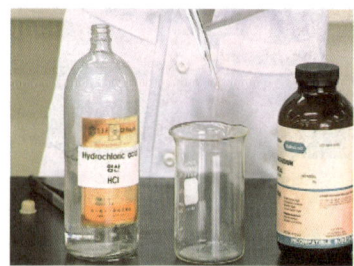 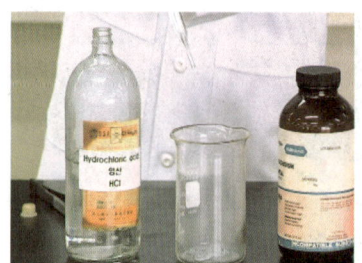

01 아연과 염산의 반응식을 쓰시오.

답 $Zn + 2HCl \rightarrow ZnCl_2 + H_2$

02 아연의 연소반응식을 적으시오.

답 $2Zn + O_2 \rightarrow 2ZnO$

03 동영상에서 보여지는 물질 중 흐릿한 회색의 분말로 양쪽성 원소에 속하는 것으로 산, 알칼리와 반응하여 수소를 발생하는 물질은?

답 아연

13. <황의 용해에 대한 실험> 관련 예상문제

 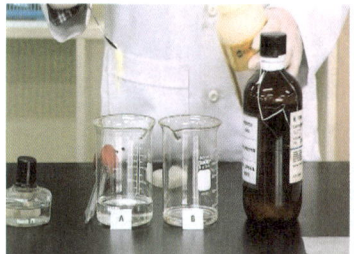 

 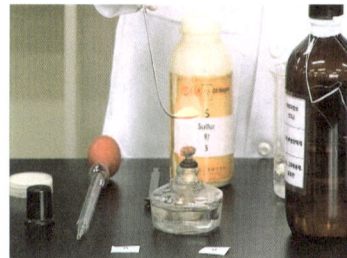 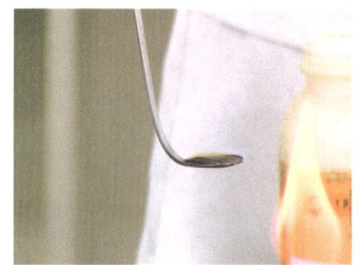

01 황의 동소체를 다 적으시오.

답 단사황, 사방황, 고무상황

02 상기 3가지 동소체 중 이산화황에 녹지 않는 것은?

답 고무상황

03 황이 공기 중에서 연소하면 생성되는 가스는?

답 아황산가스(SO_2)

14. <질산염류의 물의 용해성> 관련 예상문제

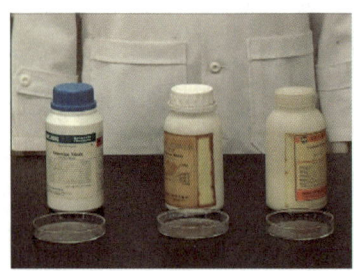 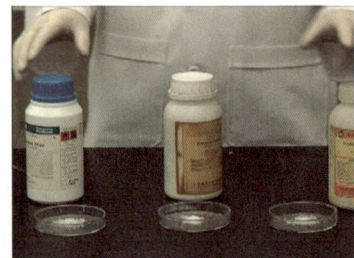 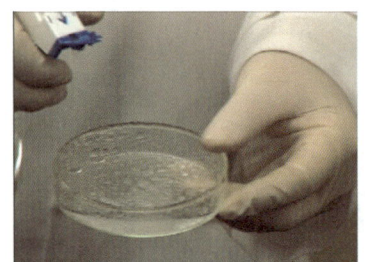

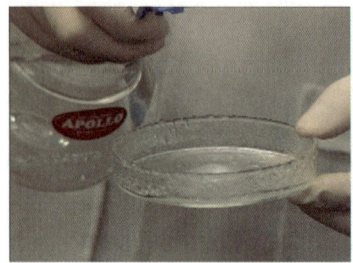  

01 동영상에서 보여지는 것처럼 질산염류는 물에 잘 용해되며, 물과 접촉 시 스스로 녹는 성질을 보여준다. 이와 같은 성질을 무엇이라 하는가?

답 조해성

02 동영상에서 보여지는 질산염류 중 흑색화약의 원료로 이용되는 물질은?

답 질산칼륨

03 흑색화약의 제법을 적으시오.

답 질산칼륨 75%+황 10%+목탄 15%

04 동영상에서 보여지는 질산염류 중 약 380℃에서 분해되어 아질산나트륨($NaNO_2$)과 산소(O_2)를 생성하는 물질은?

답 질산나트륨

해설 약 380℃에서 분해되어 아질산나트륨($NaNO_2$)과 산소(O_2)를 생성한다.
$2NaNO_3 \rightarrow 2NaNO_2 + O_2$

15. <염소산칼륨의 열분해> 관련 예상문제

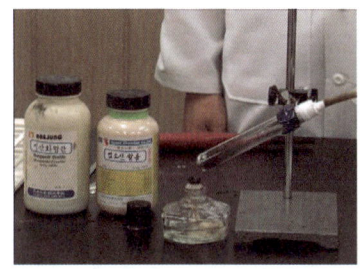
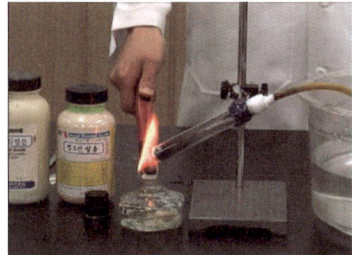

01 본 영상물을 보고 발생되는 기포는 어떤 가스인지 적으시오.

답 산소가스

02 염소산칼륨의 열분해반응식을 적으시오.

답 $2KClO_3 \rightarrow 2KCl + 3O_2$

03 촉매가 없는 상태에서 염소산칼륨의 분해온도는 몇 ℃인가?

답 400℃

04 가스발생속도를 빠르게 하기 위해 어떤 촉매제를 사용할 수 있는가?

답 이산화망가니즈

05 촉매인 이산화망가니즈 등이 존재할 경우 염소산칼륨의 완전분해온도는?

>답 200℃

06 염소산칼륨으로 인해 화재발생 시 소화방법은?

>답 다량의 물에 의한 주수소화

07 영상물에서 보여지는 위험물과 혼재해서는 안되는 유별 위험물을 다 적으시오.

>답 2류, 3류, 4류, 5류

08 영상물에서 보여지는 위험물의 용해성에 대해 설명하시오.

>답 찬물, 알코올에는 잘 녹지 않고, 온수, 글리세린 등에는 잘 녹는다.

16. <염소산칼륨+황산 반응> 관련 예상문제

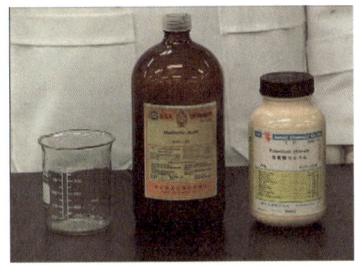 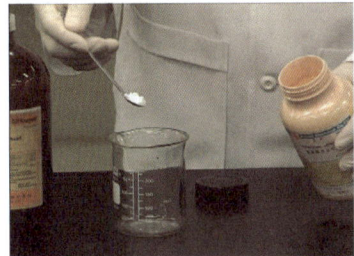 

01 동영상에서 염소산칼륨과 황산의 접촉으로 인해 발생하는 가스는? (2가지)

답 이산화염소(ClO_2), 산소(O_2)
※ $4KClO_3 + 4H_2SO_4 \rightarrow 4KHSO_4 + 4ClO_2 + O_2 + 2H_2O + 열$

02 염소산칼륨의 분해온도와 분해반응식은?

답 ① 분해온도 : 400℃
② 분해반응식 : $2KClO_3 \rightarrow 2KCl + 3O_2$

03 다음 중 염소산칼륨에 대해 용해성이 있는 것을 모두 고르시오.
〈보기〉 찬물, 알코올, 온수, 글리세린

답 온수, 글리세린

17. <에테르의 유증기 역화실험> 관련 예상문제

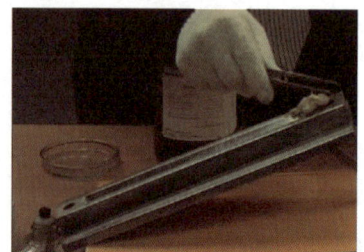

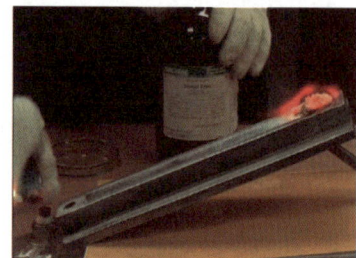
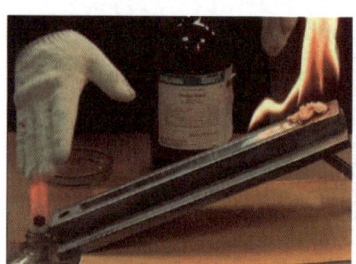

01 동영상에서 보여지는 물질로서 디에틸에테르에 대해 다음 물음에 답하시오.
① 지정수량
② 인화점
③ 연소범위
④ 비점

답 ① 50리터
② −40℃
③ 1.9~48vol%
④ 34℃

02 디에틸에테르의 경우 직사일광 하에서 분해하면 무엇을 생성하는가?

답 과산화물

03 디에틸에테르를 저장 시 과산화물을 방지하기 위한 방법은?

답 용기 내에 40메시 정도의 동망을 넣어 둔다.

04 디에틸에테르 저장 시 생성된 과산화물 검출시약 및 제거시약은?

답 ① 검출시약 : 옥화칼륨(KI) 10% 수용액
② 제거시약 : 황산제일철($FeSO_4$), 환원철

05 디에틸에테르의 구조식을 적으시오.

답
$$H-\underset{\underset{H}{|}}{\overset{\overset{H}{|}}{C}}-\underset{\underset{H}{|}}{\overset{\overset{H}{|}}{C}}-O-\underset{\underset{H}{|}}{\overset{\overset{H}{|}}{C}}-\underset{\underset{H}{|}}{\overset{\overset{H}{|}}{C}}-H$$

06 디에틸에테르가 적셔진 화장솜을 45° 기울어진 홈틀 상부 위에 올려놓고, 홈틀 맨 아래쪽에 있는 양초에 불을 붙이자 불이 거꾸로 타들어갔다. 그 이유를 설명하시오.

답 디에틸에테르($C_2H_5 \cdot O \cdot C_2H_5$)의 증기비중이 2.6으로서 공기보다 무거워 낮은 곳으로 체류하기 때문이다.

18. <소화기의 종류> 관련 예상문제

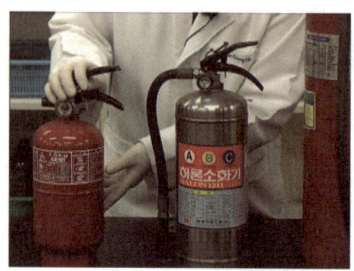  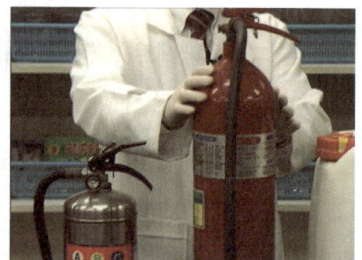

01 동영상에서 보여지는 소화기 중 이산화탄소의 소화능력을 1로 기준할 때, 분말소화기와 할론 1211 소화기의 소화능력은?

답 분말소화기=2, 할론 1211=1.4

해설 CO_2=1 < halon 1211=1.4 < halon 2402=1.7 < 분말=2 < halon 1301=3

02 강화액소화약제의 경우 −30℃에서도 동결되지 않으므로 한랭지에서도 사용이 가능하다. 물에 다 무엇을 첨가한 경우인가?

답 탄산칼륨

03 이산화탄소소화기의 경우 공기 중에 방출 시 무슨 효과에 의해 기화열을 흡수함으로 냉각작용에 의해 소화되는가?

답 줄-톰슨(Joule-Thomson)효과

04 할론 1211 소화기의 화학식은?

답 CF_2ClBr

19. <질산칼륨과 질산나트륨의 용해성> 관련 예상문제

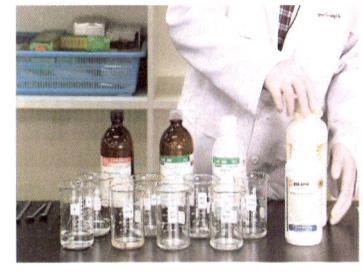
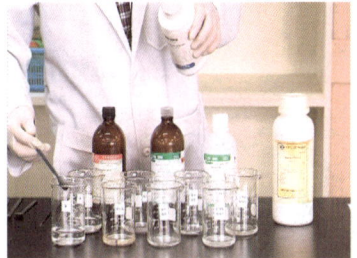
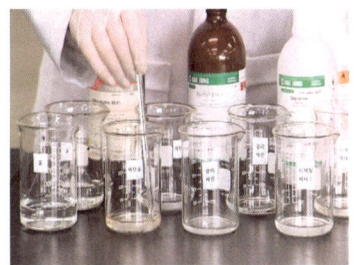
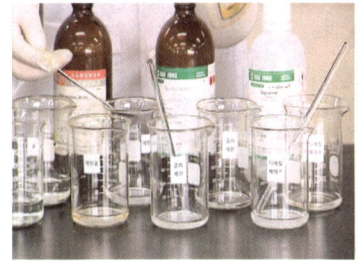
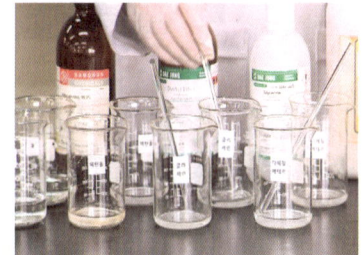

01 동영상에서는 보여지는 두 가지 물질 중 분자량 101, 비중 2.1, 융점 339℃인 것은?

답 질산칼륨

02 1번 문제 답의 경우 물이나 글리세린 등에는 잘 녹지만, 알코올에는 녹지 않는다. 액성은?

답 중성

03 1번 문제 답의 경우 열분해반응식은?

답 $2KNO_3 \rightarrow 2KNO_2 + O_2$

04 동영상에서 보여지는 물질 중 칠레초석에 해당하는 물질의 화학식과 열분해반응식은?

답 $NaNO_3$, $2NaNO_3 \rightarrow 2NaNO_2 + O_2$

20. <과망가니즈산칼륨, 글리세린> 관련 예상문제

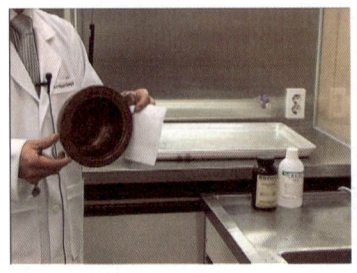 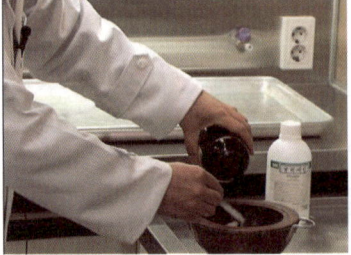 

01 동영상에서 보여지는 실험재료는 각각 몇 류와 몇 류의 위험물인가?

> 답 제1류, 제4류

02 과망가니즈산칼륨의 열분해 시 생성물을 모두 적으시오.

> 답 K_2MnO_4, MnO_2, O_2
>
> 해설 250℃에서 가열하면 망가니즈산칼륨, 이산화망가니즈, 산소를 발생
> $2KMnO_4 \rightarrow K_2MnO_4 + MnO_2 + O_2$

03 동영상에서 보여지는 물질들의 지정수량은?

> 답 과망가니즈산칼륨 : 1,000kg, 글리세린 : 4,000L

04 동영상에서 보여지는 것과 같은 현상을 무엇이라 하는가?

> 답 혼촉발화

05 과망가니즈산칼륨이 묽은황산 및 진한황산과 반응 시 화학반응식을 적으시오.

답
① 묽은황산과의 반응식 : $4KMnO_4 + 6H_2SO_4 \rightarrow 2K_2SO_4 + 4MnSO_4 + 6H_2O + 5O_2$
② 진한황산과의 반응식 : $2KMnO_4 + H_2SO_4 \rightarrow K_2SO_4 + 2HMnO_4$

06 과망가니즈산칼륨을 열분해하면 발생되는 가스는?

답 산소가스

07 다음 보기 중 동영상에서 보여지는 혼촉발화의 형태가 아닌 것은?

〈보기〉 ㉮ 염소산칼륨 + 적린   ㉯ 다이크로뮴산칼륨 + 메틸알코올
      ㉰ 질산칼륨 + 아닐린   ㉱ 과염소산나트륨 + 등유

답 ㉮

해설 ㉯, ㉰, ㉱는 1류+4류의 형태로 동영상에서 보여지는 혼촉발화의 형태지만, ㉮는 1류+2류의 형태이다.

08 과망가니즈산칼륨이 진한황산과 반응 시 대단히 불안정한 물질이 생성된다. 이 물질의 화학식을 적으시오.

답 Mn_2O_7

해설 1단계 : $KMnO_4 + 2H_2SO_4 \rightarrow K^+ + 2HSO_4^- + MnO_3^+ + H_2O$
2단계 : $MnO_4^- + MnO_3^+ \rightarrow Mn_2O_7$
       $Mn_2O_7 \rightarrow 2MnO_2 + 3[O]$

21. <질산칼륨, 숯, 황> 관련 예상문제

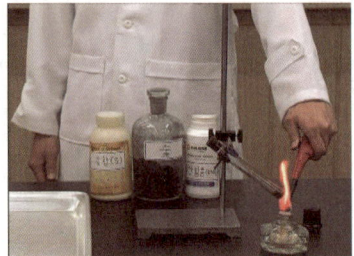

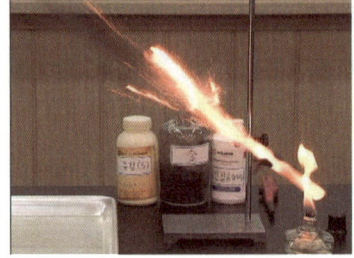
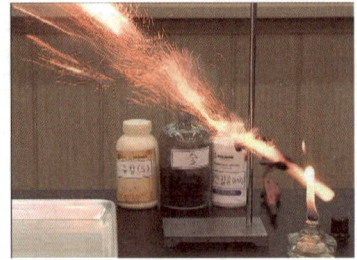

01 흑색화약의 물질 구성비율은?

답 질산칼륨 75%, 황 10%, 목탄 15%

02 동영상에서 보여지는 위험물의 품목과 지정수량에 대해 각각 적으시오.

답 질산칼륨(300kg), 황(100kg)

03 질산칼륨을 400℃로 가열하면 생성물은?

답 아질산칼륨(KNO_2), 산소(O_2)

해설 약 400℃로 가열하면 분해하여 아질산칼륨(KNO_2)과 산소(O_2)가 발생하는 강산화제
$2KNO_3 \rightarrow 2KNO_2 + O_2$

04 영상물에서 흑색화약을 구성하는 물질 중 제1류 위험물로 참여하는 물질은 물이나 글리세린에는 잘 (녹고, 녹지 않고), 알코올에는 (녹는다. 녹지 않는다.) 맞는 말을 쓰시오.

답 녹고, 녹지 않는다.

05 영상물에서 보여지는 위험물의 소화방법은?

답 다량의 주수에 의한 냉각소화

06 영상물에서 보여지는 완성된 위험물은 몇 류 위험물인가?

답 제5류 위험물(자기반응성 물질)

07 흑색화약을 제조하기 위해서는 목탄에 2가지 물질이 추가되어야 한다. 이때 추가되는 물질의 유별 위험물은 몇 류인가?

답 제1류, 제2류

08 위험물안전관리법상 황은 순도가 얼마 미만인 것은 제외하는가?

답 60wt%

09 황의 동소체를 모두 적으시오.

답 사방황, 단사황, 고무상황

10 황 연소 시 발생하는 가스는?

답 아황산가스(SO_2)

해설 공기 중에서 연소하면 푸른 빛을 내며 아황산가스를 발생하는데 아황산가스는 독성이 있다.
$S + O_2 \rightarrow SO_2$

22. <아연과 황산과의 반응> 관련 예상문제

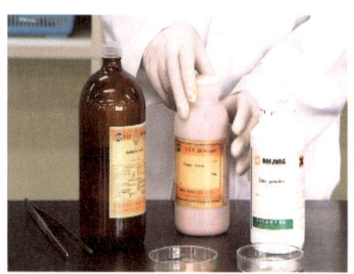
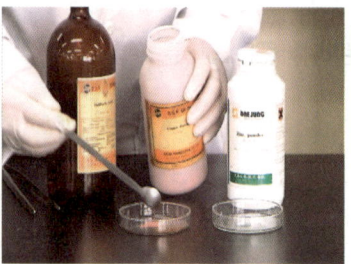
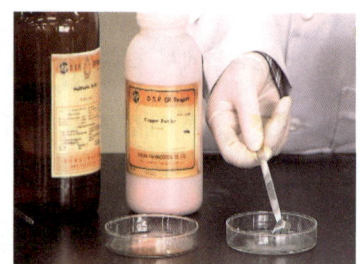
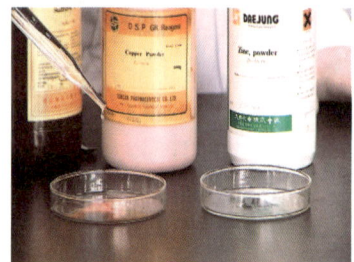
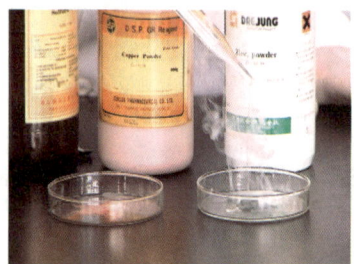
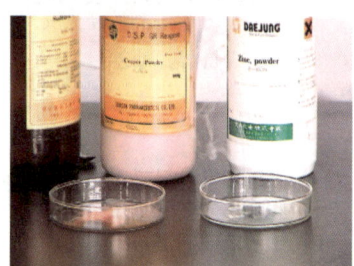

01 아연과 황산의 반응을 통해 발생하는 기체의 명칭은?

답 수소

02 아연의 경우 석유류, 황 등의 가연물이 혼입되면 산화 발열이 촉진된다. 따라서, 윤활유 등이 혼입되면 기름의 특성에 따라 (   )의 위험이 있다. 괄호 안에 들어갈 적당한 말은?

답 자연발화

03 아연과 황산의 반응식을 쓰시오.

답 $Zn + H_2SO_4 \rightarrow ZnSO_4 + H_2$

04 아연의 지정수량은?

답 500kg

2. 유별 위험물 성상 관련 예상문제

23. <이황화탄소와 벤젠의 연소실험> 관련 예상문제

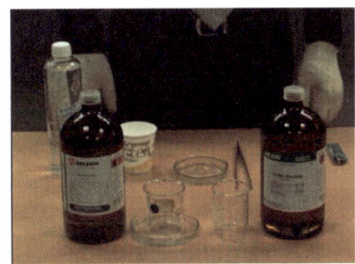 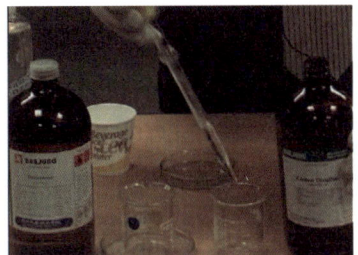 

01 동영상에서 보여지는 실험으로부터 물소화가 가능한 물질은 무엇이며, 소화의 형태는?

　답 이황화탄소, 질식소화

02 이황화탄소의 연소반응식을 적으시오.

　답 $CS_2 + 3O_2 \rightarrow CO_2 + 2SO_2$

03 이황화탄소의 저장방법을 적으시오.

　답 물보다 무거우므로 수조(물탱크)에 저장

04 벤젠의 연소반응식을 적으시오.

　답 $2C_6H_6 + 15O_2 \rightarrow 12CO_2 + 6H_2O$

05 벤젠의 저장 및 취급 방법을 적으시오.

　답 정전기 발생에 주의, 증기는 독성이 있으므로 주의

24. <삼산화크로뮴, 메틸알코올, 목분> 관련 예상문제

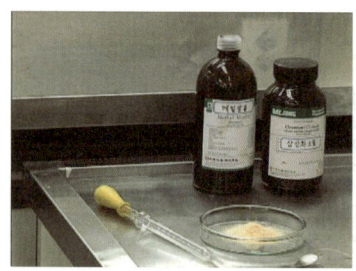
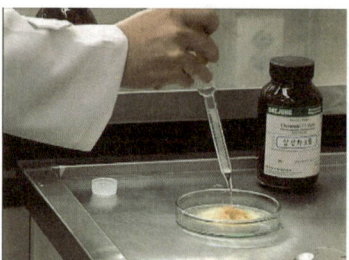

01 동영상에서 보여지는 위험물 혼촉발화실험은 몇 류와 몇 류 간의 혼촉발화를 보여주는 것인가?

답 제1류와 제4류

02 위험물안전관리법상 알코올류의 정의는?

답 1분자를 구성하는 탄소원자의 수가 1개부터 3개까지인 포화 1가인 알코올을 말한다.

03 메틸알코올의 경우 독성이 강하여 먹으면 실명하거나 사망에 이를 수 있다. 치명적인 양은?

답 30mL

04 동영상에서 보여지는 위험물 품목별 지정수량은?

답 삼산화크로뮴 300kg, 메틸알코올 400리터

25. <과산화나트륨과 적린> 관련 예상문제

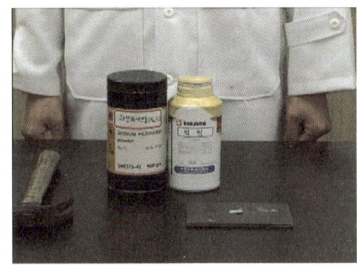
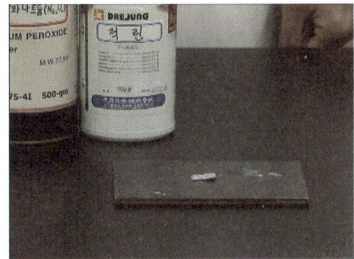

01 영상물에서 보여지는 위험물 혼촉발화실험은 몇 류와 몇 류의 혼촉발화실험인가?

답 1류와 2류

02 다음 보기 중 영상물에서처럼 알루미늄 호일 안에 과산화나트륨과 함께 넣었을 때 혼촉발화하지 않는 것은?
〈보기〉 ㉮ 황　　　　　　　　　㉯ 철분
　　　　㉰ 마그네슘　　　　　 ㉱ 염소산칼륨

답 ㉱

해설 염소산칼륨은 과산화나트륨과 같은 산화성 고체이므로 불연성 물질이다.

03 적린의 지정수량은?

답 100kg

04 적린의 연소반응식은?

답 $4P + 5O_2 \rightarrow 2P_2O_5$

05 적린의 소화방법은?

답 다량의 물로 주수소화

06 적린의 발화온도는?

답 260℃

07 적린과 동소체인 제3류 위험물은?

답 황린(P_4)

26. <카바이드와 물의 반응실험> 관련 예상문제

 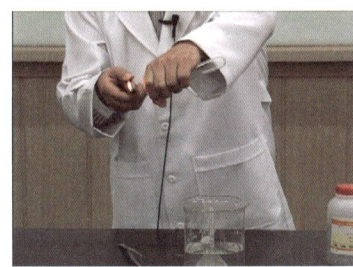 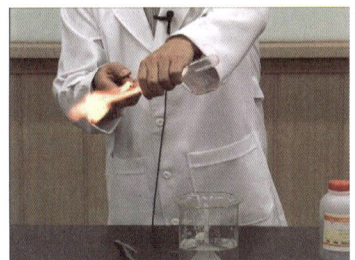

01 카바이드와 물의 화학반응식을 완결하시오.

정답 $CaC_2 + 2H_2O \rightarrow Ca(OH)_2 + C_2H_2$

02 카바이드가 물과 반응해서 발생하는 가스에 대해 다음 물음에 답하시오.
① 연소범위
② 위험도

정답 ① 연소범위 : 2.5~81
② 위험도 : $(81-2.5)/2.5 = 31.4$

03 탄화칼슘이 700℃에서 질소와 반응하면 생성되는 물질은?

정답 석회질소($CaCN_2$)

해설 질소와는 약 700℃ 이상에서 질화되어 칼슘시안아미드($CaCN_2$, 석회질소)가 생성된다.
$CaC_2 + N_2 \rightarrow CaCN_2 + C + 74.6 kcal$

위험물산업기사 실기

 27. <휘발유·등유 실험> 관련 예상문제

01 가솔린의 연소범위, 착화점을 적으시오.

정답 ① 연소범위 : 1.2~7.6, ② 착화점 : 300℃

02 1993년 이전 가솔린의 연소성을 향상시키기 위해 첨가했던 물질은 무엇이며, 현재는 무엇인가?

정답 1993년 이전 : 사에틸납, 1993년 이후 : MTBE

03 가솔린은 몇 석유류에 속하는가?

정답 제1석유류

04 등유는 몇 석유류에 속하는가?

정답 제2석유류

05 등유의 지정수량은?

정답 1,000리터

28. <등유의 발화점> 관련 예상문제

01 동영상에서 보여지는 것처럼 등유를 일정시간 가열하여 불이 붙는 온도를 무엇이라 하는가?

答 발화점

02 등유의 경우 인화점과 발화점은 각각 몇 도인가?

答 ① 인화점 : 39℃ 이상, ② 발화점 : 210℃

03 등유의 구성성분은?

答 $C_9 \sim C_{18}$이 되는 포화, 불포화 탄화수소의 혼합물

04 등유의 경우 혼재하면 안되는 유별 위험물은?

答 제1류, 제6류

29. <과산화수소의 산소가스 발생> 관련 예상문제

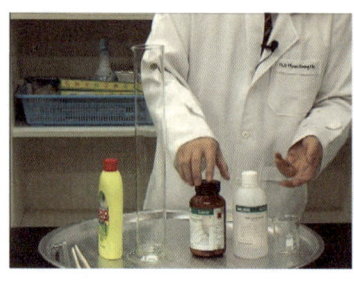

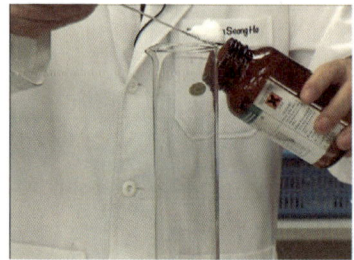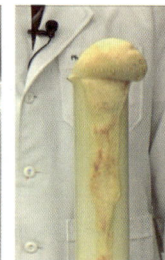

01 과산화수소의 분해반응식을 적으시오.

정답 $2H_2O_2 \rightarrow 2H_2O + O_2$

02 과산화수소는 ( )%인 수용액을 옥시풀이라 하며 소독약으로 사용하고, 고농도의 경우 피부에 닿으면 화상(수종)을 입는다. 빈칸에 알맞은 것을 쓰시오.

정답 3

03 일반 시판품은 30~40%의 수용액으로 분해하기 쉬워 안정제로서 어떤 것을 첨가하는가? (2가지)

정답 인산(H_3PO_4), 요산($C_5H_4N_4O_3$)

04 과산화수소의 저장방법에 대해 적으시오.

정답 용기는 밀봉하되 작은 구멍이 뚫린 마개를 사용한다.

30. <1류+2류 혼촉발화실험> 관련 예상문제

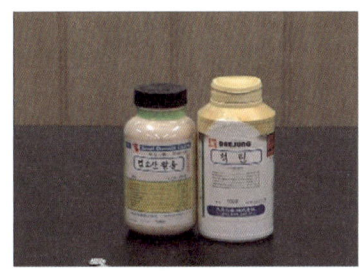
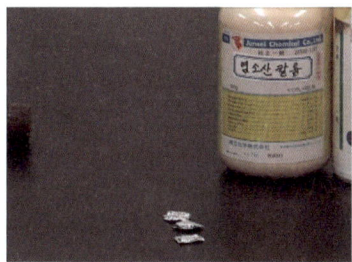
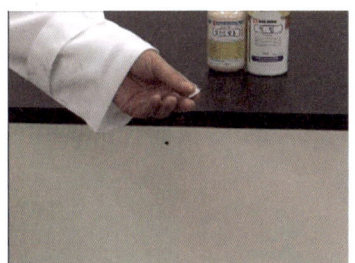

01 동영상에서 보여지는 혼촉발화는 몇 류와 몇 류 간의 혼촉발화를 보여준 것인가?

답 제1류와 제2류

02 적린의 연소반응식을 적으시오.

답 $4P + 5O_2 \rightarrow 2P_2O_5$

03 적린의 착화점은 몇 ℃인가?

답 260℃

04 적린의 제법을 적으시오.

답 공기를 차단하고 황린을 약 260℃로 가열한 후 냉각시켜 만든다.

인생의 희망은
늘 괴로운 언덕길 너머에서 기다린다.
-폴 베를렌(Paul Verlaine)-
☆
어쩌면 지금이 언덕길의 마지막 고비일지도 모릅니다.
다시 힘을 내서 힘차게 넘어보아요.
희망이란 녀석이 우릴 기다리고 있을 테니까요.^^

PART 3

위험물시설 관련 예상문제

실기시험에 자주 출제되는 위험물시설 관련 문제

위험물산업기사 실기
www.cyber.co.kr

Part **3** 위험물시설 관련 예상문제

 1. 옥내탱크저장소

1-1. 동영상에서 옥내탱크저장소를 보여주고 있다. 지붕의 설치기준에 대해 답하시오.

답 불연재료로 하고 반자를 설치하지 아니할 것

1-2. 동영상에서 옥내탱크저장소를 보여주고 있다. 바닥 설치기준에 대해 답하시오.

> **답** ① 위험물이 침투하지 아니하는 구조로 한다.
> ② 적당히 경사지게 한다.
> ③ 최저부에 집유설비를 한다.

1-3. 다음 빈칸에 알맞은 수치를 쓰시오.
동영상에서 옥내탱크저장소를 보여주고 있다. 탱크전용실의 탱크용량의 경우 지정수량의 (①)배 이하, 제4석유류, 동식물유 외의 탱크설치 시 (②)리터 이하로 해야 한다.

> **답** ① 40
> ② 20,000

1-4. 옥내탱크저장소의 지붕 설치기준은?

> **답** 불연재료로 하고 반자를 설치하지 아니할 것

2-1. 동영상에서 옥내탱크저장소를 보여주고 있다. 다음 물음에 답하시오.
① 벽, 기둥, 바닥의 재질은?
② 보 및 서까래의 재질은?
③ 출입구 설치기준?

답 ① 내화구조
② 불연재료
③ 갑종 또는 을종 방화문

2-2. 옥내탱크저장소 탱크전용실에 펌프설비를 설치하는 경우 불연재료로 된 턱을 (   ) 이상의 높이로 설치하여 누설된 위험물이 유출되지 않도록 한다.

답 0.2m

> **3-1.** 옥내탱크의 통기장치 기준에 관한 물음에 답하시오.
>   ① 통기관의 지름
>   ② 통기관의 선단은 수평면에 대하여 아래로 (   )도 이상 구부릴 것
>   ③ 통기관의 선단은 건축물의 창으로부터 (   ) 이상 떨어질 것
>   ④ 통기관의 선단으로부터 지면까지의 거리는 (   ) 이상의 높이로 할 것

정답 ① 30mm 이상, ② 45, ③ 1m, ④ 4m

> **3-2.** 옥내탱크저장소의 탱크전용실의 설치기준에 답하시오.
>   ① 벽, 기둥, 보, 서까래의 재질   ② 바닥기준
>   ③ 지붕 설치기준   ④ 출입구 설치기준

정답 ① 내화구조
② 물이 침투하지 아니하는 구조, 적당히 경사지게 하고, 최저부에 집유설비를 할 것
③ 불연재료로 하고 반자를 설치하지 아니할 것
④ 갑종 또는 을종 방화문 설치, 문턱의 높이는 0.2m 이상으로 할 것

2. 위험물제조소

4-1. 동영상에서 위험물제조소를 보여주고 있다. 다음에서 주어지는 건축물과의 안전거리는 얼마 이상으로 해야 하는가?
① 병원
② 지정문화재
③ 고압가스시설

답 ① 30m 이상, ② 50m 이상, ③ 20m 이상

4-2. 제조소 건축물의 구조기준에 대해 다음 물음에 답하시오.
① 벽, 기둥, 바닥의 재질
② 연소의 우려가 있는 외벽
③ 지붕의 재질
④ 바닥구조

답 ① 불연재료
② 내화구조
③ 폭발력이 위로 방출될 정도의 가벼운 불연재료
④ 위험물이 스며들지 못하는 재료 사용, 최저부에 집유설비

5-1. 동영상에서 위험물제조소 게시판을 보여준다. 제조소 규격과 색깔을 적으시오.

  답 ① 규격 : 한 변의 길이 0.3m 이상, 다른 한 변의 길이 0.6m 이상
     ② 색깔 : 백색바탕에 흑색문자

5-2. 위험물제조소 게시판 기재사항에 대해 적으시오.

  답 ① 취급하는 위험물의 유별 및 품명
     ② 저장 최대수량 및 취급 최대수량, 지정수량의 배수
     ③ 안전관리자 성명 또는 직명

3. 옥외탱크저장소

6-1. 동영상에서 옥외탱크저장소를 보여주고 있다. 저장하는 위험물의 최대수량이 지정수량의 600배인 경우 보유공지의 너비는 얼마로 해야 하는가?

정답 5m 이상

6-2. 동영상에서 옥외탱크저장소를 보여주고 있다. 이와 같은 옥외탱크저장소에 아세트알데하이드를 저장하려고 하는 경우 탱크의 재료로 피해야 할 금속은?

정답 은, 수은, 동, 마그네슘 또는 이들 합금과는 사용하지 말 것

6-3. 탱크의 높이가 15m를 초과하는 경우 물분무소화설비의 가압송수장치 기준에 대한 다음 물음에 답하시오.
① 토출량 : 원주 둘레길이 1m당 (   )를 곱한 양 이상일 것
② 수원의 양 : 토출량을 (   )분 이상 방수할 수 있는 양 이상일 것

정답 ① 37리터, ② 20

7-1. 동영상에서 옥외탱크저장소의 방유제를 보여주고 있다. 방유제에는 그 내부에 고인 물을 외부로 배출하기 위해 어떤 설비를 해야 하는가?

정답 배수구를 설치하고, 이를 개폐하는 밸브 등을 방유제 외부에 설치한다.

8-1. 동영상에서 옥외탱크저장소의 방유제와 계단을 보여준다. 높이가 1m를 넘는 방유제 및 간막이 둑의 안팎에는 방유제 내에 출입하기 위한 계단을 약 몇 m마다 설치해야 하는가?

정답 50m

8-2. 동영상에서 옥외탱크저장소의 방유제와 계단을 보여준다. 탱크에 저장된 위험물의 양을 자동적으로 표시할 수 있도록 자동계량장치의 종류를 3가지 이상 적으시오.

정답 ① 기밀부유식 계량장치
② 전기압력자동방식 또는 방사성 동위원소를 이용한 자동계량장치
③ 유리게이지
④ 부유식 계량장치(증기가 비산하지 않는 구조)

8-3. 탱크 주입구 설치기준에 대한 설명이다. 괄호 안을 적절히 채우시오.
① ( ) 또는 주유관과 결합할 수 있도록 하고 위험물이 새지 않는 구조일 것
② 휘발유, 벤젠, 그 밖의 ( )에 의한 재해가 발생할 우려가 있는 액체의 옥외저장탱크 주입구 부근에는 ( )를 유효하게 제거하기 위한 ( )을 설치할 것
③ 인화점 21℃ 미만의 위험물 탱크 주입구에는 보기 쉬운 곳에 어떤 내용의 게시판을 설치해야 하는가?

정답 ① 주입호스
② 정전기, 정전기, 접지전극
③ 화기엄금

8-4. 다음 빈칸에 알맞은 수치를 쓰시오.
옥외탱크저장소에서 높이가 1m가 넘는 방유제 및 간막이 둑의 안팎에는 방유제 내에 출입하기 위한 계단 또는 경사로를 약 ( )m마다 설치한다.

정답 50

위험물시설 관련 예상문제

9-1. 동영상에서는 옥외탱크저장소 화면을 보여준다. 다음 빈칸에 알맞은 내용을 쓰시오.
탱크는 지진 및 풍압에 견딜 수 있는 구조로 하고, 그 지주의 재료는 (   ), (   )로 해야 한다.

> 정답 철근콘크리트조, 철골콘크리트조

9-2. 다음 빈칸에 알맞은 내용을 쓰시오.
동영상에서는 옥외탱크저장소 화면을 보여준다. 탱크의 밑판 아래에 밑판의 부식을 유효하게 방지할 수 있도록 (   ) 등의 방식재료를 댄다.

> 정답 아스팔트 샌드

9-3. 옥외탱크저장소의 탱크의 재질 및 두께는?

> 정답 ① 재질 : 강철판, ② 두께 : 3.2mm

10-1. 동영상에서 옥외저장탱크저장소를 보여주고 있다. 보여지는 것처럼 탱크가 2기 이상인 경우 물음에 답하시오.
① 방유제의 용량
② 높이
③ 면적

답 ① 방유제의 용량 : 탱크용량 중 최대인 것의 용량의 110% 이상
② 높이 : 0.5m 이상 3.0m 이하
③ 면적 : 80,000m² 이하

10-2. 위험물 지정수량의 1,000배 초과 2,000배 이하인 옥외탱크저장소의 공지의 너비는?

답 9m 이상

4. 옥외저장소

11-1. 동영상에서 옥외저장소를 보여주고 있다. 저장하는 위험물의 최대수량이 지정수량의 30배인 경우 보유공지의 너비는?

정답 9m 이상

11-2. 위험물 지정수량의 10배 초과 20배 이하인 옥외저장소의 공지의 너비는?

정답 5m 이상

위험물산업기사 실기

12-1. 동영상에서 옥외저장소를 보여주고 있다. 다음 빈칸에 알맞은 말을 쓰시오.
옥외저장소의 선반은 (   )재료로 만들고 견고한 지반면에 고정해야 한다. 선반의 높이는 (   )m를 초과하지 아니해야 한다.

정답 불연, 6

12-2. 동영상에서 옥외저장소를 보여주고 있다. 옥외저장소에 저장할 수 있는 위험물을 적으시오.

정답 제2류 위험물 중 황, 인화성 고체(인화점이 0℃ 이상인 것에 한함)
제4류 위험물 중 제1석유류(인화점이 0℃ 이상인 것에 한함), 제2석유류, 제3석유류, 제4석유류, 알코올류, 동식물유, 제6류 위험물

위험물시설 관련 예상문제

13-1. 동영상에서 옥외저장소를 보여주고 있다. 이와 같은 저장소가 학교와의 안전거리는 얼마 이상으로 해야 하는가?

답 30m 이상

13-2. 동영상에서 옥외저장소를 보여주고 있다. 영상에서 보여지는 것처럼 울타리의 기능이 있는 것의 경우 위험물을 저장 또는 취급하는 장소의 주위에는 무엇을 명확하게 구분해야 하는가?

답 경계표시

13-3. 옥외저장소의 선반 설치기준에서 선반의 높이는 얼마를 초과하면 안되는가?

답 6m

5. 일반취급소

14-1. 동영상에서는 위험물을 출하하는 장소를 보여주고 있다. 이와 같은 곳은 위험물의 제조소 등에서 어디에 해당하는가?

답 일반취급소

14-2. 주유취급소, 판매취급소, 이송취급소에 해당하지 않는 모든 취급소로서, 위험물을 사용하여 일반제품을 생산, 가공 또는 세척하거나 버너 등에 소비하기 위하여 1일에 지정수량 이상의 위험물 취급하는 시설을 무엇이라 하는가?

답 일반취급소

6. 이송취급소

15-1. 동영상에서는 위험물이송취급소라는 표지판을 보여준다. 다음 빈칸에 알맞은 말을 쓰시오.
배관에는 서로 인접하는 2개의 긴급차단밸브 사이의 구간마다 당해 배관 안의 위험물을 안전하게 (　　) 또는 (　　　　)로 치환할 수 있는 조치를 하여야 한다.

답 물, 불연성 기체

15-2. 이송취급소의 경우 배관에는 서로 인접하는 2개의 긴급차단밸브 사이의 구간마다 당해 배관 안의 위험물을 안전하게 물 또는 무엇으로 치환할 수 있는 조치를 해야 하는가?

답 불연성 기체

16-1. 동영상에서는 이송취급소를 보여주고 있다. 이송취급소를 설치하지 못하는 장소를 적으시오.

답 ① 철도 및 도로의 터널 안
② 고속국도 및 자동차 전용도로의 차도, 길어깨 및 중앙분리대
③ 호수, 저수지 등으로서 수리의 수원이 되는 곳
④ 급경사 지역으로서 붕괴의 위험이 있는 지역

7. 옥내저장소

17-1. 동영상에서는 옥내저장소를 보여준다. 피뢰설비는 지정수량 몇 배 이상의 위험물 저장창고에 설치하는가?

답 10배

17-2. 옥내저장소의 안전거리 제외대상이 되는 위험물은?

답 지정수량 20배 미만의 제4석유류와 동식물유류, 제6류 위험물

17-3. 옥내저장소(높이 : 5m)와 학교(높이 : 30m)와의 거리가 20m이고, 옥내저장소와 방화상 유효한 벽과의 거리가 10m일 때, 방화상 유효한 벽의 높이는? (단, $p=0.04$)

정답 18m

해설 $H > pD^2 + a$에서 $30 > 0.04 \times 20^2 + 5$
∴ $h = H - p(D^2 - d^2) = 30 - 0.04(20^2 - 10^2) = 18$m

17-4. 피뢰설비 설치 시 피뢰침의 유효반경은 몇 도 이하가 되도록 지붕 위에 설치하는가?

정답 45도

18-1. 영상에서는 위험물 옥내저장소의 배출설비를 보여준다. 인화점이 몇 ℃ 이상인 위험물은 배출설비를 하지 않아도 되는가?

정답 70

8. 주유취급소

19-1. 동영상에서는 주유취급소를 보여주고 있다. ① 설치해야 하는 표지판의 내용과, ② 게시판의 규격은?

> ① 화기엄금(적색바탕 백색문자), 주유 중 엔진정지(황색바탕 흑색문자)
> ② 한 변의 길이 0.3m 이상, 다른 한 변의 길이 0.6m 이상

19-2. 동영상에서는 주유취급소를 보여주고 있다. 고정주유설비의 중심선을 기준으로 도로경계면까지는 몇 m 이상 거리를 두어야 하는가?

> 4m

19-3. 주유취급소에 설치할 수 있는 건축물에 대해 적으시오.

- 주유 또는 등유·경유를 옮겨 담기 위한 작업장
- 주유취급소의 업무를 행하기 위한 사무소
- 자동차 등의 점검 및 간이정비를 위한 작업장
- 자동차 등의 세정을 위한 작업장
- 주유취급소에 출입하는 사람을 대상으로 한 점포·휴게음식점 또는 전시장
- 주유취급소의 관계자가 거주하는 주거시설
- 전기자동차용 충전설비(전기를 동력원으로 하는 자동차에 직접 전기를 공급하는 설비를 말한다. 이하 같다)
- 그 밖의 소방청장이 정하여 고시하는 건축물 또는 시설

19-4. 셀프 주유취급소에서 고정주유설비의 기준으로서 1회의 연속주유량 및 주유시간의 상한을 설정해야 한다. 상한은 얼마로 해야 하는가?
① 휘발유
② 경유
③ 주유시간의 상한

① 100L 이하
② 200L 이하
③ 4분 이하

9. 화학소방자동차

20-1. 동영상에서는 화학소방자동차를 보여주고 있다. 제독차의 경우 설비기준을 적으시오.

답 가성소다 및 규조토를 각각 50kg 이상 비치할 것

20-2. 동영상에서는 화학소방자동차를 보여주고 있다. 포수용액 방사차의 경우 ① 포수용액의 방사능력과, ② 소화약제 비치량은?

답 ① 포수용액의 방사능력이 2,000L/분 이상일 것
② 10만L 이상

10. 이동탱크저장소

21-1. 이동탱크저장소의 안전칸막이 설치기준을 쓰시오.

① 재질은 두께 3.2mm 이상의 강철판으로 제작
② 4,000L 이하마다 구분하여 설치

21-2. 이동탱크저장소의 ① 표지판과, ② 게시판의 설치기준 사항을 쓰시오.

① 표지판의 설치기준
 ㉮ 차량의 전·후방에 설치할 것
 ㉯ 규격 : 사각형의 구조 – 한 변의 길이 0.3m 이상, 다른 한 변의 길이 0.6m 이상
 ㉰ 색깔 : 흑색바탕에 황색반사도료 또는 기타 반사성이 있는 재료로 '위험물'이라고 표시
② 게시판의 설치기준 : 탱크의 뒷면 보기 쉬운 곳에 표시
 ㉮ 표시사항 : 위험물의 유별, 품명, 최대수량 및 적재중량
 ㉯ 표시문자의 크기
  ㉠ 가로 45mm 이상, 세로 40mm 이상
  ㉡ 혼재할 수 있는 위험물 문자의 크기 : 적재 품명별 문자 가로, 세로 모두 20mm 이상

성공하려면
당신이 무슨 일을 하고 있는지를 알아야 하며,
하고 있는 그 일을 좋아해야 하며,
하는 그 일을 믿어야 한다.
-윌 로저스(Will Rogers)-

☆

때론 지치고 힘들지만 언제나 가슴에 큰 꿈을 안고 삽시다.
노력은 배반하지 않습니다.

PART 4

실기 과년도 출제문제

위험물산업기사 실기

최근의 실기 기출문제 수록

제1회 과년도 출제문제

2010. 4. 17. 시행

제1회 일반검정문제

01 제3류 위험물에 대한 지정수량을 쓰시오. (4점)

품명	지정수량	품명	지정수량
칼륨	(①)kg	황린	(⑤)kg
나트륨	(②)kg	알칼리금속 및 알칼리토금속	(⑥)kg
알킬알루미늄	(③)kg	유기금속화합물	(⑦)kg
알킬리튬	(④)kg		

해설

성질	위험등급	품명	대표품목	지정수량
자연발화성 물질 및 금수성 물질	I	1. 칼륨(K) 2. 나트륨(Na) 3. 알킬알루미늄 4. 알킬리튬	$(C_2H_5)_3Al$, C_4H_9Li	10kg
		5. 황린(P_4)		20kg
	II	6. 알칼리금속류(칼륨 및 나트륨 제외) 및 알칼리토금속 7. 유기금속화합물(알킬알루미늄 및 알킬리튬 제외)	Li, Ca $Te(C_2H_5)_2$, $Zn(CH_3)_2$	50kg
	III	8. 금속의 수소화물 9. 금속의 인화물 10. 칼슘 또는 알루미늄의 탄화물	LiH, NaH Ca_3P_2, AlP CaC_2, Al_4C_3	300kg
		11. 그 밖에 행정안전부령이 정하는 것 　염소화규소화합물	$SiHCl_3$	300kg

해답

① 10, ② 10, ③ 10, ④ 10, ⑤ 20, ⑥ 50, ⑦ 50

02. 제5류 위험물인 벤조일퍼옥사이드의 구조식을 그리시오. (3점)

해답

$$\text{C}_6\text{H}_5-\underset{\underset{O}{\|}}{C}-O-O-\underset{\underset{O}{\|}}{C}-\text{C}_6\text{H}_5$$

03. 제1류 위험물인 염소산칼륨에 관한 내용이다. 다음 각 물음에 답을 쓰시오. (6점)
① 완전분해반응식을 쓰시오.
② 염소산칼륨 1,000g이 표준상태에서 완전분해 시 생성되는 산소의 부피(m^3)를 구하시오.

해설

약 400℃ 부근에서 열분해되기 시작하여 540~560℃에서 과염소산칼륨($KClO_4$)을 생성하고 다시 분해하여 염화칼륨(KCl)과 산소(O_2)를 방출한다.

해답

① $2KClO_3 \rightarrow 2KCl + 3O_2$

② $\dfrac{1{,}000g\text{-}KClO_3}{} \times \dfrac{1mol\text{-}KClO_3}{122.5g\text{-}KClO_3} \times \dfrac{3mol\text{-}O_2}{2mol\text{-}KClO_3} \times \dfrac{22.4L\text{-}O_2}{1mol\text{-}O_2} \times \dfrac{1m^3}{10^3L\text{-}O_2} = 0.274m^3$

04. 다음 표에 혼재 가능한 위험물은 ○, 혼재 불가능한 위험물은 ×로 표시하시오. (4점)

위험물의 구분	제1류	제2류	제3류	제4류	제5류	제6류
제1류						
제2류						
제3류						
제4류						
제5류						
제6류						

해답

위험물의 구분	제1류	제2류	제3류	제4류	제5류	제6류
제1류		×	×	×	×	○
제2류	×		×	○	○	×
제3류	×	×		○	×	×
제4류	×	○	○		○	×
제5류	×	○	×	○		×
제6류	○	×	×	×	×	

05 제2류 위험물 운반용기 외부에 표시하는 주의사항을 쓰시오. (4점)
① 금수성 물질   ② 인화성 고체   ③ 그 밖의 것

[해설]
수납하는 위험물에 따른 주의사항

유별	구분	주의사항
제1류 위험물 (산화성 고체)	알칼리금속의 과산화물	"화기·충격주의" "물기엄금" "가연물접촉주의"
	그 밖의 것	"화기·충격주의" "가연물접촉주의"
제2류 위험물 (가연성 고체)	철분·금속분·마그네슘	"화기주의" "물기엄금"
	인화성 고체	"화기엄금"
	그 밖의 것	"화기주의"
제3류 위험물 (자연발화성 및 금수성 물질)	자연발화성 물질	"화기엄금" "공기접촉엄금"
	금수성 물질	"물기엄금"
제4류 위험물 (인화성 액체)		"화기엄금"
제5류 위험물 (자기반응성 물질)		"화기엄금" 및 "충격주의"
제6류 위험물 (산화성 액체)		"가연물접촉주의"

[해답]
① 금수성 물질 : 화기주의, 물기엄금
② 인화성 고체 : 화기엄금
③ 그 밖의 것 : 화기주의

06 조해성이 없는 황화인이 연소 시 생성되는 물질 2가지를 화학식으로 쓰시오. (4점)

[해설]
가연성 고체물질로서 약간의 열에 의해서도 대단히 연소하기 쉽고, 조건에 따라 폭발하며, 연소 생성물은 매우 유독하다.
$P_4S_3 + 8O_2 \rightarrow 2P_2O_5 + 3SO_2$

[해답]
P_2O_5(오산화인), SO_2(이산화황)

07
제3류 위험물인 황린은 pH 9 정도의 물속에 저장하여 어떤 생성기체의 발생을 방지한다. 생성기체를 쓰시오. (3점)

[해설]
인화수소(PH_3)의 생성을 방지하기 위해 보호액은 약알칼리성 pH 9로 유지하기 위하여 알칼리제(석회 또는 소다회 등)로 pH를 조절한다.

[해답]
인화수소(PH_3)

08
제3류 위험물인 탄화칼슘과 물의 반응식을 쓰시오. (5점)

[해설]
물과 심하게 반응하여 수산화칼슘과 아세틸렌을 만들며 공기 중 수분과 반응하여도 아세틸렌을 발생한다.

[해답]
$CaC_2 + 2H_2O \rightarrow Ca(OH)_2 + C_2H_2$

09
무색의 발연성 액체로 분자량 63이고 갈색증기를 발생시키며 또한 염산과 혼합하여 금과 백금 등을 용해시키는 위험물은 무엇인지 ① 화학식과, ② 지정수량을 쓰시오. (4점)

[해설]
질산의 일반적인 성질
㉮ 3대 강산 중 하나로 흡습성이 강하고, 자극성 부식성이 강하며, 휘발성 발연성이다. 직사광선에 의해 분해되어 이산화질소(NO_2)를 생성시킨다. $4HNO_3 \rightarrow 2H_2O + 4NO_2 + O_2$
㉯ 피부에 닿으면 노란색의 변색이 되는 크산토프로테인 반응(단백질 검출)을 한다.
㉰ 염산과 질산을 3부피와 1부피로 혼합한 용액을 왕수라 하며, 이 용액은 금과 백금을 녹이는 유일한 물질로 대단히 강한 혼합산이다.

[해답]
① HNO_3, ② 300kg

10
제4류 위험물의 인화점에 관한 내용이다. 다음 빈칸을 채우시오. (4점)
- 제1석유류 : 인화점이 (①)℃ 미만
- 제2석유류 : 인화점이 (②)℃ 이상, (③)℃ 미만
- 제3석유류 : 인화점이 (④)℃ 이상, (⑤)℃ 미만
- 제4석유류 : 인화점이 (⑥)℃ 이상, (⑦)℃ 미만
- 동식물유류 : 인화점이 (⑧)℃ 미만

[해답]
① 21, ② 21, ③ 70, ④ 70, ⑤ 200, ⑥ 200, ⑦ 250, ⑧ 250

11
제조소 등에서 위험물의 저장 및 취급에 관한 기준에 대해 다음 물음에 답하시오. (6점)
① 제1류 위험물 중 알칼리금속의 과산화물 또는 이를 함유한 물질은 어떠한 조치를 한 후 운반하여야 하는가?
② 제5류 위험물 중 몇 ℃ 이하의 온도에서 분해될 우려가 있는 것은 보냉 컨테이너에 수납하는 등 적정한 온도관리를 하여야 하는가?

[해설]

적재하는 위험물에 따른 조치사항

차광성이 있는 것으로 피복해야 하는 경우	방수성이 있는 것으로 피복해야 하는 경우
제1류 위험물 제3류 위험물 중 자연발화성 물질 제4류 위험물 중 특수인화물 제5류 위험물 제6류 위험물	제1류 위험물 중 알칼리금속의 과산화물 제2류 위험물 중 철분, 금속분, 마그네슘 제3류 위험물 중 금수성 물질

[해답]
① 차광성 및 방수성이 있는 피복으로 덮어야 한다.
② 55

12
제4류 위험물 중 수용성인 위험물을 보기에서 고르시오. (4점)
(보기) ㉮ 이황화탄소 ㉯ 아세트알데하이드 ㉰ 아세톤
       ㉱ 스티렌   ㉲ 클로로벤젠   ㉳ 메틸알코올

[해설]

품목	㉮ 이황화탄소	㉯ 아세트알데하이드	㉰ 아세톤	㉱ 스티렌	㉲ 클로로벤젠	㉳ 메틸알코올
품명	특수인화물	특수인화물	제1석유류	제2석유류	제2석유류	알코올류
인화점	−30℃	−40℃	−18.5℃	32℃	27℃	11℃
수용성	비수용성	수용성	수용성	비수용성	비수용성	수용성

[해답]
㉯ 아세트알데하이드, ㉰ 아세톤, ㉳ 메틸알코올

13
제조소 방유제 안에 30만리터, 20만리터, 50만리터 3개의 인화성 탱크가 설치되어 있다. 방유제의 용량은 몇 m^3 이상으로 하여야 하는지 쓰시오. (4점)

[해설]

하나의 취급탱크 주위에 설치하는 방유제의 용량은 당해 탱크용량의 50% 이상으로 하고, 2 이상의 취급탱크 주위에 하나의 방유제를 설치하는 경우 그 방유제의 용량은 당해 탱크 중 용량이 최대인 것의 50%에 나머지 탱크용량 합계의 10%를 가산한 양 이상이 되게 할 것
500,000L×0.5=250,000L=250m^3
500,000L×0.1=50,000L=50m^3

[해답]
300m^3

제1회 동영상문제

01 동영상은 실험자가 조그마한 시험관에 디에틸에테르를 담는 장면을 보여 주고, 비커에서 아이오딘화칼륨(KI)10% 용액을 스포이드로 채취하여 디에틸에테르가 있는 시험관에 몇 방울을 넣은 후 살펴보니 황색으로 변하였다. 다음 각 물음에 답을 쓰시오. (5점)

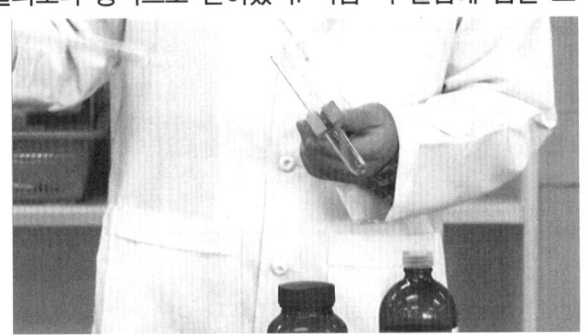

① 디에틸에테르에 아이오딘화칼륨(KI)10% 용액을 넣는 이유를 쓰시오.
② 디에틸에테르의 품명을 쓰시오.

[해설]
증기누출이 용이하며 장기간 저장 시 공기 중에서 산화되어 구조불명의 불안정하고 폭발성의 과산화물을 만드는데 이는 유기과산화물과 같은 위험성을 가지기 때문에 100℃로 가열하거나 충격, 압축으로 폭발한다. 과산화물의 검출은 10% 아이오딘화칼륨(KI) 용액과의 반응으로 확인한다.

[해답]
① 과산화물 검출 확인
② 특수인화물

02 동영상에서 실험자가 과염소산($HClO_4$)을 가열하는 장면을 보여준다. 실험자가 핸드폰을 받으러 실험실에서 나간 사이 폭발하는 화면을 보여 준다. 다음 각 물음에 답을 쓰시오. (5점)

① 폭발반응 시 발생기체 중 위험성 기체를 쓰시오.
② 증기비중을 쓰시오. (단, 염소의 분자량은 35.5)

해설

과염소산은 가열하면 폭발하고 분해하여 유독성의 HCl을 발생한다.
$HClO_4 \rightarrow HCl + 2O_2$

해답

① 염화수소
② 증기비중 = 100.5/28.84 = 3.48

03

동영상에서 위험물 이동저장소를 보여준다. 다음 각 물음에 답을 쓰시오. (4점)
① 제4류 위험물 중 특수인화물은 (   )이 있는 피복으로 가릴 것
② 제1류 위험물 중 무기과산화물은 (   )이 있는 피복으로 덮을 것

해설

적재하는 위험물에 따른 조치사항

차광성이 있는 것으로 피복해야 하는 경우	방수성이 있는 것으로 피복해야 하는 경우
제1류 위험물 제3류 위험물 중 자연발화성 물질 제4류 위험물 중 특수인화물 제5류 위험물 제6류 위험물	제1류 위험물 중 알칼리금속의 과산화물 제2류 위험물 중 철분, 금속분, 마그네슘 제3류 위험물 중 금수성 물질

해답

① 차광성
② 방수성, 차광성

04

동영상은 제5류 위험물인 피크린산 시약병을 보여준다. 다음 각 물음에 답을 쓰시오. (4점)
① 다음 물질 중 피크린산과 혼합 시 가장 안전한 상태의 물질을 고르시오.
  A : 황, B : 아이오딘, C : 알코올, D : 물
② 피크린산의 지정수량을 쓰시오.

해설

피크린산

찬물에는 거의 녹지 않으나 온수, 알코올, 에테르, 벤젠 등에는 잘 녹는다. 화기, 충격, 마찰, 직사광선을 피하고 황, 알코올 및 인화점이 낮은 석유류와의 접촉을 멀리한다. 운반 시 10~20% 물로 습윤하면 안전하다.

해답

① 물
② 시험결과에 따라 제1종과 제2종으로 분류하며, 제1종인 경우 10kg, 제2종인 경우 100kg에 해당한다.

05

동영상에 화학소방차 3대와 사다리차 1대를 보여준다. 다음 각 물음에 답을 쓰시오. (4점)

화학소방차 3대   사다리차 1대

① 저장, 취급하는 위험물의 지정수량은 몇 배인지 쓰시오.
② 자체소방대원의 수는 몇 명 이상이어야 하는지 쓰시오.

[해설]

자체소방대에 두는 화학소방자동차 및 자체소방대원의 수

사업소의 구분	화학소방자동차의 수	자체소방대원의 수
제조소 또는 일반취급소에서 취급하는 제4류 위험물의 최대수량의 합이 지정수량의 3천배 이상 12만배 미만인 사업소	1대	5인
제조소 또는 일반취급소에서 취급하는 제4류 위험물의 최대수량의 합이 지정수량의 12만배 이상 24만배 미만인 사업소	2대	10인
제조소 또는 일반취급소에서 취급하는 제4류 위험물의 최대수량의 합이 지정수량의 24만배 이상 48만배 미만인 사업소	3대	15인
제조소 또는 일반취급소에서 취급하는 제4류 위험물의 최대수량의 합이 지정수량의 48만배 이상인 사업소	4대	20인
옥외탱크저장소에 저장하는 제4류 위험물의 최대수량이 지정수량의 50만배 이상인 사업소	2대	10인

[해답]

① 제조소 또는 일반취급소에서 취급하는 제4류 위험물의 최대수량의 합이 지정수량의 24만 배 이상 48만배 미만인 사업소
② 15명

06

동영상은 창고에 칼륨(K)과 이산화탄소(CO_2)가 같은 장소에 저장되어 있고 이산화탄소(CO_2)가 누출되어 칼륨(K)과 접촉 폭발하는 장면을 보여 준다. 다음 각 물음에 답을 쓰시오. (6점)
① 이 폭발의 화학반응식을 쓰시오.
② 칼륨을 소화하는 데 적응성이 있는 '소화설비'를 쓰시오.

[해설]

칼륨은 CO_2와 격렬히 반응하여 연소, 폭발의 위험이 있으며, 연소 중에 모래를 뿌리면 규소(Si) 성분과 격렬히 반응한다.
$4K + 3CO_2 \rightarrow 2K_2CO_3 + C$ (연소 · 폭발)

[해답]
① 4K + 3CO$_2$ → 2K$_2$CO$_3$ + C
② 건조사, 팽창질석, 팽창진주암 또는 탄산수소염류 분말로 피복하여 질식소화

07

동영상은 옥외저장소를 보여준다. 다음 각 물음에 답을 쓰시오. (4점)
① 아세트산을 저장할 때 저장높이는 몇 m를 초과하면 안되는가?
② 아세트산 20,000L를 저장할 때 보유공지는 몇 m인지 쓰시오.

[해설]
옥내저장소에서 위험물을 저장하는 경우에는 다음의 규정에 의한 높이를 초과하여 용기를 겹쳐 쌓지 아니하여야 한다(옥외저장소에서 위험물을 저장하는 경우에 있어서도 본 규정에 의한 높이를 초과하여 용기를 겹쳐 쌓지 아니하여야 한다).
㉮ 기계에 의하여 하역하는 구조로 된 용기만을 겹쳐 쌓는 경우에 있어서는 6m
㉯ 제4류 위험물 중 제3석유류, 제4석유류 및 동식물유류를 수납하는 용기만을 겹쳐 쌓는 경우에 있어서는 4m
㉰ 그 밖의 경우에 있어서는 3m

〈 보유공지 〉

저장 또는 취급하는 위험물의 최대수량	공지의 너비
지정수량의 10배 이하	3m 이상
지정수량의 10배 초과 20배 이하	5m 이상
지정수량의 20배 초과 50배 이하	9m 이상
지정수량의 50배 초과 200배 이하	12m 이상
지정수량의 200배 초과	15m 이상

지정수량 배수의 합 = $\dfrac{20,000\text{L}}{2,000\text{L}}$ = 10배 이므로 보유공지의 너비는 3m 이상으로 해야 한다.

[해답]
① 3m
② 3m 이상

08

동영상은 제2류 위험물을 저장하는 단층 옥내저장소를 보여준다. 옥내저장소는 갑종방화문, 피뢰침, 내화구조로 되어 있다. 다음 각 물음에 답을 쓰시오. (4점)

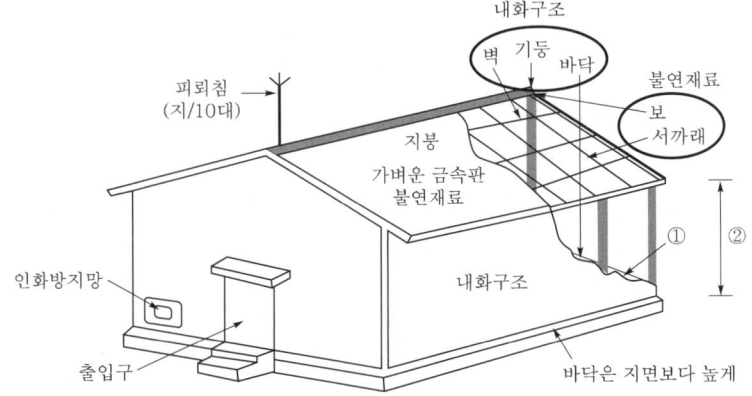

① 옥내저장소의 바닥면적은 몇 m^2 이하로 하여야 하는지 쓰시오.
② 처마높이는 몇 m 이하로 하여야 하는지 쓰시오.

해설

① 하나의 저장창고의 바닥면적

위험물을 저장하는 창고	바닥면적
ⓐ 제1류 위험물 중 아염소산염류, 염소산염류, 과염소산염류, 무기과산화물, 그 밖에 지정수량이 50kg인 위험물 ⓑ 제3류 위험물 중 칼륨, 나트륨, 알킬알루미늄, 알킬리튬, 그 밖에 지정수량이 10kg인 위험물 및 황린 ⓒ 제4류 위험물 중 특수인화물, 제1석유류 및 알코올류 ⓓ 제5류 위험물 중 유기과산화물, 질산에스터류, 그 밖에 지정수량이 10kg인 위험물 ⓔ 제6류 위험물	1,000m^2 이하
ⓐ~ⓔ 외의 위험물을 저장하는 창고	2,000m^2 이하
내화구조의 격벽으로 완전히 구획된 실에 각각 저장하는 창고	1,500m^2 이하

2류 위험물은 2,000m^2 이하

② 옥내저장소의 저장창고
㉮ 저장창고는 위험물의 저장을 전용으로 하는 독립된 건축물로 하여야 한다.
㉯ 저장창고는 지면에서 처마까지의 높이(이하 "처마높이"라 한다)가 6m 미만인 단층건물로 하고 그 바닥을 지반면보다 높게 하여야 한다. 다만, 제2류 또는 제4류의 위험물만을 저장하는 창고로서 다음의 기준에 적합한 창고의 경우에는 20m 이하로 할 수 있다.
  ㉠ 벽·기둥·보 및 바닥을 내화구조로 할 것
  ㉡ 출입구에 갑종방화문을 설치할 것
  ㉢ 피뢰침을 설치할 것. 다만, 주위상황에 의하여 안전상 지장이 없는 경우에는 그러하지 아니하다.

해답

① 2,000m^2
② 20m

09 동영상에서 최대허용수량 16,000L의 이동식 탱크저장차량을 보여준다. 다음 각 물음에 답을 쓰시오. (4점)

① 안전칸막이 수는 몇 개로 하여야 하는지 쓰시오.
② 방파판은 하나의 구획부분에 몇 개 이상을 설치하여야 하는지 쓰시오.

해설

안전칸막이 및 방파판의 설치기준
① 안전칸막이 설치기준
  ㉮ 재질은 두께 3.2mm 이상의 강철판으로 제작
  ㉯ 4,000L 이하마다 구분하여 설치
② 방파판 설치기준
  ㉮ 재질은 두께 1.6mm 이상의 강철판으로 제작
  ㉯ 하나의 구획부분에 2개 이상의 방파판을 이동탱크저장소의 진행방향과 평행으로 설치하되, 그 높이와 칸막이로부터의 거리를 다르게 할 것
  ㉰ 하나의 구획부분에 설치하는 각 방파판의 면적 합계는 당해 구획부분의 최대수직단면적의 50% 이상으로 할 것. 다만, 수직단면이 원형이거나 짧은 지름이 1m 이하의 타원형인 경우에는 40% 이상으로 할 수 있다.

해답
① 3개
② 2개

10 동영상은 아연과 황산의 반응 시 흰색연기가 발생하는 장면을 보여준다. 다음 각 물음에 답을 쓰시오. (5점)

① 아연과 황산의 반응식을 쓰시오.
② 아연의 지정수량을 쓰시오.

해답

① $Zn + H_2SO_4 \rightarrow ZnSO_4 + H_2$
② 500kg

2010년 제2회 과년도 출제문제

2010. 7. 3. 시행

제2회 일반검정문제

01 제3류 위험물인 탄화칼슘에 대해 다음 각 물음에 답을 쓰시오. (6점)
① 탄화칼슘과 물의 반응식을 쓰시오.
② 생성된 물질과 구리와의 반응식을 쓰시오.
③ 구리와 반응하면 위험한 이유를 쓰시오.

해답
① $CaC_2 + 2H_2O \rightarrow Ca(OH)_2 + C_2H_2$
② $C_2H_2 + 2Cu \rightarrow Cu_2C_2 + H_2$
③ 아세틸렌가스는 많은 금속(Cu, Ag, Hg 등)과 직접 반응하여 가연성의 수소가스(4~75vol%)를 발생하고 금속아세틸레이트를 생성한다.

02 그림은 주유취급소의 고정주유설비에 관한 내용이다. ①, ②, ③과 고정주유설비와의 거리를 각각 쓰시오. (6점)

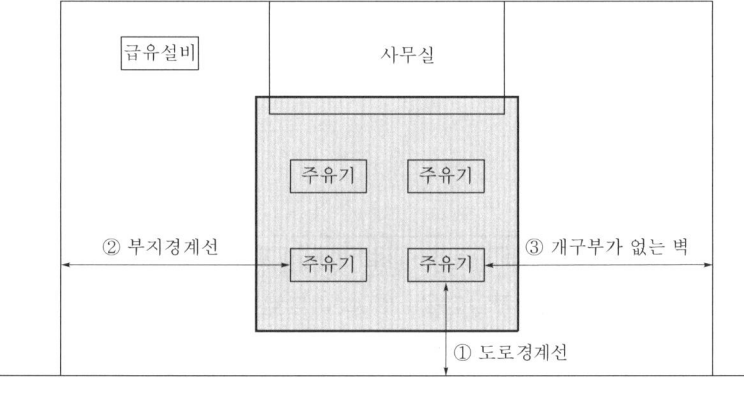

[해설]
고정주유설비 또는 고정급유설비의 중심선을 기점으로
㉮ 도로경계면으로 : 4m 이상
㉯ 부지경계선·담 및 건축물의 벽까지 : 2m 이상
㉰ 개구부가 없는 벽으로부터 : 1m 이상
㉱ 고정주유설비와 고정급유설비 사이 : 4m 이상

[해답]
① 4m, ② 2m, ③ 1m

03 알루미늄과 물의 반응식을 쓰시오. (3점)

[해설]
물과 반응하면 수소가스를 발생한다.

[해답]
$2Al + 6H_2O \rightarrow 2Al(OH)_3 + 3H_2$

04 제6류 위험물인 질산이 열분해하는 경우 발생하는 유해가스를 적으시오. (3점)

[해설]
3대 강산 중 하나로 흡습성이 강하고, 자극성과 부식성이 강하며, 휘발성, 발연성이다. 직사광선에 의해 분해되어 이산화질소(NO_2)를 생성시킨다.
$4HNO_3 \rightarrow 2H_2O + 4NO_2 + O_2$

[해답]
이산화질소(NO_2)

05 산화프로필렌의 화학식 및 지정수량을 쓰시오. (4점)

[해답]
① 화학식 : CH_3CHOCH_2 ② 지정수량 : 50L

06 보기에서 주어진 위험물의 인화점이 낮은 것부터 번호로 나열하시오. (4점)
(보기) ① 초산에틸 ② 메틸알코올 ③ 나이트로벤젠 ④ 에틸렌글리콜

[해설]

구분	① 초산에틸	② 메틸알코올	③ 나이트로벤젠	④ 에틸렌글리콜
화학식	$CH_3COOC_2H_5$	CH_3OH	$C_6H_5NO_2$	$C_2H_4(OH)_2$
인화점	$-3°C$	$11°C$	$88°C$	$120°C$

[해답]
①, ②, ③, ④

07 질산암모늄 800g이 폭발하는 경우 발생기체의 부피(L)는 표준상태에서 전부 얼마인지 구하시오. (4점)

[해설]

$2NH_4NO_3 \rightarrow 2N_2 + O_2 + 4H_2O$

① 질소가스의 부피

$$\frac{800g\text{-}NH_4NO_3}{} \mid \frac{1mol\text{-}NH_4NO_3}{80g\text{-}NH_4NO_3} \mid \frac{2mol\text{-}N_2}{2mol\text{-}NH_4NO_3} \mid \frac{22.4L\text{-}N_2}{1mol\text{-}N_2} = 224L\text{-}N_2$$

② 산소가스의 부피

$$\frac{800g\text{-}NH_4NO_3}{} \mid \frac{1mol\text{-}NH_4NO_3}{80g\text{-}NH_4NO_3} \mid \frac{1mol\text{-}O_2}{2mol\text{-}NH_4NO_3} \mid \frac{22.4L\text{-}O_2}{1mol\text{-}O_2} = 112L\text{-}O_2$$

③ 수증기의 부피

$$\frac{800g\text{-}NH_4NO_3}{} \mid \frac{1mol\text{-}NH_4NO_3}{80g\text{-}NH_4NO_3} \mid \frac{4mol\text{-}H_2O}{2mol\text{-}NH_4NO_3} \mid \frac{22.4L\text{-}H_2O}{1mol\text{-}H_2O} = 448L\text{-}H_2O$$

그러므로 질소가스의 부피+산소가스의 부피+수증기의 부피=224+112+448=784L임.

08 제5류 위험물 중 피크린산의 ① 구조식과, ② 지정수량을 쓰시오. (4점)

[해답]

①

OH기가 있는 벤젠고리에 O_2N, NO_2, NO_2가 치환된 구조식

② 시험결과에 따라 제1종과 제2종으로 분류하며, 제1종인 경우 10kg, 제2종인 경우 100kg에 해당한다.

09 제2류 위험물인 마그네슘에 대한 다음 각 물음에 답을 쓰시오. (4점)
① 마그네슘이 완전연소 시 생성되는 물질을 쓰시오.
② 마그네슘과 염산이 반응하는 경우 발생기체를 쓰시오.

[해설]

① 가열하면 연소가 쉽고 양이 많은 경우 맹렬히 연소하며 강한 빛을 낸다. 특히 연소열이 매우 높기 때문에 온도가 높아지고 화세가 격렬하여 소화가 곤란하다.
   $2Mg + O_2 \rightarrow 2MgO$
② 산과 반응하여 수소(H_2)를 발생한다.
   $Mg + 2HCl \rightarrow MgCl_2 + H_2$

[해답]

① 산화마그네슘
② 수소(H_2)

10
자동화재탐지설비의 경계구역 설정기준에 관한 내용이다. 다음 빈칸을 채우시오. (6점)
하나의 경계구역의 면적은 (①)m² 이하로 하고, 한 변의 길이는 (②)m 이하로 할 것. 다만, 해당 소방대상물의 주된 출입구에서 그 내부 전체가 보이는 것에 있어서는 (③)m² 이하로 할 수 있다.

해설
자동화재탐지설비의 설치기준
㉮ 자동화재탐지설비의 경계구역(화재가 발생한 구역을 다른 구역과 구분하여 식별할 수 있는 최소단위의 구역을 말한다)은 건축물, 그 밖의 공작물의 2 이상의 층에 걸치지 아니하도록 할 것. 다만, 하나의 경계구역의 면적이 500m² 이하이면서 당해 경계구역이 두 개의 층에 걸치는 경우이거나 계단·경사로·승강기의 승강로, 그 밖에 이와 유사한 장소에 연기감지기를 설치하는 경우에는 그러하지 아니하다.
㉯ 하나의 경계구역의 면적은 600m² 이하로 하고 그 한 변의 길이는 50m(광전식 분리형 감지기를 설치할 경우에는 100m) 이하로 할 것. 다만, 당해 건축물, 그 밖의 공작물의 주요한 출입구에서 그 내부의 전체를 볼 수 있는 경우에 있어서는 그 면적을 1,000m² 이하로 할 수 있다.
㉰ 자동화재탐지설비의 감지기는 지붕(상층이 있는 경우에는 상층의 바닥) 또는 벽의 옥내에 면한 부분(천장이 있는 경우에는 천장 또는 벽의 옥내에 면한 부분 및 천장의 뒷부분)에 유효하게 화재의 발생을 감지할 수 있도록 설치할 것
㉱ 자동화재탐지설비에는 비상전원을 설치할 것

해답
① 600, ② 50, ③ 1,000

11
제3류 위험물 중 금수성 물질을 제외한 적응성이 있는 소화설비를 보기에서 골라 번호를 쓰시오. (4점)

(보기)
① 옥내소화전설비　　② 옥외소화전설비　　③ 스프링클러설비
④ 물분무소화설비　　⑤ 할로겐화합물소화설비　　⑥ 불활성가스소화설비

해설

소화설비의 구분 \ 대상물의 구분	건축물·그 밖의 공작물	전기설비	제1류 위험물 알칼리금속과산화물 등	제1류 위험물 그 밖의 것	제2류 위험물 철분·금속분·마그네슘 등	제2류 위험물 인화성 고체	제2류 위험물 그 밖의 것	제3류 위험물 금수성 물품	제3류 위험물 그 밖의 것	제4류 위험물	제5류 위험물	제6류 위험물
옥내소화전 또는 옥외소화전설비	○			○		○	○		○		○	○
스프링클러설비	○			○		○	○		○	△	○	○

소화설비의 구분		대상물의 구분	건축물·그 밖의 공작물	전기설비	제1류 위험물 알칼리금속과산화물 등	제1류 위험물 그 밖의 것	제2류 위험물 철분·금속분·마그네슘 등	제2류 위험물 인화성 고체	제2류 위험물 그 밖의 것	제3류 위험물 금수성 물품	제3류 위험물 그 밖의 것	제4류 위험물	제5류 위험물	제6류 위험물
물분무 등 소화설비		물분무소화설비	○	○		○		○	○		○	○	○	○
		포소화설비	○			○		○	○		○	○	○	○
		불활성가스소화설비		○				○				○		
		할로겐화합물소화설비		○				○				○		
	분말 소화 설비	인산염류 등	○	○		○		○	○			○		○
		탄산수소염류 등		○	○		○	○		○		○		
		그 밖의 것			○		○			○				

[해답]

①, ②, ③, ④

12

다음 위험물에 대한 지정수량을 쓰시오. (6점)
① 아염소산염류   ② 브로민산염류   ③ 다이크로뮴산염류

[해설]

제1류 위험물의 종류 및 지정수량

성질	위험등급	품명	대표품목	지정수량
산화성 고체	I	1. 아염소산염류 2. 염소산염류 3. 과염소산염류 4. 무기과산화물류	$NaClO_2$, $KClO_2$ $NaClO_3$, $KClO_3$, NH_4ClO_3 $NaClO_4$, $KClO_4$, NH_4ClO_4 K_2O_2, Na_2O_2, MgO_2	50kg
	II	5. 브로민산염류 6. 질산염류 7. 아이오딘산염류	$KBrO_3$ KNO_3, $NaNO_3$, NH_4NO_3 KIO_3	300kg
	III	8. 과망가니즈산염류 9. 다이크로뮴산염류	$KMnO_4$ $K_2Cr_2O_7$	1,000kg
	I~III	10. 그 밖에 행정안전부령이 정하는 것 ① 과아이오딘산염류 ② 과아이오딘산 ③ 크로뮴, 납 또는 아이오딘의 산화물 ④ 아질산염류	KIO_4 HIO_4 CrO_3 $NaNO_2$	300kg
		⑤ 차아염소산염류	$LiClO$	50kg
		⑥ 염소화아이소시아눌산 ⑦ 퍼옥소이황산염류 ⑧ 퍼옥소붕산염류 11. 1~10호의 하나 이상을 함유한 것	OCNCIONCICONCI $K_2S_2O_8$ $NaBO_3$	300kg

[해답]
① 50kg, ② 300kg, ③ 1,000kg

13 다음 보기에서 제2석유류에 대한 설명으로 맞는 것을 고르시오. (4점)
〈보기〉
① 등유, 경유
② 아세톤, 휘발유
③ 기어유, 실린더유
④ 1기압에서 인화점이 섭씨 21도 미만인 것을 말한다.
⑤ 1기압에서 인화점이 섭씨 21도 이상 70도 미만인 것을 말한다.
⑥ 1기압에서 인화점이 섭씨 70도 이상 섭씨 200도 미만인 것을 말한다.

[해설]
"제1석유류"라 함은 아세톤, 휘발유, 그 밖에 1기압에서 인화점이 섭씨 21도 미만인 것을 말한다.
"제2석유류"라 함은 등유, 경유, 그 밖에 1기압에서 인화점이 섭씨 21도 이상 70도 미만인 것을 말한다. 다만, 도료류, 그 밖의 물품에 있어서 가연성 액체량이 40중량퍼센트 이하이면서 인화점이 섭씨 40도 이상인 동시에 연소점이 섭씨 60도 이상인 것은 제외한다.
"제3석유류"라 함은 중유, 크레오소트유, 그 밖에 1기압에서 인화점이 섭씨 70도 이상 섭씨 200도 미만인 것을 말한다. 다만, 도료류, 그 밖의 물품은 가연성 액체량이 40중량퍼센트 이하인 것은 제외한다.
"제4석유류"라 함은 기어유, 실린더유, 그 밖에 1기압에서 인화점이 섭씨 200도 이상 섭씨 250도 미만의 것을 말한다. 다만, 도료류, 그 밖의 물품은 가연성 액체량이 40중량퍼센트 이하인 것은 제외한다.

[해답]
①, ⑤

제2회 동영상문제

01 동영상에서 옥외탱크저장소와 그 주위의 시설을 보여준다. 다음 물음에 답하시오. (4점)
① 방유제의 면적은 얼마로 해야 하는가?
② 방유제의 높이는 ( )m 이상 ( )m 이하로 할 것

[해설]
옥외탱크저장소의 방유제 설치기준
㉮ 설치목적 : 저장 중인 액체위험물이 주위로 누설 시 그 주위에 피해확산을 방지하기 위하여 설치한 담
㉯ 용량 : 방유제 안에 설치된 탱크가 하나인 때에는 그 탱크 용량의 110% 이상, 2기 이상인 때에는 그 탱크 용량 중 용량이 최대인 것의 용량의 110% 이상으로 한다. 다만, 인화성이 없는 액체위험물의 옥외저장탱크의 주위에 설치하는 방유제는 "110%"를 "100%"로 본다.
㉰ 높이 : 0.5m 이상 3.0m 이하
㉱ 면적 : 80,000m² 이하

[해답]
① 80,000m² 이하, ② 0.5, 3.0

02 동영상에서 이동식 저장탱크의 사진을 보여준다. 다음 각 부분의 명칭을 쓰시오. (4점)

[해설]
탱크 강철판의 두께
㉮ 본체 : 3.2mm 이상
㉯ 측면틀 : 3.2mm 이상
㉰ 안전칸막이 : 3.2mm 이상
㉱ 방호틀 : 2.3mm 이상
㉲ 방파판 : 1.6mm 이상

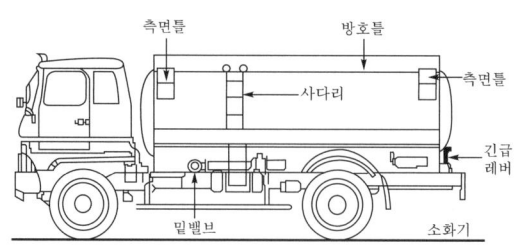
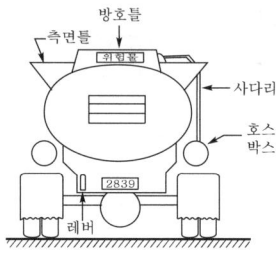

〈 이동저장탱크 측면 〉 〈 이동저장탱크 후면 〉

[해답]
① 측면틀
② 방호틀

03
동영상에서 컨테이너식 이동저장탱크차량을 보여준다. 다음 빈칸을 채우시오. (4점)
① 이동저장탱크 · 맨홀 및 주입구의 뚜껑은 두께 (　)mm(당해 탱크의 직경 또는 장경이 1.8m 이하인 것은 5mm) 이상의 강판 또는 이와 동등 이상의 기계적 성질이 있는 재료로 할 것
② 부속장치는 상자틀의 최외측과 (　)mm 이상의 간격을 유지할 것

[해설]
다음 기준에 적합한 이동저장탱크로 된 컨테이너식 이동탱크저장소에 대하여는 안전칸막이 내지 방호틀 규정을 적용하지 아니한다.
㉮ 이동저장탱크 및 부속장치(맨홀·주입구 및 안전장치 등을 말한다)는 강재로 된 상자형태의 틀(이하 "상자틀"이라 한다)에 수납할 것
㉯ 상자틀의 구조물 중 이동저장탱크의 이동방향과 평행한 것과 수직인 것은 당해 이동저장탱크·부속장치 및 상자틀의 자중과 저장하는 위험물의 무게를 합한 하중(이하 "이동저장탱크하중"이라 한다)의 2배 이상의 하중에, 그 외 이동저장탱크의 이동방향과 직각인 것은 이동저장탱크 하중 이상의 하중에 각각 견딜 수 있는 강도가 있는 구조로 할 것
㉰ 이동저장탱크 · 맨홀 및 주입구의 뚜껑은 두께 6mm(당해 탱크의 직경 또는 장경이 1.8m 이하인 것은 5mm) 이상의 강판 또는 이와 동등 이상의 기계적 성질이 있는 재료로 할 것
㉱ 이동저장탱크에 칸막이를 설치하는 경우에는 당해 탱크의 내부를 완전히 구획하는 구조로 하고, 두께 3.2mm 이상의 강판 또는 이와 동등 이상의 기계적 성질이 있는 재료로 할 것
㉲ 이동저장탱크에는 맨홀 및 안전장치를 할 것
㉳ 부속장치는 상자틀의 최외측과 50mm 이상의 간격을 유지할 것

[해답]
① 6
② 50

04 동영상은 차례로 마그네슘, 철분, 아연을 보여준다. 다음 각 물음에 답을 쓰시오. (4점)

① 동영상에서 보여준 3가지 물질 중 비중이 가장 작은 물질의 화학식을 쓰시오.
② ①의 물질과 염산의 반응식을 쓰시오.

[해설]

구분	마그네슘(Mg)	철분(Fe)	아연(Zn)
비중	1.74	7.86	7.14

[해답]

① Mg
② $Mg + 2HCl \rightarrow MgCl_2 + H_2$

05 동영상은 옥내저장소 내부 선반에 있는 위험물을 보여준다. 다음 각 물음에 답하시오. (4점)

① 아세톤을 저장할 경우 저장높이를 쓰시오. (단, 벽·기둥·보 및 바닥은 내화구조로 되어 있으며, 갑종방화문과 피뢰침이 설치되어 있음.)
② 저장창고는 지붕을 폭발력이 위로 방출될 정도의 가벼운 (　　)로 하고, 천장을 만들지 아니하여야 한다.

해설

옥내저장소에서 위험물을 저장하는 경우에는 다음의 규정에 의한 높이를 초과하여 용기를 겹쳐 쌓지 아니하여야 한다(옥외저장소에서 위험물을 저장하는 경우에 있어서도 본 규정에 의한 높이를 초과하여 용기를 겹쳐 쌓지 아니하여야 한다).
㉮ 기계에 의하여 하역하는 구조로 된 용기만을 겹쳐 쌓는 경우에 있어서는 6m
㉯ 제4류 위험물 중 제3석유류, 제4석유류 및 동식물유류를 수납하는 용기만을 겹쳐 쌓는 경우에 있어서는 4m
㉰ 그 밖의 경우에 있어서는 3m

해답

① 3m 이하
② 불연재료

06
동영상은 지정과산화물을 저장하는 옥내저장소를 보여준다. 다음 각 물음에 답을 쓰시오. (4점)

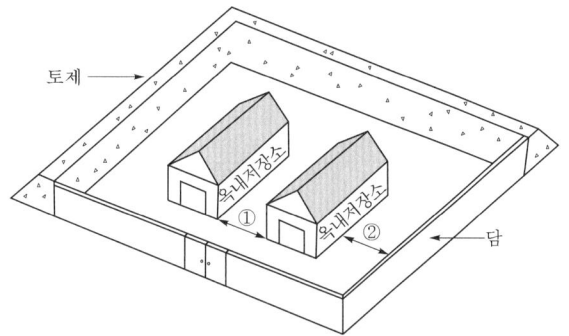

- 저장창고는 (①)m² 이내마다 격벽으로 완전하게 구획할 것. 이 경우 당해 격벽은 두께 (②)cm 이상의 철근콘크리트조 또는 철골철근콘크리트조로 하거나 두께 (③)cm 이상의 보강콘크리트블록조로 하고, 당해 저장창고의 양측의 외벽으로부터 (④)m 이상, 상부의 지붕으로부터 (⑤)cm 이상 돌출하게 하여야 한다.
- 저장창고의 창은 바닥면으로부터 (⑥)m 이상의 높이에 두되, 하나의 벽면에 두는 창의 면적의 합계를 당해 벽면의 면적의 (⑦)분의 1 이내로 하고, 하나의 창의 면적을 (⑧)m² 이내로 할 것

해설
지정과산화물에 대한 옥내저장소 저장창고의 기준

㉮ 저장창고는 150m² 이내마다 격벽으로 완전하게 구획할 것. 이 경우 당해 격벽은 두께 30cm 이상의 철근콘크리트조 또는 철골철근콘크리트조로 하거나 두께 40cm 이상의 보강콘크리트블록조로 하고, 당해 저장창고의 양측의 외벽으로부터 1m 이상, 상부의 지붕으로부터 50cm 이상 돌출하게 하여야 한다.

㉯ 저장창고의 외벽은 두께 20cm 이상의 철근콘크리트조나 철골철근콘크리트조 또는 두께 30cm 이상의 보강콘크리트블록조로 할 것

㉰ 저장창고의 지붕에 대한 기준
  ㉠ 중도리 또는 서까래의 간격은 30cm 이하로 할 것
  ㉡ 지붕의 아래쪽 면에는 한 변의 길이가 45cm 이하의 환강(丸鋼)·경량형강(輕量形鋼) 등으로 된 강제(鋼製)의 격자를 설치할 것
  ㉢ 지붕의 아래쪽 면에 철망을 쳐서 불연재료의 도리·보 또는 서까래에 단단히 결합할 것
  ㉣ 두께 5cm 이상, 너비 30cm 이상의 목재로 만든 받침대를 설치할 것

㉱ 저장창고의 출입구에는 갑종방화문을 설치할 것

㉲ 저장창고의 창은 바닥면으로부터 2m 이상의 높이에 두되, 하나의 벽면에 두는 창의 면적의 합계를 당해 벽면의 면적의 80분의 1 이내로 하고, 하나의 창의 면적을 0.4m² 이내로 할 것

해답
① 150, ② 30, ③ 40, ④ 1, ⑤ 50, ⑥ 2, ⑦ 80, ⑧ 0.4

07 동영상은 제1류 위험물인 염소산염류와 제6류 위험물인 질산을 함께 저장하는 옥내저장소를 보여준다. 다음 각 물음에 답을 쓰시오. (4점)

① 2가지 위험물을 같이 저장하는 경우 상호간 몇 m 이상의 간격을 두어야 하는지 쓰시오.
② 옥내저장소의 면적(m^2)을 구하시오.

해설

유별을 달리하는 위험물은 동일한 저장소(내화구조의 격벽으로 완전히 구획된 실이 2 이상 있는 저장소에 있어서는 동일한 실)에 저장하지 아니하여야 한다. 다만, 옥내저장소 또는 옥외저장소에 있어서 다음의 규정에 의한 위험물을 저장하는 경우로서 위험물을 유별로 정리하여 저장하는 한편, 서로 1m 이상의 간격을 두는 경우에는 그러하지 아니하다.

㉮ 제1류 위험물(알칼리금속의 과산화물 또는 이를 함유한 것을 제외한다)과 제5류 위험물을 저장하는 경우
㉯ 제1류 위험물과 제6류 위험물을 저장하는 경우
㉰ 제1류 위험물과 제3류 위험물 중 자연발화성 물질(황린 또는 이를 함유한 것에 한한다)을 저장하는 경우
㉱ 제2류 위험물 중 인화성 고체와 제4류 위험물을 저장하는 경우
㉲ 제3류 위험물 중 알킬알루미늄 등과 제4류 위험물(알킬알루미늄 또는 알킬리튬을 함유한 것에 한한다)을 저장하는 경우
㉳ 제4류 위험물 중 유기과산화물 또는 이를 함유하는 것과 제5류 위험물 중 유기과산화물 또는 이를 함유한 것을 저장하는 경우

위험물을 저장하는 창고	바닥면적
ⓐ 제1류 위험물 중 아염소산염류, 염소산염류, 과염소산염류, 무기과산화물, 그 밖에 지정수량이 50kg인 위험물 ⓑ 제3류 위험물 중 칼륨, 나트륨, 알킬알루미늄, 알킬리튬, 그 밖에 지정수량이 10kg인 위험물 및 황린 ⓒ 제4류 위험물 중 특수인화물, 제1석유류 및 알코올류 ⓓ 제5류 위험물 중 유기과산화물, 질산에스터류, 그 밖에 지정수량이 10kg인 위험물 ⓔ 제6류 위험물	1,000m^2 이하
ⓐ~ⓔ 외의 위험물을 저장하는 창고	2,000m^2 이하
내화구조의 격벽으로 완전히 구획된 실에 각각 저장하는 창고	1,500m^2 이하

해답

① 1m 이상, ② 1,000m^2

08 동영상에서는 제4류 위험물 중 아세트알데하이드 시약병을 하나 보여주고 있다. 이 물질에 대한 물음에 답하시오. (4점)

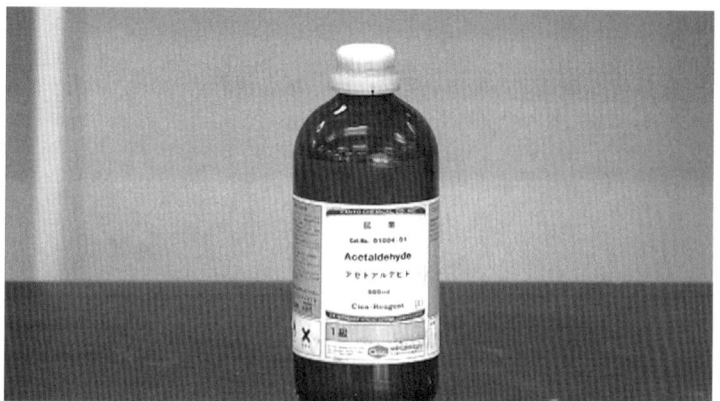

① 화면에서 보여주고 있는 위험물은 구리, ( ), ( ), 은 및 그 합금으로 된 취급 설비와 반응에 의해 이들 간에 중합반응을 일으켜 구조불명의 폭발성 물질을 생성한다. 빈칸에 알맞은 말은?
② 지정수량은?
③ 연소범위는?
④ 위험도는?

해설

아세트알데하이드의 일반적 성질

분자량(44), 비중(0.78), 녹는점(-121℃), 비점(21℃), 인화점(-40℃), 발화점(175℃)이 매우 낮고, 연소범위(4.1~57%)가 넓으나 증기압(750mmHg)이 높아 휘발이 잘 되고, 인화성, 발화성이 강하며, 수용액 상태에서도 인화의 위험이 있다.

해답

① 수은, 마그네슘
② 50L
③ 4.1~57%
④ $H = \dfrac{U-L}{L} = \dfrac{57-4.1}{4.1} ≒ 12.90$

09 동영상에서 제4류 위험물 중 지정수량 2,000L인 A, B 물질을 보여준다. 다음 각 물음에 답을 쓰시오. (6점)

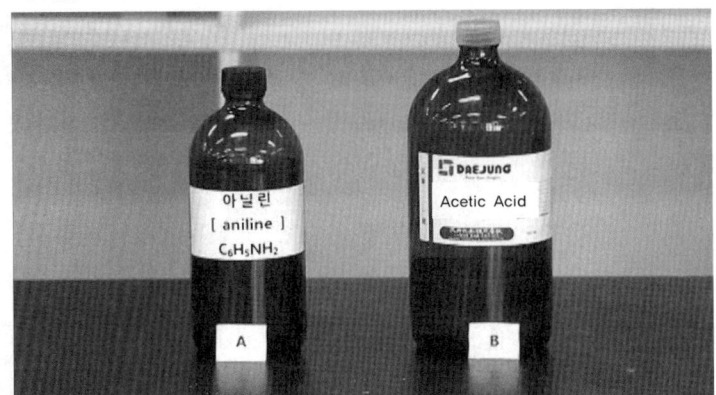

① 제4류 위험물 중 두 가지 물질을 나누는 기준은 무엇인지 쓰시오.
② 제4류 위험물 중 A물질의 분류를 쓰시오.
③ 제4류 위험물 중 B물질의 분류를 쓰시오.

[해답]
① 인화점, ② 제3석유류, ③ 제2석유류

10 동영상은 A물질 고무상황, B물질 단사황을 보여준다. 다음 각 물음에 답을 쓰시오. (4점)

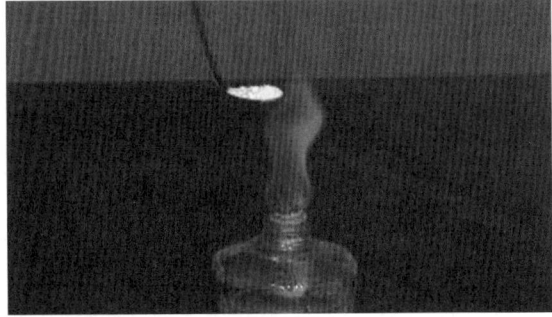

① A, B 물질 중 이황화탄소에 용해되는 물질은 어느 것인지 쓰시오.
② 황이 완전연소 시 발생되는 기체를 쓰시오.

[해설]
물, 산에는 녹지 않으며, 알코올에는 약간 녹고, 이황화탄소(CS_2)에는 잘 녹는다(단, 고무상황은 녹지 않는다). 공기 중에서 연소하면 푸른 빛을 내며 아황산가스를 발생하며, 아황산가스는 독성이 있다.
$S + O_2 \rightarrow SO_2$

[해답]
① 단사황, ② 이산화황

제4회 과년도 출제문제

2010. 10. 30. 시행

제4회 일반검정문제

01 제5류 위험물인 TNT 분해 시 생성되는 물질 3가지 쓰시오. (3점)

해설

트리나이트로톨루엔(TNT, $C_6H_2CH_3(NO_2)_3$)

㉮ 비중 1.66, 융점 81℃, 비점 280℃, 분자량 227, 발화온도 약 300℃
㉯ 제법 : 1몰의 톨루엔과 3몰의 질산을 황산촉매하에 반응시키면 나이트로화에 의해 TNT가 만들어진다.

$$C_6H_5CH_3 + 3HNO_3 \xrightarrow[\text{나이트로화}]{c-H_2SO_4} \text{〈TNT〉} + 3H_2O$$

㉰ 분해하면 다량의 기체를 발생하고 불완전연소 시 유독성의 질소산화물과 CO를 생성한다.
  $2C_6H_2CH_3(NO_2)_3 \rightarrow 12CO + 2C + 3N_2 + 5H_2$
㉱ 운반 시 10%의 물을 넣어 운반하면 안전하다.

해답

일산화탄소, 탄소, 질소, 수소

02 제1류 위험물인 KMnO₄에 대해 다음 각 물음에 답을 쓰시오. (6점)
① 지정수량을 쓰시오.
② 열분해 시, 묽은황산과 반응 시 공통으로 발생하는 물질을 쓰시오.

해설

KMnO₄(과망가니즈산칼륨)

㉮ 비중 2.7, 분해온도 약 200~250℃, 흑자색 또는 적자색의 결정
㉯ 240℃에서 가열하면 망가니즈산칼륨, 이산화망가니즈, 산소를 발생
  $2KMnO_4 \rightarrow K_2MnO_4 + MnO_2 + O_2$

㉰ 위험성
  ㉠ 에테르, 알코올류, [진한황산+(가연성 가스, 염화칼륨, 테레빈유, 유기물, 피크린산)]과 혼촉되는 경우 발화하고 폭발의 위험성을 갖는다.
  (묽은황산과의 반응식)
  $4KMnO_4 + 6H_2SO_4 \rightarrow 2K_2SO_4 + 4MnSO_4 + 6H_2O + 5O_2$
  (진한황산과의 반응식)
  $2KMnO_4 + H_2SO_4 \rightarrow K_2SO_4 + 2HMnO_4$
  ㉡ 망가니즈산화물의 산화성 크기 : $MnO < Mn_2O_3 < KMnO_2 < Mn_2O_7$

[해답]
① 1,000kg
② 산소(O_2)가스

03 다음 위험물의 운반용기 외부에 표시하는 주의사항을 쓰시오. (6점)
① 제3류 위험물 중 금수성 물질
② 제4류 위험물
③ 제6류 위험물

[해설]

유별	구분	주의사항
제1류 위험물 (산화성 고체)	알칼리금속의 무기과산화물	"화기·충격주의" "물기엄금" "가연물접촉주의"
	그 밖의 것	"화기·충격주의" "가연물접촉주의"
제2류 위험물 (가연성 고체)	철분·금속분·마그네슘	"화기주의" "물기엄금"
	인화성 고체	"화기엄금"
	그 밖의 것	"화기주의"
제3류 위험물 (자연발화성 및 금수성 물질)	자연발화성 물질	"화기엄금" "공기접촉엄금"
	금수성 물질	"물기엄금"
제4류 위험물 (인화성 액체)		"화기엄금"
제5류 위험물 (자기반응성 물질)		"화기엄금" 및 "충격주의"
제6류 위험물 (산화성 액체)		"가연물접촉주의"

[해답]
① 물기엄금, ② 화기엄금, ③ 가연물접촉주의

04
다음은 이동저장탱크의 구조에 관한 내용이다. 빈칸을 채우시오. (6점)
① 탱크는 두께 (   )mm 이상의 강철판으로 할 것
② 압력탱크 외의 탱크는 70kPa의 압력으로, 압력탱크는 최대상용압력의 1.5배의 압력으로 각각 (   )분간의 수압시험을 실시하여 새거나 변형되지 아니할 것
③ 방파판은 두께 (   )mm 이상의 강철판 또는 이와 동등 이상의 강도·내열성 및 내식성이 있는 금속성의 것으로 할 것

해설

이동탱크저장소의 탱크 구조기준

압력탱크(최대상용압력이 46.7kPa 이상인 탱크) 외의 탱크는 70kPa의 압력으로, 압력탱크는 최대상용압력의 1.5배의 압력으로 각각 10분간 수압시험을 실시하여 새거나 변형되지 아니할 것
탱크 강철판의 두께는 다음과 같다.
㉮ 본체 : 3.2mm 이상   ㉯ 측면틀 : 3.2mm 이상   ㉰ 안전칸막이 : 3.2mm 이상
㉱ 방호틀 : 2.3mm 이상   ㉲ 방파판 : 1.6mm 이상

해답

① 3.2, ② 10, ③ 1.6

05
제4류 위험물 중 비수용성인 위험물을 보기에서 고르시오. (5점)
〈보기〉
① 이황화탄소   ② 아세트알데하이드   ③ 아세톤
④ 스티렌   ⑤ 클로로벤젠

해설

제4류 위험물(인화성 액체)의 종류와 지정수량

위험등급	품명		품목	지정수량
I	특수인화물	비수용성	디에틸에테르, 이황화탄소	50L
		수용성	아세트알데하이드, 산화프로필렌	
II	제1석유류	비수용성	가솔린, 벤젠, 톨루엔, 사이클로헥산, 콜로디온, 메틸에틸케톤, 초산메틸, 초산에틸, 의산메틸, 헥산, 에틸벤젠 등	200L
		수용성	아세톤, 피리딘, 아크롤레인, 의산메틸, 시안화수소 등	400L
	알코올류		메틸알코올, 에틸알코올, 프로필알코올, 아이소프로필알코올	400L
III	제2석유류	비수용성	등유, 경유, 테레빈유, 스티렌, 자일렌(o-, m-, p-), 클로로벤젠, 장뇌유, 뷰틸알코올, 알릴알코올 등	1,000L
		수용성	포름산, 초산(아세트산), 하이드라진, 아크릴산, 아밀알코올 등	2,000L
	제3석유류	비수용성	중유, 크레오소트유, 아닐린, 나이트로벤젠, 나이트로톨루엔 등	2,000L
		수용성	에틸렌글리콜, 글리세린 등	4,000L
	제4석유류		기어유, 실린더유, 윤활유, 가소제	6,000L
	동식물유류		• 건성유 : 아마인유, 들기름, 동유, 정어리기름, 해바라기유 등 • 반건성유 : 참기름, 옥수수기름, 청어기름, 채종유, 면실유(목화씨유), 콩기름, 쌀겨유 등 • 불건성유 : 올리브유, 피마자유, 야자유, 땅콩기름, 동백유 등	10,000L

해답

① 이황화탄소, ④ 스티렌, ⑤ 클로로벤젠

06
소화난이도 등급 I에 해당하는 제조소, 일반취급소에 관한 내용이다. 다음 빈칸을 채우시오. (6점)
① 연면적 (   )m² 이상인 것
② 지반면으로부터 (   )m 이상의 높이에 위험물 취급설비가 있는 것

해설

제조소, 일반취급소	연면적 1,000m² 이상인 것
	지정수량의 100배 이상인 것(고인화점위험물만을 100℃ 미만의 온도에서 취급하는 것 및 제48조의 위험물을 취급하는 것은 제외)
	지반면으로부터 6m 이상의 높이에 위험물 취급설비가 있는 것(고인화점위험물만을 100℃ 미만의 온도에서 취급하는 것은 제외)
	일반취급소로 사용되는 부분 외의 부분을 갖는 건축물에 설치된 것(내화구조로 개구부 없이 구획된 것 및 고인화점위험물만을 100℃ 미만의 온도에서 취급하는 것은 제외

해답

① 1,000, ② 6

07
제3류 위험물인 TEAL의 연소반응식과 물과의 반응식을 쓰시오. (4점)

해설

트리에틸알루미늄의 일반적 성질

㉮ 무색, 투명한 액체로 외관은 등유와 유사한 가연성으로 $C_1 \sim C_4$는 자연발화성이 강하다. 공기 중에 노출되어 공기와 접촉하여 백연을 발생하며 연소한다. 단, C_5 이상은 점화하지 않으면 연소하지 않는다.
$2(C_2H_5)_3Al + 21O_2 \rightarrow 12CO_2 + Al_2O_3 + 15H_2O$
㉯ 물, 산과 접촉하면 폭발적으로 반응하여 에탄을 형성하고 이때 발열, 폭발에 이른다.
$(C_2H_5)_3Al + 3H_2O \rightarrow Al(OH)_3 + 3C_2H_6 + 발열$, $(C_2H_5)_3Al + HCl \rightarrow (C_2H_5)_2AlCl + C_2H_6 + 발열$
㉰ 실제 사용 시는 희석제(벤젠, 톨루엔, 헥산 등 탄화수소 용제)로 20~30%로 희석하여 사용한다.
㉱ 할론이나 CO_2와 반응하여 발열하므로 소화약제로 적당치 않으며 저장용기가 가열되면 심하게 용기의 파열이 발생한다.

해답

① 연소반응식 : $2(C_2H_5)_3Al + 21O_2 \rightarrow 12CO_2 + Al_2O_3 + 15H_2O$
② 물과의 반응식 : $(C_2H_5)_3Al + 3H_2O \rightarrow Al(OH)_3 + 3C_2H_6$

08
제1류 위험물인 K_2O_2 화재 시 주수소화가 부적합하다. 그 이유를 쓰시오. (4점)

해설

무기과산화물은 물과 격렬하게 발열반응하여 분해하고, 다량의 산소를 발생한다. 따라서 소화 작업 시에 주수는 위험하고, 탄산소다, 마른모래 등으로 덮어 행하나 소화는 대단히 곤란하다.

해답

K_2O_2는 흡습성이 있고, 물과 접촉하면 발열하며 수산화칼륨(KOH)과 산소(O_2)를 발생하기 때문
$2K_2O_2 + 2H_2O \rightarrow 4KOH + O_2$

09
위험물제조소에 200m³와 100m³의 탱크가 각각 1개씩 2개가 있다. 탱크 주위로 방유제를 만들 때 방유제의 용량(m³)은 얼마 이상이어야 하는지 계산하시오. (3점)

해설

옥외에 있는 위험물취급탱크로서 액체위험물(이황화탄소를 제외한다)을 취급하는 것의 주위에는 방유제를 설치할 것. 하나의 취급탱크 주위에 설치하는 방유제의 용량은 당해 탱크용량의 50% 이상으로 하고, 2 이상의 취급탱크 주위에 하나의 방유제를 설치하는 경우 그 방유제의 용량은 당해 탱크 중 용량이 최대인 것의 50%에 나머지 탱크용량 합계의 10%를 가산한 양 이상이 되게 할 것. 이 경우 방유제의 용량은 당해 방유제의 내용적에서 용량이 최대인 탱크 외의 탱크의 방유제 높이 이하 부분의 용적, 당해 방유제 내에 있는 모든 탱크의 지반면 이상 부분의 기초의 체적, 간막이 둑의 체적 및 당해 방유제 내에 있는 배관 등의 체적을 뺀 것으로 한다.

해답

200m³ × 0.5 + 100m³ × 0.1 = 110m³

10
H_2O_2의 분해반응식과 발생기체의 명칭을 쓰시오. (3점)

해설

과산화수소(H_2O_2) — 지정수량 300kg : 농도가 36wt% 이상인 것

㉮ 가열에 의해 산소가 발생한다.

$$2H_2O_2 \rightarrow 2H_2O + O_2$$

㉯ 유리는 알칼리성으로 분해를 촉진하므로 피하고 가열, 화기, 직사광선을 차단하며 농도가 높을수록 위험성이 크므로 분해방지안정제(인산, 요산 등)를 넣어 발생기 산소의 발생을 억제한다.

㉰ 용기는 밀봉하되 작은 구멍이 뚫린 마개를 사용한다.

㉱ 소화방법 : 화재 시 용기를 이송하고 불가능한 경우 주수냉각하면서 다량의 물로 냉각소화한다.

해답

① 분해반응식 : $2H_2O_2 \rightarrow 2H_2O + O_2$

② 발생기체 : 산소(O_2)가스

11 아이소프로필알코올을 산화시켜 만든 것으로 아이오딘포름반응을 하는 제1석유류에 대한 다음 각 물음에 답을 쓰시오. (9점)
① 제1석유류 중 아이오딘포름반응을 하는 것의 명칭을 쓰시오.
② 아이오딘포름의 화학식을 쓰시오.
③ 아이오딘포름의 색깔을 쓰시오.

[해설]

아세톤(CH_3COCH_3, 디메틸케톤, 2-프로파논) : 수용성 액체
㉮ 물과 유기용제에 잘 녹고, 아이오딘포름 반응을 한다. I_2와 NaOH를 넣고 60~80℃로 가열하면, 황색의 아이오딘포름(CHI_3) 침전이 생긴다.
$CH_3COCH_3 + 3I_2 + 4NaOH \rightarrow CH_3COONa + 3NaI + CHI_3 + 3H_2O$
㉯ 분자량 58, 비중 0.79, 녹는점 -94℃, 비점 56℃, 인화점 -18.5℃, 발화점 465℃, 연소범위 2.5~12.8%이며, 휘발이 쉽고 상온에서 인화성 증기를 발생하며 적은 점화원에도 쉽게 인화한다.
㉰ 소화방법 : 알코올형 포, CO_2, 건조분말에 의해 질식소화하며, 기타의 경우 다량의 알코올형 포를 사용한다. 특히 수용성 석유류이므로 대량 주수하거나 물분무에 의해 희석소화가 가능하다.

[해답]
① 아세톤
② CHI_3
③ 황색

12 CS_2에 녹지 않는 황의 명칭을 쓰시오. (3점)

[해설]

황(S) - 지정수량 100kg
황은 순도가 60중량퍼센트 미만인 것을 제외한다. 이 경우 순도측정에 있어서 불순물은 활석 등 불연성 물질과 수분에 한한다.
㉮ 황색의 결정 또는 미황색의 분말로서 단사황, 사방황 및 고무상황 등의 동소체가 있다.
㉯ 물, 산에는 녹지 않으며, 알코올에는 약간 녹고, 이황화탄소(CS_2)에는 잘 녹는다(단, 고무상황은 녹지 않는다).
㉰ 공기 중에서 연소하면 푸른 빛을 내고 아황산가스(SO_2)를 발생하며, 아황산가스는 독성이 있다.
$S + O_2 \rightarrow SO_2$

[해답]
고무상황

제4회 동영상문제

01 동영상은 덩어리상태의 황만을 저장하는 옥외저장소를 보여준다. 다음 각 물음에 답을 쓰시오. (4점)
① 하나의 경계표시의 내부면적은 몇 m² 이하로 하여야 하는지 쓰시오.
② 천막 등을 고정하는 장치는 경계표시의 길이 몇 m마다 한 개 이상 설치해야 하는가?

해설
옥외저장소 중 덩어리상태의 황만을 지반면에 설치한 경계표시의 안쪽에서 저장 또는 취급하는 것에 대한 기준
㉮ 하나의 경계표시의 내부면적은 100m² 이하일 것
㉯ 2 이상의 경계표시를 설치하는 경우에 있어서는 각각의 경계표시 내부의 면적을 합산한 면적은 1,000m² 이하로 하고, 인접하는 경계표시와 경계표시와의 간격을 규정에 의한 공지 너비의 2분의 1 이상으로 할 것. 다만, 저장 또는 취급하는 위험물의 최대수량이 지정수량의 200배 이상인 경우에는 10m 이상으로 하여야 한다.
㉰ 경계표시는 불연재료로 만드는 동시에 황이 새지 아니하는 구조로 할 것
㉱ 경계표시의 높이는 1.5m 이하로 할 것
㉲ 경계표시에는 황이 넘치거나 비산하는 것을 방지하기 위한 천막 등을 고정하는 장치를 설치하되, 천막 등을 고정하는 장치는 경계표시의 길이 2m마다 한 개 이상 설치할 것
㉳ 황을 저장 또는 취급하는 장소의 주위에는 배수구와 분리장치를 설치할 것

해답
① 100m² 이하, ② 2m마다

02 동영상은 철분(Fe)과 염산(HCl)이 반응하는 모습을 보여준다. 다음 각 물음에 답을 쓰시오. (4점)

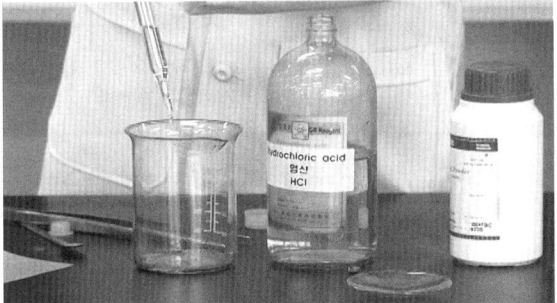

① "철분"이라 함은 철의 분말로서 (　)μm의 표준체를 통과하는 것이 중량 (　)% 이상인 것을 말한다. 빈칸에 알맞은 말은?
② 철분과 염산의 반응식을 쓰시오.

[해설]

① "철분"이라 함은 철의 분말로서 53마이크로미터의 표준체를 통과하는 것이 50중량퍼센트 미만인 것은 제외한다.
② 가열되거나 금속의 온도가 높은 경우 더운물 또는 수증기와 반응하면 수소를 발생하고 경우에 따라 폭발한다. 또한 묽은 산과 반응하여 수소를 발생한다.
$2Fe + 3H_2O \rightarrow Fe_2O_3 + 3H_2$
$2Fe + 6HCl \rightarrow 2FeCl_3 + 3H_2$

[해답]

① 53, 50
② $2Fe + 6HCl \rightarrow 2FeCl_3 + 3H_2$ 또는 $Fe + 2HCl \rightarrow FeCl_2 + H_2$

03 동영상은 단층 옥내저장소를 보여 주고 있다. 다음 각 물음에 답을 쓰시오. (4점)

① 저장창고의 벽·기둥 및 바닥의 설치기준은?
② 지붕의 재료는?
③ 액상 위험물의 경우 바닥 최저부에 설치해야 하는 것은?

[해설]

① 저장창고의 벽·기둥 및 바닥은 내화구조로 하고, 보와 서까래는 불연재료로 하여야 한다.
② 저장창고는 지붕을 폭발력이 위로 방출될 정도의 가벼운 불연재료로 하고, 천장을 만들지 아니하여야 한다.
③ 액상 위험물의 저장창고 바닥은 위험물이 스며들지 아니하는 구조로 하고, 적당하게 경사지게 하여 그 최저부에 집유설비를 하여야 한다.

[해답]

① 내화구조
② 불연재료
③ 집유설비

04
동영상에서는 단층 옥내저장소와 주변에 담과 토제를 보여준다. 다음 각 물음에 답을 쓰시오. (4점)
① 담 또는 토제는 저장창고의 외벽으로부터 몇 m 이상 떨어진 장소에 설치하여야 하는가? (다만, 담 또는 토제와 당해 저장창고와의 간격은 당해 옥내저장소의 공지너비의 5분의 1을 초과할 수 없다.)
② 토제의 경사면의 경사도는 몇 도 미만으로 하여야 하는가?

[해설]

담 또는 토제의 설치기준
㉮ 담 또는 토제는 저장창고의 외벽으로부터 2m 이상 떨어진 장소에 설치할 것. 다만, 담 또는 토제와 당해 저장창고와의 간격은 당해 옥내저장소의 공지너비의 5분의 1을 초과할 수 없다.
㉯ 담 또는 토제의 높이는 저장창고의 처마높이 이상으로 할 것
㉰ 담은 두께 15cm 이상의 철근콘크리트조나 철골철근콘크리트조 또는 두께 20cm 이상의 보강 콘크리트블록조로 할 것
㉱ 토제의 경사면의 경사도는 60도 미만으로 할 것

[해답]
① 2m
② 60°

05
동영상에서는 종별 분말소화약제를 순서대로 보여준다. 다음 각 물음에 대한 화학식을 쓰시오. (3점)
① 제1종 분말
② 제2종 분말
③ 제3종 분말

[해설]

종류	주성분	화학식	착색	적응화재
제1종	탄산수소나트륨 (중탄산나트륨)	$NaHCO_3$	—	B, C급 화재
제2종	탄산수소칼륨 (중탄산칼륨)	$KHCO_3$	담회색	B, C급 화재
제3종	제1인산암모늄	$NH_4H_2PO_4$	담홍색 또는 황색	A, B, C급 화재
제4종	탄산수소칼륨+요소	$KHCO_3+CO(NH_2)_2$	—	B, C급 화재

[해답]
① $NaHCO_3$
② $KHCO_3$
③ $NH_4H_2PO_4$

06
동영상은 옥외저장소에 드럼통으로 쌓여 저장되어 있는 윤활유 60만 리터를 보여준다. 다음 각 물음에 답을 쓰시오. (4점)
① 드럼통을 쌓아둔 높이는 몇 m를 초과하면 안되는지 쓰시오.
② 보유공지는 몇 m 이상인지 쓰시오.

해설

① 옥내저장소에서 위험물을 저장하는 경우에는 다음의 규정에 의한 높이를 초과하여 용기를 겹쳐 쌓지 아니하여야 한다.
  ㉮ 기계에 의하여 하역하는 구조로 된 용기만을 겹쳐 쌓는 경우에 있어서는 6m
  ㉯ 제4류 위험물 중 제3석유류, 제4석유류 및 동식물유류를 수납하는 용기만을 겹쳐 쌓는 경우에 있어서는 4m
  ㉰ 그 밖의 경우에 있어서는 3m

② 윤활유의 지정수량은 6,000L이므로 600,000L는 지정수량의 100배에 해당되므로 보유공지는 12m 이상인데, 제4류 위험물 제4석유류는 공지의 너비를 $\frac{1}{3}$로 할 수 있기 때문에 $\frac{1}{3} \times 12 = 4m$이다.

〈 보유공지 〉

저장 또는 취급하는 위험물의 최대수량	공지의 너비
지정수량의 10배 이하	3m 이상
지정수량의 10배 초과, 20배 이하	5m 이상
지정수량의 20배 초과, 50배 이하	9m 이상
지정수량의 50배 초과, 200배 이하	12m 이상
지정수량의 200배 초과	15m 이상

※ 제4류 위험물 중 제4석유류와 제6류 위험물을 저장 또는 취급하는 보유공지는 공지너비의 $\frac{1}{3}$ 이상으로 할 수 있다.

해답

① 4m, ② 4m

07
동영상에서는 지정과산화물을 저장하는 옥내저장소를 보여준다. 다음 각 물음에 답을 쓰시오. (4점)
① 지붕 위 격벽의 길이는 얼마로 하는가?
② 외벽 옆으로 튀어나온 격벽의 길이는?
③ 제4류 위험물 저장 시 격벽의 구조를 쓰시오.

해설

지정과산화물을 저장 또는 취급하는 옥내저장소 저장창고의 기준

㉮ 저장창고는 150m² 이내마다 격벽으로 완전하게 구획할 것. 이 경우 당해 격벽은 두께 30cm 이상의 철근콘크리트조 또는 철골철근콘크리트조로 하거나 두께 40cm 이상의 보강콘크리트블록조로 하고, 당해 저장창고의 양측의 외벽으로부터 1m 이상, 상부의 지붕으로부터 50cm 이상 돌출하게 하여야 한다.

㉯ 저장창고의 외벽은 두께 20cm 이상의 철근콘크리트조나 철골철근콘크리트조 또는 두께 30cm 이상의 보강콘크리트블록조로 할 것

㉰ 저장창고의 지붕
  ㉠ 중도리 또는 서까래의 간격은 30cm 이하로 할 것
  ㉡ 지붕의 아래쪽 면에는 한 변의 길이가 45cm 이하의 환강(丸鋼)·경량형강(輕量形鋼) 등으로 된 강제(鋼製)의 격자를 설치할 것
  ㉢ 지붕의 아래쪽 면에 철망을 쳐서 불연재료의 도리·보 또는 서까래에 단단히 결합할 것
  ㉣ 두께 5cm 이상, 너비 30cm 이상의 목재로 만든 받침대를 설치할 것

㉱ 저장창고의 출입구에는 갑종방화문을 설치할 것

㉲ 저장창고의 창은 바닥면으로부터 2m 이상의 높이에 두되, 하나의 벽면에 두는 창의 면적의 합계를 당해 벽면의 면적의 80분의 1 이내로 하고, 하나의 창의 면적을 0.4m² 이내로 할 것

해답

① 50cm 이상, ② 1m 이상, ③ 내화구조

08 ① 과망가니즈산칼륨이 묽은황산과 반응 시 생성물질 3가지와 ② 삼산화크로뮴의 열분해 반응식을 쓰시오. (5점)

해설

① 에테르, 알코올류, [진한황산+(가연성 가스, 염화칼륨, 테레빈유, 유기물, 피크린산)]과 혼촉되는 경우 발화하고 폭발의 위험성을 갖는다.
   (묽은황산과의 반응식)
   $4KMnO_4 + 6H_2SO_4 \rightarrow 2K_2SO_4 + 4MnSO_4 + 6H_2O + 5O_2$

(진한황산과의 반응식)
2KMnO₄+H₂SO₄ → K₂SO₄+2HMnO₄
② 삼산화크로뮴이 분해하면 산소를 방출한다.
4CrO₃ → 2Cr₂O₃+3O₂

[해답]
① 황산칼륨(K₂SO₄), 황산망가니즈(MnSO₄), 물(H₂O), 산소(O₂)
② 4CrO₃ → 2Cr₂O₃+3O₂

09 동영상에서는 옥내저장소의 배출구를 보여준다. 다음 각 물음에 답을 쓰시오. (6점)
① 바닥으로부터 높이 몇 m 이상에 환기구를 설치하는지 쓰시오.
② 급기구는 낮은 곳에 설치하고 가는 눈의 구리망 등으로 무엇을 설치하는지 쓰시오.
③ 액체의 위험물을 취급하는 건축물의 바닥은 적당한 경사를 두어 그 최저부에 무엇을 설치하는지 쓰시오.

[해답]
① 2m
② 인화방지망
③ 집유설비

10 동영상은 물에 나트륨을 섞었을 때 발생하는 기체를 보여 주고 있다. 다음 각 물음에 답을 쓰시오. (4점)

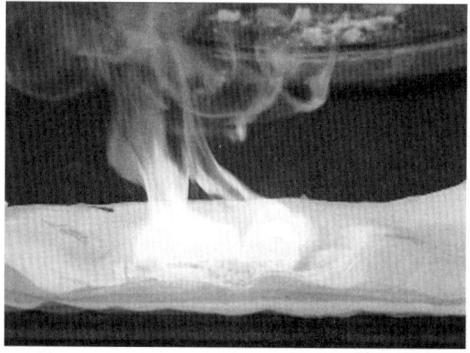

① 나트륨과 물의 반응식을 쓰시오.
② 나트륨의 지정수량을 쓰시오.

[해설]
물과 격렬히 반응하여 발열하고 수소를 발생하며, 산과는 폭발적으로 반응한다. 수용액은 염기성으로 변하고, 페놀프탈레인과 반응 시 붉은색을 나타낸다. 특히 아이오딘과 접촉 시 폭발한다.
2Na+2H₂O → 2NaOH+H₂

[해답]
① 2Na+2H₂O → 2NaOH+H₂, ② 10kg

2011. 4. 30. 시행

제1회 과년도 출제문제

제1회 일반검정문제

01 제5류 위험물의 운반용기 외부에 표시하는 주의사항을 쓰시오. (4점)

[해설]

유별	구분	주의사항
제1류 위험물 (산화성 고체)	알칼리금속의 무기과산화물	"화기·충격주의" "물기엄금" "가연물접촉주의"
	그 밖의 것	"화기·충격주의" "가연물접촉주의"
제2류 위험물 (가연성 고체)	철분·금속분·마그네슘	"화기주의" "물기엄금"
	인화성 고체	"화기엄금"
	그 밖의 것	"화기주의"
제3류 위험물 (자연발화성 및 금수성 물질)	자연발화성 물질	"화기엄금" "공기접촉엄금"
	금수성 물질	"물기엄금"
제4류 위험물 (인화성 액체)		"화기엄금"
제5류 위험물 (자기반응성 물질)		"화기엄금" 및 "충격주의"
제6류 위험물 (산화성 액체)		"가연물접촉주의"

[해답]
"화기엄금" 및 "충격주의"

02 다음 위험물의 지정수량 합계가 몇 배인지 계산하시오. (4점)

(보기)
① 메틸에틸케톤 1,000L   ② 메틸알코올 1,000L   ③ 클로로벤젠 1,500L

[해설]

구분	① 메틸에틸케톤	② 메틸알코올	③ 클로로벤젠
품명	제1석유류(비수용성)	알코올류	제2석유류(비수용성)
화학식	$CH_3COC_2H_5$	CH_3OH	C_6H_5Cl
지정수량	200L	400L	1,000L

지정수량 배수의 합 = $\dfrac{A품목\ 저장수량}{A품목\ 지정수량} + \dfrac{B품목\ 저장수량}{B품목\ 지정수량} + \dfrac{C품목\ 저장수량}{C품목\ 지정수량} + \cdots$

$= \dfrac{1{,}000L}{200L} + \dfrac{1{,}000L}{400L} + \dfrac{1{,}500L}{1{,}000L} = 9$

[해답]
9

03 증기는 마취성이 있고 아이오딘포름 반응하며, 화장품의 원료로 사용되는 물질에 대하여 다음 각 물음에 답을 쓰시오. (6점)

① 설명하는 위험물을 쓰시오.
② 설명하는 위험물의 지정수량을 쓰시오.
③ 설명하는 위험물이 진한황산과 반응하여 생성되는 물질을 적으시오.

[해설]

에틸알코올(C_2H_5OH, 에탄올)

㉮ 무색 투명하고 인화가 쉬우며 공기 중에서 쉽게 산화한다. 또한 연소는 완전연소를 하므로 불꽃이 잘 보이지 않으며 그을음이 거의 없다.
$C_2H_5OH + 3O_2 \rightarrow 2CO_2 + 3H_2O$
㉯ 산화되면 아세트알데하이드(CH_3CHO)가 되며, 최종적으로 초산(CH_3COOH)이 된다.
㉰ 비점(80℃), 인화점(13℃), 발화점(363℃)이 낮으며, 연소범위가 4.3~19%로 넓어서 용기 내 인화의 위험이 있으며 용기를 파열할 수도 있다.
㉱ 에틸알코올은 아이오딘포름 반응을 한다. 수산화칼륨과 아이오딘을 가하여 아이오딘포름의 황색침전이 생성되는 반응을 한다.
$C_2H_5OH + 6KOH + 4I_2 \rightarrow CHI_3 + 5KI + HCOOK + 5H_2O$
㉲ 140℃에서 진한황산과 반응해서 디에틸에테르를 생성한다.
$2C_2H_5OH \xrightarrow{c-H_2SO_4} C_2H_5OC_2H_5 + H_2O$
㉳ 용도 : 용제, 음료, 화장품, 소독제, 세척제, 알칼로이드의 추출, 생물 표본 보존제 등

[해답]
① 에탄올, ② 400L, ③ 디에틸에테르

04
다음 설명의 빈칸에 알맞은 내용을 쓰시오. (6점)
- "인화성 고체"라 함은 고형알코올, 그 밖에 1기압에서 인화점이 (①)℃ 미만인 고체를 말한다.
- "철분"이라 함은 철의 분말로서 (②)μm의 표준체를 통과하는 것이 중량 (③)% 이상인 것을 말한다.
- "특수인화물"이라 함은 이황화탄소, 디에틸에테르, 그 밖에 1기압에서 발화점이 (④)℃ 이하인 것 또는 인화점이 영하 (⑤)℃ 이하이고 비점이 (⑥)℃ 이하인 것을 말한다.

해설
- "인화성 고체"라 함은 고형알코올, 그 밖에 1기압에서 인화점이 섭씨 40도 미만인 고체를 말한다.
- "철분"이라 함은 철의 분말로서 53마이크로미터의 표준체를 통과하는 것이 50중량퍼센트 미만인 것은 제외한다.
- "특수인화물"이라 함은 이황화탄소, 디에틸에테르, 그 밖에 1기압에서 발화점이 섭씨 100도 이하인 것 또는 인화점이 섭씨 영하 20도 이하이고 비점이 섭씨 40도 이하인 것을 말한다.

해답
① 40, ② 53, ③ 50, ④ 100, ⑤ 20, ⑥ 40

05
다음의 위험물 등급을 분류하시오. (6점)
(보기)
① 칼륨 ② 나트륨 ③ 알킬알루미늄 ④ 알킬리튬 ⑤ 황린 ⑥ 알칼리토금속

해설

성질	위험등급	품명	대표품목	지정수량
자연발화성 물질 및 금수성 물질	I	1. 칼륨(K) 2. 나트륨(Na) 3. 알킬알루미늄 4. 알킬리튬 5. 황린(P_4)	$(C_2H_5)_3Al$ C_4H_9Li	10kg 20kg
	II	6. 알칼리금속류(칼륨 및 나트륨 제외) 및 알칼리토금속 7. 유기금속화합물(알킬알루미늄 및 알킬리튬 제외)	Li, Ca $Te(C_2H_5)_2$, $Zn(CH_3)_2$	50kg
	III	8. 금속의 수소화물 9. 금속의 인화물 10. 칼슘 또는 알루미늄의 탄화물	LiH, NaH Ca_3P_2, AlP CaC_2, Al_4C_3	300kg
		11. 그 밖에 행정안전부령이 정하는 것 염소화규소화합물	$SiHCl_3$	300kg

해답
① 칼륨 : I, ② 나트륨 : I, ③ 알킬알루미늄 : I
④ 알킬리튬 : I, ⑤ 황린 : I, ⑥ 알칼리토금속 : II

06
톨루엔에 질산과 진한황산을 혼합하면 생성되는 물질을 쓰시오. (4점)

해설

1몰의 톨루엔과 3몰의 질산을 황산촉매하에 반응시키면 나이트로화에 의해 TNT가 만들어진다.

$$C_6H_5CH_3 + 3HNO_3 \xrightarrow[\text{나이트로화}]{c-H_2SO_4} \text{(TNT)} + 3H_2O$$

해답

트리나이트로톨루엔(TNT, $C_6H_2CH_3(NO_2)_3$)

07
보기에서 나트륨 소화방법으로 맞는 것을 모두 고르시오. (4점)

(보기)
① 팽창질석
② 건조사
③ 포소화설비
④ 이산화탄소설비
⑤ 인산염류소화기

해설

나트륨은 제3류 위험물로서 금수성 물질에 해당된다.

소화설비의 구분			대상물의 구분	건축물·그 밖의 공작물	전기설비	제1류 위험물		제2류 위험물			제3류 위험물		제4류 위험물	제5류 위험물	제6류 위험물
						알칼리금속과산화물 등	그 밖의 것	철분·금속분·마그네슘 등	인화성 고체	그 밖의 것	금수성 물품	그 밖의 것			
옥내소화전 또는 옥외소화전설비				○			○		○	○		○		○	○
스프링클러설비				○			○		○	○		○	△	○	○
물분무 등 소화설비	물분무소화설비			○	○		○		○	○		○	○	○	○
	포소화설비			○			○		○	○		○	○	○	○
	불활성가스소화설비				○				○				○		
	할로겐화합물소화설비				○				○				○		
	분말 소화설비	인산염류 등		○	○		○		○	○			○		○
		탄산수소염류 등			○	○		○	○		○		○		
		그 밖의 것				○		○			○				
대형·소형 수동식 소화기	봉상수(棒狀水)소화기			○			○		○	○		○		○	○
	무상수(霧狀水)소화기			○	○		○		○	○		○		○	○
	봉상강화액소화기			○			○		○	○		○		○	○
	무상강화액소화기			○	○		○		○	○		○	○	○	○
	포소화기			○			○		○	○		○	○	○	○
	이산화탄소소화기				○				○				○		△
	할로겐화합물소화기				○				○				○		
	분말 소화기	인산염류소화기		○	○		○		○	○			○		○
		탄산수소염류소화기			○	○		○	○		○		○		
		그 밖의 것				○		○			○				
기타	물통 또는 수조			○			○		○	○		○		○	○
	건조사					○	○	○	○	○	○	○	○	○	○
	팽창질석 또는 팽창진주암					○	○	○	○	○	○	○	○	○	○

해답

① 팽창질석, ② 건조사

08 제2류 위험물에 대한 설명 중 맞는 것을 모두 고르시오. (4점)

(보기)
① 황화인, 황, 적린은 위험등급이 Ⅱ등급이다.
② 고형알코올의 지정수량은 1,000kg이다.
③ 물에 대부분 잘 녹는다.
④ 비중은 1보다 작다.
⑤ 산화제이다.

[해설]

공통성질
㉮ 비교적 낮은 온도에서 착화하기 쉬운 가연성 고체로서 이연성, 속연성 물질이다.
㉯ 연소속도가 매우 빠르고, 연소 시 유독가스를 발생하며, 연소열이 크고, 연소온도가 높다.
㉰ 강환원제로서 비중이 1보다 크며, 인화성 고체를 제외하고 무기화합물이다.
㉱ 산화제와 접촉, 마찰로 인하여 착화되면 급격히 연소한다.
㉲ 철분, 마그네슘, 금속분은 물과 산의 접촉 시 발열한다.

성질	위험등급	품명	대표품목	지정수량
가연성 고체	Ⅱ	1. 황화인 2. 적린(P) 3. 황(S)	P_4S_3, P_2S_5, P_4S_7	100kg
	Ⅲ	4. 철분(Fe) 5. 금속분 6. 마그네슘(Mg)	Al, Zn	500kg
		7. 인화성 고체	고형알코올	1,000kg

[해답]
① 황화인, 황, 적린은 위험등급이 Ⅱ등급이다.
② 고형알코올의 지정수량은 1,000kg이다.

09 염소산염류 중 철제용기를 부식시키는 위험물로 분자량 106인 위험물을 쓰시오. (3점)

[해설]

$NaClO_3$(염소산나트륨)
㉮ 분자량 106.5, 비중(20℃) 2.5, 분해온도 300℃, 융점 240℃
㉯ 조해성, 흡습성이 있고 물, 알코올, 글리세린, 에테르 등에 잘 녹는다.
㉰ 흡습성이 좋으며 강한 산화제로서 철제용기를 부식시킨다.
㉱ 산과 반응이나 분해반응으로 독성이 있으며, 폭발성이 강한 이산화염소(ClO_2)를 발생한다.
$2NaClO_3 + 2HCl \rightarrow 2NaCl + 2ClO_2 + H_2O_2$
$3NaClO_3 \rightarrow NaClO_4 + Na_2O + 2ClO_2$

[해답]
$NaClO_3$(염소산나트륨)

10 트리에틸알루미늄의 연소반응식을 쓰시오. (4점)

해설
무색, 투명한 액체로 외관은 등유와 유사한 가연성으로 C_1~C_4는 자연발화성이 강하다. 공기 중에 노출되어 공기와 접촉하여 백연을 발생하며 연소한다. 단, C_5 이상은 점화하지 않으면 연소하지 않는다.
$2(C_2H_5)_3Al + 21O_2 \rightarrow 12CO_2 + Al_2O_3 + 15H_2O$

해답
$2(C_2H_5)_3Al + 21O_2 \rightarrow 12CO_2 + Al_2O_3 + 15H_2O$

11 인화점 측정방법(방식) 3가지를 쓰시오. (6점)

해답
클리브랜드 개방식, 태그밀폐식, 세타밀폐식

12 20℃ 물 10kg으로 주수소화 시 100℃ 수증기로 흡수되는 열량(kcal)을 구하시오. (4점)

해설
① 20℃ 물 10kg → 100℃ 물 10kg
$Q(\text{현열}) = mc\Delta T = 10\text{kg} \times 1\text{kcal/kg} \cdot ℃ \times (100-20)℃ = 800\text{kcal}$
② 100℃ 물 10kg → 100℃ 수증기 10kg
$Q = m\gamma = 10\text{kg} \times 539\text{kcal/kg} = 5,390\text{kcal}$
∴ ① + ② = 800kcal + 5,390kcal = 6,190kcal

해답
6,190kcal

제1회 동영상문제

01 동영상은 제조소 근처에 주택, 고압가스시설, 고압가공선로(50,000V)를 보여준다. 안전거리의 합계를 쓰시오. (4점)

[해설]

건축물	안전거리
사용전압 7,000V 초과 35,000V 이하의 특고압가공전선	3m 이상
사용전압 35,000V 초과 특고압가공전선	5m 이상
주거용으로 사용되는 것(제조소가 설치된 부지 내에 있는 것 제외)	10m 이상
고압가스, 액화석유가스 또는 도시가스를 저장 또는 취급하는 시설	20m 이상
학교, 병원(종합병원, 치과병원, 한방·요양병원), 극장(공연장, 영화상영관, 수용인원 300명 이상 시설), 아동복지시설, 노인복지시설, 장애인복지시설, 모·부자복지시설, 보육시설, 성매매자를 위한 복지시설, 정신보건시설, 가정폭력피해자 보호시설, 수용인원 20명 이상의 다수인시설	30m 이상
유형문화재, 지정문화재	50m 이상

10m+20m+5m=35m

[해답]
35m

02 동영상에서 이동탱크저장소를 보여준다. 화면에서 보여주는 화살표 방향이 가리키는 것이 무엇인지 명칭을 적으시오. (6점)

[해답]
① 측면틀
② 방호틀

03
동영상은 지정과산화물의 옥내저장소를 보여준다. 다음 각 물음에 답을 쓰시오. (5점)
① 지정과산화물의 정의를 쓰시오.
② 동영상에서 옥내저장소 주위에 위험물로부터 피해를 줄이기 위해 설치하는 것 2가지를 쓰시오.

해설

㉮ 제5류 위험물 중 유기과산화물 또는 이를 함유하는 것으로서 지정수량이 10kg인 것(이하 "지정과산화물"이라 한다.)

㉯ 담 또는 토제는 다음에 적합한 것으로 하여야 한다. 다만, 지정수량의 5배 이하인 지정과산화물의 옥내저장소에 대하여는 당해 옥내저장소의 저장창고의 외벽을 두께 30cm 이상의 철근콘크리트조 또는 철골철근콘크리트조로 만드는 것으로서 담 또는 토제에 대신할 수 있다.
  ㉠ 담 또는 토제는 저장창고의 외벽으로부터 2m 이상 떨어진 장소에 설치할 것. 다만, 담 또는 토제와 당해 저장창고와의 간격은 당해 옥내저장소의 공지의 너비의 5분의 1을 초과할 수 없다.
  ㉡ 담 또는 토제의 높이는 저장창고의 처마높이 이상으로 할 것
  ㉢ 담은 두께 15cm 이상의 철근콘크리트조나 철골철근콘크리트조 또는 두께 20cm 이상의 보강콘크리트블록조로 할 것
  ㉣ 토제의 경사면의 경사도는 60도 미만으로 할 것

해답

① 제5류 위험물 중 유기과산화물 또는 이를 함유하는 것으로서 지정수량이 10kg인 것
② 담, 토제

04
동영상에서 질산암모늄을 비커에 녹이는 모습을 보여준다. 잠시후 비커에 꽂힌 온도계의 온도를 보니 온도가 내려갔다. 다음 물음에 답하시오. (4점)

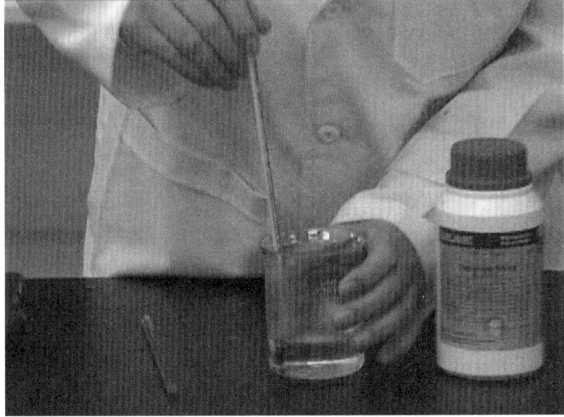

① 본 반응은 화학반응열 중 어떤 반응에 해당되는가?
② 질산암모늄의 완전열분해반응식을 적으시오.

[해설]

NH₄NO₃(질산암모늄, 초안, 질안, 질산암몬)

㉮ 조해성과 흡습성이 있고, 물에 녹을 때 열을 대량 흡수하여 한제로 이용된다.(흡열반응)

㉯ 강력한 산화제로 화약의 재료이며 200℃에서 열분해하여 산화이질소와 물을 생성한다. 특히 ANFO 폭약은 NH₄NO₃와 경유를 94%와 6%로 혼합하여 기폭약으로 사용되며 단독으로도 폭발의 위험이 있다.

㉰ 급격한 가열이나 충격을 주면 단독으로 폭발한다.
$2NH_4NO_3 \rightarrow 4H_2O + 2N_2 + O_2$

[해답]

① 흡열반응
② $2NH_4NO_3 \rightarrow 4H_2O + 2N_2 + O_2$

05 동영상에서 금속수소화합물 중 수소화나트륨이 들어있는 비커를 보여준다. 다음 물음에 답하시오. (4점)
① 수소화나트륨과 물과의 반응 시 발생되는 가연성 가스는?
② 1몰의 물과 반응하는 화학반응식을 쓰시오.

[해설]

비중은 0.93이고, 분해온도는 약 800℃로 회백색의 결정 또는 분말이며, 불안정한 가연성 고체로 물과 격렬하게 반응하여 수소를 발생하고 발열하며, 이때 발생한 반응열에 의해 자연발화한다.
$NaH + H_2O \rightarrow NaOH + H_2 + 21kcal$

[해답]

① 수소가스(H_2)
② $NaH + H_2O \rightarrow NaOH + H_2$

06 동영상에서 이황화탄소가 물과 섞여 층분리되는 것을 보여준다. 다음 물음에 답하시오. (5점)

① 이황화탄소는 윗부분과 아랫부분 중 어느 부분인가?
② 층분리되는 이유는 무엇인가?
③ 이황화탄소의 연소반응식을 쓰시오.

해설

물보다 무겁고 물에 녹지 않으나, 알코올, 에테르, 벤젠 등에는 잘 녹으며, 유지, 수지 등의 용제로 사용된다. 휘발하기 쉽고 발화점이 낮아 백열등, 난방기구 등의 열에 의해 발화하며, 점화하면 청색을 내고 연소하는데 연소생성물 중 SO_2는 유독성이 강하다.

$CS_2 + 3O_2 \rightarrow CO_2 + 2SO_2$

해답

① 아랫부분
② 이황화탄소가 물보다 무겁기 때문
③ $CS_2 + 3O_2 \rightarrow CO_2 + 2SO_2$

07 동영상에서는 윤활유 저장용기를 겹쳐 쌓아 놓은 옥외저장소를 보여준다. 다음 각 물음에 답을 쓰시오. (4점)
① 드럼용기를 겹쳐 쌓아 저장하는 경우에는 높이 몇 m를 초과할 수 없는가?
② 드럼용기를 선반에 저장하는 경우에는 높이 몇 m를 초과할 수 없는가?

해설

옥내저장소에서 위험물을 저장하는 경우에는 다음의 규정에 의한 높이를 초과하여 용기를 겹쳐 쌓지 아니하여야 한다.
㉮ 기계에 의하여 하역하는 구조로 된 용기만을 겹쳐 쌓는 경우에 있어서는 6m
㉯ 제4류 위험물 중 제3석유류, 제4석유류 및 동식물유류를 수납하는 용기만을 겹쳐 쌓는 경우에 있어서는 4m
㉰ 그 밖의 경우에 있어서는 3m

해답

① 4m
② 6m

08 동영상에서 제조소를 보여준다. 다음 빈칸에 알맞은 답을 쓰시오. (3점)
① 급기구는 당해 급기구가 설치된 실의 바닥면적 (　)m^2마다 1개 이상으로 하되, 급기구의 크기는 (　)cm^2 이상으로 한다.
② 급기구는 낮은 곳에 설치하고, 가는 눈의 구리망 등으로 (　)을 설치한다.
③ 환기구는 지붕 위 또는 지상 (　)m 이상의 높이에 회전식 고정벤틸레이터 또는 루프팬방식으로 설치한다.

해답

① 150, 800
② 인화방지망
③ 2

09 동영상에서는 옥외탱크저장소를 보여주고 한 옆에 휘발유 드럼통을 보여주고 있다. 드럼통 외부에는 위험등급이 Ⅲ등급이라 표시되어 있다. 다음 물음에 답하시오. (4점)
① 용기 외부에 적힌 등급을 맞게 수정하시오.
② 옥외탱크저장소에 설치된 위험물 주의사항 게시판의 기재사항이 비어있다. 주의사항을 쓰시오.

[해설]
휘발유는 제1석유류로서 위험등급 Ⅱ등급군이다.

유별	구분	주의사항
제1류 위험물 (산화성 고체)	알칼리금속의 무기과산화물	"화기 · 충격주의" "물기엄금" "가연물접촉주의"
	그 밖의 것	"화기 · 충격주의" "가연물접촉주의"
제2류 위험물 (가연성 고체)	철분 · 금속분 · 마그네슘	"화기주의" "물기엄금"
	인화성 고체	"화기엄금"
	그 밖의 것	"화기주의"
제3류 위험물 (자연발화성 및 금수성 물질)	자연발화성 물질	"화기엄금" "공기접촉엄금"
	금수성 물질	"물기엄금"
제4류 위험물 (인화성 액체)		"화기엄금"
제5류 위험물 (자기반응성 물질)		"화기엄금" 및 "충격주의"
제6류 위험물 (산화성 액체)		"가연물접촉주의"

[해답]
① Ⅱ ② 화기엄금

10 동영상은 3가지 그림을 동시에 보여준다. 다음 물음에 답하시오. (5점)

①  ②  ③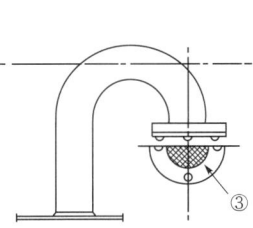

(1) ①~③ 각 부분의 명칭을 적으시오.
   ① 저탱크 상단에 탱크 내부의 압력변화를 조절할 수 있는 밸브를 설치한 통기관
   ② 30mm 이상의 배관을 수평으로부터 45도 이상 구부려 빗물 등의 침입을 막기위한 통기관
   ③ ②의 통기관 선단에 가는 눈의 구리망의 명칭
(2) 이 설비를 설치해야 하는 위험물은 몇 류인지 쓰시오.

해답
(1) ① 대기밸브부착 통기관
    ② 밸브 없는 통기관
    ③ 인화방지망
(2) 제4류 위험물

2011. 7. 23. 시행

2011년 제2회 과년도 출제문제

제2회 일반검정문제

01 다음에서 위험물탱크 기능 검사관리자로 필수인력을 고르시오. (4점)
〈보기〉
① 위험물기능장
② 누설비파괴검사 기사·산업기사
③ 초음파비파괴검사 기사·산업기사
④ 비파괴검사기능사
⑤ 토목분야 측량관련 기술사
⑥ 위험물산업기사

해설
탱크시험자가 갖추어야 할 기술장비
① 기술능력
  ㉮ 필수인력
    ㉠ 위험물기능장, 위험물산업기사 또는 위험물기능사 1인 이상
    ㉡ 비파괴검사기술사 1인 이상 또는 방사선비파괴검사, 초음파비파괴검사, 자기비파괴검사 및 침투비파괴검사의 기사 또는 산업기사 1인 이상
  ㉯ 필요한 경우에 두는 인력
    ㉠ 누설비파괴검사의 기사, 산업기사 또는 기능사
    ㉡ 금속분야의 비파괴검사기능사 및 토목분야의 측량, 지형공간정보관련 기술사, 기사, 산업기사 또는 기능사
② 장비
  ㉮ 방사선투과시험기, 초음파탐상시험기, 자기탐상시험기, 초음파두께측정기 및 진공능력 53kPa 이상의 진공누설시험기
  ㉯ 기밀시험장비(안전장치가 부착된 것으로서 가압능력 200kPa 이상, 감압의 경우에는 감압능력 10kPa 이상, 감도 10Pa 이하의 것으로서 각각의 압력변화를 스스로 기록할 수 있는 것)
  ㉰ 수직, 수평도 측정기

해답
① 위험물기능장, ③ 초음파비파괴검사 기사, 산업기사, ⑥ 위험물산업기사

02
이황화탄소 100kg이 완전연소할 때 발생하는 이산화황의 부피(m^3)를 구하시오. (6점)
(단, 압력은 800mmHg, 기준온도 30℃이다.)

해설

휘발하기 쉽고 발화점이 낮아 백열등, 난방기구 등의 열에 의해 발화하며, 점화하면 청색을 내고 연소하는데, 연소생성물 중 SO_2는 유독성이 강하다.

$CS_2 + 3O_2 \rightarrow CO_2 + 2SO_2$

$$\frac{100kg-CS_2}{} \left| \frac{1kmol-CS_2}{76kg-CS_2} \right| \frac{2kmol-SO_2}{1kmol-CS_2} \left| \frac{22.4m^3-SO_2}{1kmol-SO_2} \right. = 58.95m^3 - SO_2$$

$\dfrac{P_1 V_1}{T_1} = \dfrac{P_2 V_2}{T_2}$, $\dfrac{760 \times 58.95}{(0+273.15)} = \dfrac{800 \times V_2}{(30+273.15)}$ ∴ $V_2 = 62.15m^3$

해답

$62.15m^3$

03
아세트산의 완전연소반응식을 쓰시오. (4점)

해설

아세트산(CH_3COOH, 초산, 빙초산, 에탄산) – 수용성 액체
㉮ 강한 자극성의 냄새와 신맛을 가진 무색 투명한 액체이며, 겨울에는 고화한다.
㉯ 분자량 60, 비중 1.05, 증기비중 2.07, 비점 118℃, 융점 16.2℃, 인화점 40℃, 발화점 485℃, 연소범위 5.4~16%
㉰ 연소 시 파란 불꽃을 내면서 탄다.
$CH_3COOH + 2O_2 \rightarrow 2CO_2 + 2H_2O$

해답

$CH_3COOH + 2O_2 \rightarrow 2CO_2 + 2H_2O$

04
적린 완전연소 시 발생하는 기체의 화학식과 색상을 쓰시오. (4점)

해설

적린(P, 붉은인) – 지정수량 100kg
㉮ 원자량 31, 비중 2.2, 융점 600℃, 발화온도 260℃, 승화온도 400℃
㉯ 조해성이 있으며, 물, 이황화탄소, 에테르, 암모니아 등에는 녹지 않는다.
㉰ 암적색의 분말로 황린의 동소체이지만 자연발화의 위험이 없어 안전하며, 독성도 황린에 비하여 약하다.
㉱ 연소하면 황린이나 황화인과 같이 유독성이 심한 백색의 오산화인을 발생하며, 일부 포스핀도 발생한다.
$4P + 5O_2 \rightarrow 2P_2O_5$

해답

오산화인(P_2O_5), 백색

05 제4류 위험물 중에서 위험등급 Ⅱ의 품명 2가지를 쓰시오. (4점)

[해설]

제4류 위험물(인화성 액체)의 종류와 지정수량

위험등급	품명		품목	지정수량
Ⅰ	특수인화물	비수용성	디에틸에테르, 이황화탄소	50L
		수용성	아세트알데하이드, 산화프로필렌	
Ⅱ	제1석유류	비수용성	가솔린, 벤젠, 톨루엔, 사이클로헥산, 콜로디온, 메틸에틸케톤, 초산메틸, 초산에틸, 의산에틸, 헥산, 에틸벤젠 등	200L
		수용성	아세톤, 피리딘, 아크롤레인, 의산메틸, 시안화수소 등	400L
	알코올류		메틸알코올, 에틸알코올, 프로필알코올, 아이소프로필알코올	400L
Ⅲ	제2석유류	비수용성	등유, 경유, 테레빈유, 스티렌, 자일렌(o-, m-, p-), 클로로벤젠, 장뇌유, 뷰틸알코올, 알릴알코올 등	1,000L
		수용성	포름산, 초산(아세트산), 하이드라진, 아크릴산, 아밀알코올 등	2,000L
	제3석유류	비수용성	중유, 크레오소트유, 아닐린, 나이트로벤젠, 나이트로톨루엔 등	2,000L
		수용성	에틸렌글리콜, 글리세린 등	4,000L
	제4석유류		기어유, 실린더유, 윤활유, 가소제	6,000L
	동식물유류		• 건성유 : 아마인유, 들기름, 동유, 정어리기름, 해바라기유 등 • 반건성유 : 참기름, 옥수수기름, 청어기름, 채종유, 면실유(목화씨유), 콩기름, 쌀겨유 등 • 불건성유 : 올리브유, 피마자유, 야자유, 땅콩기름, 동백유 등	10,000L

[해답]

제1석유류, 알코올류

06 TNT의 합성과정을 화학반응식으로 쓰시오. (4점)

[해설]

1몰의 톨루엔과 3몰의 질산을 황산촉매하에 반응시키면 나이트로화에 의해 TNT가 만들어진다.

[해답]

$$C_6H_5CH_3 + 3HNO_3 \xrightarrow{c-H_2SO_4} C_6H_2(NO_2)_3CH_3 + 3H_2O$$

⟨TNT⟩

07 다음의 지정수량 및 화학식을 쓰시오. (6점)
① 아세틸 퍼옥사이드
② 과망가니즈산 암모늄
③ 칠황화인

해답

구분	① 아세틸 퍼옥사이드	② 과망가니즈산 암모늄	③ 칠황화인
화학식	$(CH_3CO)_2O_2$	NH_4MnO_4	P_4S_7
지정수량	10kg	1,000kg	100kg

08 주유취급소에 설치하는 탱크의 용량을 몇 L 이하로 하는지 다음 물음에 쓰시오. (4점)
① 비고속도로 주유설비
② 고속도로 주유설비

해설
탱크의 용량기준
㉮ 자동차 등에 주유하기 위한 고정주유설비에 직접 접속하는 전용탱크는 50,000L 이하이다.
㉯ 고정급유설비에 직접 접속하는 전용탱크는 50,000L 이하이다.
㉰ 보일러 등에 직접 접속하는 전용탱크는 10,000L 이하이다.
㉱ 자동차 등을 점검·정비하는 작업장 등에서 사용하는 폐유·윤활유 등의 위험물을 저장하는 탱크는 2,000L 이하이다.
㉲ 고속국도도로에 설치된 주유취급소는 탱크 용량은 60,000L이다.

해답
① 50,000L
② 60,000L

09 제2류 위험물과 혼재가능한 위험물을 모두 쓰시오. (4점)

해설

위험물의 구분	제1류	제2류	제3류	제4류	제5류	제6류
제1류		×	×	×	×	○
제2류	×		×	○	○	×
제3류	×	×		○	×	×
제4류	×	○	○		○	×
제5류	×	○	×	○		×
제6류	○	×	×	×	×	

해답
제4류, 제5류

10 제조소 또는 일반취급소에서 취급하는 제4류 위험물의 최대수량의 합이 지정수량의 48만 배 이상인 사업소의 자체소방대원의 수와 화학소방자동차의 대수를 쓰시오. (4점)

[해설]

사업소의 구분	화학소방자동차의 수	자체소방대원의 수
제조소 또는 일반취급소에서 취급하는 제4류 위험물의 최대수량의 합이 지정수량의 3천배 이상 12만배 미만인 사업소	1대	5인
제조소 또는 일반취급소에서 취급하는 제4류 위험물의 최대수량의 합이 지정수량의 12만배 이상 24만배 미만인 사업소	2대	10인
제조소 또는 일반취급소에서 취급하는 제4류 위험물의 최대수량의 합이 지정수량의 24만배 이상 48만배 미만인 사업소	3대	15인
제조소 또는 일반취급소에서 취급하는 제4류 위험물의 최대수량의 합이 지정수량의 48만배 이상인 사업소	4대	20인
옥외탱크저장소에 저장하는 제4류 위험물의 최대수량이 지정수량의 50만배 이상인 사업소	2대	10인

[해답]
① 자체소방대원의 수 : 20인
② 화학소방자동차의 대수 : 4대

11 아세트알데하이드 등의 옥외탱크저장소에 관한 내용이다. 다음 빈칸을 채우시오. (3점)
옥외저장탱크의 설비는 (①), (②), (③), 수은 또는 이들을 성분으로 하는 합금으로 만들지 아니할 것

[해설]
옥외탱크저장소의 금속사용 제한 및 위험물 저장기준
㉮ 금속사용 제한조치기준 : 아세트알데하이드 또는 산화프로필렌의 옥외탱크저장소에는 은, 수은, 동, 마그네슘 또는 이들 합금과는 사용하지 말 것
㉯ 아세트알데하이드, 산화프로필렌 등의 저장기준
  ㉠ 옥외저장탱크에 아세트알데하이드 또는 산화프로필렌을 저장하는 경우에는 그 탱크 안에 불연성 가스를 봉입해야 한다.
  ㉡ 옥외저장탱크 중 압력탱크 외의 탱크에 저장하는 경우
    ⓐ 에틸에테르 또는 산화프로필렌 : 섭씨 30도 이하
    ⓑ 아세트알데하이드 : 섭씨 15도 이하
    ⓒ 옥외저장탱크 중 압력탱크에 저장하는 경우 : 아세트알데하이드 또는 산화프로필렌의 온도 : 섭씨 40도 이하

[해답]
은, 동, 마그네슘

12 다음은 위험물에 과산화물의 생성 여부를 확인하는 방법이다. 빈칸을 채우시오. (4점)
과산화물을 검출할 때 10% (①)을 반응시켜 (②)색이 나타나는 것으로 검출 가능하다.

해설

디에틸에테르의 저장 및 취급 방법
㉮ 직사광선에 분해되어 과산화물을 생성하므로 갈색병을 사용하여 밀전하고 냉암소 등에 보관하며 용기의 공간용적은 2% 이상으로 해야 한다.
㉯ 불꽃 등 화기를 멀리하고 통풍이 잘 되는 곳에 저장한다.
㉰ 대량저장 시에는 불활성 가스를 봉입하고, 운반용기의 공간용적으로 10% 이상 여유를 둔다. 또한, 옥외저장탱크 중 압력탱크에 저장하는 경우 40℃ 이하를 유지해야 한다.
㉱ 점화원을 피해야 하며 특히 정전기를 방지하기 위해 약간의 $CaCl_2$를 넣어 두고, 또한 폭발성의 과산화물 생성 방지를 위해 40mesh의 구리망을 넣어둔다.
㉲ 과산화물의 검출은 10% 아이오딘화칼륨(KI) 용액과의 황색반응으로 확인한다.

해답
① 아이오딘화칼륨(KI)
② 황

13 다음 보기 중 위험물에서 제외되는 물질을 모두 고르시오. (4점)
(보기)
① 황산   ② 질산구아니딘   ③ 금속의 아지드화합물   ④ 구리분   ⑤ 과아이오딘산

해설
① 황산 : 위험물 아님(1998년부터 위험물에서 제외됨.)
② 질산구아니딘 : 제5류 위험물
③ 금속의 아지드화합물 : 제5류 위험물
④ 구리분 : 위험물 아님
⑤ 과아이오딘산 : 제1류 위험물

해답
① 황산, ④ 구리분

제2회 동영상문제

01 동영상에서는 벽·기둥 및 바닥이 내화구조로 된 건축물로 옥내저장소에 트리에틸알루미늄 1,000kg이 보관되어 있는 것을 보여 준다. 다음 화면은 소화기 4개를 보여주며 그 중 A번 소화기는 물소화기이다. 동영상에서 작업자가 불장난을 하다 실수로 화재가 발생한다. 다음 각 물음에 답을 쓰시오. (6점)
① 1,000kg을 저장하고 있는 옥내저장소의 보유공지는 (   )m 이상이며, 바닥면적은 (   )m² 이하이다.
② 이 물질을 소화할 때는 A소화기는 사용이 불가능하다. 그 반응식을 쓰고 그 이유를 설명하시오.

해설

① 트리에틸알루미늄의 지정수량은 10kg이다. 따라서 저장되어 있는 트리에틸알루미늄의 지정수량 배수는 $\frac{1,000\text{kg}}{10\text{kg}} = 100$배이므로 보유공지는 5m 이상이다.

저장 또는 취급하는 위험물의 최대수량	공지의 너비	
	벽·기둥 및 바닥이 내화구조로 된 건축물	그 밖의 건축물
지정수량의 5배 이하	–	0.5m 이상
지정수량의 5배 초과, 10배 이하	1m 이상	1.5m 이상
지정수량의 10배 초과, 20배 이하	2m 이상	3m 이상
지정수량의 20배 초과, 50배 이하	3m 이상	5m 이상
지정수량의 50배 초과, 200배 이하	5m 이상	10m 이상
지정수량의 200배 초과	10m 이상	15m 이상

위험물을 저장하는 창고	바닥면적
ⓐ 제1류 위험물 중 아염소산염류, 염소산염류, 과염소산염류, 무기과산화물, 그 밖에 지정수량이 50kg인 위험물 ⓑ 제3류 위험물 중 칼륨, 나트륨, 알킬알루미늄, 알킬리튬, 그 밖에 지정수량이 10kg인 위험물 및 황린 ⓒ 제4류 위험물 중 특수인화물, 제1석유류 및 알코올류 ⓓ 제5류 위험물 중 유기과산화물, 질산에스터류, 그 밖에 지정수량이 10kg인 위험물 ⓔ 제6류 위험물	1,000m² 이하
ⓐ~ⓔ 외의 위험물을 저장하는 창고	2,000m² 이하
내화구조의 격벽으로 완전히 구획된 실에 각각 저장하는 창고	1,500m² 이하

② 물과 접촉하면 폭발적으로 반응하여 에탄을 형성하고 이때 발열, 폭발에 이른다.
$(C_2H_5)_3Al + 3H_2O \rightarrow Al(OH)_3 + 3C_2H_6$

해답

① 5, 1,000
② $(C_2H_5)_3Al + 3H_2O \rightarrow Al(OH)_3 + 3C_2H_6$
물과 접촉하면 폭발적으로 반응하여 가연성의 에탄가스를 형성하고 이때 발열, 폭발에 이른다.

02 동영상에서는 실험실에서 물이 담긴 2개의 비커에 각각 하얀가루의 물질을 넣고 흔들어준다. 다음 각 물음에 답을 쓰시오. (5점)
① 벤조일퍼옥사이드 위험물의 품명을 쓰시오.
② 벤조일퍼옥사이드의 지정수량을 쓰시오.
③ A비커는 용해되었고, B비커는 2층으로 분리되었다. 벤조일퍼옥사이드[$(C_6H_5CO)_2O_2$]가 들어있는 비커를 고르시오.

[해설]

벤조일퍼옥사이드
무미, 무취의 백색분말 또는 무색의 결정성 고체로 물에는 잘 녹지 않으나 알코올 등에는 잘 녹는다. 운반 시 30% 이상의 물을 포함시켜 풀 같은 상태로 수송된다.

[해답]
① 유기과산화물, ② 10kg, ③ B비커

03 동영상에서는 다이크로뮴산염류와 과망가니즈산염류를 보여주고 있다. A는 주황색 분말이며, 물에는 잘 녹고 알코올에는 녹지 않는다. 그리고 B는 흑자색 분말이며 물에 녹으면 자주색을 띠고 알코올에는 잘 녹는다. 다음 물음에 답하시오. (4점)

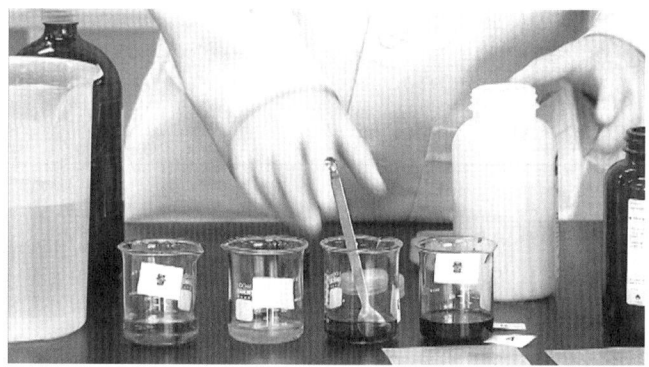

① 물질 A의 지정수량을 쓰시오.
② 물질 A의 열분해반응식을 쓰시오.

[해설]

다이크로뮴산칼륨
흡습성이 있는 등적색의 결정, 물에는 녹으나 알코올에는 녹지 않는다. 강산화제이며, 500℃에서 분해하여 산소를 발생하며, 가연물과 혼합된 것은 발열, 발화하거나 가열, 충격 등에 의해 폭발할 위험이 있다.
$4K_2Cr_2O_7 \rightarrow 4K_2CrO_4 + 2Cr_2O_3 + 3O_2$

[해답]
① 1,000kg
② $4K_2Cr_2O_7 \rightarrow 4K_2CrO_4 + 2Cr_2O_3 + 3O_2$

04 동영상은 제4류 위험물을 저장하는 옥내저장소를 보여준다. 다음 빈칸을 채우시오. (4점)
① 저장창고의 출입구에는 갑종방화문 또는 을종방화문을 설치하되, 수시로 열 수 있는 자동폐쇄식의 갑종방화문을 설치하여야 하는 경우를 쓰시오.
② 저장창고에는 채광·조명 및 환기의 설비를 갖추어야 하고, 인화점이 ( )℃ 미만인 위험물의 저장창고에 있어서는 내부에 체류한 가연성의 증기를 지붕 위로 배출하는 설비를 갖추어야 한다.

해설
① 저장창고의 출입구에는 갑종방화문 또는 을종방화문을 설치하되, 연소의 우려가 있는 외벽에 있는 출입구에는 수시로 열 수 있는 자동폐쇄식의 갑종방화문을 설치하여야 한다.
② 저장창고에는 채광·조명 및 환기의 설비를 갖추어야 하고, 인화점이 70℃ 미만인 위험물의 저장창고에 있어서는 내부에 체류한 가연성의 증기를 지붕 위로 배출하는 설비를 갖추어야 한다.

해답
① 연소의 우려가 있는 외벽에 있는 출입구
② 70

05 동영상은 제1류 위험물 중 Ⅰ등급 위험물을 저장하는 옥내저장소를 보여준다. 다음 각 물음에 알맞은 답을 쓰시오. (4점)
① 위험물과 위험물이 아닌 물품을 함께 저장하는 경우 상호간에는 몇 m 이상의 간격을 두어야 하는지 쓰시오.
② 옥내저장소의 면적(m^2)을 쓰시오.

해설
① 유별을 달리하는 위험물은 동일한 저장소(내화구조의 격벽으로 완전히 구획된 실이 2 이상 있는 저장소에 있어서는 동일한 실)에 저장하지 아니하여야 한다. 다만, 옥내저장소 또는 옥외저장소에 있어서 규정에 의한 위험물을 저장하는 경우에는 위험물을 유별로 정리하여 저장하는 한편, 서로 1m 이상의 간격을 두어야 한다.

②

위험물을 저장하는 창고	바닥면적
ⓐ 제1류 위험물 중 아염소산염류, 염소산염류, 과염소산염류, 무기과산화물, 그 밖에 지정수량이 50kg인 위험물 ⓑ 제3류 위험물 중 칼륨, 나트륨, 알킬알루미늄, 알킬리튬, 그 밖에 지정수량이 10kg인 위험물 및 황린 ⓒ 제4류 위험물 중 특수인화물, 제1석유류 및 알코올류 ⓓ 제5류 위험물 중 유기과산화물, 질산에스터류, 그 밖에 지정수량이 10kg인 위험물 ⓔ 제6류 위험물	1,000m^2 이하
ⓐ~ⓔ 외의 위험물을 저장하는 창고	2,000m^2 이하
내화구조의 격벽으로 완전히 구획된 실에 각각 저장하는 창고	1,500m^2 이하

해답
① 1m 이상
② 1,000m^2 이하

06

동영상에서는 옥외저장소에 제4류 위험물 중 제3석유류를 저장하는 장면을 보여준다. 다음 각 물음에 알맞은 답을 쓰시오. (4점)
① 기계에 의하여 하역하는 구조가 아닌 수납한 용기를 선반에 저장하는 경우에는 몇 m를 초과하여 저장하지 아니하여야 하는지 쓰시오.
② 용기만을 겹쳐 쌓는 경우 저장높이는 몇 m인지 쓰시오.

해설

옥내저장소에서 위험물을 저장하는 경우에는 다음의 규정에 의한 높이를 초과하여 용기를 겹쳐 쌓지 아니하여야 한다.
㉮ 기계에 의하여 하역하는 구조로 된 용기만을 겹쳐 쌓는 경우에 있어서는 6m
㉯ 제4류 위험물 중 제3석유류, 제4석유류 및 동식물유류를 수납하는 용기만을 겹쳐 쌓는 경우에 있어서는 4m
㉰ 그 밖의 경우에 있어서는 3m
㉱ 옥외저장소에서 위험물을 수납한 용기를 선반에 저장하는 경우에는 6m를 초과하여 저장하지 아니하여야 한다.

해답

① 6m, ② 4m

07

동영상에서 제조소에 설치하는 게시판을 보여준다. 다음 각 물음에 답을 쓰시오. (4점)

① 알칼리금속의 과산화물 또는 이를 포함하는 물질에 표기하여야 하는 경고문을 고르시오.
② 제2류 위험물 중 인화성 고체에 표기하여야 하는 경고문을 고르시오.

해설

유별	구분	주의사항
제1류 위험물 (산화성 고체)	알칼리금속의 무기과산화물	"화기·충격주의" "물기엄금" "가연물접촉주의"
	그 밖의 것	"화기·충격주의" "가연물접촉주의"
제2류 위험물 (가연성 고체)	철분·금속분·마그네슘	"화기주의" "물기엄금"
	인화성 고체	"화기엄금"
	그 밖의 것	"화기주의"
제3류 위험물 (자연발화성 및 금수성 물질)	자연발화성 물질	"화기엄금" "공기접촉엄금"
	금수성 물질	"물기엄금"

유별	구분	주의사항
제4류 위험물 (인화성 액체)		"화기엄금"
제5류 위험물 (자기반응성 물질)		"화기엄금" 및 "충격주의"
제6류 위험물 (산화성 액체)		"가연물접촉주의"

① 화기 · 충격주의, 물기엄금, 가연물접촉주의, ② 화기주의 이 중에서 해당하는 경고문을 선택
② 화기엄금

해답

① B, C, ② A

08

동영상에서는 포소화설비의 포모니터를 보여준다. 다음 빈칸에 알맞은 답을 쓰시오. (4점)

포모니터노즐은 모든 노즐을 동시에 사용할 경우에 각 노즐선단의 방사량이 (①)L/min 이상이고 수평방사거리가 (②)m 이상이 되도록 설치할 것

해답

① 1,900, ② 30

09

동영상에서는 도장, 인쇄 또는 도포를 위한 일반취급소를 보여준다. 다음 각 물음에 답을 쓰시오. (4점)
① 이 일반취급소에서 취급 가능한 위험물의 유별을 쓰시오.
② 이 일반취급소에서 취급하는 위험물의 배수를 쓰시오.

해설

분무도장작업 등의 일반취급소
도장, 인쇄, 또는 도포를 위하여 제2류 위험물 또는 제4류 위험물(특수인화물 제외)을 취급하는 일반취급소로서 지정수량의 30배 미만의 것

해답
① 제2류 위험물, 제4류 위험물(특수인화물 제외)
② 30배 미만의 것

10 주유취급소의 지하탱크저장소의 그림을 보여준다. 지면과 탱크 상단부까지의 거리 A, 탱크와 지하의 벽 사이의 거리 B, 지하의 벽 두께 C이다. 다음 각 물음에 답을 쓰시오. (5점)

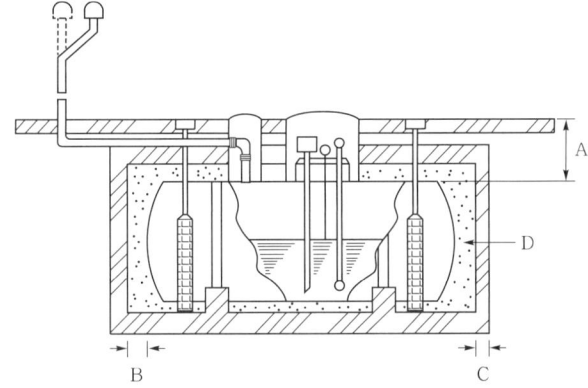

① A, B, C의 최소거리의 합은 몇 m인지 쓰시오.
② 탱크와 벽 사이의 공간(D)을 채우기 위한 재료를 쓰시오.

해설
㉮ 지하저장탱크의 윗부분은 지면으로부터 0.6m 이상 아래에 있어야 한다.
㉯ 탱크전용실은 지하의 가장 가까운 벽·피트·가스관 등의 시설물 및 대지경계선으로부터 0.1m 이상 떨어진 곳에 설치하고, 지하저장탱크와 탱크전용실의 안쪽과의 사이는 0.1m 이상의 간격을 유지하도록 하며, 당해 탱크의 주위에 마른모래 또는 습기 등에 의하여 응고되지 아니하는 입자지름 5mm 이하의 마른자갈분을 채워야 한다.
㉰ 탱크전용실은 벽·바닥 및 뚜껑을 다음 기준에 적합한 철근콘크리트구조 또는 이와 동등 이상의 강도가 있는 구조로 설치하여야 한다.
  ㉠ 벽·바닥 및 뚜껑의 두께는 0.3m 이상일 것
  ㉡ 벽·바닥 및 뚜껑의 내부에는 직경 9mm부터 13mm까지의 철근을 가로 및 세로로 5cm부터 20cm까지의 간격으로 배치할 것
  ㉢ 벽·바닥 및 뚜껑의 재료에 수밀콘크리트를 혼입하거나 벽·바닥 및 뚜껑의 중간에 아스팔트층을 만드는 방법으로 적정한 방수조치를 할 것

해답
① 0.6m 이상+0.1m 이상+0.3m 이상=1m 이상
② 마른모래 또는 습기 등에 의하여 응고되지 아니하는 입자지름 5mm 이하의 마른자갈분

제4회 과년도 출제문제

2011. 11. 12. 시행

제4회 일반검정문제

01 아세트알데하이드 등을 취급하는 제조소에 관한 내용이다. 다음 빈칸을 채우시오. (4점)
아세트알데하이드 등을 취급하는 탱크에는 (①) 또는 (②) 및 연소성 혼합기체의 생성에 의한 폭발을 방지하기 위한 불활성 기체를 봉입하는 장치를 갖출 것

[해설]
아세트알데하이드 등을 취급하는 제조소
㉮ 은·수은·동·마그네슘 또는 이들을 성분으로 하는 합금으로 만들지 아니할 것
㉯ 연소성 혼합기체의 생성에 의한 폭발을 방지하기 위한 불활성 기체 또는 수증기를 봉입하는 장치를 갖출 것
㉰ 아세트알데하이드 등을 취급하는 탱크에는 냉각장치 또는 저온을 유지하기 위한 장치(이하 "보냉장치"라 한다) 및 연소성 혼합기체의 생성에 의한 폭발을 방지하기 위한 불활성 기체를 봉입하는 장치를 갖출 것

[해답]
① 냉각장치
② 보냉장치

02 질산메틸의 증기비중을 구하시오. (5점)

[해설]
질산메틸(CH_3ONO_2)의 일반적 성질
㉮ 분자량 약 77, 비중은 1.2(증기비중 2.67), 비점 66℃
㉯ 무색투명한 액체이며 향긋한 냄새가 있고 단맛

$$증기비중 = \frac{기체의\ 분자량}{공기의\ 평균분자량} = \frac{77}{28.84} = 2.67$$

[해답]
2.67

03 트리에틸알루미늄과 물의 반응식을 쓰시오. (4점)

[해설]

트리에틸알루미늄의 일반적 성질

㉮ 무색, 투명한 액체로 외관은 등유와 유사한 가연성으로 C_1~C_4는 자연발화성이 강하다. 공기 중에 노출되어 공기와 접촉하여 백연을 발생하며 연소한다. 단, C_5 이상은 점화하지 않으면 연소하지 않는다.

$$2(C_2H_5)_3Al + 21O_2 \rightarrow 12CO_2 + Al_2O_3 + 15H_2O$$

㉯ 물, 산과 접촉하면 폭발적으로 반응하여 에탄을 형성하고 이때 발열, 폭발에 이른다.

$$(C_2H_5)_3Al + 3H_2O \rightarrow Al(OH)_3 + 3C_2H_6 + 발열$$
$$(C_2H_5)_3Al + HCl \rightarrow (C_2H_5)_2AlCl + C_2H_6 + 발열$$

㉰ 실제 사용 시는 희석제(벤젠, 톨루엔, 헥산 등 탄화수소 용제)로 20~30%로 희석하여 사용한다.
㉱ 할론이나 CO_2와 반응하여 발열하므로 소화약제로 적당치 않으며 저장용기가 가열되면 심하게 용기의 파열이 발생한다.

[해답]

$(C_2H_5)_3Al + 3H_2O \rightarrow Al(OH)_3 + 3C_2H_6$

04 유기과산화물과 혼재 불가능한 위험물을 모두 쓰시오. (4점)

[해설]

유기과산화물은 제5류 위험물이다.

위험물의 구분	제1류	제2류	제3류	제4류	제5류	제6류
제1류		×	×	×	×	○
제2류	×		×	○	○	×
제3류	×	×		○	×	×
제4류	×	○	○		○	×
제5류	×	○	×	○		×
제6류	○	×	×	×	×	

[해답]

제1류, 제3류, 제6류

05 다음 빈칸을 채우시오. (4점)

알킬알루미늄 등을 저장 또는 취급하는 이동탱크저장소에 있어서는 자동차용 소화기를 설치하는 외에 마른모래나 (①) 또는 (②)을 추가로 설치하여야 한다.

[해답]

팽창진주암, 팽창질석

06. 제4류 위험물 중 제2석유류 수용성인 것 2가지를 보기에서 골라 번호를 쓰시오. (4점)

〈보기〉
① 테레빈유　　② 포름산(의산)　　③ 경유
④ 초산(아세트산)　　⑤ 등유　　⑥ 클로로벤젠

해설

제4류 위험물(인화성 액체)의 종류와 지정수량

위험등급	품명		품목	지정수량
Ⅰ	특수인화물	비수용성	디에틸에테르, 이황화탄소	50L
		수용성	아세트알데하이드, 산화프로필렌	
Ⅱ	제1석유류	비수용성	가솔린, 벤젠, 톨루엔, 사이클로헥산, 콜로디온, 메틸에틸케톤, 초산메틸, 초산에틸, 의산에틸, 헥산, 에틸벤젠 등	200L
		수용성	아세톤, 피리딘, 아크롤레인, 의산메틸, 시안화수소 등	400L
	알코올류		메틸알코올, 에틸알코올, 프로필알코올, 아이소프로필알코올	400L
Ⅲ	제2석유류	비수용성	등유, 경유, 테레빈유, 스티렌, 자일렌(o-, m-, p-), 클로로벤젠, 장뇌유, 뷰틸알코올, 알릴알코올 등	1,000L
		수용성	포름산, 초산(아세트산), 하이드라진, 아크릴산, 아밀알코올 등	2,000L
	제3석유류	비수용성	중유, 크레오소트유, 아닐린, 나이트로벤젠, 나이트로톨루엔 등	2,000L
		수용성	에틸렌글리콜, 글리세린 등	4,000L
	제4석유류		기어유, 실린더유, 윤활유, 가소제	6,000L
	동식물유류		• 건성유 : 아마인유, 들기름, 동유, 정어리기름, 해바라기유 등 • 반건성유 : 참기름, 옥수수기름, 청어기름, 채종유, 면실유(목화씨유), 콩기름, 쌀겨유 등 • 불건성유 : 올리브유, 피마자유, 야자유, 땅콩기름, 동백유 등	10,000L

해답

② 포름산(의산), ④ 초산(아세트산)

07. 에탄올의 완전연소반응식을 쓰시오. (4점)

해설

에탄올의 일반적 성질

㉮ 무색 투명하고 인화가 쉬우며 공기 중에서 쉽게 산화한다. 또한 연소는 완전연소를 하므로 불꽃이 잘 보이지 않으며 그을음이 거의 없다.
　$C_2H_5OH + 3O_2 \rightarrow 2CO_2 + 3H_2O$
㉯ 산화되면 아세트알데하이드(CH_3CHO)가 되며, 최종적으로 초산(CH_3COOH)이 된다.
㉰ 비점(80℃), 인화점(13℃), 발화점(363℃)이 낮으며, 연소범위가 4.3~19%로 넓어서 용기 내 인화의 위험이 있으며, 용기를 파열할 수도 있다.
㉱ 에틸알코올은 아이오딘포름 반응을 한다. 수산화칼륨과 아이오딘을 가하여 아이오딘포름의 황색침전이 생성되는 반응을 한다.
　$C_2H_5OH + 6KOH + 4I_2 \rightarrow CHI_3 + 5KI + HCOOK + 5H_2O$

해답

$C_2H_5OH + 3O_2 \rightarrow 2CO_2 + 3H_2O$

08

다음 각 물음에 답을 쓰시오. (6점)
① ( )라 함은 고형알코올, 그 밖에 1기압에서 인화점이 섭씨 40도 미만인 고체를 말한다.
② ①의 위험물은 몇 류 위험물인지 쓰시오.
③ ①의 위험물의 지정수량을 쓰시오.

해설

"인화성 고체"라 함은 고형알코올, 그 밖에 1기압에서 인화점이 섭씨 40도 미만인 고체를 말한다.

성질	위험등급	품명	대표품목	지정수량
가연성 고체	II	1. 황화인 2. 적린(P) 3. 황(S)	P_4S_3, P_2S_5, P_4S_7	100kg
	III	4. 철분(Fe) 5. 금속분 6. 마그네슘(Mg)	Al, Zn	500kg
		7. 인화성 고체	고형알코올	1,000kg

해답

① 인화성 고체
② 제2류
③ 1,000kg

09

다음은 제4류 위험물에 관한 내용이다. 빈칸을 채우시오. (5점)

품명	지정수량(L)	명칭	위험등급
①	50	이황화탄소	I
제3석유류	②	중유	③
제4석유류	④	기어유	III

해설

6번 해설 참고

해답

① 특수인화물
② 2,000L
③ III
④ 6,000L

10

방유제 설치에 관한 내용이다. 빈칸을 채우시오. (4점)

높이가 (　　)m를 넘는 방유제 및 간막이 둑의 안팎에는 방유제 내에 출입하기 위한 계단 또는 경사로를 약 50m마다 설치할 것

[해설]

방유제의 구조

㉮ 방유제는 철근콘크리트 또는 흙으로 만들고, 위험물이 방유제의 외부로 유출되지 아니하는 구조로 한다.

㉯ 방유제에는 그 내부에 고인 물을 외부로 배출하기 위한 배수구를 설치하고 이를 개폐하는 밸브 등을 방유제의 외부에 설치한다.

㉰ 용량이 100만L 이상인 위험물을 저장하는 옥외저장탱크에 있어서는 밸브 등에 그 개폐상황을 쉽게 확인할 수 있는 장치를 설치한다.

㉱ 높이가 1m를 넘는 방유제 및 간막이 둑의 안팎에는 방유제 내에 출입하기 위한 계단 또는 경사로를 약 50m마다 설치한다.

[해답]

1

11

질산암모늄의 구성성분 중 질소와 수소의 함량을 wt%로 구하시오. (6점)

[해설]

NH_4NO_3(질산암모늄, 초안, 질안, 질산암몬)

㉮ 분자량 80, 비중 1.73, 융점 165℃, 분해온도 220℃, 무색, 백색 또는 연회색의 결정

㉯ 약 220℃에서 가열할 때 분해되어 아산화질소(N_2O)와 수증기(H_2O)를 발생시키고 계속 가열하면 폭발한다.

㉰ 강력한 산화제로 화약의 재료이며, 200℃에서 열분해하여 산화이질소와 물을 생성한다. 특히 ANFO 폭약은 NH_4NO_3와 경유를 94%와 6%로 혼합하여 기폭약으로 사용되며, 단독으로도 폭발의 위험이 있다.

㉱ 급격한 가열이나 충격을 주면 단독으로 폭발한다.

$$\text{질소원자 wt\%} = \frac{2N}{NH_4NO_3} \times 100 = \frac{28}{80} \times 100 = 35\text{wt\%}$$

$$\text{수소원자 wt\%} = \frac{4H}{NH_4NO_3} \times 100 = \frac{4}{80} \times 100 = 5\text{wt\%}$$

[해답]

① 질소함량 : 35wt%
② 수소함량 : 5wt%

12

다음은 위험물의 운반기준이다. 다음 빈칸을 채우시오. (3점)
① 고체위험물은 운반용기 내용적의 (   )% 이하의 수납률로 수납할 것
② 액체위험물은 운반용기 내용적의 (   )% 이하의 수납률로 수납할 것
③ 자연발화성 물질 중 알킬알루미늄 등은 운반용기 내용적의 (   )% 이하의 수납률로 수납할 것

해설

위험물의 운반에 관한 기준
㉮ 고체위험물은 운반용기 내용적의 95% 이하의 수납률로 수납한다.
㉯ 액체위험물은 운반용기 내용적의 98% 이하의 수납률로 수납하되, 55도의 온도에서 누설되지 아니하도록 충분한 공간용적을 유지하도록 한다.
㉰ 제3류 위험물은 다음의 기준에 따라 운반용기에 수납할 것
　㉠ 자연발화성 물질에 있어서는 불활성 기체를 봉입하여 밀봉하는 등 공기와 접하지 아니하도록 할 것
　㉡ 자연발화성 물질 외의 물품에 있어서는 파라핀·경유·등유 등의 보호액으로 채워 밀봉하거나 불활성 기체를 봉입하여 밀봉하는 등 수분과 접하지 아니하도록 할 것
　㉢ 자연발화성 물질 중 알킬알루미늄 등은 운반용기 내용적의 90% 이하의 수납률로 수납하되, 50℃의 온도에서 5% 이상의 공간용적을 유지하도록 할 것

해답

① 95, ② 98, ③ 90

제4회 동영상문제

01 동영상에서는 실험실에서 염소산칼륨과 이산화망가니즈를 넣은 시험관을 가열하여 발생하는 기체를 수상치환으로 포집하는 장면을 보여준다. 다음 물음에 답하시오. (4점)

① 발생하는 기체의 명칭은 무엇인가?
② 이산화망가니즈의 반응 중 역할은 무엇인가?
③ 염소산칼륨의 열분해반응식은?

해설

촉매인 이산화망가니즈(MnO_2) 등이 존재 시 분해가 촉진되어 200℃에서 완전분해하여 산소를 방출하고 다른 가연물의 연소를 촉진한다.
열분해반응식 : $2KClO_3 \rightarrow 2KCl + 3O_2$

해답

① 산소가스(O_2)
② 정촉매
③ $2KClO_3 \rightarrow 2KCl + 3O_2$

02 동영상에서는 옥외저장탱크 중 콘루프탱크의 배관과 지면에 나오는 배관 사이에 있는 은백색의 연결배관을 보여주고 있다. 다음 물음에 답하시오. (4점)
① 은백색 설비의 명칭은 무엇인가?
② 이 설비의 역할을 쓰시오.

해답

① 플렉시블 조인트
② 배관이 외부의 충격 등에 의하여 결합부분이 파손되는 것을 막기 위한 설비이다.

03
동영상에서 지하탱크저장소를 보여준다. 다음 각 물음에 답을 쓰시오. (5점)
① 지하저장탱크의 주위에는 당해 탱크로부터의 액체위험물의 누설을 검사하기 위해 4개소 이상 설치해야 하는 것은 무엇인가?
② 관의 밑부분으로부터 탱크의 (   ) 높이까지의 부분에는 소공이 뚫려 있을 것

해설

액체위험물의 누설을 검사하기 위한 관을 다음의 기준에 따라 4개소 이상 적당한 위치에 설치하여야 한다.
㉮ 이중관으로 할 것. 다만, 소공이 없는 상부는 단관으로 할 수 있다.
㉯ 재료는 금속관 또는 경질합성수지관으로 할 것
㉰ 관은 탱크전용실의 바닥 또는 탱크의 기초까지 닿게 할 것
㉱ 관의 밑부분으로부터 탱크의 중심 높이까지의 부분에는 소공이 뚫려 있을 것. 다만, 지하수위가 높은 장소에 있어서는 지하수위 높이까지의 부분에 소공이 뚫려 있어야 한다.
㉲ 상부는 물이 침투하지 아니하는 구조로 하고, 뚜껑은 검사 시에 쉽게 열수 있도록 할 것

해답

① 누유검사관, ② 중심

04
동영상에서는 고정지붕형 옥외탱크저장소의 상부에 설치된 밸브 없는 통기관을 보여준다. ①의 각도와, ②의 명칭을 쓰시오. (4점)

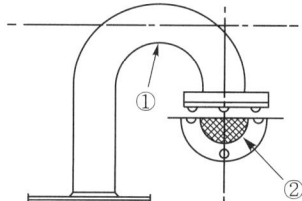

해설

밸브 없는 통기관의 설치기준
㉮ 통기관의 직경 : 30mm 이상
㉯ 통기관의 선단은 수평으로부터 45° 이상 구부려 빗물 등의 침투를 막는 구조일 것
㉰ 인화점이 38℃ 미만인 위험물만을 저장·취급하는 탱크의 통기관에는 화염방지장치를 설치하고, 인화점이 38℃ 이상 70℃ 미만인 위험물을 저장·취급하는 탱크의 통기관에는 40mesh 이상의 구리망으로 된 인화방지장치를 설치할 것
㉱ 가연성의 증기를 회수하기 위한 밸브를 통기관에 설치하는 경우에 있어서는 당해 통기관의 밸브는 저장탱크에 위험물을 주입하는 경우를 제외하고는 항상 개방되어 있는 구조로 하는 한편, 폐쇄하였을 경우에 있어서는 10kPa 이하의 압력에서 개방되는 구조로 할 것. 이 경우 개방된 부분의 유효단면적은 777.15mm^2 이상이어야 한다.

해답

① 45°, ② 인화방지망

05 동영상에서는 철(Fe)가루를 염산이 든 비커에 넣는 장면을 보여준다. ① 철가루에 대한 위험물 판정기준을 적고, ② 이때 발생한 화학반응식을 쓰시오. (4점)

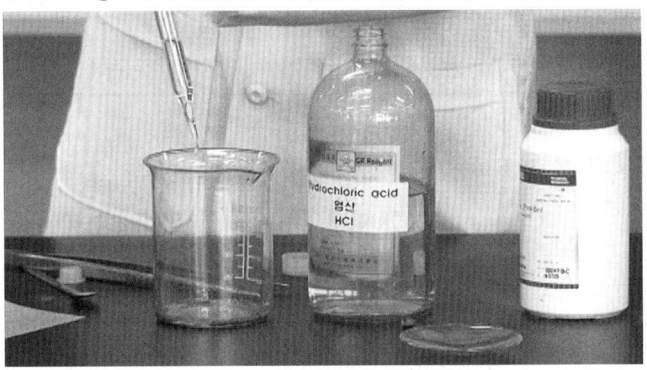

[해답]
① "철분"이라 함은 철의 분말로서 53마이크로미터의 표준체를 통과하는 것이 50중량퍼센트 미만인 것은 제외한다.
② 묽은 산과 반응하여 수소를 발생한다.
$2Fe + 6HCl \rightarrow 2FeCl_3 + 3H_2$

06 동영상에서는 옥외탱크저장소에 제4류 위험물인 경유 500,000L가 저장되어 있는 장면을 보여준다. 다음 각 물음에 답을 쓰시오. (4점)
① 옥외탱크저장소의 보유공지는 몇 m로 하여야 하는지 쓰시오.
② 방유제의 저장용량은 몇 L 이상으로 하여야 하는지 쓰시오.

[해설]
경유의 지정수량은 1,000L이므로 저장수량 500,000L의 지정수량의 배수는 500배이다. 이 경우 보유공지는 3m 이상이다. 방유제의 용량은 방유제 안에 설치된 탱크가 하나인 때에는 그 탱크 용량의 110% 이상, 2기 이상인 때에는 그 탱크 용량 중 용량이 최대인 것의 용량의 110% 이상으로 한다. 본 문제에서는 하나의 탱크이므로 500,000L×110%=550,000L이다.

저장 또는 취급하는 위험물의 최대수량	공지의 너비
지정수량의 500배 이하	3m 이상
지정수량의 500배 초과, 1,000배 이하	5m 이상
지정수량의 1,000배 초과, 2,000배 이하	9m 이상
지정수량의 2,000배 초과, 3,000배 이하	12m 이상
지정수량의 3,000배 초과, 4,000배 이하	15m 이상
지정수량의 4,000배 초과	당해 탱크의 수평단면의 최대지름(횡형인 경우에는 긴 변)과 높이 중 큰 것과 같은 거리 이상, 다만, 30m 초과의 경우에는 30m 이상으로 할 수 있고, 15m 미만의 경우에는 15m 이상으로 하여야 한다.

[해답]
① 3m 이상, ② 550,000L 이상

07

동영상에서는 옥내저장소에 제4류 위험물인 기어유와 제6류 위험물인 과산화수소를 선반에 쌓아 놓은 것을 보여준다. 다음 각 물음에 답을 쓰시오. (단, 기계로 하역할 수 없는 구조이다.) (4점)

① 기어유를 용기만 겹쳐 쌓는 경우 저장높이는 몇 m를 초과하지 못하는가?
② 과산화수소를 용기만 겹쳐 쌓는 경우 저장높이는 몇 m를 초과하지 못하는가?

[해설]

옥내저장소에서 위험물을 저장하는 경우에는 다음의 규정에 의한 높이를 초과하여 용기를 겹쳐 쌓지 아니하여야 한다.

㉮ 기계에 의하여 하역하는 구조로 된 용기만을 겹쳐 쌓는 경우에 있어서는 6m
㉯ 제4류 위험물 중 제3석유류, 제4석유류 및 동식물유류를 수납하는 용기만을 겹쳐 쌓는 경우에 있어서는 4m
㉰ 그 밖의 경우에 있어서는 3m

[해답]

① 4m 이하
② 3m 이하

08

동영상에서는 실험대 위에 과산화수소와 투명한 용기의 하이드라진을 보여주고 있다. 실험자가 스포이드로 비커에 과산화수소를 몇 방울 떨어뜨리고 하이드라진을 섞으니 폭발하는 장면을 보여준다. 다음 각 물음에 답하시오. (6점)

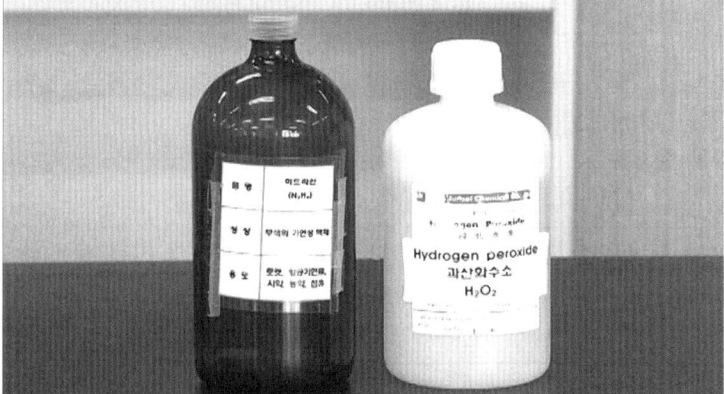

① 하이드라진과 과산화수소의 폭발반응식을 쓰시오.
② 동영상에서 나오는 물질 중 제6류 위험물에 속하는 물질의 분해반응식을 쓰시오.

[해설]

과산화수소(H_2O_2) — 지정수량 300kg : 농도가 36wt% 이상인 것

㉮ 가열에 의해 산소가 발생한다.
$$2H_2O_2 \rightarrow 2H_2O + O_2$$

㉯ 농도 60wt% 이상인 것은 충격에 의해 단독폭발의 위험이 있으며, 고농도의 것은 알칼리금속분, 암모니아, 유기물 등과 접촉 시 발화하거나 충격에 의해 폭발한다.

㉰ 하이드라진과 접촉 시 발화 또는 폭발한다.
  $2H_2O_2 + N_2H_4 \rightarrow 4H_2O + N_2$
㉱ 유리는 알칼리성으로 분해를 촉진하므로 피하고 가열, 화기, 직사광선을 차단하며 농도가 높을수록 위험성이 크므로 분해방지안정제(인산, 요산 등)를 넣어 발생기 산소의 발생을 억제한다. 용기는 밀봉하되 작은 구멍이 뚫린 마개를 사용한다.

[해답]
① $2H_2O_2 + N_2H_4 \rightarrow 4H_2O + N_2$
② $2H_2O_2 \rightarrow 2H_2O + O_2$

09
동영상은 단층 옥내저장소를 보여준다. 저장창고는 지면에서 처마까지의 높이가 6m 미만인 단층건물을 보여준다. 옥내저장소의 지면에서 처마까지의 높이를 20m 이하로 할 수 있는 위험물은 제2류 위험물과 제4류 위험물이다. 처마높이를 20m 이하로 할 수 있는 건축물의 규정 3가지를 쓰시오. (6점)

[해설]
저장창고는 지면에서 처마까지의 높이(이하 "처마높이"라 한다)가 6m 미만인 단층건물로 하고 그 바닥을 지반면보다 높게 하여야 한다. 다만, 제2류 또는 제4류의 위험물만을 저장하는 창고로서 다음의 기준에 적합한 창고의 경우에는 20m 이하로 할 수 있다.
㉮ 벽·기둥·보 및 바닥을 내화구조로 할 것
㉯ 출입구에 갑종방화문을 설치할 것
㉰ 피뢰침을 설치할 것. 다만, 주위상황에 의하여 안전상 지장이 없는 경우에는 그러하지 아니하다.

[해답]
① 벽·기둥·보 및 바닥을 내화구조로 할 것
② 출입구에 갑종방화문을 설치할 것
③ 피뢰침을 설치할 것

10
동영상에서는 옥외탱크저장소의 방유제를 보여주고 있다. 다음 물음에 답하시오. (6점)
① 방유제의 최소높이는 얼마로 해야 하는가?
② 방유제의 높이가 얼마 이상일 때 계단을 설치하는가?

[해설]
높이 : 0.5m 이상 3.0m 이하
높이가 1m를 넘는 방유제 및 간막이 둑의 안팎에는 방유제 내에 출입하기 위한 계단 또는 경사로를 약 50m마다 설치한다.

[해답]
① 0.5m 이상, ② 1m 이상

제1회 과년도 출제문제

2012. 4. 21. 시행

제1회 일반검정문제

01 이동저장탱크의 구조에 관한 내용이다. 다음 빈칸을 채우시오. (3점)
탱크(맨홀 및 주입관의 뚜껑을 포함한다)는 두께 (   )mm 이상의 강철판 또는 이와 동등 이상의 강도·내식성 및 내열성이 있다고 인정하여 소방청장이 정하여 고시하는 재료 및 구조로 위험물이 새지 아니하게 제작할 것

해답
3.2

02 다음 표에 위험물의 위험등급 및 지정수량을 쓰시오. (5점)

품명	위험등급	지정수량
칼륨	①	②
질산염류	③	④
황화인	⑤	⑥
질산	⑦	⑧

해답

품명	위험등급	지정수량
칼륨	Ⅰ	10kg
질산염류	Ⅱ	300kg
황화인	Ⅱ	100kg
질산	Ⅰ	300kg

03 위험물안전관리법령에 따른 고인화점위험물의 정의를 쓰시오. (4점)

해설

고인화점위험물 제조소
인화점이 100℃ 이상인 제4류 위험물(이하 "고인화점위험물"이라 한다)만을 100℃ 미만의 온도에서 취급하는 제조소

해답
인화점이 100℃ 이상인 제4류 위험물

04 제5류 위험물 중 피크린산의 구조식을 쓰시오. (4점)

해설

트리나이트로페놀($C_6H_2(NO_2)_3OH$, 피크린산)

㉮ 순수한 것은 무색이나 보통 공업용은 휘황색의 침전결정이며 충격, 마찰에 둔감하고 자연분해 하지 않으므로 장기저장해도 자연발화의 위험 없이 안정하다.

㉯ 페놀을 진한황산에 녹여 질산으로 작용시켜 만든다.

$$C_6H_5OH + 3HNO_3 \xrightarrow{H_2SO_4} C_6H_2(OH)(NO_2)_3 + 3H_2O$$

㉰ 산화되기 쉬운 유기물과 혼합된 것은 충격, 마찰에 의해 폭발하며, 300℃ 이상으로 급격히 가열하면 폭발한다. 폭발온도 3,320℃, 폭발속도 약 7,000m/s이다.

㉱ 운반 시 10~20%의 물로 습윤하면 안전하다.

해답

(피크린산 구조식: 페놀 고리에 OH, 2,4,6 위치에 NO_2 세 개)

05 마그네슘과 물이 접촉하는 ① 화학반응식과, ② 주수소화가 안되는 이유를 쓰시오. (4점)

해답

① $Mg + 2H_2O \rightarrow Mg(OH)_2 + H_2$
② 물과 반응하여 가연성의 수소(H_2)가스를 발생한다.

06 과산화나트륨과 이산화탄소가 접촉하는 화학반응식을 쓰시오. (3점)

해설

공기 중의 탄산가스(CO_2)를 흡수하여 탄산염 생성
$2Na_2O_2 + 2CO_2 \rightarrow 2Na_2CO_3 + O_2$

해답

$2Na_2O_2 + 2CO_2 \rightarrow 2Na_2CO_3 + O_2$

07 표준상태에서 톨루엔의 증기밀도는 몇 g/L인지 구하시오. (3점)

해설

톨루엔($C_6H_5CH_3$) – 비수용성 액체

㉮ 분자량 92, 액비중 0.871(증기비중 3.14), 비점 110℃, 인화점 4℃, 발화점 480℃, 연소범위 1.27~7.0%로 휘발성이 강하여 인화가 용이하며, 연소할 때 자극성, 유독성 가스를 발생한다.

㉯ 1몰의 톨루엔과 3몰의 질산을 황산촉매하에 반응시키면 나이트로화에 의해 TNT가 만들어진다.

$$C_6H_5CH_3 + 3HNO_3 \xrightarrow[\text{나이트로화}]{c-H_2SO_4} C_6H_2(NO_2)_3CH_3 \text{ (TNT)} + 3H_2O$$

증기밀도 = $\dfrac{92g}{22.4L} ≒ 4.11 g/L$

해답

4.11 g/L

08 ① 카바이드(탄화칼슘)와 물이 접촉 했을 때 반응식과 ② 발생되는 기체의 완전연소반응식을 쓰시오. (6점)

해설

카바이드는 물과 심하게 반응하여 수산화칼슘과 아세틸렌을 만들며, 공기 중 수분과 반응하여도 아세틸렌을 발생한다.

$CaC_2 + 2H_2O → Ca(OH)_2 + C_2H_2$

발생된 가스는 아세틸렌(C_2H_2)가스로 공기 중의 연소반응식은 다음과 같다.

$2C_2H_2 + 5O_2 → 4CO_2 + 2H_2O$

해답

① $CaC_2 + 2H_2O → Ca(OH)_2 + C_2H_2$
② $2C_2H_2 + 5O_2 → 4CO_2 + 2H_2O$

09 강제강화플라스틱제 이중벽 탱크의 성능시험 항목 3가지를 쓰시오. (3점)

해설

강제강화플라스틱제 이중벽탱크의 성능시험

㉮ 탱크본체에 대하여 수압시험을 실시하거나 비파괴시험 및 기밀시험을 실시하여 새거나 변형되지 아니할 것. 이 경우 수압시험은 감지관을 설치한 후에 실시하여야 한다.

㉯ 감지층에 20kPa의 공기압을 가하여 10분 동안 유지하였을 때 압력강하가 없을 것

해답

수압시험, 비파괴시험, 기밀시험

10. 아세톤 20L 100개와 경유 200L 5드럼의 지정수량 배수를 구하시오. (3점)

해설

지정수량 배수의 합 = $\dfrac{\text{A품목 저장수량}}{\text{A품목 지정수량}} + \dfrac{\text{B품목 저장수량}}{\text{B품목 지정수량}} + \cdots$

$= \dfrac{2,000\text{L}}{400\text{L}} + \dfrac{1,000\text{L}}{1,000\text{L}}$

$= 6$

해답

6

11. 제5류 위험물인 트리나이트로톨루엔의 제조 반응식을 쓰시오. (3점)

해설

1몰의 톨루엔과 3몰의 질산을 황산촉매하에 반응시키면 나이트로화에 의해 TNT가 만들어진다.

$C_6H_5CH_3 + 3HNO_3 \xrightarrow{c-H_2SO_4} TNT + 3H_2O$

해답

$C_6H_5CH_3 + 3HNO_3 \xrightarrow{c-H_2SO_4} TNT + 3H_2O$

12. "디에틸에테르, 이황화탄소, 산화프로필렌, 아세톤"을 인화점이 낮은 순으로 쓰시오. (4점)

해설

구분	디에틸에테르	이황화탄소	산화프로필렌	아세톤
화학식	$C_2H_5OC_2H_5$	CS_2	CH_3CHOCH_2	CH_3COCH_3
품명	특수인화물	특수인화물	특수인화물	제1석유류
인화점	$-40℃$	$-30℃$	$-37℃$	$-18.5℃$

해답

디에틸에테르, 산화프로필렌, 이황화탄소, 아세톤

13. 무기과산화물 용기에 부착해야 하는 주의사항을 4가지 쓰시오. (4점)

해설

유별	구분	주의사항
제1류 위험물 (산화성 고체)	알칼리금속의 과산화물	"화기·충격주의" "물기엄금" "가연물접촉주의"
	그 밖의 것	"화기·충격주의" "가연물접촉주의"

유별	구분	주의사항
제2류 위험물 (가연성 고체)	철분·금속분·마그네슘	"화기주의" "물기엄금"
	인화성 고체	"화기엄금"
	그 밖의 것	"화기주의"
제3류 위험물 (자연발화성 및 금수성 물질)	자연발화성 물질	"화기엄금" "공기접촉엄금"
	금수성 물질	"물기엄금"
제4류 위험물 (인화성 액체)		"화기엄금"
제5류 위험물 (자기반응성 물질)		"화기엄금" 및 "충격주의"
제6류 위험물 (산화성 액체)		"가연물접촉주의"

[해답]
화기주의, 충격주의, 가연물접촉주의, 물기엄금

14 "주유 중 엔진정지" 주의사항 게시판의 바탕색과 글자색을 쓰시오. (6점)

[해설]
주유취급소의 표지판과 게시판 기준
㉮ 화기엄금 게시판 기준
  ㉠ 규격 : 한 변의 길이 0.3m 이상, 다른 한 변의 길이 0.6m 이상
  ㉡ 색깔 : 적색바탕에 백색문자
㉯ 주유 중 엔진정지 표지판 기준
  ㉠ 규격 : 한 변의 길이 0.3m 이상, 다른 한 변의 길이 0.6m 이상
  ㉡ 색깔 : 황색바탕에 흑색문자

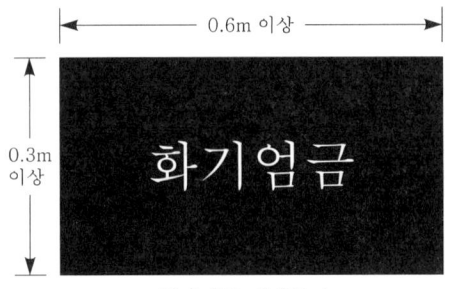
적색바탕 백색문자

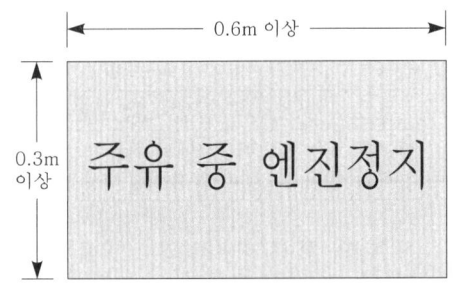
황색바탕 흑색문자

[해답]
황색바탕 흑색문자

제1회 동영상문제

01 동영상에서 차례로 마그네슘, 구리, 아연을 보여준다. 다음 각 물음에 알맞은 답을 쓰시오. (4점)

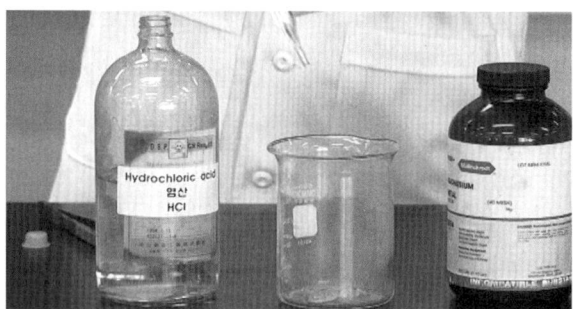

① 원자번호가 가장 큰 것과 염산의 반응식을 쓰시오.
② 이때 발생하는 기체의 명칭을 쓰시오.

해설

마그네슘(12), 구리(29), 아연(30)이므로 아연과 염산과의 반응식은 아연이 염산과 반응하면 수소가스를 발생한다.
$Zn + 2HCl \rightarrow ZnCl_2 + H_2$

해답

① $Zn + 2HCl \rightarrow ZnCl_2 + H_2$, ② 수소가스($H_2$)

02 동영상에서는 화학소방차 3대와 사다리차 1대를 보여준다. 다음 각 물음에 답을 쓰시오. (4점)
① 저장, 취급하는 위험물의 지정수량은 몇 배인지 쓰시오.
② 자체소방대원의 수는 몇 명 이상이어야 하는지 쓰시오.

해설

사업소의 구분	화학소방자동차의 수	자체소방대원의 수
제조소 또는 일반취급소에서 취급하는 제4류 위험물의 최대수량의 합이 지정수량의 3천배 이상 12만배 미만인 사업소	1대	5인
제조소 또는 일반취급소에서 취급하는 제4류 위험물의 최대수량의 합이 지정수량의 12만배 이상 24만배 미만인 사업소	2대	10인
제조소 또는 일반취급소에서 취급하는 제4류 위험물의 최대수량의 합이 지정수량의 24만배 이상 48만배 미만인 사업소	3대	15인
제조소 또는 일반취급소에서 취급하는 제4류 위험물의 최대수량의 합이 지정수량의 48만배 이상인 사업소	4대	20인
옥외탱크저장소에 저장하는 제4류 위험물의 최대수량이 지정수량의 50만배 이상인 사업소	2대	10인

[해답]
① 24만배 이상 48만배 미만, ② 15명

03 동영상에서는 실험실에서 비커 속에 있는 염소산칼륨에 황산을 적가하는 반응을 보여준다. 이때 ① 반응식과, ② 생성되는 폭발성 가스의 명칭을 쓰시오. (6점)

[해설]
황산 등의 강산과 접촉으로 격렬하게 반응하여 폭발성의 이산화염소를 발생하고 발열폭발한다.
$4KClO_3 + 4H_2SO_4 \rightarrow 4KHSO_4 + 4ClO_2 + O_2 + 2H_2O + 열$

[해답]
① $4KClO_3 + 4H_2SO_4 \rightarrow 4KHSO_4 + 4ClO_2 + O_2 + 2H_2O + 열$
② 이산화염소 가스(ClO_2)

04 동영상에서는 비커 속에 각각 일정량의 아세톤과 벤젠을 준비하고, 각각의 물질에 불을 붙여 연소시키는 중 물로 소화하는 모습을 보여준다. 아세톤은 바로 소화되고, 벤젠은 소화되지 않았다. 그 이유를 설명하시오. (3점)

[해답]
아세톤은 수용성 액체이며, 벤젠은 비수용성 액체이다. 또한 벤젠은 물보다 가벼워 주수 시 물 위에서 계속 연소하며, 아세톤은 물에 잘 녹으므로 함수율이 높아져 연소가 중단된다.

05 동영상에서는 탱크 용량이 16,000L인 이동탱크저장소를 보여준다. 다음 각 물음에 답하시오. (4점)
① 안전칸막이 수는 몇 개로 하여야 하는지 쓰시오.
② 방파판은 하나의 구획부분에 몇 개 이상을 설치하여야 하는지 쓰시오.

해설

안전칸막이 및 방파판의 설치기준
㉮ 안전칸막이 설치기준
　㉠ 재질은 두께 3.2mm 이상의 강철판으로 제작
　㉡ 4,000L 이하마다 구분하여 설치
㉯ 방파판 설치기준
　㉠ 재질은 두께 1.6mm 이상의 강철판으로 제작
　㉡ 하나의 구획부분에 2개 이상의 방파판을 이동탱크저장소의 진행방향과 평행으로 설치하되, 그 높이와 칸막이로부터의 거리를 다르게 할 것
　㉢ 하나의 구획부분에 설치하는 각 방파판의 면적 합계는 당해 구획부분의 최대수직단면적의 50% 이상으로 할 것. 다만, 수직단면이 원형이거나 짧은 지름이 1m 이하의 타원형인 경우에는 40% 이상으로 할 수 있다.

해답
① 3개
② 2개

06 동영상에서는 옥내저장소에 에틸렌글리콜 20,000L를 저장한 장면을 보여준다. ① 기계를 이용하여 적재할 경우 선반의 최대높이와, ② 용기를 겹쳐 쌓았을 때의 저장높이를 쓰시오. (4점)

해설

옥내저장소에서 위험물을 저장하는 경우에는 다음의 규정에 의한 높이를 초과하여 용기를 겹쳐 쌓지 아니하여야 한다.
㉮ 기계에 의하여 하역하는 구조로 된 용기만을 겹쳐 쌓는 경우에 있어서는 6m
㉯ 제4류 위험물 중 제3석유류, 제4석유류 및 동식물유류를 수납하는 용기만을 겹쳐 쌓는 경우에 있어서는 4m
㉰ 그 밖의 경우에 있어서는 3m

해답
① 6m
② 4m

07 동영상에서는 덩어리상태의 황만을 저장하는 옥외저장소를 보여준다. 다음 각 물음에 답을 쓰시오. (4점)
① 하나의 경계표시의 내부면적은 몇 m² 이하로 하여야 하는지 쓰시오.
② 경계표시의 높이는 몇 m 이하로 하여야 하는지 쓰시오.

해설

경계표시
㉮ 하나의 경계표시의 내부면적은 100m² 이하일 것
㉯ 2 이상의 경계표시를 설치하는 경우에 있어서는 각각의 경계표시 내부의 면적을 합산한 면적은 1,000m² 이하로 하고, 인접하는 경계표시와 경계표시와의 간격을 규정에 의한 공지의 너비의 2분의 1 이상으로 할 것. 다만, 저장 또는 취급하는 위험물의 최대수량이 지정수량의 200배 이상인 경우에는 10m 이상으로 하여야 한다.
㉰ 경계표시는 불연재료로 만드는 동시에 황이 새지 아니하는 구조로 할 것
㉱ 경계표시의 높이는 1.5m 이하로 할 것
㉲ 경계표시에는 황이 넘치거나 비산하는 것을 방지하기 위한 천막 등을 고정하는 장치를 설치하되, 천막 등을 고정하는 장치는 경계표시의 길이 2m마다 한 개 이상 설치할 것
㉳ 황을 저장 또는 취급하는 장소의 주위에는 배수구와 분리장치를 설치할 것

해답
① 100m²
② 1.5m

08 동영상에서는 A(물)와 B(이황화탄소) 비커에 황을 넣고 섞었다. A비커는 2층으로 분리되어 있고, B비커는 용해되었다. 다음 각 물음에 답을 쓰시오. (6점)

① A비커와 B비커 중 물은 어느 비커인지 쓰시오.
② 황이 연소 시 발생하는 기체의 명칭은?

[해설]
황은 물, 산에는 녹지 않으며 알코올에는 약간 녹고, 이황화탄소(CS_2)에는 잘 녹는다(단, 고무상 황은 녹지 않는다). 공기 중에서 연소하면 푸른 빛을 내며 아황산가스를 발생하는데 아황산가스는 독성이 있다.
$S + O_2 \rightarrow SO_2$

[해답]
① A
② 이산화황(SO_2)

09 동영상에서는 컨테이너식 이동탱크저장소를 보여준다. 견인차와 피견인차를 분리시켜 상치시킨 모습을 보여주고 있다. 다음 빈칸을 채우시오. (4점)
(①)의 규칙에 의해 대지 등에 설치되었을 경우, (②)의 기준에 따라야 한다.

[해답]
① 소방기술기준
② 옥외저장소

10 동영상은 디에틸에테르에 아이오딘화칼륨(KI) 10% 용액 몇 방울을 넣으니 잠시 후 황색으로 변하였다. 다음 각 물음에 답을 쓰시오. (6점)

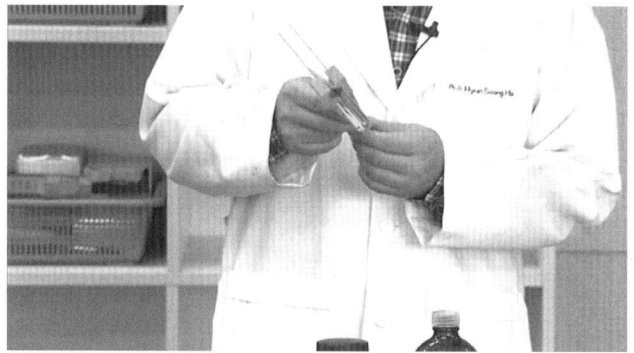

① 디에틸에테르에 아이오딘화칼륨(KI) 10% 용액을 넣는 이유를 쓰시오.
② 디에틸에테르의 품명을 쓰시오.

[해설]
과산화물의 검출은 10% 아이오딘화칼륨(KI) 용액과의 황색반응으로 확인한다.

[해답]
① 과산화물의 생성여부 확인
② 특수인화물

2012. 7. 7. 시행

제2회 과년도 출제문제

제2회 일반검정문제

01 제3류 위험물 중 위험등급 Ⅰ의 품명 3가지를 쓰시오. (3점)

[해설]

성질	위험등급	품명	대표품목	지정수량
자연발화성 물질 및 금수성 물질	Ⅰ	1. 칼륨(K) 2. 나트륨(Na) 3. 알킬알루미늄 4. 알킬리튬 5. 황린(P_4)	(C_2H_5)$_3$Al C_4H_9Li	10kg 20kg
	Ⅱ	6. 알칼리금속류(칼륨 및 나트륨 제외) 및 알칼리토금속 7. 유기금속화합물(알킬알루미늄 및 알킬리튬 제외)	Li, Ca Te(C_2H_5)$_2$, Zn(CH_3)$_2$	50kg
	Ⅲ	8. 금속의 수소화물 9. 금속의 인화물 10. 칼슘 또는 알루미늄의 탄화물	LiH, NaH Ca_3P_2, AlP CaC_2, Al_4C_3	300kg
		11. 그 밖에 행정안전부령이 정하는 것 염소화규소화합물	$SiHCl_3$	300kg

[해답]
칼륨(K), 나트륨(Na), 알킬알루미늄, 알킬리튬, 황린(P_4) 중 3가지를 쓰면 된다.

02 다음은 철분에 관한 내용이다. 빈칸을 채우시오. (4점)
"철분"이라 함은 철의 분말로서 (①)μm의 표준체를 통과하는 것이 중량 (②)% 이상인 것을 말한다.

[해설]
"철분"이라 함은 철의 분말로서 53마이크로미터의 표준체를 통과하는 것이 50중량퍼센트 미만인 것은 제외한다.

[해답]
① 53
② 50

03

위험물 운반용기의 외부 표시사항을 쓰시오. (4점)

| 제2류 위험물 중 인화성 고체 | ① | 제3류 위험물 중 금수성 물질 | ② |
| 제4류 위험물 | ③ | 제6류 위험물 | ④ |

[해설]

유별	구분	주의사항
제1류 위험물 (산화성 고체)	알칼리금속의 과산화물	"화기·충격주의" "물기엄금" "가연물접촉주의"
	그 밖의 것	"화기·충격주의" "가연물접촉주의"
제2류 위험물 (가연성 고체)	철분·금속분·마그네슘	"화기주의" "물기엄금"
	인화성 고체	"화기엄금"
	그 밖의 것	"화기주의"
제3류 위험물 (자연발화성 및 금수성 물질)	자연발화성 물질	"화기엄금" "공기접촉엄금"
	금수성 물질	"물기엄금"
제4류 위험물 (인화성 액체)		"화기엄금"
제5류 위험물 (자기반응성 물질)		"화기엄금" 및 "충격주의"
제6류 위험물 (산화성 액체)		"가연물접촉주의"

[해답]
① "화기엄금"
② "물기엄금"
③ "화기엄금"
④ "가연물접촉주의"

04

보기에서 이산화탄소소화설비에 적응성이 있는 위험물을 2가지 고르시오. (4점)

(보기)
① 제1류 위험물 중 알칼리금속의 과산화물
② 제2류 위험물 중 인화성 고체
③ 제3류 위험물
④ 제4류 위험물
⑤ 제5류 위험물
⑥ 제6류 위험물

[해설]

소화설비의 구분			대상물의 구분	건축물·그 밖의 공작물	전기설비	제1류 위험물		제2류 위험물			제3류 위험물		제4류 위험물	제5류 위험물	제6류 위험물
						알칼리금속과산화물 등	그 밖의 것	철분·금속분·마그네슘 등	인화성 고체	그 밖의 것	금수성 물품	그 밖의 것			
옥내소화전 또는 옥외소화전설비				○			○		○	○		○		○	○
스프링클러설비				○			○		○	○		○	△	○	○
물분무 등 소화설비	물분무소화설비			○	○		○		○	○		○	○	○	○
	포소화설비			○			○		○	○		○	○	○	○
	불활성가스소화설비				○					○			○		
	할로겐화합물소화설비				○					○			○		
	분말 소화 설비	인산염류 등		○	○		○		○	○			○		○
		탄산수소염류 등			○	○		○	○		○		○		
		그 밖의 것				○		○			○				

[해답]
② 제2류 위험물 중 인화성 고체
④ 제4류 위험물

05 옥외저장탱크·옥내저장탱크 또는 지하저장탱크 중 압력탱크 외의 탱크에 저장할 경우에 유지하여야 하는 온도를 쓰시오. (3점)
① 디에틸에테르   ② 아세트알데하이드   ③ 산화프로필렌

[해답]
① 30℃ 이하, ② 15℃ 이하, ③ 30℃ 이하

06 트리에틸알루미늄의 완전연소반응식을 쓰시오. (4점)

[해설]
무색, 투명한 액체로 외관은 등유와 유사한 가연성으로 C_1~C_4는 자연발화성이 강하다. 공기 중에 노출되어 공기와 접촉하여 백연을 발생하며 연소한다. 단, C_5 이상은 점화하지 않으면 연소하지 않는다.
$2(C_2H_5)_3Al + 21O_2 \rightarrow 12CO_2 + Al_2O_3 + 15H_2O$

[해답]
$2(C_2H_5)_3Al + 21O_2 \rightarrow 12CO_2 + Al_2O_3 + 15H_2O$

07
옥외소화전의 개폐밸브 및 호스접속구는 지반면으로부터 몇 m 이하의 높이에 설치하여야 하는가? (3점)

[해설]
옥외소화전 설치기준
㉮ 옥외소화전은 방호대상물(당해 소화설비에 의하여 소화하여야 할 제조소 등의 건축물, 그 밖의 공작물 및 위험물을 말한다. 이하 같다)의 각 부분(건축물의 경우에는 당해 건축물의 1층 및 2층의 부분에 한한다)에서 하나의 호스접속구까지의 수평거리가 40m 이하가 되도록 설치할 것. 이 경우 그 설치개수가 1개일 때는 2개로 하여야 한다.
㉯ 옥외소화전의 개폐밸브 및 호스접속구는 지반면으로부터 1.5m 이하의 높이에 설치할 것
㉰ 방수용 기구를 격납하는 함(이하 "옥외소화전함"이라 한다)은 불연재료로 제작하고 옥외소화전으로부터 보행거리 5m 이하의 장소로서 화재발생 시 쉽게 접근가능하고 화재 등의 피해를 받을 우려가 적은 장소에 설치할 것

[해답]
1.5

08
외벽이 내화구조인 위험물제조소의 건축물 면적이 450m²인 경우 소요단위를 계산하시오. (3점)

[해설]

소요단위 : 소화설비의 설치대상이 되는 건축물의 규모 또는 위험물 양에 대한 기준단위		
1단위	제조소 또는 취급소용 건축물의 경우	내화구조 외벽을 갖춘 연면적 100m²
		내화구조 외벽이 아닌 연면적 50m²
	저장소 건축물의 경우	내화구조 외벽을 갖춘 연면적 150m²
		내화구조 외벽이 아닌 연면적 75m²
	위험물의 경우	지정수량의 10배

[해답]
소요단위 $= \dfrac{450}{100} = 4.5$

09
제5류 위험물로서 담황색의 주상결정이며 분자량이 227, 융점이 81℃, 물에 녹지 않고 알코올, 벤젠, 아세톤에 녹는다. 이 물질에 대한 다음 각 물음에 답을 쓰시오. (6점)
① 이 물질의 품명을 쓰시오.
② 이 물질의 지정수량을 쓰시오.
③ 이 물질의 제조과정을 설명하시오.

[해설]

트리나이트로톨루엔(TNT, $C_6H_2CH_3(NO_2)_3$)

㉮ 비중 1.66, 융점 81℃, 비점 280℃, 분자량 227, 발화온도 약 300℃

㉯ 제법 : 1몰의 톨루엔과 3몰의 질산을 황산촉매하에 반응시키면 나이트로화에 의해 TNT가 만들어진다.

$$C_6H_5CH_3 + 3HNO_3 \xrightarrow[\text{나이트로화}]{c-H_2SO_4} C_6H_2CH_3(NO_2)_3 \text{ (TNT)} + 3H_2O$$

㉰ 운반 시 10%의 물을 넣어 운반하면 안전하다.

[해답]

① 나이트로화합물
② 시험결과에 따라 제1종과 제2종으로 분류하며, 제1종인 경우 10kg, 제2종인 경우 100kg에 해당한다.
③ 1몰의 톨루엔과 3몰의 질산을 황산촉매하에 반응시키면 나이트로화에 의해 TNT가 만들어진다.

10 황린의 연소반응식을 쓰시오. (4점)

[해설]

공기 중에서 격렬하게 오산화인의 백색연기를 내며 연소하고, 일부 유독성의 포스핀(PH_3)도 발생하며, 환원력이 강하여 산소농도가 낮은 분위기에서도 연소한다.

$P_4 + 5O_2 \rightarrow 2P_2O_5$

[해답]

$P_4 + 5O_2 \rightarrow 2P_2O_5$

11 과산화나트륨 1몰이 물과 반응 시 산소의 몰수를 구하시오. (4점)

[해설]

흡습성이 있으며 물과 접촉하면 발열 및 수산화나트륨(NaOH)과 산소(O_2)를 발생한다.
1몰의 과산화나트륨이 물과 반응 시 산소는 0.5몰이 생성된다.

$2Na_2O_2 + 2H_2O \rightarrow 4NaOH + O_2$

[해답]

0.5

12. 지정과산화물 옥내저장소의 저장창고 격벽의 설치기준이다. 빈칸을 채우시오. (5점)

저장창고는 (①)m² 이내마다 격벽으로 완전하게 구획할 것. 이 경우 당해 격벽은 두께 (②)cm 이상의 철근콘크리트조 또는 철골철근콘크리트조로 하거나 두께 (③)cm 이상의 보강콘크리트블록조로 하고, 당해 저장창고의 양측의 외벽으로부터 (④)m 이상, 상부의 지붕으로부터 (⑤)cm 이상 돌출하게 하여야 한다.

[해설]

지정과산화물에 대한 옥내저장소의 저장창고 기준

㉮ 저장창고는 150m² 이내마다 격벽으로 완전하게 구획할 것. 이 경우 당해 격벽은 두께 30cm 이상의 철근콘크리트조 또는 철골철근콘크리트조로 하거나 두께 40cm 이상의 보강콘크리트블록조로 하고, 당해 저장창고의 양측의 외벽으로부터 1m 이상, 상부의 지붕으로부터 50cm 이상 돌출하게 하여야 한다.

㉯ 저장창고의 외벽은 두께 20cm 이상의 철근콘크리트조나 철골철근콘크리트조 또는 두께 30cm 이상의 보강콘크리트블록조로 할 것

㉰ 저장창고의 지붕에 대한 기준
  ㉠ 중도리 또는 서까래의 간격은 30cm 이하로 할 것
  ㉡ 지붕의 아래쪽 면에는 한 변의 길이가 45cm 이하의 환강(丸鋼)·경량형강(輕量形鋼) 등으로 된 강제(鋼製)의 격자를 설치할 것
  ㉢ 지붕의 아래쪽 면에 철망을 쳐서 불연재료의 도리·보 또는 서까래에 단단히 결합할 것
  ㉣ 두께 5cm 이상, 너비 30cm 이상의 목재로 만든 받침대를 설치할 것

㉱ 저장창고의 출입구에는 갑종방화문을 설치할 것

㉲ 저장창고의 창은 바닥면으로부터 2m 이상의 높이에 두되, 하나의 벽면에 두는 창의 면적의 합계를 당해 벽면의 면적의 80분의 1 이내로 하고, 하나의 창의 면적을 0.4m² 이내로 할 것

[해답]

① 150, ② 30, ③ 40, ④ 1, ⑤ 50

13. 인화알루미늄 580g이 표준상태에서 물과 반응하여 생성되는 기체의 부피(L)를 구하시오. (5점)

[해설]

인화알루미늄은 암회색 또는 황색의 결정 또는 분말로 가연성이며 공기 중에서 안정하나 습기 찬 공기, 물, 스팀과 접촉 시 가연성, 유독성의 포스핀가스를 발생한다.

$AlP + 3H_2O \rightarrow Al(OH)_3 + PH_3$

$$\frac{580g\text{-}AlP}{} \times \frac{1mol\text{-}AlP}{58g\text{-}AlP} \times \frac{1mol\text{-}PH_3}{1mol\text{-}AlP} \times \frac{22.4L\text{-}PH_3}{1mol\text{-}PH_3} = 224L\text{-}PH_3$$

[해답]

224

14 원통형 탱크바닥의 반지름이 60cm, 높이가 150cm인 탱크의 내용적(m^3)을 구하시오. (4점)

해설

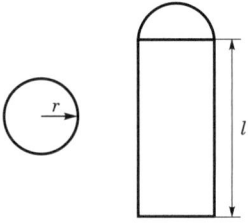

내용적 $= \pi r^2 l = \pi \times 0.6^2 \times 1.5 ≒ 1.7 m^3$

해답

$1.7 m^3$

제2회 동영상문제

01 동영상에서 PMCC라고 표기된 인화점측정기기를 보여준다. 이 기구의 명칭을 쓰시오. (3점)

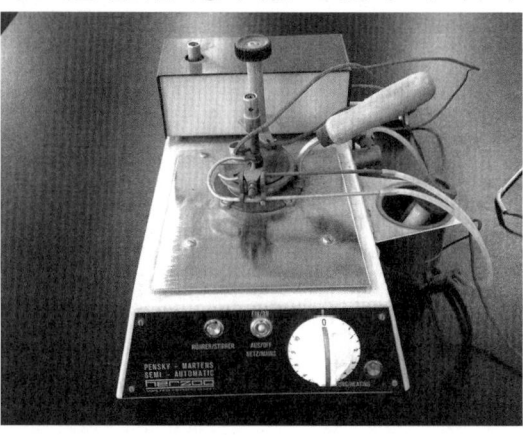

[해답]
펜스키마텐스(Pensky Martens Type) 밀폐식 인화점시험기

02 과망가니즈산칼륨과 황산의 반응 시 생성물질 3가지와 삼산화크로뮴의 열분해반응식을 쓰시오. (5점)

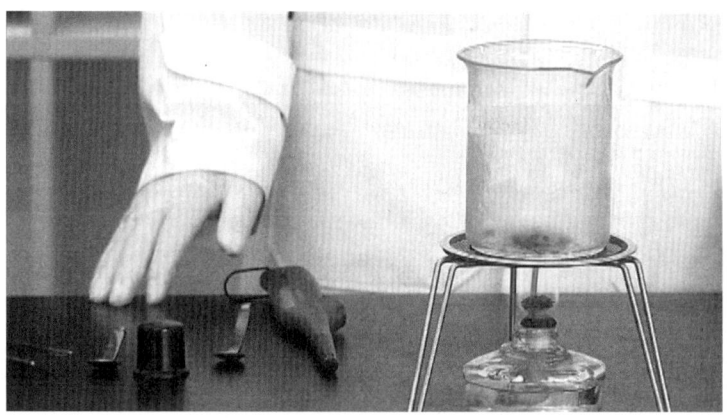

[해설]
㉮ 에테르, 알코올류, [진한황산+(가연성 가스, 염화칼륨, 테레빈유, 유기물, 피크린산)]과 혼촉되는 경우 발화하고 폭발의 위험성을 갖는다.
(묽은황산과의 반응식)
$4KMnO_4 + 6H_2SO_4 \rightarrow 2K_2SO_4 + 4MnSO_4 + 6H_2O + 5O_2$
(진한황산과의 반응식)
$2KMnO_4 + H_2SO_4 \rightarrow K_2SO_4 + 2HMnO_4$

㈏ 삼산화크로뮴이 분해하면 산소를 방출한다.
 $4CrO_3 \rightarrow 2Cr_2O_3 + 3O_2$

[해답]
① 황산칼륨(K_2SO_4), 황산망가니즈($MnSO_4$), 물(H_2O), 산소(O_2)
② $4CrO_3 \rightarrow 2Cr_2O_3 + 3O_2$

03
동영상에서는 아염소산나트륨을 저장하는 옥내저장소를 보여주고 있다. 다음 물음에 답하시오. (4점)
① 산과 반응하면 생성되는 유독가스의 명칭을 적으시오.
② 옥내저장소의 바닥면적은 몇 m^2인가?

[해설]
㈎ $NaClO_2$(아염소산나트륨)
  ㉠ 분자량(90), 분해온도(수화물 : 120~130℃, 무수물 : 350℃)
  ㉡ 수분이 있는 경우 120~140℃에서 발열, 분해한다.
     $3NaClO_2 \rightarrow 2NaClO_3 + NaCl$
     $NaClO_3 \rightarrow NaClO + O_2$
  ㉢ 산과 접촉 시 이산화염소(ClO_2)가스 발생
     $3NaClO_2 + 2HCl \rightarrow 3NaCl + 2ClO_2 + H_2O_2$

㈏

위험물을 저장하는 창고	바닥면적
ⓐ 제1류 위험물 중 아염소산염류, 염소산염류, 과염소산염류, 무기과산화물, 그 밖에 지정수량이 50kg인 위험물 ⓑ 제3류 위험물 중 칼륨, 나트륨, 알킬알루미늄, 알킬리튬, 그 밖에 지정수량이 10kg인 위험물 및 황린 ⓒ 제4류 위험물 중 특수인화물, 제1석유류 및 알코올류 ⓓ 제5류 위험물 중 유기과산화물, 질산에스터류, 그 밖에 지정수량이 10kg인 위험물 ⓔ 제6류 위험물	1,000m^2 이하
ⓐ~ⓔ 외의 위험물을 저장하는 창고	2,000m^2 이하
내화구조의 격벽으로 완전히 구획된 실에 각각 저장하는 창고	1,500m^2 이하

[해답]
① 이산화염소(ClO_2)가스
② 1,000m^2 이하

04
동영상에서는 벽·기둥 및 바닥이 내화구조로 된 건축물로 옥내저장소에 황린 500kg이 보관되어 있는 것을 보여 준다. ① 지정수량 배수와 ② 보유공지는 몇 m 이상인지 쓰시오. (5점)

해설

저장 또는 취급하는 위험물의 최대수량	공지의 너비	
	벽·기둥 및 바닥이 내화구조로 된 건축물	그 밖의 건축물
지정수량의 5배 이하	-	0.5m 이상
지정수량의 5배 초과, 10배 이하	1m 이상	1.5m 이상
지정수량의 10배 초과, 20배 이하	2m 이상	3m 이상
지정수량의 20배 초과, 50배 이하	3m 이상	5m 이상
지정수량의 50배 초과, 200배 이하	5m 이상	10m 이상
지정수량의 200배 초과	10m 이상	15m 이상

황린의 지정수량은 20kg. 따라서 지정수량 배수= $\frac{500\text{kg}}{20\text{kg}}$ = 25이므로 보유공지의 너비는 3m 이상이다.

해답
① 25, ② 3m 이상

05
동영상에서는 제4류 위험물인 알코올을 저장하는 옥외탱크저장소를 보여주고 있다. 탱크 주입구에 표시할 내용에 대해 다음 물음에 답하시오. (6점)
① 게시판 내용
② 규격
③ 색상

해설
탱크 주입구 설치기준
㉮ 화재예방상 지장이 없는 장소에 설치할 것
㉯ 주입호스 또는 주유관과 결합할 수 있도록 하고 위험물이 새지 않는 구조일 것
㉰ 주입구에는 밸브 또는 뚜껑을 설치할 것
㉱ 휘발유, 벤젠, 그 밖의 정전기에 의한 재해가 발생할 우려가 있는 액체위험물의 옥외저장탱크 주입구 부근에는 정전기를 유효하게 제거하기 위한 접지전극을 설치할 것
㉲ 인화점이 21℃ 미만의 위험물 탱크 주입구에는 보기 쉬운 곳에 게시판을 설치할 것
㉳ 게시판은 백색바탕에 흑색문자(단, 주의사항은 적색문자)로 할 것

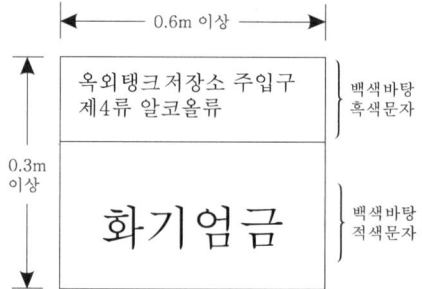

해답
① 옥외저장탱크 주입구, 위험물의 유별과 품명, 주의사항
② 한 변의 길이 0.3m 이상, 다른 한 변의 길이 0.6m 이상인 직사각형
③ 백색바탕에 흑색문자(주의사항은 적색문자)

06
동영상에서는 방유제가 설치된 옥외탱크저장소(높이 15m, 지름 5m)를 보여준다. 다음 물음에 답하시오. (4점)

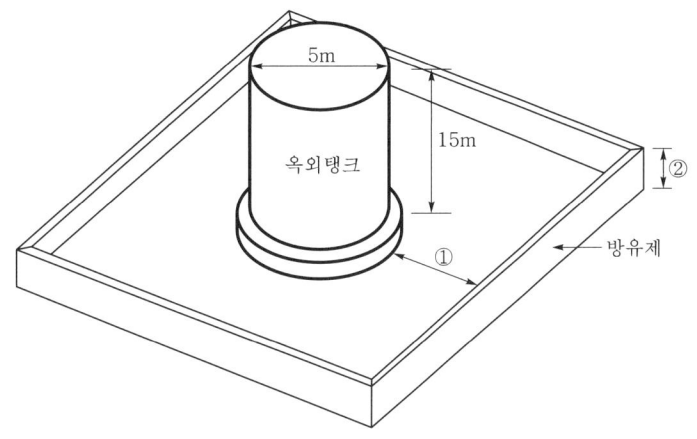

① 탱크와 방유제 상호간의 거리는 얼마로 해야 하는가?
② 방유제의 최소높이는 얼마로 해야 하는가?

해설

옥외탱크저장소의 방유제 설치기준

㉮ 설치목적 : 저장 중인 액체위험물이 주위로 누설 시 그 주위에 피해확산을 방지하기 위하여 설치한 담
㉯ 용량 : 방유제 안에 설치된 탱크가 하나인 때에는 그 탱크 용량의 110% 이상, 2기 이상인 때에는 그 탱크 용량 중 용량이 최대인 것의 용량의 110% 이상으로 한다. 다만, 인화성이 없는 액체위험물의 옥외저장탱크의 주위에 설치하는 방유제는 "110%"를 "100%"로 본다.
㉰ 높이 : 0.5m 이상 3.0m 이하
㉱ 면적 : 80,000m² 이하
㉲ 하나의 방유제 안에 설치되는 탱크의 수 10기 이하(단, 방유제 내 전 탱크의 용량이 200kL 이하이고, 인화점이 70℃ 이상 200℃ 미만인 경우에는 20기 이하)
㉳ 방유제와 탱크 측면과의 이격거리

㉠ 탱크 지름이 15m 미만인 경우 : 탱크 높이의 $\frac{1}{3}$ 이상

㉡ 탱크 지름이 15m 이상인 경우 : 탱크 높이의 $\frac{1}{2}$ 이상

해답

① $15m \times \frac{1}{3} = 5m$ 이상

② 0.5m 이상

07 동영상에서는 제조소를 보여준다. 제조소의 보유공지에 대해 다음 물음에 답하시오. (4점)
① 지정수량의 10배 이하인 경우
② 지정수량의 10배 초과인 경우

해설

위험물을 취급하는 건축물, 그 밖의 시설(위험물을 이송하기 위한 배관, 그 밖에 이와 유사한 시설을 제외한다)의 주위에는 그 취급하는 위험물의 최대수량에 따라 다음 표에 의한 너비의 공지를 보유하여야 한다.

※ 보유공지란 위험물을 취급하는 건축물 및 기타 시설의 주위에서 화재 등이 발생하는 경우 화재 시에 상호연소방지는 물론 초기소화 등 소화활동공간과 피난상 확보해야 할 절대공지를 말한다.

취급하는 위험물의 최대수량	공지의 너비
지정수량 10배 이하	3m 이상
지정수량 10배 초과	5m 이상

해답

① 3m 이상, ② 5m 이상

08 나트륨 230g이 물과 반응 시 발생되는 수소가스의 부피(L)를 구하시오. (6점)

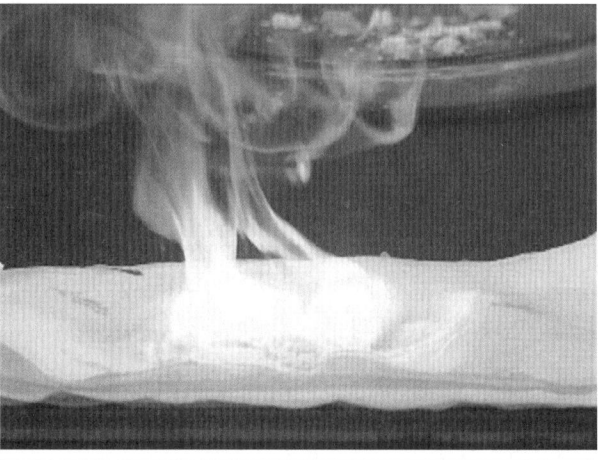

해설

물과 격렬히 반응하여 발열하고 수소를 발생하며, 산과는 폭발적으로 반응한다. 수용액은 염기성으로 변하고, 페놀프탈레인과 반응 시 붉은색을 나타낸다. 특히 아이오딘산과 접촉 시 폭발한다.

$2Na + 2H_2O \rightarrow 2NaOH + H_2$

$$\frac{230g\text{-}Na}{} \left| \frac{1\text{mol-}Na}{23g\text{-}Na} \right| \frac{1\text{mol-}H_2}{2\text{mol-}Na} \left| \frac{22.4L\text{-}H_2}{1\text{mol-}H_2} \right| = 112L\text{-}H_2$$

해답

112L

09
동영상에서는 디에틸에테르의 시약병을 보여준다. 다음 물음에 답하시오. (3점)
① 폭발성의 과산화물 생성방지를 위해 어떻게 조치하는가?
② 증기비중을 구하시오. (단, 공기의 평균분자량=29)

해설

디에틸에테르($C_2H_5OC_2H_5$, 분자량=74.12)
㉮ 대량저장 시에는 불활성 가스를 봉입하고, 운반용기의 공간용적으로 10% 이상 여유를 둔다. 또한, 옥외저장탱크 중 압력탱크에 저장하는 경우 40℃ 이하를 유지해야 한다.
㉯ 점화원을 피해야 하며 특히 정전기를 방지하기 위해 약간의 $CaCl_2$를 넣어 두고, 또한 폭발성의 과산화물 생성방지를 위해 40mesh의 구리망을 넣어둔다.
㉰ 과산화물의 검출은 10% 아이오딘화칼륨(KI) 용액과의 황색반응으로 확인한다.
디에틸에테르의 분자량이 74이므로 증기비중= $\dfrac{성분기체의\ 분자량}{공기의\ 평균분자량} = \dfrac{74}{29} = 2.55$

해답

① 40mesh의 구리망을 넣어둔다.
② 2.55

10
동영상에서는 실험실의 실험대 위에 용액이 담긴 2개의 비커에 각각 물질을 넣고 흔들어 준다. 다음 각 물음에 답을 쓰시오. (6점)
① A비커는 용해되었고, B비커는 2층으로 분리되었다. 과산화벤조일[$(C_6H_5CO)_2O_2$]이 들어 있는 비커를 고르시오.
② 과산화벤조일은 몇 류 위험물인지 쓰시오.
③ 과산화벤조일의 지정수량을 쓰시오.

해설

벤조일퍼옥사이드(($C_6H_5CO)_2O_2$, 과산화벤조일)은 제5류 위험물 중 유기과산화물로 지정수량은 10kg이며, 무미, 무취의 백색분말 또는 무색의 결정성 고체로 물에는 잘 녹지 않으나 알코올 등에는 잘 녹는다.

해답

① B
② 5류
③ 시험결과에 따라 제1종과 제2종으로 분류하며, 제1종인 경우 10kg, 제2종인 경우 100kg에 해당한다.

2012. 11. 3. 시행
제4회 과년도 출제문제

제4회 일반검정문제

01 제1류 위험물의 성질로 옳은 것을 보기에서 골라 번호를 쓰시오. (4점)
(보기)
① 무기화합물 ② 유기화합물 ③ 산화제
④ 인화점이 0℃ 이하 ⑤ 인화점이 0℃ 이상 ⑥ 고체

해설
제1류 위험물의 일반 성질 및 위험성
㉮ 대부분 무색결정 또는 백색분말로서 비중이 1보다 크다.
㉯ 대부분 물에 잘 녹으며, 분해하여 산소를 방출한다.
㉰ 일반적으로 다른 가연물의 연소를 돕는 지연성 물질(자신은 불연성)이며 강산화제이다.
㉱ 조연성 물질로 반응성이 풍부하여 열, 충격, 마찰 또는 분해를 촉진하는 약품과의 접촉으로 인해 폭발할 위험이 있다.
㉲ 착화온도(발화점)가 낮으며 폭발위험성이 있다.
㉳ 모두 무기화합물이다.
㉴ 유독성과 부식성이 있다.

해답
① 무기화합물, ③ 산화제, ⑥ 고체

02 제2종 분말약제에 대한 1차 열분해반응식을 쓰시오. (4점)

해답
$2KHCO_3 \rightarrow K_2CO_3 + H_2O + CO_2$ 흡열반응
(탄산수소칼륨)   (탄산칼륨) (수증기) (탄산가스)

03 각 위험물의 위험등급 Ⅱ의 품명을 2가지씩 쓰시오. (4점)
① 제1류 위험물
② 제2류 위험물
③ 제4류 위험물

해설

위험등급 Ⅱ의 위험물

㉮ 제1류 위험물 중 브로민산염류, 질산염류, 아이오딘산염류, 그 밖에 지정수량이 300kg인 위험물
㉯ 제2류 위험물 중 황화인, 적린, 황, 그 밖에 지정수량이 100kg인 위험물
㉰ 제3류 위험물 중 알칼리금속(칼륨 및 나트륨을 제외한다) 및 알칼리토금속, 유기금속화합물(알킬알루미늄 및 알킬리튬을 제외한다), 그 밖에 지정수량이 50kg인 위험물
㉱ 제4류 위험물 중 제1석유류 및 알코올류

해답

① 브로민산염류, 질산염류, 아이오딘산염류
② 황화인, 적린, 황
③ 제1석유류, 알코올류

---

04 보기에 나타난 위험물의 연소방식을 분류하시오. (6점)

(보기)
① 나트륨　② TNT　③ 에탄올
④ 금속분　⑤ 디에틸에테르　⑥ 피크르산

해답

표면연소 : ①, ④
증발연소 : ③, ⑤
자기연소 : ②, ⑥

---

05 제조소의 보유공지를 설치하지 아니할 수 있는 격벽 설치기준이다. 다음 빈칸을 채우시오. (4점)

① 방화벽은 내화구조로 할 것. 다만, 제(　)류 위험물인 경우 불연재료로 할 것
② 출입구 및 창에는 자동폐쇄식의 (　)방화문을 설치할 것

해설

보유공지

㉮ 위험물을 취급하는 건축물, 그 밖의 시설(위험물을 이송하기 위한 배관, 그 밖에 이와 유사한 시설을 제외한다)의 주위에는 그 취급하는 위험물의 최대수량에 따라 다음 표에 의한 너비의 공지를 보유하여야 한다.(보유공지란 위험물을 취급하는 건축물 및 기타 시설의 주위에서 화재 등이 발생하는 경우 화재 시에 상호연소방지는 물론 초기소화 등 소화활동공간과 피난상 확보해야 할 절대공지를 말한다.)

취급하는 위험물의 최대수량	공지의 너비
지정수량 10배 이하	3m 이상
지정수량 10배 초과	5m 이상

㉯ 제조소의 작업공정이 다른 작업장의 작업공정과 연속되어 있어, 제조소의 건축물, 그 밖의 공작물의 주위에 공지를 두게 되면 그 제조소의 작업에 현저한 지장이 생길 우려가 있는 경우 당해 제조소와 다른 작업장 사이에 다음의 기준에 따라 방화상 유효한 격벽을 설치한 때에는 당해 제조소와 다른 작업장 사이에 ㉮의 규정에 의한 공지를 보유하지 아니할 수 있다.
  ㉠ 방화벽은 내화구조로 할 것, 다만 취급하는 위험물이 제6류 위험물인 경우에는 불연재료로 할 수 있다.
  ㉡ 방화벽에 설치하는 출입구 및 창 등의 개구부는 가능한 한 최소로 하고, 출입구 및 창에는 자동폐쇄식의 갑종방화문을 설치할 것
  ㉢ 방화벽의 양단 및 상단이 외벽 또는 지붕으로부터 50cm 이상 돌출하도록 할 것

[해답]
① 6, ② 갑종

06 트리에틸알루미늄 228g과 물의 반응식에서 발생된 기체의 부피(L)를 구하시오. (6점)

[해설]
물, 산과 접촉하면 폭발적으로 반응하여 에탄을 형성하고 이때 발열, 폭발에 이른다.
$(C_2H_5)_3Al + 3H_2O \rightarrow Al(OH)_3 + 3C_2H_6 + 발열$

$$228g\text{-}(C_2H_5)_3Al \times \frac{1mol\text{-}(C_2H_5)_3Al}{114g\text{-}(C_2H_5)_3Al} \times \frac{3mol\text{-}C_2H_6}{1mol\text{-}(C_2H_5)_3Al} \times \frac{22.4L\text{-}C_2H_6}{1mol\text{-}C_2H_6} = 134.4L\text{-}C_2H_6$$

[해답]
134.4

07 인화알루미늄과 물의 반응식을 쓰시오. (4점)

[해설]
분자량 58, 융점 1,000℃ 이하, 암회색 또는 황색의 결정 또는 분말로 가연성이며 공기 중에서 안정하나 습기 찬 공기, 물, 스팀과 접촉 시 가연성, 유독성의 포스핀가스를 발생한다.
$AlP + 3H_2O \rightarrow Al(OH)_3 + PH_3$

[해답]
$AlP + 3H_2O \rightarrow Al(OH)_3 + PH_3$

08 제1종 판매취급소의 시설기준에 관한 내용이다. 다음 빈칸을 채우시오. (5점)
- 위험물을 배합하는 실은 바닥면적 (①)m^2 이상 (②)m^2 이하로 한다.
- (③) 또는 (④)의 벽으로 한다.
- 바닥은 위험물이 침투하지 아니하는 구조로 하여 적당한 경사를 두고 (⑤)를 설치해야 한다.
- 출입구 문턱의 높이는 바닥면으로부터 (⑥)m 이상으로 해야 한다.

해설

제1종 판매취급소
저장 또는 취급하는 위험물의 수량이 지정수량의 20배 이하인 취급소
㉮ 건축물의 1층에 설치한다.
㉯ 배합실은 다음과 같다.
    ㉠ 바닥면적은 $6m^2$ 이상 $15m^2$ 이하이다.
    ㉡ 내화구조 또는 불연재료로 된 벽으로 구획한다.
    ㉢ 바닥은 위험물이 침투하지 아니하는 구조로 하여 적당한 경사를 두고 집유설비를 한다.
    ㉣ 출입구에는 수시로 열 수 있는 자동폐쇄식의 갑종방화문을 설치한다.
    ㉤ 출입구 문턱의 높이는 바닥면으로 0.1m 이상으로 한다.
    ㉥ 내부에 체류한 가연성 증기 또는 가연성의 미분을 지붕 위로 방출하는 설치를 한다.

해답

① 6, ② 15, ③ 내화구조, ④ 불연재료, ⑤ 집유설비, ⑥ 0.1

09 디에틸에테르가 2,000L이다. 소요단위는 얼마인지 계산하시오. (4점)

해설

$$소요단위 = \frac{저장수량}{지정수량 \times 10} = \frac{2{,}000L}{50L \times 10} = 4$$

해답

4

10 제3류 위험물인 나트륨에 관한 내용이다. 다음 각 물음에 답을 쓰시오. (5점)
  ① 나트륨의 연소반응식을 쓰시오.
  ② 나트륨의 완전분해 시 색상을 쓰시오.

해설

① 고온으로 공기 중에서 연소시키면 산화나트륨이 된다.
    $4Na + O_2 \rightarrow 2Na_2O$(회백색)
② 은백색의 무른 금속으로 물보다 가볍고 노란색 불꽃을 내면서 연소한다.

해답

① $4Na + O_2 \rightarrow 2Na_2O$
② 노란색

11 다음은 위험물의 운반기준이다. 빈칸을 채우시오. (3점)
- 고체위험물은 운반용기 내용적의 (①)% 이하의 수납률로 수납할 것
- 액체위험물은 운반용기 내용적의 (②)% 이하의 수납률로 수납하되, (③)℃의 온도에서 누설되지 아니하도록 충분한 공간용적을 유지하도록 할 것

해설

위험물의 운반에 관한 기준

㉮ 고체위험물은 운반용기 내용적의 95% 이하의 수납률로 수납한다.
㉯ 액체위험물은 운반용기 내용적의 98% 이하의 수납률로 수납하되, 55도의 온도에서 누설되지 아니하도록 충분한 공간용적을 유지하도록 한다.
㉰ 제3류 위험물은 다음의 기준에 따라 운반용기에 수납하여야 한다.
  ㉠ 자연발화성 물질에 있어서는 불활성 기체를 봉입하여 밀봉하는 등 공기와 접하지 아니하도록 할 것
  ㉡ 자연발화성 물질 외의 물품에 있어서는 파라핀·경유·등유 등의 보호액으로 채워 밀봉하거나 불활성 기체를 봉입하여 밀봉하는 등 수분과 접하지 아니하도록 할 것
  ㉢ 자연발화성 물질 중 알킬알루미늄 등은 운반용기의 내용적의 90% 이하의 수납률로 수납하되, 50℃의 온도에서 5% 이상의 공간용적을 유지하도록 할 것
㉱ 위험물은 당해 위험물이 전락(轉落)하거나 위험물을 수납한 운반용기가 전도·낙하 또는 파손되지 아니하도록 적재하여야 한다.
㉲ 운반용기는 수납구를 위로 향하게 하여 적재하여야 한다.

해답

① 95, ② 98, ③ 55

12 이산화탄소소화설비에 관한 내용이다. 다음 각 물음에 답을 쓰시오. (4점)
① 저압식 저장용기에는 액면계 및 압력계와 몇 MPa 이상 몇 MPa 이하의 압력에서 작동하는 압력경보장치를 설치해야 하는가?
② 저압식 저장용기에는 용기 내부의 온도를 영하 몇 ℃ 이상, 영하 몇 ℃ 이하로 유지할 수 있는 자동냉동기를 설치해야 하는가?

해설

저압식 저장용기에는 다음에 정하는 것에 의할 것
㉮ 저압식 저장용기에는 액면계 및 압력계를 설치할 것
㉯ 저압식 저장용기에는 2.3MPa 이상의 압력 및 1.9MPa 이하의 압력에서 작동하는 압력경보장치를 설치할 것
㉰ 저압식 저장용기에는 용기 내부의 온도를 영하 20℃ 이상 영하 18℃ 이하로 유지할 수 있는 자동냉동기를 설치할 것
㉱ 저압식 저장용기에는 파괴판 및 방출밸브를 설치할 것

해답

① 2.3MPa 이상의 압력 및 1.9MPa 이하
② 영하 20℃ 이상, 영하 18℃ 이하

제4회 동영상문제

01 동영상에서는 A~E 물질을 순서대로 보여주고, 마지막에 A~E 물질 전체를 보여준다. 다음 각 물음에 답하시오. (6점)

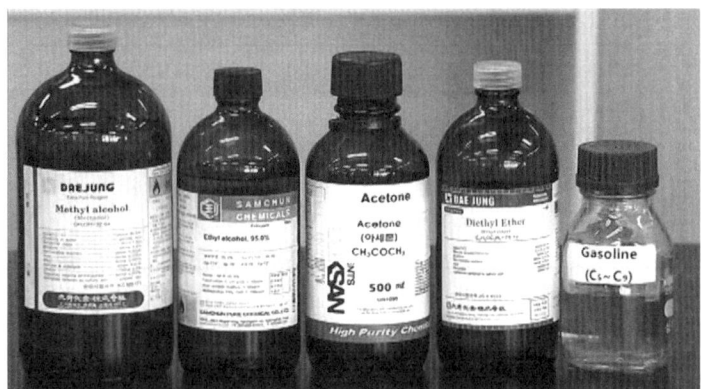

A. 메틸알코올 B. 에틸알코올 C. 아세톤 D. 디에틸에테르 E. 가솔린

① 연소범위가 가장 넓은 것을 고르시오.
② 제1석유류를 고르시오.
③ 증기비중이 가장 가벼운 것을 고르시오.

[해설]

구분	메틸알코올	에틸알코올	아세톤	디에틸에테르	가솔린
화학식	CH_3OH	C_2H_5OH	CH_3COCH_3	$C_2H_5OC_2H_5$	C_5H_{12}~C_9H_{20}
인화점	11℃	13℃	−18.5℃	−40℃	−43℃
품명	알코올류	알코올류	제1석유류	특수인화물	제1석유류
증기비중	1.1	1.59	2.0	2.55	3~4
연소범위	6~36%	4.3~19%	2.5~12.8%	1.9~48%	1.2~7.6%

[해답]
① D
② C, E
③ A

02 동영상에서는 분말소화약제를 종류별로 순서대로 보여준다. 다음 분말소화약제에 대한 화학식을 쓰시오. (6점)
① 제1종 분말소화약제
② 제2종 분말소화약제
③ 제3종 분말소화약제

[해설]

종류	주성분	화학식	착색	적응화재
제1종	탄산수소나트륨 (중탄산나트륨)	$NaHCO_3$	-	B, C급 화재
제2종	탄산수소칼륨 (중탄산칼륨)	$KHCO_3$	담회색	B, C급 화재
제3종	제1인산암모늄	$NH_4H_2PO_4$	담홍색 또는 황색	A, B, C급 화재
제4종	탄산수소칼륨+요소	$KHCO_3 + CO(NH_2)_2$	-	B, C급 화재

[해답]
① $NaHCO_3$
② $KHCO_3$
③ $NH_4H_2PO_4$

03 동영상에서는 메틸리튬($(CH_3)Li$)과 뷰틸리튬($(C_4H_9)Li$)을 물이 담겨있는 병에서 시료를 조금씩 채취하면서 이 병에 고무풍선을 꽂으면 고무풍선이 부풀어 오른다. 다음 물음에 답하시오. (4점)
① 동영상의 물질에 대한 공통적인 품명을 쓰시오.
② 동영상 물질의 지정수량을 쓰시오.

[해설]
알킬리튬(RLi)은 물과 만나면 심하게 발열하고 가연성의 수소가스를 발생한다.

[해답]
① 알킬리튬
② 10kg

04 동영상에서는 유기과산화물을 저장하는 옥내저장소를 보여준다. 다음 각 물음에 답을 쓰시오. (4점)

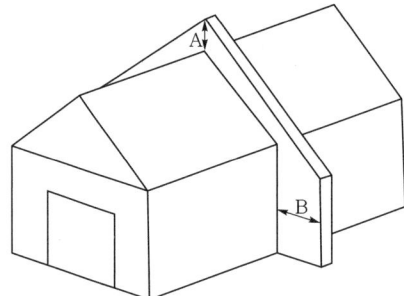

① 격벽 A의 돌출은 얼마로 해야 하는가?
② 격벽 B의 돌출은 얼마로 해야 하는가?

[해설]
지정과산화물에 대한 옥내저장소의 저장창고 기준
㉮ 저장창고는 150m² 이내마다 격벽으로 완전하게 구획할 것. 이 경우 당해 격벽은 두께 30cm 이상의 철근콘크리트조 또는 철골철근콘크리트조로 하거나 두께 40cm 이상의 보강콘크리트블록조로 하고, 당해 저장창고의 양측의 외벽으로부터 1m 이상, 상부의 지붕으로부터 50cm 이상 돌출하게 하여야 한다.
㉯ 저장창고의 외벽은 두께 20cm 이상의 철근콘크리트조나 철골철근콘크리트조 또는 두께 30cm 이상의 보강콘크리트블록조로 할 것

[해답]
① 50cm 이상
② 1m 이상

05 동영상에서 Al, Fe, Cu를 순서대로 보여준다. 다음 각 물음에 답을 쓰시오. (4점)

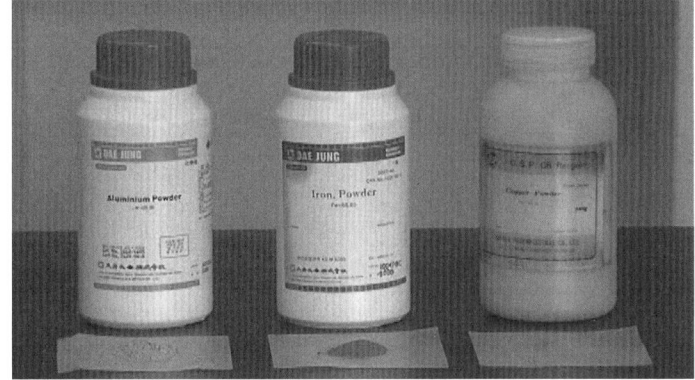

① 입자의 크기가 53μm인 표준체를 통과하는 것이 50중량% 미만일 때 위험물에서 제외되는 것은?
② 굵기와 모양과는 상관없이 위험물에 포함되지 않는 것은? (단, 없으면 없음이라 쓰시오.)

[해설]
① "철분"이라 함은 철의 분말로서 53마이크로미터의 표준체를 통과하는 것이 50중량퍼센트 미만인 것은 제외한다.
② "금속분"이라 함은 알칼리금속·알칼리토류금속·철 및 마그네슘 외의 금속의 분말을 말하고, 구리분·니켈분 및 150마이크로미터의 체를 통과하는 것이 50중량퍼센트 미만인 것은 제외한다.

[해답]
① 철
② 구리

06

동영상에서는 단층 옥내저장소와 주변의 담과 토제를 보여준다. 다음 각 물음에 답을 쓰시오. (4점)

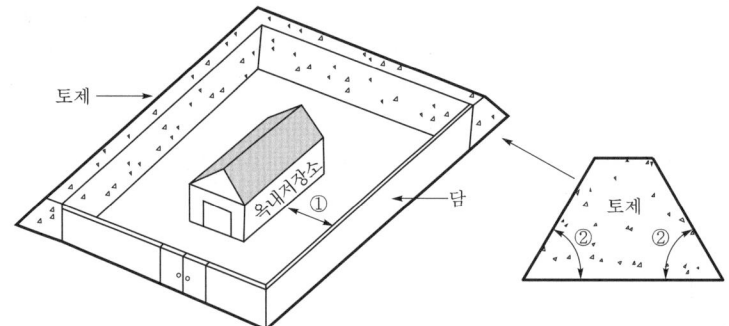

① 담 또는 토제는 저장창고의 외벽으로부터 몇 m 이상 떨어진 장소에 설치해야 하는가? (다만, 담 또는 토제와 당해 저장창고와의 간격은 당해 옥내저장소의 공지의 너비의 5분의 1을 초과할 수 없다.)
② 토제의 경사면의 경사도는 몇 도 미만으로 하여야 하는가?

해설

담 또는 토제는 다음에 적합한 것으로 하여야 한다. 다만, 지정수량의 5배 이하인 지정과산화물의 옥내저장소에 대하여는 당해 옥내저장소의 저장창고의 외벽을 두께 30cm 이상의 철근콘크리트조 또는 철골철근콘크리트조로 만드는 것으로서 담 또는 토제에 대신할 수 있다.

㉮ 담 또는 토제는 저장창고의 외벽으로부터 2m 이상 떨어진 장소에 설치할 것. 다만, 담 또는 토제와 당해 저장창고와의 간격은 당해 옥내저장소의 공지의 너비의 5분의 1을 초과할 수 없다.
㉯ 담 또는 토제의 높이는 저장창고의 처마높이 이상으로 할 것
㉰ 담은 두께 15cm 이상의 철근콘크리트조나 철골철근콘크리트조 또는 두께 20cm 이상의 보강콘크리트블록조로 할 것
㉱ 토제의 경사면의 경사도는 60도 미만으로 할 것

해답
① 2m, ② 60°

07

동영상에서는 단층 옥내저장소 안에 드럼통 3개를 보여 준다. 다음 각 물음에 알맞은 답을 쓰시오. (4점)
① 저장창고의 지붕을 내화구조로 할 수 있는 경우를 쓰시오.
② 난연재료 또는 불연재료로 된 천장을 설치할 수 있는 경우를 쓰시오.

해설

저장창고는 지붕을 폭발력이 위로 방출될 정도의 가벼운 불연재료로 하고, 천장을 만들지 아니하여야 한다. 다만, 제2류 위험물(분상의 것과 인화성 고체를 제외한다)과 제6류 위험물만의 저장창고에 있어서는 지붕을 내화구조로 할 수 있고, 제5류 위험물만의 저장창고에 있어서는 당해 저장창고 내의 온도를 저온으로 유지하기 위하여 난연재료 또는 불연재료로 된 천장을 설치할 수 있다.

[해답]
① 제2류 위험물(분상의 것과 인화성 고체를 제외한다)과 제6류 위험물만의 저장창고
② 제5류 위험물만의 저장창고

08 동영상에서는 실험실의 실험대에서 제6류 위험물인 과염소산(HClO₄)을 비커에 일정량을 붓고 알코올램프로 가열하는 도중 폭발하는 화면을 보여준다. 다음 각 물음에 답을 쓰시오. (4점)

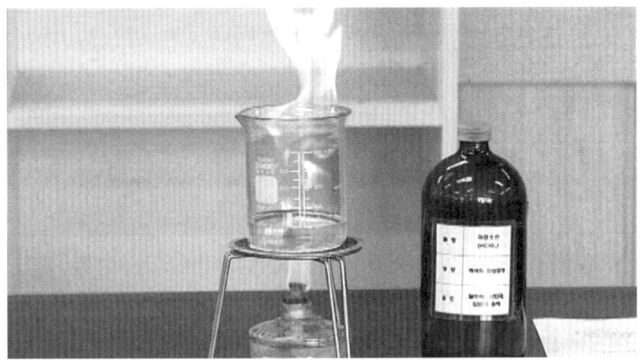

① 폭발반응 시 발생하는 기체 중 위험성 기체가 무엇인지 가스의 명칭을 쓰시오.
② 과염소산의 증기비중을 쓰시오. (단, 염소의 원자량은 35.5, 공기의 평균분자량은 29)

[해설]
① 가열하면 폭발하고 분해하여 유독성의 HCl을 발생한다.
   $HClO_4 \rightarrow HCl + 2O_2$
② 과염소산의 분자량(HClO₄)=1+35.5+16×4=100.5
   증기비중= $\dfrac{성분기체의\ 분자량}{공기의\ 평균분자량} = \dfrac{100.5}{29} = 3.47$

[해답]
① 염화수소(HCl), ② 3.47

09 동영상에서는 2층 건물, 내화구조의 벽, 갑종방화문을 설치한 옥내저장소를 보여준다. 제2류 위험물 중 적린의 저장창고로 다음 각 물음에 답을 쓰시오. (4점)

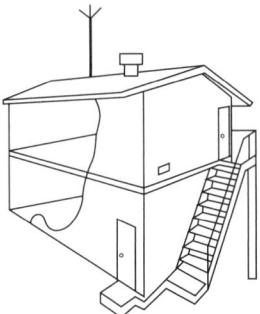

① 하나의 저장창고의 바닥면적 합계는 몇 m² 이하로 하여야 하는가?
② 바닥면으로부터 상층의 바닥까지의 높이는 몇 m 미만으로 하여야 하는가?

해설

다층건물의 옥내저장소의 기준(제2류 또는 제4류의 위험물(인화성 고체 및 인화점이 70℃ 미만인 제4류 위험물을 제외한다))

㉮ 저장창고는 각층의 바닥을 지면보다 높게 하고, 바닥면으로부터 상층의 바닥(상층이 없는 경우에는 처마)까지의 높이(이하 "층고"라 한다)를 6m 미만으로 하여야 한다.
㉯ 하나의 저장창고의 바닥면적 합계는 1,000m² 이하로 하여야 한다.
㉰ 저장창고의 벽·기둥·바닥 및 보를 내화구조로 하고, 계단을 불연재료로 하며, 연소의 우려가 있는 외벽은 출입구 외의 개구부를 갖지 아니하는 벽으로 하여야 한다.

해답

① 1,000m²
② 6m 미만

10 동영상에서는 실험자가 실험대 위에서 염소산칼륨($KClO_3$)이 들어있는 비커를 가열하는 도중 온도계가 92℃임을 보여주고, 계속 가열하여 발생된 기체를 플라스크에 포집한 후 불이 붙어 있는 쇠막대를 포집된 플라스크 안쪽에 넣으니 불꽃이 더 커진다. 염소산칼륨($KClO_3$)을 계속 가열하여 온도가 상승하는 중 작업자가 다른 작업을 하다가 온도계를 미처 확인하지 못하여 폭발한다. 염소산칼륨의 열분해반응식을 쓰시오. (4점)

해설

약 400℃ 부근에서 열분해되기 시작하여 540~560℃에서 과염소산칼륨($KClO_4$)을 생성하고 다시 분해하여 염화칼륨(KCl)과 산소(O_2)를 방출한다.

열분해반응식 : $2KClO_3 \rightarrow 2KCl + 3O_2$
$2KClO_3 \rightarrow KCl + KClO_4 + O_2$
$KClO_4 \rightarrow KCl + 2O_2$ (at 540~560℃)

해답

$2KClO_3 \rightarrow 2KCl + 3O_2$

제1회 과년도 출제문제

2013. 4. 20. 시행

제1회 일반검정문제

01 흑색화약의 원료 3가지 중 ① 위험물인 것 2가지를 쓰고, ② 각각의 지정수량을 쓰시오. (4점)

[해설]
질산칼륨은 강력한 산화제로 가연성 분말, 유기물, 환원성 물질과 혼합 시 가열, 충격으로 폭발하며 흑색화약(질산칼륨 75%+황 10%+목탄 15%)의 원료로 이용된다.
$16KNO_3 + 3S + 21C \rightarrow 13CO_2 + 3CO + 8N_2 + 5K_2CO_3 + K_2SO_4 + 2K_2S$
흑색화약 성분 중 질산칼륨과 황은 위험물에 속한다.

[해답]
① 위험물인 것 : 질산칼륨, 황
② 지정수량 : 질산칼륨-300kg, 황-100kg

02 탄화알루미늄이 물과 반응할 때 화학반응식을 쓰시오. (4점)

[해설]
탄화알루미늄(Al_4C_3)의 일반적 성질
㉮ 순수한 것은 백색이나 보통은 황색의 결정이며, 건조한 공기 중에서는 안정하나 가열하면 표면에 산화피막을 만들어 반응이 지속되지 않는다.
㉯ 비중은 2.36이고, 분해온도는 1,400℃ 이상이다.
㉰ 물과 반응하여 가연성, 폭발성의 메탄가스를 만들며 밀폐된 실내에서 메탄이 축적되는 경우 인화성 혼합기를 형성하여 2차 폭발의 위험이 있다.
$Al_4C_3 + 12H_2O \rightarrow 4Al(OH)_3 + 3CH_4 + 360kcal$

[해답]
$Al_4C_3 + 12H_2O \rightarrow 4Al(OH)_3 + 3CH_4$

03 제3종 분말소화약제의 주성분 화학식을 쓰시오. (3점)

[해설]

종류	주성분	화학식	착색	적응화재
제1종	탄산수소나트륨 (중탄산나트륨)	$NaHCO_3$	–	B, C급 화재
제2종	탄산수소칼륨 (중탄산칼륨)	$KHCO_3$	담회색	B, C급 화재
제3종	제1인산암모늄	$NH_4H_2PO_4$	담홍색 또는 황색	A, B, C급 화재
제4종	탄산수소칼륨+요소	$KHCO_3 + CO(NH_2)_2$	–	B, C급 화재

[해답]

$NH_4H_2PO_4$

04 옥내저장소에 옥내소화전설비를 3개 설치할 경우 필요한 수원의 양은 몇 m^3인지 계산하시오. (5점)

[해설]

수원의 수량은 옥내소화전이 가장 많이 설치된 층의 옥내소화전 설치개수(설치개수가 5개 이상인 경우는 5개)에 $7.8m^3$를 곱한 양 이상이 되도록 설치할 것

$$\begin{aligned} 수원의\ 양(Q) : Q(m^3) &= N \times 7.8m^3 (N, 5개\ 이상인\ 경우\ 5개) \\ &= 3 \times 7.8m^3 \\ &= 23.4m^3 \end{aligned}$$

[해답]

$23.4m^3$

05 어떤 물질이 하이드라진과 만나면 격렬히 반응하고 폭발한다. 다음 각 물음에 알맞은 답을 쓰시오. (5점)

① 이 물질이 위험물일 조건을 쓰시오.
② 과산화수소와 하이드라진의 폭발반응식을 쓰시오.

[해설]

과산화수소(H_2O_2) – 지정수량 300kg : 농도가 36wt% 이상인 것

㉮ 순수한 것은 청색을 띠며 점성이 있고 무취, 투명하고 질산과 유사한 냄새가 난다.
㉯ 일반 시판품은 30~40%의 수용액으로 분해하기 쉬워 인산(H_3PO_4), 요산($C_5H_4N_4O_3$) 등 안정제를 가하거나 약산성으로 만든다.
㉰ 가열에 의해 산소가 발생한다.
  $2H_2O_2 \rightarrow 2H_2O + O_2$
㉱ 농도 60wt% 이상인 것은 충격에 의해 단독폭발의 위험이 있으며, 고농도의 것은 알칼리금속분, 암모니아, 유기물 등과 접촉 시 발화하거나 충격에 의해 폭발한다.

㉮ 하이드라진과 접촉 시 발화 또는 폭발한다.
   $2H_2O_2 + N_2H_4 \rightarrow 4H_2O + N_2$
㉯ 농도가 진한 것은 피부와 접촉하면 수종을 일으킨다.
㉰ 저장 시 유리는 알칼리성으로 분해를 촉진하므로 피하고 가열, 화기, 직사광선을 차단하며 농도가 높을수록 위험성이 크므로 분해방지안정제(인산, 요산 등)를 넣어 발생기 산소의 발생을 억제한다. 또한, 용기는 밀봉하되 작은 구멍이 뚫린 마개를 사용한다.

해답
① 농도가 36wt% 이상인 것
② $2H_2O_2 + N_2H_4 \rightarrow 4H_2O + N_2$

06 조해성이 없는 황화인이 연소 시 생성되는 물질 2가지를 화학식으로 쓰시오. (4점)

해설

성질 \ 종류	P_4S_3(삼황화인)	P_2S_5(오황화인)	P_4S_7(칠황화인)
분자량	220	222	348
색상	황색 결정	담황색 결정	담황색 결정 덩어리
물에 대한 용해성	불용성	조해성, 흡습성	조해성
비중	2.03	2.09	2.19
비점(℃)	407	514	523
융점	172.5	290	310
발생물질	P_2O_5, SO_2	H_2S, H_3PO_4	H_2S
착화점	약 100℃	142℃	−

조해성이 없는 것은 P_4S_3(삼황화인)이며, 삼황화인의 연소반응식은 다음과 같다.
$P_4S_3 + 8O_2 \rightarrow 2P_2O_5 + 3SO_2$
그러므로 연소생성물은 오산화인과 이산화황이다.

해답
오산화인(P_2O_5), 이산화황(SO_2)

07 셀프용 고정주유설비의 기준에 관한 내용이다. 다음 빈칸을 채우시오. (6점)
1회의 연속주유량 및 주유시간의 상한을 미리 설정할 수 있는 구조일 것. 이 경우 주유량의 상한은 휘발유는 (①)L 이하, 경유는 (②)L 이하로 하며, 주유시간의 상한은 (③)분 이하로 한다.

해설
1회의 연속주유량 및 주유시간의 상한을 미리 설정할 수 있는 구조일 것. 이 경우 주유량의 상한은 휘발유는 100L 이하, 경유는 200L 이하로 하며, 주유시간의 상한은 4분 이하로 한다.

해답
① 100   ② 200   ③ 4

08

다음은 알킬알루미늄 등 및 아세트알데하이드 등의 취급기준에 관한 내용이다. 다음 빈칸을 채우시오. (4점)
① 알킬알루미늄 등의 이동탱크저장소에 있어서 이동저장탱크로부터 알킬알루미늄 등을 꺼낼 때에는 동시에 (   )kPa 이하의 압력으로 불활성의 기체를 봉입할 것
② 아세트알데하이드 등의 이동탱크저장소에 있어서 이동저장탱크로부터 아세트알데하이드 등을 꺼낼 때에는 동시에 (   )kPa 이하의 압력으로 불활성의 기체를 봉입할 것

[해설]

알킬알루미늄 등 및 아세트알데하이드 등의 취급기준

㉮ 알킬알루미늄 등의 제조소 또는 일반취급소에 있어서 알킬알루미늄 등을 취급하는 설비에는 불활성의 기체를 봉입할 것
㉯ 알킬알루미늄 등의 이동탱크저장소에 있어서 이동저장탱크로부터 알킬알루미늄 등을 꺼낼 때에는 동시에 200kPa 이하의 압력으로 불활성의 기체를 봉입할 것
㉰ 아세트알데하이드 등의 제조소 또는 일반취급소에 있어서 아세트알데하이드 등을 취급하는 설비에는 연소성 혼합기체의 생성에 의한 폭발의 위험이 생겼을 경우에 불활성의 기체 또는 수증기[아세트알데하이드 등을 취급하는 탱크(옥외에 있는 탱크 또는 옥내에 있는 탱크로서 그 용량이 지정수량의 5분의 1 미만의 것을 제외한다)에 있어서는 불활성의 기체]를 봉입할 것
㉱ 아세트알데하이드 등의 이동탱크저장소에 있어서 이동저장탱크로부터 아세트알데하이드 등을 꺼낼 때에는 동시에 100kPa 이하의 압력으로 불활성의 기체를 봉입할 것

[해답]

① 200, ② 100

09

압력수조를 이용한 가압송수장치에서 압력수조의 필요한 압력을 구하기 위한 공식이다. 괄호에 들어갈 내용을 골라 알파벳으로 쓰시오. (4점)

$$P = p_1 + (\quad) + (\quad) + 0.35\text{MPa}$$

A : 전양정(MPa) B : 필요한 압력(MPa)
C : 소방용 호스의 마찰손실수두압(MPa) D : 배관의 마찰손실수두압(MPa)
E : 방수압력 환산수두(MPa) F : 낙차의 환산수두압(MPa)

[해설]

압력수조를 이용한 가압송수장치

$P = p_1 + p_2 + p_3 + 0.35\text{MPa}$

여기서, P : 필요한 압력(MPa)
p_1 : 소방용 호스의 마찰손실수두압(MPa)
p_2 : 배관의 마찰손실수두압(MPa)
p_3 : 낙차의 환산수두압(MPa)

[해답]

D, F

10. 위험물제조소에 200m³와 100m³의 탱크가 각각 1개씩 2개가 있다. 탱크 주위로 방유제를 만들 때 방유제의 용량은 얼마 이상이어야 하는지 계산하시오. (4점)

해설

옥외에 있는 위험물취급탱크로서 액체위험물(이황화탄소를 제외한다)을 취급하는 것의 주위에는 방유제를 설치할 것. 하나의 취급탱크 주위에 설치하는 방유제의 용량은 당해 탱크용량의 50% 이상으로 하고, 2 이상의 취급탱크 주위에 하나의 방유제를 설치하는 경우 그 방유제의 용량은 당해 탱크 중 용량이 최대인 것의 50%에 나머지 탱크용량 합계의 10%를 가산한 양 이상이 되게 할 것. 이 경우 방유제의 용량은 당해 방유제의 내용적에서 용량이 최대인 탱크 외의 탱크의 방유제 높이 이하 부분의 용적, 당해 방유제 내에 있는 모든 탱크의 지반면 이상 부분의 기초의 체적, 간막이 둑의 체적 및 당해 방유제 내에 있는 배관 등의 체적을 뺀 것으로 한다.

$200m^3 \times 0.5 + 100m^3 \times 0.1 = 110m^3$

해답

$110m^3$

11. 제1류 위험물 중 위험등급 Ⅰ의 품명을 2가지 쓰시오. (4점)

해설

성질	위험등급	품명	대표품목	지정수량
산화성 고체	Ⅰ	1. 아염소산염류 2. 염소산염류 3. 과염소산염류 4. 무기과산화물류	$NaClO_2$, $KClO_2$ $NaClO_3$, $KClO_3$, NH_4ClO_3 $NaClO_4$, $KClO_4$, NH_4ClO_4 K_2O_2, Na_2O_2, MgO_2	50kg
	Ⅱ	5. 브로민산염류 6. 질산염류 7. 아이오딘산염류	$KBrO_3$ KNO_3, $NaNO_3$, NH_4NO_3 KIO_3	300kg
	Ⅲ	8. 과망가니즈산염류 9. 다이크로뮴산염류	$KMnO_4$ $K_2Cr_2O_7$	1,000kg
	Ⅰ~Ⅲ	10. 그 밖에 행정안전부령이 정하는 것 ① 과아이오딘산염류 ② 과아이오딘산 ③ 크로뮴, 납 또는 아이오딘의 산화물 ④ 아질산염류	KIO_4 HIO_4 CrO_3 $NaNO_2$	300kg
		⑤ 차아염소산염류	$LiClO$	50kg
		⑥ 염소화아이소시아눌산 ⑦ 퍼옥소이황산염류 ⑧ 퍼옥소붕산염류 11. 1~10호의 하나 이상을 함유한 것	OCNClONClCONCl $K_2S_2O_8$ $NaBO_3$	300kg

해답

아염소산염류, 염소산염류, 과염소산염류, 무기과산화물류 중 2가지

12. 벤젠, 경유, 등유 각각 1,000L 저장 시 지정수량은 몇 배인지 계산하시오. (4점)

[해설]

위험등급	품명		품목	지정수량
I	특수인화물	비수용성	디에틸에테르, 이황화탄소	50L
		수용성	아세트알데하이드, 산화프로필렌	
II	제1석유류	비수용성	가솔린, 벤젠, 톨루엔, 사이클로헥산, 콜로디온, 메틸에틸케톤, 초산메틸, 초산에틸, 의산메틸, 헥산, 에틸벤젠 등	200L
		수용성	아세톤, 피리딘, 아크롤레인, 의산메틸, 시안화수소 등	400L
	알코올류		메틸알코올, 에틸알코올, 프로필알코올, 아이소프로필알코올	400L
III	제2석유류	비수용성	등유, 경유, 테레빈유, 스티렌, 자일렌(o-, m-, p-), 클로로벤젠, 장뇌유, 뷰틸알코올, 알릴알코올 등	1,000L
		수용성	포름산, 초산(아세트산), 하이드라진, 아크릴산, 아밀알코올 등	2,000L
	제3석유류	비수용성	중유, 크레오소트유, 아닐린, 나이트로벤젠, 나이트로톨루엔 등	2,000L
		수용성	에틸렌글리콜, 글리세린 등	4,000L
	제4석유류		기어유, 실린더유, 윤활유, 가소제	6,000L
	동식물유류		• 건성유 : 아마인유, 들기름, 동유, 정어리기름, 해바라기유 등 • 반건성유 : 참기름, 옥수수기름, 청어기름, 채종유, 면실유(목화씨유), 콩기름, 쌀겨유 등 • 불건성유 : 올리브유, 피마자유, 야자유, 땅콩기름, 동백유 등	10,000L

$$\text{지정수량 배수의 합} = \frac{A \text{품목 저장수량}}{A \text{품목 지정수량}} + \frac{B \text{품목 저장수량}}{B \text{품목 지정수량}} + \frac{C \text{품목 저장수량}}{C \text{품목 지정수량}} + \cdots$$

$$= \frac{1,000L}{200L} + \frac{1,000L}{1,000L} + \frac{1,000L}{1,000L} = 7$$

[해답]

7

13. 제4류 위험물의 인화점에 관한 내용이다. 다음 빈칸을 채우시오. (4점)

- 제1석유류 : 인화점이 (①)℃ 미만
- 제2석유류 : 인화점이 (①)℃ 이상 (②)℃ 미만
- 제3석유류 : 인화점이 (②)℃ 이상 (③)℃ 미만
- 제4석유류 : 인화점이 (③)℃ 이상 (④)℃ 미만

[해설]

㉮ "제1석유류"라 함은 아세톤, 휘발유, 그 밖에 1기압에서 인화점이 섭씨 21도 미만인 것을 말한다.
㉯ "제2석유류"라 함은 등유, 경유, 그 밖에 1기압에서 인화점이 섭씨 21도 이상 70도 미만인 것을 말한다. 다만, 도료류, 그 밖의 물품에 있어서 가연성 액체량이 40중량퍼센트 이하이면서 인화점이 섭씨 40도 이상인 동시에 연소점이 섭씨 60도 이상인 것은 제외한다.
㉰ "제3석유류"라 함은 중유, 크레오소트유, 그 밖에 1기압에서 인화점이 섭씨 70도 이상 섭씨 200도 미만인 것을 말한다. 다만, 도료류, 그 밖의 물품은 가연성 액체량이 40중량퍼센트 이하인 것은 제외한다.
㉱ "제4석유류"라 함은 기어유, 실린더유, 그 밖에 1기압에서 인화점이 섭씨 200도 이상 섭씨 250도 미만의 것을 말한다. 다만, 도료류, 그 밖의 물품은 가연성 액체량이 40중량퍼센트 이하인 것은 제외한다.

[해답]

① 21, ② 70, ③ 200, ④ 250

제1회 동영상문제

01 동영상에서는 옥외탱크저장소와 그 주위의 시설을 보여준다. 제4류 인화성 액체를 저장하는 탱크 주위에 설치하는 시설에 대해 다음 물음에 답하시오. (4점)
① 방유제의 면적
② 방유제의 높이
③ 방유제의 용량

[해설]
옥외탱크저장소의 방유제 설치기준
㉮ 설치목적 : 저장 중인 액체위험물이 주위로 누설 시 그 주위에 피해확산을 방지하기 위하여 설치한 담
㉯ 용량 : 방유제 안에 설치된 탱크가 하나인 때에는 그 탱크 용량의 110% 이상, 2기 이상인 때에는 그 탱크 용량 중 용량이 최대인 것의 용량의 110% 이상으로 한다. 다만, 인화성이 없는 액체위험물의 옥외저장탱크의 주위에 설치하는 방유제는 "110%"를 "100%"로 본다.
㉰ 높이 : 0.5m 이상 3.0m 이하
㉱ 면적 : 80,000m² 이하

[해답]
① 80,000m² 이하
② 0.5m 이상 3.0m 이하
③ 탱크가 하나인 때에는 그 탱크 용량의 110% 이상, 2기 이상인 때에는 그 탱크 용량 중 용량이 최대인 것의 용량의 110% 이상으로 한다.

02 동영상에서는 실험실 실험대 위에서 물이 담긴 비커에 과망가니즈산칼륨($KMnO_4$)이 표시된 흑자색시료를 넣고 용해시킨 후 옆에 있는 드라이어로 열을 가하자 폭발하는 장면을 보여준다. 다음 각 물음에 답을 쓰시오. (5점)

① 과망가니즈산칼륨의 지정수량을 쓰시오.
② 과망가니즈산칼륨의 열분해반응식을 쓰시오.

해설

KMnO₄(과망가니즈산칼륨)

㉮ 분자량 158, 비중 2.7, 분해온도 약 200~250℃, 흑자색 또는 적자색의 결정
㉯ 250℃에서 가열하면 망가니즈산칼륨, 이산화망가니즈, 산소를 발생
  $2KMnO_4 \rightarrow K_2MnO_4 + MnO_2 + O_2$
㉰ 에테르, 알코올류, [진한황산+(가연성 가스, 염화칼륨, 테레빈유, 유기물, 피크린산)]과 혼촉되는 경우 발화하고 폭발의 위험성을 갖는다.
  (묽은황산과의 반응식) $4KMnO_4 + 6H_2SO_4 \rightarrow 2K_2SO_4 + 4MnSO_4 + 6H_2O + 5O_2$
  (진한황산과의 반응식) $2KMnO_4 + H_2SO_4 \rightarrow K_2SO_4 + 2HMnO_4$

해답

① 1,000kg, ② $2KMnO_4 \rightarrow K_2MnO_4 + MnO_2 + O_2$

---

03 동영상에서는 3가지 그림을 동시에 보여준다. (1) ①~③ 그림의 명칭과 (2) 이 설비를 설치해야 하는 위험물은 몇 류인지 쓰시오. (5점)

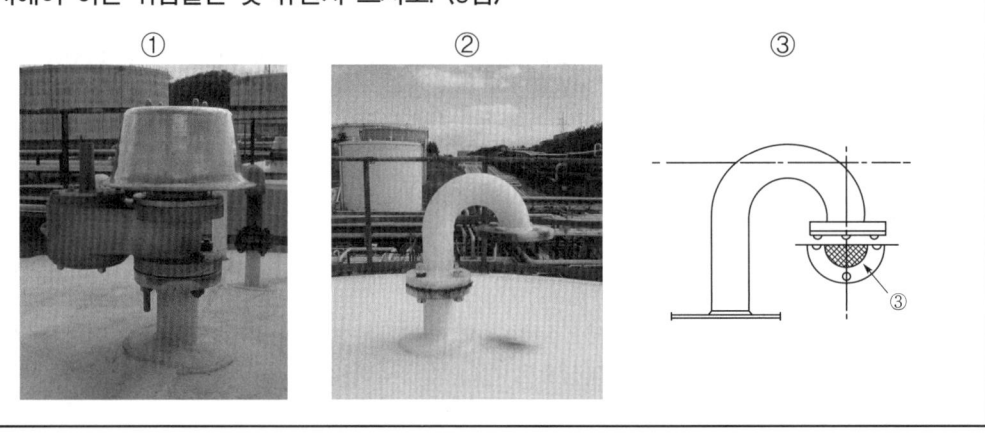

해답

(1) ① 대기밸브부착 통기관, ② 밸브 없는 통기관, ③ 인화방지망
(2) 제4류 위험물

---

04 동영상에서는 제조소 근처의 주택, 고압가스시설, 특고압가공선로(50,000V)를 보여준다. 각각의 안전거리의 합계를 쓰시오. (3점)

[해설]

건축물	안전거리
사용전압 7,000V 초과 35,000V 이하의 특고압가공전선	3m 이상
사용전압 35,000V 초과 특고압가공전선	5m 이상
주거용으로 사용되는 것(제조소가 설치된 부지 내에 있는 것 제외)	10m 이상
고압가스, 액화석유가스 또는 도시가스를 저장 또는 취급하는 시설	20m 이상
학교, 병원(종합병원, 치과병원, 한방·요양병원), 극장(공연장, 영화상영관, 수용인원 300명 이상 시설), 아동복지시설, 노인복지시설, 장애인복지시설, 모·부자복지시설, 보육시설, 성매매자를 위한 복지시설, 정신보건시설, 가정폭력피해자 보호시설, 수용인원 20명 이상의 다수인시설	30m 이상
유형문화재, 지정문화재	50m 이상

∴ 10m+20m+5m=35m

[해답]
35m

05 동영상에서는 철(Fe)가루를 염산이 든 비커에 넣는 장면을 보여준다. ① 이때 발생한 화학반응식을 쓰고, ② 이 반응에서 발생하는 기체의 명칭을 쓰시오. (4점)

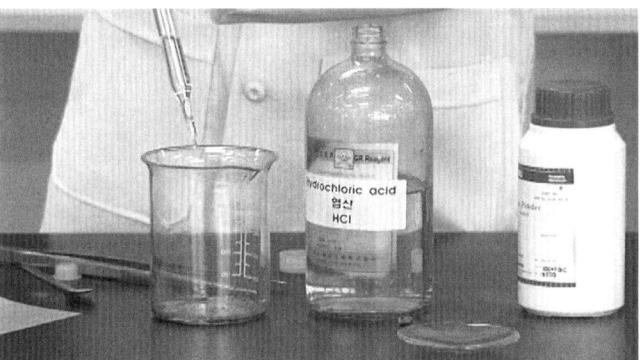

[해설]
철(Fe)은 묽은산과 반응하여 수소를 발생한다.
$2Fe + 6HCl \rightarrow 2FeCl_3 + 3H_2$

[해답]
① $2Fe + 6HCl \rightarrow 2FeCl_3 + 3H_2$, ② 수소가스($H_2$)

06 동영상에서는 옥외탱크저장소를 보여주고 한 옆에 휘발유 드럼통을 보여주고 있다. 드럼통 외부에는 위험등급이 Ⅲ 등급이라 표시되어 있다. 다음 물음에 답하시오.
① 용기 외부에 적힌 등급을 맞게 수정하시오.
② 옥외탱크저장소에 설치된 위험물 주의사항 게시판의 기재사항이 비어있다. 주의사항을 쓰시오.

[해설]

휘발유는 제1석유류로서 위험등급 Ⅱ등급군이다.

유별	구분	주의사항
제1류 위험물 (산화성 고체)	알칼리금속의 무기과산화물	"화기·충격주의" "물기엄금" "가연물접촉주의"
	그 밖의 것	"화기·충격주의" "가연물접촉주의"
제2류 위험물 (가연성 고체)	철분·금속분·마그네슘	"화기주의" "물기엄금"
	인화성 고체	"화기엄금"
	그 밖의 것	"화기주의"
제3류 위험물 (자연발화성 및 금수성 물질)	자연발화성 물질	"화기엄금" "공기접촉엄금"
	금수성 물질	"물기엄금"
제4류 위험물 (인화성 액체)		"화기엄금"
제5류 위험물 (자기반응성 물질)		"화기엄금" 및 "충격주의"
제6류 위험물 (산화성 액체)		"가연물접촉주의"

[해답]

① Ⅱ
② 화기엄금

07 동영상에서는 ABC분말소화기를 보여주고 있다. 다음 물음에 답하시오. (6점)
① 동영상에서 보여주고 있는 분말소화약제의 종류는?
② 동영상에서 보여주고 있는 분말소화약제의 주성분에 대한 화학식은?
③ 동영상에서 보여주고 있는 분말소화약제의 열분해반응식은?

[해설]

종류	주성분	화학식	착색	적응화재
제1종	탄산수소나트륨 (중탄산나트륨)	$NaHCO_3$	-	B, C급 화재
제2종	탄산수소칼륨 (중탄산칼륨)	$KHCO_3$	담회색	B, C급 화재
제3종	제1인산암모늄	$NH_4H_2PO_4$	담홍색 또는 황색	A, B, C급 화재
제4종	탄산수소칼륨+요소	$KHCO_3+CO(NH_2)_2$	-	B, C급 화재

[해답]

① 제3종, ② $NH_4H_2PO_4$, ③ $NH_4H_2PO_4 \rightarrow NH_3+H_2O+HPO_3$

08 동영상에서는 아세트산을 저장하고 있는 옥외저장소를 보여준다. 아세트산 20,000L를 저장할 때 보유공지는 몇 m 이상인지 쓰시오.

해설

옥외저장소의 보유공지

저장 또는 취급하는 위험물의 최대수량	공지의 너비
지정수량의 10배 이하	3m 이상
지정수량의 10배 초과, 20배 이하	5m 이상
지정수량의 20배 초과, 50배 이하	9m 이상
지정수량의 50배 초과, 200배 이하	12m 이상
지정수량의 200배 초과	15m 이상

제4류 위험물 중 제4석유류와 제6류 위험물을 저장 또는 취급하는 보유공지는 공지너비의 $\frac{1}{3}$ 이상으로 할 수 있다.

아세트산의 지정수량은 2,000L이므로 $\frac{20,000L}{2,000L}$ = 10배이므로 공지의 너비는 3m 이상

해답

3m 이상

09 동영상에서는 바닥면적 450m²인 옥내저장소를 보여주고 있다. 다음 각 물음에 답을 쓰시오. (5점)
① 환기설비의 기준에 따라 급기구를 설치하는 경우 몇 개가 필요한지 계산하시오.
② 저장창고에는 채광·조명 및 환기의 설비를 갖추어야 하고, 인화점이 (　)℃ 미만인 위험물의 저장창고에 있어서는 내부에 체류한 가연성의 증기를 지붕 위로 배출하는 설비를 갖추어야 한다. 빈칸에 알맞은 답을 쓰시오.

해설

① 급기구는 당해 급기구가 설치된 실의 바닥면적 150m²마다 1개 이상으로 하되, 급기구의 크기는 800cm² 이상으로 한다. 다만, 바닥면적이 150m² 미만인 경우에는 다음의 크기로 하여야 한다.

바닥면적	급기구의 면적
60m² 미만	150cm² 이상
60m² 이상, 90m² 미만	300cm² 이상
90m² 이상, 120m² 미만	450cm² 이상
120m² 이상, 150m² 미만	600cm² 이상

② 저장창고에는 채광·조명 및 환기의 설비를 갖추어야 하고, 인화점이 70℃ 미만인 위험물의 저장창고에 있어서는 내부에 체류한 가연성의 증기를 지붕 위로 배출하는 설비를 갖추어야 한다.

해답

① $\frac{450m^3}{150m^3}$ = 3개 이상

② 70

10 동영상에서는 옥내저장소 내부의 선반에 있는 위험물을 보여준다. 다음 각 물음에 답하시오. (4점)
① 아세톤을 저장할 경우 저장높이는 얼마를 초과할 수 없는가?
② 저장창고는 지붕을 폭발력이 위로 방출될 정도의 가벼운 (　　)로 하고, 천장을 만들지 아니하여야 한다. 빈칸에 알맞은 답을 쓰시오.

해설
옥내저장소에서 위험물을 저장하는 경우에는 다음의 규정에 의한 높이를 초과하여 용기를 겹쳐 쌓지 아니하여야 한다(옥외저장소에서 위험물을 저장하는 경우에 있어서도 본 규정에 의한 높이를 초과하여 용기를 겹쳐 쌓지 아니하여야 한다).
㉮ 기계에 의하여 하역하는 구조로 된 용기만을 겹쳐 쌓는 경우에 있어서는 6m
㉯ 제4류 위험물 중 제3석유류, 제4석유류 및 동식물유류를 수납하는 용기만을 겹쳐 쌓는 경우에 있어서는 4m
㉰ 그 밖의 경우에 있어서는 3m

해답
① 3m
② 불연재료

2013년 제2회 과년도 출제문제

2013. 7. 13. 시행

제2회 일반검정문제

01 황린의 화학식은 (①)이며, (②)의 흰연기가 발생하고, (③)속에 저장한다. 빈칸을 채우시오. (3점)

[해설]

황린(P_4)의 일반적 성질

㉮ 비중 1.82, 융점 44℃, 비점 280℃, 발화점 34℃, 황색 또는 담황색의 왁스상 가연성 자연 발화성 고체이다. 증기는 공기보다 무거우며, 매우 자극적이며 맹독성 물질이다.
㉯ 물에는 녹지 않으나 벤젠, 알코올에는 약간 녹고, 이황화탄소 등에는 잘 녹는다.
㉰ 공기 중에서 격렬하게 오산화인의 백색연기를 내며 연소하고 일부 유독성의 포스핀(PH_3)도 발생하며 환원력이 강하여 산소농도가 낮은 분위기에서도 연소한다.
  $P_4 + 5O_2 \rightarrow 2P_2O_5$
㉱ 자연발화성이 있어 물속에 저장하며, 인화수소(PH_3)의 생성을 방지하기 위해 보호액은 약알칼리성 pH 9로 유지하기 위하여 알칼리제(석회 또는 소다회 등)로 pH를 조절한다.

[해답]

① P_4, ② 오산화인(P_2O_5), ③ 물

02 제1류 위험물 중 공기 중에서는 안정하지만 고온 또는 밀폐용기·가연성 물질과 닿으면 쉽게 폭발한다. 다음 각 물음에 답을 쓰시오. (5점)
① 폭탄을 제조하는 물질의 화학식을 쓰시오.
② 질소, 산소, 물이 생성되는 폭발반응식을 쓰시오.

[해답]

① NH_4NO_3
② $2NH_4NO_3 \rightarrow 4H_2O + 2N_2 + O_2$

03
지하저장탱크 2개에 경유 15,000L, 휘발유 8,000L를 인접해 설치하는 경우 그 상호간에 몇 m 이상의 간격을 유지하여야 하는가? (4점)

[해설]

지하저장탱크를 2 이상 인접해 설치하는 경우에는 그 상호간에 1m(당해 2 이상의 지하저장탱크의 용량의 합계가 지정수량의 100배 이하인 때에는 0.5m) 이상의 간격을 유지하여야 한다. 다만, 그 사이에 탱크전용실의 벽이나 두께 20cm 이상의 콘크리트 구조물이 있는 경우에는 그러하지 아니하다.

지정수량 배수의 합 = $\dfrac{\text{A품목 저장수량}}{\text{A품목 지정수량}} + \dfrac{\text{B품목 저장수량}}{\text{B품목 지정수량}} + \cdots$

$= \dfrac{15,000L}{1,000L} + \dfrac{8,000L}{200L} = 55$배이므로 0.5m의 간격을 유지한다.

[해답]

0.5m

04
제4류 위험물인 알코올류에 관한 내용이다. 다음 중 어느 하나에 해당하면 위험물에서 제외시키는데, 빈칸을 채우시오. (5점)

① 1분자를 구성하는 탄소원자의 수가 1개 내지 (㉠)개의 포화1가 알코올의 함유량이 (㉡)중량% 미만인 수용액
② 가연성 액체량이 60중량% 미만이고 인화점 및 연소점이 에틸알코올 (   )중량% 수용액의 인화점 및 연소점을 초과하는 것

[해설]

"알코올류"라 함은 1분자를 구성하는 탄소원자의 수가 1개부터 3개까지인 포화1가 알코올(변성알코올을 포함한다)을 말한다. 다만, 다음의 어느 하나에 해당하는 것은 제외한다.
㉮ 1분자를 구성하는 탄소원자의 수가 1개 내지 3개의 포화1가 알코올의 함유량이 60중량퍼센트 미만인 수용액
㉯ 가연성 액체량이 60중량퍼센트 미만이고 인화점 및 연소점(태그개방식 인화점측정기에 의한 연소점을 말한다. 이하 같다)이 에틸알코올 60중량퍼센트 수용액의 인화점 및 연소점을 초과하는 것

[해답]

① ㉠ 3, ㉡ 60
② 60

05
2mL 소량의 시료를 사용하여 인화의 위험성을 측정하는 인화점측정기를 쓰시오. (4점)

해설

신속평형법 인화점측정기에 의한 인화점 측정시험
㉮ 시험장소는 1기압, 무풍의 장소로 할 것
㉯ 신속평형법 인화점측정기의 시료컵을 설정온도까지 가열 또는 냉각하여 시험물품(설정온도가 상온보다 낮은 온도인 경우에는 설정온도까지 냉각한 것) 2mL를 시료컵에 넣고 즉시 뚜껑 및 개폐기를 닫을 것
㉰ 시료컵의 온도를 1분간 설정온도로 유지할 것
㉱ 시험불꽃을 점화하고 화염의 크기를 직경 4mm가 되도록 조정할 것
㉲ 1분 경과 후 개폐기를 작동하여 시험불꽃을 시료컵에 2.5초간 노출시키고 닫을 것. 이 경우 시험불꽃을 급격히 상하로 움직이지 아니하여야 한다.
㉳ ㉲의 방법에 의하여 인화한 경우에는 인화하지 않을 때까지 설정온도를 낮추고, 인화하지 않는 경우에는 인화할 때까지 설정온도를 높여 ㉯ 내지 ㉲의 조작을 반복하여 인화점을 측정할 것

해답
신속평형법 인화점측정기

06
제6류 위험물과 혼재가능한 위험물은 무엇인지 쓰시오. (4점)

해설

유별을 달리하는 위험물의 혼재기준

위험물의 구분	제1류	제2류	제3류	제4류	제5류	제6류
제1류		×	×	×	×	○
제2류	×		×	○	○	×
제3류	×	×		○	×	×
제4류	×	○	○		○	×
제5류	×	○	×	○		×
제6류	○	×	×	×	×	

해답
제1류 위험물

07
제조소에서 건축물 등은 부표의 기준에 의하여 불연재료로 된 방화상 유효한 (   )을 설치하는 경우에는 동표의 기준에 의하여 안전거리를 단축할 수 있다. 빈칸을 채우시오. (4점)

해설

제조소 등의 안전거리 단축기준
불연재료로 된 방화상 유효한 담 또는 벽을 설치하는 경우에는 안전거리를 단축할 수 있다.

해답
담 또는 벽

08
과산화수소는 그 농도가 (①)중량% 이상인 것에 한하며, 지정수량은 (②)이다. 빈칸에 답을 쓰시오. (4점)

해답
① 36
② 300kg

09
제5류 위험물인 트리나이트로페놀의 구조식과 지정수량을 쓰시오. (4점)

해답
① 구조식 :

$$\text{OH기가 달린 벤젠에 } NO_2 \text{가 2,4,6 위치에 결합된 구조}$$

② 지정수량 : 시험결과에 따라 제1종과 제2종으로 분류하며, 제1종인 경우 10kg, 제2종인 경우 100kg에 해당한다.

10
제1류 위험물인 염소산칼륨에 관한 내용이다. 다음 각 물음에 답을 쓰시오. (6점)
① 완전분해반응식을 쓰시오.
② 염소산칼륨 24.5kg이 표준상태에서 완전분해 시 생성되는 산소의 부피(m^3)를 구하시오.
  (단, 칼륨의 분자량 39, 염소의 분자량 35.5)

해답
① $2KClO_3 \rightarrow 2KCl + 3O_2$
② $\dfrac{24.5kg\text{-}KClO_3}{} \times \dfrac{1kmol\text{-}KClO_3}{122.5kg\text{-}KClO_3} \times \dfrac{3kmol\text{-}O_2}{2kmol\text{-}KClO_3} \times \dfrac{22.4m^3\text{-}O_2}{1kmol\text{-}O_2} = 6.72m^3$

11
제4류 위험물 중 옥외저장소에 보관 가능한 물질 4가지를 쓰시오. (4점)

해설
옥외저장소에 저장할 수 있는 위험물
㉮ 제2류 위험물 중 황, 인화성 고체(인화점이 0℃ 이상인 것에 한함)
㉯ 제4류 위험물 중 제1석유류(인화점이 0℃ 이상인 것에 한함), 제2석유류, 제3석유류, 제4석유류, 알코올류, 동식물유류
㉰ 제6류 위험물

해답
제1석유류(인화점이 0℃ 이상인 것에 한함), 제2석유류, 제3석유류, 제4석유류, 알코올류, 동식물유류

12

다음의 제3류 위험물에 대한 지정수량을 쓰시오. (4점)

품명	지정수량	품명	지정수량
칼륨	(①)kg	(⑤)	20kg
나트륨	(②)kg	알칼리금속	(⑥)kg
알킬알루미늄	(③)kg	유기금속화합물	(⑦)kg
(④)	10kg		

[해설]

성질	위험등급	품명	대표품목	지정수량
자연발화성 물질 및 금수성 물질	I	1. 칼륨(K) 2. 나트륨(Na) 3. 알킬알루미늄 4. 알킬리튬 5. 황린(P_4)	$(C_2H_5)_3Al$ C_4H_9Li	10kg 20kg
	II	6. 알칼리금속류(칼륨 및 나트륨 제외) 및 알칼리토금속 7. 유기금속화합물(알킬알루미늄 및 알킬리튬 제외)	Li, Ca $Te(C_2H_5)_2$, $Zn(CH_3)_2$	50kg
	III	8. 금속의 수소화물 9. 금속의 인화물 10. 칼슘 또는 알루미늄의 탄화물	LiH, NaH Ca_3P_2, AlP CaC_2, Al_4C_3	300kg
		11. 그 밖에 행정안전부령이 정하는 것 염소화규소화합물	$SiHCl_3$	300kg

[해답]

① 10, ② 10, ③ 10, ④ 알킬리튬, ⑤ 황린, ⑥ 50, ⑦ 50

13

소화난이도 등급 I에 해당하는 제조소, 일반취급소에 관한 내용이다. 다음 빈칸을 채우시오. (4점)
① 연면적 ( )m^2 이상인 것
② 지반면으로부터 ( )m 이상의 높이에 위험물 취급설비가 있는 것

[해설]

제조소, 일반취급소	연면적 1,000m^2 이상인 것
	지정수량의 100배 이상인 것(고인화점위험물만을 100℃ 미만의 온도에서 취급하는 것 및 제48조의 위험물을 취급하는 것은 제외)
	지반면으로부터 6m 이상의 높이에 위험물 취급설비가 있는 것(고인화점위험물만을 100℃ 미만의 온도에서 취급하는 것은 제외)
	일반취급소로 사용되는 부분 외의 부분을 갖는 건축물에 설치된 것(내화구조로 개구부 없이 구획된 것 및 고인화점위험물만을 100℃ 미만의 온도에서 취급하는 것은 제외)

[해답]

① 1,000, ② 6

제2회 동영상문제

01 동영상에서는 벽·기둥 및 바닥이 내화구조로 된 건축물로 옥내저장소에 트리에틸알루미늄 1,000kg이 보관되어 있는 것을 보여준다. 다음 화면은 소화기 4개(A : 물소화기, B : 분말소화기, C : 이산화탄소소화기, D : 할론소화기)를 보여주고, 동영상에서 작업자가 불장난을 하다 실수로 화재가 발생한다. 다음 각 물음에 답을 쓰시오. (6점)
① 1,000kg을 저장하고 있는 옥내저장소의 보유공지는 (A)m 이상이며, 바닥면적은 (B)m² 이하이다. 빈칸에 알맞은 답을 쓰시오.
② 이 물질을 소화할 때 A소화기는 사용이 불가능하다. 그 이유를 설명하시오.

[해설]

㉮ 트리에틸알루미늄의 지정수량은 10kg이므로 지정수량 배수는 100배이다. 따라서 보유공지는 5m 이상으로 해야 한다.

저장 또는 취급하는 위험물의 최대수량	공지의 너비	
	벽·기둥 및 바닥이 내화구조로 된 건축물	그 밖의 건축물
지정수량의 5배 이하	–	0.5m 이상
지정수량의 5배 초과, 10배 이하	1m 이상	1.5m 이상
지정수량의 10배 초과, 20배 이하	2m 이상	3m 이상
지정수량의 20배 초과, 50배 이하	3m 이상	5m 이상
지정수량의 50배 초과, 200배 이하	5m 이상	10m 이상
지정수량의 200배 초과	10m 이상	15m 이상

위험물을 저장하는 창고	바닥면적
ⓐ 제1류 위험물 중 아염소산염류, 염소산염류, 과염소산염류, 무기과산화물, 그 밖에 지정수량이 50kg인 위험물 ⓑ 제3류 위험물 중 칼륨, 나트륨, 알킬알루미늄, 알킬리튬, 그 밖에 지정수량이 10kg인 위험물 및 황린 ⓒ 제4류 위험물 중 특수인화물, 제1석유류 및 알코올류 ⓓ 제5류 위험물 중 유기과산화물, 질산에스터류, 그 밖에 지정수량이 10kg인 위험물 ⓔ 제6류 위험물	1,000m² 이하
ⓐ~ⓔ 외의 위험물을 저장하는 창고	2,000m² 이하
내화구조의 격벽으로 완전히 구획된 실에 각각 저장하는 창고	1,500m² 이하

㉯ 물과 접촉하면 폭발적으로 반응하여 에탄을 형성하고 이때 발열, 폭발에 이른다.
$(C_2H_5)_3Al + 3H_2O \rightarrow Al(OH)_3 + 3C_2H_6 +$ 발열

[해답]

① A : 5, B : 1,000
② 물과 접촉하면 폭발적으로 반응하여 에탄을 형성하고 이때 발열, 폭발에 이른다.

02 동영상은 마그네슘 저장창고에 화재가 발생하여 이산화탄소소화기로 소화하는 장면을 보여준다. 반응식과 이산화탄소소화기로 소화하면 위험한 이유를 쓰시오. (5점)

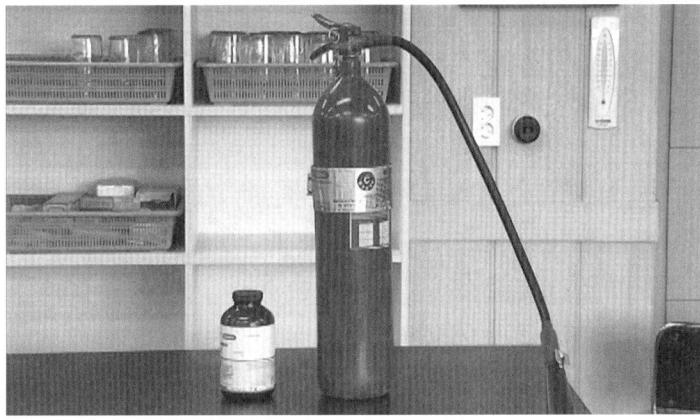

[해답]
CO_2 등 질식성 가스와 접촉 시에는 가연성 물질인 탄소를 발생시킨다.
$2Mg + CO_2 \rightarrow 2MgO + C$
$Mg + CO_2 \rightarrow MgO + CO$

03 동영상에서는 실험실에서 실험대 위에 미지의 알코올류 시약병 2개를 꺼내 시험관에 각각 옮겨 담은 후 I_2 용액과 KOH 수용액을 넣고 잘 섞은 후 색 변화를 관찰한다. A시험관에는 황색 침전물이 생성, B시험관은 투명하다. 다음 각 물음에 답을 쓰시오. (4점)
① 메틸알코올은 어느 것인지 이유와 함께 고르시오.
② 황색 침전물이 생기는 반응을 무엇이라 하는지 쓰시오.

[해설]
① 메틸알코올은 아이오딘포름 반응을 하지 않는다.
② 에틸알코올은 아이오딘포름 반응을 한다. 수산화칼륨과 아이오딘을 가하여 아이오딘포름의 황색 침전이 생성되는 반응을 한다.
$C_2H_5OH + 6KOH + 4I_2 \rightarrow CHI_3 + 5KI + HCOOK + 5H_2O$

[해답]
① B, 메틸알코올은 아이오딘포름 반응을 하지 않아 황색 침전물이 생기지 않기 때문이다.
② 아이오딘포름 반응

04 동영상에서 이황화탄소가 물과 섞여 층분리되는 것을 보여준다. 다음 물음에 답하시오. (5점)

① 이황화탄소는 윗부분과 아랫부분 중 어느 부분인가?
② 층분리되는 이유는 무엇인가?
③ 이황화탄소의 연소반응식을 쓰시오.

[해설]

물보다 무겁고 물에 녹지 않으나, 알코올, 에테르, 벤젠 등에는 잘 녹으며, 유지, 수지 등의 용제로 사용된다. 휘발하기 쉽고 발화점이 낮아 백열등, 난방기구 등의 열에 의해 발화하며, 점화하면 청색을 내고 연소하는데 연소생성물 중 SO_2는 유독성이 강하다.

$CS_2 + 3O_2 \rightarrow CO_2 + 2SO_2$

[해답]

① 아랫부분
② 비극성인 이황화탄소와 극성의 물이 섞이지 않고 이황화탄소가 물보다 무겁기 때문
③ $CS_2 + 3O_2 \rightarrow CO_2 + 2SO_2$

05 동영상에서는 흑색화약의 원료인 황가루, 숯, 질산칼륨을 막자사발에 덜어놓고 잘 섞어주는 장면을 보여준다. 그리고 흑색화약의 일부를 시험관에 넣고 가열 후 폭발하는 장면을 보여준다. 다음 각 물음에 답을 쓰시오. (4점)

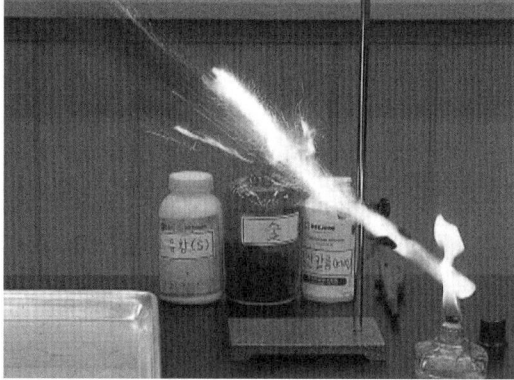

① 산소공급원이 되는 물질을 쓰시오.
② 이들 중 위험물의 지정수량을 쓰시오.

해설

질산칼륨은 강력한 산화제로 가연성 분말, 유기물, 환원성 물질과 혼합 시 가열, 충격으로 폭발하며, 흑색화약(질산칼륨 75%+황 10%+목탄 15%)의 원료로 이용된다.

$16KNO_3 + 3S + 21C \rightarrow 13CO_2 + 3CO + 8N_2 + 5K_2CO_3 + K_2SO_4 + 2K_2S$

해답

① 질산칼륨
② 질산칼륨 : 300kg, 황 : 100kg

06 동영상에서는 과산화수소를 적재한 이동탱크저장소를 보여준다. 천막(덮개) 덮는 장면을 보여준다. 운반포장방법을 쓰시오. (4점)

해설

적재하는 위험물에 따른 조치사항

차광성이 있는 것으로 피복해야 하는 경우	방수성이 있는 것으로 피복해야 하는 경우
제1류 위험물 제3류 위험물 중 자연발화성 물질 제4류 위험물 중 특수인화물 제5류 위험물 제6류 위험물	제1류 위험물 중 알칼리금속의 과산화물 제2류 위험물 중 철분, 금속분, 마그네슘 제3류 위험물 중 금수성 물질

해답

차광성이 있는 것으로 피복

07 동영상에서는 게시판에 제4류 위험물이라고 명기되어 있으며, 첫 번째 화면은 옥내저장소에 제4류 위험물인 휘발유가 겹쳐 쌓여 있는 장면을 보여주고, 두 번째 화면은 200L라고 표시되어 있는 드럼통이 선반에 적재되어 있는 장면을 보여준다. 다음 각 물음에 답을 쓰시오. (4점)
① 용기만을 겹쳐 쌓는 경우 저장높이는 몇 m인지 쓰시오.
② 제4류 위험물 중 제3석유류, 제4석유류 및 동식물유류를 저장할 때의 저장높이는 몇 m를 초과할 수 없는가?

해설

옥내저장소에서 위험물을 저장하는 경우에는 다음의 규정에 의한 높이를 초과하여 용기를 겹쳐 쌓지 아니하여야 한다.

㉮ 기계에 의하여 하역하는 구조로 된 용기만을 겹쳐 쌓는 경우에 있어서는 6m
㉯ 제4류 위험물 중 제3석유류, 제4석유류 및 동식물유류를 수납하는 용기만을 겹쳐 쌓는 경우에 있어서는 4m
㉰ 그 밖의 경우에 있어서는 3m

해답

① 3m, ② 4m

08
동영상은 제조소 근처의 건축물들을 보여준다. 안전거리가 가장 먼 대상물을 쓰시오. (4점)

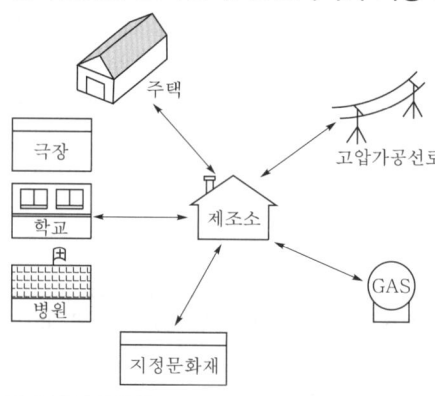

해설

건축물	안전거리
사용전압 7,000V 초과 35,000V 이하의 특고압가공전선	3m 이상
사용전압 35,000V 초과 특고압가공전선	5m 이상
주거용으로 사용되는 것(제조소가 설치된 부지 내에 있는 것 제외)	10m 이상
고압가스, 액화석유가스 또는 도시가스를 저장 또는 취급하는 시설	20m 이상
학교, 병원(종합병원, 치과병원, 한방·요양병원), 극장(공연장, 영화상영관, 수용인원 300명 이상 시설), 아동복지시설, 노인복지시설, 장애인복지시설, 모·부자복지시설, 보육시설, 성매매자를 위한 복지시설, 정신보건시설, 가정폭력피해자 보호시설, 수용인원 20명 이상의 다수인시설	30m 이상
유형문화재, 지정문화재	50m 이상

해답

지정문화재

09
동영상에서는 포소화설비의 포모니터를 보여준다. 다음 빈칸에 알맞은 답을 쓰시오. (4점)

포모니터노즐은 모든 노즐을 동시에 사용할 경우에 각 노즐선단의 방사량이 (①)L/min 이상이고 수평방사거리가 (②)m 이상이 되도록 설치할 것

해답

① 1,900   ② 30

10 동영상에서는 주황색 분말(A)과 흑자색 분말(B)을 에탄올과 물에 녹이는 과정을 보여주는데 이 중 주황색 분말이 물에 녹는다. 다음 각 물음에 답을 쓰시오. (5점)

① 분자량 294, 융점 398℃인 물질 A의 지정수량을 쓰시오.
② 물질 A의 열분해반응식을 쓰시오.

해설

$K_2Cr_2O_7$(다이크로뮴산칼륨)
㉮ 분자량 294, 비중 2.69, 융점 398℃, 분해온도 500℃, 등적색의 결정 또는 결정성 분말
㉯ 강산화제이며, 500℃에서 분해하여 산소를 발생하며, 가연물과 혼합된 것은 발열, 발화하거나 가열, 충격 등에 의해 폭발할 위험이 있다.
  $4K_2Cr_2O_7 \rightarrow 4K_2CrO_4 + 2Cr_2O_3 + 3O_2$

해답

① 1,000kg
② $4K_2Cr_2O_7 \rightarrow 4K_2CrO_4 + 2Cr_2O_3 + 3O_2$

2013년 제4회 과년도 출제문제

2013. 11. 19. 시행

제4회 일반검정문제

01 다음 보기에서 동식물유를 아이오딘값에 따라 건성유, 반건성유, 불건성유로 분류하시오. (6점)
〈보기〉
① 아마인유   ② 야자유   ③ 들기름   ④ 쌀겨유   ⑤ 목화씨유   ⑥ 땅콩유

[해설]

아이오딘값 : 유지 100g에 부가되는 아이오딘의 g수, 불포화도가 증가할수록 아이오딘값이 증가하며, 자연발화의 위험이 있다.
㉮ 건성유 : 아이오딘값이 130 이상인 것
  이중결합이 많아 불포화도가 높기 때문에 공기 중에서 산화되어 액 표면에 피막을 만드는 기름
  〈예〉 아마인유, 들기름, 동유, 정어리기름, 해바라기유 등
㉯ 반건성유 : 아이오딘값이 100~130인 것
  공기 중에서 건성유보다 얇은 피막을 만드는 기름
  〈예〉 참기름, 옥수수기름, 청어기름, 채종유, 면실유(목화씨유), 콩기름, 쌀겨유 등
㉰ 불건성유 : 아이오딘값이 100 이하인 것
  공기 중에서 피막을 만들지 않는 안정된 기름
  〈예〉 올리브유, 피마자유, 야자유, 땅콩기름, 동백기름 등

[해답]
- 건성유 : ①, ③
- 반건성유 : ④, ⑤
- 불건성유 : ②, ⑥

02 분자량 44, 인화점 −40℃, 비점 21℃, 연소범위 4.1~57%인 특수인화물에 대해 다음 물음에 답하시오. (6점)
① 시성식
② 증기밀도
③ 증기비중
④ 산화반응 시 생성되는 위험물

[해설]

아세트알데하이드(CH_3CHO, 알데하이드, 초산알데하이드) – 수용성 액체

㉮ 분자량(44), 비중(0.78), 녹는점(-121℃), 비점(21℃), 인화점(-40℃), 발화점(175℃)이 매우 낮고 연소범위(4.1~57%)가 넓으나 증기압(750mmHg)이 높아 휘발이 잘 되고, 인화성, 발화성이 강하며 수용액 상태에서도 인화의 위험이 있다.

㉯ 산화 시 초산, 환원 시 에탄올이 생성된다.

$$CH_3CHO + \frac{1}{2}O_2 \rightarrow CH_3COOH(산화작용)$$

$$CH_3CHO + H_2 \rightarrow C_2H_5OH(환원작용)$$

㉰ 구리, 수은, 마그네슘, 은 및 그 합금으로 된 취급설비는 아세트알데하이드와 반응에 의해 이들 간에 중합반응을 일으켜 구조불명의 폭발성 물질을 생성한다.

㉱ 탱크 저장 시는 불활성 가스 또는 수증기를 봉입하고 냉각장치 등을 이용하여 저장온도를 비점 이하로 유지시켜야 한다. 보냉장치가 없는 이동저장탱크에 저장하는 아세트알데하이드의 온도는 40℃로 유지하여야 한다.

[해답]

① CH_3CHO(아세트알데하이드)

② 증기밀도 = $\dfrac{분자량}{22.4} = \dfrac{44}{22.4} = 1.96$ g/L

③ 증기비중 = $\dfrac{분자량}{28.84} = \dfrac{44}{28.84} = 1.525 ≒ 1.53$

④ 초산(CH_3COOH)

03 알루미늄은 공기 중에서 산화 시 산화알루미늄 피막을 형성하기 때문에 건축재료로 많이 사용된다. 산화 시 생성되는 식을 쓰시오. (4점)

[해설]

알루미늄의 일반적 성질

㉮ 전성(퍼짐성), 연성(뽑힘성)이 좋으며 열전도율, 전기전도도가 큰 은백색의 무른 금속

㉯ 공기 중에서는 표면에 산화피막(산화알루미늄)을 형성하여 내부를 부식으로부터 보호한다.

$$4Al + 3O_2 \rightarrow 2Al_2O_3 + 339kcal$$

㉰ 황산, 묽은질산, 묽은염산, 알칼리와 반응하여 수소를 발생한다. 그러나 진한질산에는 침식당하지 않는다.

$$2Al + 6HCl \rightarrow 4AlCl_3 + 3H_2$$

$$2Al + 2KOH + 2H_2O \rightarrow 2KAlO_2 + 3H_2$$

㉱ 다른 금속산화물을 환원한다. 특히 Fe_3O_4와 강력한 산화반응을 한다.

$$3Fe_3O_4 + 8Al \rightarrow 4Al_2O_3 + 9Fe(테르밋 반응)$$

[해답]

$4Al + 3O_2 \rightarrow 2Al_2O_3$

04 위험물안전관리법에서 정한 특수인화물의 조건 2가지를 쓰시오. (4점)

해답
① 이황화탄소, 디에틸에테르, 그 밖에 1기압에서 발화점이 섭씨 100도 이하인 것
② 인화점이 섭씨 영하 20도 이하이고 비점이 섭씨 40도 이하인 것

05 염소산염류 중 철제용기를 부식시키는 위험물로 분자량 106인 위험물을 쓰시오. (3점)

해설
$NaClO_3$(염소산나트륨)
㉮ 분자량 106.5, 비중(20℃) 2.5, 분해온도 300℃, 융점 240℃
㉯ 조해성, 흡습성이 있고 물, 알코올, 글리세린, 에테르 등에 잘 녹는다.
㉰ 흡습성이 좋으며 강한 산화제로서 철제 용기를 부식시킨다.
㉱ 산과 반응이나 분해반응으로 독성이 있으며, 폭발성이 강한 이산화염소(ClO_2)를 발생한다.
　　$2NaClO_3 + 2HCl \rightarrow 2NaCl + 2ClO_2 + H_2O_2$
　　$3NaClO_3 \rightarrow NaClO_4 + Na_2O + 2ClO_2$

해답
$NaClO_3$(염소산나트륨)

06 옥외소화전설비를 6개 설치할 경우 필요한 수원의 양은 몇 m^3인지 계산하시오. (4점)

해설
수원의 수량은 옥외소화전의 설치개수(설치개수가 4개 이상인 경우는 4개의 옥외소화전)에 $13.5m^3$를 곱한 양 이상이 되도록 설치할 것. 즉 $13.5m^3$란 법정 방수량 450L/min으로 30min 이상 기동할 수 있는 양
수원의 양(Q) : $Q(m^3) = N \times 13.5m^3$ (N, 4개 이상인 경우 4개)
　　　　　　　　　$= 4 \times 13.5m^3$
　　　　　　　　　$= 54m^3$

해답
$54m^3$

07 트리에틸알루미늄과 물의 반응식과 발생하는 가스의 명칭을 쓰시오. (5점)

해설
물, 산과 접촉하면 폭발적으로 반응하여 에탄을 형성하고 이때 발열, 폭발에 이른다.
$(C_2H_5)_3Al + 3H_2O \rightarrow Al(OH)_3 + 3C_2H_6 +$ 발열

해답
① $(C_2H_5)_3Al + 3H_2O \rightarrow Al(OH)_3 + 3C_2H_6$
② 에탄(C_2H_6)

08

유별을 달리하는 위험물은 동일한 저장소(내화구조의 격벽으로 완전히 구획된 실이 2 이상 있는 저장소에 있어서는 동일한 실)에 저장하지 아니하여야 한다. 다만, 옥내저장소 또는 옥외저장소에 있어서 유별로 서로 1m 이상의 간격을 두는 경우 위험물을 저장하는 경우로서 위험물을 유별로 정리하여 저장할 수 있는 경우에 대해 다음 괄호 안을 알맞게 채우시오. (3점)
① 제2류 위험물 중 (   )와 제4류 위험물을 저장하는 경우
② 제3류 위험물 중 (   )과 제4류 위험물(알킬알루미늄 또는 알킬리튬을 함유한 것에 한한다)을 저장하는 경우
③ 제(   )류 위험물과 제3류 위험물 중 자연발화성 물질(황린 또는 이를 함유한 것에 한한다)을 저장하는 경우

해답
① 인화성 고체
② 알킬알루미늄 등
③ 1

09

다음 빈칸에 알맞은 답을 쓰시오. (6점)
옥외저장탱크·옥내저장탱크 또는 지하저장탱크 중 압력탱크 외의 탱크에 저장하는 디에틸에테르 등 또는 아세트알데하이드 등의 온도는 산화프로필렌과 이를 함유한 것 또는 디에틸에테르 등에 있어서는 (①) 이하로, 아세트알데하이드 또는 이를 함유한 것에 있어서는 (②) 이하로 각각 유지하고, 보냉장치가 없는 이동저장탱크에 저장하는 아세트알데하이드 등 또는 디에틸에테르 등의 온도는 (③) 이하로 유지할 것

해답
① 30℃
② 15℃
③ 40℃

10

이동탱크저장소의 탱크 구조기준에 관한 내용이다. 다음 물음에 답하시오. (4점)
① 압력탱크(최대상용압력이 46.7kPa 이상인 탱크) 외의 탱크는 (   )의 압력으로, 압력탱크는 최대상용압력의 (   )배의 압력으로 각각 (   )분간 수압시험을 실시하여 새거나 변형되지 아니할 것
② 안전장치의 경우 상용압력이 20kPa을 초과하는 경우 상용압력의 (   )배 이하의 압력으로 작동할 수 있어야 할 것

해답
① 70kPa, 1.5, 10
② 1.1

11. 제5류 위험물인 질산에스터류와 나이트로화합물의 종류를 각각 3가지씩 쓰시오. (6점)

해설

성질	품명	대표품목
자기 반응성 물질	1. 유기과산화물	과산화벤조일, MEKPO
	2. 질산에스터류	나이트로셀룰로오스, 나이트로글리세린, 질산메틸, 질산에틸, 나이트로글리콜
	3. 나이트로화합물	TNT, 피크린산, 디나이트로벤젠, 디나이트로톨루엔
	4. 나이트로소화합물	파라나이트로소벤젠
	5. 아조화합물	아조디카르본아미드
	6. 다이아조화합물	다이아조디나이트로벤젠
	7. 하이드라진유도체	디메틸하이드라진
	8. 하이드록실아민(NH_2OH)	
	9. 하이드록실아민염류	황산하이드록실아민
	10. 그 밖의 행정안전부령이 정하는 것 ① 금속의 아지드화합물 ② 질산구아니딘	

해답

① 질산에스터류 : 질산메틸, 질산에틸, 나이트로글리세린, 나이트로글리콜, 나이트로셀룰로오스
② 나이트로화합물 : 트리나이트로톨루엔, 트리나이트로페놀, 디나이트로벤젠, 디나이트로톨루엔

12. 탄화칼슘이 물과 접촉했을 때의 반응식을 쓰시오. (4점)

해설

물과 심하게 반응하여 수산화칼슘과 아세틸렌을 만들며 공기 중 수분과 반응하여도 아세틸렌을 발생한다.
$CaC_2 + 2H_2O \rightarrow Ca(OH)_2 + C_2H_2$

해답

$CaC_2 + 2H_2O \rightarrow Ca(OH)_2 + C_2H_2$

제4회 동영상문제

01 동영상에서는 옥내저장소의 배출구를 보여준다. 다음 각 물음에 답을 쓰시오. (6점)
① 바닥으로부터 높이 몇 m 이상에 환기구를 설치하는지 쓰시오.
② 급기구는 낮은 곳에 설치하고 가는 눈의 구리망 등으로 무엇을 설치하는지 쓰시오.
③ 액체의 위험물을 취급하는 건축물의 바닥은 적당한 경사를 두어 그 최저부에 무엇을 설치하는가?

[해설]

①~② 환기설비 설치기준
  ㉮ 환기는 자연배기방식으로 한다.
  ㉯ 급기구는 당해 급기구가 설치된 실의 바닥면적 150m²마다 1개 이상으로 하되, 급기구의 크기는 800cm² 이상으로 한다. 다만, 바닥면적이 150m² 미만인 경우에는 다음의 크기로 하여야 한다.

바닥면적	급기구의 면적
60m² 미만	150cm² 이상
60m² 이상 90m² 미만	300cm² 이상
90m² 이상 120m² 미만	450cm² 이상
120m² 이상 150m² 미만	600cm² 이상

  ㉰ 급기구는 낮은 곳에 설치하고, 가는 눈의 구리망 등으로 인화방지망을 설치한다.
  ㉱ 환기구는 지붕 위 또는 지상 2m 이상의 높이에 회전식 고정벤틸레이터 또는 루프팬방식으로 설치한다.
③ 액상의 위험물의 저장창고의 바닥은 위험물이 스며들지 아니하는 구조로 하고, 적당하게 경사지게 하여 그 최저부에 집유설비를 하여야 한다.

[해답]
① 2m, ② 인화방지망, ③ 집유설비

02 동영상에서는 실험실에서 실험자가 CS_2(이황화탄소)를 사용하여 실험을 준비하는 과정을 보여준다. 이황화탄소의 저장방법과 그렇게 저장하는 이유를 쓰시오. (4점)
① 저장방법
② 이유

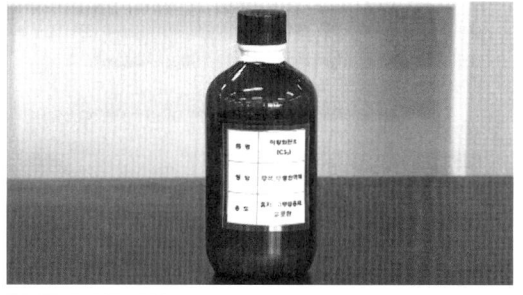

해설
물보다 무겁고 물에 녹기 어렵기 때문에 가연성 증기의 발생을 억제하기 위하여 물(수조) 속에 저장한다.

해답
① 물(수조) 속에 저장한다.
② 물보다 무겁고 물에 녹기 어렵기 때문에 가연성 증기의 발생을 억제하기 위하여

03

동영상에서는 부속시설을 포함해서 옥외탱크저장소를 전체적으로 보여주고 안쪽에 설치되어 있는 게시판을 보여준다. 다음 각 물음에 답을 쓰시오. (6점)

위험물 옥외탱크저장소	
화기엄금	
허가일자	1991년
유별	제4류
품명	등유
저장수량	0000L
안전관리자	홍길동

① 게시판을 보고 반드시 표시하지 않아도 되는 사항을 쓰시오. (단, 없으면 없음으로 표기한다.)
② 게시판에 위험물법령상 잘못된 품명이 표기되어 있다. 올바르게 수정하시오.
③ 게시판을 보고 누락된 항목을 쓰시오.

해설
표지 및 게시판
㉮ 옥외탱크저장소에는 보기 쉬운 곳에 다음의 기준에 따라 "위험물 옥외탱크저장소"라는 표시를 한 표지를 설치하여야 한다.
  ㉠ 표지는 한 변의 길이 0.3m 이상, 다른 한 변의 길이 0.6m 이상인 직사각형으로 할 것
  ㉡ 표지의 바탕은 백색으로, 문자는 흑색으로 할 것
㉯ 옥외탱크저장소에는 보기 쉬운 곳에 다음의 기준에 따라 방화에 관하여 필요한 사항을 게시한 게시판을 설치하여야 한다.
  ㉠ 게시판은 한 변의 길이 0.3m 이상, 다른 한 변의 길이 0.6m 이상인 직사각형으로 할 것
  ㉡ 게시판에는 저장 또는 취급하는 위험물의 유별·품명 및 저장최대수량 또는 취급최대수량, 지정수량의 배수 및 안전관리자의 성명 또는 직명을 기재할 것
  ㉢ 게시판의 바탕은 백색으로, 문자는 흑색으로 할 것

해답
① 허가일자(1991년)
② 제2석유류
③ 지정수량의 배수

04

동영상에서는 유기과산화물을 저장하는 옥내저장소를 보여준다. 다음 각 물음에 답을 쓰시오. (4점)

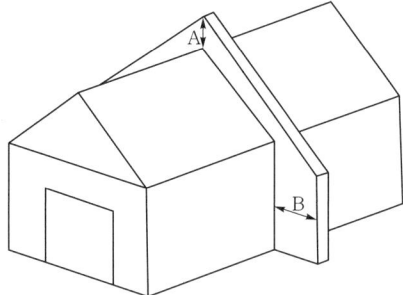

① 격벽 A는 저장창고의 상부의 지붕으로부터 얼마 이상 돌출하여야 하는가?
② 격벽 B는 저장창고의 양측의 외벽으로부터 얼마 이상 돌출하여야 하는가?

해설

지정과산화물에 대한 옥내저장소의 저장창고 기준
㉮ 저장창고는 150m² 이내마다 격벽으로 완전하게 구획할 것. 이 경우 당해 격벽은 두께 30cm 이상의 철근콘크리트조 또는 철골철근콘크리트조로 하거나 두께 40cm 이상의 보강콘크리트블록조로 하고, 당해 저장창고의 양측의 외벽으로부터 1m 이상, 상부의 지붕으로부터 50cm 이상 돌출하게 하여야 한다.
㉯ 저장창고의 외벽은 두께 20cm 이상의 철근콘크리트조나 철골철근콘크리트조 또는 두께 30cm 이상의 보강콘크리트블록조로 할 것

해답

① 50cm 이상, ② 1m 이상

05

동영상에서는 옥외저장소에 위험물을 저장한 장면을 보여준다. 다음 각 물음에 답을 쓰시오. (4점)
① 옥외저장소에 등급 구분 없이 저장할 수 있는 위험물을 쓰시오.
② 기계에 의하여 하역하는 구조가 아닌 수납한 용기를 선반에 저장하는 경우에는 몇 m를 초과하여 저장하지 아니하여야 하는지 쓰시오.

해설

① 옥외저장소에 저장할 수 있는 위험물
  ㉮ 제2류 위험물 중 황, 인화성 고체(인화점이 0℃ 이상인 것에 한함)
  ㉯ 제4류 위험물 중 제1석유류(인화점이 0℃ 이상인 것에 한함), 제2석유류, 제3석유류, 제4석유류, 알코올류, 동식물유류
  ㉰ 제6류 위험물
② 옥외저장소에서 위험물을 수납한 용기를 선반에 저장하는 경우에는 6m를 초과하여 저장하지 아니하여야 한다.

해답

① 제6류 위험물, ② 6m

06 동영상에서는 메틸리튬($(CH_3)Li$)과 뷰틸리튬($(C_4H_9)Li$)을 물이 담겨있는 병에서 시료를 조금씩 채취하면서 이 병에 고무풍선을 꽂으면 고무풍선이 부풀어 오른다. 다음 물음에 답하시오. (4점)
① 동영상의 물질에 대한 공통적인 품명을 쓰시오.
② 동영상 물질의 지정수량을 쓰시오.

[해설]
알킬리튬(RLi)은 물과 만나면 심하게 발열하고 가연성의 수소가스를 발생한다.

[해답]
① 알킬리튬
② 10kg

07 동영상에서는 실험실에서 비커 속에 있는 염소산칼륨에 황산을 적가하는 반응을 보여준다. 이때 ① 반응식과, ② 생성되는 폭발성 가스의 명칭을 쓰시오. (4점)

[해설]
황산 등의 강산과 접촉으로 격렬하게 반응하여 폭발성의 이산화염소를 발생하고 발열폭발한다.
$4KClO_3 + 4H_2SO_4 \rightarrow 4KHSO_4 + 4ClO_2 + O_2 + 2H_2O + 열$

[해답]
① $4KClO_3 + 4H_2SO_4 \rightarrow 4KHSO_4 + 4ClO_2 + O_2 + 2H_2O + 열$
② 이산화염소가스(ClO_2)

08 동영상에서는 첫 번째 실험에서 질산칼륨(KNO₃)을 물, 에탄올, 글리세린, 에테르에 용해시키고, 두 번째 실험에서 질산나트륨(NaNO₃)을 물, 에탄올, 글리세린, 에테르에 용해시킨다. 다음 각 물음에 답을 쓰시오. (5점)

① 제1류 위험물로서 분자량이 약 101.1이며, 물, 글리세린, 에탄올 등에 잘 녹지만 에테르에는 용해되지 않는 물질을 쓰시오.
② ①의 물질에 열분해반응식을 쓰시오.

해설

KNO₃(질산칼륨, 질산카리, 초석)
㉮ 분자량 101, 비중 2.1, 융점 339℃, 분해온도 400℃, 용해도 26
㉯ 무색의 결정 또는 백색분말로 차가운 자극성의 짠맛이 난다.
㉰ 물이나 글리세린 등에는 잘 녹고, 알코올에는 녹지 않는다. 수용액은 중성이다.
㉱ 약 400℃로 가열하면 분해하여 아질산칼륨(KNO₂)과 산소(O₂)가 발생하는 강산화제이다.
$$2KNO_3 \rightarrow 2KNO_2 + O_2$$
㉲ 강력한 산화제로 가연성 분말, 유기물, 환원성 물질과 혼합 시 가열, 충격으로 폭발하며, 흑색화약(질산칼륨 75%+황 10%+목탄 15%)의 원료로 이용된다.
$$16KNO_3 + 3S + 21C \rightarrow 13CO_2 + 3CO + 8N_2 + 5K_2CO_3 + K_2SO_4 + 2K_2S$$

해답

① 질산칼륨
② $2KNO_3 \rightarrow 2KNO_2 + O_2$

09 동영상에서는 옥내저장소를 보여준다. 저장창고는 지면에서 처마까지의 높이가 6m 미만인 단층건물로 하고 그 바닥을 지반면보다 높게 하여야 한다. 다만, 제2류 또는 제4류의 위험물만을 저장하는 창고로 20m 이하로 할 수 있는 기준을 3가지 쓰시오. (6점)

해설

저장창고는 지면에서 처마까지의 높이(이하 "처마높이"라 한다)가 6m 미만인 단층건물로 하고 그 바닥을 지반면보다 높게 하여야 한다. 다만, 제2류 또는 제4류의 위험물만을 저장하는 창고로서 다음의 기준에 적합한 창고의 경우에는 20m 이하로 할 수 있다.
㉮ 벽·기둥·보 및 바닥을 내화구조로 할 것
㉯ 출입구에 갑종방화문을 설치할 것
㉰ 피뢰침을 설치할 것. 다만, 주위상황에 의하여 안전상 지장이 없는 경우에는 그러하지 아니하다.

[해답]
① 벽 · 기둥 · 보 및 바닥을 내화구조로 할 것
② 출입구에 갑종방화문을 설치할 것
③ 피뢰침을 설치할 것

10 동영상은 주유취급소이다. 다음 물음에 답하시오. (4점)

① 주유공지는?
② 주유 중 엔진정지 표지판의 바탕색과 문자는?
③ 새어나온 기름이 외부로 유출되지 않도록 배수구, 집유설비 및 무엇을 설치해야 하는가?

[해설]
주유취급소의 위치 · 구조 및 설비 기준
㉮ 주유취급소의 고정주유설비(펌프기기 및 호스기기로 되어 위험물을 자동차 등에 직접 주유하기 위한 설비로서 현수식의 것을 포함한다. 이하 같다)의 주위에는 주유를 받으려는 자동차 등이 출입할 수 있도록 너비 15m 이상, 길이 6m 이상의 콘크리트 등으로 포장한 공지(이하 "주유공지"라 한다)를 보유하여야 하고, 고정급유설비(펌프기기 및 호스기기로 되어 위험물을 용기에 옮겨 담거나 이동저장탱크에 주입하기 위한 설비로서 현수식의 것을 포함한다. 이하 같다)를 설치하는 경우에는 고정급유설비의 호스기기의 주위에 필요한 공지(이하 "급유공지"라 한다)를 보유하여야 한다.
㉯ ㉮의 규정에 의한 공지의 바닥은 주위 지면보다 높게 하고, 그 표면을 적당하게 경사지게 하여 새어나온 기름, 그 밖의 액체가 공지의 외부로 유출되지 아니하도록 배수구 · 집유설비 및 유분리장치를 하여야 한다.

[해답]
① 너비 15m 이상, 길이 6m 이상의 콘크리트 등으로 포장한 공지
② 황색바탕에 흑색문자
③ 유분리장치

2014. 4. 20. 시행

제1회 과년도 출제문제

제1회 일반검정문제

01 알루미늄에 대해 다음 물음에 답하시오. (5점)
① 완전연소반응식 ② 염산과 반응 시 생성가스

[해설]
① 공기 중에서는 표면에 산화피막(산화알루미늄)을 형성하여 내부를 부식으로부터 보호한다.
$4Al + 3O_2 \rightarrow 2Al_2O_3 + 339kcal$
② 대부분의 산과 반응하여 수소를 발생한다(단, 진한질산 제외).
$2Al + 6HCl \rightarrow 2AlCl_3 + 3H_2$

[해답]
① $4Al + 3O_2 \rightarrow 2Al_2O_3$, ② 수소가스

02 다음 도표에 할론 소화약제에 대한 화학식을 쓰시오. (6점)

할론 1301	할론 2402	할론 1211
①	②	③

[해설]

Halon No.	분자식	명명법	비고
할론 104	CCl_4	Carbon Tetrachloride (사염화탄소)	법적 사용 금지 (∵ 유독가스 $COCl_2$ 방출)
할론 1011	$CBrClH_2$	Bromo Chloro Methane (일취화일염화메탄)	
할론 1211	CF_2ClBr	Bromo Chloro Difluoro Methane (일취화일염화이불화메탄)	상온에서 기체, 증기비중 5.7, 소화기용
할론 2402	$C_2F_4Br_2$	Dibromo Tetrafluoro Ethane (이취화사불화에탄)	상온에서 액체, 법적 고시 (단, 독성으로 인해 국내외 생산되는 곳이 없으므로 사용 불가)
할론 1301	CF_3Br	Bromo Trifluoro Methane (일취화삼불화메탄)	상온에서 기체, 증기비중 5.1 소화설비용, 인체에 가장 무해함

[해답]
① CF_3Br, ② $C_2F_4Br_2$, ③ CF_2ClBr

03
제4류 위험물인 에틸알코올에 대해 다음 각 물음에 답을 쓰시오. (6점)
① 연소반응식
② 칼륨과의 반응에서 발생하는 기체의 명칭
③ 에틸알코올의 구조이성질체로서 디메틸에테르의 시성식을 쓰시오.

해설

① 무색 투명하고 인화가 쉬우며 공기 중에서 쉽게 산화한다. 또한 연소는 완전연소를 하므로 불꽃이 잘 보이지 않으며 그을음이 거의 없다.
$C_2H_5OH + 3O_2 \rightarrow 2CO_2 + 3H_2O$
② Na, K 등 알칼리금속과 반응하여 인화성이 강한 수소를 발생한다.
$2K + 2C_2H_5OH \rightarrow 2C_2H_5OK + H_2$

해답

① $C_2H_5OH + 3O_2 \rightarrow 2CO_2 + 3H_2O$
② 수소가스
③ CH_3OCH_3

04
인화칼슘에 대해 다음 물음에 답하시오. (5점)
① 지정수량
② 물과의 반응식

해설

성질	위험등급	품명	대표품목	지정수량
자연발화성 물질 및 금수성 물질	I	1. 칼륨(K) 2. 나트륨(Na) 3. 알킬알루미늄 4. 알킬리튬	$(C_2H_5)_3Al$ C_4H_9Li	10kg
		5. 황린(P_4)		20kg
	II	6. 알칼리금속류(칼륨 및 나트륨 제외) 및 알칼리토금속 7. 유기금속화합물(알킬알루미늄 및 알킬리튬 제외)	Li, Ca $Te(C_2H_5)_2$, $Zn(CH_3)_2$	50kg
	III	8. 금속의 수소화물 9. 금속의 인화물 10. 칼슘 또는 알루미늄의 탄화물	LiH, NaH Ca_3P_2, AlP CaC_2, Al_4C_3	300kg
		11. 그 밖에 행정안전부령이 정하는 것 염소화규소화합물	$SiHCl_3$	300kg

물과 반응하여 가연성이며 독성이 강한 인화수소(PH_3, 포스핀)가스를 발생한다.
$Ca_3P_2 + 6H_2O \rightarrow 3Ca(OH)_2 + 2PH_3$

해답

① 300kg
② $Ca_3P_2 + 6H_2O \rightarrow 3Ca(OH)_2 + 2PH_3$

05
1atm, 25℃에서 공기 중 이황화탄소 5kg이 모두 산화할 때 생성되는 CO_2 기체의 부피를 구하시오. (5점)

해설

$CS_2 + 3O_2 \rightarrow CO_2 + 2SO_2$

이상기체 방정식 : $PV = \dfrac{w}{M}RT \rightarrow V = \dfrac{wRT}{PM}$

이황화탄소(CS_2) 분자량 $M = 12 + (32 \times 2) = 76\,g/mol$

$$\dfrac{5 \times 10^3 g-CS_2 \;|\; 1mol-CS_2 \;|\; 1mol-CO_2 \;|\; 44g-CO_2}{ 76g-CS_2 \;|\; 1mol-CS_2 \;|\; 1mol-CO_2} = 2894.74\,g-CO_2$$

$\therefore V = \dfrac{2894.74 \times 0.082 \times (25 + 273.15)}{1 \times 44} \fallingdotseq 1608.4L \fallingdotseq 1.608m^3$

해답

$1.608m^3$

06
제6류 위험물로서 분자량 63이며, 가열 시 유독한 적갈색증기를 발생시키고 염산과 혼합되어 금과 백금을 부식시킬 수 있는 ① 이 물질은 무엇이며, ② 지정수량은 얼마인가? (5점)

해설

질산을 가열하면 적갈색의 유독한 갈색증기(NO_2)와 발생기 산소가 발생한다.
$4HNO_3 \rightarrow 4H_2O + 2NO_2 + O_2$

해답

① 질산(HNO_3)
② 300kg

07
350℃, 1기압에서 1kg의 과산화나트륨(Na_2O_2)이 물과 반응할 때 생성되는 기체의 체적은 몇 L인지 구하시오. (5점)

해설

물과의 반응식
$2Na_2O_2 + 2H_2O \rightarrow 4NaOH + O_2$

$$\dfrac{1,000g-Na_2O_2 \;|\; 1mol-Na_2O_2 \;|\; 1mol-O_2 \;|\; 32g-O_2}{ 78g-Na_2O_2 \;|\; 2mol-Na_2O_2 \;|\; 1mol-O_2} = 205.13\,g-O_2$$

이상기체 방정식

$PV = \dfrac{w}{M}RT$에서 $\rightarrow V = \dfrac{wRT}{PM} = \dfrac{205.13 \times 0.082 \times (350 + 273.15)}{1 \times 32} = 327.55L$

해답

327.55L

08 제5류 위험물인 과산화벤조일의 구조식을 그리시오. (3점)

해설

과산화벤조일 $((C_6H_5CO)_2O_2)$

해답

◯—C—O—O—C—◯
    ‖   ‖
    O   O

09 위험물 운반 시 제1류 위험물과 혼재 불가능한 위험물을 모두 쓰시오. (3점)

해설

위험물의 구분	제1류	제2류	제3류	제4류	제5류	제6류
제1류		×	×	×	×	○
제2류	×		×	○	○	×
제3류	×	×		○	×	×
제4류	×	○	○		○	×
제5류	×	○	×	○		×
제6류	○	×	×	×	×	

해답

제2류, 제3류, 제4류, 제5류

10 다음은 제4류 위험물 중 석유류 인화점에 관한 내용이다. 다음 빈칸을 채우시오. (4점)

① 제1석유류 : 인화점이 ( )℃ 미만
② 제2석유류 : 인화점이 (㉮)℃ 이상 (㉯)℃ 미만

해설

① "제1석유류"라 함은 아세톤, 휘발유, 그 밖에 1기압에서 인화점이 섭씨 21도 미만인 것을 말한다.
② "제2석유류"라 함은 등유, 경유, 그 밖에 1기압에서 인화점이 섭씨 21도 이상 70도 미만인 것을 말한다. 다만, 도료류, 그 밖의 물품에 있어서 가연성 액체량이 40중량퍼센트 이하이면서 인화점이 섭씨 40도 이상인 동시에 연소점이 섭씨 60도 이상인 것은 제외한다.

해답

① 21
② ㉮ 21, ㉯ 70

11
1atm, 70℃에서 16g의 벤젠(C_6H_6)이 공기 중에서 산화하는 경우 수증기의 부피는 몇 L인지 구하시오. (4점)

해설

$2C_6H_6 + 5O_2 \rightarrow 12CO_2 + 6H_2O$

$$\frac{16g\;C_6H_6}{} \left| \frac{1mol\;C_6H_6}{78g\;C_6H_6} \right| \frac{6mol\;H_2O}{2mol\;C_6H_6} \left| \frac{18g-H_2O}{1mol\;H_2O} \right. = 11.07g - H_2O$$

∴ $PV = \dfrac{w}{M}RT$에서

$$V = \frac{wRT}{PM} = \frac{11.07 \times 0.082 \times (70+273.15)}{1 \times 18} \fallingdotseq 17.31L$$

해답

17.31L

12
제3류 위험물인 황린의 완전연소반응식을 쓰시오. (4점)

해설

공기 중에서 격렬하게 오산화인의 백색연기를 내며 연소하고, 일부 유독성의 포스핀(PH_3)도 발생하며 환원력이 강하여 산소농도가 낮은 분위기에서도 연소한다.

$P_4 + 5O_2 \rightarrow 2P_2O_5$

해답

$P_4 + 5O_2 \rightarrow 2P_2O_5$

제1회 동영상문제

01 동영상에서 PMCC라고 표기된 인화점 측정기기를 보여준다. 이 기구의 명칭을 쓰시오. (3점)

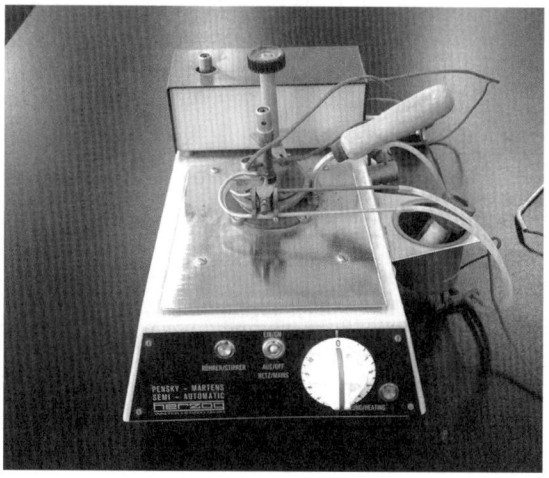

[해답]
펜스키 마텐스(Pensky Martens Type) 밀폐식 인화점시험기

02 동영상에서 디에틸에테르가 적셔진 화장솜을 45도 기울어진 홈틀 상부 위에 올려놓고, 홈틀 맨 아래쪽에는 양초에 불을 붙이자 불이 거꾸로 타들어가는 모습을 보여준다. 다음 물음에 답하시오. (6점)

① 불이 거꾸로 타들어가는 이유를 쓰시오.
② 디에틸에테르에 대해 과산화물 생성방지를 위해 어떠한 조치를 해야 하는지 적으시오.

[해설]

㉮ 증기비중 = $\dfrac{\text{기체의 분자량}(74\text{g/mol})}{\text{공기의 분자량}(29\text{g/mol})}$ = 2.55

　※ 제4류 위험물(인화성 액체)의 증기는 공기보다 무거워 낮은 곳에 체류한다.(예외 : 시안화수소(HCN))

㉯ 디에틸에테르의 저장 및 취급방법
  ㉠ 직사광선에 분해되어 과산화물을 생성하므로 갈색병을 사용하여 밀전하고 냉암소 등에 보관하며 용기의 공간용적은 2% 이상으로 해야 한다.
  ㉡ 불꽃 등 화기를 멀리하고 통풍이 잘 되는 곳에 저장한다.
  ㉢ 대량저장 시에는 불활성 가스를 봉입하고, 운반용기의 공간용적으로 10% 이상 여유를 둔다. 또한, 옥외저장탱크 중 압력탱크에 저장하는 경우 40℃ 이하를 유지해야 한다.
  ㉣ 점화원을 피해야 하며 특히 정전기를 방지하기 위해 약간의 $CaCl_2$를 넣어 두고, 또한 폭발성의 과산화물 생성 방지를 위해 40mesh의 구리망을 넣어둔다.
  ㉤ 과산화물의 검출은 10% 아이오딘화칼륨(KI) 용액과의 황색반응으로 확인한다.

[해답]

① 디에틸에테르($C_2H_5OC_2H_5$)의 증기비중(약 2.55)이 1보다 크므로 공기 중에서 낮은 곳에 체류하게 되므로 불이 붙게 된다.
② 40mesh의 구리망을 넣어둔다.

03 동영상은 A~E 물질을 순서대로 보여주고, 마지막에 A~E 물질 전체를 보여준다. 다음 각 물음에 A~E 알파벳으로 답을 쓰시오. (6점)

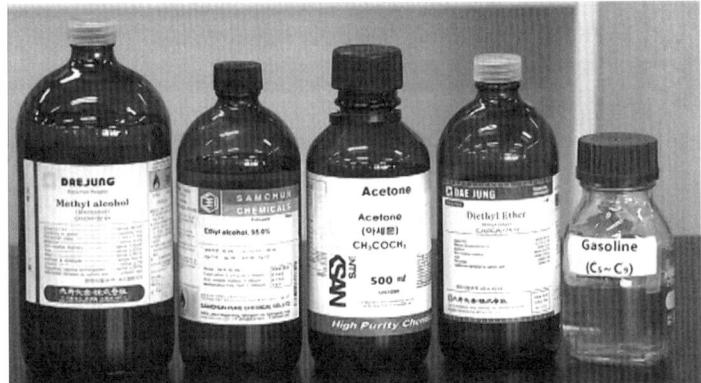

A : 메틸알코올, B : 에틸알코올, C : 아세톤, D : 디에틸에테르, E : 가솔린

① 연소범위가 가장 넓은 것을 고르시오.
② 제1석유류를 고르시오.
③ 증기비중이 가장 가벼운 것을 고르시오.

[해설]

구분	메틸알코올	에틸알코올	아세톤	디에틸에테르	가솔린
화학식	CH_3OH	C_2H_5OH	CH_3COCH_3	$C_2H_5OC_2H_5$	$C_5 \sim C_9$
연소범위	6~36%	4.3~19%	2.5~12.8%	1.9~48%	1.2~7.6%
품명별	알코올류	알코올류	제1석유류	특수인화물	제1석유류
증기비중	1.1	1.59	2.01	2.6	3~4

[해답]
① D, ② C, E, ③ A

04

동영상에서 최대허용수량 16,000L의 이동식 탱크저장차량을 보여준다. 다음 각 물음에 답을 쓰시오. (4점)
① 안전칸막이 수는 몇 개 이상으로 하여야 하는지 쓰시오.
② 방파판은 하나의 구획부분에 몇 개 이상을 설치하여야 하는지 쓰시오.

[해설]
안전칸막이 및 방파판의 설치기준
㉮ 안전칸막이 설치기준
  ㉠ 재질은 두께 3.2mm 이상의 강철판으로 제작
  ㉡ 4,000L 이하마다 구분하여 설치
㉯ 방파판 설치기준
  ㉠ 재질은 두께 1.6mm 이상의 강철판으로 제작
  ㉡ 하나의 구획부분에 2개 이상의 방파판을 이동탱크저장소의 진행방향과 평행으로 설치하되, 그 높이와 칸막이로부터의 거리를 다르게 할 것
  ㉢ 하나의 구획부분에 설치하는 각 방파판의 면적 합계는 당해 구획부분의 최대수직단면적의 50% 이상으로 할 것. 다만, 수직단면이 원형이거나 짧은 지름이 1m 이하의 타원형인 경우에는 40% 이상으로 할 수 있다.
이동저장탱크는 그 내부에 4,000L 이하마다 칸막이 설치

칸막이 수량 $= \dfrac{16,000}{4,000} - 1 = 3$개

[해답]
① 3개
② 2개

05 동영상에서는 A(물)와 B(이황화탄소) 비커에 각각 용매를 먼저 넣은 후 황을 넣고 섞었다. A비커는 2층으로 분리되어 있고, B비커는 용해되었다. 다음 각 물음에 답을 쓰시오. (4점)

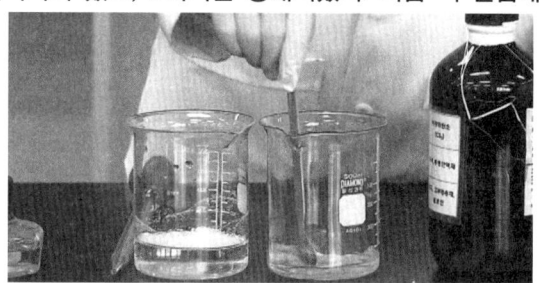

① 용매가 물인 것은 어느 비커인지 쓰시오.
② 황이 산소와 반응하여 발생되는 기체를 쓰시오.

[해설]

황
㉮ 물, 산에는 녹지 않으며 알코올에는 약간 녹고, 이황화탄소(CS_2)에는 잘 녹는다(단, 고무상황은 녹지 않는다).
㉯ 공기 중에서 연소하면 푸른 빛을 내며 아황산가스를 발생하며 아황산가스는 독성이 있다.
$S + O_2 \rightarrow SO_2$
※ 황은 물에 용해되지 않고, 이황화탄소에 용해된다.

[해답]
① A비커, ② SO_2(아황산가스)

06 동영상에서는 제1류 위험물인 염소산염류와 제6류 위험물인 질산을 함께 저장하는 옥내저장소를 보여준다. 다음 각 물음에 답을 쓰시오. (4점)
① 2가지 위험물을 같이 저장하는 경우 상호간 몇 m 이상의 간격을 두어야 하는지 쓰시오.
② 옥내저장소의 면적(m^2)을 구하시오.

[해설]
① 유별을 달리하는 위험물은 동일한 저장소(내화구조의 격벽으로 완전히 구획된 실이 2 이상 있는 저장소에 있어서는 동일한 실)에 저장하지 아니하여야 한다. 다만, 옥내저장소 또는 옥외저장소에 있어서 다음의 규정에 의한 위험물을 저장하는 경우로서 위험물을 유별로 정리하여 저장하는 한편, 서로 1m 이상의 간격을 두는 경우에는 그러하지 아니하다.
㉮ 제1류 위험물(알칼리금속의 과산화물 또는 이를 함유한 것을 제외한다)과 제5류 위험물을 저장하는 경우
㉯ 제1류 위험물과 제6류 위험물을 저장하는 경우
㉰ 제1류 위험물과 제3류 위험물 중 자연발화성 물질(황린 또는 이를 함유한 것에 한한다)을 저장하는 경우
㉱ 제2류 위험물 중 인화성 고체와 제4류 위험물을 저장하는 경우
㉲ 제3류 위험물 중 알킬알루미늄 등과 제4류 위험물(알킬알루미늄 또는 알킬리튬을 함유한 것에 한한다)을 저장하는 경우
㉳ 제4류 위험물 중 유기과산화물 또는 이를 함유하는 것과 제5류 위험물 중 유기과산화물 또는 이를 함유한 것을 저장하는 경우

② 하나의 저장창고의 바닥면적

위험물을 저장하는 창고	바닥면적
ⓐ 제1류 위험물 중 아염소산염류, 염소산염류, 과염소산염류, 무기과산화물, 그 밖에 지정수량이 50kg인 위험물 ⓑ 제3류 위험물 중 칼륨, 나트륨, 알킬알루미늄, 알킬리튬, 그 밖에 지정수량이 10kg인 위험물 및 황린 ⓒ 제4류 위험물 중 특수인화물, 제1석유류 및 알코올류 ⓓ 제5류 위험물 중 유기과산화물, 질산에스터류, 그 밖에 지정수량이 10kg인 위험물 ⓔ 제6류 위험물	1,000m² 이하
ⓐ~ⓔ 외의 위험물을 저장하는 창고	2,000m² 이하
내화구조의 격벽으로 완전히 구획된 실에 각각 저장하는 창고	1,500m² 이하

[해답]
① 1m, ② 1,000m²

07

동영상에서는 하이드라진 시약병을 보여주고 있다. 다음 물음에 답하시오.

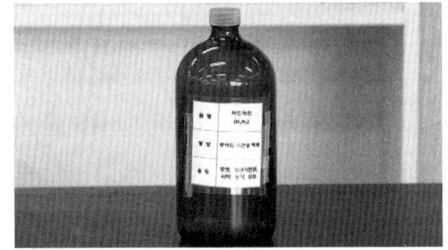

① 몇 류 위험물인가?   ② 지정수량은 얼마인가?

[해설]
제4류 위험물(인화성 액체)의 종류와 지정수량

위험등급	품명		품목	지정수량
Ⅰ	특수인화물	비수용성	디에틸에테르, 이황화탄소	50L
		수용성	아세트알데하이드, 산화프로필렌	
Ⅱ	제1석유류	비수용성	가솔린, 벤젠, 톨루엔, 사이클로헥산, 콜로디온, 메틸에틸케톤, 초산메틸, 초산에틸, 의산메틸, 헥산, 에틸벤젠 등	200L
		수용성	아세톤, 피리딘, 아크롤레인, 의산메틸, 시안화수소 등	400L
	알코올류		메틸알코올, 에틸알코올, 프로필알코올, 아이소프로필알코올	400L
Ⅲ	제2석유류	비수용성	등유, 경유, 테레빈유, 스티렌, 자일렌(o-, m-, p-), 클로로벤젠, 장뇌유, 뷰틸알코올, 알릴알코올 등	1,000L
		수용성	포름산, 초산(아세트산), 하이드라진, 아크릴산, 아밀알코올 등	2,000L
	제3석유류	비수용성	중유, 크레오소트유, 아닐린, 나이트로벤젠, 나이트로톨루엔 등	2,000L
		수용성	에틸렌글리콜, 글리세린 등	4,000L
	제4석유류		기어유, 실린더유, 윤활유, 가소제	6,000L
	동식물유류		• 건성유 : 아마인유, 들기름, 동유, 정어리기름, 해바라기유 등 • 반건성유 : 참기름, 옥수수기름, 청어기름, 채종유, 면실유(목화씨유), 콩기름, 쌀겨유 등 • 불건성유 : 올리브유, 피마자유, 야자유, 땅콩기름, 동백유 등	10,000L

[해답]
① 제4류 위험물 중 제2석유류, ② 2,000L

08 동영상에서는 실험실의 실험대 위에 마그네슘, 구리, 아연을 차례로 보여준다. 다음 각 물음에 답을 쓰시오. (5점)

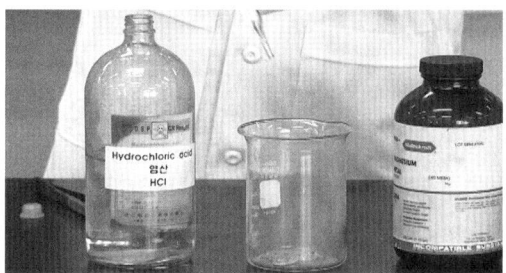

① 원자번호가 큰 것과 염산의 반응식을 쓰시오.
② 이때 발생하는 기체의 명칭을 쓰시오.

[해설]

㉮ 원자번호는 마그네슘(12), 구리(29), 아연(30)이므로, 아연의 원자량이 가장 크다.
㉯ 아연이 염산과 반응하면 수소가스를 발생한다.
  $Zn + 2HCl \rightarrow ZnCl_2 + H_2$

[해답]

① $Zn + 2HCl \rightarrow ZnCl_2 + H_2$
② 수소

09 동영상에서는 옥내저장소의 배출구를 보여준다. 다음 각 물음에 답을 쓰시오. (6점)
① 바닥으로부터 높이 몇 m 이상에 환기구를 설치하는가?
② 바닥면적이 150m² 일 경우 급기구의 면적은 몇 cm² 이상으로 하는가?

[해설]

① 환기구는 지붕 위 또는 지상 2m 이상의 높이에 회전식 고정벤틸레이터 또는 루프팬방식으로 설치한다.
② 환기설비 설치기준
  급기구는 당해 급기구가 설치된 실의 바닥면적 150m² 마다 1개 이상으로 하되, 급기구의 크기는 800cm² 이상으로 한다. 다만, 바닥면적이 150m² 미만인 경우에는 다음의 크기로 하여야 한다.

바닥면적	급기구의 면적
60m² 미만	150cm² 이상
60m² 이상, 90m² 미만	300cm² 이상
90m² 이상, 120m² 미만	450cm² 이상
120m² 이상, 150m² 미만	600cm² 이상

[해답]

① 2
② 800

10 동영상에서는 Al, Fe, Cu를 순서대로 보여주면서 질산과 반응시킨다. 다음 각 물음에 답을 쓰시오. (4점)

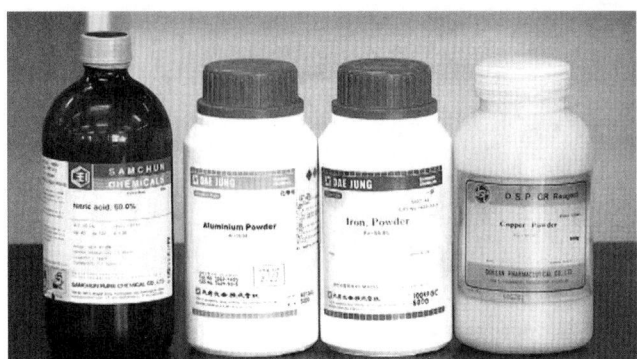

① 입자의 크기가 53μm인 표준체를 통과하는 것이 50중량% 미만일 때 위험물에서 제외되는 것은?
② 굵기가 모양과는 상관없이 위험물에 포함되지 않는 것은? (단, 없으면 없음이라 쓰시오.)

해설

"금속분"이라 함은 알칼리금속·알칼리토류금속·철 및 마그네슘 외의 금속의 분말을 말하고, 구리분·니켈분 및 150마이크로미터의 체를 통과하는 것이 50중량퍼센트 미만인 것은 제외한다.

해답

① 철, ② 구리

2014. 7. 7. 시행

제2회 과년도 출제문제

제2회 일반검정문제

01 제조소 또는 일반취급소에서 취급하는 제4류 위험물의 최대수량의 합이 지정수량의 48만 배 이상인 사업소의 ① 자체소방대인원의 수와, ② 소방차의 대수를 쓰시오. (4점)

[해설]

사업소의 구분	화학소방자동차의 수	자체소방대원의 수
제조소 또는 일반취급소에서 취급하는 제4류 위험물의 최대수량의 합이 지정수량의 3천배 이상 12만배 미만인 사업소	1대	5인
제조소 또는 일반취급소에서 취급하는 제4류 위험물의 최대수량의 합이 지정수량의 12만배 이상 24만배 미만인 사업소	2대	10인
제조소 또는 일반취급소에서 취급하는 제4류 위험물의 최대수량의 합이 지정수량의 24만배 이상 48만배 미만인 사업소	3대	15인
제조소 또는 일반취급소에서 취급하는 제4류 위험물의 최대수량의 합이 지정수량의 48만배 이상인 사업소	4대	20인
옥외탱크저장소에 저장하는 제4류 위험물의 최대수량이 지정수량의 50만배 이상인 사업소	2대	10인

[해답]
① 20인
② 4대

02 제3류 위험물인 트리에틸알루미늄과 물의 반응식을 쓰시오. (5점)

[해설]
물, 산과 접촉하면 폭발적으로 반응하여 에탄을 형성하고 이때 발열, 폭발에 이른다.
$(C_2H_5)_3Al + 3H_2O \rightarrow Al(OH)_3 + 3C_2H_6 +$ 발열
$(C_2H_5)_3Al + HCl \rightarrow (C_2H_5)_2AlCl + C_2H_6 +$ 발열

[해답]
$(C_2H_5)_3Al + 3H_2O \rightarrow Al(OH)_3 + 3C_2H_6$

03 크실렌 이성질체 3가지에 대한 명칭과 구조식을 쓰시오. (6점)

[해답]

명칭	ortho-크실렌	meta-크실렌	para-크실렌
구조식	(CH₃ 2개가 인접)	(CH₃ 2개가 1,3위치)	(CH₃ 2개가 1,4위치)

04 소화난이도 등급 Ⅰ의 제조소 또는 일반취급소에 반드시 설치해야 할 소화설비의 종류 4가지를 쓰시오. (4점)

[해설]

제조소 등의 구분	소화설비
제조소 및 일반취급소	옥내소화전설비, 옥외소화전설비, 스프링클러설비 또는 물분무 등 소화설비(화재발생 시 연기가 충만할 우려가 있는 장소에는 스프링클러설비 또는 이동식 외의 물분무 등 소화설비에 한한다)

[해답]
옥내소화전설비, 옥외소화전설비, 스프링클러설비, 물분무 등 소화설비

05 주유취급소에 설치해야 하는 "주유 중 엔진정지" 게시판의 색깔과 규격을 쓰시오. (5점)

[해설]
주유취급소의 표지판과 게시판 기준
㉮ 화기엄금 게시판 기준
  ㉠ 규격 : 한 변의 길이 0.3m 이상, 다른 한 변의 길이 0.6m 이상
  ㉡ 색깔 : 적색바탕에 백색문자
㉯ 주유 중 엔진정지 표지판 기준
  ㉠ 규격 : 한 변의 길이 0.3m 이상, 다른 한 변의 길이 0.6m 이상
  ㉡ 색깔 : 황색바탕에 흑색문자

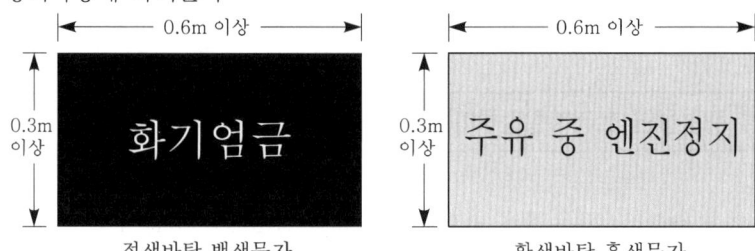

[해답]
① 게시판 색 : 황색바탕 흑색문자
② 게시판 규격 : 한 변의 길이 0.3m 이상, 다른 한 변의 길이 0.6m 이상

06
옥외저장소에 저장되어 있는 드럼통에 중유 위험물만을 쌓을 경우 다음 각 물음에 답을 쓰시오. (6점)
① 기계에 의하여 하역하는 구조로 된 용기만을 겹쳐 쌓는 경우 저장높이는 몇 m인지 쓰시오.
② 옥외저장소에서 위험물을 수납한 용기를 선반에 저장하는 경우 저장높이는 몇 m인지 쓰시오.
③ 중유만을 저장할 경우 저장높이는 몇 m인지 쓰시오.

해설

옥내저장소에서 위험물을 저장하는 경우에는 다음의 규정에 의한 높이를 초과하여 용기를 겹쳐 쌓지 아니하여야 한다(옥외저장소에서 위험물을 저장하는 경우에 있어서도 본 규정에 의한 높이를 초과하여 용기를 겹쳐 쌓지 아니하여야 한다).
㉮ 기계에 의하여 하역하는 구조로 된 용기만을 겹쳐 쌓는 경우에 있어서는 6m
㉯ 제4류 위험물 중 제3석유류, 제4석유류 및 동식물유류를 수납하는 용기만을 겹쳐 쌓는 경우에 있어서는 4m
㉰ 그 밖의 경우에 있어서는 3m
㉱ 옥외저장소에서 위험물을 수납한 용기를 선반에 저장하는 경우에는 6m를 초과하여 저장하지 아니하여야 한다.

해답

① 6m, ② 6m, ③ 4m

07
다음 설명에 대한 내용을 보고 빈칸을 채우시오. (3점)
"특수인화물"이라 함은 이황화탄소, 디에틸에테르, 그 밖에 1기압에서 발화점이 (①)℃ 이하인 것 또는 인화점이 영하 (②)℃ 이하이고 비점이 (③)℃ 이하인 것을 말한다.

해답

① 100, ② 20, ③ 40

08
제2류 위험물인 마그네슘이 산 또는 물과 접촉하여 공통으로 발생하는 기체의 명칭을 적으시오. (4점)

해설

산 및 온수와 반응하여 수소(H_2)를 발생한다.
$Mg + 2HCl \rightarrow MgCl_2 + H_2$, $Mg + 2H_2O \rightarrow Mg(OH)_2 + H_2$

해답

수소(H_2)

09
표준상태에서 1kg의 과산화나트륨(Na_2O_2)이 물과 반응할 때 생성되는 기체의 체적은 몇 L인가? (5점)

해설

$2Na_2O_2 + 2H_2O \rightarrow 4NaOH + O_2$

$$\frac{1kg-Na_2O_2}{} \Big| \frac{10^3g-Na_2O_2}{1kg-Na_2O_2} \Big| \frac{1mol-Na_2O_2}{78g-Na_2O_2} \Big| \frac{1mol-O_2}{2mol-Na_2O_2} \Big| \frac{22.4L-O_2}{1mol-O_2} = 143.59L-O_2$$

해답

143.59L

10
이황화탄소가 들어 있는 드럼통은 화재 시 물을 이용하여 소화가 가능하다. 이와 같이 물 소화가 가능한 이유를 설명하시오. (4점)

해답

이황화탄소는 물보다 무겁고(비중=1.26) 물에 녹기 어렵기 때문에 화재 시 물로 소화한다.

11
제3류 위험물 중 물과 반응성이 없고 공기 중에서 반응하여 흰연기를 발생시키는 물질명과 지정수량을 쓰시오. (4점)

해설

황린(P_4, 백린) - 지정수량 20kg

㉮ 비중 1.82, 융점 44℃, 비점 280℃, 발화점 34℃, 황색 또는 담황색의 왁스상 가연성 자연 발화성 고체이다. 증기는 공기보다 무거우며, 매우 자극적이며 맹독성 물질이다.
㉯ 물에는 녹지 않으나 벤젠, 알코올에는 약간 녹고, 이황화탄소 등에는 잘 녹는다.
㉰ 공기 중에서 격렬하게 오산화인의 백색연기를 내며 연소하고 일부 유독성의 포스핀(PH_3)도 발생하며 환원력이 강하여 산소농도가 낮은 분위기에서도 연소한다.
  $P_4 + 5O_2 \rightarrow 2P_2O_5$
㉱ 공기를 차단하고 약 260℃로 가열하면 적린이 된다.
㉲ 인화수소(PH_3)의 생성을 방지하기 위해 보호액은 약알칼리성 pH 9로 유지하기 위하여 알칼리제(석회 또는 소다회 등)로 pH를 조절한다.

해답

① 황린, ② 20kg

12
금속나트륨과 에탄올의 ① 반응식과 ② 반응 시 발생되는 가스의 명칭을 쓰시오. (4점)

해설

알코올과 반응하여 나트륨알코올레이드와 수소가스를 발생한다.
$2Na + 2C_2H_5OH \rightarrow 2C_2H_5ONa + H_2$

해답

① $2Na + 2C_2H_5OH \rightarrow 2C_2H_5ONa + H_2$, ② 수소가스($H_2$)

제2회 동영상문제

01 동영상에서는 덩어리상태의 황만을 저장하는 옥외저장소를 보여준다. 다음 각 물음에 답을 쓰시오. (4점)
① 하나의 경계표시의 내부면적은 몇 m^2 이하로 하여야 하는지 쓰시오.
② 25,000kg을 저장할 경우 경계표시간의 간격은 몇 m 이상으로 하여야 하는지 쓰시오.

해설

덩어리상태의 황만을 저장 또는 취급하는 것에 대한 기준

㉮ 하나의 경계표시의 내부면적은 $100m^2$ 이하일 것
㉯ 2 이상의 경계표시를 설치하는 경우에 있어서는 각각의 경계표시 내부면적을 합산한 면적은 $1,000m^2$ 이하로 하고, 인접하는 경계표시와 경계표시와의 간격은 공지너비의 2분의 1 이상으로 할 것. 다만, 저장 또는 취급하는 위험물의 최대수량이 지정수량의 200배 이상인 경우에는 10m 이상으로 하여야 한다.
㉰ 경계표시는 불연재료로 만드는 동시에 황이 새지 아니하는 구조로 할 것
㉱ 경계표시의 높이는 1.5m 이하로 할 것
㉲ 경계표시에는 황이 넘치거나 비산하는 것을 방지하기 위한 천막 등을 고정하는 장치를 설치하되, 천막 등을 고정하는 장치는 경계표시의 길이가 2m마다 한 개 이상 설치할 것
㉳ 황을 저장 또는 취급하는 장소의 주위에는 배수구와 분리장치를 설치할 것

황의 지정수량은 100kg이므로 저장량 25,000kg에 대한 지정수량 배수는 $\frac{25,000}{100}=250$이므로 지정수량의 200배 이상인 경우에 경계표시간의 간격은 10m 이상이다.

해답

① 100
② 10

02 동영상에서는 실험대 위에 과산화수소와 투명한 용기의 하이드라진을 보여주고 있다. 실험자가 스포이드로 비커에 과산화수소를 몇 방울 떨어뜨리고 하이드라진을 섞으니 폭발하는 장면을 보여준다. 다음 각 물음에 답하시오. (6점)
① 하이드라진과 과산화수소의 폭발반응식을 쓰시오.
② 동영상에서 나오는 물질 중 제6류 위험물에 속하는 물질의 분해반응식을 쓰시오.

해설

과산화수소(H_2O_2) — 지정수량 300kg(농도가 36wt% 이상인 것)
㉮ 가열에 의해 산소가 발생한다.
$2H_2O_2 \rightarrow 2H_2O + O_2$

㉯ 농도 60wt% 이상인 것은 충격에 의해 단독폭발의 위험이 있으며, 고농도의 것은 알칼리금속 분, 암모니아, 유기물 등과 접촉 시 발화하거나 충격에 의해 폭발한다.
㉰ 하이드라진과 접촉 시 발화 또는 폭발한다.
$2H_2O_2 + N_2H_4 \rightarrow 4H_2O + N_2$
④ 유리는 알칼리성으로 분해를 촉진하므로 피하고 가열, 화기, 직사광선을 차단하며 농도가 높을수록 위험성이 크므로 분해방지안정제(인산, 요산 등)를 넣어 발생기 산소의 발생을 억제한다. 용기는 밀봉하되 작은 구멍이 뚫린 마개를 사용한다.

[해답]
① $2H_2O_2 + N_2H_4 \rightarrow 4H_2O + N_2$
② $2H_2O_2 \rightarrow 2H_2O + O_2$

03

동영상에서는 실험실의 실험대 위에 있는 구리, 아연, 염화나트륨에 대한 시약병을 보여준다. 다음 각 물음에 답을 쓰시오. (4점)

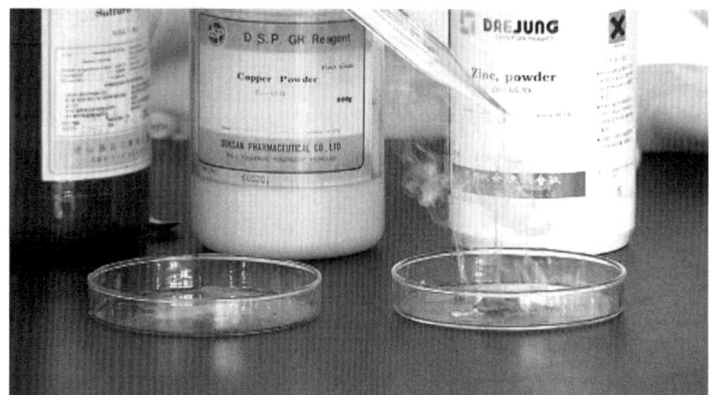

① 구리, 아연, 염화나트륨 물질 중 황산을 떨어뜨려 흰색연기가 발생하는 물질의 반응식을 쓰시오.
② 해당 위험물의 품명을 쓰시오.

[해설]
아연이 산과 반응하면 수소가스를 발생한다.
$Zn + 2HCl \rightarrow ZnCl_2 + H_2$
$Zn + H_2SO_4 \rightarrow ZnSO_4 + H_2$
아연은 제2류 위험물 금속분에 속한다.

[해답]
① $Zn + H_2SO_4 \rightarrow ZnSO_4 + H_2$
② 금속분

04 동영상에서 지하탱크저장소를 보여준다. 다음 각 물음에 답을 쓰시오. (5점)
① 지하저장탱크의 주위에는 당해 탱크로부터의 액체위험물의 누설을 검사하기 위해 4개소 이상 설치해야 하는 것은 무엇인가?
② 관의 밑부분으로부터 탱크의 (　　) 높이까지의 부분에는 소공이 뚫려 있을 것. 빈칸에 알맞은 답을 쓰시오.

해설

액체위험물의 누설을 검사하기 위한 관을 다음의 기준에 따라 4개소 이상 적당한 위치에 설치하여야 한다.
㉮ 이중관으로 할 것. 다만, 소공이 없는 상부는 단관으로 할 수 있다.
㉯ 재료는 금속관 또는 경질합성수지관으로 할 것
㉰ 관은 탱크전용실의 바닥 또는 탱크의 기초까지 닿게 할 것
㉱ 관의 밑부분으로부터 탱크의 중심높이까지의 부분에는 소공이 뚫려 있을 것. 다만, 지하수위가 높은 장소에 있어서는 지하수위 높이까지의 부분에 소공이 뚫려 있어야 한다.
㉲ 상부는 물이 침투하지 아니하는 구조로 하고, 뚜껑은 검사 시에 쉽게 열수 있도록 할 것

해답

① 누유검사관
② 중심

05 동영상에서는 실험실에서 첫 번째 샬레에 삼산화크로뮴(CrO_3)이 표시된 주황색 시료를 보여주고, 두 번째 샬레에 과망가니즈산칼륨($KMnO_4$)이 표시된 흑자색 시료를 보여준다. 다음 각 물음에 답을 쓰시오. (4점)

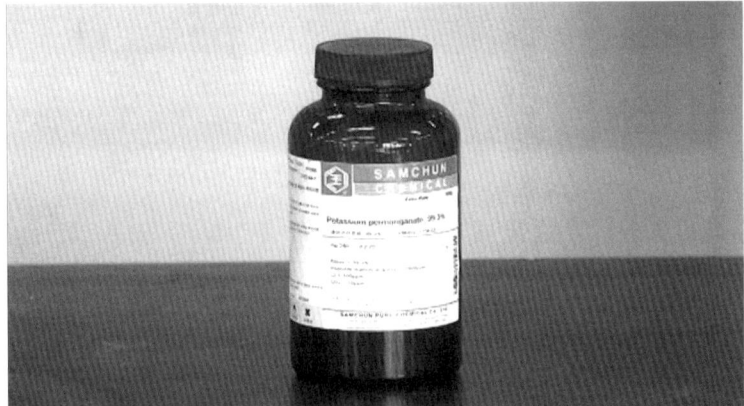

① 진한 보라색 물질의 240℃에서 분해반응식을 쓰시오.
② 주황색 물질의 지정수량을 쓰시오.

해설

KMnO₄(과망가니즈산칼륨)

㉮ 분자량 158, 비중 2.7, 분해온도 약 200~250℃, 흑자색 또는 적자색의 결정
㉯ 250℃에서 가열하면 망가니즈산칼륨, 이산화망가니즈, 산소를 발생한다.
  $2KMnO_4 \rightarrow K_2MnO_4 + MnO_2 + O_2$
㉰ 에테르, 알코올류, [진한황산+(가연성 가스, 염화칼륨, 테레빈유, 유기물, 피크린산)]과 혼촉되는 경우 발화하고 폭발의 위험성을 갖는다.
  (묽은황산과의 반응식)
  $4KMnO_4 + 6H_2SO_4 \rightarrow 2K_2SO_4 + 4MnSO_4 + 6H_2O + 5O_2$
  (진한황산과의 반응식)
  $2KMnO_4 + H_2SO_4 \rightarrow K_2SO_4 + 2HMnO_4$

해답

① $2KMnO_4 \rightarrow K_2MnO_4 + MnO_2 + O_2$
② 300

06

동영상은 3가지 그림을 동시에 보여준다. 다음 물음에 답하시오. (5점)

①  ②  ③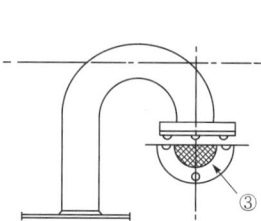

(1) ①~③ 각 부분의 명칭을 적으시오.
  ① 저탱크 상단에 탱크 내부의 압력변화를 조절할 수 있는 밸브를 설치한 통기관
  ② 30mm 이상의 배관을 수평으로부터 45도 이상 구부려 빗물 등의 침입을 막기위한 통기관
  ③ ②의 통기관 선단에 가는 눈의 구리망의 명칭
(2) 이 설비를 설치해야 하는 위험물은 몇 류인지 쓰시오.

해답

(1) ① 대기밸브부착 통기관
  ② 밸브 없는 통기관
  ③ 인화방지망
(2) 4류

07

동영상에서 탈지면을 보여준다. 질산을 탈지면에 부은 다음 햇빛이 비치는 창가에 놓아두니 잠시 후에 발화한다. 다음 물음에 답하시오.(4점)
① 질산의 분해반응식을 쓰시오.
② 질산의 지정수량을 쓰시오.

해설

① 햇빛에 의해 분해하여 이산화질소(NO_2)를 발생하므로 갈색병에 넣어 냉암소에 저장한다.
$4HNO_3 \rightarrow 2H_2O + 4NO_2 + O_2$
질산   물(수증기) 이산화질소 산소가스

②

성질	위험등급	품명	지정수량
산화성 액체	I	1. 과염소산($HClO_4$) 2. 과산화수소(H_2O_2) 3. 질산(HNO_3) 4. 그 밖의 행정안전부령이 정하는 것 - 할로겐간화합물(BrF_3, IF_5 등)	300kg

해답

① $4HNO_3 \rightarrow 2H_2O + 4NO_2 + O_2$
② 300kg

08

동영상에서는 단층 옥내저장소 안에 드럼통 3개를 보여 준다. 다음 각 물음에 알맞은 답을 쓰시오. (4점)
① 저장창고의 지붕을 내화구조로 할 수 있는 경우를 쓰시오.
② 난연재료 또는 불연재료로 된 천장을 설치할 수 있는 경우를 쓰시오.

해설

저장창고는 지붕을 폭발력이 위로 방출될 정도의 가벼운 불연재료로 하고, 천장을 만들지 아니하여야 한다. 다만, 제2류 위험물(분상의 것과 인화성 고체를 제외한다)과 제6류 위험물만의 저장창고에 있어서는 지붕을 내화구조로 할 수 있고, 제5류 위험물만의 저장창고에 있어서는 당해 저장창고 내의 온도를 저온으로 유지하기 위하여 난연재료 또는 불연재료로 된 천장을 설치할 수 있다.

해답

① 제2류 위험물(분상의 것과 인화성 고체를 제외한다)과 제6류 위험물만의 저장창고
② 제5류 위험물만의 저장창고

09 동영상에서는 실험실의 실험대 위에 A : 나트륨+석유, B : 알킬리튬+물, C : 황린+물, D : 나이트로셀룰로오스+에탄올과 같이 위험물질이 저장된 방법을 보여준다. 다음 각 물음에 답을 쓰시오. (4점)

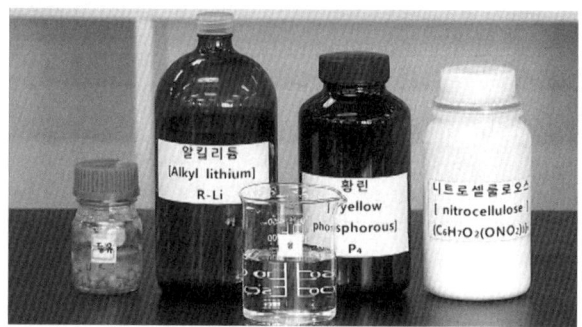

① 제3류 위험물의 보관방법 중 잘못된 보관법의 알파벳 기호를 쓰시오.
② C의 위험물인 황린이 공기 중에서 연소했을 때 만들어지는 물질을 화학식으로 쓰시오.

[해설]
① 알킬리튬은 제3류 위험물(자연발화성 및 금수성 물질)로서 물과 접촉 시 가연성 가스를 발생한다.
② 황린은 공기 중에서 격렬하게 오산화인의 백색연기를 내며 연소하고 일부 유독성의 포스핀(PH₃)도 발생하며 환원력이 강하여 산소농도가 낮은 분위기에서도 연소한다.
$P_4 + 5O_2 \rightarrow 2P_2O_5$

[해답]
① B
② P_2O_5

10 동영상에서는 실험실의 실험대 위에 물이 담긴 2개의 비커에 각각 물질을 넣고 흔들어 준다. 다음 각 물음에 답을 쓰시오. (6점)
① A비커는 용해되었고, B비커는 2층으로 분리되었다. 과산화벤조일[$(C_6H_5CO)_2O_2$]이 들어 있는 비커를 고르시오.
② 과산화벤조일의 품명을 쓰시오.
③ 과산화벤조일의 소요단위가 1일 경우 몇 kg인지 쓰시오.

[해설]
㉮ 벤조일퍼옥사이드(($C_6H_5CO)_2O_2$, 과산화벤조일)는 제5류 위험물 중 유기과산화물로 지정수량은 10kg이며, 무미, 무취의 백색분말 또는 무색의 결정성 고체로 물에는 잘 녹지 않으나 알코올 등에는 잘 녹는다.
㉯ 위험물의 경우 소요단위는 지정수량의 10배이다.

[해답]
① B
② 유기과산화물
③ 시험결과에 따라 제1종과 제2종으로 분류하며, 제1종인 경우 10kg, 제2종인 경우 100kg에 해당한다.

2014. 11. 2. 시행

제4회 과년도 출제문제

제4회 일반검정문제

01 제조소 또는 일반취급소에서 취급하는 제4류 위험물의 최대수량의 합이 지정수량의 24만 배 이상 48만 배 미만인 사업소의 ① 자체소방대인원의 수와, ② 소방차의 대수를 쓰시오. (4점)

[해설]

사업소의 구분	화학소방자동차의 수	자체소방대원의 수
제조소 또는 일반취급소에서 취급하는 제4류 위험물의 최대수량의 합이 지정수량의 3천배 이상 12만배 미만인 사업소	1대	5인
제조소 또는 일반취급소에서 취급하는 제4류 위험물의 최대수량의 합이 지정수량의 12만배 이상 24만배 미만인 사업소	2대	10인
제조소 또는 일반취급소에서 취급하는 제4류 위험물의 최대수량의 합이 지정수량의 24만배 이상 48만배 미만인 사업소	3대	15인
제조소 또는 일반취급소에서 취급하는 제4류 위험물의 최대수량의 합이 지정수량의 48만배 이상인 사업소	4대	20인
옥외탱크저장소에 저장하는 제4류 위험물의 최대수량이 지정수량의 50만배 이상인 사업소	2대	10인

[해답]
① 15인
② 3대

02 제3류 위험물인 트리에틸알루미늄과 염산의 반응식을 통해 발생하는 가스의 명칭을 쓰시오. (5점)

[해설]
물, 산과 접촉하면 폭발적으로 반응하여 에탄을 형성하고 이때 발열, 폭발에 이른다.
$(C_2H_5)_3Al + 3H_2O \rightarrow Al(OH)_3 + 3C_2H_6 + 발열$
$(C_2H_5)_3Al + HCl \rightarrow (C_2H_5)_2AlCl + C_2H_6 + 발열$

[해답]
에탄가스(C_2H_6)

03 제3류 위험물인 칼슘과 물이 접촉하면 발생하는 생성물을 쓰시오. (4점)

[해설]
물과 반응하여 상온에서는 서서히, 고온에서는 격렬히 수소를 발생하며 Mg에 비해 더 무르며 물과의 반응성은 빠르다.
$Ca + 2H_2O \rightarrow Ca(OH)_2 + H_2$

[해답]
수산화칼슘($Ca(OH)_2$), 수소가스(H_2)

04 위험물 운송운반 시 위험물의 혼재기준에 따라 제5류 위험물과 혼재가능한 유별 위험물을 쓰시오. (4점)

[해설]

위험물의 구분	제1류	제2류	제3류	제4류	제5류	제6류
제1류		×	×	×	×	○
제2류	×		×	○	○	×
제3류	×	×		○	×	×
제4류	×	○	○		○	×
제5류	×	○	×	○		×
제6류	○	×	×	×	×	

[해답]
제2류, 제4류

05 알칼리금속의 무기과산화물의 외부용기에 표시해야 하는 주의사항을 적으시오. (4점)

[해설]

유별	구분	주의사항
제1류 위험물 (산화성 고체)	알칼리금속의 무기과산화물	"화기·충격주의" "물기엄금" "가연물접촉주의"
	그 밖의 것	"화기·충격주의" "가연물접촉주의"
제2류 위험물 (가연성 고체)	철분·금속분·마그네슘	"화기주의" "물기엄금"
	인화성 고체	"화기엄금"
	그 밖의 것	"화기주의"
제3류 위험물 (자연발화성 및 금수성 물질)	자연발화성 물질	"화기엄금" "공기접촉엄금"
	금수성 물질	"물기엄금"

유별	구분	주의사항
제4류 위험물 (인화성 액체)		"화기엄금"
제5류 위험물 (자기반응성 물질)		"화기엄금" 및 "충격주의"
제6류 위험물 (산화성 액체)		"가연물접촉주의"

해답

"화기 · 충격주의", "물기엄금", "가연물접촉주의"

06 제2류 위험물인 오황화인과 물의 반응으로 생성되는 물질은? (6점)

해설

오황화인(P_2S_5)은 알코올이나 이황화탄소(CS_2)에 녹으며, 물이나 알칼리와 반응하면 분해하여 황화수소(H_2S)와 인산(H_3PO_4)으로 된다.

$P_2S_5 + 8H_2O \rightarrow 5H_2S + 2H_3PO_4$

해답

황화수소(H_2S), 인산(H_3PO_4)

07 에틸알코올이 공기 중에 연소하는 경우 화학반응식을 적으시오. (4점)

해설

무색 투명하고 인화가 쉬우며 공기 중에서 쉽게 산화한다. 또한 연소는 완전연소를 하므로 불꽃이 잘 보이지 않으며 그을음이 거의 없다.

해답

$C_2H_5OH + 3O_2 \rightarrow 2CO_2 + 3H_2O$

08 이황화탄소, 아세트알데하이드, 에탄올의 발화점이 낮은 순서대로 쓰시오. (4점)

해설

이황화탄소(90), 아세트알데하이드(175), 에탄올(363)

해답

이황화탄소-아세트알데하이드-에탄올

09 제4류 위험물 중 제1석유류의 위험물안전관리법상 정의를 적으시오. (3점)

해답

"제1석유류"라 함은 아세톤, 휘발유, 그 밖에 1기압에서 인화점이 섭씨 21도 미만인 것을 말한다.

10. 제1종 분말소화약제의 주성분의 화학식을 적으시오. (3점)

해설

종류	주성분	화학식	착색	적응화재
제1종	탄산수소나트륨 (중탄산나트륨)	$NaHCO_3$	-	B, C급 화재
제2종	탄산수소칼륨 (중탄산칼륨)	$KHCO_3$	담회색	B, C급 화재
제3종	제1인산암모늄	$NH_4H_2PO_4$	담홍색 또는 황색	A, B, C급 화재
제4종	탄산수소칼륨 + 요소	$KHCO_3 + CO(NH_2)_2$	-	B, C급 화재

해답

$NaHCO_3$

11. 이동탱크저장소의 경우 안전칸막이 설치기준에 대해 적으시오. (4점)

해답

① 재질은 두께 3.2mm 이상의 강철판으로 제작
② 4,000L 이하마다 구분하여 설치

12. 다음은 주유취급소에 설치하는 탱크의 용량 기준에 대한 것이다. 괄호 안을 알맞게 채우시오. (4점)

① 자동차 등에 주유하기 위한 고정주유설비에 직접 접속하는 전용탱크는 (　　) 이하이다.
② 고정급유설비에 직접 접속하는 전용탱크는 (　　) 이하이다.
③ 보일러 등에 직접 접속하는 전용탱크는 (　　) 이하이다.
④ 고속국도 도로변에 설치된 주유취급소의 탱크 용량은 (　　)이다.

해답

① 50,000L
② 50,000L
③ 10,000L
④ 60,000L

13. 비중 0.97, 원자량 23이며 은백색의 금속으로 불꽃반응 색깔은 노란색이다. 이 물질의 ① 원소기호와, ② 지정수량을 적으시오. (6점)

해답

① Na
② 10kg

제4회 동영상문제

01 동영상에서 제1류 위험물인 염소산염류와 제6류 위험물인 질산을 함께 저장하는 옥내저장소를 보여주면서 ① 옥내저장소의 면적과, ② 2가지 위험물이 함께 저장되는 경우 상호간 몇 m 이상의 간격을 두어야 하는지 적으시오. (4점)

해설

①

위험물을 저장하는 창고	바닥면적
ⓐ 제1류 위험물 중 아염소산염류, 염소산염류, 과염소산염류, 무기과산화물, 그 밖에 지정수량이 50kg인 위험물 ⓑ 제3류 위험물 중 칼륨, 나트륨, 알킬알루미늄, 알킬리튬, 그 밖에 지정수량이 10kg인 위험물 및 황린 ⓒ 제4류 위험물 중 특수인화물, 제1석유류 및 알코올류 ⓓ 제5류 위험물 중 유기과산화물, 질산에스터류, 그 밖에 지정수량이 10kg인 위험물 ⓔ 제6류 위험물	1,000m² 이하
ⓐ~ⓔ 외의 위험물을 저장하는 창고	2,000m² 이하
내화구조의 격벽으로 완전히 구획된 실에 각각 저장하는 창고	1,500m² 이하

② 유별을 달리하는 위험물은 동일한 저장소(내화구조의 격벽으로 완전히 구획된 실이 2 이상 있는 저장소에 있어서는 동일한 실)에 저장하지 아니하여야 한다. 다만, 옥내저장소 또는 옥외저장소에 있어서 다음의 규정에 의한 위험물을 저장하는 경우로서 위험물을 유별로 정리하여 저장하는 한편, 서로 1m 이상의 간격을 두는 경우에는 그러하지 아니하다.
  ㉮ 제1류 위험물(알칼리금속의 과산화물 또는 이를 함유한 것을 제외한다)과 제5류 위험물을 저장하는 경우
  ㉯ 제1류 위험물과 제6류 위험물을 저장하는 경우
  ㉰ 제1류 위험물과 제3류 위험물 중 자연발화성 물질(황린 또는 이를 함유한 것에 한한다)을 저장하는 경우
  ㉱ 제2류 위험물 중 인화성 고체와 제4류 위험물을 저장하는 경우
  ㉲ 제3류 위험물 중 알킬알루미늄 등과 제4류 위험물(알킬알루미늄 또는 알킬리튬을 함유한 것에 한한다)을 저장하는 경우
  ㉳ 제4류 위험물 중 유기과산화물 또는 이를 함유하는 것과 제5류 위험물 중 유기과산화물 또는 이를 함유한 것을 저장하는 경우

해답
① 1,000m² 이하
② 1m

02 동영상에서는 메틸알코올 시약병을 보여준다. ① 지정수량과 ② 공기 중에 접촉 시 화학반응식을 적으시오. (6점)

해설
① 알코올류로서 400L이다.
② 무색 투명하고 인화가 쉬우며 연소는 완전연소를 하므로 불꽃이 잘 보이지 않는다.
$2CH_3OH + 3O_2 \rightarrow 2CO_2 + 4H_2O$

해답
① 400L
② $2CH_3OH + 3O_2 \rightarrow 2CO_2 + 4H_2O$

03 동영상에서는 화학소방차 3대와 사다리차 1대를 보여준다. 다음 각 물음에 답을 쓰시오. (4점)

화학소방차 3대  사다리차 1대

① 저장, 취급하는 위험물의 지정수량은 몇 배인지 쓰시오.
② 자체소방대원의 수는 몇 인 이상이어야 하는지 쓰시오.

해설
자체소방대에 두는 화학소방자동차 및 인원

사업소의 구분	화학소방자동차의 수	자체소방대원의 수
제조소 또는 일반취급소에서 취급하는 제4류 위험물의 최대수량의 합이 지정수량의 3천배 이상 12만배 미만인 사업소	1대	5인
제조소 또는 일반취급소에서 취급하는 제4류 위험물의 최대수량의 합이 지정수량의 12만배 이상 24만배 미만인 사업소	2대	10인
제조소 또는 일반취급소에서 취급하는 제4류 위험물의 최대수량의 합이 지정수량의 24만배 이상 48만배 미만인 사업소	3대	15인
제조소 또는 일반취급소에서 취급하는 제4류 위험물의 최대수량의 합이 지정수량의 48만배 이상인 사업소	4대	20인
옥외탱크저장소에 저장하는 제4류 위험물의 최대수량이 지정수량의 50만배 이상인 사업소	2대	10인

해답
① 제조소 등에서 취급하는 제4류 위험물의 최대수량이 지정수량의 24만 배 이상 48만 배 미만인 사업소
② 15인

04

동영상에서는 옥내저장소에 에틸렌글리콜 20,000L를 저장한 장면을 보여준다. ① 기계를 이용하여 적재할 경우 선반 최대높이와, ② 용기를 겹쳐 쌓았을 때 저장높이를 쓰시오. (4점)

[해설]

옥내저장소에서 위험물을 저장하는 경우에는 다음의 규정에 의한 높이를 초과하여 용기를 겹쳐 쌓지 아니하여야 한다.
㉮ 기계에 의하여 하역하는 구조로 된 용기만을 겹쳐 쌓는 경우에 있어서는 6m
㉯ 제4류 위험물 중 제3석유류, 제4석유류 및 동식물유류를 수납하는 용기만을 겹쳐 쌓는 경우에 있어서는 4m
㉰ 그 밖의 경우에 있어서는 3m

[해답]

① 6m
② 4m

05

동영상에서는 흑색화약의 원료인 황가루, 숯, 질산칼륨을 막자사발에 덜어놓고 잘 섞어주는 장면을 보여준다. 그리고 흑색화약의 일부를 시험관에 넣고 가열 후 폭발하는 장면을 보여준다. 다음 각 물음에 답을 쓰시오. (4점)

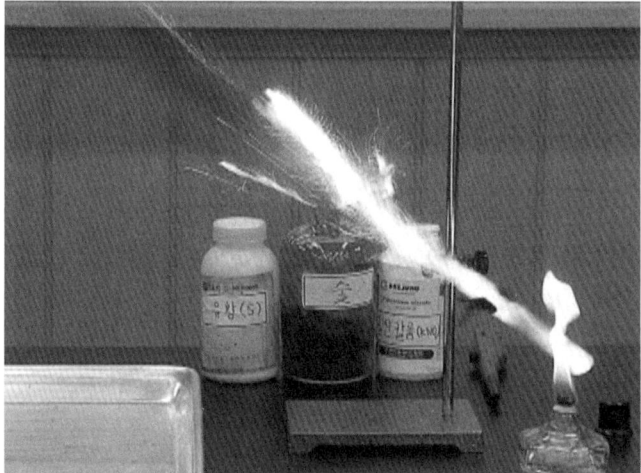

① 산소공급원이 되는 물질을 쓰시오.
② 이들 중 위험물의 지정수량을 쓰시오.

[해설]

질산칼륨은 강력한 산화제로 가연성 분말, 유기물, 환원성 물질과 혼합 시 가열, 충격으로 폭발하며, 흑색화약(질산칼륨 75% + 황 10% + 목탄 15%)의 원료로 이용된다.
$16KNO_3 + 3S + 21C \rightarrow 13CO_2 + 3CO + 8N_2 + 5K_2CO_3 + K_2SO_4 + 2K_2S$

[해답]

① 질산칼륨
② 질산칼륨 : 300kg, 황 : 100kg

06

동영상에서는 바닥면적 450m²인 옥내저장소를 보여주고 있다. 다음 각 물음에 알맞은 답을 쓰시오. (5점)
① 환기설비의 기준에 따라 급기구를 설치하는 경우 몇 개가 필요한지 계산하시오.
② 저장창고에는 채광·조명 및 환기의 설비를 갖추어야 하고, 인화점이 (   )℃ 미만인 위험물의 저장창고에 있어서는 내부에 체류한 가연성 증기를 지붕 위로 배출하는 설비를 갖추어야 한다.

[해설]

① 급기구는 당해 급기구가 설치된 실의 바닥면적 150m²마다 1개 이상으로 하되, 급기구의 크기는 800cm² 이상으로 한다. 다만, 바닥면적이 150m² 미만인 경우에는 다음의 크기로 하여야 한다.

바닥면적	급기구의 면적
60m² 미만	150cm² 이상
60m² 이상 90m² 미만	300cm² 이상
90m² 이상 120m² 미만	450cm² 이상
120m² 이상 150m² 미만	600cm² 이상

② 저장창고에는 채광·조명 및 환기의 설비를 갖추어야 하고, 인화점이 70℃ 미만인 위험물의 저장창고에 있어서는 내부에 체류한 가연성의 증기를 지붕 위로 배출하는 설비를 갖추어야 한다.

[해답]

① $\frac{450m^2}{150m^2}$ = 3개 이상, ② 70

07

동영상에서는 옥외탱크저장소를 보여주고 한 옆에 휘발유 드럼통을 보여주고 있다. 드럼통 외부에는 위험등급이 Ⅲ등급이라 표시되어 있다. 다음 물음에 답하시오. (6점)
① 용기외부에 적힌 등급을 맞게 수정하시오.
② 옥외탱크저장소에 설치된 위험물 주의사항 게시판의 기재사항이 비어있다. 주의사항을 쓰시오.

[해설]

휘발유는 제1석유류로서 위험등급 Ⅱ등급군이다.

유별	구분	주의사항
제1류 위험물 (산화성 고체)	알칼리금속의 무기과산화물	"화기·충격주의" "물기엄금" "가연물접촉주의"
	그 밖의 것	"화기·충격주의" "가연물접촉주의"
제2류 위험물 (가연성 고체)	철분·금속분·마그네슘	"화기주의" "물기엄금"
	인화성 고체	"화기엄금"
	그 밖의 것	"화기주의"

유별	구분	주의사항
제3류 위험물 (자연발화성 및 금수성 물질)	자연발화성 물질	"화기엄금" "공기접촉엄금"
	금수성 물질	"물기엄금"
제4류 위험물 (인화성 액체)		"화기엄금"
제5류 위험물 (자기반응성 물질)		"화기엄금" 및 "충격주의"
제6류 위험물 (산화성 액체)		"가연물접촉주의"

해답

① Ⅱ, ② 화기엄금

08 주유취급소의 지하탱크저장소의 그림을 보여준다. 지면과 탱크 상단부까지의 거리 A, 탱크와 지하의 벽 사이의 거리 B, 지하의 벽 두께 C이다. 다음 각 물음에 답을 쓰시오. (5점)

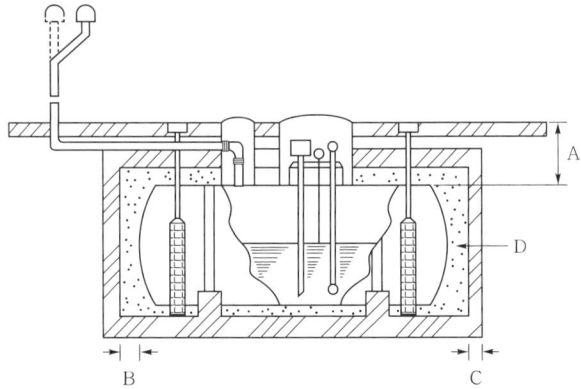

① A, B, C의 최소거리의 합은 몇 m인지 쓰시오.
② 탱크와 벽 사이의 공간을 채우기 위한 재료를 쓰시오.

해설

㉮ 지하저장탱크의 윗부분은 지면으로부터 0.6m 이상 아래에 있어야 한다.
㉯ 탱크전용실은 지하의 가장 가까운 벽·피트·가스관 등의 시설물 및 대지경계선으로부터 0.1m 이상 떨어진 곳에 설치하고, 지하저장탱크와 탱크전용실의 안쪽과의 사이는 0.1m 이상의 간격을 유지하도록 하며, 당해 탱크의 주위에 마른모래 또는 습기 등에 의하여 응고되지 아니하는 입자지름 5mm 이하의 마른자갈분을 채워야 한다.
㉰ 탱크전용실은 벽·바닥 및 뚜껑을 다음에 정한 기준에 적합한 철근콘크리트구조 또는 이와 동등 이상의 강도가 있는 구조로 설치하여야 한다.
  ㉠ 벽·바닥 및 뚜껑의 두께는 0.3m 이상일 것
  ㉡ 벽·바닥 및 뚜껑의 내부에는 직경 9mm부터 13mm까지의 철근을 가로 및 세로로 5cm부터 20cm까지의 간격으로 배치할 것
  ㉢ 벽·바닥 및 뚜껑의 재료에 수밀콘크리트를 혼입하거나 벽·바닥 및 뚜껑의 중간에 아스팔트층을 만드는 방법으로 적정한 방수조치를 할 것

해답
① 0.6m 이상+0.1m 이상+0.3m 이상=1m 이상
② 마른모래 또는 습기 등에 의하여 응고되지 아니하는 입자지름 5mm 이하의 마른자갈분

09 동영상에서는 비커 속에 각각 일정량의 아세톤과 벤젠을 준비하고, 각각의 물질에 불을 붙여 연소시키는 중 물로 소화하는 모습을 보여준다. 아세톤은 바로 소화되고, 벤젠은 소화되지 않았다. 아세톤과 벤젠의 소화방법 차이점을 쓰시오. (3점)

해답
아세톤은 수용성 액체이며, 벤젠은 비수용성 액체이다. 또한 벤젠은 물보다 가벼워 주수 시 물 위에서 계속 연소하며, 아세톤은 물에 잘 녹으므로 함수율이 높아져 연소가 중단된다.

10 동영상에서 옥외저장탱크에 배관 중 화살표로 표시된 부분에 설치되어 있는 배관을 보여준다. ① 배관부속장치의 명칭과, ② 설치목적을 적으시오. (4점)

해답
① 플렉시블 조인트
② 펌프동작, 지진, 풍압 등으로 인한 배관의 파손방지

2015. 4. 18. 시행

제1회 과년도 출제문제

제1회 일반검정문제

01 크실렌의 이성질체 3가지에 대한 명칭을 쓰시오. (3점)

[해설]

명칭	ortho-크실렌	meta-크실렌	para-크실렌
비중	0.88	0.86	0.86
융점	-25℃	-48℃	13℃
비점	144.4℃	139.1℃	138.4℃
인화점	32℃	25℃	25℃
발화점	106.2℃	-	-
연소범위	1.0~6.0%	1.0~6.0%	1.1~7.0%
구조식	(o-xylene 구조)	(m-xylene 구조)	(p-xylene 구조)

[해답]
o-크실렌, m-크실렌, p-크실렌

02 제5류 위험물 중 트리나이트로톨루엔의 구조식을 그리시오. (3점)

[해설]
트리나이트로톨루엔(TNT, $C_6H_2CH_3(NO_2)_3$)

[해답]

(TNT 구조식: 벤젠고리에 CH_3 1개와 NO_2 3개)

15-1

03 금속칼륨이 주수소화하면 안 되는 이유를 쓰시오. (3점)

해설

물과 격렬히 반응하여 발열하고 수산화칼륨과 수소를 발생한다. 이때 발생된 열은 점화원의 역할을 한다.
$2K + 2H_2O \rightarrow 2KOH + H_2$

해답

물과 격렬히 반응하여 발열 및 수소가스가 발생하며, 이때 발생된 열이 점화원의 역할을 하기 때문에

04 다음 위험물 중 비중이 1보다 큰 것을 보기에서 모두 고르시오. (4점)

(보기)
이황화탄소, 글리세린, 산화프로필렌, 클로로벤젠, 피리딘

해설

위험물	이황화탄소	글리세린	산화프로필렌	클로로벤젠	피리딘
비중	1.26	1.26	0.82	1.11	0.98

해답

이황화탄소, 글리세린, 클로로벤젠

05 이황화탄소의 완전연소반응식을 쓰시오. (3점)

해설

휘발하기 쉽고 발화점이 낮아 백열등, 난방기구 등의 열에 의해 발화하며, 점화하면 청색을 내고 연소하는데 연소생성물 중 SO_2는 유독성이 강하다.

해답

$CS_2 + 3O_2 \rightarrow CO_2 + 2SO_2$

06 질산메틸의 증기비중을 구하시오. (4점)

해설

질산메틸(CH_3ONO_2)의 분자량 : $12+(1\times3)+16+14+(16\times2)=77g/mol$

증기비중 $= \dfrac{77}{28.84} = 2.67$

해답

2.67

07 인화칼슘에 대한 다음 각 물음에 답을 쓰시오. (6점)
① 제 몇 류 위험물인지 쓰시오.
② 지정수량을 쓰시오.
③ 물과의 반응식을 쓰시오.
④ 물과 반응 후 생성되는 물질명을 쓰시오.

[해설]
물 또는 약산과 반응하여 가연성이며, 독성이 강한 인화수소(PH_3, 포스핀가스)를 발생한다.

[해답]
① 제3류 위험물
② 300kg
③ $Ca_3P_2 + 6H_2O \rightarrow 3Ca(OH)_2 + 2PH_3$
④ 수산화칼슘, 인화수소(PH_3, 포스핀가스)

08 아세트알데하이드에 대한 다음 각 물음에 답을 쓰시오. (4점)
① 시성식을 쓰시오.
② 품명을 쓰시오.
③ 지정수량을 쓰시오.
④ 에틸렌의 직접산화방식으로 반응 시의 반응식을 쓰시오.

[해설]
에틸렌의 직접산화법에 의한 제조
에틸렌을 염화구리 또는 염화팔라듐의 촉매하에서 산화시켜 제조한다.
$2C_2H_4 + O_2 \rightarrow 2CH_3CHO$

[해답]
① CH_3CHO
② 특수인화물
③ 50L
④ $2C_2H_4 + O_2 \rightarrow 2CH_3CHO$

09 다음은 위험물의 운반기준이다. 빈칸을 채우시오. (3점)
① 고체위험물은 운반용기 내용적의 (　　)% 이하의 수납률로 수납할 것
② 액체위험물은 운반용기 내용적의 (㉠)% 이하의 수납률로 수납하되, (㉡)℃의 온도에서 누설되지 아니하도록 충분한 공간용적을 유지하도록 할 것

[해답]
① 95
② ㉠ 98, ㉡ 55

10 다음 제4류 위험물제조소의 주의사항 게시판에 대한 각 물음에 답하시오. (6점)
① 크기를 쓰시오.
② 색상을 쓰시오.
③ 주의사항을 쓰시오.

해답
① 한 변의 길이 0.3m 이상, 다른 한 변의 길이 0.6m 이상인 직사각형
② 적색바탕에 백색문자
③ 화기엄금

11 제2류 위험물인 황화인에 대한 각 물음에 답하시오. (6점)
① 지정수량을 쓰시오.
② 제 몇 류 위험물인지 쓰시오.
③ 각 화학식의 종류를 쓰시오.

해답
① 100kg
② 제2류 위험물
③ P_4S_3(삼황화인), P_2S_5(오황화인), P_4S_7(칠황화인)

12 제4류 위험물로서 흡입 시 시신경 마비, 인화점 11℃, 발화점 464℃인 위험물의 ① 명칭과, ② 지정수량을 쓰시오. (4점)

해답
① 메틸알코올(CH_3OH)
② 400L

13 다음은 위험물안전관리법령에 따른 위험물 저장·취급 기준이다. 빈칸에 알맞은 답을 쓰시오. (6점)
① 제( )류 위험물은 가연물과의 접촉·혼합이나 분해를 촉진하는 물품과의 접근 또는 과열·충격·마찰 등을 피하는 한편, 알칼리금속의 과산화물 및 이를 함유한 것에 있어서는 물과의 접촉을 피하여야 한다.
② 제( )류 위험물은 불티·불꽃·고온체와의 접근 또는 과열을 피하고, 함부로 증기를 발생시키지 아니하여야 한다.
③ 제( )류 위험물은 산화제와의 접촉·혼합이나 불티·불꽃·고온체와의 접근 또는 과열을 피하는 한편, 철분·금속분·마그네슘 및 이를 함유한 것에 있어서는 물이나 산과의 접촉을 피하고 인화성 고체에 있어서는 함부로 증기를 발생시키지 아니하여야 한다.

해답
① 1, ② 4, ③ 2

제1회 동영상문제

01 동영상에서는 벽·기둥 및 바닥이 내화구조로 된 건축물로 옥내저장소에 제3류 위험물인 황린 149,600kg이 보관되어 있는 것을 보여준다. ① 지정수량의 배수와 ② 보유공지는 몇 m 이상인지 쓰시오. (4점)

[해설]

옥내저장소의 보유공지

저장 또는 취급하는 위험물의 최대수량	공지의 너비	
	벽·기둥 및 바닥이 내화구조로 된 건축물	그 밖의 건축물
지정수량의 5배 이하	–	0.5m 이상
지정수량의 5배 초과, 10배 이하	1m 이상	1.5m 이상
지정수량의 10배 초과, 20배 이하	2m 이상	3m 이상
지정수량의 20배 초과, 50배 이하	3m 이상	5m 이상
지정수량의 50배 초과, 200배 이하	5m 이상	10m 이상
지정수량의 200배 초과	10m 이상	15m 이상

① 황린의 지정수량은 20kg

$$지정수량의\ 배수 = \frac{저장수량}{지정수량} = \frac{149,600}{20} = 7,480배$$

② 보유공지 : 10m(지정수량의 200배 초과)

[해답]

① 7,480배
② 10m

02 동영상에서는 종류별 분말소화약제를 보여준다. 분말소화약제의 종류별에 따른 제1종, 제2종, 제3종 분말소화약제의 주성분에 대한 화학식을 쓰시오. (6점)

[해설]

종류	주성분	화학식	착색	적응화재
제1종	탄산수소나트륨(중탄산나트륨)	$NaHCO_3$	–	B, C급 화재
제2종	탄산수소칼륨(중탄산칼륨)	$KHCO_3$	담회색	B, C급 화재
제3종	제1인산암모늄	$NH_4H_2PO_4$	담홍색 또는 황색	A, B, C급 화재
제4종	탄산수소칼륨+요소	$KHCO_3 + CO(NH_2)_2$	–	B, C급 화재

[해답]

① 제1종 분말소화약제 : $NaHCO_3$
② 제2종 분말소화약제 : $KHCO_3$
③ 제3종 분말소화약제 : $NH_4H_2PO_4$

03 동영상에서 금속나트륨이 물과 반응하는 모습을 보여준다. 다음 물음에 답하시오. (6점)

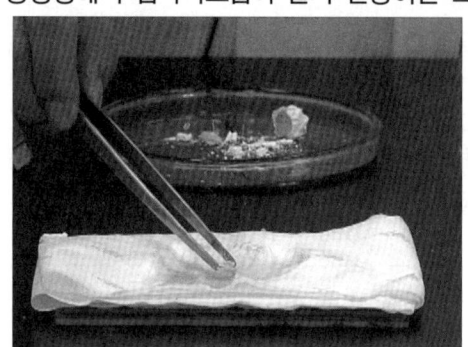 

① 나트륨과 물의 반응식을 쓰시오.
② 나트륨의 지정수량을 쓰시오.

해설

물과 격렬히 반응하여 발열하고 수소를 발생하며, 산과는 폭발적으로 반응한다. 수용액은 염기성으로 변하고, 페놀프탈레인과 반응 시 붉은색을 나타낸다. 특히 아이오딘산과 접촉 시 폭발한다.

해답

① $2Na + 2H_2O \rightarrow 2NaOH + H_2$
 (나트륨) (물) (수산화나트륨) (수소)
② 10kg

04 동영상에서는 부속시설을 포함해서 옥외탱크저장소를 전체적으로 보여주고 안쪽에 설치되어 있는 게시판을 보여준다. 다음 각 물음에 답을 쓰시오. (6점)

위험물 옥외탱크저장소	
화기엄금	
허가일자	1991년
유별	제4류
품명	등유
저장수량	○○○○L
안전관리자	홍길동

① 게시판을 보고 반드시 표시하지 않아도 되는 사항을 쓰시오. (단, 없으면 없음으로 표기)
② 게시판에 품명은 위험물법령상 잘못 표기되어 있다. 올바르게 수정하시오.
③ 게시판을 보고 누락된 항목을 쓰시오.

해설

표지 및 게시판

㉮ 옥외탱크저장소에는 보기 쉬운 곳에 다음의 기준에 따라 "위험물 옥외탱크저장소"라는 표시를 한 표지를 설치하여야 한다.
  ㉠ 표지는 한 변의 길이 0.3m 이상, 다른 한 변의 길이 0.6m 이상인 직사각형으로 할 것
  ㉡ 표지의 바탕은 백색으로, 문자는 흑색으로 할 것
㉯ 옥외탱크저장소에는 보기 쉬운 곳에 다음의 기준에 따라 방화에 관하여 필요한 사항을 게시한 게시판을 설치하여야 한다.
  ㉠ 게시판은 한 변의 길이 0.3m 이상, 다른 한 변의 길이 0.6m 이상인 직사각형으로 할 것
  ㉡ 게시판에는 저장 또는 취급하는 위험물의 유별·품명 및 저장최대수량 또는 취급최대수량, 지정수량의 배수 및 안전관리자의 성명 또는 직명을 기재할 것
  ㉢ ㉡의 게시판의 바탕은 백색으로, 문자는 흑색으로 할 것

해답

① 허가일자(1991년)
② 제2석유류
③ 지정수량의 배수

05

동영상에서는 2층 건물, 내화구조의 벽, 갑종방화문을 설치한 옥내저장소를 보여준다. 제2류 위험물의 저장창고로 다음 물음에 답하시오. (3점)
① 하나의 저장창고의 바닥면적 합계는 몇 m^2 이하로 하여야 하는가?
② 저장창고는 지면에서 처마까지의 높이를 얼마 미만으로 하여야 하는가?

해설

다층건물의 옥내저장소의 기준(제2류 또는 제4류의 위험물(인화성 고체 및 인화점이 70℃ 미만인 제4류 위험물을 제외한다))
㉮ 저장창고는 각층의 바닥을 지면보다 높게 하고, 바닥면으로부터 상층의 바닥(상층이 없는 경우에는 처마)까지의 높이(이하 "층고"라 한다)를 6m 미만으로 하여야 한다.
㉯ 하나의 저장창고의 바닥면적 합계는 1,000m^2 이하로 하여야 한다.
㉰ 저장창고의 벽·기둥·바닥 및 보를 내화구조로 하고, 계단을 불연재료로 하며, 연소의 우려가 있는 외벽은 출입구 외의 개구부를 갖지 아니하는 벽으로 하여야 한다.

해답

① 1,000m^2
② 6m

06 동영상에서는 화학소방자동차의 포수용액 방사차를 보여준다. 화학소방자동차에 갖추어야 하는 소화능력 및 설비기준에 대해 괄호 안을 알맞게 채우시오. (6점)

① 포수용액의 방사능력이 매분 (   ) 이상일 것
② 소화약액 탱크 및 (   )를 비치할 것
③ (   ) 이상의 포수용액을 방사할 수 있는 양의 소화약제를 비치할 것

해설

화학소방자동차의 구분	소화능력 및 설비의 기준
포수용액 방사차	포수용액의 방사능력이 2,000L/분 이상일 것
	소화약액 탱크 및 소화약액 혼합장치를 비치할 것
	10만L 이상의 포수용액을 방사할 수 있는 양의 소화약제를 비치할 것

해답

① 2,000L
② 소화약액 혼합장치
③ 10만L

07

동영상에서 단층 옥내저장소와 주변의 담과 토제를 보여준다. 다음 각 물음에 답하시오. (4점)

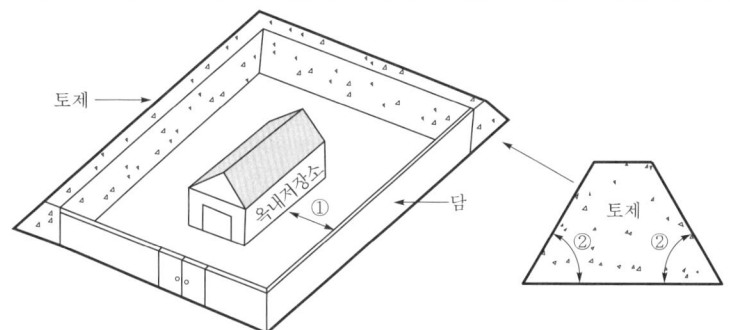

① 담 또는 토제는 저장창고의 외벽으로부터 몇 m 이상 떨어진 장소에 설치하여야 하는가? (다만, 담 또는 토제와 당해 저장창고와의 간격은 당해 옥내저장소의 공지 너비의 5분의 1을 초과할 수 없다.)
② 토제의 경사면의 경사도는 몇 도 미만으로 하여야 하는가?

[해설]

담 또는 토제는 다음에 적합한 것으로 하여야 한다. 다만, 지정수량의 5배 이하인 지정과산화물의 옥내저장소에 대하여는 당해 옥내저장소의 저장창고의 외벽을 두께 30cm 이상의 철근콘크리트조 또는 철골철근콘크리트조로 만드는 것으로서 담 또는 토제에 대신할 수 있다.

㉠ 담 또는 토제는 저장창고의 외벽으로부터 2m 이상 떨어진 장소에 설치할 것. 다만, 담 또는 토제와 당해 저장창고와의 간격은 당해 옥내저장소의 공지 너비의 5분의 1을 초과할 수 없다.
㉡ 담 또는 토제의 높이는 저장창고의 처마높이 이상으로 할 것
㉢ 담은 두께 15cm 이상의 철근콘크리트조나 철골철근콘크리트조 또는 두께 20cm 이상의 보강콘크리트블록조로 할 것
㉣ 토제 경사면의 경사도는 60도 미만으로 할 것

[해답]

① 2m, ② 60°

08

동영상에서는 포소화설비의 포모니터를 보여준다. 다음 물음에 답하시오. (4점)
포모니터노즐은 모든 노즐을 동시에 사용할 경우에 각 노즐선단의 방사량이 (①)L/min 이상이고, 수평방사거리가 (②)m 이상이 되도록 설치할 것

[해답]
① 1,900, ② 30

09 동영상은 철분(Fe)과 염산(HCl)이 반응하는 모습을 보여준다. 다음 각 물음에 답을 쓰시오. (4점)

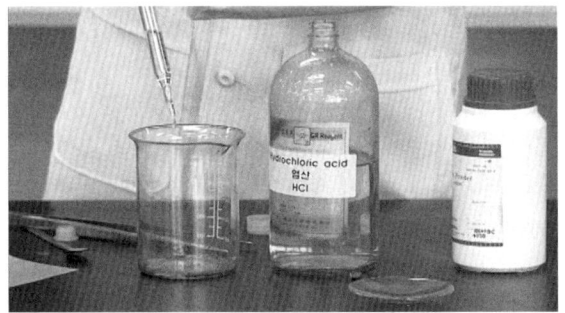

① "철분"이라 함은 철의 분말로서 (㉠)㎛의 표준체를 통과하는 것이 중량 (㉡)% 이상인 것을 말한다.
② 철분과 염산의 반응식을 쓰시오.

[해설]
① "철분"이라 함은 철의 분말로서 53마이크로미터의 표준체를 통과하는 것이 50중량퍼센트 미만인 것은 제외한다.
② 가열되거나 금속의 온도가 높은 경우 더운물 또는 수증기와 반응하면 수소를 발생하고 경우에 따라 폭발한다. 또한 묽은 산과 반응하여 수소를 발생한다.
$2Fe+3H_2O \rightarrow Fe_2O_3+3H_2$, $Fe+2HCl \rightarrow FeCl_2+H_2$

[해답]
① ㉠ 53, ㉡ 50, ② $Fe+2HCl \rightarrow FeCl_2+H_2$

10 동영상에서는 옥외저장소에 제4류 위험물인 윤활유를 수납한 용기를 선반에 저장하는 경우에는 몇 m를 초과하여 저장하지 아니하여야 하는지 쓰시오. (2점)

[해설]
옥외저장소에서 위험물을 수납한 용기를 선반에 저장하는 경우에는 6m를 초과하여 저장하지 아니하여야 한다.

[해답]
6m

2015년 제2회 과년도 출제문제

2015. 7. 11. 시행

제2회 일반검정문제

01 지정수량 10배 이상인 유기과산화물과 혼재 불가능한 유별 위험물을 모두 쓰시오. (4점)

[해설]

유별을 달리하는 위험물의 혼재기준

위험물의 구분	제1류	제2류	제3류	제4류	제5류	제6류
제1류		×	×	×	×	○
제2류	×		×	○	○	×
제3류	×	×		○	×	×
제4류	×	○	○		○	×
제5류	×	○	×	○		×
제6류	○	×	×	×	×	

※ 유기과산화물은 제5류 위험물이므로 혼재 불가능한 위험물은 제1류 위험물, 제3류 위험물, 제6류 위험물이다.

[해답]
제1류 위험물, 제3류 위험물, 제6류 위험물

02 옥내저장소 또는 옥외저장소에 있어서 동일한 장소에 유별을 달리하는 위험물을 저장할 경우 이격거리는 몇 m로 하는가? (3점)

[해설]
유별을 달리하는 위험물은 동일한 저장소(내화구조의 격벽으로 완전히 구획된 실이 2 이상 있는 저장소에 있어서는 동일한 실)에 저장하지 아니하여야 한다. 다만, 옥내저장소 또는 옥외저장소에 있어서 규정에 의한 위험물을 저장하는 경우로서 위험물을 유별로 정리하여 저장하는 한편, 서로 1m 이상의 간격을 두는 경우에는 그러하지 아니하다.

[해답]
1m 이상

03 제5류 위험물의 지정수량 규정방법에 대해 설명하시오. (6점)

해답

시험결과에 따라 위험성 유무와 등급을 결정하여 제1종과 제2종으로 분류하며, 제1종은 10kg, 제2종은 100kg으로 규정한다.

04 제4류 위험물 중 (보기)에 주어진 물질을 인화점이 낮은 순으로 쓰시오. (4점)

(보기)
이황화탄소, 아세톤, 메틸알코올, 아닐린

해설

- 이황화탄소 $-30\,°C$
- 아세톤 $-18.5\,°C$
- 메틸알코올 $11\,°C$
- 아닐린 $70\,°C$

해답

이황화탄소, 아세톤, 메틸알코올, 아닐린

05 탄화칼슘 32g이 물과 반응하여 발생하는 가연성 가스를 완전연소시키는 데 필요한 산소의 부피(L)를 구하시오. (4점)

해설

$CaC_2 + 2H_2O \rightarrow Ca(OH)_2 + C_2H_2$ 에서 먼저 탄화칼슘 32g에 대해 발생하는 아세틸렌가스의 생성양(g)을 구한다.

$$32g\text{-}CaC_2 \times \frac{1\text{mol-}CaC_2}{64g\text{-}CaC_2} \times \frac{1\text{mol-}C_2H_2}{1\text{mol-}CaC_2} \times \frac{26g\text{-}C_2H_2}{1\text{mol-}C_2H_2} = 13g\text{-}C_2H_2$$

한편, 아세틸렌가스에 대한 완전연소반응식을 구하면
$2C_2H_2 + 5O_2 \rightarrow 4CO_2 + 2H_2O$ 에서
여기서 13g의 아세틸렌가스를 완전연소시키는 데 필요한 산소의 부피를 구한다.

$$13g\text{-}C_2H_2 \times \frac{1\text{mol-}C_2H_2}{26g\text{-}C_2H_2} \times \frac{5\text{mol-}O_2}{2\text{mol-}C_2H_2} \times \frac{22.4L\text{-}O_2}{1\text{mol-}O_2} = 28L\text{-}O_2$$

해답

28L

06 질산암모늄 800g이 폭발하는 경우 발생기체의 부피(L)는 표준상태에서 전부 얼마인지 구하시오. (4점)

$$2NH_4NO_3 \rightarrow 2N_2 + O_2 + 4H_2O$$

해설

㉮ 질소가스의 부피

$$\frac{800g-NH_4NO_3}{} \bigg| \frac{1mol-NH_4NO_3}{80g-NH_4NO_3} \bigg| \frac{2mol-N_2}{2mol-NH_4NO_3} \bigg| \frac{22.4L-N_2}{1mol-N_2} = 224L-N_2$$

㉯ 산소가스의 부피

$$\frac{800g-NH_4NO_3}{} \bigg| \frac{1mol-NH_4NO_3}{80g-NH_4NO_3} \bigg| \frac{1mol-O_2}{2mol-NH_4NO_3} \bigg| \frac{22.4L-N_2}{1mol-O_2} = 112L-O_2$$

㉰ 수증기의 부피

$$\frac{800g-NH_4NO_3}{} \bigg| \frac{1mol-NH_4NO_3}{80g-NH_4NO_3} \bigg| \frac{4mol-O_2}{2mol-NH_4NO_3} \bigg| \frac{22.4L-O_2}{1mol-O_2} = 448L-H_2O$$

그러므로 질소가스의 부피+산소가스의 부피+수증기의 부피=224+112+448=784L이다.

해답

784L

07 위험물안전관리법상 동식물유류에 관한 다음 물음에 답하시오. (5점)
① 아이오딘값의 정의를 쓰시오.
② 동식물유를 아이오딘값에 따라 분류하시오.

해설

아이오딘값 : 유지 100g에 부가되는 아이오딘의 g수, 불포화도가 증가할수록 아이오딘값이 증가하며, 자연발화의 위험이 있다. 유지의 불포화도를 나타내는 아이오딘값에 따라 건성유, 반건성유, 불건성유로 구분한다.

㉮ 건성유 : 아이오딘값이 130 이상인 것
   이중결합이 많아 불포화도가 높기 때문에 공기 중에서 산화되어 액 표면에 피막을 만드는 기름
   예 아마인유, 들기름, 동유, 정어리기름, 해바라기유 등
㉯ 반건성유 : 아이오딘값이 100~130인 것
   공기 중에서 건성유보다 얇은 피막을 만드는 기름
   예 참기름, 옥수수기름, 청어기름, 채종유, 면실유(목화씨유), 콩기름, 쌀겨유 등
㉰ 불건성유 : 아이오딘값이 100 이하인 것
   공기 중에서 피막을 만들지 않는 안정된 기름
   예 올리브유, 피마자유, 야자유, 땅콩기름, 동백기름 등

해답

① 유지 100g에 부가되는 아이오딘의 g수
② 건성유 : 아이오딘값이 130 이상인 것, 반건성유 : 아이오딘값이 100~130인 것, 불건성유 : 아이오딘값이 100 이하인 것

08 위험물안전관리법상 제4류 위험물 중 에틸렌글리콜, 시안화수소, 글리세린은 제 몇 석유류에 해당하는지 쓰시오. (4점)

[해설]

제4류 위험물(인화성 액체)의 종류와 지정수량

위험등급	품명		품목	지정수량
Ⅰ	특수인화물	비수용성	디에틸에테르, 이황화탄소	50L
		수용성	아세트알데하이드, 산화프로필렌	
Ⅱ	제1석유류	비수용성	가솔린, 벤젠, 톨루엔, 사이클로헥산, 콜로디온, 메틸에틸케톤, 초산메틸, 초산에틸, 의산에틸, 헥산, 에틸벤젠 등	200L
		수용성	아세톤, 피리딘, 아크롤레인, 의산메틸, 시안화수소 등	400L
	알코올류		메틸알코올, 에틸알코올, 프로필알코올, 아이소프로필알코올	400L
Ⅲ	제2석유류	비수용성	등유, 경유, 테레빈유, 스티렌, 자일렌(o-, m-, p-), 클로로벤젠, 장뇌유, 뷰틸알코올, 알릴알코올 등	1,000L
		수용성	포름산, 초산(아세트산), 하이드라진, 아크릴산, 아밀알코올 등	2,000L
	제3석유류	비수용성	중유, 크레오소트유, 아닐린, 나이트로벤젠, 나이트로톨루엔 등	2,000L
		수용성	에틸렌글리콜, 글리세린 등	4,000L
	제4석유류		기어유, 실린더유, 윤활유, 가소제	6,000L
	동식물유류		• 건성유 : 아마인유, 들기름, 동유, 정어리기름, 해바라기유 등 • 반건성유 : 참기름, 옥수수기름, 청어기름, 채종유, 면실유(목화씨유), 콩기름, 쌀겨유 등 • 불건성유 : 올리브유, 피마자유, 야자유, 땅콩기름, 동백유 등	10,000L

[해답]

시안화수소 – 제1석유류
에틸렌글리콜, 글리세린 – 제3석유류

09 제4류 위험물인 메틸알코올에 대한 다음 물음에 답하시오. (5점)
① 완전연소반응식을 쓰시오.
② 메틸알코올 1몰이 완전연소하는 경우 생성되는 물질의 총 몰수는?

[해설]

무색 투명하고 인화가 쉬우며 연소는 완전연소를 하므로 불꽃이 잘 보이지 않는다.
$2CH_3OH + 3O_2 \rightarrow 2CO_2 + 4H_2O$
(메틸알코올) (산소) (이산화탄소) (물)

[해답]

① $2CH_3OH + 3O_2 \rightarrow 2CO_2 + 4H_2O$, ② 3몰

10 분말소화약제 중 제1종의 경우 열분해 시 270℃와 850℃에서의 열분해반응식을 각각 쓰시오. (6점)

[해설]

1종 분말소화약제의 소화효과
㉮ 주성분인 탄산수소나트륨이 열분해될 때 발생하는 이산화탄소에 의한 질식효과
㉯ 열분해 시의 물과 흡열반응에 의한 냉각효과
㉰ 분말운무에 의한 열방사의 차단효과
㉱ 연소 시 생성된 활성기가 분말 표면에 흡착되거나, 탄산수소나트륨의 Na이온에 의해 안정화되어 연쇄반응이 차단되는 효과(부촉매효과)

㉯ 일반요리용 기름화재 시 기름과 중탄산나트륨이 반응하면 금속비누가 만들어져 거품을 생성하여 기름의 표면을 덮어서 질식소화효과 및 재발화 억제·방지효과를 나타내는 비누화현상

※ 탄산수소나트륨은 약 60℃ 부근에서 분해되기 시작하여 270℃와 850℃ 이상에서 다음과 같이 열분해한다.

$2NaHCO_3 \rightarrow Na_2CO_3 + H_2O + CO_2$ 흡열반응(at 270℃)
(중탄산나트륨) (탄산나트륨) (수증기) (탄산가스)

$2NaHCO_3 \rightarrow Na_2O + H_2O + 2CO_2$ 흡열반응(at 850℃ 이상)

[해답]

- 270℃에서 열분해반응식 : $2NaHCO_3 \rightarrow Na_2CO_3 + H_2O + CO_2$
- 850℃에서 열분해반응식 : $2NaHCO_3 \rightarrow Na_2O + H_2O + 2CO_2$

11

> 다음은 제4류 위험물 지하탱크저장소의 구조에 관한 내용이다. 다음 빈칸에 알맞은 답을 쓰시오. (6점)
> ① 해당 탱크를 지하철·지하가 또는 지하터널로부터 수평거리 (　) 이내의 장소 또는 지하건축물 내의 장소에 설치하지 아니할 것
> ② 해당 탱크를 지하의 가장 가까운 벽·피트·가스관 등의 시설물 및 대지경계선으로부터 (　) 이상 떨어진 곳에 매설할 것
> ③ 지하저장탱크의 윗부분은 지면으로부터 (　) 이상 아래에 있을 것

[해설]

지하탱크저장소

㉮ 해당 탱크를 지하철·지하가 또는 지하터널로부터 수평거리 10m 이내의 장소 또는 지하건축물 내의 장소에 설치하지 아니할 것
㉯ 해당 탱크를 그 수평투영의 세로 및 가로보다 각각 0.6m 이상 크고 두께가 0.3m 이상인 철근콘크리트조의 뚜껑으로 덮을 것
㉰ 뚜껑에 걸리는 중량이 직접 해당 탱크에 걸리지 아니하는 구조일 것
㉱ 해당 탱크를 견고한 기초 위에 고정할 것
㉲ 해당 탱크를 지하의 가장 가까운 벽·피트·가스관 등의 시설물 및 대지경계선으로부터 0.6m 이상 떨어진 곳에 매설할 것
㉳ 지하저장탱크의 윗부분은 지면으로부터 0.6m 이상 아래에 있을 것

[해답]

① 10m, ② 0.6m, ③ 0.6m

12

> 이 물질은 분자량이 78이며, 이 물질에 Ni을 촉매로 하여 수소를 부가시키면 사이클로헥산이 생성된다. 이 물질의 ① 명칭과, ② 구조식을 적으시오. (4점)

[해설]

벤젠은 무색 투명하며 독특한 냄새를 가진 휘발성이 강한 액체로, 위험성이 강하며 인화가 쉽고 다량의 흑연을 발생하고 뜨거운 열을 내며 연소하며, 겨울철에는 응고된 상태에서도 연소가 가능하다.

[해답]

① 벤젠(C_6H_6), ②

제2회 동영상문제

01 동영상에서는 실험대 위에 메틸리튬($(CH_3)Li$)과 뷰틸리튬($(C_4H_9)Li$)을 물이 담겨 있는 병에서 시료를 조금씩 채취하면서 이 병에 고무풍선을 꽂으면 고무풍선이 부풀어 오르는 장면을 보여준다. 다음 물음에 답하시오. (6점)
① 동영상에서 보여주는 물질에 대해 벤젠 등 희석제와 불활성 기체를 봉입하는 이유를 적으시오.
② 동영상에서 보여지는 물질 중 메틸리튬이 물과 반응하여 발생하는 기체는 무엇인지 쓰시오.

[해설]
㉮ 알킬리튬(RLi)은 자연발화의 위험이 있으므로 저장용기에 펜탄, 헥산, 헵탄 등의 안정희석용 용제를 넣고 불활성 가스를 봉입한다.
㉯ $CH_3Li + H_2O \rightarrow CH_4 + LiOH$

[해답]
① 자연발화의 위험이 있으므로
② 메탄가스(CH_4)

02 동영상에서는 실험실에서 비커 속에 있는 염소산칼륨에 황산을 적가하는 반응을 보여준다. 이때 ① 반응식과, ② 생성되는 유독성 기체의 명칭을 쓰시오. (5점)

[해설]
황산 등의 강산과 접촉으로 격렬하게 반응하여 폭발성의 이산화염소를 발생하고 발열폭발한다.
$4KClO_3 + 4H_2SO_4 \rightarrow 4KHSO_4 + 4ClO_2 + O_2 + 2H_2O + 열$

[해답]
① $4KClO_3 + 4H_2SO_4 \rightarrow 4KHSO_4 + 4ClO_2 + O_2 + 2H_2O + 열$
② 이산화염소가스(ClO_2)

03 동영상에서는 금속나트륨이 물과 반응하는 모습을 보여준다. 금속나트륨이 물과 반응하는 모습을 보고 다음 물음에 답하시오. (4점)

 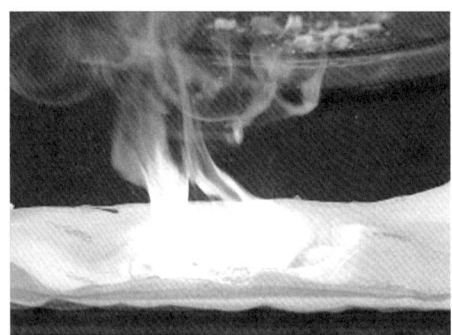

① 물과의 반응식을 적으시오.
② 나트륨의 지정수량을 쓰시오.

[해설]
물과 격렬히 반응하여 발열하고 수소를 발생하며, 산과는 폭발적으로 반응한다. 수용액은 염기성으로 변하고, 페놀프탈레인과 반응 시 붉은색을 나타낸다. 특히 아이오딘산과 접촉 시 폭발한다.

$2Na + 2H_2O \rightarrow 2NaOH + H_2$
(나트륨) (물)   (수산화나트륨) (수소)

[해답]
① $2Na + 2H_2O \rightarrow 2NaOH + H_2$
② 10kg

04 동영상에서는 방유제가 설치된 옥외탱크저장소(높이 15m, 지름 5m)를 보여준다. 다음 물음에 답하시오. (4점)

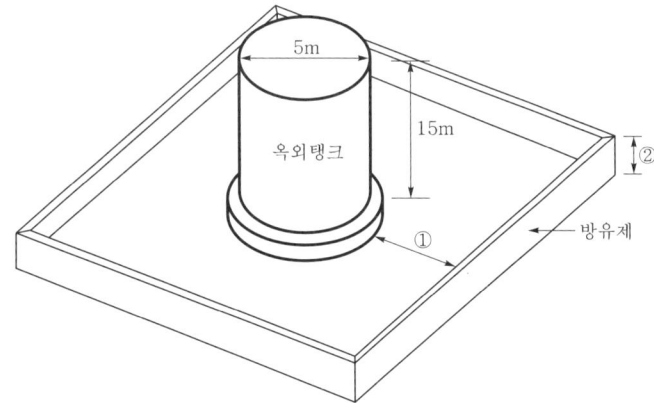

① 탱크와 방유제 상호간의 거리는 얼마로 해야 하는가?
② 방유제의 최소높이는 얼마로 해야 하는가?

[해설]

옥외탱크저장소의 방유제 설치기준

㉮ 설치목적 : 저장 중인 액체위험물이 주위로 누설 시 그 주위에 피해확산을 방지하기 위하여 설치한 담
㉯ 용량 : 방유제의 용량은 방유제 안에 설치된 탱크가 하나인 때에는 그 탱크 용량의 110% 이상, 2기 이상인 때에는 그 탱크 용량 중 용량이 최대인 것의 용량의 110% 이상으로 한다. 다만, 인화성이 없는 액체위험물의 옥외저장탱크의 주위에 설치하는 방유제는 "110%"를 "100%"로 본다.
㉰ 높이 : 0.5m 이상~3.0m 이하
㉱ 면적 : 80,000m² 이하
㉲ 하나의 방유제 안에 설치되는 탱크의 수 10기 이하(단, 방유제 내 전 탱크의 용량이 200kL 이하이고, 인화점이 70℃ 이상~200℃ 미만인 경우에는 20기 이하)
㉳ 방유제와 탱크 측면과의 이격거리
  ㉠ 탱크 지름이 15m 미만인 경우 : 탱크 높이의 $\frac{1}{3}$ 이상
  ㉡ 탱크 지름이 15m 이상인 경우 : 탱크 높이의 $\frac{1}{2}$ 이상

[해답]

① 15m × $\frac{1}{3}$ = 5m 이상

② 0.5m 이상

05

동영상에서는 이동탱크저장소를 보여준다. 이동탱크저장소에 설치해야 하는 소화설비로서 자동차용 소화기의 설치기준에 대해 다음 괄호 안을 알맞게 채우시오. (4점)
① 이산화탄소소화기 : (   )kg 이상
② 무상의 강화액소화기 : (   )L 이상

[해설]

소화난이도 등급 Ⅲ의 제조소 등에 설치하여야 하는 소화설비

이동탱크저장소	자동차용 소화기	무상의 강화액 8L 이상	2개 이상
		이산화탄소 3.2kg 이상	
		일브로화일염화이플루오르화메탄(CF_2ClBr) 2L 이상	
		일브로화삼플루오르화메탄(CF_3Br) 2L 이상	
		이브로화사플루오르화메탄($C_2F_4BR_2$) 1L 이상	
		소화분말 3.3kg 이상	
	마른모래 및 팽창질석 또는 팽창진주암	마른모래 150L 이상	
		팽창질석 또는 팽창진주암 640L 이상	

[해답]

① 3.2, ② 8

06 동영상에서는 샬레 A에 고무상황, 샬레 B에 단사황이 있음을 보여준다. 다음 각 물음에 대한 답을 쓰시오. (4점)

① A, B 물질 중 이황화탄소에 용해되는 물질은 어느 것인지 쓰시오.
② 황이 완전연소되는 경우 화학반응식을 완결하시오.

[해설]

황의 경우 물, 산에는 녹지 않으며 알코올에는 약간 녹고, 이황화탄소(CS_2)에는 잘 녹는다(단, 고무상황은 녹지 않는다). 또한 공기 중에서 연소하면 푸른 빛을 내며 아황산가스를 발생하는데 아황산가스는 독성이 있다.

$S + O_2 \rightarrow SO_2$

[해답]

① 단사황
② $S + O_2 \rightarrow SO_2$

07 동영상에서는 4개의 비커에 제1석유류, 제2석유류, 제3석유류, 제4석유류가 각각 들어 있는 것을 보여준다. 다음 각 물음에 답하시오. (6점)

① 주어진 4개의 비커 중 임의로 2가지를 골라 각각에 대한 1기압에서의 인화점을 쓰시오.
② 주어진 비커 중에서 중유와 경유에 해당하는 품명을 각각 적으시오. (단, 없으면 없음으로 표시)

[해답]
① 제1석유류 : 21℃ 미만
  제2석유류 : 21℃ 이상~70℃ 미만
  제3석유류 : 70℃ 이상~200℃ 미만
  제4석유류 : 200℃ 이상~250℃ 미만
  (택 2 하여 기술하면 됨)
② 중유 : 제3석유류, 경유 : 제2석유류

08 동영상에서는 알킬알루미늄을 저장하는 옥외탱크저장소를 보여준다. 이때 옥외탱크저장소에 설치해야 하는 ① 설비와, ② 장치는 무엇인지 각각 쓰시오. (4점)

[해답]
① 누설범위를 국한하기 위한 설비 및 누설된 알킬알루미늄 등을 안전한 장소에 설치된 조에 이끌어 들일 수 있는 설비
② 불활성의 기체를 봉입하는 장치

09 동영상에서는 디에틸에테르가 든 시험관에 아이오딘화칼륨(KI) 10% 용액 몇 방울을 넣으니 잠시 후 황색으로 변하였다. 디에틸에테르에 아이오딘화칼륨(KI) 10% 용액을 넣는 이유를 쓰시오. (3점)

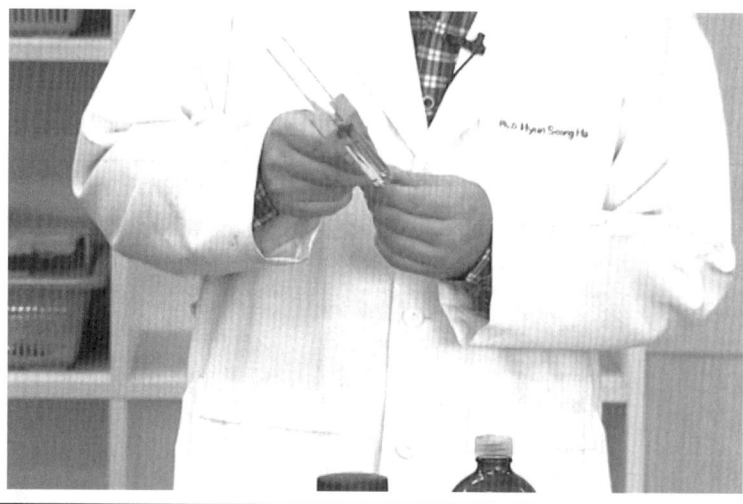

[해설]
과산화물의 검출은 10% 아이오딘화칼륨(KI) 용액과의 황색반응으로 확인한다.
[해답]
과산화물의 생성여부 확인

10 동영상에서는 실험실의 실험대 위에서 샬레에 놓여진 마그네슘, 구리, 아연을 차례로 보여준다. 보여지는 물질 중 분자량이 24.3에 해당하는 물질의 화재발생 시 이산화탄소소화약제를 사용하면 안 되는 이유를 적으시오. (5점)

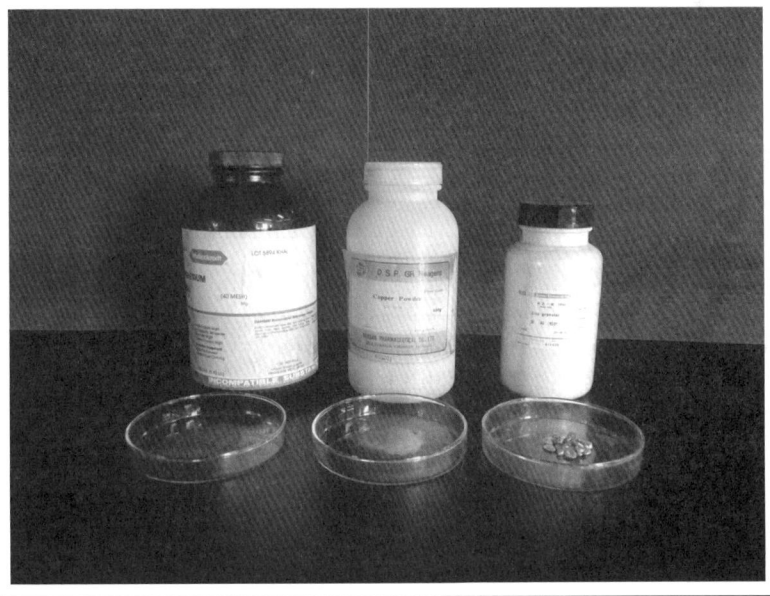

[해설]
마그네슘은 CO_2 등 질식성 가스와 접촉 시에는 가연성 물질인 C와 유독성인 CO 가스를 발생한다.
$2Mg + CO_2 \rightarrow 2MgO + C$
$Mg + CO_2 \rightarrow MgO + CO$

[해답]
마그네슘의 경우 이산화탄소와 폭발적으로 반응하여 가연성의 탄소(C)와 일산화탄소(CO)가 발생하므로

2015년 제4회 과년도 출제문제

2015. 11. 8. 시행

제4회 일반검정문제

01 각 유별 혼재할 수 없는 유별 위험물을 적으시오. (단, 위험물의 저장량은 지정수량의 1/10 이상을 저장하는 경우를 말한다.) (3점)
① 제1류
② 제2류
③ 제3류
④ 제4류
⑤ 제5류

[해설]

유별을 달리하는 위험물의 혼재기준

위험물의 구분	제1류	제2류	제3류	제4류	제5류	제6류
제1류		×	×	×	×	○
제2류	×		×	○	○	×
제3류	×	×		○	×	×
제4류	×	○	○		○	×
제5류	×	○	×	○		×
제6류	○	×	×	×	×	

[해답]
① 제2류, 제3류, 제4류, 제5류
② 제1류, 제3류, 제6류
③ 제1류, 제2류, 제5류, 제6류
④ 제1류, 제6류
⑤ 제1류, 제3류, 제6류

02
다음은 간이저장탱크 저장소의 위치·구조 및 설비의 기준에 대한 설명이다. 괄호 안을 알맞게 채우시오. (4점)
① 간이저장탱크의 용량은 (   )L 이하이어야 한다.
② 간이저장탱크의 두께는 (   )mm 이상의 강판으로 흠이 없도록 제작하여야 하며, 70kPa의 압력으로 10분간의 수압시험을 실시하여 새거나 변형되지 아니하여야 한다.

해설

간이저장탱크 저장소의 탱크구조 기준
㉮ 두께 3.2mm 이상의 강판으로 흠이 없도록 제작할 것
㉯ 시험방법 : 70kPa 압력으로 10분간 수압시험을 실시하여 새거나 변형되지 아니할 것
㉰ 하나의 탱크 용량은 600L 이하로 할 것
㉱ 탱크의 외면에는 녹을 방지하기 위한 도장을 할 것

해답
① 600
② 3.2

03
아세톤이 공기 중에서 완전연소하는 경우 다음 물음에 답하시오. (6점)
① 아세톤의 연소반응식을 적으시오.
② 200g의 아세톤이 연소하는 데 필요한 이론공기량을 구하시오. (단, 공기 중 산소의 부피비는 21%이다.)
③ 위의 조건에서 탄산가스의 발생량(L)을 구하시오.

해설

① $CH_3COCH_3 + 4O_2 \rightarrow 3CO_2 + 3H_2O$

② $\dfrac{200g-CH_3COCH_3}{} \bigg| \dfrac{1mol-CH_3COCH_3}{58g-CH_3COCH_3} \bigg| \dfrac{4mol-O_2}{1mol-CH_3COCH_3} \bigg| \dfrac{100mol-Air}{21mol-O_2} \bigg| \dfrac{22.4L-Air}{1mol-Air} = 1,471L-Air$

③ $\dfrac{200g-CH_3COCH_3}{} \bigg| \dfrac{1mol-CH_3COCH_3}{58g-CH_3COCH_3} \bigg| \dfrac{3mol-CO_2}{1mol-CH_3COCH_3} \bigg| \dfrac{22.4L-CO_2}{1mol-CO_2} = 231.72L-CO_2$

해답
① $CH_3COCH_3 + 4O_2 \rightarrow 3CO_2 + 3H_2O$
② 1,471L−Air
③ 231.72L−CO_2

04
다음은 옥내저장소 창고의 지붕에 관한 내용이다. 괄호 안을 알맞게 채우시오. (4점)
① 중도리 또는 서까래의 간격은 (   )cm 이하로 할 것
② 지붕의 아래쪽 면에는 한 변의 길이 (   )cm 이하의 환강(丸鋼)·경량형강(輕量形鋼) 등으로 된 강제(鋼製)의 격자를 설치할 것
③ 두께 (   )cm 이상, 너비 (   )cm 이상의 목재로 만든 받침대를 설치할 것

[해설]

옥내저장소 창고의 지붕 설치기준
㉮ 중도리 또는 서까래의 간격은 30cm 이하로 할 것
㉯ 지붕의 아래쪽 면에는 한 변의 길이 45cm 이하의 환강(丸鋼)·경량형강(輕量形鋼) 등으로 된 강제(鋼製)의 격자를 설치할 것
㉰ 지붕의 아래쪽 면에 철망을 쳐서 불연재료의 도리·보 또는 서까래에 단단히 결합할 것
㉱ 두께 5cm 이상, 너비 30cm 이상의 목재로 만든 받침대를 설치할 것

[해답]
① 30
② 45
③ 5, 30

05 벤조일퍼옥사이드를 옮기고 있다. 이 운반용기의 표면에 작성되어 있어야 할 주의사항을 모두 적으시오. (4점)

[해설]
수납하는 위험물에 따라 주의사항을 표시한다. 벤조일퍼옥사이드는 제5류 위험물에 해당한다.

유별	구분	주의사항
제1류 위험물 (산화성 고체)	알칼리금속의 무기과산화물	"화기·충격주의" "물기엄금" "가연물접촉주의"
	그 밖의 것	"화기·충격주의" "가연물접촉주의"
제2류 위험물 (가연성 고체)	철분·금속분·마그네슘	"화기주의" "물기엄금"
	인화성 고체	"화기엄금"
	그 밖의 것	"화기주의"
제3류 위험물 (자연발화성 및 금수성 물질)	자연발화성 물질	"화기엄금" "공기접촉엄금"
	금수성 물질	"물기엄금"
제4류 위험물 (인화성 액체)		"화기엄금"
제5류 위험물 (자기반응성 물질)		"화기엄금" 및 "충격주의"
제6류 위험물 (산화성 액체)		"가연물접촉주의"

[해답]
화기엄금, 충격주의

06 제3류 위험물에 해당하는 다음 위험물질의 지정수량을 각각 적으시오. (4점)
① 탄화알루미늄
② 황린
③ 트리에틸알루미늄
④ 리튬

[해설]
제3류 위험물의 종류와 지정수량

성질	위험등급	품명	대표품목	지정수량
자연발화성 물질 및 금수성 물질	I	1. 칼륨(K) 2. 나트륨(Na) 3. 알킬알루미늄 4. 알킬리튬	$(C_2H_5)_3Al$ C_4H_9Li	10kg
		5. 황린(P_4)		20kg
	II	6. 알칼리금속류(칼륨 및 나트륨 제외) 및 알칼리토금속 7. 유기금속화합물(알킬알루미늄 및 알킬리튬 제외)	Li, Ca $Te(C_2H_5)_2$, $Zn(CH_3)_2$	50kg
	III	8. 금속의 수소화물 9. 금속의 인화물 10. 칼슘 또는 알루미늄의 탄화물	LiH, NaH Ca_3P_2, AlP CaC_2, Al_4C_3	300kg
		11. 그 밖에 행정안전부령이 정하는 것 염소화규소화합물	$SiHCl_3$	300kg

[해답]
① 300kg, ② 20kg, ③ 10kg, ④ 50kg

07 트리나이트로페놀과 트리나이트로톨루엔의 시성식을 적으시오. (4점)

[해답]
① 트리나이트로페놀 : $C_6H_2OH(NO_2)_3$
② 트리나이트로톨루엔 : $C_6H_2CH_3(NO_2)_3$

08 이것은 환원성이 크며 산화시키면 아세트산이 된다. 또한, 증기비중은 1.5에 해당한다. 이것의 시성식을 작성하시오. (4점)

[해설]
아세트알데하이드의 일반적 성질
㉮ 무색이며 고농도의 것은 자극성 냄새가 나며 저농도의 것은 과일 같은 향이 나는 휘발성이 강한 액체로서 물, 에탄올, 에테르에 잘 녹고, 고무를 녹인다.
㉯ 환원성이 커서 은거울반응을 하며, I_2와 NaOH를 넣고 가열하는 경우 황색의 아이오딘포름(CHI_3) 침전이 생기는 아이오딘포름반응을 한다.
$CH_3CHO + 3I_2 + 4NaOH \rightarrow HCOONa + 3NaI + CHI_3 + 3H_2O$

㉓ 진한황산과 접촉에 의해 격렬히 중합반응을 일으켜 발열한다.
㉔ 산화 시 초산, 환원 시 에탄올이 생성된다.
   $2CH_3CHO + O_2 \rightarrow 2CH_3COOH$ (산화작용)
   $CH_3CHO + H_2 \rightarrow C_2H_5OH$ (환원작용)

[해답]
CH_3CHO

09
위험물안전관리법에서 제4류 위험물을 수납하는 플라스틱 용기로 최대 125kg을 수납하는 경우 금속제 내부 용기의 최대용적을 쓰시오. (3점)

[해설]
액체위험물의 운반용기

운반용기			수납위험물의 종류								
내장용기		외장용기		제3류			제4류			제5류		제6류
용기의 종류	최대용적 또는 중량	용기의 종류	최대용적 또는 중량	I	II	III	I	II	III	I	II	I
유리 용기	5L	나무 또는 플라스틱 상자 (불활성의 완충재를 채울 것)	75kg	○	○	○	○	○	○	○	○	○
	10L		125kg		○	○		○	○		○	
			225kg						○			
	5L	파이버판 상자 (불활성의 완충재를 채울 것)	40kg	○	○	○	○	○	○	○	○	○
	10L		55kg						○			
플라스틱 용기	10L	나무 또는 플라스틱 상자 (필요에 따라 불활성의 완충재를 채울 것)	75kg		○	○		○	○		○	
			125kg			○			○			
			225kg						○			
		파이버판 상자 (필요에 따라 불활성의 완충재를 채울 것)	40kg		○	○		○	○		○	
			55kg						○			
금속제 용기	30L	나무 또는 플라스틱 상자	125kg		○	○		○	○		○	
			225kg						○			
		파이버판 상자	40kg		○	○		○	○		○	
			55kg						○			
		금속제 용기(금속제 드럼 제외)	60L		○	○		○	○		○	
		플라스틱 용기 (플라스틱 드럼 제외)	10L		○	○		○	○			
			20L					○	○			
			30L						○			
		금속제 드럼(뚜껑 고정식)	250L	○	○	○	○	○	○	○	○	○
		금속제 드럼(뚜껑 탈착식)	250L					○	○			
		플라스틱 또는 파이버 드럼 (플라스틱 내용기 부착의 것)	250L		○	○			○		○	

[해답]
30L

10 위험물안전관리법령상 옥외탱크저장소의 소화난이도 등급 Ⅰ의 제조소 등의 소화설비에 해당되는 것을 〈보기〉에서 골라 쓰시오. (5점)

〈보기〉
① 질산 60,000kg을 저장하는 옥외저장탱크
② 과산화수소 액표면이 40m²인 옥외저장탱크
③ 이황화탄소 500L를 저장하는 옥외저장탱크
④ 황 14,000kg을 저장하는 옥외저장탱크
⑤ 휘발유 100,000L를 저장하는 해상탱크

해설

소화난이도 등급 Ⅰ에 해당하는 옥외탱크저장소

제조소 등의 구분	제조소 등의 규모, 저장 또는 취급하는 위험물의 품명 및 최대수량 등
옥외 탱크저장소	액표면적이 40m² 이상인 것(제6류 위험물을 저장하는 것 및 고인화점위험물만을 100℃ 미만의 온도에서 저장하는 것은 제외)
	지반면으로부터 탱크 옆판의 상단까지 높이가 6m 이상인 것(제6류 위험물을 저장하는 것 및 고인화점위험물만을 100℃ 미만의 온도에서 저장하는 것은 제외)
	지중탱크 또는 해상탱크로서 지정수량의 100배 이상인 것(제6류 위험물을 저장하는 것 및 고인화점위험물만을 100℃ 미만의 온도에서 저장하는 것은 제외)
	고체위험물을 저장하는 것으로서 지정수량의 100배 이상인 것

① 질산 60,000kg을 저장하는 옥외저장탱크 : 질산은 제6류 위험물에 해당하므로 제외됨
② 과산화수소 액표면이 40m²인 옥외저장탱크 : 과산화수소의 경우 제6류 위험물에 해당하므로 제외됨
③ 이황화탄소 500L의 지정수량 배수 = $\frac{500L}{50L}$ = 10이므로 해당 없음
④ 황 14,000kg의 지정수량 배수 = $\frac{14,000kg}{100kg}$ = 140이므로 해당함
⑤ 휘발유 100,000L의 지정수량 배수 = $\frac{100,000L}{200L}$ = 500이므로 해당함

해답

④, ⑤

11 제1종 분말소화약제에 대해 다음 물음에 답하시오. (4점)
① 화재의 분류상 A~D급까지 중 적응화재를 적으시오.
② 이 소화약제의 주성분을 화학식으로 적으시오.

해설

종류	주성분	화학식	착색	적응화재
제1종	탄산수소나트륨 (중탄산나트륨)	$NaHCO_3$	-	B, C급 화재
제2종	탄산수소칼륨 (중탄산칼륨)	$KHCO_3$	담회색	B, C급 화재
제3종	제1인산암모늄	$NH_4H_2PO_4$	담홍색 또는 황색	A, B, C급 화재
제4종	탄산수소칼륨+요소	$KHCO_3 + CO(NH_2)_2$	-	B, C급 화재

해답

① B, C급
② $NaHCO_3$

12

다음 원통형 탱크의 ① 내용적과, ② 탱크의 용량을 구하시오. (단, 탱크의 공간용적은 10%이다.) (6점)

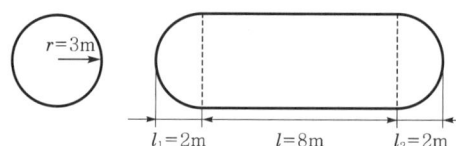

해설

내용적 $V = \pi r^2 \left[l + \dfrac{l_1 + l_2}{3} \right] = \pi \times 3^2 \times \left[8 + \dfrac{2+2}{3} \right] = 263.89 m^3$

그러므로 용량은 $263.89 \times 0.9 = 237.5 m^3$

해답

① 내용적 : $263.89 m^3$
② 탱크의 용량 : $237.5 m^3$

13

제3류 위험물인 황린이 수산화나트륨과 같은 강알칼리성과 접촉하면 생성되는 가스의 화학식을 쓰시오. (4점)

해설

황린의 경우 수산화나트륨 용액 등 강한 알칼리 용액과 반응하여 가연성, 유독성의 포스핀가스를 발생한다.

$P_4 + 3NaOH + 3H_2O \rightarrow PH_3 + 3NaH_2PO_2$

해답

PH_3

제4회 동영상문제

01 동영상에서는 3가지 그림을 동시에 보여준다. (1) ①~③ 그림의 명칭과, (2) 이 설비를 설치해야 하는 위험물은 몇 류인지 쓰시오. (6점)

① ② ③

  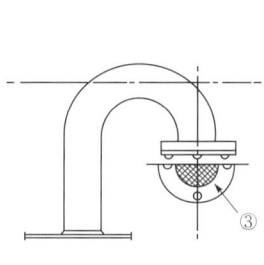

[해답]
(1) ① 대기밸브부착 통기관, ② 밸브 없는 통기관, ③ 인화방지망
(2) 제4류 위험물

02 동영상에서는 탱크로리를 10대 가까이 받아들일 수 있는 시설을 보여준다. 제4류 위험물로서 벤젠표시가 탱크로리 뒷면에 있고, 탱크 앞부분 옆에 구경이 큰 노란호스와 검정호스가 연결되어 충전하는 장면을 보여준다. 다음 물음에 답하시오. (4점)

① 위험물안전관리법상 일반취급소의 설치기준 중 어느 취급소에 해당하는가?
② 안전거리와 보유공지 적용여부는?

해설

이동저장탱크에 액체위험물(알킬알루미늄 등, 아세트알데하이드 등 및 하이드록실아민 등을 제외한다. 이하 이 호에서 같다)을 주입하는 일반취급소(액체위험물을 용기에 옮겨 담는 취급소를 포함하며, 이하 "충전하는 일반취급소"라 한다. 위험물을 이동저장탱크에 주입하기 위한 설비(위험물을 이송하는 배관을 제외한다))의 주위에 필요한 공지를 보유하여야 한다.

해답
① 충전하는 일반취급소
② 안전거리와 보유공지 규제대상임.

03

동영상에서 옥외탱크저장소와 그 주위의 시설을 보여준다. 다음 물음에 답하시오. (4점)

① 이 시설의 명칭을 적으시오.
② 흙담의 높이는 얼마로 해야 하는지 쓰시오.

해설
옥외탱크저장소의 방유제 설치기준
㉮ 설치목적 : 저장 중인 액체위험물이 주위로 누설 시 그 주위에 피해확산을 방지하기 위하여 설치한 담
㉯ 방유제의 용량 : 방유제 안에 설치된 탱크가 하나인 때에는 그 탱크 용량의 110% 이상, 2기 이상인 때에는 그 탱크 용량 중 용량이 최대인 것의 용량의 110% 이상으로 한다. 다만, 인화성이 없는 액체위험물의 옥외저장탱크의 주위에 설치하는 방유제는 "110%"를 "100%"로 본다.
㉰ 높이 : 0.5m 이상 3.0m 이하
㉱ 면적 : 80,000m² 이하

해답
① 방유제
② 0.5m 이상 3.0m 이하

04

동영상은 제1류 위험물인 염소산염류와 제6류 위험물인 질산을 함께 저장하는 옥내저장소를 보여준다. 다음 물음에 답하시오. (4점)

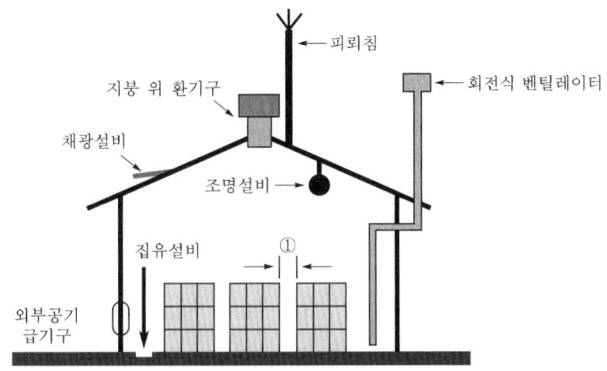

① 2가지 위험물을 같이 저장하는 경우 상호간 몇 m 이상의 간격을 두어야 하는지 쓰시오.
② 옥내저장소의 면적(m^2)을 구하시오.

해설

유별을 달리하는 위험물은 동일한 저장소(내화구조의 격벽으로 완전히 구획된 실이 2 이상 있는 저장소에 있어서는 동일한 실)에 저장하지 아니하여야 한다. 다만, 옥내저장소 또는 옥외저장소에 있어서 다음의 규정에 의한 위험물을 저장하는 경우로서 위험물을 유별로 정리하여 저장하는 한편, 서로 1m 이상의 간격을 두는 경우에는 그러하지 아니하다.

㉮ 제1류 위험물(알칼리금속의 과산화물 또는 이를 함유한 것을 제외한다)과 제5류 위험물을 저장하는 경우
㉯ 제1류 위험물과 제6류 위험물을 저장하는 경우
㉰ 제1류 위험물과 제3류 위험물 중 자연발화성 물질(황린 또는 이를 함유한 것에 한한다)을 저장하는 경우
㉱ 제2류 위험물 중 인화성 고체와 제4류 위험물을 저장하는 경우
㉲ 제3류 위험물 중 알킬알루미늄 등과 제4류 위험물(알킬알루미늄 또는 알킬리튬을 함유한 것에 한한다)을 저장하는 경우
㉳ 제4류 위험물 중 유기과산화물 또는 이를 함유하는 것과 제5류 위험물 중 유기과산화물 또는 이를 함유한 것을 저장하는 경우

위험물을 저장하는 창고	바닥면적
ⓐ 제1류 위험물 중 아염소산염류, 염소산염류, 과염소산염류, 무기과산화물, 그 밖에 지정수량이 50kg인 위험물 ⓑ 제3류 위험물 중 칼륨, 나트륨, 알킬알루미늄, 알킬리튬, 그 밖에 지정수량이 10kg인 위험물 및 황린 ⓒ 제4류 위험물 중 특수인화물, 제1석유류 및 알코올류 ⓓ 제5류 위험물 중 유기과산화물, 질산에스터류, 그 밖에 지정수량이 10kg인 위험물 ⓔ 제6류 위험물	1,000m^2 이하
ⓐ~ⓔ 외의 위험물을 저장하는 창고	2,000m^2 이하
내화구조의 격벽으로 완전히 구획된 실에 각각 저장하는 창고	1,500m^2 이하

해답

① 1m 이상, ② 1,000m^2 이하

05 동영상에서는 실험자가 과염소산($HClO_4$)을 가열하는 장면과 실험자가 핸드폰을 받으러 실험실에서 나간 사이 폭발하는 화면을 보여준다. 물음에 답하시오. (5점)

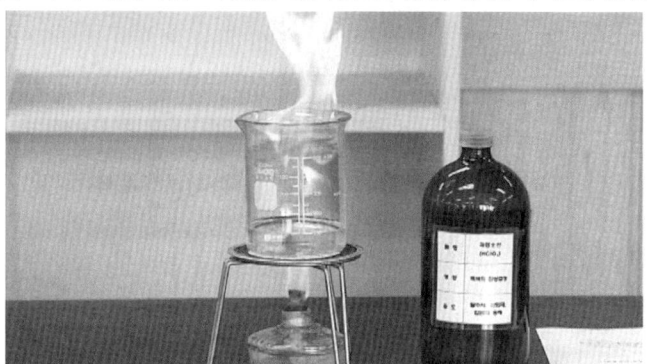

① 폭발반응 시 발생기체 중 위험성 기체를 쓰시오.
② 증기비중을 쓰시오. (단, 염소의 분자량은 35.5)

[해설]
과염소산은 가열하면 폭발하고 분해하여 유독성의 HCl을 발생한다.
$HClO_4 \rightarrow HCl + 2O_2$

[해답]
① 염화수소
② 증기비중 = 100.5/28.84 = 3.48

06 동영상에서는 4개의 비커에 위험물질이 담겨있는 것을 보여준다. 다음 물음에 답하시오. (6점)

A (나트륨+석유)　B (알킬리튬+물)　C (황린+물)　D (니트로셀룰로오스+에탄올)

① A, B, C, D 중에서 저장방법이 잘못된 것은? (단, 잘못된 것이 없으면 "해당사항 없음"이라고 적으시오.)
② C의 위험물이 공기 중에서 연소될 때 생성되는 물질의 화학식을 적으시오.

[해설]
① 알킬리튬은 금수성 물질로서 저장용기에 펜탄, 헥산, 헵탄 등의 안정희석용제를 넣고 불활성 가스를 봉입한다.
② 황린은 공기 중에서 격렬하게 오산화인의 백색연기를 내며 연소하고 일부 유독성의 포스핀(PH_3)도 발생하며 환원력이 강하여 산소농도가 낮은 분위기에서도 연소한다.
$P_4 + 5O_2 \rightarrow 2P_2O_5$

[해답]
① B, ② P_2O_5

07 동영상에서는 철(Fe)가루를 염산이 든 비커에 넣는 장면을 보여준다. ① 이때 발생한 화학 반응식을 쓰고, ② 이 반응에서 발생하는 기체의 명칭을 쓰시오. (4점)

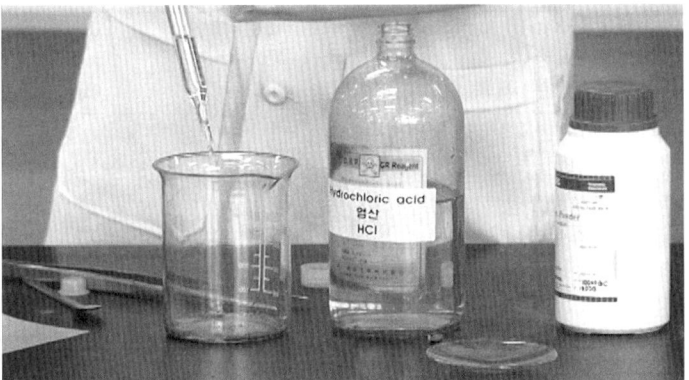

[해설]
묽은 산과 반응하여 수소를 발생한다.
$Fe + 2HCl \rightarrow FeCl_2 + H_2$
철   염산   염화제일철 수소

[해답]
① $Fe + 2HCl \rightarrow FeCl_2 + H_2$
② 수소가스(H_2)

08 동영상에서는 샬레에 Zn, Cu, NaCl 분말이 놓여 있다. 황산수용액을 스포이드를 이용해서 몇 방울씩 떨어뜨리니 구리에서는 반응이 없으며, 아연에서는 백색연기가 많이 나고, 염화나트륨에서는 백색연기가 조금 발생한다. 다음 물음에 답하시오. (5점)

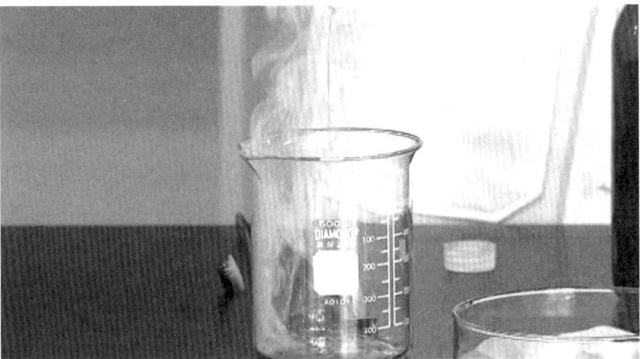

① 백색의 연기가 많이 발생하는 물질의 화학반응식을 쓰시오.
② 발생하는 가스의 명칭을 적으시오.

[해답]
① $Zn + H_2SO_4 \rightarrow ZnSO_4 + H_2$
② 수소가스

09 동영상에서는 대형트럭 위에 위험물을 싣고서 천막을 덮는 모습을 보여준다. 제1류 위험물 중 차광성 피복과 방수성 피복을 둘 다 해야 하는 물질의 명칭 2가지를 적으시오. (3점)

[해설]

적재하는 위험물에 따른 피복

차광성이 있는 것으로 피복해야 하는 경우	방수성이 있는 것으로 피복해야 하는 경우
제1류 위험물 제3류 위험물 중 자연발화성 물질 제4류 위험물 중 특수인화물 제5류 위험물 제6류 위험물	제1류 위험물 중 알칼리금속의 과산화물 제2류 위험물 중 철분, 금속분, 마그네슘 제3류 위험물 중 금수성 물질

[해답]

과산화나트륨, 과산화칼륨

10 동영상에서는 실험실에서 첫 번째 샬레에 삼산화크로뮴(CrO_3)이 표시된 주황색 시료를 보여주고, 두 번째 샬레에 과망가니즈산칼륨($KMnO_4$)이 표시된 흑자색 시료를 보여준다. 다음 각 물음에 답을 쓰시오. (4점)

① 진한 보라색 물질의 240℃에서 분해반응식을 쓰시오.
② 주황색 물질의 지정수량을 쓰시오.

[해설]

$KMnO_4$(과망가니즈산칼륨)

㉮ 분자량 158, 비중 2.7, 분해온도 약 200~250℃, 흑자색 또는 적자색의 결정
㉯ 250℃에서 가열하면 망가니즈산칼륨, 이산화망가니즈, 산소를 발생
  $2KMnO_4 \rightarrow K_2MnO_4 + MnO_2 + O_2$
㉰ 에테르, 알코올류, [진한황산+(가연성 가스, 염화칼륨, 테레빈유, 유기물, 피크린산)]과 혼촉되는 경우 발화하고 폭발의 위험성을 갖는다.
  (묽은황산과의 반응식)
  $4KMnO_4 + 6H_2SO_4 \rightarrow 2K_2SO_4 + 4MnSO_4 + 6H_2O + 5O_2$
  (진한황산과의 반응식)
  $2KMnO_4 + H_2SO_4 \rightarrow K_2SO_4 + 2HMnO_4$

[해답]

① $2KMnO_4 \rightarrow K_2MnO_4 + MnO_2 + O_2$
② 300kg

2016. 4. 16. 시행

2016년 제1회 과년도 출제문제

제1회 일반검정문제

01 다음 표에 혼재 가능한 위험물은 ○, 혼재 불가능한 위험물은 ×로 표시하시오. (4점)

위험물의 구분	제1류	제2류	제3류	제4류	제5류	제6류
제1류						
제2류						
제3류						
제4류						
제5류						
제6류						

[해답]

위험물의 구분	제1류	제2류	제3류	제4류	제5류	제6류
제1류		×	×	×	×	○
제2류	×		×	○	○	×
제3류	×	×		○	×	×
제4류	×	○	○		○	×
제5류	×	○	×	○		×
제6류	○	×	×	×	×	

02 피크르산의 구조식과 지정수량을 쓰시오. (4점)

[해답]
① 구조식

② 지정수량 : 200kg

03

다음 정의를 읽고 해당하는 위험물안전관리법상 품명을 괄호 안에 적으시오. (6점)

① (　　　)라 함은, 고형알코올, 그 밖에 1기압에서 인화점이 40℃ 미만인 고체를 말한다.
② (　　　)이라 함은, 이황화탄소, 디에틸에테르, 그 밖에 1기압에서 발화점이 100℃ 이하인 것 또는 인화점이 －20℃ 이하이고 비점이 40℃ 이하인 것을 말한다.
③ (　　　)라 함은, 아세톤, 휘발유, 그 밖에 1기압에서 인화점이 21℃ 미만인 것을 말한다.

해답

① 인화성 고체
② 특수인화물
③ 제1석유류

04

옥외탱크저장소의 방유제 높이가 몇 m를 초과할 때 계단을 설치하는지 쓰시오. (3점)

해설

방유제의 구조

㉮ 방유제는 철근콘크리트 또는 흙으로 만들고, 위험물이 방유제의 외부로 유출되지 아니하는 구조로 한다.
㉯ 방유제에는 그 내부에 고인 물을 외부로 배출하기 위한 배수구를 설치하고 이를 개폐하는 밸브 등을 방유제의 외부에 설치한다.
㉰ 용량이 100만L 이상인 위험물을 저장하는 옥외저장탱크에 있어서는 밸브 등에 그 개폐상황을 쉽게 확인할 수 있는 장치를 설치한다.
㉱ 높이가 1m를 넘는 방유제 및 간막이둑의 안팎에는 방유제 내에 출입하기 위한 계단 또는 경사로를 약 50m마다 설치한다.

해답

1m

05

제1류 위험물인 염소산칼륨의 열분해반응식을 쓰시오. (4점)

해설

약 400℃ 부근에서 열분해되기 시작하여 540~560℃에서 과염소산칼륨($KClO_4$)을 생성하고 다시 분해하여 염화칼륨(KCl)과 산소(O_2)를 방출한다.

해답

$2KClO_3 \rightarrow 2KCl + 3O_2$

06
에틸알코올과 진한황산이 반응하는 경우 ① 생성되는 물질과, ② 그에 해당하는 지정수량을 적으시오. (4점)

해설

에틸알코올은 140℃에서 진한황산과 반응하여 디에틸에테르를 생성한다.

$$2C_2H_5OH \xrightarrow{c-H_2SO_4} C_2H_5OC_2H_5 + H_2O$$

해답

① 디에틸에테르
② 50L

07
열분해 시 흡열반응에 의한 냉각효과 및 이때 발생되는 불연성 가스에 의한 질식소화효과가 가능하며, 반응과정에서 생성된 메타인산이 막을 형성하는 방식의 분말소화약제의 경우 ① 몇 종 분말소화약제이며, ② 주성분이 무엇인지 화학식으로 적으시오. (4점)

해설

① 제3종 분말소화약제의 소화효과
  ㉮ 열분해 시 흡열반응에 의한 냉각효과
  ㉯ 열분해 시 발생되는 불연성 가스(NH_3, H_2O 등)에 의한 질식효과
  ㉰ 반응과정에서 생성된 메타인산(HPO_3)의 방진효과
  ㉱ 열분해 시 유리된 NH_4^+와 분말 표면의 흡착에 의한 부촉매효과
② 열분해 : 제1인산암모늄의 열분해반응식은 다음과 같다.
  $NH_4H_2PO_4 \rightarrow NH_3 + H_2O + HPO_3$

해답

① 제3종 분말소화약제
② $NH_4H_2PO_4$

08
오황화인과 물과의 반응 시 생성되는 물질은 무엇인지 쓰시오. (4점)

해설

오황화인(P_2S_5)은 알코올이나 이황화탄소(CS_2)에 녹으며, 물이나 알칼리와 반응하면 분해하여 황화수소(H_2S)와 인산(H_3PO_4)으로 된다.

$P_2S_5 + 8H_2O \rightarrow 5H_2S + 2H_3PO_4$

해답

황화수소, 인산

09

다음과 같은 원형탱크의 내용적은 몇 m³인지 쓰시오. (단, 계산식도 함께 쓰시오.) (5점)

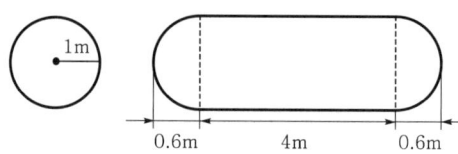

해답

$$\pi r^2 \left(l + \frac{l_1 + l_2}{3} \right) = \pi \times 1^2 \times \left(4 + \frac{0.6 + 0.6}{3} \right) = 13.823 = 13.82 \text{m}^3$$

∴ 13.82m³

10

다음 위험물 중 불활성가스소화설비가 적응성이 있는 것은 어느 것인지 모두 골라 쓰시오. (4점)

① 제2류 인화성 고체
② 제3류 금수성 물질
③ 제1류 전체
④ 제4류 전체
⑤ 제5류 전체
⑥ 제6류 전체

해설

소화설비의 구분			대상물의 구분	건축물·그 밖의 공작물	전기설비	제1류 위험물		제2류 위험물			제3류 위험물		제4류 위험물	제5류 위험물	제6류 위험물
						알칼리금속과산화물 등	그 밖의 것	철분·금속분·마그네슘 등	인화성 고체	그 밖의 것	금수성 물품	그 밖의 것			
옥내소화전 또는 옥외소화전설비				O			O		O	O		O		O	O
스프링클러설비				O			O		O	O		△	O	O
물분무 등 소화설비	물분무소화설비			O	O		O		O	O		O	O	O
	포소화설비			O			O		O	O		O	O	O
	불활성가스소화설비				O				O				O		
	할로겐화합물소화설비				O				O				O		
	분말 소화 설비	인산염류 등		O	O		O		O	O			O		O
		탄산수소염류 등			O	O		O	O		O		O		
		그 밖의 것				O		O			O				

해답

①, ④

11 TNT 분해 시 생성되는 물질 3가지를 화학식으로 적으시오. (3점)

[해설]

TNT는 분해하면 다량의 기체를 발생하고 불완전연소 시 유독성의 질소산화물과 CO를 생성한다.
$2C_6H_2CH_3(NO_2)_3 \rightarrow 12CO + 2C + 3N_2 + 5H_2$

[해답]

CO, C, N_2, H_2

12 다음 위험물에 대해 제조소에 설치해야 하는 주의사항은 무엇인지 쓰시오. (3점)
① 과산화나트륨
② 황
③ TNT

[해설]
수납하는 위험물에 따른 주의사항

유별	구분	주의사항
제1류 위험물 (산화성 고체)	알칼리금속의 무기과산화물	"화기·충격주의" "물기엄금" "가연물접촉주의"
	그 밖의 것	"화기·충격주의" "가연물접촉주의"
제2류 위험물 (가연성 고체)	철분·금속분·마그네슘	"화기주의" "물기엄금"
	인화성 고체	"화기엄금"
	그 밖의 것	"화기주의"
제3류 위험물 (자연발화성 및 금수성 물질)	자연발화성 물질	"화기엄금" "공기접촉엄금"
	금수성 물질	"물기엄금"
제4류 위험물 (인화성 액체)		"화기엄금"
제5류 위험물 (자기반응성 물질)		"화기엄금" 및 "충격주의"
제6류 위험물 (산화성 액체)		"가연물접촉주의"

① 과산화나트륨은 제1류 위험물 중 과산화물에 해당
② 황은 제2류 위험물
③ TNT는 제5류 위험물

[해답]

① "화기·충격주의", "물기엄금", "가연물접촉주의"
② "화기주의"
③ "화기엄금" 및 "충격주의"

13. 위험물제조소에 국소방식의 배출설비를 설치할 때 배출능력은 시간당 배출장소 용적의 몇 배 이상으로 하는지 쓰시오. (3점)

[해설]

배출설비

가연성의 증기 또는 미분이 체류할 우려가 있는 건축물에는 그 증기 또는 미분을 옥외의 높은 곳으로 배출할 수 있도록 배출설비를 설치하여야 한다.
㉮ 배출설비는 국소방식으로 하여야 한다.
㉯ 배출설비는 배풍기, 배출덕트·후드 등을 이용하여 강제적으로 배출하는 것으로 하여야 한다.
㉰ 배출능력은 1시간당 배출장소 용적의 20배 이상인 것으로 하여야 한다. 다만, 전역방식의 경우에는 바닥면적 $1m^2$당 $18m^3$ 이상으로 할 수 있다.

[해답]
20배

14. 이황화탄소의 연소반응식과 지정수량을 쓰시오. (4점)
① 연소반응식
② 지정수량

[해답]
① $CS_2 + 3O_2 \rightarrow CO_2 + 2SO_2$
② 50L

제1회 동영상문제

01 동영상에서는 제4류 위험물인 알코올을 저장하는 옥외탱크저장소를 보여주고 있다. 탱크 주입구에 표시할 내용에 대해 다음 물음에 답하시오. (6점)
① 게시판 내용
② 규격
③ 색상

해설

탱크 주입구 설치기준
㉮ 화재예방상 지장이 없는 장소에 설치할 것
㉯ 주입호스 또는 주유관과 결합할 수 있도록 하고, 위험물이 새지 않는 구조일 것
㉰ 주입구에는 밸브 또는 뚜껑을 설치할 것
㉱ 휘발유, 벤젠, 그 밖의 정전기에 의한 재해가 발생할 우려가 있는 액체위험물의 옥외저장탱크 주입구 부근에는 정전기를 유효하게 제거하기 위한 접지전극을 설치할 것
㉲ 인화점이 21℃ 미만의 위험물 탱크 주입구에는 보기 쉬운 곳에 게시판을 설치할 것
㉳ 게시판은 백색바탕에 흑색문자(단, 주의사항은 적색문자)로 할 것

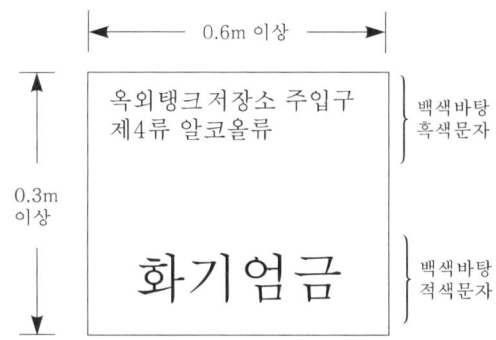

해답
① 옥외저장탱크 주입구, 위험물의 유별과 품명, 주의사항
② 한 변의 길이 0.3m 이상, 다른 한 변의 길이 0.6m 이상인 직사각형
③ 백색바탕에 흑색문자, 주의사항은 적색문자

02 동영상에서는 실험실의 실험대 위에 물이 담긴 2개의 비커에 각각 물질을 넣고 흔들어 준다. 다음 각 물음에 알맞은 답을 쓰시오. (6점)
① A비커는 용해되었고, B비커는 2층으로 분리되었다. 과산화벤조일[$(C_6H_5CO)_2O_2$]이 들어 있는 비커를 고르시오.
② 과산화벤조일의 품명을 쓰시오.

[해설]
벤조일퍼옥사이드[$(C_6H_5CO)_2O_2$, 과산화벤조일]는 제5류 위험물 중 유기과산화물로 지정수량은 10kg이며, 무미, 무취의 백색분말 또는 무색의 결정성 고체로 물에는 잘 녹지 않으나 알코올 등에는 잘 녹는다.
※ 위험물의 경우 소요단위는 지정수량의 10배이다.

[해답]
① B
② 유기과산화물

03 동영상에서는 이동탱크저장소를 보여준다. 화면에서 보여주는 화살표 방향이 가리키는 것이 무엇인지 명칭을 적으시오. (6점)

[해답]
① 측면틀
② 방호틀

04 동영상은 마그네슘 저장창고에 화재가 발생하여 이산화탄소소화기로 소화하는 장면을 보여준다. ① 반응식과, ② 이산화탄소소화기로 소화하면 위험한 이유를 쓰시오. (3점)

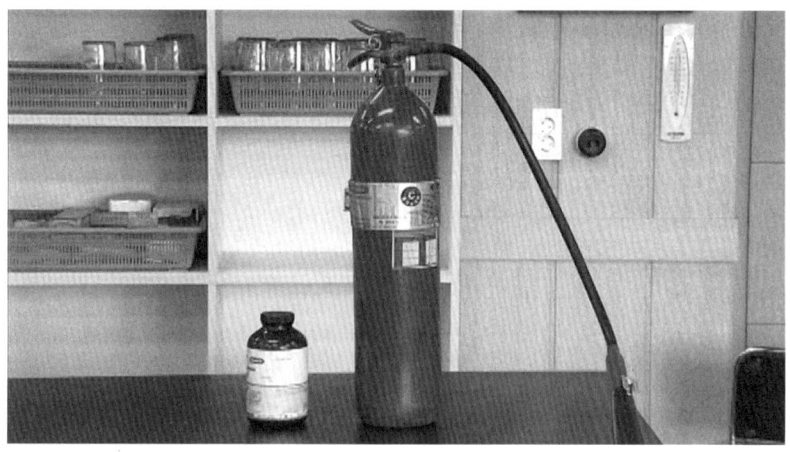

[해답]
① $2Mg + CO_2 \rightarrow 2MgO + C$
   $Mg + CO_2 \rightarrow MgO + CO$
② 마그네슘은 CO_2 등 질식성 가스와 접촉 시 가연성 물질인 탄소를 발생시킨다.

05 동영상에서는 제조소를 보여준다. 제조소의 보유공지에 대해 다음 물음에 답하시오. (4점)
① 지정수량의 10배 이하인 경우
② 지정수량의 10배 초과인 경우

[해설]
위험물을 취급하는 건축물, 그 밖의 시설(위험물을 이송하기 위한 배관, 그 밖에 이와 유사한 시설을 제외한다)의 주위에는 그 취급하는 위험물의 최대수량에 따라 다음 표에 의한 너비의 공지를 보유하여야 한다(보유공지란 위험물을 취급하는 건축물 및 기타 시설의 주위에서 화재 등이 발생하는 경우 화재 시에 상호연소방지는 물론 초기소화 등 소화활동공간과 피난상 확보해야 할 절대공지를 말한다).

취급하는 위험물의 최대수량	공지의 너비
지정수량 10배 이하	3m 이상
지정수량 10배 초과	5m 이상

[해답]
① 3m 이상
② 5m 이상

06 동영상에서는 실험실에서 실험대 위에 미지의 알코올류 시약병 2개를 꺼내 시험관에 각각 옮겨 담은 후 I_2 용액과 KOH 수용액을 넣고 잘 섞은 후 색 변화를 관찰한다. A시험관에는 황색 침전물이 생성, B시험관은 투명하다. 다음 각 물음에 알맞은 답을 쓰시오. (4점)
① 메틸알코올은 어느 것인지 이유와 함께 고르시오.
② 황색 침전물이 생기는 반응을 무엇이라 하는지 쓰시오.

[해설]
① 메틸알코올은 아이오딘포름 반응을 하지 않는다.
② 에틸알코올은 아이오딘포름 반응을 한다. 수산화칼륨과 아이오딘을 가하여 아이오딘포름의 황색 침전이 생성되는 반응을 한다.
$C_2H_5OH + 6KOH + 4I_2 \rightarrow CHI_3 + 5KI + HCOOK + 5H_2O$

[해답]
① B, 메틸알코올은 아이오딘포름 반응을 하지 않아 황색 침전물이 생기지 않는다.
② 아이오딘포름 반응

07 동영상에서 Al, Fe, Cu를 순서대로 보여준다. 다음 각 물음에 답을 쓰시오. (4점)

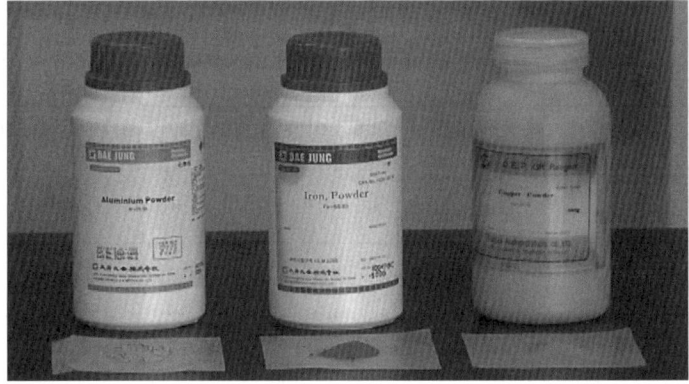

① 입자의 크기가 53μm인 표준체를 통과하는 것이 50중량% 미만일 때 위험물에서 제외되는 것은 어느 것인지 쓰시오.
② 굵기와 모양과는 상관없이 위험물에 포함되지 않는 것은 어느 것인지 쓰시오. (단, 없으면 없음이라 쓰시오.)

[해설]
① "철분"이라 함은 철의 분말로서 53마이크로미터의 표준체를 통과하는 것이 50중량퍼센트 미만인 것은 제외한다.
② "금속분"이라 함은 알칼리금속·알칼리토류금속·철 및 마그네슘 외의 금속분말을 말하고, 구리분·니켈분 및 150마이크로미터의 체를 통과하는 것이 50중량퍼센트 미만인 것은 제외한다.

[해답]
① Fe(철)
② Cu(구리)

08 동영상에서는 도장, 인쇄 또는 도포를 위한 일반취급소를 보여준다. 다음 각 물음에 답을 쓰시오. (4점)
① 이 일반취급소에서 취급 가능한 위험물의 유별을 쓰시오.
② 이 일반취급소에서 취급하는 위험물의 배수를 쓰시오.

[해설]
분무도장작업 등의 일반취급소
도장, 인쇄, 또는 도포를 위하여 제2류 위험물 또는 제4류 위험물(특수인화물 제외)을 취급하는 일반취급소로서 지정수량의 30배 미만의 것

[해답]
① 제2류 위험물, 제4류 위험물(특수인화물 제외)
② 30배 미만의 것

09 동영상에서 지하탱크저장소를 보여준다. 다음 각 물음에 답을 쓰시오. (4점)
① 지하저장탱크의 주위에 해당 탱크로부터의 액체위험물의 누설을 검사하기 위해 4개소 이상 설치해야 하는 것은 무엇인지 쓰시오.
② 관의 밑부분으로부터 탱크의 (   )높이까지의 부분에는 소공이 뚫려 있어야 한다.

[해설]
액체위험물의 누설을 검사하기 위한 관을 다음의 기준에 따라 4개소 이상 적당한 위치에 설치하여야 한다.
㉮ 이중관으로 할 것. 다만, 소공이 없는 상부는 단관으로 할 수 있다.
㉯ 재료는 금속관 또는 경질합성수지관으로 할 것
㉰ 관은 탱크전용실의 바닥 또는 탱크의 기초까지 닿게 할 것
㉱ 관의 밑부분으로부터 탱크의 중심높이까지의 부분에는 소공이 뚫려 있을 것. 다만, 지하수위가 높은 장소에 있어서는 지하수위 높이까지의 부분에 소공이 뚫려 있어야 한다.
㉲ 상부는 물이 침투하지 아니하는 구조로 하고, 뚜껑은 검사 시에 쉽게 열 수 있도록 할 것

[해답]
① 누유검사관
② 중심

10 동영상에서는 바닥면적 450m²인 옥내저장소를 보여주고 있다. 다음 각 물음에 답을 쓰시오. (4점)
① 환기설비의 기준에 따라 급기구를 설치하는 경우 몇 개가 필요한지 계산하시오.
② 저장창고에는 채광·조명 및 환기의 설비를 갖추어야 하고, 인화점이 (   )℃ 미만인 위험물의 저장창고에 있어서는 내부에 체류한 가연성의 증기를 지붕 위로 배출하는 설비를 갖추어야 한다.

해설

① 급기구는 해당 급기구가 설치된 실의 바닥면적 150m²마다 1개 이상으로 하되, 급기구의 크기는 800cm² 이상으로 한다. 다만, 바닥면적이 150m² 미만인 경우에는 다음의 크기로 하여야 한다.

바닥면적	급기구의 면적
60m² 미만	150cm² 이상
60m² 이상 90m² 미만	300cm² 이상
90m² 이상 120m² 미만	450cm² 이상
120m² 이상 150m² 미만	600cm² 이상

② 저장창고에는 채광·조명 및 환기의 설비를 갖추어야 하고, 인화점이 70℃ 미만인 위험물의 저장창고에 있어서는 내부에 체류한 가연성의 증기를 지붕 위로 배출하는 설비를 갖추어야 한다.

해답

① $\dfrac{450m^2}{150m^2} = 3$, ∴ 3개 이상

② 70

2016. 6. 25. 시행

제2회 과년도 출제문제

제2회 일반검정문제

01 다음 설명에 해당하는 품명에 대해 물음에 답하시오. (6점)
① 고형알코올, 그 밖에 1기압에서 인화점이 40℃ 미만인 고체를 무엇이라 하는가?
② 위의 위험물은 몇 류 위험물에 해당하는가?
③ 위의 위험물의 지정수량은 얼마인가?

[해답]
① 인화성 고체
② 제2류 위험물
③ 1,000kg

02 탄화알루미늄이 물과 반응할 때 생성되는 물질 2가지를 쓰시오. (4점)

[해설]
탄화알루미늄(Al_4C_3)의 일반적 성질
㉮ 순수한 것은 백색이나 보통은 황색의 결정이며, 건조한 공기 중에서는 안정하나 가열하면 표면에 산화피막을 만들어 반응이 지속되지 않는다.
㉯ 비중은 2.36이고, 분해온도는 1,400℃ 이상이다.
㉰ 물과 반응하여 가연성, 폭발성의 메탄가스를 만들며, 밀폐된 실내에서 메탄이 축적되는 경우 인화성 혼합기를 형성하여 2차 폭발의 위험이 있다.
$Al_4C_3 + 12H_2O \rightarrow 4Al(OH)_3 + 3CH_4$

[해답]
수산화알루미늄($Al(OH)_3$), 메탄가스(CH_4)

03 다음 보기 중 탱크시험자의 기술인력 중 필수인력을 고르시오. (4점)

〈보기〉
① 위험물기능장
② 위험물산업기사
③ 측량 및 지형공간정보기사
④ 초음파비파괴검사기능사
⑤ 누설비파괴검사기사

해설

탱크시험자의 기술인력
㉮ 필수인력
  ㉠ 위험물기능장·위험물산업기사 또는 위험물기능사 중 1명 이상
  ㉡ 비파괴검사기술사 1명 이상 또는 방사선비파괴검사·초음파비파괴검사·자기비파괴검사 및 침투비파괴검사별로 기사 또는 산업기사 각 1명 이상
㉯ 필요한 경우에 두는 인력
  ㉠ 충·수압시험, 진공시험, 기밀시험 또는 내압시험의 경우 : 누설비파괴검사 기사, 산업기사 또는 기능사
  ㉡ 수직·수평도시험의 경우 : 측량 및 지형공간정보 기술사, 기사, 산업기사 또는 측량기능사
  ㉢ 필수인력의 보조 : 방사선비파괴검사·초음파비파괴검사·자기비파괴검사 또는 침투비파괴검사 기능사

해답

①, ②

04 인화칼슘에 대해 다음 물음에 답하시오. (4점)
① 물과의 화학반응식을 쓰시오.
② 위험성에 대해 쓰시오.

해답

① $Ca_3P_2 + 6H_2O \rightarrow 3Ca(OH)_2 + 2PH_3$
② 물과 반응하여 가연성이며 독성이 강한 인화수소(PH_3, 포스핀)가스가 발생한다.

05 다음 위험물이 물과 반응할 경우 생성되는 가스의 명칭을 쓰시오. (6점)
① 칼륨
② 트리에틸알루미늄
③ 인화알루미늄

해설

① 물과 격렬히 반응하여 발열하고 수산화칼륨과 수소가 발생한다. 이때 발생된 열은 점화원의 역할을 한다.
  $2K + 2H_2O \rightarrow 2KOH + H_2$

② 물과 접촉하면 폭발적으로 반응하여 에탄을 형성하고 이때 발열, 폭발에 이른다.
$(C_2H_5)_3Al + 3H_2O \rightarrow Al(OH)_3 + 3C_2H_6$
③ 물과 접촉 시 가연성, 유독성의 포스핀가스가 발생한다.
$AlP + 3H_2O \rightarrow Al(OH)_3 + PH_3$

해답
① 수소가스
② 에탄가스
③ 포스핀가스

06. 제5류 위험물 중 피크르산의 구조식을 쓰시오. (3점)

해답

(구조식: 2,4,6-트리니트로페놀 — OH기와 NO$_2$기 3개가 부착된 벤젠환)

07. 다음은 옥외저장소에서 저장 또는 취급하는 위험물의 최대수량에 대한 보유공지 기준이다. 괄호 안을 알맞게 채우시오. (4점)

저장 또는 취급하는 위험물의 최대수량	공지의 너비
지정수량의 10배 이하	(①) 이상
지정수량의 10배 초과 20배 이하	(②) 이상
지정수량의 20배 초과 50배 이하	9m 이상
지정수량의 50배 초과 200배 이하	12m 이상
지정수량의 200배 초과	15m 이상

해답
① 3m
② 5m

08. 주유취급소에 설치하는 주의사항 게시판으로서 "주유 중 엔진정지"에 대해 바탕색과 문자색을 쓰시오. (3점)

해답
황색바탕, 흑색문자

09 옥외저장탱크·옥내저장탱크 또는 지하저장탱크 중 압력탱크 외의 탱크에 저장하는 경우 다음 주어진 물질의 온도는 몇 ℃로 유지해야 하는지 쓰시오. (6점)
① 디에틸에테르
② 아세트알데하이드
③ 산화프로필렌

[해설]
옥외저장탱크·옥내저장탱크 또는 지하저장탱크 중 압력탱크 외의 탱크에 저장하는 디에틸에테르 등 또는 아세트알데하이드 등의 온도는 산화프로필렌과 이를 함유한 것 또는 디에틸에테르 등에 있어서는 30℃ 이하로, 아세트알데하이드 또는 이를 함유한 것에 있어서는 15℃ 이하로 각 각 유지할 것

[해답]
① 30℃, ② 15℃, ③ 30℃

10 특수인화물류 200L, 제1석유류(수용성) 400L, 제2석유류(수용성) 4,000L, 제3석유류(수용성) 12,000L, 제4석유류(수용성) 24,000L에 대한 지정수량 배수의 합을 쓰시오. (3점)

[해설]
제4류 위험물(인화성 액체)의 종류와 지정수량

위험등급	품명		품목	지정수량
Ⅰ	특수인화물	비수용성	디에틸에테르, 이황화탄소	50L
		수용성	아세트알데하이드, 산화프로필렌	
Ⅱ	제1석유류	비수용성	가솔린, 벤젠, 톨루엔, 사이클로헥산, 콜로디온, 메틸에틸케톤, 초산메틸, 초산에틸, 의산메틸, 헥산, 에틸벤젠 등	200L
		수용성	아세톤, 피리딘, 아크롤레인, 의산메틸, 시안화수소 등	400L
	알코올류		메틸알코올, 에틸알코올, 프로필알코올, 아이소프로필알코올	400L
Ⅲ	제2석유류	비수용성	등유, 경유, 테레빈유, 스티렌, 자일렌(o-, m-, p-), 클로로벤젠, 장뇌유, 뷰틸알코올, 알릴알코올 등	1,000L
		수용성	포름산, 초산(아세트산), 하이드라진, 아크릴산, 아밀알코올 등	2,000L
	제3석유류	비수용성	중유, 크레오소트유, 아닐린, 나이트로벤젠, 나이트로톨루엔 등	2,000L
		수용성	에틸렌글리콜, 글리세린 등	4,000L
	제4석유류		기어유, 실린더유, 윤활유, 가소제	6,000L
	동식물유류		• 건성유 : 아마인유, 들기름, 동유, 정어리기름, 해바라기유 등 • 반건성유 : 참기름, 옥수수기름, 청어기름, 채종유, 면실유(목화씨유), 콩기름, 쌀겨유 등 • 불건성유 : 올리브유, 피마자유, 야자유, 땅콩기름, 동백유 등	10,000L

지정수량 배수의 합 $= \dfrac{\text{A품목 저장수량}}{\text{A품목 지정수량}} + \dfrac{\text{B품목 저장수량}}{\text{B품목 지정수량}} + \dfrac{\text{C품목 저장수량}}{\text{C품목 지정수량}} + \cdots$

$= \dfrac{200L}{50L} + \dfrac{400L}{400L} + \dfrac{4,000L}{2,000L} + \dfrac{12,000L}{4,000L} + \dfrac{24,000L}{6,000L}$

$= 14$

[해답]
14배

11

ABC분말소화기 중 오르토인산이 생성되는 열분해반응식을 쓰시오. (3점)

해설

ABC분말은 인산암모늄이 주성분인 제3종 분말소화약제를 의미한다.
인산암모늄의 열분해반응식은 다음과 같다.

$$NH_4H_2PO_4 \rightarrow NH_3 + H_2O + HPO_3$$

$NH_4H_2PO_4 \rightarrow NH_3 + H_3PO_4$ (인산, 오르토인산) at 190℃
$2H_3PO_4 \rightarrow H_2O + H_4P_2O_7$ (피로인산) at 215℃
$H_4P_2O_7 \rightarrow H_2O + 2HPO_3$ (메타인산) at 300℃
$2HPO_3 \rightarrow P_2O_5 + H_2O$ at 1,000℃

해답

$NH_4H_2PO_4 \rightarrow NH_3 + H_3PO_4$

12

에틸렌을 염화구리 또는 염화팔라듐의 촉매하에서 산화반응시켜 생성되는 물질로 분자량 44, 인화점 −40℃, 비점 21℃, 연소범위 4.1~57%인 특수인화물에 대해 다음 물음에 답하시오. (6점)
① 시성식
② 증기비중

해설

아세트알데하이드(CH_3CHO, 알데하이드, 초산알데하이드) - 수용성 액체

㉮ 분자량(44), 비중(0.78), 녹는점(−121℃), 비점(21℃), 인화점(−40℃), 발화점(175℃)이 매우 낮고 연소범위(4.1~57%)가 넓으나 증기압(750mmHg)이 높아 휘발이 잘 되고, 인화성, 발화성이 강하며 수용액 상태에서도 인화의 위험이 있다.

㉯ 산화 시 초산, 환원 시 에탄올이 생성된다.

$CH_3CHO + \frac{1}{2}O_2 \rightarrow CH_3COOH$ (산화작용)

$CH_3CHO + H_2 \rightarrow C_2H_5OH$ (환원작용)

㉰ 구리, 수은, 마그네슘, 은 및 그 합금으로 된 취급설비는 아세트알데하이드와의 반응에 의해 중합반응을 일으켜 구조불명의 폭발성 물질을 생성한다.

㉱ 탱크 저장 시에는 불활성 가스 또는 수증기를 봉입하고 냉각장치 등을 이용하여 저장온도를 비점 이하로 유지시켜야 한다. 보냉장치가 없는 이동저장탱크에 저장하는 아세트알데하이드의 온도는 40℃로 유지하여야 한다.

㉲ 에틸렌의 직접 산화법 : 에틸렌을 염화구리 또는 염화팔라듐의 촉매하에서 산화반응시켜 제조한다.

$2C_2H_4 + O_2 \rightarrow 2CH_3CHO$

해답

① 시성식 : CH_3CHO(아세트알데하이드)

② 증기비중 = $\dfrac{분자량}{28.84} = \dfrac{44}{28.84} = 1.525 ≒ 1.53$

13. 다음 물질들을 인화점이 낮은 순으로 쓰시오. (3점)
(보기) 디에틸에테르, 산화프로필렌, 이황화탄소, 아세톤

해설

구분	디에틸에테르	산화프로필렌	이황화탄소	아세톤
품명	특수인화물	특수인화물	특수인화물	제1석유류
인화점	-40℃	-37℃	-30℃	-18.5℃

해답

디에틸에테르 - 산화프로필렌 - 이황화탄소 - 아세톤

제2회 동영상문제

01 동영상에서는 과산화벤조일을 저장하는 옥내저장소를 보여준다. 다음 각 물음에 알맞은 답을 쓰시오. (4점)
① 격벽 A의 돌출은 얼마로 해야 하는가?
② 격벽 B의 돌출은 얼마로 해야 하는가?

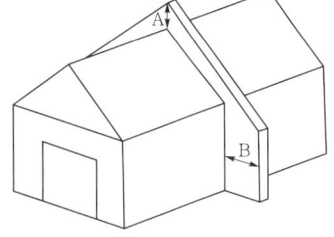

해설

지정과산화물에 대한 옥내저장소의 저장창고 기준
㉮ 저장창고는 150m² 이내마다 격벽으로 완전하게 구획할 것. 이 경우 해당 격벽은 두께 30cm 이상의 철근콘크리트조 또는 철골철근콘크리트조로 하거나 두께 40cm 이상의 보강콘크리트블록조로 하고, 해당 저장창고의 양측의 외벽으로부터 1m 이상, 상부의 지붕으로부터 50cm 이상 돌출하게 하여야 한다.
㉯ 저장창고의 외벽은 두께 20cm 이상의 철근콘크리트조나 철골철근콘크리트조 또는 두께 30cm 이상의 보강콘크리트블록조로 할 것

해답
① 50cm 이상
② 1m 이상

02 동영상에서는 옥외저장탱크의 배관 중 화살표로 표시된 부분에 설치되어 있는 배관을 보여준다. ① 배관부속장치의 명칭과, ② 설치목적을 적으시오. (4점)

해답
① 플렉시블 조인트
② 펌프동작, 지진, 풍압 등에 의한 배관의 파손방지

03 동영상에서는 실험자가 실험대 위에서 염소산칼륨($KClO_3$)이 들어있는 비커를 가열하는 도중 온도계가 92℃임을 보여주고, 계속 가열하여 발생된 기체를 플라스크에 포집한 후 불이 붙어 있는 쇠막대를 포집된 플라스크 안쪽에 넣으니 불꽃이 더 커진다. 염소산칼륨($KClO_3$)을 계속 가열하여 온도가 상승하는 중 작업자가 다른 작업을 하다가 온도계를 미처 확인하지 못하여 폭발한다. 염소산칼륨의 열분해반응식을 쓰시오. (3점)

[해설]
약 400℃ 부근에서 열분해되기 시작하여 540~560℃에서 과염소산칼륨($KClO_4$)을 생성하고 다시 분해되어 염화칼륨(KCl)과 산소(O_2)를 방출한다.
열분해반응식 : $2KClO_3 \rightarrow 2KCl + 3O_2$
$2KClO_3 \rightarrow KCl + KClO_4 + O_2$, $KClO_4 \rightarrow KCl + 2O_2$ (at 540~560℃)

[해답]
$2KClO_3 \rightarrow 2KCl + 3O_2$

04 동영상에서는 제6류 위험물을 적재한 이동탱크저장소를 보여준다. 이 경우 운반포장방법은 (　　)이 있는 것으로 피복해야 한다. 빈칸에 알맞은 말을 쓰시오. (3점)

[해설]
적재하는 위험물에 따른 조치사항

차광성이 있는 것으로 피복해야 하는 경우	방수성이 있는 것으로 피복해야 하는 경우
제1류 위험물 제3류 위험물 중 자연발화성 물질 제4류 위험물 중 특수인화물 제5류 위험물 제6류 위험물	제1류 위험물 중 알칼리금속의 과산화물 제2류 위험물 중 철분, 금속분, 마그네슘 제3류 위험물 중 금수성 물질

[해답]
차광성

05

동영상에서는 디에틸에테르가 적셔진 화장솜을 45° 기울어진 홈틀 상부 위에 올려놓고, 홈틀 맨 아래쪽에는 양초에 불을 붙이자 불이 거꾸로 타들어 가는 모습을 보여준다. 다음 물음에 답하시오. (6점)

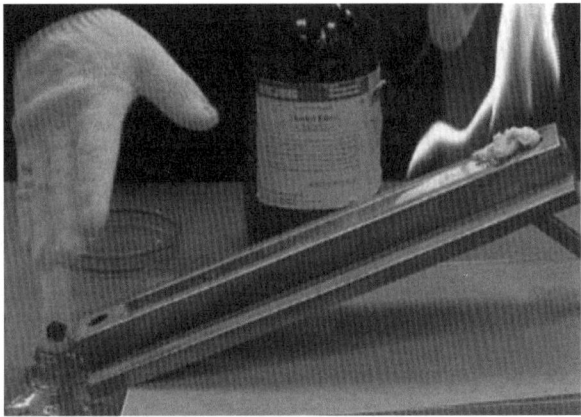

① 불이 거꾸로 타들어 가는 이유를 쓰시오.
② 디에틸에테르의 증기비중을 구하시오.

해설

㉮ 증기비중 = $\dfrac{\text{기체의 분자량}(74\text{g/mol})}{\text{공기의 분자량}(29\text{g/mol})}$

= 2.55

※ 제4류 위험물(인화성 액체)의 증기는 공기보다 무거워 낮은 곳에 체류한다(예외 : 시안화수소(HCN)).

㉯ 디에틸에테르의 저장 및 취급방법
 ㉠ 직사광선에 분해되어 과산화물을 생성하므로 갈색병을 사용하여 밀전하고 냉암소 등에 보관하며 용기의 공간용적은 2% 이상으로 해야 한다.
 ㉡ 불꽃 등 화기를 멀리하고 통풍이 잘 되는 곳에 저장한다.
 ㉢ 대량 저장 시에는 불활성 가스를 봉입하고, 운반용기의 공간용적으로 10% 이상 여유를 둔다. 또한, 옥외저장탱크 중 압력탱크에 저장하는 경우 40℃ 이하를 유지해야 한다.
 ㉣ 점화원을 피해야 하며 특히 정전기를 방지하기 위해 약간의 $CaCl_2$를 넣어 두고, 또한 폭발성의 과산화물 생성 방지를 위해 40mesh의 구리망을 넣어둔다.
 ㉤ 과산화물의 검출은 10% 아이오딘화칼륨(KI)용액과의 황색반응으로 확인한다.

해답

① 디에틸에테르($C_2H_5OC_2H_5$)의 증기비중(약 2.55)이 1보다 커서 공기 중에서 낮은 곳에 체류하게 되므로 불이 붙게 된다.
② 2.55

06 동영상에서는 하이드라진(N_2H_4) 시약병을 보여주고 있다. 다음 물음에 답하시오. (4점)

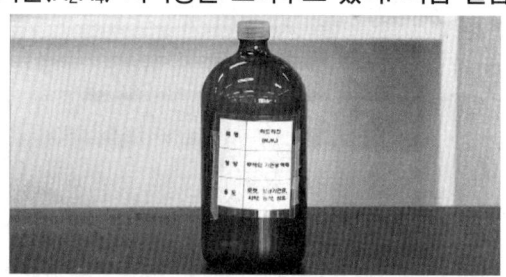

① 몇 류 위험물이며, 품명은 무엇인가?
② 지정수량은 얼마인가?

[해설]
제4류 위험물(인화성 액체)의 종류와 지정수량

위험등급	품명		품목	지정수량
Ⅰ	특수인화물	비수용성	디에틸에테르, 이황화탄소	50L
		수용성	아세트알데하이드, 산화프로필렌	
Ⅱ	제1석유류	비수용성	가솔린, 벤젠, 톨루엔, 사이클로헥산, 콜로디온, 메틸에틸케톤, 초산메틸, 초산에틸, 의산에틸, 헥산, 에틸벤젠 등	200L
		수용성	아세톤, 피리딘, 아크롤레인, 의산메틸, 시안화수소 등	400L
	알코올류		메틸알코올, 에틸알코올, 프로필알코올, 아이소프로필알코올	400L
Ⅲ	제2석유류	비수용성	등유, 경유, 테레빈유, 스티렌, 자일렌(o-, m-, p-), 클로로벤젠, 장뇌유, 뷰틸알코올, 알릴알코올 등	1,000L
		수용성	포름산, 초산(아세트산), 하이드라진, 아크릴산, 아밀알코올 등	2,000L
	제3석유류	비수용성	중유, 크레오소트유, 아닐린, 나이트로벤젠, 나이트로톨루엔 등	2,000L
		수용성	에틸렌글리콜, 글리세린 등	4,000L
	제4석유류		기어유, 실린더유, 윤활유, 가소제	6,000L
	동식물유류		• 건성유 : 아마인유, 들기름, 동유, 정어리기름, 해바라기유 등 • 반건성유 : 참기름, 옥수수기름, 청어기름, 채종유, 면실유(목화씨유), 콩기름, 쌀겨유 등 • 불건성유 : 올리브유, 피마자유, 야자유, 땅콩기름, 동백유 등	10,000L

[해답]
① 제4류 위험물 중 제2석유류, ② 2,000L

07 동영상에서는 실험대 위의 메틸리튬((CH_3)Li)과 뷰틸리튬((C_4H_9)Li)을 조금씩 분취하여 시료병에 옮긴 뒤 물을 조금 부어주고 시료병 입구에 고무풍선을 꽂으면 고무풍선이 부풀어 오르는 장면을 보여준다. 다음 물음에 답하시오. (6점)
① 공통으로 이르는 말　　　　　　　② 지정수량

[해설]
㉮ 알킬리튬(RLi)은 자연발화의 위험이 있으므로 저장용기에 펜탄, 헥산, 헵탄 등의 안정희석용 용제를 넣고 불활성 가스를 봉입한다.
㉯ $CH_3Li + H_2O \rightarrow CH_4 + LiOH$

해답

① 알킬리튬, ② 10kg

08 동영상에서는 옥외탱크저장소를 보여주고 옆에 휘발유 드럼통을 보여주고 있다. 드럼통 외부에는 위험등급이 Ⅲ등급이라 표시되어 있다. 다음 물음에 답하시오. (4점)

① 용기 외부에 적힌 등급을 맞게 수정하시오.
② 옥외탱크저장소에 설치된 위험물 주의사항 게시판의 기재사항이 비어 있다. 주의사항을 쓰시오.

해설

휘발유는 제1석유류로서 위험등급 Ⅱ등급군이다.

유별	구분	주의사항
제1류 위험물 (산화성 고체)	알칼리금속의 무기과산화물	"화기·충격주의" "물기엄금" "가연물접촉주의"
	그 밖의 것	"화기·충격주의" "가연물접촉주의"
제2류 위험물 (가연성 고체)	철분·금속분·마그네슘	"화기주의" "물기엄금"
	인화성 고체	"화기엄금"
	그 밖의 것	"화기주의"
제3류 위험물 (자연발화성 및 금수성 물질)	자연발화성 물질	"화기엄금" "공기접촉엄금"
	금수성 물질	"물기엄금"
제4류 위험물 (인화성 액체)	-	"화기엄금"
제5류 위험물 (자기반응성 물질)	-	"화기엄금" 및 "충격주의"
제6류 위험물 (산화성 액체)	-	"가연물접촉주의"

해답

① Ⅱ
② 화기엄금

09
동영상에서 최대허용수량 16,000L의 이동식탱크저장차량을 보여준다. 다음 각 물음에 답을 쓰시오. (6점)

① 안전칸막이 수는 몇 개로 하여야 하는지 쓰시오.
② 방파판은 하나의 구획부분에 몇 개 이상을 설치하여야 하는지 쓰시오.

해설

안전칸막이 및 방파판의 설치기준
㉮ 안전칸막이 설치기준
  ㉠ 재질은 두께 3.2mm 이상의 강철판으로 제작
  ㉡ 4,000L 이하마다 구분하여 설치
㉯ 방파판 설치기준
  ㉠ 재질은 두께 1.6mm 이상의 강철판으로 제작
  ㉡ 하나의 구획부분에 2개 이상의 방파판을 이동탱크저장소의 진행방향과 평행으로 설치하되, 그 높이와 칸막이로부터의 거리를 다르게 할 것
  ㉢ 하나의 구획부분에 설치하는 각 방파판의 면적 합계는 해당 구획부분의 최대수직단면적의 50% 이상으로 할 것. 다만, 수직단면이 원형이거나 짧은 지름이 1m 이하의 타원형인 경우에는 40% 이상으로 할 수 있다.

해답
① 3개
② 2개

10 동영상에서 이황화탄소가 물과 섞여 층 분리되는 것을 보여준다. 다음 물음에 답하시오. (5점)

① 윗부분에 위치한 것은 무엇인가?
② 이황화탄소의 연소반응식을 쓰시오.

[해설]

물보다 무겁고 물에 녹지 않으나, 알코올, 에테르, 벤젠 등에는 잘 녹으며, 유지, 수지 등의 용제로 사용된다. 휘발하기 쉽고 발화점이 낮아 백열등, 난방기구 등의 열에 의해 발화하며, 점화하면 청색을 내고 연소하는데 연소생성물 중 SO_2는 유독성이 강하다.
$CS_2 + 3O_2 \rightarrow CO_2 + 2SO_2$

[해답]

① 물
② $CS_2 + 3O_2 \rightarrow CO_2 + 2SO_2$

2016년 제4회 과년도 출제문제

2016. 11. 13. 시행

제4회 일반검정문제

01 인화칼슘이 물과 접촉하는 경우의 화학반응식을 적으시오. (3점)

[해설]
물과 반응하여 가연성이며 독성이 강한 인화수소(PH_3, 포스핀)가스를 발생한다.
$Ca_3P_2 + 6H_2O \rightarrow 3Ca(OH)_2 + 2PH_3$

[해답]
$Ca_3P_2 + 6H_2O \rightarrow 3Ca(OH)_2 + 2PH_3$

02 아래 보기에서 설명하는 물질에 대해 다음 물음에 답하시오. (4점)
(보기) • 환원성이 크며, 은거울반응을 하고, 산화시키면 아세트산이 된다.
       • 물, 에테르, 알코올에 잘 녹는다.
① 명칭
② 화학식

[해설]
아세트알데하이드의 일반적 성질
㉮ 무색이며, 고농도의 것은 자극성 냄새가 나고 저농도의 것은 과일 향이 나는 휘발성이 강한 액체로서 물, 에탄올, 에테르에 잘 녹고, 고무를 녹인다.
㉯ 환원성이 커서 은거울반응을 하며, I_2와 $NaOH$를 넣고 가열하는 경우 황색의 아이오딘포름(CHI_3) 침전이 생기는 아이오딘포름반응을 한다.
$CH_3CHO + 3I_2 + 4NaOH \rightarrow HCOONa + 3NaI + CHI_3 + 3H_2O$
㉰ 진한황산과 접촉하면 격렬히 중합반응을 일으켜 발열한다.
㉱ 산화 시 초산, 환원 시 에탄올이 생성된다.
$2CH_3CHO + O_2 \rightarrow 2CH_3COOH$ (산화작용)
$CH_3CHO + H_2 \rightarrow C_2H_5OH$ (환원작용)

[해답]
① 아세트알데하이드
② CH_3CHO

03
다음 보기 중 위험물의 지정수량이 같은 품명을 적으시오. (4점)
(보기)
철분, 적린, 황, 알칼리토금속

해설

성질	위험등급	품명	대표품목	지정수량
제2류 (가연성 고체)	II	1. 황화인 2. 적린(P) 3. 황(S)	P_4S_3, P_2S_5, P_4S_7	100kg
	III	4. 철분(Fe) 5. 금속분 6. 마그네슘(Mg)	Al, Zn	500kg
		7. 인화성 고체	고형 알코올	1,000kg

해답

적린, 황

04
다음은 위험물의 운반기준에 대한 내용이다. 빈칸을 채우시오. (3점)
① 고체위험물은 운반용기 내용적의 (　　)% 이하의 수납률로 수납할 것
② 액체위험물은 운반용기 내용적의 (㉠)% 이하의 수납률로 수납하되, (㉡)℃의 온도에서 누설되지 아니하도록 충분한 공간용적을 유지하도록 할 것

해설

위험물의 운반에 관한 기준

㉮ 고체위험물은 운반용기 내용적의 95% 이하의 수납률로 수납한다.
㉯ 액체위험물은 운반용기 내용적의 98% 이하의 수납률로 수납하되, 55℃의 온도에서 누설되지 아니하도록 충분한 공간용적을 유지하도록 한다.
㉰ 제3류 위험물은 다음의 기준에 따라 운반용기에 수납할 것
　㉠ 자연발화성 물질에 있어서는 불활성 기체를 봉입하여 밀봉하는 등 공기와 접하지 아니하도록 할 것
　㉡ 자연발화성 물질 외의 물품에 있어서는 파라핀·경유·등유 등의 보호액으로 채워 밀봉하거나 불활성 기체를 봉입하여 밀봉하는 등 수분과 접하지 아니하도록 할 것
　㉢ 자연발화성 물질 중 알킬알루미늄 등은 운반용기의 내용적의 90% 이하의 수납률로 수납하되, 50℃의 온도에서 5% 이상의 공간용적을 유지하도록 할 것
㉱ 위험물은 당해 위험물이 전락(轉落)하거나 위험물을 수납한 운반용기가 전도·낙하 또는 파손되지 아니하도록 적재하여야 한다.
㉲ 운반용기는 수납구를 위로 향하게 하여 적재하여야 한다.

해답

① 95, ② ㉠ 98, ㉡ 55

05 질산암모늄의 구성성분 중 질소와 수소의 함량을 wt%로 구하시오. (6점)

[해설]

NH₄NO₃(질산암모늄, 초안, 질안, 질산암몬)

㉮ 분자량 80, 비중 1.73, 융점 165℃, 분해온도 220℃, 무색, 백색 또는 연회색의 결정이다.
㉯ 약 220℃에서 가열할 때 분해되어 아산화질소(N_2O)와 수증기(H_2O)를 발생시키고 계속 가열하면 폭발한다.
㉰ 강력한 산화제로 화약의 재료이며, 200℃에서 열분해하여 산화이질소와 물을 생성한다. 특히 ANFO 폭약은 NH₄NO₃와 경유를 94%와 6%로 혼합하여 기폭약으로 사용되며 단독으로도 폭발의 위험이 있다.
㉱ 급격한 가열이나 충격을 주면 단독으로 폭발한다.

$$\text{질소원자 wt\%} = \frac{2 \times \text{N의 원자량}}{NH_4NO_3} \times 100 = \frac{28}{80} \times 100 = 35\text{wt\%}$$

$$\text{수소원자 wt\%} = \frac{4 \times \text{H의 원자량}}{NH_4NO_3} \times 100 = \frac{4}{80} \times 100 = 5\text{wt\%}$$

[해답]

① 질소 함량 : 35wt%
② 수소 함량 : 5wt%

06 다음 보기의 위험물 중 인화점 21℃ 이상 70℃ 미만이며 수용성인 물질을 모두 골라 쓰시오. (4점)

(보기)
① 메틸알코올
② 포름산
③ 아세트산
④ 글리세린
⑤ 나이트로벤젠

[해설]

인화점이 21℃ 이상 70℃ 미만이라면 제2석유류에 해당한다. 따라서 제2석유류로서 수용성인 물질은 포름산과 아세트산이다.

[해답]

② 포름산, ③ 아세트산

07 다음 위험물 중 인화점이 낮은 순서대로 번호를 적으시오. (4점)
(보기) ① 초산에틸
② 이황화탄소
③ 클로로벤젠
④ 글리세린

[해설]

구분	① 초산에틸	② 이황화탄소	③ 클로로벤젠	④ 글리세린
품명	제1석유류	특수인화물	제2석유류	제3석유류
수용성	수용성	비수용성	비수용성	수용성
인화점	−3℃	−30℃	27℃	160℃

[해답]
② → ① → ③ → ④

08 연한 경금속으로 2차 전지로 이용하며, 비중은 0.53, 융점은 180℃인 물질의 명칭을 적으시오. (3점)

[해설]
리튬(Li)의 일반적 성질
㉮ 은백색의 금속으로 금속 중 가장 가볍고, 가장 비열이 크다. 비중 0.53, 융점 180℃, 비점 1,350℃이다.
㉯ 알칼리금속이지만 K, Na보다는 화학반응성이 크지 않다.
㉰ 가연성 고체로서 건조한 실온의 공기에서는 반응하지 않지만 100℃ 이상으로 가열하면 적색 불꽃을 내면서 연소하여 미량의 Li_2O_2와 Li_2O로 산화된다.
㉱ 가연성 고체로 활성이 대단히 커서 대부분의 다른 금속과 직접 반응하며 질소와는 25℃에서는 서서히, 400℃에서는 빠르게 적색 결정의 질화물을 생성한다.

[해답]
리튬

09
제2류 위험물인 마그네슘에 대한 다음 각 물음에 답하시오. (4점)
① 마그네슘이 완전연소 시 생성되는 물질을 쓰시오.
② 마그네슘과 염산이 반응하는 경우 발생하는 기체를 쓰시오.

[해설]
① 가열하면 연소가 쉽고 양이 많은 경우 맹렬히 연소하며 강한 빛을 낸다. 특히 연소열이 매우 높기 때문에 온도가 높아지고 화세가 격렬하여 소화가 곤란하다.
$2Mg + O_2 \rightarrow 2MgO$
② 산과 반응하여 수소(H_2)를 발생한다.
$Mg + 2HCl \rightarrow MgCl_2 + H_2$

[해답]
① 산화마그네슘, ② 수소(H_2)

10
표준상태에서 톨루엔의 증기밀도는 몇 g/L인지 구하시오. (4점)

[해설]
톨루엔($C_6H_5CH_3$) - 비수용성 액체
㉮ 분자량 92, 액비중 0.871(증기비중 3.14), 비점 110℃, 인화점 4℃, 발화점 490℃, 연소범위 1.27~7.0%로 휘발성이 강하여 인화가 용이하며 연소할 때 자극성, 유독성 가스를 발생한다.
㉯ 1몰의 톨루엔과 3몰의 질산을 황산촉매하에 반응시키면 나이트로화에 의해 TNT가 만들어진다.

$$C_6H_5CH_3 + 3HNO_3 \xrightarrow[\text{나이트로화}]{c-H_2SO_4} TNT + 3H_2O$$

[해답]
증기밀도 = $\frac{92g}{22.4L}$ = 4.11g/L

∴ 4.11g/L

11
위험물제조소의 옥외에 200m³와 100m³의 탱크가 각각 1개씩 총 2개가 있다. 탱크 주위로 방유제를 만들 때 방유제의 용량은 얼마 이상이어야 하는지 계산하시오. (4점)

[해설]
옥외에 있는 위험물취급탱크로서 액체위험물(이황화탄소를 제외한다)을 취급하는 것의 주위에는 방유제를 설치해야 한다. 또한 하나의 취급탱크 주위에 설치하는 방유제의 용량은 당해 탱크 용량의 50% 이상으로 하고, 2 이상의 취급탱크 주위에 하나의 방유제를 설치하는 경우 그 방유제의 용량은 당해 탱크 중 용량이 최대인 것의 50%에 나머지 탱크 용량 합계의 10%를 가산한 양 이상이 되게 해야 한다. 이 경우 방유제의 용량은 당해 방유제의 내용적에서 용량이 최대인 탱크 외의 탱크의 방유제 높이 이하 부분의 용적, 당해 방유제 내에 있는 모든 탱크의 지반면 이상 부분의 기초의 체적, 칸막이 둑의 체적 및 당해 방유제 내에 있는 배관 등의 체적을 뺀 것으로 한다.

[해답]
200m³ × 0.5 + 100m³ × 0.1 = 110m³
∴ 110m³

12. A, B, C급 화재에 모두 적용가능한 분말소화약제의 화학식을 쓰시오. (3점)

해설

종류	주성분	화학식	착색	적응화재
제1종	탄산수소나트륨 (중탄산나트륨)	$NaHCO_3$	–	B, C급 화재
제2종	탄산수소칼륨 (중탄산칼륨)	$KHCO_3$	담회색	B, C급 화재
제3종	제1인산암모늄	$NH_4H_2PO_4$	담홍색 또는 황색	A, B, C급 화재
제4종	탄산수소칼륨+요소	$KHCO_3 + CO(NH_2)_2$	–	B, C급 화재

해답

$NH_4H_2PO_4$

13. 위험물의 저장량이 지정수량의 1/5일 때 휘발유와 혼재가능한 유별 위험물을 모두 적으시오. (3점)

해설

휘발유의 경우 제4류 위험물에 해당하므로 다음 도표에 따라 제2류, 제3류, 제5류 위험물과 혼재가능하다.

위험물의 구분	제1류	제2류	제3류	제4류	제5류	제6류
제1류		×	×	×	×	○
제2류	×		×	○	○	×
제3류	×	×		○	×	×
제4류	×	○	○		○	×
제5류	×	○	×	○		×
제6류	○	×	×	×	×	

해답

제2류, 제3류, 제5류

14 다음 보기에서 건성유, 반건성유, 불건성유를 분류하여 적으시오. (6점)
(보기) 아마인유, 들기름, 야자유, 땅콩기름, 쌀겨유, 목화씨유
① 건성유
② 반건성유
③ 불건성유

해설

아이오딘값 : 유지 100g에 부가되는 아이오딘의 g수, 불포화도가 증가할수록 아이오딘값이 증가하며, 자연발화의 위험이 있다.
① 건성유 : 아이오딘값이 130 이상(예 아마인유, 들기름, 동유, 정어리기름, 해바라기유 등)
  이중결합이 많아 불포화도가 높기 때문에 공기 중에서 산화되어 액 표면에 피막을 만드는 기름
② 반건성유 : 아이오딘값이 100~130인 것(예 참기름, 옥수수기름, 청어기름, 채종유, 면실유(목화씨유), 콩기름, 쌀겨유 등)
③ 불건성유 : 아이오딘값이 100 이하인 것(예 올리브유, 피마자유, 야자유, 땅콩기름, 동백기름 등)

해답

① 건성유 : 아마인유, 들기름
② 반건성유 : 쌀겨유, 목화씨유
③ 불건성유 : 야자유, 땅콩기름

제4회 동영상문제

01 동영상에서는 화학소방차 3대와 사다리차 1대를 보여준다. 다음 각 물음에 알맞은 답을 쓰시오. (4점)

화학소방차 3대   사다리차 1대

① 저장, 취급하는 위험물의 지정수량은 몇 배인지 쓰시오.
② 자체소방대원의 수는 몇 인 이상이어야 하는지 쓰시오.

[해설]

자체소방대에 두는 화학소방자동차 및 자체소방대원의 수

사업소의 구분	화학소방자동차의 수	자체소방대원의 수
제조소 또는 일반취급소에서 취급하는 제4류 위험물의 최대수량의 합이 지정수량의 3천배 이상 12만배 미만인 사업소	1대	5인
제조소 또는 일반취급소에서 취급하는 제4류 위험물의 최대수량의 합이 지정수량의 12만배 이상 24만배 미만인 사업소	2대	10인
제조소 또는 일반취급소에서 취급하는 제4류 위험물의 최대수량의 합이 지정수량의 24만배 이상 48만배 미만인 사업소	3대	15인
제조소 또는 일반취급소에서 취급하는 제4류 위험물의 최대수량의 합이 지정수량의 48만배 이상인 사업소	4대	20인
옥외탱크저장소에 저장하는 제4류 위험물의 최대수량이 지정수량의 50만배 이상인 사업소	2대	10인

[해답]
① 최대수량이 지정수량의 24만배 이상 48만배 미만인 사업소
② 15인

02

동영상에서는 주황색 분말(A)과 흑자색 분말(B)을 에탄올과 물에 녹이는 과정을 보여준다. 이 중 주황색 분말이 물에 녹는다. 다음 각 물음에 답하시오. (5점)

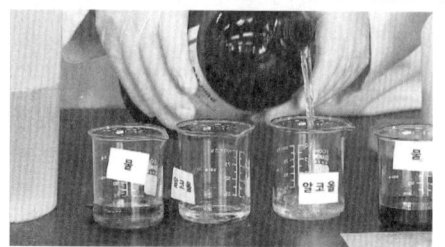
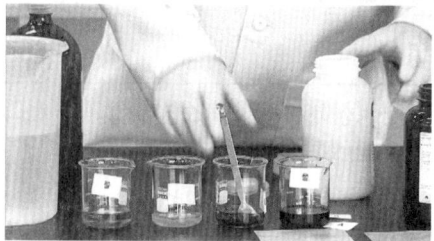

① 분자량 294, 융점 398℃인 물질 A의 지정수량을 적으시오.
② 물질 A의 열분해반응식을 적으시오.

해설

$K_2Cr_2O_7$(다이크로뮴산칼륨)은 제1류 위험물로서 다이크로뮴산염류의 일종으로 지정수량은 1,000kg이다.

다이크로뮴산칼륨의 일반적 성질

㉮ 분자량 294, 비중 2.69, 융점 398℃, 분해온도 500℃, 등적색의 결정 또는 결정성 분말이다.
㉯ 쓴맛, 금속성 맛, 독성이 있다.
㉰ 흡습성이 있는 등적색의 결정이며, 물에는 녹으나 알코올에는 녹지 않는다.
㉱ 강산화제이며, 500℃에서 분해하여 산소를 발생하고, 가연물과 혼합된 것은 발열, 발화하거나 가열, 충격 등에 의해 폭발할 위험이 있다.

$4K_2Cr_2O_7 \rightarrow 4K_2CrO_4 + 2Cr_2O_3 + 3O_2$

해답

① 1,000kg
② $4K_2Cr_2O_7 \rightarrow 4K_2CrO_4 + 2Cr_2O_3 + 3O_2$

03

동영상에서는 이동탱크저장소를 보여주고 있다. 이동탱크저장소에 갖추어야 하는 자동차용 소화기에 대해 다음 빈칸에 알맞은 답을 쓰시오. (4점)

① 이산화탄소소화기는 (   )kg 이상
② 무상의 강화액은 (   )L 이상

[해설]

제조소 등의 구분	소화설비	설치기준	
이동탱크저장소	자동차용 소화기	무상의 강화액 8L 이상	2개 이상
		이산화탄소 3.2kg 이상	
		일브로민화일염화이플루오르화메탄(CF$_2$ClBr) 2L 이상	
		일브로민화삼플루오르화메탄(CF$_3$Br) 2L 이상	
		이브로민화사플루오르화메탄(C$_2$F$_4$Br$_2$) 1L 이상	
		소화분말 3.3kg 이상	
	마른모래 및 팽창질석 또는 팽창진주암	마른모래 150L 이상	
		팽창질석 또는 팽창진주암 640L 이상	

[해답]
① 3.2
② 8

04 동영상에서는 4개의 비커에 제1석유류, 제2석유류, 제3석유류, 제4석유류가 각각 들어 있는 것을 보여준다. 다음 각 물음에 답하시오. (4점)

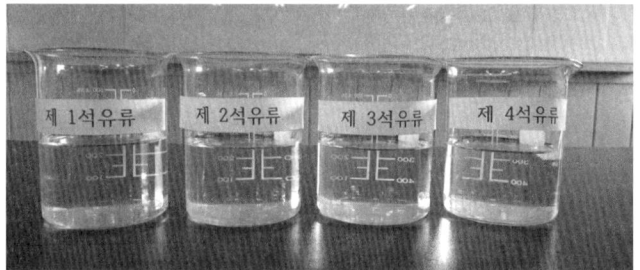

① 다음 비커에 들어 있는 제1석유류~제4석유류는 무엇을 기준으로 분류한 것인지 적으시오.
② 주어진 비커 중에서 지정수량 2,000L에 해당하는 위험물 중 수용성과 비수용성을 구분하여 적으시오.

[해설]
① 제1석유류 : 인화점 21℃ 미만
 제2석유류 : 인화점 21℃ 이상~70℃ 미만
 제3석유류 : 인화점 70℃ 이상~200℃ 미만
 제4석유류 : 인화점 200℃ 이상~250℃ 미만
② 제1석유류 지정수량 : 비수용성 200L, 수용성 400L
 제2석유류 지정수량 : 비수용성 1,000L, 수용성 2,000L
 제3석유류 지정수량 : 비수용성 2,000L, 수용성 4,000L
 제4석유류 지정수량 : 6,000L

[해답]
① 인화점
② 제2석유류(수용성), 제3석유류(비수용성)

05 동영상에서는 첫 번째 실험에서 질산칼륨을 물, 에탄올, 글리세린, 에테르에 용해시키고, 두 번째 실험에서는 질산나트륨을 물, 에탄올, 글리세린, 에테르에 용해시키는 장면을 보여 준다. 실험장면을 보고 다음 물음에 답하시오. (4점)

 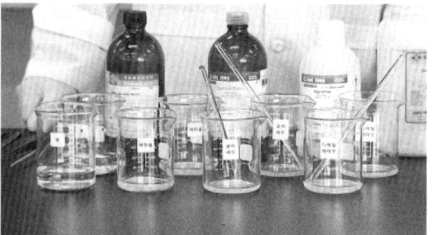

① 제1류 위험물로서 분자량이 약 101g/mol이며, 물, 글리세린 등에 잘 용해되는 물질이 무엇인지 명칭을 적으시오.
② 상기 ①의 물질에 대한 열분해반응식을 적으시오.

[해설]

KNO_3(질산칼륨, 질산칼리, 초석)의 일반적 성질
㉮ 분자량 101, 비중 2.1, 융점 339℃, 분해온도 400℃, 용해도 26이다.
㉯ 무색의 결정 또는 백색분말로 차가운 자극성의 짠맛이 난다.
㉰ 물이나 글리세린 등에는 잘 녹고, 알코올에는 녹지 않으며, 수용액은 중성이다.
㉱ 약 400℃로 가열하면 분해하여 아질산칼륨(KNO_2)과 산소(O_2)가 발생하는 강산화제이다.
$2KNO_3 \rightarrow 2KNO_2 + O_2$

[해답]

① 질산칼륨, ② $2KNO_3 \rightarrow 2KNO_2 + O_2$

06 동영상에서는 게시판에 제4류 위험물이라고 명기되어 있으며, 첫 번째 화면은 옥내저장소에 제4류 위험물인 윤활유가 겹쳐 쌓여 있는 장면을 보여주고, 두 번째 화면은 200L라고 표시되어 있는 드럼통이 선반에 적재되어 있는 장면을 보여준다. 다음 각 물음에 알맞은 답을 쓰시오. (4점)
① 기계에 의하여 하역하는 구조로 된 용기만을 겹쳐 쌓는 경우 저장높이는 몇 m인지 적으시오.
② 용기를 선반에 저장하는 경우에는 몇 m를 초과하여 저장하지 아니하는지 적으시오.

[해설]

옥내저장소에서 위험물을 저장하는 경우에는 다음의 규정에 의한 높이를 초과하여 용기를 겹쳐 쌓지 아니하여야 한다.
㉮ 기계에 의하여 하역하는 구조로 된 용기만을 겹쳐 쌓는 경우에 있어서는 6m
㉯ 제4류 위험물 중 제3석유류, 제4석유류 및 동·식물유류를 수납하는 용기만을 겹쳐 쌓는 경우에 있어서는 4m
㉰ 그 밖의 경우에 있어서는 3m

[해답]

① 6m, ② 4m

07 동영상에서는 컨테이너식 이동탱크저장소를 보여준다. A, B, C 화살표가 가리키는 부분의 명칭을 각각 적으시오. (6점)

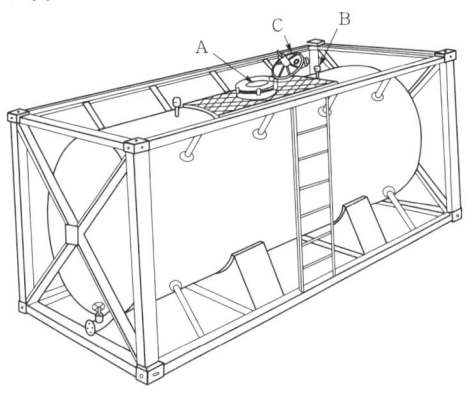

해답
① A : 주입구, ② B : 안전장치, ③ C : 맨홀

08 동영상에서는 옥내저장소를 보여준다. 저장창고는 지면에서 처마까지의 높이가 6m 미만인 단층건물로 하고 그 바닥을 지반면보다 높게 하여야 한다. 다만, 제2류 또는 제4류의 위험물만을 저장하는 창고로 20m 이하로 할 수 있는 기준을 3가지 쓰시오. (6점)

해설
저장창고는 지면에서 처마까지의 높이(이하 "처마높이"라 한다)가 6m 미만인 단층건물로 하고 그 바닥을 지반면보다 높게 하여야 한다. 다만, 제2류 또는 제4류의 위험물만을 저장하는 창고로서 다음의 기준에 적합한 창고의 경우에는 20m 이하로 할 수 있다.
㉮ 벽·기둥·보 및 바닥을 내화구조로 할 것
㉯ 출입구에 갑종방화문을 설치할 것
㉰ 피뢰침을 설치할 것. 다만, 주위상황에 의하여 안전상 지장이 없는 경우에는 그러하지 아니한다.

해답
① 벽·기둥·보 및 바닥을 내화구조로 할 것
② 출입구에 갑종방화문을 설치할 것
③ 피뢰침을 설치할 것

09 동영상에서는 실험대 위에 과산화수소와 투명한 용기의 하이드라진을 보여주고 있다. 실험자가 스포이드로 비커에 과산화수소를 몇 방울 떨어뜨리고 하이드라진을 섞으니 폭발하는 장면을 보여준다. 다음 각 물음에 답하시오. (4점)
① 하이드라진과 과산화수소의 폭발반응식을 쓰시오.
② 동영상에서 나오는 물질 중 제6류 위험물에 속하는 물질의 분해반응식을 쓰시오.

[해설]

과산화수소(H_2O_2) - 지정수량 300kg : 농도가 36wt% 이상인 것

㉮ 가열에 의해 산소가 발생한다.
$2H_2O_2 \rightarrow 2H_2O + O_2$

㉯ 농도 60wt% 이상인 것은 충격에 의해 단독폭발의 위험이 있으며, 고농도의 것은 알칼리금속분, 암모니아, 유기물 등과 접촉 시 발화하거나 충격에 의해 폭발한다.

㉰ 하이드라진과 접촉 시 발화 또는 폭발한다.
$2H_2O_2 + N_2H_4 \rightarrow 4H_2O + N_2$

㉱ 유리는 알칼리성으로 분해를 촉진하므로 피하고 가열, 화기, 직사광선을 차단하며 농도가 높을수록 위험성이 크므로 분해방지안정제(인산, 요산 등)를 넣어 발생기 산소의 발생을 억제한다. 용기는 밀봉하되 작은 구멍이 뚫린 마개를 사용한다.

[해답]

① $2H_2O_2 + N_2H_4 \rightarrow 4H_2O + N_2$
② $2H_2O_2 \rightarrow 2H_2O + O_2$

10 동영상에서는 실험실에서 비커 속에 있는 염소산칼륨에 황산을 적가하는 반응을 보여준다. 다음 물음에 답하시오. (4점)

① 두 가지 물질 중 위험물에 해당하는 물질의 지정수량
② 발생하는 기체의 명칭 및 화학식

[해설]

① 염소산칼륨은 제1류 위험물 중 염소산염류(지정수량 50kg)에 해당한다.
② 황산 등의 강산과 접촉으로 격렬하게 반응하여 폭발성의 이산화염소를 발생하고 발열폭발한다.
$4KClO_3 + 4H_2SO_4 \rightarrow 4KHSO_4 + 4ClO_2 + O_2 + 2H_2O + 열$

[해답]

① 50kg
② 이산화염소가스(ClO_2)

2017. 4. 16. 시행

제1회 과년도 출제문제

제1회 일반검정문제

01 원통형 탱크바닥의 반지름이 60cm, 높이가 150cm인 탱크의 내용적(m³)을 구하시오. (4점)

[해설]

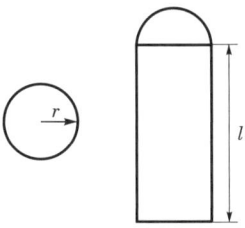

내용적 $= \pi r^2 l = \pi \times 0.6^2 \times 1.5 ≒ 1.7\text{m}^3$

[해답]
1.7m^3

02 제4류 위험물 중 옥외저장소에 보관 가능한 물질 4가지를 쓰시오. (4점)

[해설]
옥외저장소에 저장할 수 있는 위험물
㉮ 제2류 위험물 중 황, 인화성 고체(인화점이 0℃ 이상인 것에 한함)
㉯ 제4류 위험물 중 제1석유류(인화점이 0℃ 이상인 것에 한함), 제2석유류, 제3석유류, 제4석유류, 알코올류, 동식물유류
㉰ 제6류 위험물

[해답]
제1석유류(인화점이 0℃ 이상인 것에 한함), 제2석유류, 제3석유류, 제4석유류, 알코올류, 동식물유류

03 제2류 위험물의 품명에 따른 지정수량 4가지를 적으시오. (4점)

해설

제2류 위험물의 종류와 지정수량

성질	위험등급	품명	대표품목	지정수량
가연성 고체	II	1. 황화인 2. 적린(P) 3. 황(S)	P_4S_3, P_2S_5, P_4S_7	100kg
	III	4. 철분(Fe) 5. 금속분 6. 마그네슘(Mg)	Al, Zn	500kg
		7. 인화성 고체	고형알코올	1,000kg

해답

황화인 : 100kg, 적린 : 100kg, 황 : 100kg
철분 : 500kg, 금속분 : 500kg, 마그네슘 : 500kg, 인화성 고체 : 1,000kg

04 다음 물음에 답하시오. (3점)
① 과산화나트륨이 분해되어 생성되는 물질 2가지를 적으시오.
② 과산화나트륨과 이산화탄소가 접촉하는 화학반응식을 쓰시오.

해설

① 과산화나트륨의 열분해반응식

$2Na_2O_2 \rightarrow 2Na_2O + O_2$

② 공기 중의 탄산가스(CO_2)를 흡수하여 탄산염이 생성된다.

$2Na_2O_2$ + $2CO_2$ → $2Na_2CO_3$ + O_2
과산화나트륨 이산화탄소   탄산염   산소

해답

① 산화나트륨, 산소
② $2Na_2O_2 + 2CO_2 \rightarrow 2Na_2CO_3 + O_2$

05 제5류 위험물인 트리니트로페놀의 ① 구조식과 ② 지정수량을 쓰시오. (4점)

해답

①

$$\underset{\underset{NO_2}{|}}{\underset{}{\bigcirc}}\overset{OH}{\underset{O_2N \quad NO_2}{}}$$

② 시험결과에 따라 제1종과 제2종으로 분류하며, 제1종인 경우 10kg, 제2종인 경우 100kg에 해당한다.

06
다음 위험물의 지정수량 합계가 몇 배인지 계산하시오. (4점)
(보기) • 메틸에틸케톤 1,000L   • 메틸알코올 1,000L   • 클로로벤젠 1,500L

해설

구분	메틸에틸케톤	메틸알코올	클로로벤젠
품명	제1석유류(비수용성)	알코올류	제2석유류(비수용성)
화학식	$CH_3COC_2H_5$	CH_3OH	C_6H_5Cl
지정수량	200L	400L	1,000L

$$\text{지정수량 배수의 합} = \frac{\text{A품목 저장수량}}{\text{A품목 지정수량}} + \frac{\text{B품목 저장수량}}{\text{B품목 지정수량}} + \frac{\text{C품목 저장수량}}{\text{C품목 지정수량}} + \cdots$$

$$= \frac{1{,}000L}{200L} + \frac{1{,}000L}{400L} + \frac{1{,}500L}{1{,}000L} = 9$$

해답
9

07
이동저장탱크의 구조에 관한 내용이다. 빈칸을 채우시오. (6점)
위험물을 저장, 취급하는 이동탱크는 두께 (①)mm 이상의 강철판으로 위험물이 새지 아니하게 제작하고, 압력탱크에 있어서는 최대상용압력의 (②)배의 압력으로, 압력탱크 외의 탱크는 (③)kPa의 압력으로, 압력탱크는 최대상용압력의 1.5배의 압력으로 각각 (④)분간의 수압시험을 실시하여 새거나 변형되지 아니할 것

해설
이동탱크저장소의 탱크 구조기준
압력탱크(최대상용압력이 46.7kPa 이상인 탱크) 외의 탱크는 70kPa의 압력으로, 압력탱크는 최대상용압력의 1.5배의 압력으로 각각 10분간 수압시험을 실시하여 새거나 변형되지 아니할 것. 탱크 강철판의 두께는 다음과 같다.
- 본체 : 3.2mm 이상
- 측면틀 : 3.2mm 이상
- 안전칸막이 : 3.2mm 이상
- 방호틀 : 2.3mm 이상
- 방파판 : 1.6mm 이상

해답
① 3.2, ② 1.5, ③ 70, ④ 10

08
제2종 분말소화약제에 대한 1차 열분해반응식을 쓰시오. (4점)

해설
$2KHCO_3 \rightarrow K_2CO_3 + H_2O + CO_2$ 흡열반응
탄산수소칼륨   탄산칼륨   수증기   탄산가스

해답
$2KHCO_3 \rightarrow K_2CO_3 + H_2O + CO_2$

09

위험물 운반용기의 외부 표시사항을 쓰시오. (4점)

제2류 위험물 중 인화성 고체	①	제3류 위험물 중 금수성 물질	②
제4류 위험물	③	제6류 위험물	④

[해설]

유별	구분	주의사항
제1류 위험물 (산화성 고체)	알칼리금속의 과산화물	"화기 · 충격주의" "물기엄금" "가연물접촉주의"
	그 밖의 것	"화기 · 충격주의" "가연물접촉주의"
제2류 위험물 (가연성 고체)	철분 · 금속분 · 마그네슘	"화기주의" "물기엄금"
	인화성 고체	"화기엄금"
	그 밖의 것	"화기주의"
제3류 위험물 (자연발화성 및 금수성 물질)	자연발화성 물질	"화기엄금" "공기접촉엄금"
	금수성 물질	"물기엄금"
제4류 위험물 (인화성 액체)		"화기엄금"
제5류 위험물 (자기반응성 물질)		"화기엄금" 및 "충격주의"
제6류 위험물 (산화성 액체)		"가연물접촉주의"

[해답]
① 화기엄금
② 물기엄금
③ 화기엄금
④ 가연물접촉주의

10

오황화인의 ① 연소반응식과 ② 생성물질 중 기체에 해당하는 것을 적으시오. (4점)

[해설]

오황화인은 연소하면 오산화인과 이산화황이 생성된다.

$2P_2S_5 + 15O_2 \rightarrow 2P_2O_5 + 10SO_2$
오황화인   산소   오산화인   이산화황

[해답]
① $2P_2S_5 + 15O_2 \rightarrow 2P_2O_5 + 10SO_2$
② SO_2(이산화황)

11
다음 주어진 물질 중 인화점이 낮은 것부터 순서대로 나열하시오. (4점)
(보기) ① 초산에틸
② 메틸알코올
③ 나이트로벤젠
④ 에틸렌글리콜

[해설]

물질명	① 초산에틸	② 메틸알코올	③ 나이트로벤젠	④ 에틸렌글리콜
품명	제1석유류	알코올류	제3석유류	제3석유류
인화점	-3℃	11℃	88℃	120℃

[해답]

① → ② → ③ → ④

12
옥내저장소에 옥내소화전설비를 5개 설치하여 동시에 사용할 경우 ① 각 노즐선단의 방수압력과 ② 분당 방수량은 얼마인지 적으시오. (4점)

[해설]

옥내소화전설비는 각층을 기준으로 하여 당해 층의 모든 옥내소화전(설치개수가 5개 이상인 경우는 5개의 옥내소화전)을 동시에 사용할 경우 각 노즐선단의 방수압력이 0.35MPa 이상이고 방수량이 1분당 260L 이상의 성능이 되도록 할 것

[해답]

① 0.35MPa 이상
② 260L 이상

13
제3류 위험물인 탄화칼슘에 대해 다음 각 물음에 답을 쓰시오. (6점)
① 탄화칼슘과 물의 반응식을 쓰시오.
② 생성된 기체와 구리와의 반응식을 쓰시오.
③ 구리와 반응하면 위험한 이유를 쓰시오.

[해답]

① $CaC_2 + 2H_2O \rightarrow Ca(OH)_2 + C_2H_2$
② $C_2H_2 + 2Cu \rightarrow Cu_2C_2 + H_2$
③ 아세틸렌가스는 많은 금속(Cu, Ag, Hg 등)과 직접 반응하여 가연성의 수소가스(4~75vol%)를 발생하고 금속아세틸레이트를 생성한다.

제1회 동영상문제

01 동영상에서는 흑색화약의 원료인 황가루, 숯, 질산칼륨을 막자사발에 덜어놓고 잘 섞어주는 장면을 보여준다. 그리고 흑색화약의 일부를 시험관에 넣고 가열 후 폭발하는 장면을 보여준다. 다음 각 물음에 답을 쓰시오. (4점)

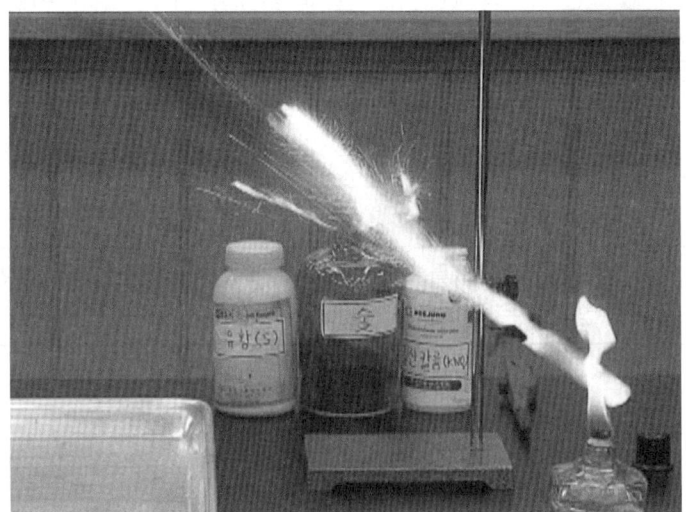

① 산소공급원이 되는 물질을 쓰시오.
② 이들 중 위험물의 지정수량을 쓰시오.

해설

질산칼륨은 강력한 산화제로 가연성 분말, 유기물, 환원성 물질과 혼합 시 가열, 충격으로 폭발하며 흑색화약(질산칼륨 75%+황 10%+목탄 15%)의 원료로 이용된다.
$16KNO_3 + 3S + 21C \rightarrow 13CO_2 + 3CO + 8N_2 + 5K_2CO_3 + K_2SO_4 + K_2S$

해답

① 질산칼륨
② 질산칼륨 : 300kg, 황 : 100kg

02 동영상에서는 제1석유류부터 제4석유류까지 종류별로 보여준다. 다음 물음에 알맞은 답을 쓰시오. (4점)
① 제1석유류와 제2석유류의 인화점 분류기준을 적으시오.
② 중유와 경유는 몇 석유류에 해당하는가?

[해설]
- "제1석유류"라 함은 아세톤, 휘발유, 그 밖에 1기압에서 인화점이 섭씨 21도 미만인 것
- "제2석유류"라 함은 등유, 경유, 그 밖에 1기압에서 인화점이 섭씨 21도 이상 70도 미만인 것
- "제3석유류"라 함은 중유, 크레오소트유, 그 밖에 1기압에서 인화점이 섭씨 70도 이상 섭씨 200도 미만인 것
- "제4석유류"라 함은 기어유, 실린더유, 그 밖에 1기압에서 인화점이 섭씨 200도 이상 섭씨 250도 미만인 것

[해답]
① 제1석유류 : 인화점 21℃ 미만, 제2석유류 : 인화점 21℃ 이상 70℃ 미만
② 중유 : 제3석유류, 경유 : 제2석유류

03 동영상에서는 덩어리상태의 황만을 저장하는 옥외저장소를 보여준다. 다음 각 물음에 답을 쓰시오. (4점)
① 하나의 경계표시의 내부 면적은 몇 m^2 이하로 하여야 하는지 쓰시오.
② 25,000kg을 저장할 경우 경계표시간의 간격은 몇 m 이상으로 하여야 하는지 쓰시오.

[해설]
덩어리상태의 황만을 저장 또는 취급하는 것에 대한 기준
㉮ 하나의 경계표시의 내부 면적은 $100m^2$ 이하일 것
㉯ 2 이상의 경계표시를 설치하는 경우에 있어서는 각각의 경계표시 내부의 면적을 합산한 면적은 $1,000m^2$ 이하로 하고, 인접하는 경계표시와 경계표시와의 간격은 공지 너비의 2분의 1 이상으로 할 것. 다만, 저장 또는 취급하는 위험물의 최대수량이 지정수량의 200배 이상인 경우에는 10m 이상으로 하여야 한다.
㉰ 경계표시는 불연재료로 만드는 동시에 황이 새지 아니하는 구조로 할 것
㉱ 경계표시의 높이는 1.5m 이하로 할 것
㉲ 경계표시에는 황이 넘치거나 비산하는 것을 방지하기 위한 천막 등을 고정하는 장치를 설치하되, 천막 등을 고정하는 장치는 경계표시의 길이 2m마다 한 개 이상 설치할 것
㉳ 황을 저장 또는 취급하는 장소의 주위에는 배수구와 분리장치를 설치할 것

황의 지정수량은 100kg이므로 저장량 25,000kg에 대한 지정수량 배수는 $\frac{25,000}{100} = 250$이다.
따라서 지정수량의 200배 이상인 경우에는 경계표시간의 간격은 10m 이상이다.

[해답]
① $100m^2$
② 10m

04 동영상에서 옥외탱크저장소와 그 주위의 시설을 보여준다. 다음 물음에 답하시오. (5점)
① 방유제의 면적은 얼마로 해야 하는가?
② 방유제의 높이는 (   )m 이상 (   )m 이하로 할 것

[해설]

옥외탱크저장소의 방유제 설치기준
㉮ 설치목적 : 저장 중인 액체위험물이 주위로 누설 시 그 주위에 피해확산을 방지하기 위하여 설치한 담
㉯ 용량 : 방유제 안에 설치된 탱크가 하나인 때에는 그 탱크 용량의 110% 이상, 2기 이상인 때에는 그 탱크 용량 중 용량이 최대인 것의 용량의 110% 이상으로 한다. 다만, 인화성이 없는 액체위험물의 옥외저장탱크의 주위에 설치하는 방유제는 "110%"를 "100%"로 본다.
㉰ 높이 : 0.5m 이상 3.0m 이하
㉱ 면적 : 80,000m² 이하

[해답]
① 80,000m² 이하
② 0.5, 3.0

05 동영상에서는 아세트산을 저장하고 있는 옥외저장소를 보여준다. 다음 물음에 답하시오. (4점)
① 아세트산을 저장할 때 저장높이는 몇 m를 초과하면 안되는가?
② 아세트산 20,000L를 저장할 때 보유공지의 너비

[해설]

㉮ 옥내저장소에서 위험물을 저장하는 경우에는 다음의 규정에 의한 높이를 초과하여 용기를 겹쳐 쌓지 아니하여야 한다(옥외저장소에서 위험물을 저장하는 경우에 있어서도 본 규정에 의한 높이를 초과하여 용기를 겹쳐 쌓지 아니하여야 한다).
  ㉠ 기계에 의하여 하역하는 구조로 된 용기만을 겹쳐 쌓는 경우에 있어서는 6m
  ㉡ 제4류 위험물 중 제3석유류, 제4석유류 및 동식물유류를 수납하는 용기만을 겹쳐 쌓는 경우에 있어서는 4m
  ㉢ 그 밖의 경우에 있어서는 3m
  ※ 아세트산의 경우 제2석유류에 해당하므로 그 밖의 경우로서 3m이다.
㉯ 옥외저장소의 보유공지

저장 또는 취급하는 위험물의 최대수량	공지의 너비
지정수량의 10배 이하	3m 이상
지정수량의 10배 초과, 20배 이하	5m 이상
지정수량의 20배 초과, 50배 이하	9m 이상
지정수량의 50배 초과, 200배 이하	12m 이상
지정수량의 200배 초과	15m 이상

제4류 위험물 중 제4석유류와 제6류 위험물을 저장 또는 취급하는 보유공지는 공지 너비의 $\frac{1}{3}$ 이상으로 할 수 있다.

※ 아세트산의 지정수량은 2,000L이므로 $\dfrac{20,000L}{2,000L}=10$배이므로 공지의 너비는 3m 이상

[해답]
① 3m
② 3m 이상

06 동영상에서는 실험실에서 비커 속에 있는 염소산칼륨에 황산을 적가하는 반응을 보여준다. 다음 물음에 답하시오. (4점)

① 반응식
② 생성되는 폭발성 가스의 명칭

[해설]
황산 등의 강산과 접촉으로 격렬하게 반응하여 폭발성의 이산화염소를 발생하고 발열폭발한다.
$4KClO_3 + 4H_2SO_4 \rightarrow 4KHSO_4 + 4ClO_2 + O_2 + 2H_2O + 열$
염소산칼륨   황산

[해답]
① $4KClO_3 + 4H_2SO_4 \rightarrow 4KHSO_4 + 4ClO_2 + O_2 + 2H_2O$
② 이산화염소가스(ClO_2)

07

동영상에서는 A~E 물질을 순서대로 보여주고, 마지막에 A~E 물질 전체를 보여준다. 다음 각 물음에 답하시오. (6점)

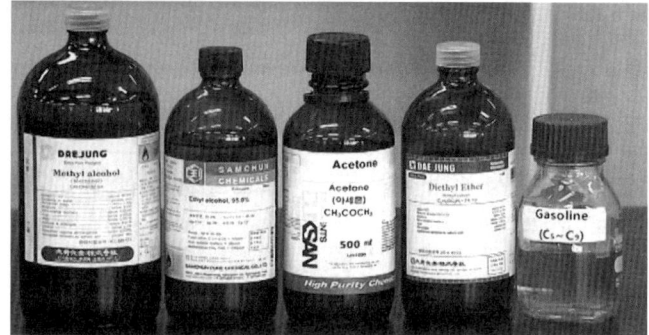

A : 메틸알코올, B : 에틸알코올, C : 아세톤, D : 디에틸에테르, E : 가솔린

① 연소범위가 가장 넓은 것을 고르시오.
② 제1석유류를 고르시오.
③ 증기비중이 가장 가벼운 것을 고르시오.

해설

구분	A. 메틸알코올	B. 에틸알코올	C. 아세톤	D. 디에틸에테르	E. 가솔린
화학식	CH_3OH	C_2H_5OH	CH_3COCH_3	$C_2H_5OC_2H_5$	$C_5H_{12} \sim C_9H_{20}$
인화점	11℃	13℃	-18.5℃	-40℃	-43℃
품명	알코올류	알코올류	제1석유류	특수인화물	제1석유류
증기비중	1.1	1.59	2.01	2.6	3~4
연소범위	6~36%	4.3~19%	2.5~12.8%	1.9~48%	1.2~7.6%

해답

① D, ② C, E, ③ A

08

동영상은 철분(Fe)과 염산(HCl)이 반응하는 모습을 보여준다. 다음 각 물음에 알맞은 답을 쓰시오. (4점)

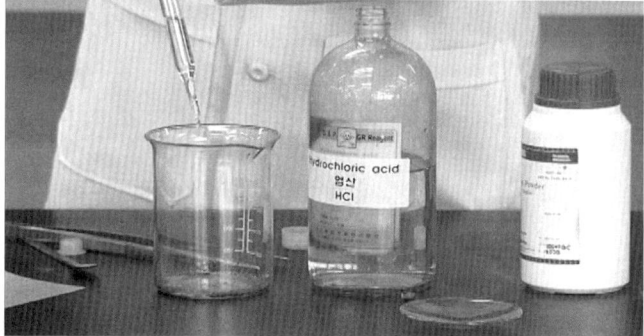

① "철분"이라 함은 철의 분말로서 (   )μm의 표준체를 통과하는 것이 중량 (   )% 이상인 것을 말한다.
② 철분과 염산의 반응식을 쓰시오.

[해설]
① "철분"이라 함은 철의 분말로서 53마이크로미터의 표준체를 통과하는 것이 50중량퍼센트 미만인 것은 제외한다.
② 가열되거나 금속의 온도가 높은 경우 더운물 또는 수증기와 반응하면 수소를 발생하고 경우에 따라 폭발한다. 또한 묽은 산과 반응하여 수소를 발생한다.
$2Fe + 3H_2O \rightarrow Fe_2O_3 + 3H_2$
$2Fe + 6HCl \rightarrow 2FeCl_3 + 3H_2$

[해답]
① 53, 50
② $2Fe + 6HCl \rightarrow 2FeCl_3 + 3H_2$

09 동영상에서는 실험실의 실험대 위에 A : 나트륨+석유, B : 알킬리튬+물, C : 황린+물, D : 나이트로셀룰로오스+에탄올과 같이 위험물질이 저장된 방법을 보여준다. 다음 각 물음에 답을 쓰시오. (4점)

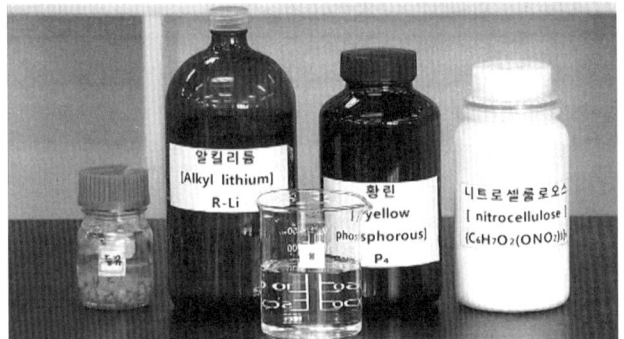

① 제3류 위험물의 보관방법 중 잘못된 보관법의 알파벳 기호를 쓰시오.
② C의 위험물인 황린이 공기 중에서 연소했을 때 만들어지는 물질을 화학식으로 쓰시오.

[해설]
① 알킬리튬은 제3류 위험물(자연발화성 및 금수성 물질)로서 물과 접촉 시 가연성 가스를 발생한다.
② 황린은 공기 중에서 격렬하게 오산화인의 백색연기를 내며 연소하고, 일부 유독성의 포스핀(PH_3)도 발생하며, 환원력이 강하여 산소 농도가 낮은 분위기에서도 연소한다.
$P_4 + 5O_2 \rightarrow 2P_2O_5$

[해답]
① B
② P_2O_5(오산화인)

10 동영상에서는 실험실에서 과산화수소가 담겨져 있는 비커에 이산화망가니즈를 넣어주자 급격한 반응으로 과산화수소가 분해하면서 백색의 기체가 발생하는 모습을 보여준다. 다음 물음에 답하시오. (6점)

① 발생하는 기체의 명칭을 적으시오.
② 이산화망가니즈의 역할이 무엇인지 적으시오.

해설

$$2H_2O_2 \xrightarrow{MnO_2} 2H_2O + O_2$$
과산화수소　이산화망가니즈　　물　　산소가스
　　　　　　　(정촉매)

과산화수소(H_2O_2)는 강한 산화성이 있고, 물, 알코올, 에테르 등에는 녹으나 석유나 벤젠 등에는 녹지 않는다. 또한, 분자 내에 불안정한 과산화물[-O-O-]을 함유하고 있으므로 용기 내부에서 스스로 분해되어 산소가스를 발생한다. 따라서 분해를 억제하기 위하여 안정제인 인산(H_3PO_4), 요산($C_5H_4N_4O_3$)을 첨가하며 발생한 산소가스로 인한 내압의 증가를 막기 위해 구멍 뚫린 마개를 사용한다.

> **중요! 위험물의 한계**
> 농도가 36wt% 이상인 것만 제6류 위험물(산화성 액체)로 취급한다.

해답

① 산소가스(O_2)
② 정촉매

2017. 6. 25. 시행

2017년 제2회 과년도 출제문제

제2회 일반검정문제

01 옥외저장소에 제2류 위험물인 황 15,000kg을 저장하는 경우 보유공지는 얼마를 확보해야 하는가? (3점)

[해설]
옥외저장소의 보유공지

저장 또는 취급하는 위험물의 최대수량	공지의 너비
지정수량의 10배 이하	3m 이상
지정수량의 10배 초과 20배 이하	5m 이상
지정수량의 20배 초과 50배 이하	9m 이상
지정수량의 50배 초과 200배 이하	12m 이상
지정수량의 200배 초과	15m 이상

문제에서 황이 15,000kg라고 하였으므로

지정수량 배수 = $\dfrac{A품목\ 저장수량}{A품목\ 지정수량} = \dfrac{15,000kg}{100kg} = 150$배이므로 공지의 너비는 12m 이상 확보해야 한다.

[해답]
12m 이상

02 이황화탄소 100kg이 완전연소할 때 발생하는 이산화황의 부피(m^3)를 구하시오. (단, 압력은 800mmHg, 기준온도 30℃이다.) (5점)

[해설]
휘발하기 쉽고 발화점이 낮아 백열등, 난방기구 등의 열에 의해 발화하며, 점화하면 청색을 내고 연소하는데 연소생성물 중 SO_2는 유독성이 강하다.

$CS_2 + 3O_2 \rightarrow CO_2 + 2SO_2$

$\dfrac{100kg-CS_2}{} \Big| \dfrac{1mol-CS_2}{76kg-CS_2} \Big| \dfrac{2mol-SO_2}{1mol-CS_2} \Big| \dfrac{22.4m^3-SO_2}{1mol-SO_2} = 58.95m^3-SO_2$

$$\frac{P_1 V_1}{T_1} = \frac{P_2 V_2}{T_2}$$

$$\frac{760 \times 58.95}{(0+273.15)} = \frac{800 \times V_2}{(30+273.15)}$$

$$\therefore V_2 = 62.15 \text{m}^3$$

[해답]

62.15m³

---

03 금속칼륨이 다음 각 물질과 반응할 때의 화학반응식을 쓰시오. (6점)
① 물
② 이산화탄소
③ 에탄올

[해설]

① 물과 격렬히 반응하여 발열하고 수산화칼륨과 수소를 발생한다. 이때 발생된 열은 점화원의 역할을 한다.
   $2K + 2H_2O \rightarrow 2KOH + H_2$

② CO_2와 격렬히 반응하여 연소, 폭발의 위험이 있으며, 연소 중에 모래를 뿌리면 규소(Si) 성분과 격렬히 반응한다.
   $4K + 3CO_2 \rightarrow 2K_2CO_3 + C$ (연소 · 폭발)

③ 알코올과 반응하여 칼륨에틸레이트를 만들며 수소를 발생한다.
   $2K + 2C_2H_5OH \rightarrow 2C_2H_5OK + H_2$

[해답]

① $2K + 2H_2O \rightarrow 2KOH + H_2$
② $4K + 3CO_2 \rightarrow 2K_2CO_3 + C$
③ $2K + 2C_2H_5OH \rightarrow 2C_2H_5OK + H_2$

---

04 아세트알데하이드 등의 옥외탱크저장소에 관한 내용이다. 다음 빈칸을 채우시오. (4점)
① 옥외저장탱크의 설비는 동 · (㉠) · 은 · (㉡) 또는 이들을 성분으로 하는 합금으로 만들지 아니할 것
② 옥외저장탱크에는 (㉠) 또는 (㉡), 그리고 연소성 혼합기체의 생성에 의한 폭발을 방지하기 위한 불활성의 기체를 봉입하는 장치를 설치할 것

[해설]

옥외탱크저장소의 금속 사용제한 및 위험물 저장기준

㉮ 옥외저장탱크의 설비는 동 · 마그네슘 · 은 · 수은 또는 이들을 성분으로 하는 합금으로 만들지 아니할 것

㉯ 옥외저장탱크에는 냉각장치 또는 보냉장치, 그리고 연소성 혼합기체의 생성에 의한 폭발을 방지하기 위한 불활성의 기체를 봉입하는 장치를 설치할 것

[해답]
① ㉠ 마그네슘, ㉡ 수은
② ㉠ 냉각장치, ㉡ 보냉장치

05 제1류 위험물인 염소산칼륨의 열분해반응식을 쓰시오. (3점)

[해설]
약 400℃ 부근에서 열분해되기 시작하여 540~560℃에서 과염소산칼륨($KClO_4$)을 생성하고 다시 분해하여 염화칼륨(KCl)과 산소(O_2)를 방출한다.

[해답]
$2KClO_3 \rightarrow 2KCl + 3O_2$

06 다음 설명에 대한 내용을 보고 빈칸을 채우시오. (3점)
"특수인화물"이라 함은 이황화탄소, 디에틸에테르, 그 밖에 1기압에서 발화점이 (①)℃ 이하인 것 또는 인화점이 영하 (②)℃ 이하이고 비점이 (③)℃ 이하인 것을 말한다.

[해답]
① 100
② 20
③ 40

07 다음은 소화난이도 등급 I에 해당하는 제조소, 일반취급소에 관한 내용이다. 다음 빈칸을 채우시오. (6점)
① 연면적 (   )m^2 이상인 것
② 지정수량의 (   )배 이상인 것
③ 지반면으로부터 (   )m 이상의 높이에 위험물 취급설비가 있는 것

[해설]

제조소, 일반취급소	연면적 1,000m^2 이상인 것
	지정수량의 100배 이상인 것(고인화점위험물만을 100℃ 미만의 온도에서 취급하는 것 및 제48조의 위험물을 취급하는 것은 제외)
	지반면으로부터 6m 이상의 높이에 위험물 취급설비가 있는 것(고인화점위험물만을 100℃ 미만의 온도에서 취급하는 것은 제외)
	일반취급소로 사용되는 부분 외의 부분을 갖는 건축물에 설치된 것(내화구조로 개구부 없이 구획된 것 및 고인화점위험물만을 100℃ 미만의 온도에서 취급하는 것은 제외)

[해답]
① 1,000
② 100
③ 6

08
옥내저장소에 옥내소화전설비를 3개 설치할 경우 필요한 수원의 양은 몇 m³인지 계산하시오. (3점)

[해설]
수원의 수량은 옥내소화전이 가장 많이 설치된 층의 옥내소화전 설치개수(설치개수가 5개 이상인 경우는 5개)에 7.8m³를 곱한 양 이상이 되도록 설치할 것
수원의 양 : $Q(\text{m}^3) = N \times 7.8\text{m}^3$ (N, 5개 이상인 경우 5개) $= 3 \times 7.8\text{m}^3 = 23.4\text{m}^3$

[해답]
23.4m³

09
보기에서 제4류 위험물 중 제2석유류에 대한 설명으로 옳은 것을 모두 선택하여 그 번호를 쓰시오. (3점)
(보기)
① 등유와 경유가 해당된다.
② 중유와 크레오소트유가 해당된다.
③ 1기압에서 인화점이 섭씨 70도 이상 섭씨 200도 미만인 것을 말한다.
④ 1기압에서 인화점이 섭씨 200도 이상 섭씨 250도 미만인 것을 말한다.
⑤ 도료류, 그 밖의 물품에 있어서 가연성 액체량이 40중량퍼센트 이하이면서 인화점이 섭씨 40도 이상인 동시에 연소점이 섭씨 60도 이상인 것은 제외한다.

[해설]
"제2석유류"라 함은 등유, 경유, 그 밖에 1기압에서 인화점이 21℃ 이상 70℃ 미만인 것을 말한다. 다만, 도료류, 그 밖의 물품에 있어서 가연성 액체량이 40중량퍼센트 이하이면서 인화점이 40℃ 이상인 동시에 연소점이 60℃ 이상인 것은 제외한다.

[해답]
①, ⑤

10
다음 주어진 위험물에 대하여 위험물의 한계조건에 대해 쓰시오. (단, 없으면 "없음"이라 적으시오.) (6점)
① 과산화수소
② 과염소산
③ 질산

[해설]
① 과산화수소는 그 농도가 36중량퍼센트 이상인 것
② 과염소산에 대한 위험물의 한계조건은 별도로 정해진 바 없음
③ 질산은 그 비중이 1.49 이상인 것

[해답]
① 농도가 36중량퍼센트 이상인 것
② 없음
③ 비중이 1.49 이상인 것

11 다음 주어진 보기 중에서 불활성가스소화설비에 대한 소화적응력이 있는 위험물을 고르시오. (단, 없으면 "없음"이라고 적으시오.) (4점)
(보기)
① 제1류 위험물 중 알칼리금속의 과산화물   ② 제2류 위험물 중 인화성 고체
③ 제3류 위험물   ④ 제4류 위험물
⑤ 제5류 위험물   ⑥ 제6류 위험물

해설

소화설비의 구분			건축물·그 밖의 공작물	전기설비	제1류 위험물		제2류 위험물			제3류 위험물		제4류 위험물	제5류 위험물	제6류 위험물
					알칼리금속 과산화물 등	그 밖의 것	철분·금속분·마그네슘 등	인화성 고체	그 밖의 것	금수성 물품	그 밖의 것			
옥내소화전설비 또는 옥외소화전설비			○			○		○	○		○		○	○
스프링클러설비			○			○		○	○		○	△	○	○
물분무 등 소화설비	물분무소화설비		○	○		○		○	○		○	○	○	○
	포소화설비		○			○		○	○		○	○	○	○
	불활성가스소화설비			○				○				○		
	할로겐화합물소화설비			○				○				○		
	분말 소화 설비	인산염류 등	○	○		○		○	○			○		○
		탄산수소염류 등		○	○		○	○		○		○		
		그 밖의 것			○		○			○				

해답
②, ④

12 다음은 지정과산화물을 저장하는 옥내저장소에 대한 설치기준이다. 괄호 안을 알맞게 채우시오 (5점)
① 저장창고는 (㉠)m² 이내마다 격벽으로 완전하게 구획할 것. 이 경우 당해 격벽은 두께 (㉡)cm 이상의 철근콘크리트조 또는 철골철근콘크리트조로 하거나 두께 (㉢)cm 이상의 보강콘크리트블록조로 하고, 당해 저장창고의 양측의 외벽으로부터 (㉣)m 이상, 상부의 지붕으로부터 (㉤)cm 이상 돌출되게 하여야 한다.
② 저장창고의 창은 바닥면으로부터 (㉠)m 이상의 높이에 두되, 하나의 벽면에 두는 창의 면적의 합계를 당해 벽면의 면적의 (㉡)분의 1 이내로 하고, 하나의 창의 면적을 (㉢)m² 이내로 할 것

[해설]

지정과산화물에 대한 옥내저장소의 저장창고 기준

㉮ 저장창고는 150m² 이내마다 격벽으로 완전하게 구획할 것. 이 경우 당해 격벽은 두께 30cm 이상의 철근콘크리트조 또는 철골철근콘크리트조로 하거나 두께 40cm 이상의 보강콘크리트 블록조로 하고, 당해 저장창고의 양측의 외벽으로부터 1m 이상, 상부의 지붕으로부터 50cm 이상 돌출되게 하여야 한다.
㉯ 저장창고의 외벽은 두께 20cm 이상의 철근콘크리트조나 철골철근콘크리트조 또는 두께 30cm 이상의 보강콘크리트블록조로 할 것
㉰ 저장창고의 지붕에 대한 기준
  ㉠ 중도리 또는 서까래의 간격은 30cm 이하로 할 것
  ㉡ 지붕의 아래쪽 면에는 한 변의 길이가 45cm 이하의 환강(丸鋼)·경량형강(輕量形鋼) 등으로 된 강제(鋼製)의 격자를 설치할 것
  ㉢ 지붕의 아래쪽 면에 철망을 쳐서 불연재료의 도리·보 또는 서까래에 단단히 결합할 것
  ㉣ 두께 5cm 이상, 너비 30cm 이상의 목재로 만든 받침대를 설치할 것
㉱ 저장창고의 출입구에는 갑종방화문을 설치할 것
㉲ 저장창고의 창은 바닥면으로부터 2m 이상의 높이에 두되, 하나의 벽면에 두는 창의 면적의 합계를 당해 벽면의 면적의 80분의 1 이내로 하고, 하나의 창의 면적을 0.4m² 이내로 할 것

[해답]

① ㉠ 150, ㉡ 30, ㉢ 40, ㉣ 1, ㉤ 50
② ㉠ 2, ㉡ 80, ㉢ 0.4

13 제5류 위험물로서 인화점 150℃이고, 비중은 1.80이며 순수한 것은 무색이나 보통 공업용은 휘황색의 침전결정으로 금속과 반응하여 수소를 발생하고 금속분과 금속염을 생성하는 물질로서 다음 물음에 답하시오. (4점)
① 물질명   ② 지정수량

[해설]

트리나이트로페놀($C_6H_2OH(NO_2)_3$, 피크르산)

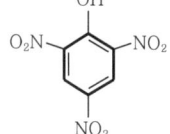

㉮ 순수한 것은 무색이나 보통 공업용은 휘황색의 침전결정이며 충격, 마찰에 둔감하고 자연분해하지 않으므로 장기저장해도 자연발화의 위험 없이 안정하다.
㉯ 찬물에는 거의 녹지 않으나 온수, 알코올, 에테르, 벤젠 등에는 잘 녹는다.
㉰ 폭발온도 3,320℃, 폭발속도 약 7,000m/s, 비중 1.8, 융점 122.5℃, 인화점 150℃, 비점 255℃, 발화온도 약 300℃
㉱ 강한 쓴맛이 있고 유독하여 물에 전리하여 강한 산이 된다.
㉲ 강력한 폭약으로 점화하면 서서히 연소하나 뇌관으로 폭발시키면 폭굉한다. 금속과 반응하여 수소를 발생하고 금속분(Fe, Cu, Pb 등)과 금속염을 생성하여 본래의 피크르산보다 폭발강도가 예민하여 건조한 것은 폭발위험이 있다.

[해답]

① 트리나이트로페놀(또는 피크르산)
② 시험결과에 따라 제1종과 제2종으로 분류하며, 제1종인 경우 10kg, 제2종인 경우 100kg에 해당한다.

제2회 동영상문제

01 동영상에서 2개의 준비된 비커에 각각 벤젠과 이황화탄소를 넣어서 불을 붙인 후 연소하는 것을 보여준다. 그 다음 각각의 비커에 물을 부어 소화하려고 하자 벤젠의 경우 계속 연소하면서 시커먼 연기가 발생하고, 이황화탄소의 경우 물을 주입하자 잠시 후 소화하는 장면을 보여준다. 다음 물음에 답하시오. (4점)

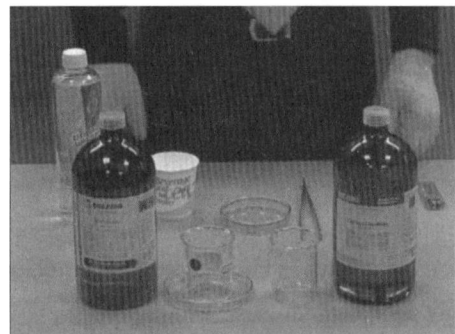 

① 물을 붓자 벤젠은 계속 연소하고, 이황화탄소의 경우 소화하는 것에 대해 그 이유를 설명하시오.
② 주어진 두 가지 물질 중 연소범위가 상대적으로 넓은 물질의 완전연소반응식을 적으시오.

해설

㉮ 화학결합 측면에서 살펴보면 이황화탄소와 벤젠의 경우 비극성 공유결합에 해당하며, 물은 극성 공유결합에 해당하므로 서로 섞이지 않는다. 따라서 이 경우 비중이 물보다 무거운 이황화탄소는 물을 부으면 그 표면을 덮어서 소화하게 되는 것이고, 벤젠의 경우 비중이 물보다 작아 물 위에 뜨는 형상이 되므로 연소가 지속되는 것이다.
㉯ 벤젠의 연소범위 : 1.4~8.0vol%
 이황화탄소의 연소범위 : 1.0~50vol%

해답

① 이황화탄소는 비극성이므로 물과 섞이지 않고 물보다 비중이 크기 때문에 물이 이황화탄소 액표면을 덮어 질식소화가 가능하다.
② $CS_2 + 3O_2 \rightarrow CO_2 + 2SO_2$

02 동영상에서 지하탱크저장소를 보여준다. 다음 각 물음에 답을 쓰시오. (4점)

① 동영상에서 보여주는 설비의 명칭이 무엇인지 적으시오.
② 상기 설비의 선단은 지반면으로부터 몇 m 이상의 높이에 설치하여야 하는가?

[해설]

밸브 없는 통기관 설치기준

㉮ 통기관의 선단은 건축물의 창·출입구 등의 개구부로부터 1m 이상 떨어진 옥외의 장소에 지면으로부터 4m 이상의 높이로 설치하되, 인화점이 40℃ 미만인 위험물의 탱크에 설치하는 통기관에 있어서는 부지경계선으로부터 1.5m 이상 이격할 것
㉯ 통기관은 가스 등이 체류할 우려가 있는 굴곡이 없도록 할 것

[해답]

① 밸브 없는 통기관, ② 4m 이상

03 동영상에서 제4류 위험물인 메틸알코올의 시약병을 보여준다. 동영상에서 보여주는 물질과 관련하여 다음 물음에 답하시오. (6점)

① 화학식
② 지정수량
③ 완전연소반응식

[해답]
① CH₃OH
② 400L
③ 2CH₃OH+3O₂ → 2CO₂+4H₂O

04

동영상에서는 옥내저장소의 외부와 내부를 보여준다. 옥내저장소의 내부를 보여주면서 제1류 위험물인 염소산칼륨과 제6류 위험물인 질산을 함께 저장하는 곳임을 보여준다. 다음 물음에 답하시오. (4점)

① 옥내저장소의 면적은 몇 m^2 이하로 해야 하는가?
② 위의 2가지 위험물 함께 저장할 때 상호간 몇 m 이상의 간격을 두어야 하는가?

[해설]
① 옥내저장소 하나의 저장창고의 바닥면적

위험물을 저장하는 창고	바닥면적
ⓐ 제1류 위험물 중 아염소산염류, 염소산염류, 과염소산염류, 무기과산화물, 그 밖에 지정수량이 50kg인 위험물 ⓑ 제3류 위험물 중 칼륨, 나트륨, 알킬알루미늄, 알킬리튬, 그 밖에 지정수량이 10kg인 위험물 및 황린 ⓒ 제4류 위험물 중 특수인화물, 제1석유류 및 알코올류 ⓓ 제5류 위험물 중 유기과산화물, 질산에스터류, 그 밖에 지정수량이 10kg인 위험물 ⓔ 제6류 위험물	1,000m^2 이하
ⓐ~ⓔ 외의 위험물을 저장하는 창고	2,000m^2 이하
내화구조의 격벽으로 완전히 구획된 실에 각각 저장하는 창고	1,500m^2 이하

② 유별을 달리하는 위험물은 동일한 저장소(내화구조의 격벽으로 완전히 구획된 실이 2 이상 있는 저장소에 있어서는 동일한 실)에 저장하지 아니하여야 한다. 다만, 옥내저장소 또는 옥외저장소에 있어서 제1류 위험물과 제6류 위험물을 함께 저장하는 경우 위험물을 유별로 정리하여 저장하는 한편, 서로 1m 이상의 간격을 두는 경우에는 그러하지 아니하다.

[해답]
① 1,000m^2 이하
② 1m

05 동영상에서는 염소산칼륨과 적린을 보여준다. 알루미늄 호일을 적당량 잘라 그 안에 염소산칼륨과 적린을 약간량씩 덜어 혼합한 후 호일을 감싸고 난 후 바닥에 내려놓고 망치로 타격하여 혼촉발화하는 장면을 보여준다. 다음 물음에 답하시오. (6점)

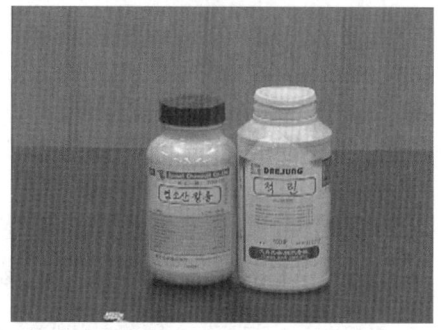
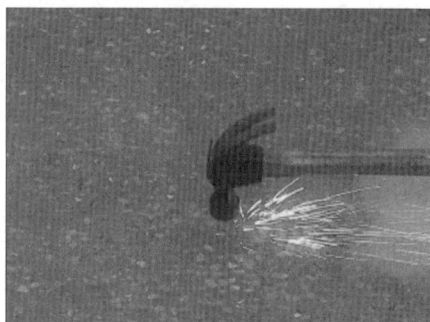

① 주어진 2가지 위험물 중 지정수량이 작은 것의 명칭
② 상기 ①번 물질의 지정수량
③ 적린의 연소반응식

해답
① 염소산칼륨, ② 50kg, ③ $4P + 5O_2 \rightarrow 2P_2O_5$

06 동영상에서는 옥내저장소를 보여준다. 배출설비, 급기설비 및 집유설비를 보여준다. 다음 물음에 답하시오. (6점)

① 배출구는 지상 몇 m 이상으로 해야 하는가?
② 급기구는 낮은 곳에 설치하고 가는 눈의 구리망으로 무엇을 설치해야 하는가?
③ 액체위험물을 취급하는 건축물의 바닥은 적당한 경사를 두어 그 최저부에 무엇을 설치해야 하는가?

해답
① 2m, ② 인화방지망, ③ 집유설비

07

동영상에서는 질산칼륨, 질산나트륨, 질산암모늄이 담겨 있는 시약에 물분무기로 물을 뿌리는 장면을 보여준다. 보여지는 위험물 중 흡열반응을 하는 물질은 무엇인지 쓰시오. (3점)

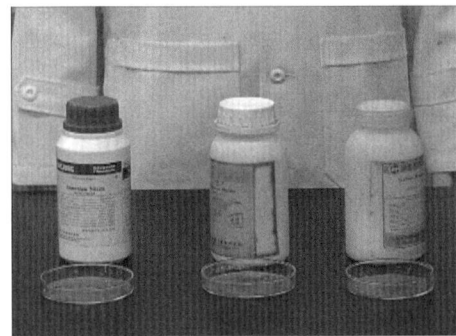
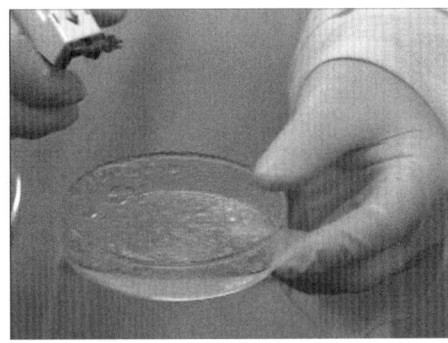

[해설]

NH_4NO_3(질산암모늄, 초안, 질안, 질산암몬)
㉮ 분자량 80, 비중 1.73, 융점 165℃, 분해온도 220℃, 무색, 백색 또는 연회색의 결정
㉯ 조해성과 흡습성이 있고, 물에 녹을 때 열을 대량 흡수하여 한제로 이용된다.(흡열반응)
㉰ 약 220℃에서 가열할 때 분해되어 아산화질소(N_2O)와 수증기(H_2O)를 발생시키고 계속 가열하면 폭발한다.
   $2NH_4NO_3 \rightarrow 2N_2O + 4H_2O$

[해답]

질산암모늄

08

동영상에서는 제조소 근처에 주택, 고압가스시설, 고압가공선로(50,000V)를 보여준다. 안전거리의 합계를 쓰시오. (4점)

[해설]

건축물	안전거리
사용전압 7,000V 초과 35,000V 이하의 특고압가공전선	3m 이상
사용전압 35,000V 초과 특고압가공전선	5m 이상
주거용으로 사용되는 것(제조소가 설치된 부지 내에 있는 것 제외)	10m 이상
고압가스, 액화석유가스 또는 도시가스를 저장 또는 취급하는 시설	20m 이상
학교, 병원(종합병원, 치과병원, 한방·요양병원), 극장(공연장, 영화상영관, 수용인원 300명 이상 시설), 아동복지시설, 노인복지시설, 장애인복지시설, 모·부자복지시설, 보육시설, 성매매자를 위한 복지시설, 정신보건시설, 가정폭력피해자 보호시설, 수용인원 20명 이상의 다수인시설	30m 이상
유형문화재, 지정문화재	50m 이상

10m+20m+5m=35m

[해답]

35m

09

동영상에서는 4개의 비커에 제1석유류, 제2석유류, 제3석유류, 제4석유류가 각각 들어 있는 것을 보여준다. 다음 각 물음에 답하시오. (4점)

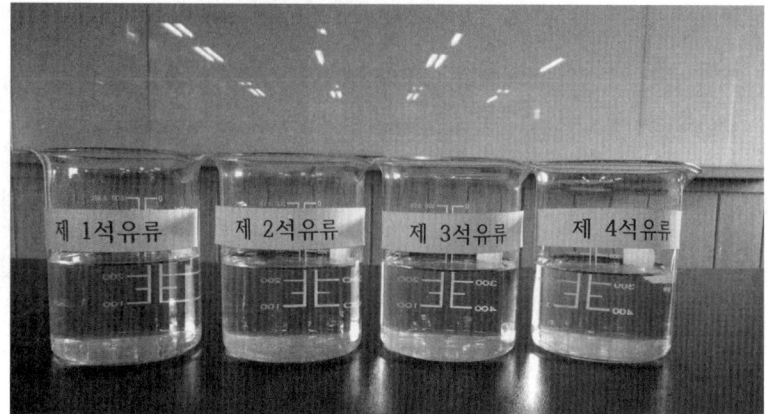

① 동영상에서 보여주지 않는 제4류 위험물의 품명을 2가지 적으시오.
② 동영상에서 보여주는 것 중 지정수량을 수용성과 비수용성으로 분류하는 위험물의 품명을 모두 적으시오.

[해설]
제4류 위험물의 품명과 지정수량

성질	위험등급	품명		지정수량
인화성 액체	I	특수인화물		50L
	II	제1석유류	비수용성	200L
			수용성	400L
		알코올류		400L
	III	제2석유류	비수용성	1,000L
			수용성	2,000L
		제3석유류	비수용성	2,000L
			수용성	4,000L
		제4석유류		6,000L
		동·식물유류		10,000L

[해답]
① 특수인화물류, 알코올류, 동식물유류 중 택 2 기술
② 제1석유류, 제2석유류, 제3석유류

10 동영상에서는 윤활유를 저장하는 옥외저장소를 보여준다. 윤활유를 600,000L 저장할 경우 ① 윤활유의 지정수량 배수를 구하고, ② 보유공지는 얼마로 해야 하는지 구하시오. (4점)

[해설]

① 윤활유는 제4류 위험물 중 제4석유류에 해당하므로 지정수량은 6,000L이다.

지정수량 배수 : $\dfrac{600,000L}{6,000L} = 100$배

② 옥외저장소 보유공지

저장 또는 취급하는 위험물의 최대수량	공지의 너비
지정수량의 10배 이하	3m 이상
지정수량의 10배 초과, 20배 이하	5m 이상
지정수량의 20배 초과, 50배 이하	9m 이상
지정수량의 50배 초과, 200배 이하	12m 이상
지정수량의 200배 초과	15m 이상

제4류 위험물 중 제4석유류와 제6류 위험물을 저장 또는 취급하는 보유공지는 공지너비의 $\dfrac{1}{3}$ 이상으로 할 수 있다. 따라서 본 문제에서 윤활유는 제4석유류에 해당하므로 주어진 공지의 $\dfrac{1}{3}$ 로 해야 한다.

∴ 보유공지 = 12m 이상 × $\dfrac{1}{3}$ = 4m

[해답]

① 100배
② 4m 이상

2017. 11. 12. 시행

제4회 과년도 출제문제

제4회 일반검정문제

01 제1류 위험물인 염소산칼륨에 관한 다음 각 물음에 알맞은 답을 쓰시오. (6점)
① 완전분해 반응식을 쓰시오.
② 염소산칼륨 24.5kg이 표준상태에서 완전분해 시 생성되는 산소의 부피(m^3)를 구하시오.

[해설]

약 400℃ 부근에서 열분해되기 시작하여 540~560℃에서 과염소산칼륨($KClO_4$)을 생성하고 다시 분해하여 염화칼륨(KCl)과 산소(O_2)를 방출한다.

$2KClO_3 \rightarrow 2KCl + 3O_2$

$$\frac{24{,}500\text{g}\ KClO_3}{} \Big| \frac{1\text{mol}\ KClO_3}{122.5\text{g}\ KClO_3} \Big| \frac{3\text{mol}\ O_2}{2\text{mol}\ KClO_3} \Big| \frac{22.4\text{L}-O_2}{1\text{mol}\ O_2} \Big| \frac{1\text{m}^3}{10^3\text{L}} = 6.72\text{m}^3$$

[해답]

① $2KClO_3 \rightarrow 2KCl + 3O_2$
② 6.72

02 제4류 위험물 중 제1석유류의 인화점은 몇 ℃ 미만인지 쓰시오. (3점)

[해설]

㉮ "제1석유류"라 함은 아세톤, 휘발유, 그 밖에 1기압에서 인화점이 섭씨 21도 미만인 것을 말한다.
㉯ "제2석유류"라 함은 등유, 경유, 그 밖에 1기압에서 인화점이 섭씨 21도 이상 70도 미만인 것을 말한다. 다만, 도료류, 그 밖의 물품에 있어서 가연성 액체량이 40중량퍼센트 이하이면서 인화점이 섭씨 40도 이상인 동시에 연소점이 섭씨 60도 이상인 것은 제외한다.
㉰ "제3석유류"라 함은 중유, 크레오소트유, 그 밖에 1기압에서 인화점이 섭씨 70도 이상 섭씨 200도 미만인 것을 말한다. 다만, 도료류, 그 밖의 물품은 가연성 액체량이 40중량퍼센트 이하인 것은 제외한다.
㉱ "제4석유류"라 함은 기어유, 실린더유, 그 밖에 1기압에서 인화점이 섭씨 200도 이상 섭씨 250도 미만의 것을 말한다. 다만, 도료류, 그 밖의 물품은 가연성 액체량이 40중량퍼센트 이하인 것은 제외한다.

[해답]

21℃

03

다음 표에 혼재 가능한 위험물은 ○, 혼재 불가능한 위험물은 ×로 표시하시오. (5점)

위험물의 구분	제1류	제2류	제3류	제4류	제5류	제6류
제1류						
제2류						
제3류						
제4류						
제5류						
제6류						

[해답]

위험물의 구분	제1류	제2류	제3류	제4류	제5류	제6류
제1류		×	×	×	×	○
제2류	×		×	○	○	×
제3류	×	×		○	×	×
제4류	×	○	○		○	×
제5류	×	○	×	○		×
제6류	○	×	×	×	×	

04

다음 보기에 주어진 물질 1mol이 완전 열분해했을 때 발생하는 산소의 양이 큰 것부터 작은 것 순서대로 나열하시오. (4점)

(보기)
① 과염소산암모늄
② 염소산칼륨
③ 염소산암모늄
④ 과염소산나트륨

[해설]

① 과염소산암모늄 : $2NH_4ClO_4 \rightarrow N_2 + Cl_2 + 2O_2 + 4H_2O$,
  1몰의 과염소산암모늄이 열분해할 때 산소는 1몰
② 염소산칼륨 : $2KClO_3 \rightarrow 2KCl + 3O_2$,
  1몰의 염소산칼륨이 열분해할 때 산소는 1.5몰
③ 염소산암모늄 : $2NH_4ClO_3 \rightarrow N_2 + Cl_2 + O_2 + 4H_2O$,
  1몰의 염소산암모늄이 열분해할 때 산소는 0.5몰
④ 과염소산나트륨 : $NaClO_4 \rightarrow NaCl + 2O_2$,
  1몰의 과염소산나트륨이 열분해할 때 산소는 2몰

[해답]

④ → ② → ① → ③

05 제3류 위험물의 품명 중 위험등급 I에 속하는 품명 3가지를 적으시오. (3점)

[해설]

제3류 위험물의 종류와 지정수량

성질	위험등급	품명	대표품목	지정수량
자연발화성 물질 및 금수성 물질	I	1. 칼륨(K) 2. 나트륨(Na) 3. 알킬알루미늄(R·Al 또는 R·Al·X) 4. 알킬리튬(R·Li)	$(C_2H_5)_3Al$, C_4H_9Li	10kg
		5. 황린(P_4)		20kg
	II	6. 알칼리금속류(칼륨 및 나트륨 제외) 및 알칼리토금속 7. 유기금속화합물(알킬알루미늄 및 알킬리튬 제외)	Li, Ca $Te(C_2H_5)_2$, $Zn(CH_3)_2$	50kg
	III	8. 금속의 수소화물 9. 금속의 인화물 10. 칼슘 또는 알루미늄의 탄화물	LiH, NaH Ca_3P_2, AlP CaC_2, Al_4C_3	300kg
		11. 그 밖에 행정안전부령이 정하는 것 염소화규소화합물	$SiHCl_3$	300kg

[해답]

칼륨(K), 나트륨(Na), 알킬알루미늄, 알킬리튬, 황린(P_4) 중 3가지

06 적재하는 위험물에 따라 차광성이 있는 것으로 피복해야 하는 유별 위험물 4가지를 적으시오. (4점)

[해설]

적재하는 위험물에 따른 조치사항

차광성이 있는 것으로 피복해야 하는 경우	방수성이 있는 것으로 피복해야 하는 경우
제1류 위험물 제3류 위험물 중 자연발화성 물질 제4류 위험물 중 특수인화물 제5류 위험물 제6류 위험물	제1류 위험물 중 알칼리금속의 과산화물 제2류 위험물 중 철분, 금속분, 마그네슘 제3류 위험물 중 금수성 물질

[해답]

제1류 위험물, 제3류 위험물 중 자연발화성 물질, 제4류 위험물 중 특수인화물, 제5류 위험물, 제6류 위험물 중 4가지

07 다음은 제2류 위험물에 대한 설명이다. 옳은 것을 고르시오. (4점)
〈보기〉
① 고형알코올은 인화성 고체로 지정수량은 1,000kg이다.
② 황화인, 적린, 황은 위험등급 Ⅱ이다.
③ 물보다 가볍다.
④ 대부분 물에 녹는다.
⑤ 산화성 물질이다.

해설

제2류 위험물

㉮ 제2류 위험물의 종류와 지정수량

성질	위험등급	품명	대표품목	지정수량
가연성 고체	Ⅱ	1. 황화인 2. 적린(P) 3. 황(S)	P_4S_3, P_2S_5, P_4S_7	100kg
	Ⅲ	4. 철분(Fe) 5. 금속분 6. 마그네슘(Mg)	Al, Zn	500kg
		7. 인화성 고체	고형알코올	1,000kg

㉯ 제2류 위험물의 공통성질
 ㉠ 비교적 낮은 온도에서 착화하기 쉬운 가연성 고체로서 이연성, 속연성 물질이다.
 ㉡ 연소속도가 매우 빠르고, 연소 시 유독가스를 발생하며, 연소열이 크고, 연소온도가 높다.
 ㉢ 강환원제로서 비중이 1보다 크며, 물에 잘 녹지 않는다.
 ㉣ 인화성 고체를 제외하고 무기화합물이다.
 ㉤ 산화제와 접촉, 마찰로 인하여 착화되면 급격히 연소한다.
 ㉥ 철분, 마그네슘, 금속분은 물과 산의 접촉 시 발열한다.
 ㉦ 금속은 양성원소이므로 산소와의 결합력이 일반적으로 크고, 이온화경향이 큰 금속일수록 산화되기 쉽다.

해답

①, ②

08 외벽이 내화구조인 제조소의 연면적이 450m²일 때 소요단위는 몇 단위인지 계산하시오. (3점)
① 계산식　　　　　　　　　② 소요단위

해설

소요단위 : 소화설비의 설치대상이 되는 건축물의 규모 또는 위험물의 양에 대한 기준단위		
1단위	제조소 또는 취급소용 건축물의 경우	내화구조 외벽을 갖춘 연면적 100m²
		내화구조 외벽이 아닌 연면적 50m²
	저장소 건축물의 경우	내화구조 외벽을 갖춘 연면적 150m²
		내화구조 외벽이 아닌 연면적 75m²
	위험물의 경우	지정수량의 10배

해답

① $\dfrac{450m^2}{100m^2}$, ② 4.5

09

다음은 제4류 위험물과 제6류 위험물의 취급에 관한 중요기준에 대한 설명이다. 괄호 안을 알맞게 채우시오. (4점)

① 제4류 위험물은 불티·불꽃·고온체와의 접근 또는 과열을 피하고, 함부로 (　　)를 발생시키지 아니하여야 한다.
② 제6류 위험물은 가연물과의 접촉·혼합이나 분해를 촉진하는 물품과의 접근 또는 (　　)을 피하여야 한다.

해설

위험물의 유별 저장·취급의 공통기준

㉮ 제1류 위험물은 가연물과의 접촉·혼합이나 분해를 촉진하는 물품과의 접근 또는 과열·충격·마찰 등을 피하는 한편, 알칼리금속의 과산화물 및 이를 함유한 것에 있어서는 물과의 접촉을 피하여야 한다.
㉯ 제2류 위험물은 산화제와의 접촉·혼합이나 불티·불꽃·고온체와의 접근 또는 과열을 피하는 한편, 철분·금속분·마그네슘 및 이를 함유한 것에 있어서는 물이나 산과의 접촉을 피하고 인화성 고체에 있어서는 함부로 증기를 발생시키지 아니하여야 한다.
㉰ 제3류 위험물 중 자연발화성 물질에 있어서는 불티·불꽃 또는 고온체와의 접근·과열 또는 공기와의 접촉을 피하고, 금수성 물질에 있어서는 물과의 접촉을 피하여야 한다.
㉱ 제4류 위험물은 불티·불꽃·고온체와의 접근 또는 과열을 피하고, 함부로 증기를 발생시키지 아니하여야 한다.
㉲ 제5류 위험물은 불티·불꽃·고온체와의 접근이나 과열·충격 또는 마찰을 피하여야 한다.
㉳ 제6류 위험물은 가연물과의 접촉·혼합이나 분해를 촉진하는 물품과의 접근 또는 과열을 피하여야 한다.

해답

① 증기, ② 과열

10

아세트산과 과산화나트륨의 화학반응식을 쓰시오. (4점)

해설

아세트산(CH_3COOH, 초산, 빙초산, 에탄산) - 수용성 액체

㉮ 강한 자극성의 냄새와 신맛을 가진 무색 투명한 액체이며, 겨울에는 고화한다.
㉯ 분자량 60, 비중 1.05, 증기비중 2.07, 비점 118℃, 융점 16.2℃, 인화점 40℃, 발화점 485℃, 연소범위 5.4~16%
㉰ 연소 시 파란 불꽃을 내면서 탄다.
　$CH_3COOH + 2O_2 \rightarrow 2CO_2 + 2H_2O$
㉱ 과산화나트륨과 반응하여 과산화수소(H_2O_2)를 생성한다.
　$Na_2O_2 + 2CH_3COOH \rightarrow 2CH_3COONa + H_2O_2$

해답

$Na_2O_2 + 2CH_3COOH \rightarrow 2CH_3COONa + H_2O_2$

11
제3류 위험물인 TEAL의 ① 연소반응식과 ② 물과의 반응식을 쓰시오. (6점)

해설

트리에틸알루미늄의 일반적 성질

㉮ 무색, 투명한 액체로 외관은 등유와 유사한 가연성으로 C_1~C_4는 자연발화성이 강하다. 공기 중에 노출되어 공기와 접촉하여 백연을 발생하며 연소한다. 단, C_5 이상은 점화하지 않으면 연소하지 않는다.
$$2(C_2H_5)_3Al + 21O_2 \rightarrow 12CO_2 + Al_2O_3 + 15H_2O + 2 \times 735.4 kcal$$

㉯ 물, 산과 접촉하면 폭발적으로 반응하여 에탄을 형성하고 이때 발열, 폭발에 이른다.
$$(C_2H_5)_3Al + 3H_2O \rightarrow Al(OH)_3 + 3C_2H_6 + 발열$$
$$(C_2H_5)_3Al + HCl \rightarrow (C_2H_5)_2AlCl + C_2H_6 + 발열$$

㉰ 실제 사용 시는 희석제(벤젠, 톨루엔, 헥산 등 탄화수소 용제)로 20~30%로 희석하여 사용한다.

㉱ 할론이나 CO_2와 반응하여 발열하므로 소화약제로 적당하지 않으며, 저장용기가 가열되면 심하게 용기의 파열이 발생한다.

해답

① $2(C_2H_5)_3Al + 21O_2 \rightarrow 12CO_2 + Al_2O_3 + 15H_2O$
② $(C_2H_5)_3Al + 3H_2O \rightarrow Al(OH)_3 + 3C_2H_6$

12
제1종 판매취급소의 시설기준에 관한 내용이다. 다음 빈칸을 채우시오. (5점)
① 위험물을 배합하는 실은 바닥면적 (㉮)m² 이상 (㉯)m² 이하로 한다.
② (㉮) 또는 (㉯)의 벽으로 한다.
③ 바닥은 위험물이 침투하지 아니하는 구조로 하여 적당한 경사를 두고 ( )를 설치해야 한다.
④ 출입구 문턱의 높이는 바닥면으로부터 ( )m 이상으로 해야 한다.

해설

1종 판매취급소
저장 또는 취급하는 위험물의 수량이 지정수량의 20배 이하인 취급소
㉮ 건축물의 1층에 설치한다.
㉯ 배합실은 다음과 같다.
  ㉠ 바닥면적은 6m² 이상 15m² 이하이다.
  ㉡ 내화구조 또는 불연재료로 된 벽으로 구획한다.
  ㉢ 바닥은 위험물이 침투하지 아니하는 구조로 하여 적당한 경사를 두고 집유설비를 한다.
  ㉣ 출입구에는 수시로 열 수 있는 자동폐쇄식의 갑종방화문을 설치한다.
  ㉤ 출입구 문턱의 높이는 바닥면으로부터 0.1m 이상으로 한다.
  ㉥ 내부에 체류한 가연성 증기 또는 가연성의 미분을 지붕 위로 방출하는 설비를 설치한다.

해답

① ㉮ 6, ㉯ 15, ② ㉮ 내화구조, ㉯ 불연재료, ③ 집유설비, ④ 0.1

13 제4류 위험물로 에테르 냄새를 가진 무색의 휘발성이 강한 액체로서 인화점은 -37℃, 분자량은 58이며, 수용성이고, 증기는 눈, 점막 등을 자극하며 흡입 시 폐부종 등을 일으키고, 액체가 피부와 접촉할 때에는 동상과 같은 증상이 나타난다. 이 물질에 대해 다음 물음에 답하시오. (4점)
① 화학식
② 지정수량

해설

산화프로필렌(CH_3CHOCH_2, 프로필렌옥사이드) - 수용성 액체

$$H-\underset{\underset{O}{|}}{\overset{\overset{H}{|}}{C}}-\underset{\underset{}{}}{\overset{\overset{H}{|}}{C}}-\underset{\underset{H}{|}}{\overset{\overset{H}{|}}{C}}-H$$

㉮ 일반적 성질
　㉠ 에테르 냄새를 가진 무색의 휘발성이 강한 액체이다.
　㉡ 반응성이 풍부하며, 물 또는 유기용제(벤젠, 에테르, 알코올 등)에 잘 녹는다.
　㉢ 비중(0.82), 분자량(58), 증기비중(2.0), 비점(35℃), 인화점(-37℃), 발화점(449℃)이 매우 낮고, 연소범위(2.8~37%)가 넓어 증기는 공기와 혼합하여 작은 점화원에 의해 인화폭발의 위험이 있으며, 연소속도가 빠르다.
㉯ 위험성
　㉠ 수용액 상태에서도 인화의 위험이 있으며, 밀폐용기를 가열하면 심하게 폭발하고 공기 중에서 폭발적으로 분해할 위험이 있다.
　㉡ 증기는 눈, 점막 등을 자극하며 흡입 시 폐부종 등을 일으키고, 액체가 피부와 접촉할 때에는 동상과 같은 증상이 나타난다.
　㉢ 반응성이 풍부하여 구리, 마그네슘, 수은, 은 및 그 합금 또는 산, 염기, 염화제이철 등과 접촉에 의해 폭발성 혼합물인 아세틸라이트를 생성한다.
　㉣ 증기압이 매우 높으므로(20℃에서 45.5mmHg) 상온에서 쉽게 위험농도에 도달된다.
　㉤ 강산화제와 접촉 시 격렬히 반응하여 혼촉발화의 위험이 있다.

해답

① CH_3CHOCH_2
② 50L

제4회 동영상문제

01 동영상에서는 위험물제조소에 설치된 무언가를 보여준다. 다음 물음에 답하시오. (6점)

① 동영상에서 보여주는 것의 명칭은 무엇인가?
② 상기 ①번은 바닥면적 얼마마다 1개 이상 설치해야 하는가?
③ 바닥면적이 100m²일 때 급기구의 크기는 얼마로 해야 하는가?

해설

㉮ 급기구는 당해 급기구가 설치된 실의 바닥면적 150m²마다 1개 이상으로 하되, 급기구의 크기는 800cm² 이상으로 한다. 다만, 바닥면적이 150m² 미만인 경우에는 다음의 크기로 하여야 한다.

바닥면적	급기구의 면적
60m² 미만	150cm² 이상
60m² 이상, 90m² 미만	300cm² 이상
90m² 이상, 120m² 미만	450cm² 이상
120m² 이상, 150m² 미만	600cm² 이상

㉯ 저장창고에는 채광·조명 및 환기의 설비를 갖추어야 하고, 인화점이 70℃ 미만인 위험물의 저장창고에 있어서는 내부에 체류한 가연성의 증기를 지붕 위로 배출하는 설비를 갖추어야 한다.

해답

① 급기구
② 150m²
③ 450cm² 이상

02

동영상에서는 3가지 사진을 동시에 보여준다. 다음 물음에 답하시오. (5점)

㉮  ㉯  ㉰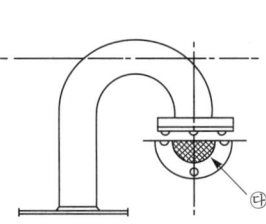

① ㉮~㉰ 각 부분의 명칭을 적으시오.
  ㉮ 저탱크 상단에 탱크 내부의 압력변화를 조절할 수 있는 밸브를 설치한 통기관
  ㉯ 30mm 이상의 배관을 수평으로부터 45도 이상 구부려 빗물 등의 침입을 막기 위한 통기관
  ㉰ ㉯의 통기관 선단에 가는 눈의 구리망의 명칭
② 이 설비를 설치해야 하는 위험물은 몇 류인지 쓰시오.

[해답]

① ㉮ 대기밸브부착 통기관
  ㉯ 밸브 없는 통기관
  ㉰ 인화방지망
② 제4류

03

원통형 탱크의 내용적을 구하는 공식을 적으시오. (3점)

[해설]

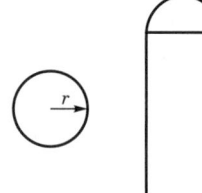

내용적 = $\pi r^2 l$

[해답]

$\pi r^2 l$

04
동영상에서 인화점 측정기기를 보여주며, 인화점측정기의 시료컵을 설정온도까지 가열 또는 냉각하여 시험물품 2mL를 시료컵에 넣고 즉시 뚜껑 및 개폐기를 닫는 장면을 보여준다. 다음 물음에 답하시오. (4점)
① 무엇을 측정하기 위한 실험인가?
② 측정방법은 무엇인가?

[해설]

신속평형법 인화점측정기에 의한 인화점 측정시험
㉮ 시험장소는 1기압, 무풍의 장소로 할 것
㉯ 신속평형법 인화점측정기의 시료컵을 설정온도까지 가열 또는 냉각하여 시험물품(설정온도가 상온보다 낮은 온도인 경우에는 설정온도까지 냉각한 것) 2mL를 시료컵에 넣고 즉시 뚜껑 및 개폐기를 닫을 것
㉰ 시료컵의 온도를 1분간 설정온도로 유지할 것
㉱ 시험불꽃을 점화하고 화염의 크기를 직경 4mm가 되도록 조정할 것
㉲ 1분 경과 후 개폐기를 작동하여 시험불꽃을 시료컵에 2.5초간 노출시키고 닫을 것. 이 경우 시험불꽃을 급격히 상하로 움직이지 아니하여야 한다.
㉳ ㉲의 방법에 의하여 인화한 경우에는 인화하지 않을 때까지 설정온도를 낮추고, 인화하지 않는 경우에는 인화할 때까지 설정온도를 높여 ㉯ 내지 ㉲의 조작을 반복하여 인화점을 측정할 것

[해답]

① 인화점
② 신속평형법

05
동영상에서는 옥내저장소 내부의 선반에 있는 위험물을 보여준다. 다음 각 물음에 답하시오. (4점)
① 아세톤을 저장할 경우 저장높이를 쓰시오. (단, 기계에 의하여 하역하는 구조가 아닌 경우이다.)
② 저장창고는 지붕을 폭발력이 위로 방출될 정도의 가벼운 (   )로 하고, 천장을 만들지 아니하여야 한다.

[해설]

① ㉮ 기계에 의하여 하역하는 구조로 된 용기만을 겹쳐 쌓는 경우에 있어서는 6m
  ㉯ 제4류 위험물 중 제3석유류, 제4석유류 및 동식물유류를 수납하는 용기만을 겹쳐 쌓는 경우에 있어서는 4m
  ㉰ 그 밖의 경우에 있어서는 3m
② 저장창고는 지붕을 폭발력이 위로 방출될 정도의 가벼운 불연재료로 하고, 천장을 만들지 아니하여야 한다. 다만, 제2류 위험물(분상의 것과 인화성 고체를 제외한다)과 제6류 위험물만의 저장창고에 있어서는 지붕을 내화구조로 할 수 있고, 제5류 위험물만의 저장창고에 있어서는 당해 저장창고 내의 온도를 저온으로 유지하기 위하여 난연재료 또는 불연재료로 된 천장을 설치할 수 있다.

[해답]

① 3m 미만, ② 불연재료

06

동영상에서는 각각 다른 액체가 담긴 A, B, C 3개의 비커를 보여준다. 각각의 액체에 성냥불로 불을 붙이는 장면을 보여주고 A 액체에서만 불이 붙는 것을 보여준다. 실험실 내의 온도는 25℃이다. 보기에 주어진 물질 중 A 비커로 예상되는 것은 무엇인지 물질명을 적으시오. (4점)

(보기) 아세톤, 하이드라진, 에틸렌글리콜, 포름산, 메틸에틸케톤

[해설]

물질명	화학식	품명	인화점
아세톤	CH_3COCH_3	제1석유류(수용성)	-18.5℃
하이드라진	N_2H_4	제2석유류(수용성)	38℃
에틸렌글리콜	$C_2H_4(OH)_2$	제3석유류(수용성)	120℃
포름산	$HCOOH$	제2석유류(수용성)	55℃
메틸에틸케톤	$CH_3COC_2H_5$	제1석유류(비수용성)	-7℃

[해답]

아세톤과 메틸에틸케톤

07

동영상에서는 옥내저장소 처마높이가 18m라는 것을 보여준다. 다음 물음에 답하시오. (4점)
① 옥내저장소에 저장 가능한 유별 위험물은?
② 옥내저장소에 피뢰침을 설치하지 않을 수 있는 조건은?

[해설]

옥내저장소의 저장창고
㉮ 저장창고는 위험물의 저장을 전용으로 하는 독립된 건축물로 하여야 한다.
㉯ 저장창고는 지면에서 처마까지의 높이(이하 "처마높이"라 한다)가 6m 미만인 단층건물로 하고 그 바닥을 지반면보다 높게 하여야 한다. 다만, 제2류 또는 제4류의 위험물만을 저장하는 창고로서 다음의 기준에 적합한 창고의 경우에는 20m 이하로 할 수 있다.
  ㉠ 벽·기둥·보 및 바닥을 내화구조로 한 것
  ㉡ 출입구에 갑종방화문을 설치한 것
  ㉢ 지정수량의 10배 이상의 저장창고(제6류 위험물의 저장창고를 제외한다)에 피뢰침을 설치한 것

[해답]

① 제2류, 제4류
② 지정수량의 10배 미만을 저장하는 경우, 제6류 위험물을 저장하는 경우

08 동영상에서는 옥내저장소의 배출설비를 보여준다. 다음 각 물음에 답을 쓰시오. (6점)

① 동영상에서 보여주는 설비의 명칭은 무엇인가?
② 바닥으로부터 높이 몇 m 이상에 환기구를 설치하는가?
③ 덕트가 관통하는 벽체에 화재 시 자동으로 폐쇄되는 방화댐퍼를 설치하는 경우 어디에 설치하는가?

[해답]
① 배출설비, ② 2m, ③ 배출덕트가 관통하는 벽부분의 바로 가까이

09 동영상에서는 벽·기둥 및 바닥이 내화구조로 된 건축물로 옥내저장소에 제3류 위험물인 황린 149,600kg이 보관되어 있는 것을 보여준다. ① 지정수량의 배수와 ② 보유공지는 몇 m 이상인지 쓰시오. (4점)

[해설]
옥내저장소의 보유공지

저장 또는 취급하는 위험물의 최대수량	공지의 너비	
	벽·기둥 및 바닥이 내화구조로 된 건축물	그 밖의 건축물
지정수량의 5배 이하	–	0.5m 이상
지정수량의 5배 초과, 10배 이하	1m 이상	1.5m 이상
지정수량의 10배 초과, 20배 이하	2m 이상	3m 이상
지정수량의 20배 초과, 50배 이하	3m 이상	5m 이상
지정수량의 50배 초과, 200배 이하	5m 이상	10m 이상
지정수량의 200배 초과	10m 이상	15m 이상

① 황린의 지정수량은 20kg

지정수량의 배수 = $\dfrac{\text{저장수량}}{\text{지정수량}} = \dfrac{149,600}{20} = 7,480$배

② 보유공지 : 10m(지정수량의 200배 초과)

[해답]
① 7,480배, ② 10m

10 ① 과망가니즈산칼륨과 황산의 반응 시 생성물질 3가지와 ② 삼산화크로뮴의 열분해 반응식을 쓰시오. (5점)

해설

① 에테르, 알코올류, [진한황산+(가연성 가스, 염화칼륨, 테레빈유, 유기물, 피크린산)]과 혼촉되는 경우 발화하고 폭발의 위험성을 갖는다.
  (묽은황산과의 반응식)
  $4KMnO_4 + 6H_2SO_4 \rightarrow 2K_2SO_4 + 4MnSO_4 + 6H_2O + 5O_2$
  (진한황산과의 반응식)
  $2KMnO_4 + H_2SO_4 \rightarrow K_2SO_4 + 2HMnO_4$
② 삼산화크로뮴이 분해하면 산소를 방출한다.
  $4CrO_3 \rightarrow 2Cr_2O_3 + 3O_2$

해답

① 황산칼륨(K_2SO_4), 황산망가니즈($MnSO_4$), 물(H_2O), 산소(O_2) 중 3가지
② $4CrO_3 \rightarrow 2Cr_2O_3 + 3O_2$

2018. 4. 14. 시행

2018년 제1회 과년도 출제문제

제1회 일반검정문제

01 다음 위험물의 지정수량을 쓰시오. (6점)
① 다이크로뮴산칼륨
② 수소화나트륨
③ 나이트로글리세린(제1종)

[해답]
① 1,000kg, ② 300kg, ③ 10kg

02 분말소화약제 중 제1종의 경우 열분해 시 270℃와 850℃에서의 열분해반응식을 각각 쓰시오. (6점)

[해설]
제1종 분말소화약제의 소화효과
㉮ 주성분인 탄산수소나트륨이 열분해될 때 발생하는 이산화탄소에 의한 질식효과
㉯ 열분해 시의 물과 흡열반응에 의한 냉각효과
㉰ 분말운무에 의한 열방사의 차단효과
㉱ 연소 시 생성된 활성기가 분말 표면에 흡착되거나, 탄산수소나트륨의 Na이온에 의해 안정화되어 연쇄반응이 차단되는 효과(부촉매효과)
㉲ 일반요리용 기름화재 시 기름과 중탄산나트륨이 반응하면 금속비누가 만들어져 거품을 생성하여 기름의 표면을 덮어서 질식소화효과 및 재발화 억제·방지효과를 나타내는 비누화현상
※ 탄산수소나트륨은 약 60℃ 부근에서 분해되기 시작하여 270℃와 850℃ 이상에서 다음과 같이 열분해한다.

$2NaHCO_3 \rightarrow Na_2CO_3 + H_2O + CO_2$ 흡열반응(at 270℃)
(중탄산나트륨) (탄산나트륨) (수증기) (탄산가스)
$2NaHCO_3 \rightarrow Na_2O + H_2O + 2CO_2$ 흡열반응(at 850℃ 이상)

[해답]
① 270℃에서 열분해반응식 : $2NaHCO_3 \rightarrow Na_2CO_3 + H_2O + CO_2$
② 850℃에서 열분해반응식 : $2NaHCO_3 \rightarrow Na_2O + H_2O + 2CO_2$

03 과산화나트륨의 운반용기에 부착해야 하는 주의사항을 모두 쓰시오. (3점)

해설

유별	구분	주의사항
제1류 위험물 (산화성 고체)	알칼리금속의 과산화물	"화기·충격주의" "물기엄금" "가연물접촉주의"
	그 밖의 것	"화기·충격주의" "가연물접촉주의"
제2류 위험물 (가연성 고체)	철분·금속분·마그네슘	"화기주의" "물기엄금"
	인화성 고체	"화기엄금"
	그 밖의 것	"화기주의"
제3류 위험물 (자연발화성 및 금수성 물질)	자연발화성 물질	"화기엄금" "공기접촉엄금"
	금수성 물질	"물기엄금"
제4류 위험물 (인화성 액체)	–	"화기엄금"
제5류 위험물 (자기반응성 물질)	–	"화기엄금" 및 "충격주의"
제6류 위험물 (산화성 액체)	–	"가연물접촉주의"

해답

화기·충격주의, 물기엄금, 가연물접촉주의

04 제3종 분말소화약제의 주성분의 화학식을 쓰시오. (3점)

해설

종류	주성분	화학식	착색	적응화재
제1종	탄산수소나트륨 (중탄산나트륨)	$NaHCO_3$	–	B, C급 화재
제2종	탄산수소칼륨 (중탄산칼륨)	$KHCO_3$	담회색	B, C급 화재
제3종	제1인산암모늄	$NH_4H_2PO_4$	담홍색 또는 황색	A, B, C급 화재
제4종	탄산수소칼륨+요소	$KHCO_3 + CO(NH_2)_2$	–	B, C급 화재

해답

$NH_4H_2PO_4$

05
운반 시 제3류 위험물과 혼재가능한 위험물을 모두 쓰시오. (단, 수납된 위험물은 지정수량의 10분의 1을 초과하는 양이다.) (3점)

해설

위험물의 구분	제1류	제2류	제3류	제4류	제5류	제6류
제1류		×	×	×	×	○
제2류	×		×	○	○	×
제3류	×	×		○	×	×
제4류	×	○	○		○	×
제5류	×	○	×	○		×
제6류	○	×	×	×	×	

해답

제4류 위험물

06
에탄올의 완전연소반응식을 쓰시오. (3점)

해설

에탄올의 일반적 성질

㉮ 무색 투명하고 인화가 쉬우며 공기 중에서 쉽게 산화한다. 또한 연소는 완전연소를 하므로 불꽃이 잘 보이지 않으며 그을음이 거의 없다.
$C_2H_5OH + 3O_2 \rightarrow 2CO_2 + 3H_2O$

㉯ 산화되면 아세트알데하이드(CH_3CHO)가 되며, 최종적으로 초산(CH_3COOH)이 된다.

㉰ 비점(80℃), 인화점(13℃), 발화점(363℃)이 낮으며, 연소범위가 4.3~19%로 넓어서 용기 내 인화의 위험이 있으며, 용기를 파열할 수도 있다.

㉱ 에틸알코올은 아이오딘포름 반응을 한다. 수산화칼륨과 아이오딘을 가하여 아이오딘포름의 황색침전이 생성되는 반응을 한다.
$C_2H_5OH + 6KOH + 4I_2 \rightarrow CHI_3 + 5KI + HCOOK + 5H_2O$

해답

$C_2H_5OH + 3O_2 \rightarrow 2CO_2 + 3H_2O$

07
다음 주어진 물질이 물과 반응하는 경우 화학반응식을 쓰시오. (6점)
① K_2O_2
② Mg
③ Na

해답

① $2K_2O_2 + 2H_2O \rightarrow 4KOH + O_2$
② $Mg + 2H_2O \rightarrow Mg(OH)_2 + H_2$
③ $2Na + 2H_2O \rightarrow 2NaOH + H_2$

08 분자량 44, 인화점 -40℃, 비점 21℃, 연소범위 4.1~57%인 특수인화물에 대해 다음 물음에 답하시오. (6점)
① 시성식
② 증기비중
③ 산화반응 시 생성되는 위험물

[해설]
아세트알데하이드(CH_3CHO, 알데하이드, 초산알데하이드)-수용성 액체
㉮ 분자량(44), 비중(0.78), 녹는점(-121℃), 비점(21℃), 인화점(-40℃), 발화점(175℃)이 매우 낮고 연소범위(4.1~57%)가 넓으나 증기압(750mmHg)이 높아 휘발이 잘 되고, 인화성, 발화성이 강하며 수용액 상태에서도 인화의 위험이 있다.
㉯ 산화 시 초산, 환원 시 에탄올이 생성된다.

$CH_3CHO + \frac{1}{2}O_2 \rightarrow CH_3COOH$ (산화작용)

$CH_3CHO + H_2 \rightarrow C_2H_5OH$ (환원작용)

㉰ 구리, 수은, 마그네슘, 은 및 그 합금으로 된 취급설비는 아세트알데하이드와 반응에 의해 이들 간에 중합반응을 일으켜 구조불명의 폭발성 물질을 생성한다.
㉱ 탱크 저장 시는 불활성 가스 또는 수증기를 봉입하고 냉각장치 등을 이용하여 저장온도를 비점 이하로 유지시켜야 한다. 보냉장치가 없는 이동저장탱크에 저장하는 아세트알데하이드의 온도는 40℃로 유지하여야 한다.

[해답]
① CH_3CHO(아세트알데하이드)
② 증기비중 = $\frac{분자량}{28.84} = \frac{44}{28.84} = 1.525 = 1.53$
③ 초산(CH_3COOH)

09 다음 보기 중 위험물에서 제외되는 물질을 모두 고르시오. (4점)
(보기)
① 황산 ② 질산구아니딘 ③ 금속의 아지드화합물 ④ 구리분 ⑤ 과아이오딘산

[해설]
① 황산 : 위험물 아님(1998년부터 위험물에서 제외됨)
② 질산구아니딘 : 제5류 위험물
③ 금속의 아지드화합물 : 제5류 위험물
④ 구리분 : 위험물 해당 없음
⑤ 과아이오딘산 : 제1류 위험물

[해답]
① 황산, ④ 구리분

10

지하저장탱크 2개에 경유 15,000L, 휘발유 8,000L를 인접해 설치하는 경우 그 상호간에 몇 m 이상의 간격을 유지하여야 하는지 쓰시오. (4점)

해설

지하저장탱크를 2 이상 인접해 설치하는 경우에는 그 상호간에 1m(당해 2 이상의 지하저장탱크의 용량의 합계가 지정수량의 100배 이하인 때에는 0.5m) 이상의 간격을 유지하여야 한다. 다만, 그 사이에 탱크전용실의 벽이나 두께 20cm 이상의 콘크리트 구조물이 있는 경우에는 그러하지 아니하다.

지정수량 배수의 합 = $\dfrac{\text{A품목 저장수량}}{\text{A품목 지정수량}} + \dfrac{\text{B품목 저장수량}}{\text{B품목 지정수량}} + \cdots$

$= \dfrac{15{,}000\text{L}}{1{,}000\text{L}} + \dfrac{8{,}000\text{L}}{200\text{L}}$

= 55배이므로 0.5m의 간격을 유지한다.

해답

0.5m

11

원통형 탱크바닥의 지름이 10m, 높이가 4m, 지붕이 1m인 탱크의 내용적(m^3)을 구하시오. (4점)

해설

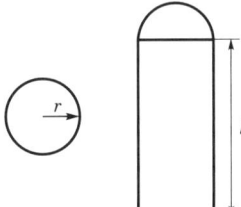

내용적 = $\pi r^2 l = \pi \times 5^2 \times 4 ≒ 314.16\text{m}^3$

해답

314.16m^3

12

제3류 위험물인 탄화칼슘과 물의 반응식을 쓰시오. (4점)

해설

물과 심하게 반응하여 수산화칼슘과 아세틸렌을 만들며 공기 중 수분과 반응하여도 아세틸렌을 발생한다.

해답

$CaC_2 + 2H_2O \rightarrow Ca(OH)_2 + C_2H_2$

13 이동저장탱크의 구조에 관한 내용이다. 다음 빈칸을 채우시오. (3점)
탱크(맨홀 및 주입관의 뚜껑을 포함한다)는 두께 (   )mm 이상의 강철판 또는 이와 동등 이상의 강도·내식성 및 내열성이 있다고 인정하여 소방청장이 정하여 고시하는 재료 및 구조로 위험물이 새지 아니하게 제작할 것

해답
3.2

제1회 동영상문제

01 동영상에서 목분과 다이크로뮴산암모늄을 혼합시켜 연소시킨 후 암녹색의 분말이 생성되는 장면을 보여준다. 다음 물음에 답하시오. (4점)

① 생성된 암녹색 분말의 명칭
② 분해반응식

해답

① 삼산화제이크로뮴 또는 산화크로뮴
② $(NH_4)_2Cr_2O_7 \rightarrow N_2 + Cr_2O_3 + 4H_2O$

02 동영상에서는 500mL 메스실린더 안에 일정량의 과산화수소를 넣고 세제를 넣은 후 또다시 아이오딘화칼륨을 넣으니 거품이 부풀어 오르는 것을 보여준다. 그리고 그 거품 속에 타고 있던 나무젓가락의 불을 끈 후 넣으니 다시 불이 붙는 장면을 보여준다. 다음 물음에 답하시오. (4점)

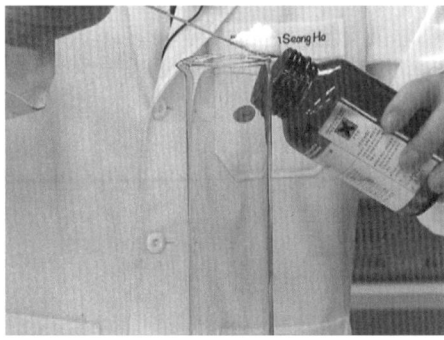
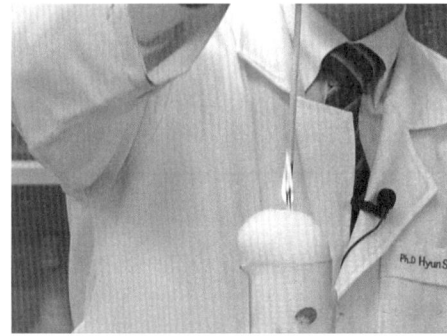

① 아이오딘화칼륨의 역할
② 생성기체

해답

① 정촉매
② 산소가스

03 동영상은 실험자가 조그마한 시험관에 디에틸에테르를 담는 장면을 보여 주고, 비커에서 아이오딘화칼륨(KI) 10% 용액을 스포이드로 채취하여 디에틸에테르가 있는 시험관에 몇 방울을 넣은 후 살펴보니 황색으로 변하였다. 다음 각 물음에 답을 쓰시오. (6점)

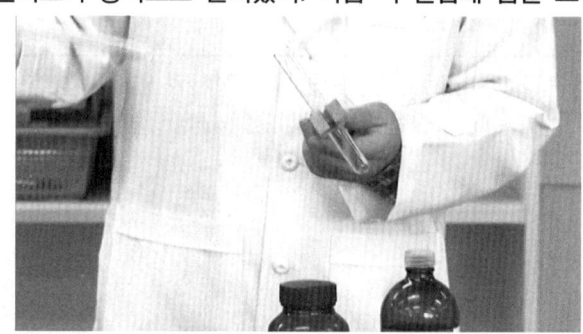

① 디에틸에테르에 아이오딘화칼륨(KI) 10% 용액을 넣는 이유는?
② 생성된 황색물질을 제거하기 위한 시약은 무엇인가?

해설

증기누출이 용이하며 장기간 저장 시 공기 중에서 산화되어 구조불명의 불안정하고 폭발성의 과산화물을 만드는데 이는 유기과산화물과 같은 위험성을 가지기 때문에 100℃로 가열하거나 충격, 압축으로 폭발한다. 과산화물의 검출은 10% 아이오딘화칼륨(KI) 용액과의 반응으로 확인한다.

해답

① 과산화물 검출 확인
② 황산제일철

04 동영상에서는 주유관이 부착된 이동저장탱크를 보여준다. 다음 물음에 답하시오. (4점)
① 주유관의 길이는 몇 m 이하로 해야 하는가?
② 주유기에서의 분당 토출량은 몇 L 이하로 해야 하는가?

해설

이동탱크저장소에 주입설비(주입호스의 선단에 개폐밸브를 설치한 것을 말한다)를 설치하는 경우에는 다음의 기준에 의하여야 한다.
㉮ 위험물이 샐 우려가 없고 화재예방상 안전한 구조로 할 것
㉯ 주입설비의 길이는 50m 이내로 하고, 그 선단에 축적되는 정전기를 유효하게 제거할 수 있는 장치를 할 것
㉰ 분당 토출량은 200L 이하로 할 것

해답

① 50m
② 200L/min

05 동영상은 지정과산화물을 저장하는 옥내저장소를 보여준다. 다음 각 물음에 답을 쓰시오. (4점)

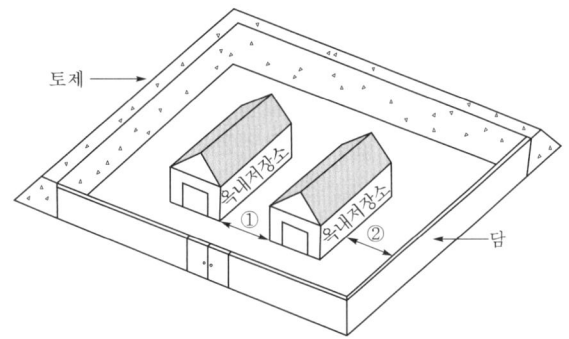

① 이 저장소의 특례기준을 만족하기 위해 설치한 옥내저장소의 전체 바닥면적은 최소 몇 m² 이내로 해야 하는가?
② 이 저장소에 설치된 창의 높이는 바닥면으로부터 몇 m 이상으로 하는가?

해설

① 지정과산화물은 제5류 위험물 중 유기과산화물 또는 이를 함유하는 것으로서 지정수량이 10kg인 것을 말하며, 위험등급 Ⅰ에 해당하므로 옥내저장소의 전체 바닥면적은 1,000m² 이내로 해야 한다.
② 저장창고의 창은 바닥면으로부터 2m 이상의 높이에 두되, 하나의 벽면에 두는 창의 면적의 합계를 당해 벽면의 면적의 80분의 1 이내로 하고, 하나의 창의 면적을 0.4m² 이내로 해야 한다.

해답

① 1,000m² 이내
② 2m

06 동영상에서는 알코올램프 위에서 마그네슘이 연소하는 장면을 보여준다. 마그네슘이 공기 중에서 연소하는 경우의 화학반응식을 쓰시오. (4점)

해답

$2Mg + O_2 \rightarrow 2MgO$

07 동영상에서는 위험물 제조소의 작업장이 다른 작업장의 작업공정과 연속되어 있는 제조소임을 보여주고 해당 제조소와 다른 작업장 사이에 방화상 유효한 격벽을 설치한 장면을 보여준다. 다음 물음에 답하시오. (6점)
① 창고의 외벽 및 지붕으로부터의 돌출길이는?
② 격벽에 설치하는 방화문의 종류는 무엇인가?
③ 격벽을 불연재료로 할 수 있는 경우 취급하는 위험물의 유별은?

[해설]
제조소의 작업공정이 다른 작업장의 작업공정과 연속되어 있어 제조소의 건축물, 그 밖의 공작물의 주위에 공지를 두게 되면 그 제조소의 작업에 현저한 지장이 생길 우려가 있는 경우 해당 제조소와 다른 작업장 사이에 다음의 기준에 따라 방화상 유효한 격벽을 설치한 때에는 해당 제조소와 다른 작업장 사이에 규정에 의한 공지를 보유하지 아니할 수 있다.
㉮ 방화벽은 내화구조로 할 것. 다만, 취급하는 위험물이 제6류 위험물인 경우에는 불연재료로 할 수 있다.
㉯ 방화벽에 설치하는 출입구 및 창 등의 개구부는 가능한 한 최소로 하고, 출입구 및 창에는 자동폐쇄식의 갑종방화문을 설치할 것
㉰ 방화벽의 양단 및 상단이 외벽 또는 지붕으로부터 50cm 이상 돌출하도록 할 것

[해답]
① 50cm
② 자동폐쇄식의 갑종방화문
③ 제6류 위험물

08 동영상에서는 메탄올, 에탄올, 프로판올, 부탄올 4개의 물질을 보여준다. 이 중 위험물안전관리법상 알코올류에 속하지 않는 것은 몇 개인지 쓰시오. (단, 없으면 "0개"라고 쓰시오.) (3점)

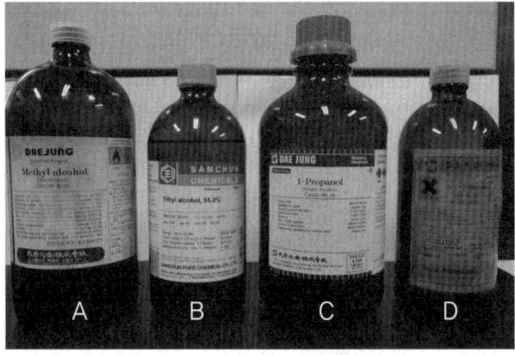

[해설]
"알코올류"라 함은 1분자를 구성하는 탄소원자의 수가 1개부터 3개까지인 포화 1가 알코올(변성알코올을 포함한다)을 말한다. 따라서 뷰틸알코올은 탄소원자 4개에 해당하므로 위험물안전관리법상 알코올류에 해당하지 않는다.

[해답]
1개

09 동영상에서는 옥내저장소를 보여준다. 저장창고는 지면에서 처마까지의 높이가 6m 미만인 단층건물로 하고 그 바닥을 지반면보다 높게 하여야 한다. 다만, 제2류 또는 제4류의 위험물만을 저장하는 창고로 20m 이하로 할 수 있는 기준을 3가지 쓰시오. (6점)

[해설]
저장창고는 지면에서 처마까지의 높이(이하 "처마높이"라 한다)가 6m 미만인 단층건물로 하고 그 바닥을 지반면보다 높게 하여야 한다. 다만, 제2류 또는 제4류의 위험물만을 저장하는 창고로서 다음의 기준에 적합한 창고의 경우에는 20m 이하로 할 수 있다.
㉮ 벽·기둥·보 및 바닥을 내화구조로 할 것
㉯ 출입구에 갑종방화문을 설치할 것
㉰ 피뢰침을 설치할 것. 다만, 주위상황에 의하여 안전상 지장이 없는 경우에는 그러하지 아니하다.

[해답]
① 벽·기둥·보 및 바닥을 내화구조로 할 것
② 출입구에 갑종방화문을 설치할 것
③ 피뢰침을 설치할 것

10 동영상에서는 맨홀이 4개 설치된 이동저장탱크를 보여준다. 다음 물음에 답하시오. (4점)

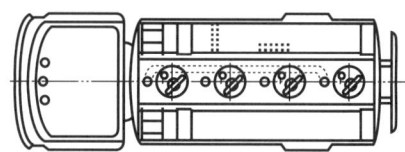

① 방호틀 높이는 얼마 이상으로 하는가?
② 이 저장탱크의 전체의 최대용량은 몇 L인가?

[해설]
안전칸막이 및 방호틀의 설치기준
㉮ 안전칸막이 설치기준
  ㉠ 재질은 두께 3.2mm 이상의 강철판으로 제작
  ㉡ 4,000L 이하마다 구분하여 설치
㉯ 방호틀 설치기준
  ㉠ 재질은 두께 2.3mm 이상의 강철판으로 제작
  ㉡ 정상부분은 부속장치보다 50mm 이상 높게 설치

[해답]
① 50mm
② 16,000L

2018. 6. 30. 시행

2018년 제2회 과년도 출제문제

제2회 일반검정문제

01 다음은 제1류 위험물, 제3류 위험물과 제6류 위험물의 취급에 관한 공통기준에 대한 설명이다. 괄호 안을 알맞게 채우시오. (6점)
① 제1류 위험물은 (   )과의 접촉·혼합이나 분해를 촉진하는 물품과의 접근 또는 과열·충격·마찰 등을 피하는 한편, 알칼리금속의 과산화물 및 이를 함유한 것에 있어서는 물과의 접촉을 피하여야 한다.
② 제3류 위험물 중 자연발화성 물질에 있어서는 불티·불꽃 또는 고온체와의 접근·과열 또는 (㉠)와의 접촉을 피하고, 금수성 물질에 있어서는 (㉡)과의 접촉을 피하여야 한다.
③ 제6류 위험물은 (㉠)과의 접촉·혼합이나 (㉡)를 촉진하는 물품과의 접근 또는 과열을 피하여야 한다.

해설
위험물의 유별 저장·취급의 공통기준
㉮ 제1류 위험물은 가연물과의 접촉·혼합이나 분해를 촉진하는 물품과의 접근 또는 과열·충격·마찰 등을 피하는 한편, 알칼리금속의 과산화물 및 이를 함유한 것에 있어서는 물과의 접촉을 피하여야 한다.
㉯ 제2류 위험물은 산화제와의 접촉·혼합이나 불티·불꽃·고온체와의 접근 또는 과열을 피하는 한편, 철분·금속분·마그네슘 및 이를 함유한 것에 있어서는 물이나 산과의 접촉을 피하고 인화성 고체에 있어서는 함부로 증기를 발생시키지 아니하여야 한다.
㉰ 제3류 위험물 중 자연발화성 물질에 있어서는 불티·불꽃 또는 고온체와의 접근·과열 또는 공기와의 접촉을 피하고, 금수성 물질에 있어서는 물과의 접촉을 피하여야 한다.
㉱ 제4류 위험물은 불티·불꽃·고온체와의 접근 또는 과열을 피하고, 함부로 증기를 발생시키지 아니하여야 한다.
㉲ 제5류 위험물은 불티·불꽃·고온체와의 접근이나 과열·충격 또는 마찰을 피하여야 한다.
㉳ 제6류 위험물은 가연물과의 접촉·혼합이나 분해를 촉진하는 물품과의 접근 또는 과열을 피하여야 한다.

해답
① 가연물, ② ㉠ 공기, ㉡ 물, ③ ㉠ 가연물, ㉡ 분해

02
다음 원통형 탱크의 내용적(L)을 구하시오. (단, 탱크의 공간용적은 5%이다.) (4점)

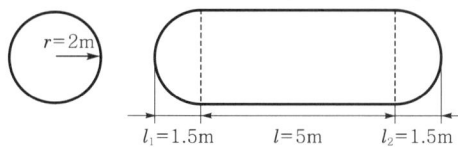

해설

내용적 $V = \pi r^2 \left[l + \dfrac{l_1 + l_2}{3} \right] = \pi \times 2^2 \times \left[5 + \dfrac{1.5 + 1.5}{3} \right] ≒ 75.398\,\text{m}^3$

그러므로 용량은 $75.398 \times 0.95 = 71.6281\,\text{m}^3 = 71,628.1\,\text{L}$

해답

71,628.1L

03
제4류 위험물인 이황화탄소가 연소하는 경우 ① 생성되는 물질과 ② 연소 시 불꽃반응색을 적으시오. (4점)

해설

$CS_2 + 3O_2 \rightarrow CO_2 + 2SO_2$

해답

① $CS_2 + 3O_2 \rightarrow CO_2 + 2SO_2$, ② 청색

04
위험물안전관리법상 동식물유를 아이오딘값에 따라 분류하시오. (3점)

해설

아이오딘값

유지 100g에 부가되는 아이오딘의 g수. 불포화도가 증가할수록 아이오딘값이 증가하며, 자연발화의 위험이 있다. 유지의 불포화도를 나타내는 아이오딘값에 따라 건성유, 반건성유, 불건성유로 구분한다.

㉮ 건성유 : 아이오딘값이 130 이상인 것
  이중결합이 많아 불포화도가 높기 때문에 공기 중에서 산화되어 액 표면에 피막을 만드는 기름
  예 아마인유, 들기름, 동유, 정어리기름, 해바라기유 등
㉯ 반건성유 : 아이오딘값이 100~130인 것
  공기 중에서 건성유보다 얇은 피막을 만드는 기름
  예 참기름, 옥수수기름, 청어기름, 채종유, 면실유(목화씨유), 콩기름, 쌀겨유 등
㉰ 불건성유 : 아이오딘값이 100 이하인 것
  공기 중에서 피막을 만들지 않는 안정된 기름
  예 올리브유, 피마자유, 야자유, 땅콩기름, 동백기름 등

해답

- 건성유 : 아이오딘값이 130 이상인 것
- 반건성유 : 아이오딘값이 100~130인 것
- 불건성유 : 아이오딘값이 100 이하인 것

05

다음 보기에서 주어진 제1류 위험물을 분해온도가 낮은 것부터 높은 것의 순서대로 그 번호를 적으시오. (3점)
(보기) ① 염소산칼륨   ② 과염소산암모늄   ③ 과산화바륨

[해설]

물질명	① 염소산칼륨	② 과염소산암모늄	③ 과산화바륨
화학식	$KClO_3$	NH_4ClO_4	BaO_2
품명	염소산염류	과염소산염류	무기과산화물
분해온도	400℃	130℃	840℃

[해답]

② → ① → ③

06

다음 위험물의 위험물안전관리법상 수납률을 적으시오. (3점)
① 염소산암모늄   ② 톨루엔   ③ 트리에틸알루미늄

[해설]

㉮ 위험물의 운반에 관한 기준
 ㉠ 고체위험물은 운반용기 내용적의 95% 이하의 수납률로 수납한다.
 ㉡ 액체위험물은 운반용기 내용적의 98% 이하의 수납률로 수납하되, 55℃의 온도에서 누설되지 아니하도록 충분한 공간용적을 유지하도록 한다.
 ㉢ 자연발화성 물질 중 알킬알루미늄 등은 운반용기의 내용적의 90% 이하의 수납률로 수납하되, 50℃의 온도에서 5% 이상의 공간용적을 유지하도록 한다.

㉯
물질명	유별	위험물의 성질
① 염소산암모늄	제1류	산화성 고체
② 톨루엔	제4류	인화성 액체
③ 트리에틸알루미늄	제3류	자연발화성 물질 및 금수성 물질

[해답]

① 95%, ② 98%, ③ 90%

07

인화알루미늄 580g이 표준상태에서 물과 반응하여 생성되는 경우 다음 물음에 답하시오. (6점)
① 물과의 반응식   ② 생성되는 기체의 부피(L)

[해설]

인화알루미늄은 암회색 또는 황색의 결정 또는 분말로 가연성이며 공기 중에서 안정하나 습기 찬 공기, 물, 스팀과 접촉 시 가연성, 유독성의 포스핀가스를 발생한다.

$AlP + 3H_2O \rightarrow Al(OH)_3 + PH_3$

$$\frac{580g\text{-}AlP}{} \times \frac{1mol\text{-}AlP}{58g\text{-}AlP} \times \frac{1mol\text{-}PH_3}{1mol\text{-}AlP} \times \frac{22.4L\text{-}PH_3}{1mol\text{-}PH_3} = 224L\text{-}PH_3$$

[해답]

① $AlP + 3H_2O \rightarrow Al(OH)_3 + PH_3$, ② 224L

08 주유취급소에 설치해야 하는 "주유 중 엔진정지" 게시판의 색깔과 규격을 쓰시오. (5점)

해설

주유취급소의 게시판 기준
㉮ 화기엄금 게시판 기준
 ㉠ 규격 : 한 변의 길이 0.3m 이상, 다른 한 변의 길이 0.6m 이상
 ㉡ 색깔 : 적색바탕에 백색문자
㉯ 주유 중 엔진정지 게시판 기준
 ㉠ 규격 : 한 변의 길이 0.3m 이상, 다른 한 변의 길이 0.6m 이상
 ㉡ 색깔 : 황색바탕에 흑색문자

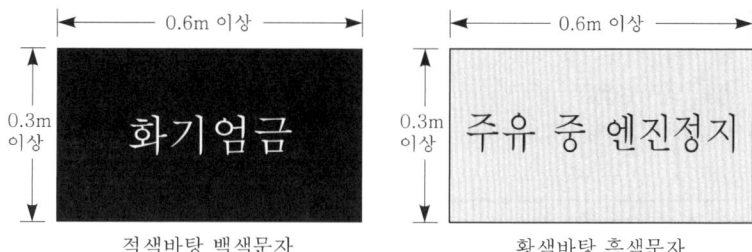

해답
① 게시판 색깔 : 황색바탕 흑색문자
② 게시판 규격 : 한 변의 길이 0.3m 이상, 다른 한 변의 길이 0.6m 이상

09 다음 위험물의 운송운반 시 위험물의 혼재기준에 따라 혼재 가능한 유별 위험물을 모두 적으시오. (4점)
① 제2류 위험물
② 제3류 위험물
③ 제4류 위험물

해설

위험물의 구분	제1류	제2류	제3류	제4류	제5류	제6류
제1류		×	×	×	×	○
제2류	×		×	○	○	×
제3류	×	×		○	×	×
제4류	×	○	○		○	×
제5류	×	○	×	○		×
제6류	○	×	×	×	×	

해답
① 제4류, 제5류
② 제4류
③ 제2류, 제3류, 제5류

10. 다음 불활성가스 소화약제에 대한 구성성분을 쓰시오. (4점)
① IG-55   ② IG-541

[해설]

불활성가스 소화약제의 종류

소화약제	화학식
IG-01	Ar
IG-100	N_2
IG-541	N_2 : 52%, Ar : 40%, CO_2 : 8%
IG-55	N_2 : 50%, Ar : 50%

[해답]

① N_2 : 50%, Ar : 50%
② N_2 : 52%, Ar : 40%, CO_2 : 8%

11. 알칼리금속의 무기과산화물의 외부용기에 표시해야 하는 주의사항을 적으시오. (3점)

[해설]

유별	구분	주의사항
제1류 위험물 (산화성 고체)	알칼리금속의 무기과산화물	"화기·충격주의" "물기엄금" "가연물접촉주의"
	그 밖의 것	"화기·충격주의" "가연물접촉주의"

[해답]

"화기·충격주의", "물기엄금", "가연물접촉주의"

12. 위험물안전관리법상 제3류 위험물에 해당하는 금속나트륨에 대해 다음 물음에 답하시오. (6점)
① 지정수량   ② 보호액   ③ 물과의 반응식

[해설]

금속나트륨은 제3류 위험물(자연발화성 물질 및 금수성 물질)로서 지정수량은 10kg이며, 파라핀(등유, 경유 등) 속에 저장한다. 물과 격렬히 반응하여 발열하고 수소를 발생하며, 산과는 폭발적으로 반응한다. 수용액은 염기성으로 변하고, 페놀프탈레인과 반응 시 붉은색을 나타낸다. 특히 아이오딘산과 접촉 시 폭발한다.

$2Na + 2H_2O \rightarrow 2NaOH + H_2$
(나트륨) (물) (수산화나트륨)(수소)

[해답]

① 10kg, ② 등유, 경유
③ $2Na + 2H_2O \rightarrow 2NaOH + H_2$

13. 주유취급소에 설치하는 탱크의 용량을 몇 L 이하로 하는지 다음 물음에 쓰시오. (4점)
① 비고속도로 주유설비
② 고속도로 주유설비

해설

탱크의 용량기준
㉮ 자동차 등에 주유하기 위한 고정주유설비에 직접 접속하는 전용탱크는 50,000L 이하이다.
㉯ 고정급유설비에 직접 접속하는 전용탱크는 50,000L 이하이다.
㉰ 보일러 등에 직접 접속하는 전용탱크는 10,000L 이하이다.
㉱ 자동차 등을 점검·정비하는 작업장 등에서 사용하는 폐유·윤활유 등의 위험물을 저장하는 탱크는 2,000L 이하이다.
㉲ 고속국도에 설치된 주유취급소의 탱크 용량은 60,000L이다.

해답
① 50,000L
② 60,000L

제2회 동영상문제

01 동영상에서는 제4석유류를 저장하는 2층 건물의 옥내저장소를 보여준다. 다음 물음에 답하시오. (6점)
① 저장창고는 각층의 바닥을 지면보다 높게 하고, 바닥면으로부터 상층의 바닥까지의 높이를 몇 m 미만으로 하여야 하는지 쓰시오.
② 하나의 저장창고의 바닥면적 합계는 몇 m² 이하로 하여야 하는지 쓰시오.
③ 저장창고의 벽·기둥·바닥 및 보를 (㉠)로 하고, 계단을 (㉡)로 한다. 빈칸을 순서대로 채우시오.

해설

다층건물의 옥내저장소 기준(제2류 또는 제4류의 위험물(인화성 고체 및 인화점이 70℃ 미만인 제4류 위험물을 제외한다))
㉮ 저장창고는 각층의 바닥을 지면보다 높게 하고, 바닥면으로부터 상층의 바닥(상층이 없는 경우에는 처마)까지의 높이(이하 "층고"라 한다)를 6m 미만으로 하여야 한다.
㉯ 하나의 저장창고의 바닥면적 합계는 1,000m² 이하로 하여야 한다.
㉰ 저장창고의 벽·기둥·바닥 및 보를 내화구조로 하고, 계단을 불연재료로 하며, 연소의 우려가 있는 외벽은 출입구 외의 개구부를 갖지 아니하는 벽으로 하여야 한다.
㉱ 2층 이상의 층의 바닥에는 개구부를 두지 아니하여야 한다. 다만, 내화구조의 벽과 갑종방화문 또는 을종방화문으로 구획된 계단실에 있어서는 그러하지 아니하다.

해답
① 6m 미만
② 1,000m² 이하
③ ㉠ 내화구조, ㉡ 불연재료

02 동영상에서는 횡형 저장탱크를 보여주면서 용접부위에 흑색의 자분을 투여하여 시험기로 시험하는 장면을 보여주고 마지막에 그 시험기 전체 모습을 보여준다. 다음 물음에 답하시오. (4점)

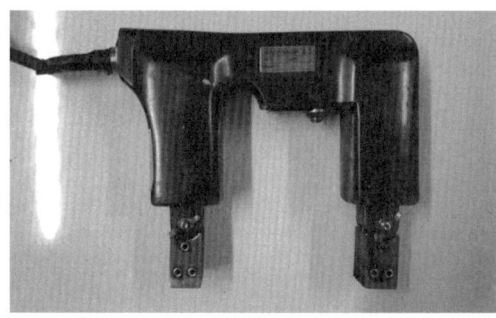 

① 동영상에서 보여주는 시험기의 명칭을 쓰시오.
② 동영상에서 보여주는 시험을 하는 목적을 쓰시오.

[해설]

㉮ 비파괴검사 시험방법 : 침투탐상시험, 방사선투과시험, 자기탐상시험, 진공시험, 초음파탐상시험

㉯ 자기탐상시험기 : 철강재료와 같은 강자성체로 만든 물체에 있는 결함을 자기력선속의 변화를 이용해서 결함을 발견하는 시험기. 물체에 결함이 있을 경우 자기력선속이 분포가 흩어지고 물체의 표면에서 밖으로 새어나오므로 결함의 여부와 크기를 진단할 수 있다.

[해답]

① 자기탐상시험기
② 탱크 용접부위의 결함을 찾기 위함

03 동영상에서는 샬레에 일정량의 철분을 준비하고, 그 위에 질산 몇 방울을 떨어뜨리는 반응을 보여준다. 다음 물음에 답하시오. (3점)

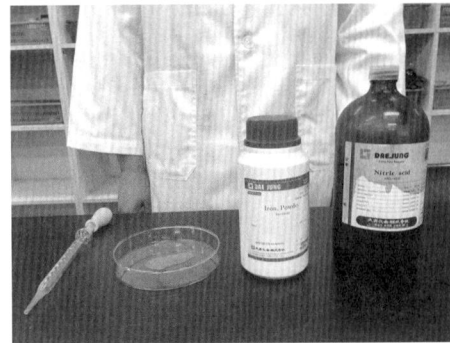 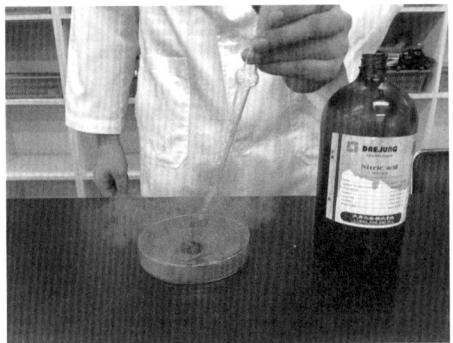

① 철분의 지정수량
② 질산의 지정수량
③ 이 두 물질의 반응으로 발생하는 기체

[해설]

㉮ 철분은 제2류 위험물로서 지정수량 500kg이며, 질산은 제6류 위험물로서 지정수량 300kg에 해당한다.

㉯ 철분은 알칼리에 녹지 않지만 산화력을 갖지 않는 묽은산(예 질산)에 용해된다.

$Fe + 4HNO_3 \rightarrow Fe(NO_3)_3 + NO + 2H_2O$

[해답]

① 500kg
② 300kg
③ 산화질소(NO)

04 동영상에서는 500mL 비커에 물을 약 300mL 정도 붓고 온도계를 이용해 물의 온도를 측정한다. 그런 다음 일정량의 칼슘을 넣어 물과 접촉하는 반응을 보여준 후 다시 온도계의 눈금이 올라가는 장면을 보여준다. 다음 물음에 답하시오. (4점)

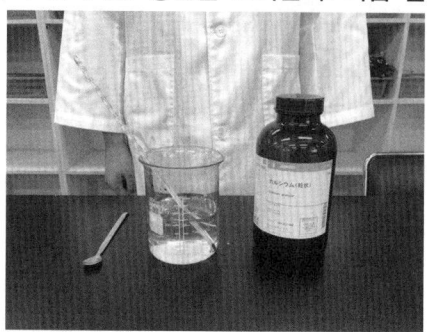

① 물과의 반응식

② 반응 후 온도가 올라가는 이유

[해설]
물과 반응하여 상온에서는 서서히, 고온에서는 격렬히 수소를 발생하며, Mg에 비해 더 무르고 물과의 반응성은 빠르다.
$Ca + 2H_2O \rightarrow Ca(OH)_2 + H_2$

[해답]
① $Ca + 2H_2O \rightarrow Ca(OH)_2 + H_2$, ② 발열반응을 하므로

05 동영상에서는 과망가니즈산칼륨($KMnO_4$)과 에틸렌글리콜($C_2H_4(OH)_2$)을 보여준다. 일정량의 과망가니즈산칼륨을 샬레에 준비하고 그 위에 에틸렌글리콜을 일정량 붓는다. 다음 물음에 답하시오. (4점)

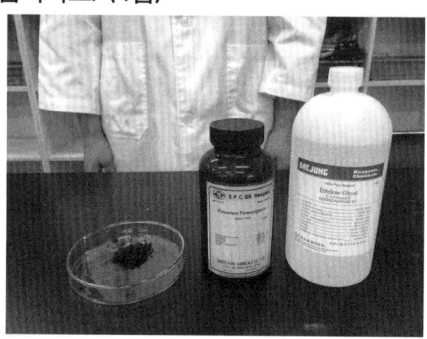

① 산화반응 물질과 환원반응 물질을 각각 적으시오.
  ㉮ 산화반응 물질   ㉯ 환원반응 물질
② 2가지 물질을 혼합할 때 발생하는 현상을 쓰시오.

[해설]
• 과망가니즈산칼륨 : 제1류 위험물로서 강력한 산화성 고체이며 환원반응하는 물질이다.
• 에틸렌글리콜 : 제4류 위험물로서 산화반응하는 물질이다.

[해답]
① ㉮ $C_2H_4(OH)_2$, ㉯ $KMnO_4$, ② 혼촉발화

06 동영상에서 지하탱크저장소를 보여준다. 다음 각 물음에 답을 쓰시오. (4점)

 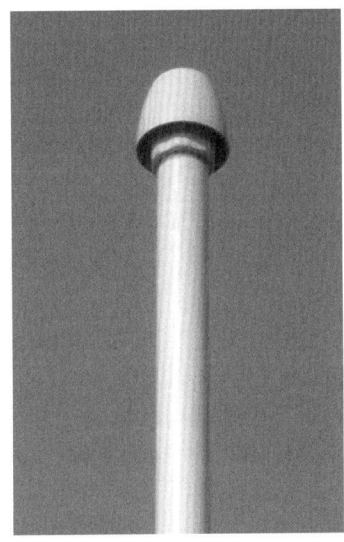

① 동영상에서 보여주는 설비의 명칭이 무엇인지 적으시오.
② 상기 설비의 선단은 지반면으로부터 몇 m 이상의 높이에 설치하여야 하는지 쓰시오.

[해설]

밸브 없는 통기관의 설치기준
㉮ 통기관의 선단은 건축물의 창·출입구 등의 개구부로부터 1m 이상 떨어진 옥외의 장소에 지면으로부터 4m 이상의 높이로 설치하되, 인화점이 40℃ 미만인 위험물의 탱크에 설치하는 통기관에 있어서는 부지경계선으로부터 1.5m 이상 이격할 것
㉯ 통기관은 가스 등이 체류할 우려가 있는 굴곡이 없도록 할 것

[해답]
① 밸브 없는 통기관
② 4m 이상

07 ① 카바이드(탄화칼슘)와 물이 접촉 했을 때의 반응식과 ② 발생되는 기체의 완전연소반응식을 쓰시오. (6점)

[해설]

카바이드는 물과 심하게 반응하여 수산화칼슘과 아세틸렌을 만들며, 공기 중 수분과 반응하여도 아세틸렌을 발생한다.
$CaC_2 + 2H_2O \rightarrow Ca(OH)_2 + C_2H_2$
발생된 가스는 아세틸렌(C_2H_2)가스로 공기 중의 연소반응식은 다음과 같다.
$2C_2H_2 + 5O_2 \rightarrow 4CO_2 + 2H_2O$

[해답]
① $CaC_2 + 2H_2O \rightarrow Ca(OH)_2 + C_2H_2$
② $2C_2H_2 + 5O_2 \rightarrow 4CO_2 + 2H_2O$

08

동영상에서는 부속시설을 포함해서 옥외탱크저장소를 전체적으로 보여주고 안쪽에 설치되어 있는 게시판을 보여준다. 다음 각 물음에 답을 쓰시오. (6점)

위험물 옥외탱크저장소	
화기엄금	
허가일자	1991년
유별	제4류
품명	등유
저장수량	0000L
안전관리자	홍길동

① 게시판을 보고 반드시 표시하지 않아도 되는 사항을 쓰시오. (단, 없으면 없음으로 표기한다.)
② 게시판에 위험물법령상 잘못된 품명이 표기되어 있다. 올바르게 수정하시오.
③ 게시판을 보고 누락된 항목을 쓰시오.

[해설]

표지 및 게시판

㉮ 옥외탱크저장소에는 보기 쉬운 곳에 다음의 기준에 따라 "위험물 옥외탱크저장소"라는 표시를 한 표지를 설치하여야 한다.
  ㉠ 표지는 한 변의 길이 0.3m 이상, 다른 한 변의 길이 0.6m 이상인 직사각형으로 할 것
  ㉡ 표지의 바탕은 백색으로, 문자는 흑색으로 할 것
㉯ 옥외탱크저장소에는 보기 쉬운 곳에 다음의 기준에 따라 방화에 관하여 필요한 사항을 기재한 게시판을 설치하여야 한다.
  ㉠ 게시판은 한 변의 길이 0.3m 이상, 다른 한 변의 길이 0.6m 이상인 직사각형으로 할 것
  ㉡ 게시판에는 저장 또는 취급하는 위험물의 유별·품명 및 저장최대수량 또는 취급최대수량, 지정수량의 배수 및 안전관리자의 성명 또는 직명을 기재할 것
  ㉢ 게시판의 바탕은 백색으로, 문자는 흑색으로 할 것

[해답]

① 허가일자(1991년), ② 제2석유류, ③ 지정수량의 배수

09

동영상에서는 특정 옥외저장탱크의 용접(겹침보수 및 육성보수와 관련되는 것을 제외)하는 장면을 보여준다. 다음과 같이 하는 경우 어떤 용접방법으로 해야 하는지 적으시오. (4점)
① 에뉼러판과 에뉼러판
② 에뉼러판과 밑판

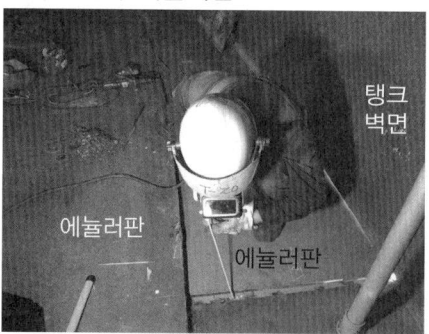

해설

특정 옥외저장탱크의 용접(겹침보수 및 육성보수와 관련되는 것을 제외)방법은 다음에 정하는 바에 의한다. 이러한 용접방법은 소방청장이 정하여 고시하는 용접시공방법 확인시험의 방법 및 기준에 적합한 것이거나 이와 동등 이상의 것임이 미리 확인되어 있어야 한다.

㉮ 옆판의 용접은 다음에 의할 것
  ㉠ 세로이음 및 가로이음은 완전용입 맞대기용접으로 할 것
  ㉡ 옆판의 세로이음은 단을 달리하는 옆판의 각각의 세로이음과 동일선상에 위치하지 아니하도록 할 것. 이 경우 해당 세로이음간의 간격은 서로 접하는 옆판 중 두꺼운 쪽 옆판의 5배 이상으로 하여야 한다.

㉯ 옆판과 에뉼러판(에뉼러판이 없는 경우에는 밑판)과의 용접은 부분용입 그룹용접 또는 이와 동등 이상의 용접강도가 있는 용접방법으로 용접할 것. 이 경우에 있어서 용접 비드(bead)는 매끄러운 형상을 가져야 한다.

㉰ 에뉼러판과 에뉼러판은 뒷면에 재료를 댄 맞대기용접으로 하고, 에뉼러판과 밑판 및 밑판과 밑판의 용접은 뒷면에 재료를 댄 맞대기용접 또는 겹치기용접으로 용접할 것. 이 경우에 에뉼러판과 밑판의 용접부의 강도 및 밑판과 밑판의 용접부의 강도에 유해한 영향을 주는 흠이 있어서는 아니된다.

해답

① 뒷면에 재료를 댄 맞대기용접
② 뒷면에 재료를 댄 맞대기용접 또는 겹치기용접

10 동영상에서는 이동탱크저장소를 보여준다. 이동탱크저장소에 설치해야 하는 소화설비로서 자동차용 소화기의 설치기준에 대해 다음 괄호 안을 알맞게 채우시오. (4점)
① 이산화탄소소화기 : (   )kg 이상
② 무상의 강화액소화기 : (   )L 이상

해설

소화난이도 등급 Ⅲ의 제조소 등에 설치하여야 하는 소화설비

이동탱크저장소	자동차용 소화기	무상의 강화액 8L 이상	2개 이상
		이산화탄소 3.2kg 이상	
		일브로민화일염화이플루오르화메탄(CF_2ClBr) 2L 이상	
		일브로민화삼플루오르화메탄(CF_3Br) 2L 이상	
		이브로민화사플루오르화메탄($C_2F_4Br_2$) 1L 이상	
		소화분말 3.3kg 이상	
	마른모래 및 팽창질석 또는 팽창진주암	마른모래 150L 이상	
		팽창질석 또는 팽창진주암 640L 이상	

해답

① 3.2, ② 8

제4회 일반검정문제

01 옥외소화전설비를 6개 설치할 경우 필요한 수원의 양은 몇 m³인지 계산하시오. (3점)

[해설]
수원의 수량은 옥외소화전의 설치개수(설치개수가 4개 이상인 경우는 4개의 옥외소화전)에 13.5m³를 곱한 양 이상이 되도록 설치할 것. 즉 13.5m³란 법정 방수량 450L/min으로 30min 이상 기동할 수 있는 양
수원의 양(Q) : $Q(m^3) = N \times 13.5m^3$ (N은 4개 이상인 경우 4개)
$\qquad\qquad\qquad = 4 \times 13.5m^3$
$\qquad\qquad\qquad = 54m^3$

[해답]
54m³

02 다음은 위험물안전관리법령에 따른 불활성가스 소화약제에 대한 설명이다. 괄호 안을 알맞게 채우시오. (5점)

소화약제	화학식
불연성·불활성 기체혼합가스(이하 "IG-541")	(①) : 52%, (②) : 40%, (③) : 8%
불연성·불활성 기체혼합가스(이하 "IG-55")	(④) : 50%, (⑤) : 50%

[해설]
불활성가스 소화약제의 종류

소화약제	화학식
IG-01	Ar
IG-100	N_2
IG-541	N_2 : 52%, Ar : 40%, CO_2 : 8%
IG-55	N_2 : 50%, Ar : 50%

[해답]
① N_2, ② Ar, ③ CO_2
④ N_2, ⑤ Ar

03 삼황화인과 오황화인이 연소할 때 공통으로 생성되는 물질 2가지를 화학식으로 쓰시오. (3점)

[해설]

$P_4S_3 + 8O_2 \rightarrow 2P_2O_5 + 3SO_2$

$2P_2S_5 + 15O_2 \rightarrow 2P_2O_5 + 10SO_2$

[해답]

P_2O_5, SO_2

04 다음 빈칸에 알맞게 쓰시오. (4점)

위험물안전관리법상 옥내저장소에서 동일 품명의 위험물이더라도 자연발화할 우려가 있는 위험물 또는 재해가 현저하게 증대할 우려가 있는 위험물을 다량 저장하는 경우에는 지정수량의 (①)배 이하마다 구분하여 상호간 (②)m 이상의 간격을 두어 저장하여야 한다.

[해설]

옥내저장소에서 동일 품명의 위험물이더라도 자연발화할 우려가 있는 위험물 또는 재해가 현저하게 증대할 우려가 있는 위험물을 다량 저장하는 경우에는 지정수량의 10배 이하마다 구분하여 상호간 0.3m 이상의 간격을 두어 저장하여야 한다. 다만, 기계에 의하여 하역하는 구조로 된 용기에 수납한 위험물에 있어서는 그러하지 아니하다.

[해답]

① 10, ② 0.3

05 제5류 위험물 중 피크린산의 ① 구조식과 ② 지정수량을 쓰시오. (4점)

[해설]

트리나이트로페놀($C_6H_2(NO_2)_3OH$, 피크린산)

㉮ 순수한 것은 무색이나 보통 공업용은 휘황색의 침전결정이며 충격, 마찰에 둔감하고 자연분해하지 않으므로 장기저장해도 자연발화의 위험 없이 안정하다.

㉯ 페놀을 진한황산에 녹여 질산으로 작용시켜 만든다.

$C_6H_5OH + 3HNO_3 \xrightarrow{H_2SO_4} C_6H_2(OH)(NO_2)_3 + 3H_2O$

㉰ 산화되기 쉬운 유기물과 혼합된 것은 충격, 마찰에 의해 폭발하며, 300℃ 이상으로 급격히 가열하면 폭발한다. 폭발온도 3,320℃, 폭발속도 약 7,000m/s이다.

㉱ 운반 시 10~20%의 물로 습윤하면 안전하다.

[해답]

①

② 시험결과에 따라 제1종과 제2종으로 분류하며, 제1종인 경우 10kg, 제2종인 경우 100kg에 해당한다.

06 트리에틸알루미늄과 메탄올의 반응식을 쓰시오. (3점)

[해설]

물, 산, 알코올과 접촉하면 폭발적으로 반응하여 에탄을 형성하고 이때 발열, 폭발에 이른다.

$(C_2H_5)_3Al + 3H_2O \rightarrow Al(OH)_3 + 3C_2H_6$

$(C_2H_5)_3Al + HCl \rightarrow (C_2H_5)_2AlCl + C_2H_6$

$(C_2H_5)_3Al + 3CH_3OH \rightarrow Al(CH_3O)_3 + 3C_2H_6$

[해답]

$(C_2H_5)_3Al + 3CH_3OH \rightarrow Al(CH_3O)_3 + 3C_2H_6$

07 다음 주어진 보기 중 소화난이도 등급 Ⅰ에 해당하는 것을 골라 기호로 적으시오. (6점)

(보기)
① 지하탱크저장소
② 면적 1,000m³인 제조소
③ 처마높이 6m인 옥내저장소
④ 제2종 판매취급소
⑤ 간이탱크저장소
⑥ 이송취급소
⑦ 이동탱크저장소

[해설]

소화난이도 등급 Ⅰ에 해당하는 제조소 등

제조소 등의 구분	제조소 등의 규모, 저장 또는 취급하는 위험물의 품명 및 최대수량 등
제조소, 일반취급소	연면적 1,000m² 이상인 것
	지정수량의 100배 이상인 것
	지반면으로부터 6m 이상의 높이에 위험물 취급설비가 있는 것
	일반취급소로 사용되는 부분 외의 부분을 갖는 건축물에 설치된 것
옥내저장소	지정수량의 150배 이상인 것
	연면적 150m²를 초과하는 것
	처마높이가 6m 이상인 단층건물의 것
	옥내저장소로 사용되는 부분 외의 부분이 있는 건축물에 설치된 것
이송취급소	모든 대상

[해답]

②, ③, ⑥

08 다음 주어진 보기 중 위험물안전관리법상 제1류 위험물의 성질에 해당하는 것을 골라 기호로 적으시오. (6점)

(보기)
① 무기화합물
② 유기화합물
③ 산화제
④ 인화점 0℃ 이하
⑤ 인화점 0℃ 이상
⑥ 고체

해설

제1류 위험물(산화성 고체)의 공통성질

㉮ 대부분 무색결정 또는 백색분말로서 비중이 1보다 크다.
㉯ 대부분 물에 잘 녹으며, 분해하여 산소를 방출한다.
㉰ 일반적으로 다른 가연물의 연소를 돕는 지연성 물질(자신은 불연성)이며, 강산화제이다.
㉱ 조연성 물질로 반응성이 풍부하여 열, 충격, 마찰 또는 분해를 촉진하는 약품과의 접촉으로 인해 폭발할 위험이 있다.
㉲ 착화온도(발화점)가 낮으며, 폭발위험성이 있다.
㉳ 대부분 무기화합물이다(단, 염소화아이소시아눌산은 유기화합물에 해당함).
㉴ 유독성과 부식성이 있다.

해답

①, ③, ⑥

09

다음은 위험물안전관리법상 제3류 위험물의 품명에 해당한다. 위험등급을 각각 분류하시오. (4점)

〈보기〉
① 칼륨
② 나트륨
③ 알칼리토금속
④ 알칼리금속
⑤ 알킬알루미늄
⑥ 알킬리튬
⑦ 황린

해설

성질	위험등급	품명	대표품목	지정수량
자연발화성 물질 및 금수성 물질	I	1. 칼륨(K) 2. 나트륨(Na) 3. 알킬알루미늄 4. 알킬리튬 5. 황린(P_4)	$(C_2H_5)_3Al$ C_4H_9Li	10kg 20kg
	II	6. 알칼리금속류(칼륨 및 나트륨 제외) 및 알칼리토금속 7. 유기금속화합물(알킬알루미늄 및 알킬리튬 제외)	Li, Ca $Te(C_2H_5)_2$, $Zn(CH_3)_2$	50kg
	III	8. 금속의 수소화물 9. 금속의 인화물 10. 칼슘 또는 알루미늄의 탄화물	LiH, NaH Ca_3P_2, AlP CaC_2, Al_4C_3	300kg
		11. 그 밖에 행정안전부령이 정하는 것 염소화규소화합물	$SiHCl_3$	300kg

해답

• 위험등급 I : ①, ②, ⑤, ⑥, ⑦
• 위험등급 II : ③, ④

10 위험물안전관리법상 제4류 위험물인 아세톤에 대하여 다음 물음에 답하시오. (6점)
① 시성식 ② 품명
③ 지정수량 ④ 증기비중

[해설]
아세톤(CH_3COCH_3, 디메틸케톤, 2-프로파논)

```
      H   H
      |   |
  H — C — C — C — H
      |   ‖   |
      H   O   H
```

㉮ 분자량 58, 비중 0.79, 녹는점 -94℃, 비점 56℃, 인화점 -18.5℃, 발화점 465℃, 연소범위 2.5~12.8%이며, 휘발이 쉽고 상온에서 인화성 증기를 발생하며, 적은 점화원에도 쉽게 인화한다.
㉯ 제1석유류, 지정수량 : 수용성 액체 400L

[해답]
① CH_3COCH_3, ② 제1석유류
③ 400L, ④ 증기비중 = $\dfrac{58}{28.84}$ = 2.01

11 다음 주어진 유별 위험물이 지정수량 10배 이상인 경우 혼재 불가능한 유별 위험물을 모두 쓰시오. (5점)
① 제1류 위험물 ② 제2류 위험물
③ 제3류 위험물 ④ 제4류 위험물
⑤ 제5류 위험물

[해설]
유별을 달리하는 위험물의 혼재기준

위험물의 구분	제1류	제2류	제3류	제4류	제5류	제6류
제1류		×	×	×	×	○
제2류	×		×	○	○	×
제3류	×	×		○	×	×
제4류	×	○	○		○	×
제5류	×	○	×	○		×
제6류	○	×	×	×	×	

※ 유기과산화물은 제5류 위험물이므로 혼재 불가능한 위험물은 제1류 위험물, 제3류 위험물, 제6류 위험물이다.

[해답]
① 제2류, 제3류, 제4류, 제5류, ② 제1류, 제3류, 제6류
③ 제1류, 제2류, 제5류, 제6류, ④ 제1류, 제6류
⑤ 제1류, 제3류, 제6류

12 위험물안전관리법상 제4류에 해당하는 디에틸에테르가 2,000L 있는 경우 소요단위는 얼마인지 계산하시오. (3점)

[해설]

소요단위 : 소화설비의 설치대상이 되는 건축물의 규모 또는 위험물 양에 대한 기준단위		
1단위	제조소 또는 취급소용 건축물의 경우	내화구조 외벽을 갖춘 연면적 100m²
		내화구조 외벽이 아닌 연면적 50m²
	저장소 건축물의 경우	내화구조 외벽을 갖춘 연면적 150m²
		내화구조 외벽이 아닌 연면적 75m²
	위험물의 경우	지정수량의 10배

[해답]

소요단위 $= \dfrac{2,000}{50 \times 10} = 4.0$

13 위험물안전관리법상 제4류 위험물에 해당하는 아세트산의 완전연소반응식을 쓰시오. (3점)

[해설]

초산(CH_3COOH, 아세트산, 빙초산, 에탄산) – 수용성 액체

㉮ 강한 자극성의 냄새와 신맛을 가진 무색 투명한 액체이며, 겨울에는 고화한다.
㉯ 분자량 60, 비중 1.05, 증기비중 2.07, 비점 118℃, 융점 16.2℃, 인화점 40℃, 발화점 485℃, 연소범위 5.4~16%
㉰ 연소 시 파란 불꽃을 내면서 탄다.
   $CH_3COOH + 2O_2 \rightarrow 2CO_2 + 2H_2O$

[해답]

$CH_3COOH + 2O_2 \rightarrow 2CO_2 + 2H_2O$

제4회 동영상문제

01 동영상에서 제조소에 설치하는 게시판을 보여준다. 다음 각 물음에 답을 쓰시오. (4점)

A	B	C	D
화기엄금	물기엄금	화기주의	물기주의

① 알칼리금속의 과산화물 또는 이를 포함하는 물질에 표기하여야 하는 경고문을 고르시오.
② 제2류 위험물 중 인화성 고체에 표기하여야 하는 경고문을 고르시오.

해설

유별	구분	주의사항
제1류 위험물 (산화성 고체)	알칼리금속의 과산화물	"화기·충격주의" "물기엄금" "가연물접촉주의"
	그 밖의 것	"화기·충격주의" "가연물접촉주의"
제2류 위험물 (가연성 고체)	철분·금속분·마그네슘	"화기주의" "물기엄금"
	인화성 고체	"화기엄금"
	그 밖의 것	"화기주의"
제3류 위험물 (자연발화성 및 금수성 물질)	자연발화성 물질	"화기엄금" "공기접촉엄금"
	금수성 물질	"물기엄금"
제4류 위험물 (인화성 액체)	–	"화기엄금"
제5류 위험물 (자기반응성 물질)	–	"화기엄금" 및 "충격주의"
제6류 위험물 (산화성 액체)	–	"가연물접촉주의"

① 화기·충격주의, 물기엄금, 가연물접촉주의
② 화기엄금
보기 A, B, C, D 중에서 해당하는 경고문을 선택한다.

해답
① B, C
② A

02 동영상에서 차례로 마그네슘, 구리, 아연을 보여준다. 다음 각 물음에 알맞은 답을 쓰시오. (4점)

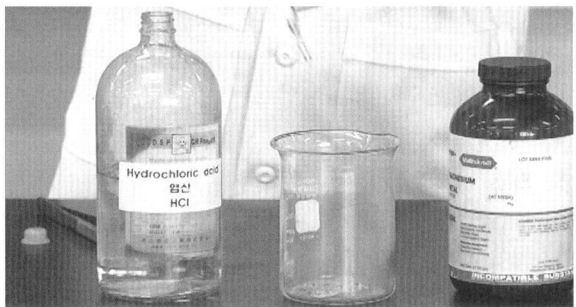

① 원자번호가 가장 큰 것과 염산의 반응식을 쓰시오.
② 이때 발생하는 기체의 명칭을 쓰시오.

[해설]
마그네슘(12), 구리(29), 아연(30)이므로 아연과 염산과의 반응식은 아연이 염산과 반응하면 수소가스를 발생한다.
$Zn + 2HCl \rightarrow ZnCl_2 + H_2$

[해답]
① $Zn + 2HCl \rightarrow ZnCl_2 + H_2$
② 수소가스(H_2)

03 동영상에서는 위험물출하장에서 이동탱크저장소에 위험물을 충전하는 모습을 보여준다. 다음 물음에 답하시오. (4점)

① 위험물안전관리법상 일반취급소의 설치기준 중 어느 취급소에 해당하는지 쓰시오.
② 상기 취급소에서 취급할 수 없는 액체 2가지를 적으시오.

[해설]

이동저장탱크에 액체위험물(알킬알루미늄 등, 아세트알데하이드 등 및 하이드록실아민 등을 제외한다. 이하 이 호에서 같다)을 주입하는 일반취급소(액체위험물을 용기에 옮겨 담는 취급소를 포함하며, 이하 "충전하는 일반취급소"라 한다. 위험물을 이동저장탱크에 주입하기 위한 설비(위험물을 이송하는 배관을 제외한다))의 주위에 필요한 공지를 보유하여야 한다.

[해답]
① 충전하는 일반취급소
② 알킬알루미늄, 아세트알데하이드

04

동영상은 위험물제조소 근처에 학교와 그 사이에 방화상 유효한 담을 보여준다. 다음 물음에 답하시오. (6점)
① 위험물제조소와 학교와의 안전거리를 적으시오.
② 위험물제조소에서 저장하는 위험물의 저장수량이 20배일 때, 방화상 유효한 담을 설치할 경우 제조소와 학교와의 안전거리는 몇 m 이상인지 쓰시오.

[해설]
① 안전거리 기준

건축물	안전거리
사용전압 7,000V 초과 35,000V 이하의 특고압가공전선	3m 이상
사용전압 35,000V 초과 특고압가공전선	5m 이상
주거용으로 사용되는 것(제조소가 설치된 부지 내에 있는 것 제외)	10m 이상
고압가스, 액화석유가스 또는 도시가스를 저장 또는 취급하는 시설	20m 이상
학교, 병원(종합병원, 치과병원, 한방·요양병원), 극장(공연장, 영화상영관, 수용인원 300명 이상 시설), 아동복지시설, 노인복지시설, 장애인복지시설, 모·부자복지시설, 보육시설, 성매자를 위한 복지시설, 정신보건시설, 가정폭력피해자 보호시설, 수용인원 20명 이상의 다수인시설	30m 이상
유형문화재, 지정문화재	50m 이상

② 제조소 등의 안전거리 단축기준

구분	취급하는 위험물의 최대수량 (지정수량의 배수)	안전거리(이상)		
		주거용 건축물	학교· 유치원 등	문화재
제조소·일반취급소 (취급하는 위험물의 양이 주거지역에 있어서는 30배, 상업지역에 있어서는 35배, 공업지역에 있어서는 50배 이상인 것을 제외한다)	10배 미만	6.5	20	35
	10배 이상	7.0	22	38

[해답]
① 30m
② 22m

05 동영상에서는 주유취급소 전경을 보여주고 주유소 내 편의점의 출입구가 열렸다가 닫히는 모습을 보여준다. 출입구에 관해 다음 물음에 답하시오. (4점)

① 동영상에서 보여주는 출입구의 유리 두께를 적으시오.
② 동영상에서 보여주는 출입구의 유리 명칭을 적으시오.

해설

주유취급소에 대한 건축물 등의 구조
㉮ 벽·기둥·바닥·보 및 지붕을 내화구조 또는 불연재료로 하고, 창 및 출입구에는 방화문 또는 불연재료로 된 문을 설치할 것
㉯ 사무실 등의 창 및 출입구에 유리를 사용하는 경우에는 망입유리 또는 강화유리로 할 것. 이 경우 강화유리의 두께는 8mm 이상, 출입구는 12mm 이상으로 할 것
㉰ 건축물 중 사무실, 그 밖에 화기를 사용하는 곳의 구조
  ㉠ 출입구는 건축물의 안에서 밖으로 수시로 개방할 수 있는 자동폐쇄식의 것으로 할 것
  ㉡ 출입구 또는 사이통로의 문턱의 높이를 15cm 이상으로 할 것
  ㉢ 높이 1m 이하의 부분에 있는 창 등은 밀폐시킬 것

해답

① 12mm 이상
② 망입유리 또는 강화유리

06 동영상에서는 "Phosphorus Red"라고 표시된 시료를 연소시키는 장면과 소화약제로서 A : 물, B : 제3종 분말소화약제, C : 이산화탄소소화약제, D : 할로겐소화약제를 함께 보여준다. 다음 물음에 답하시오. (4점)
① 여기서 보여주는 시료의 연소반응식을 적으시오.
② 여기서 보여주는 시료의 소화적응성이 있는 소화약제를 모두 적으시오. (단, 없으면 없음이라고 표기)

[해설]
① 연소하면 황린이나 황화인과 같이 유독성이 심한 백색의 오산화인을 발생하며, 일부 포스핀도 발생한다.
$4P + 5O_2 \rightarrow 2P_2O_5$
② 적린의 소화방법 : 다량의 물로 소화하고 소량인 경우에는 모래나 CO_2도 효과가 있다. 그러나 폭발의 위험이 있으므로 안전거리의 확보와 연소 생성물이 독성이 강하므로 보호장구를 반드시 착용해야 한다.

[해답]
① $4P + 5O_2 \rightarrow 2P_2O_5$
② A, B

07 동영상에서는 밸브 없는 통기관을 보여준다. 동영상에서 보여주는 밸브 없는 통기관의 ① A(지름)과 ② B(각도)를 각각 쓰시오. (4점)

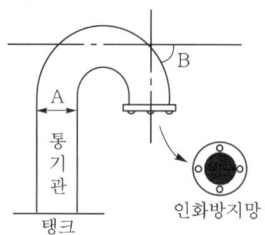

〈 밸브 없는 통기관 〉

[해설]
밸브 없는 통기관
㉮ 통기관의 직경 : 30mm 이상
㉯ 통기관의 선단은 수평으로부터 45° 이상 구부려 빗물 등의 침투를 막는 구조일 것
㉰ 인화점이 38℃ 미만인 위험물만을 저장·취급하는 탱크의 통기관에는 화염방지장치를 설치하고, 인화점이 38℃ 이상 70℃ 미만인 위험물을 저장·취급하는 탱크의 통기관에는 40mesh 이상의 구리망으로 된 인화방지장치를 설치할 것

[해답]
① A : 30mm 이상
② B : 45°

08 동영상에서 이동식 탱크저장차량을 보여준 다음 차량 내부를 보여준다. 다음 각 물음에 답을 쓰시오. (6점)

① 물음표로 표시한 것의 명칭을 쓰시오.
② ①에서 답한 명칭의 용도는 무엇인지 쓰시오.

[해설]

방파판의 설치기준
㉮ 재질은 두께 1.6mm 이상의 강철판으로 제작하며, 운행 중 출렁임을 방지한다.
㉯ 하나의 구획부분에 2개 이상의 방파판을 이동탱크저장소의 진행방향과 평행으로 설치하되, 그 높이와 칸막이로부터의 거리를 다르게 할 것
㉰ 하나의 구획부분에 설치하는 각 방파판의 면적 합계는 해당 구획부분의 최대수직단면적의 50% 이상으로 할 것. 다만, 수직단면이 원형이거나 짧은 지름이 1m 이하의 타원형인 경우에는 40% 이상으로 할 수 있다.

[해답]
① 방파판
② 출렁임 방지

09 동영상에서는 단층 옥내저장소 안에 드럼통 3개를 보여 준다. 다음 각 물음에 알맞은 답을 쓰시오. (4점)
① 저장창고의 지붕을 내화구조로 할 수 있는 경우를 쓰시오.
② 난연재료 또는 불연재료로 된 천장을 설치할 수 있는 경우를 쓰시오.

[해설]

저장창고는 지붕을 폭발력이 위로 방출될 정도의 가벼운 불연재료로 하고, 천장을 만들지 아니하여야 한다. 다만, 제2류 위험물(분상의 것과 인화성 고체를 제외한다)과 제6류 위험물만의 저장창고에 있어서는 지붕을 내화구조로 할 수 있고, 제5류 위험물만의 저장창고에 있어서는 당해 저장창고 내의 온도를 저온으로 유지하기 위하여 난연재료 또는 불연재료로 된 천장을 설치할 수 있다.

[해답]
① 제2류 위험물(분상의 것과 인화성 고체를 제외한다)과 제6류 위험물만의 저장창고
② 제5류 위험물만의 저장창고

10 동영상에서 이황화탄소가 물과 섞여 층분리되는 것을 보여준다. 다음 물음에 답하시오. (5점)

① 상층에 존재하는 물질은 무엇인지 쓰시오.
② 이황화탄소의 연소반응식을 쓰시오.

[해설]

이황화탄소는 물보다 무겁고 물에 녹지 않으나 알코올, 에테르, 벤젠 등에는 잘 녹으며, 유지, 수지 등의 용제로 사용된다. 휘발하기 쉽고 발화점이 낮아 백열등, 난방기구 등의 열에 의해 발화하며, 점화하면 청색을 내고 연소하는데 연소생성물 중 SO_2는 유독성이 강하다.
$CS_2 + 3O_2 \rightarrow CO_2 + 2SO_2$

[해답]

① 물
② $CS_2 + 3O_2 \rightarrow CO_2 + 2SO_2$

2019년 제1회 과년도 출제문제

2019. 4. 13. 시행

제1회 일반검정문제

01 다음 할론소화설비에 대한 방사헤드의 방사압력을 쓰시오. (4점)
① 할론 2402
② 할론 1211

해답
① 0.1MPa 이상, ② 0.2MPa 이상

02 다음은 옥내탱크저장소에서 밸브 없는 통기관의 선단 설치기준이다. 괄호 안에 알맞은 내용을 채우시오. (6점)
통기관의 선단은 건축물의 창, 출입구 등의 개구부로부터 (①) 이상 떨어진 옥외의 장소에 지면으로부터 (②) 이상의 높이로 설치하되, 인화점이 40℃ 미만인 위험물의 탱크에 설치하는 통기관에 있어서는 부지경계선으로부터 (③) 이상 이격할 것

해답
① 1m, ② 4m, ③ 1.5m

03 인화점이 11℃이며 흡입 시 시신경을 마비시키는 물질의 명칭과 위험물안전관리법상 지정수량을 쓰시오. (4점)
① 명칭
② 지정수량

해답
① 메틸알코올, ② 400L

04 황린의 연소반응식을 쓰시오. (3점)

해답
$P_4 + 5O_2 \rightarrow 2P_2O_5$

05

압력탱크 외의 옥외저장탱크에 다음의 물질을 저장하는 경우, 저장온도 기준을 각각 쓰시오. (6점)
① 디에틸에테르
② 아세트알데하이드
③ 산화프로필렌

[해설]

옥외저장탱크 · 옥내저장탱크 또는 지하저장탱크 중 압력탱크 외의 탱크에 저장하는 디에틸에테르 등 또는 아세트알데하이드 등의 온도는 산화프로필렌과 이를 함유한 것 또는 디에틸에테르 등에 있어서는 30℃ 이하로, 아세트알데하이드 또는 이를 함유한 것에 있어서는 15℃ 이하로 각각 유지한다.

[해답]

① 30℃ 이하
② 15℃ 이하
③ 30℃ 이하

06

다음은 옥외탱크저장소의 보유공지에 대한 내용이다. 괄호 안을 알맞게 채우시오. (5점)

저장 또는 취급하는 위험물의 최대수량	공지의 너비
지정수량의 500배 이하	(①) 이상
지정수량의 500배 초과, 1,000배 이하	(②) 이상
지정수량의 1,000배 초과, 2,000배 이하	(③) 이상
지정수량의 2,000배 초과, 3,000배 이하	(④) 이상
지정수량의 3,000배 초과, 4,000배 이하	(⑤) 이상

[해답]

① 3m, ② 5m, ③ 9m, ④ 12m, ⑤ 15m

07

에틸렌을 $CuCl_2$(염화구리) 촉매하에 산화반응시키면 생성되는 물질에 대해 다음 물음에 답하시오. (4점)
① 시성식을 쓰시오.
② 증기비중은 얼마인가?

[해설]

① 에틸렌의 직접 산화법 : 에틸렌을 염화구리 또는 염화팔라듐의 촉매하에 산화반응시켜 제조한다.
$2C_2H_4 + O_2 \rightarrow 2CH_3CHO$

② 아세트알데하이드의 분자량은 44g/mol이므로, 증기비중 $= \dfrac{44}{28.84} = 1.53$이다.

[해답]

① CH_3CHO
② 1.53

08 위험물안전관리법상 제5류 위험물인 트리나이트로톨루엔에 대해 다음 물음에 답하시오. (5점)
① 구조식을 쓰시오.
② 원료를 중심으로 제조과정을 설명하시오.

[해답]

①

$$\underset{\underset{NO_2}{}}{\overset{CH_3}{O_2N\underset{}{\bigcirc}NO_2}}$$

② 1몰의 톨루엔과 3몰의 질산을 황산 촉매하에 반응시키면 나이트로화에 의해 TNT가 만들어진다.

$$C_6H_5CH_3 + 3HNO_3 \xrightarrow[\text{나이트로화}]{c-H_2SO_4} O_2N\underset{NO_2}{\overset{CH_3}{\bigcirc}}NO_2 + 3H_2O$$

09 다음은 질산암모늄 800g이 폭발하는 경우의 반응식이다. 발생기체의 부피(L)는 표준상태에서 전부 얼마인지 구하시오. (4점)

(반응식) $2NH_4NO_3 \rightarrow 2N_2\uparrow + O_2\uparrow + 4H_2O\uparrow$

[해설]
이 문제에서는 조건 자체에서 반응식을 주고, 반응식에서 생성된 질소, 산소, 수증기가 모두 기체가 되었음을 보여주었다.
$2NH_4NO_3 \rightarrow 2N_2 + O_2 + 4H_2O$

㉮ 질소가스의 부피

$$\frac{800g-NH_4NO_3}{} \bigg| \frac{1mol-NH_4NO_3}{80g-NH_4NO_3} \bigg| \frac{2mol-N_2}{2mol-NH_4NO_3} \bigg| \frac{22.4L-N_2}{1mol-N_2} = 224L-N_2$$

㉯ 산소가스의 부피

$$\frac{800g-NH_4NO_3}{} \bigg| \frac{1mol-NH_4NO_3}{80g-NH_4NO_3} \bigg| \frac{1mol-O_2}{2mol-NH_4NO_3} \bigg| \frac{22.4L-O_2}{1mol-O_2} = 112L-O_2$$

㉰ 수증기의 부피

$$\frac{800g-NH_4NO_3}{} \bigg| \frac{1mol-NH_4NO_3}{80g-NH_4NO_3} \bigg| \frac{4mol-H_2O}{2mol-NH_4NO_3} \bigg| \frac{22.4L-H_2O}{1mol-H_2O} = 448L-H_2O$$

그러므로, 질소가스의 부피+산소가스의 부피+수증기의 부피=224+112+448=784L이다.

[해답]
784L

10
운반 시 제6류 위험물과 혼재 가능한 위험물은 몇 류 위험물인지 그 종류를 모두 쓰시오. (단, 수납된 위험물은 지정수량의 10분의 1을 초과하는 양이다.) (3점)

해설

유별을 달리하는 위험물의 혼재기준

위험물의 구분	제1류	제2류	제3류	제4류	제5류	제6류
제1류		×	×	×	×	○
제2류	×		×	○	○	×
제3류	×	×		○	×	×
제4류	×	○	○		○	×
제5류	×	○	×	○		×
제6류	○	×	×	×	×	

해답

제1류 위험물

11
위험물안전관리법상 제2류 위험물에 해당하는 황화인의 종류 3가지를 화학식으로 적으시오. (3점)

해답

P_4S_3, P_2S_5, P_4S_7

12
황 100kg, 철분 500kg, 질산염류 600kg의 지정수량 배수의 합을 구하시오. (3점)

해설

$$\frac{100kg}{100kg} + \frac{500kg}{500kg} + \frac{600kg}{300kg} = 4$$

해답

4

13
인화알루미늄과 물의 반응식을 쓰시오. (3점)

해설

인화알루미늄(AlP)은 분자량 58, 녹는점 1,000℃ 이하인 암회색 또는 황색의 결정 또는 분말로, 가연성이며 공기 중에서 안정하나 습기 찬 공기, 물, 스팀과 접촉 시 가연성·유독성의 포스핀가스를 발생한다.

해답

$AlP + 3H_2O \rightarrow Al(OH)_3 + PH_3$

14 카바이드에 대해 다음 물음에 답하시오. (4점)
① 카바이드(탄화칼슘)와 물이 접촉했을 때의 반응식을 쓰시오.
② 이때 발생하는 아세틸렌가스의 연소반응식을 쓰시오.

[해설]
카바이드는 물과 심하게 반응하여 수산화칼슘과 아세틸렌(C_2H_2)을 만들며, 공기 중 수분과 반응하여도 아세틸렌을 발생한다.

[해답]
① $CaC_2 + 2H_2O \rightarrow Ca(OH)_2 + C_2H_2$
② $2C_2H_2 + 5O_2 \rightarrow 4CO_2 + 2H_2O$

제1회 동영상문제

01 동영상에서 실험에 사용할 다이크로뮴산암모늄[$(NH_4)_2Cr_2O_7$], 과염소산칼륨($KClO_4$), 염소산나트륨($NaClO_3$)을 먼저 한 장면에서 화학식으로만 보여준다. 이어서, 실험자가 3개의 샬레에 각각 ㉮의 등적색 분말, ㉯의 백색 분말, ㉰의 백색 분말을 담은 후, 샬레를 들고 그 위에 분무주수하는 장면을 보여준다. 이때 다음 물음에 알맞은 답을 쓰시오. (4점)
① ㉮물질의 명칭은 무엇인가?
② ㉮물질의 지정수량은 얼마인가?

[해답]
① 다이크로뮴산암모늄
② 1,000kg

02 동영상에서 두 개의 창고를 보여준다. 오른쪽 창고에는 칼륨(K)이, 왼쪽 창고에는 이산화탄소(CO_2)가 서로 다른 장소에 저장되어 있고, 이산화탄소가 누출되어 오른쪽의 칼륨 창고로 유입되어 접촉·폭발하였다. 이때 다음 각 물음에 답하시오. (4점)
① 이 폭발의 화학반응식을 쓰시오.
② 칼륨을 소화하는 데 적응성이 있는 소화설비를 1가지만 쓰시오.

[해설]
칼륨은 CO_2와 접촉 시 격렬히 반응하여 연소·폭발의 위험이 있으며, 연소 중에 모래를 뿌리면 규소(Si) 성분과 격렬히 반응한다.
$4K + 3CO_2 \rightarrow 2K_2CO_3 + C$(연소·폭발)

[해답]
① $4K + 3CO_2 \rightarrow 2K_2CO_3 + C$
② 팽창질석, 팽창진주암, 탄산수소염류(이 중 1가지를 적는다.)

03 동영상에서 측정용기에 미지의 시료를 붓고 뚜껑을 닫은 후 점화하는 장면을 보여준다. 이 실험은 무엇을 측정하기 위한 실험인지 쓰시오. (3점)

[해답]
인화점

04

화면에서 그림과 같이 ㉮와 ㉯ 2개의 비커에 각각 C₃H₅(OH)₃와 C₆H₅CH=CH₂가 담겨 있는 장면을 보여준다. 그리고 물이 담긴 2개의 비커에 ㉮와 ㉯를 각각 섞어서 유리막대로 저어준다. 이때 ㉮는 물과 섞이는 모습을 보이고, ㉯는 층 분리가 일어나는 모습을 보인다. 다음 물음에 답하시오. (6점)

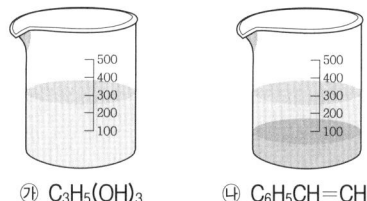

㉮ C₃H₅(OH)₃   ㉯ C₆H₅CH=CH₂

① ㉯ 비커에서 층 분리가 일어나는 이유는 무엇인가?
② ㉮와 ㉯의 품명을 쓰시오.
③ ㉮와 ㉯의 지정수량을 쓰시오.

해설

㉮ 글리세린[C₃H₅(OH)₃]

분자량	비중	녹는점	인화점	발화점
92	1.26	17℃	160℃	370℃

```
    H  H  H
    |  |  |
H - C - C - C - H
    |  |  |
    OH OH OH
```

㉠ 물보다 무겁고 단맛이 나는 무색 액체로서, 3가 알코올이다.
㉡ 물, 알코올, 에테르에 잘 녹으며, 벤젠, 클로로포름 등에는 녹지 않는다.

㉯ 스티렌[C₆H₅CH=CH₂, 비닐벤젠, 페닐에틸렌)

분자량	비중	증기비중	끓는점	인화점	발화점	연소범위
104	0.91	3.6	146℃	31℃	490℃	1.1~6.1%

㉠ 독특한 냄새가 나는 무색투명한 액체로서 물에는 녹지 않으나, 유기용제 등에 잘 녹는다.
㉡ 빛, 가열 또는 과산화물에 의해 중합되어 중합체인 폴리스티렌수지를 만든다.

해답

① 비수용성이기 때문이다.
② ㉮의 품명 : 제3석유류
   ㉯의 품명 : 제2석유류
③ ㉮의 지정수량 : 4,000L
   ㉯의 지정수량 : 1,000L

05 동영상에서 먼저 "판매취급소"라는 글자를 보여주고, 컴퓨터 그래픽으로 내부를 투영하여 "배합실"을 보여준다. 다음 물음에 답하시오. (6점)
① 배합실의 바닥면적은 얼마로 하여야 하는가?
② 벽은 어떠한 구조로 해야 하는가?
③ 바닥에 설치해야 하는 설비는 무엇인가?

해설

배합실의 설치기준
㉮ 바닥면적은 $6m^2$ 이상 $15m^2$ 이하이다.
㉯ 내화구조 또는 불연재료로 된 벽으로 구획한다.
㉰ 바닥은 위험물이 침투하지 아니하는 구조로 하여 적당한 경사를 두고 집유설비를 한다.
㉱ 출입구에는 수시로 열 수 있는 자동폐쇄식의 갑종방화문을 설치한다.
㉲ 출입구 문턱의 높이는 바닥면으로부터 0.1m 이상으로 한다.
㉳ 내부에 체류한 가연성 증기 또는 가연성의 미분을 지붕 위로 방출하는 설치를 한다.

해답
① $6m^2$ 이상 $15m^2$ 이하
② 내화구조 또는 불연재료
③ 집유설비

06 화면에서 셀프주유소의 전경을 보여준다. 그리고 주유소 내부의 ㉮ 경유를 주유할 수 있는 기계장치와 ㉯ 휘발유를 주유할 수 있는 기계장치를 보여준다. 다음 물음에 답하시오. (4점)

① ㉮와 ㉯의 기기에서 토출되는 주유 상한량의 합계는 얼마인가?
② ㉮와 ㉯의 기기에서 토출되는 위험물에 대한 지정수량의 합계는 얼마인가?

해설
① 셀프용 고정주유설비는 1회의 연속주유량 및 주유시간의 상한을 미리 설정할 수 있는 구조여야 한다. 이 경우 주유량의 상한은 경유 200L 이하, 휘발유 100L 이하로 하며, 주유시간의 상한은 4분 이하로 한다.
② 경유는 제2석유류 비수용성으로 지정수량 1,000L, 휘발유는 제1석유류 비수용성으로 지정수량 200L에 해당한다.

해답
① 300L, ② 1,200L

07

동영상에서 주유취급소 전경을 보여주고, 이어서 주유소 내 사무실을 보여준다. 사무실 왼쪽으로 큰 유리 창문이 보이고, 오른쪽으로는 작은 창문이 설치되어 있다. 다음 물음에 답하시오. (6점)
① 큰 유리의 재질은 무엇인가?
② 바닥으로부터 30cm 높이에 있는 창(왼쪽의 큰 유리 창문)은 개방구조로 해야 하는지, 밀폐구조로 해야 하는지 쓰시오.
③ 또 다른 창의 높이는 얼마 이하로 해야 하는가?

해설
㉮ 사무실 등의 창 및 출입구에 유리를 사용하는 경우에는 망입유리 또는 강화유리로 한다. 이 경우 강화유리의 두께는 창 8mm 이상, 출입구 12mm 이상으로 한다.
㉯ 높이 1m 이하의 부분에 있는 창 등은 밀폐시킨다.

해답
① 망입유리 또는 강화유리, ② 밀폐구조, ③ 1m 이하

08

화면에서 작업공정이 다른 작업장의 작업공정과 연속되어 있는 제조소의 건축물을 보여주고, 방화상 유효한 격벽을 설치한 장면을 보여준다. 다음 물음에 알맞은 답하시오. (4점)

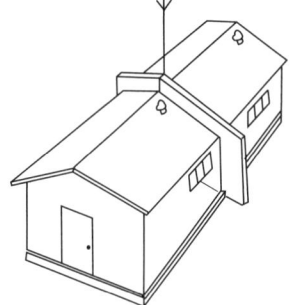

① 방화상 유효한 격벽에 설치하는 출입구 문의 명칭을 쓰시오.
② 방화상 유효한 격벽이 외벽, 지붕으로부터 돌출된 길이는 얼마인가?

해설
제조소의 작업공정이 다른 작업장의 작업공정과 연속되어 있어 제조소의 건축물, 그 밖의 공작물 주위에 공지를 두게 되면 그 제조소의 작업에 현저한 지장이 생길 우려가 있는 경우, 해당 제조소와 다른 작업장 사이에 다음의 기준에 따라 방화상 유효한 격벽을 설치한 때에는 해당 제조소와 다른 작업장 사이에 보유공지를 보유하지 아니할 수 있다.
㉮ 방화벽은 내화구조로 할 것. 다만, 취급하는 위험물이 제6류 위험물인 경우에는 불연재료로 할 수 있다.
㉯ 방화벽에 설치하는 출입구 및 창 등의 개구부는 가능한 한 최소로 하고, 출입구 및 창에는 자동폐쇄식의 갑종방화문을 설치할 것
㉰ 방화벽의 양단 및 상단이 외벽 또는 지붕으로부터 50cm 이상 돌출하도록 할 것

해답
① 자동폐쇄식 갑종방화문, ② 50cm 이상

09 동영상에서 최대허용수량 16,000L의 이동식 저장탱크 차량을 보여준다. 다음 각 물음에 답하시오. (4점)

① 안전칸막이의 수는 최소 몇 개로 하여야 하는지 쓰시오.
② 방파판은 하나의 구획 부분에 몇 개 이상을 설치하여야 하는지 쓰시오.

[해설]
안전칸막이 및 방파판의 설치기준
㉮ 안전칸막이의 설치기준
  ㉠ 재질은 두께 3.2mm 이상의 강철판으로 제작할 것
  ㉡ 4,000L 이하마다 구분하여 설치할 것
㉯ 방파판의 설치기준
  ㉠ 재질은 두께 1.6mm 이상의 강철판으로 제작할 것
  ㉡ 하나의 구획 부분에 2개 이상의 방파판을 이동탱크저장소의 진행방향과 평행으로 설치하되, 그 높이와 칸막이로부터의 거리를 다르게 할 것
  ㉢ 하나의 구획 부분에 설치하는 각 방파판의 면적 합계는 해당 구획 부분 최대수직단면적의 50% 이상으로 할 것. 다만, 수직단면이 원형이거나 짧은 지름이 1m 이하의 타원형인 경우에는 40% 이상으로 할 수 있다.

[해답]
① 3개
② 2개

10 동영상에서 부속시설을 포함하여 옥내저장소를 전체적으로 보여주고, 아래와 같이 설치되어 있는 게시판을 보여준다. 바깥 날씨는 비오는 날이며, 옥내저장소라는 글자는 적색이고, 창고 안으로 저장소 내부를 보여준다. 게시판의 내용 중 잘못된 부분을 모두 찾아 수정하여 올바르게 적으시오. (단, 없으면 "없음"이라고 쓰시오.) (4점)

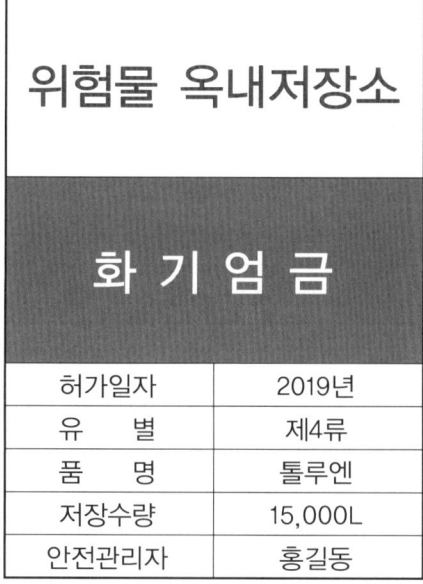

해설

옥내저장소의 표지 및 게시판 기준

㉮ 옥내저장소에는 보기 쉬운 곳에 다음의 기준에 따라 "위험물 옥내저장소"라는 표시를 한 표지를 설치하여야 한다.
  ㉠ 표지는 한 변의 길이 0.3m 이상, 다른 한 변의 길이 0.6m 이상인 직사각형으로 할 것
  ㉡ 표지의 바탕은 백색, 문자는 흑색으로 할 것
㉯ 옥내저장소에는 보기 쉬운 곳에 다음의 기준에 따라 방화에 관하여 필요한 사항을 게시한 게시판을 설치하여야 한다.
  ㉠ 게시판은 한 변의 길이 0.3m 이상, 다른 한 변의 길이 0.6m 이상인 직사각형으로 할 것
  ㉡ 게시판에는 저장 또는 취급하는 위험물의 유별·품명 및 저장최대수량 또는 취급최대수량, 지정수량의 배수 및 안전관리자의 성명 또는 직명을 기재할 것
  ㉢ 게시판에서 바탕은 백색, 문자는 흑색으로 할 것

해답

① 지정수량 → 지정수량의 배수
② 톨루엔 → 제1석유류
③ 적색 문자의 "위험물 옥내저장소" → 흑색 문자의 "위험물 옥내저장소"

2019. 6. 30. 시행

제2회 일반검정문제

01 위험물안전관리법령에 따른 고인화점위험물의 정의를 쓰시오. (3점)

해설
인화점이 100℃ 이상인 제4류 위험물을 고인화점위험물이라 하며, 고인화점위험물만을 100℃ 미만의 온도에서 취급하는 제조소를 고인화점위험물 제조소라고 한다.

해답
인화점이 100℃ 이상인 제4류 위험물

02 위험물 운반 시 제4류 위험물과 혼재가 불가능한 위험물을 모두 쓰시오. (3점)

해설
유별을 달리하는 위험물의 혼재기준

위험물의 구분	제1류	제2류	제3류	제4류	제5류	제6류
제1류		×	×	×	×	○
제2류	×		×	○	○	×
제3류	×	×		○	×	×
제4류	×	○	○		○	×
제5류	×	○	×	○		×
제6류	○	×	×	×	×	

해답
제1류 위험물, 제6류 위험물

03

제3류 위험물인 황린 20kg이 연소할 때 필요한 공기의 부피는 몇 m^3인가? (단, 공기 중 산소의 양은 21%, 황린의 분자량은 124g/mol이다.) (4점)

[해설]

황린은 공기 중에서 격렬하게 오산화인의 백색 연기를 내며 연소하고 일부 유독성의 포스핀(PH_3)도 발생하며, 환원력이 강하여 산소농도가 낮은 분위기에서도 연소한다.

$P_4 + 5O_2 \rightarrow 2P_2O_5$

$$\frac{20kg-P_4}{} \Big| \frac{1kmol-P_4}{124kg-P_4} \Big| \frac{5kmol-O_2}{1kmol-P_4} \Big| \frac{100kmol-Air}{21kmol-O_2} \Big| \frac{22.4m^3-Air}{1kmol-Air} = 86.02m^3-Air$$

[해답]

$86.02m^3$

04

위험물안전관리법상 제1류 위험물에 해당하는 질산암모늄이 열분해하여 N_2, O_2, H_2O를 생성한다. 다음 주어진 질문에 답하시오. (4점)

① 질산암모늄의 열분해반응식을 쓰시오.
② 300℃, 0.9atm에서 질산암모늄 1몰이 분해하는 경우 생성되는 H_2O의 부피(L)는 얼마인가?

[해설]

① $2NH_4NO_3 \rightarrow 2N_2 + O_2 + 4H_2O$

② $\frac{1mol-NH_4NO_3}{} \Big| \frac{4mol-H_2O}{2mol-NH_4NO_3} \Big| \frac{18g-H_2O}{1mol-H_2O} = 36g-H_2O$

이상기체 상태방정식에 따라 $PV = \frac{w}{M}RT \rightarrow V = \frac{wRT}{PM}$

$\therefore V = \frac{36 \times 0.082 \times (300 + 273.15)}{0.9 \times 18} = 104.44L$

[해답]

① $2NH_4NO_3 \rightarrow 2N_2 + O_2 + 4H_2O$
② 104.44L

05

제3류 위험물인 트리에틸알루미늄의 연소반응식을 적으시오. (3점)

[해설]

트리에틸알루미늄은 무색투명한 액체로 외관은 등유와 유사한 가연성이다. C_1~C_4는 자연발화성이 강하고, 공기 중에 노출되어 공기와 접촉하면 백연을 발생하며 연소한다.
단, C_5 이상은 점화하지 않으면 연소하지 않는다.

[해답]

$2(C_2H_5)_3Al + 21O_2 \rightarrow 12CO_2 + Al_2O_3 + 15H_2O$

06 옥내저장소에 위험물을 저장하는 경우에는 다음의 규정에 의한 높이를 초과하여 용기를 겹쳐 쌓지 아니하여야 한다. 괄호 안을 알맞게 채우시오. (6점)
① 기계에 의하여 하역하는 구조로 된 용기만을 겹쳐 쌓는 경우에 있어서는 (　)m
② 제4류 위험물 중 제3석유류, 제4석유류 및 동식물유류를 수납하는 용기만을 겹쳐 쌓는 경우에 있어서는 (　)m
③ 그 밖의 경우에 있어서는 (　)m

[해답]
① 6, ② 4, ③ 3

07 위험물안전관리법상 제4류 위험물 중에서 위험등급 Ⅱ에 해당하는 품명을 모두 쓰시오. (4점)

[해설]

위험물의 종류(성질)	위험등급	품명		지정수량
제4류 위험물 (인화성 액체)	Ⅰ	특수인화물		50L
	Ⅱ	제1석유류	비수용성	200L
			수용성	400L
		알코올류		400L
	Ⅲ	제2석유류	비수용성	1,000L
			수용성	2,000L
		제3석유류	비수용성	2,000L
			수용성	4,000L
		제4석유류		6,000L
		동·식물유류		10,000L

[해답]
제1석유류, 알코올류

08 다음 보기에서 설명하는 위험물질에 대하여 아래 물음에 답하시오. (6점)
(보기) • 휘발성이 있는 무색투명한 액체로서 증기는 마취성이 있고 물에 잘 녹으며, 아이오딘포름 반응을 한다.
• 산화하면 아세트알데하이드가 되고, 주로 화장품과 소독약의 원료로 이용된다.
① 보기에서 설명하는 물질의 화학식을 쓰시오.
② 보기에서 설명하는 물질의 지정수량을 쓰시오.
③ 보기에서 설명하는 위험물질과 진한 황산이 축합반응 후 생성되는 제4류 위험물질을 화학식으로 쓰시오.

해설

에틸알코올(C_2H_5OH)의 성질

㉮ 무색투명하고 인화가 쉬우며 공기 중에서 쉽게 산화한다. 또한 연소 시 완전연소를 하므로 불꽃이 잘 보이지 않으며 그을음이 거의 없다.

$C_2H_5OH + 3O_2 \rightarrow 2CO_2 + 3H_2O$

㉯ 산화되면 아세트알데하이드(CH_3CHO)가 되며, 최종적으로 초산(CH_3COOH)이 된다.

$C_2H_5OH \xrightarrow{-H_2} CH_3CHO \xrightarrow{+O} CH_3COOH$

㉰ 140℃에서 진한 황산과 반응해서 디에틸에테르를 생성한다.

$2C_2H_5OH \xrightarrow{c-H_2SO_4} C_2H_5OC_2H_5 + H_2O$

해답

① C_2H_5OH, ② 400L, ③ $C_2H_5OC_2H_5$

09 다음 주어진 위험물질의 지정수량을 쓰시오. (5점)
① 중유
② 경유
③ 디에틸에테르
④ 아세톤

해설

제4류 위험물(인화성 액체)의 종류와 지정수량

위험등급	품명		품목	지정수량
Ⅰ	특수인화물	비수용성	디에틸에테르, 이황화탄소	50L
		수용성	아세트알데하이드, 산화프로필렌	
Ⅱ	제1석유류	비수용성	가솔린, 벤젠, 톨루엔, 사이클로헥산, 콜로디온, 메틸에틸케톤, 초산메틸, 초산에틸, 의산에틸, 헥산, 에틸벤젠 등	200L
		수용성	아세톤, 피리딘, 아크롤레인, 의산메틸, 시안화수소 등	400L
	알코올류		메틸알코올, 에틸알코올, 프로필알코올, 아이소프로필알코올	400L
Ⅲ	제2석유류	비수용성	등유, 경유, 테레빈유, 스티렌, 자일렌(o−, m−, p−), 클로로벤젠, 장뇌유, 뷰틸알코올, 알릴알코올 등	1,000L
		수용성	포름산, 초산(아세트산), 하이드라진, 아크릴산, 아밀알코올 등	2,000L
	제3석유류	비수용성	중유, 크레오소트유, 아닐린, 나이트로벤젠, 나이트로톨루엔 등	2,000L
		수용성	에틸렌글리콜, 글리세린 등	4,000L
	제4석유류		기어유, 실린더유, 윤활유, 가소제	6,000L
	동식물유류		• 건성유 : 아마인유, 들기름, 동유, 정어리기름, 해바라기유 등 • 반건성유 : 참기름, 옥수수기름, 청어기름, 채종유, 면실유(목화씨유), 콩기름, 쌀겨유 등 • 불건성유 : 올리브유, 피마자유, 야자유, 땅콩기름, 동백유 등	10,000L

해답

① 2,000L, ② 1,000L, ③ 50L, ④ 400L

10 다음 보기에서 제시되는 유별 위험물에 대해 불활성가스 소화설비에 적응성이 있는 위험물을 2가지 고르시오. (단, 없으면 "없음"이라고 표기하시오.) (3점)

(보기) ① 제1류 위험물 ② 제2류 위험물 중 인화성 고체 ③ 제3류 위험물
④ 제4류 위험물 ⑤ 제5류 위험물 ⑥ 제6류 위험물

[해설]

소화설비의 적응성

소화설비의 구분			대상물의 구분	건축물·그 밖의 공작물	전기설비	제1류 위험물		제2류 위험물			제3류 위험물		제4류 위험물	제5류 위험물	제6류 위험물
						알칼리금속과산화물 등	그 밖의 것	철분·금속분·마그네슘 등	인화성 고체	그 밖의 것	금수성 물품	그 밖의 것			
옥내소화전 또는 옥외소화전 설비				○			○		○	○		○		○	○
스프링클러설비				○			○		○	○		○	△	○	○
물분무 등 소화설비		물분무소화설비		○	○		○		○	○		○	○	○	○
		포소화설비		○			○		○	○		○	○	○	○
		불활성가스 소화설비			○				○				○		
		할로겐화합물 소화설비			○				○				○		
	분말 소화설비	인산염류 등		○	○		○		○	○			○		○
		탄산수소염류 등			○	○		○	○		○		○		
		그 밖의 것				○		○			○				

[해답]

②, ④

11 다음 표의 빈칸을 알맞게 채우시오. (4점)

품명	유별	지정수량
질산염류	①	②
칼륨	③	④
황린	⑤	⑥
황화인	⑦	⑧

[해답]

① 제1류 위험물, ② 300kg, ③ 제3류 위험물, ④ 10kg,
⑤ 제3류 위험물, ⑥ 20kg, ⑦ 제2류 위험물, ⑧ 100kg

12
위험물안전관리법상 유별을 달리하는 위험물은 동일한 저장소에 저장하지 아니하여야 한다. 다만, 옥내저장소 또는 옥외저장소에 있어서 서로 1m 이상의 간격을 두는 경우에는 위험물을 동일한 저장소에 저장할 수 있다. 다음 보기 중 동일한 옥내저장소에 저장할 수 있는 종류의 위험물끼리 연결된 것을 고르시오. (4점)

(보기) ① 무기과산화물 – 유기과산화물
② 질산염류 – 과염소산
③ 황린 – 제1류 위험물
④ 인화성 고체 – 제1석유류
⑤ 황 – 제4류 위험물

[해설]

위험물의 저장기준(동일한 저장소 내에서 1m 이상의 간격을 두는 경우)
㉮ 제1류 위험물(알칼리금속의 과산화물 또는 이를 함유한 것 제외)과 제5류 위험물을 저장하는 경우
㉯ 제1류 위험물과 제6류 위험물을 저장하는 경우
㉰ 제1류 위험물과 제3류 위험물 중 자연발화성 물질(황린 또는 이를 함유한 것에 한함)을 저장하는 경우
㉱ 제2류 위험물 중 인화성 고체와 제4류 위험물을 저장하는 경우
㉲ 제3류 위험물 중 알킬알루미늄 등과 제4류 위험물(알킬알루미늄 또는 알킬리튬을 함유한 것에 한함)을 저장하는 경우
㉳ 제4류 위험물과 제5류 위험물 중 유기과산화물 또는 이를 함유한 것을 저장하는 경우

[해답]
②, ③, ④, ⑤

13
다음은 위험물안전관리법에 따른 이동탱크저장소의 주입설비 기준에 대한 내용이다. 괄호 안을 알맞게 채우시오. (6점)
① 위험물이 ( ) 우려가 없고 화재예방상 안전한 구조로 할 것
② 주입설비의 길이는 ( ) 이내로 하고, 그 선단에 축적되는 ( )를 유효하게 제거할 수 있는 장치를 할 것
③ 분당 토출량은 ( ) 이하로 할 것

[해설]

이동탱크저장소에 주입설비(주입호스의 선단에 개폐밸브를 설치한 것)를 설치하는 경우에는 다음의 기준에 의하여야 한다.
㉮ 위험물이 샐 우려가 없고 화재예방상 안전한 구조로 할 것
㉯ 주입설비의 길이는 50m 이내로 하고, 그 선단에 축적되는 정전기를 유효하게 제거할 수 있는 장치를 할 것
㉰ 분당 토출량은 200L 이하로 할 것

[해답]
① 샐, ② 50m, 정전기, ③ 200L

제2회 동영상문제

01 동영상에서 실험대 위에 있는 과산화수소와 투명한 용기의 하이드라진을 보여준 다음, 실험자가 스포이드로 비커에 과산화수소를 몇 방울 떨어뜨리고 하이드라진을 섞으니 폭발하는 장면을 보여준다. 다음 각 물음에 답하시오. (6점)

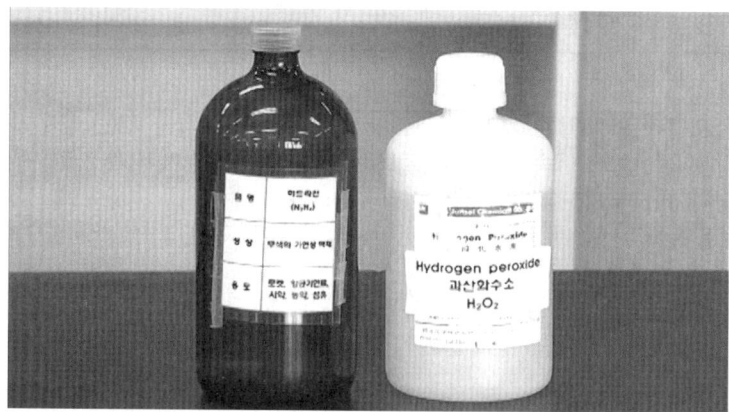

① 하이드라진과 과산화수소의 폭발반응식을 쓰시오.
② 동영상에서 나오는 물질 중 제6류 위험물에 속하는 물질의 분해반응식을 쓰시오.

해설

과산화수소(H_2O_2) – 지정수량 300kg, 농도가 36wt% 이상인 것

㉮ 가열에 의해 산소가 발생한다.
   $2H_2O_2 \rightarrow 2H_2O + O_2$
㉯ 농도가 60wt% 이상인 것은 충격에 의해 단독 폭발의 위험이 있으며, 고농도의 것은 알칼리금속분, 암모니아, 유기물 등과 접촉 시 발화하거나 충격에 의해 폭발한다.
㉰ 하이드라진과 접촉 시 발화 또는 폭발한다.
   $2H_2O_2 + N_2H_4 \rightarrow 4H_2O + N_2$
㉱ 용기에 저장 시 유리는 알칼리성으로 분해를 촉진하므로 피하고, 가열·화기·직사광선을 차단하며, 농도가 높을수록 위험성이 크므로 분해방지안정제(인산, 요산 등)를 넣어 발생기 산소의 발생을 억제한다. 용기는 밀봉하되 작은 구멍이 뚫린 마개를 사용한다.

해답

① $2H_2O_2 + N_2H_4 \rightarrow 4H_2O + N_2$
② $2H_2O_2 \rightarrow 2H_2O + O_2$

02
동영상에서 제조소 근처의 특고압가공전선을 보여준다. 다음 각각의 경우에 해당하는 제조소와 특고압가공전선의 안전거리를 적으시오. (4점)
 ① 10,000V의 특고압가공전선
 ② 40,000V의 특고압가공전선

해설

건축물	안전거리
사용전압 7,000V 초과 35,000V 이하의 특고압가공전선	3m 이상
사용전압 35,000V 초과의 특고압가공전선	5m 이상
주거용으로 사용되는 것(제조소가 설치된 부지 내에 있는 것 제외)	10m 이상
고압가스, 액화석유가스 또는 도시가스를 저장 또는 취급하는 시설	20m 이상
학교, 병원(종합병원, 치과병원, 한방·요양병원), 극장(공연장, 영화상영관, 수용인원 300명 이상 시설), 아동복지시설, 노인복지시설, 장애인복지시설, 모·부자복지시설, 보육시설, 성매매자를 위한 복지시설, 정신보건시설, 가정폭력피해자 보호시설, 수용인원 20명 이상의 다수인시설	30m 이상
유형문화재, 지정문화재	50m 이상

해답
① 3m 이상, ② 5m 이상

03
동영상에서 금속나트륨이 물과 반응하는 모습을 보여준다. 다음 물음에 답하시오. (4점)

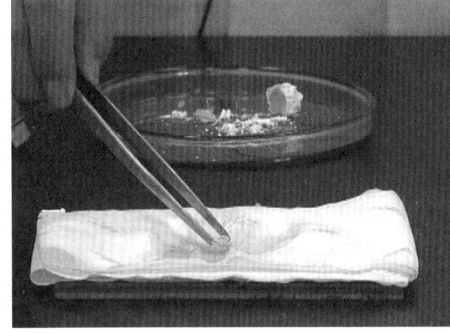

① 나트륨과 물의 반응식을 쓰시오.
② 나트륨의 지정수량을 쓰시오.

해설
나트륨은 물과 격렬히 반응하여 발열하고 수소를 발생하며, 산과는 폭발적으로 반응한다. 수용액은 염기성으로 변하고, 페놀프탈레인과 반응 시 붉은색을 나타낸다. 특히 아이오딘산과 접촉하면 폭발한다.

해답
① $2Na + 2H_2O \rightarrow 2NaOH + H_2$
② 10kg

04

동영상에서 실험실의 실험대 위에 있는 구리, 아연, 염화나트륨에 대한 시약병을 보여준다. 다음 각 물음에 답을 쓰시오. (5점)

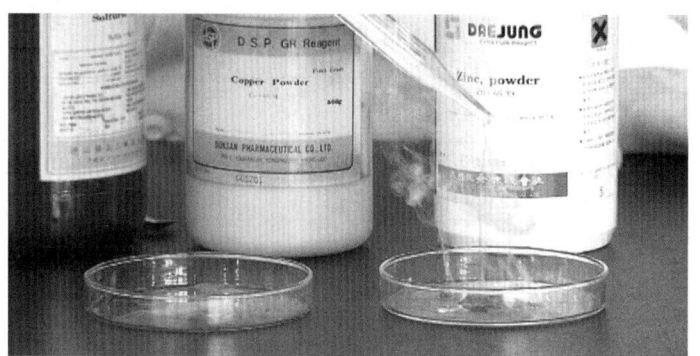

① 구리, 아연, 염화나트륨 중 황산을 떨어뜨리면 흰색 연기가 발생하는 물질의 반응식을 쓰시오.
② 해당 위험물의 품명을 쓰시오.

해설

아연은 제2류 위험물의 금속분으로, 산과 반응하면 수소가스를 발생한다.
$Zn + 2HCl \rightarrow ZnCl_2 + H_2$
$Zn + H_2SO_4 \rightarrow ZnSO_4 + H_2$

해답

① $Zn + H_2SO_4 \rightarrow ZnSO_4 + H_2$
② 금속분

05

동영상에서 마그네슘 저장창고에 화재가 발생하여 이산화탄소 소화기로 소화하는 장면을 보여준다. 다음 각 물음에 답하시오. (5점)
① 반응식을 쓰시오.
② 이산화탄소 소화기로 소화하면 위험한 이유를 쓰시오.

해설

마그네슘(Mg)은 CO_2 등의 질식성 가스와 접촉 시 가연성 물질인 탄소를 발생시킨다.
$2Mg + CO_2 \rightarrow 2MgO + C$
$Mg + CO_2 \rightarrow MgO + CO$

해답

① $2Mg + CO_2 \rightarrow 2MgO + C$
② 마그네슘은 이산화탄소와 접촉 시 폭발적 반응을 하므로 위험하다.

06 동영상에서 지하탱크저장소를 설치하는 장면과 지하탱크와 벽면 사이의 거리를 가리키는 장면을 차례대로 보여준다. 위험물안전관리법상 지하탱크저장소와 탱크전용실 안쪽 벽면 사이의 거리는 얼마인지 쓰시오. (3점)

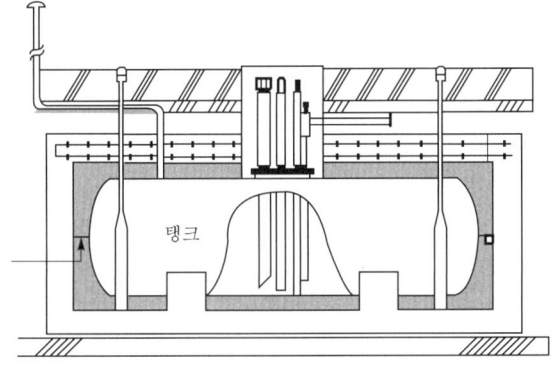

[해설]
㉮ 지하저장탱크의 윗부분은 지면으로부터 0.6m 이상 아래에 있어야 한다.
㉯ 탱크전용실은 지하의 가장 가까운 벽·피트·가스관 등의 시설물 및 대지경계선으로부터 0.1m 이상 떨어진 곳에 설치하고, 지하저장탱크와 탱크전용실의 안쪽과의 사이는 0.1m 이상의 간격을 유지하도록 하며, 해당 탱크의 주위에 마른모래 또는 습기 등에 의하여 응고되지 아니하는 입자지름 5mm 이하의 마른자갈분을 채워야 한다.

[해답]
0.1m 이상

07 동영상에서 주유취급소의 전경과 함께, 담이 설치되어 있는 장면을 보여준다. 다음 물음에 답하시오. (4점)
① 담의 높이는 얼마로 해야 하는가?
② 담의 구조(재료)는 어떤 것으로 해야 하는가?

[해설]
주유취급소의 주위에는 자동차 등이 출입하는 쪽 외의 부분에 높이 2m 이상의 내화구조 또는 불연재료의 담 또는 벽을 설치하되, 주유취급소 인근에 연소의 우려가 있는 건축물이 있는 경우에는 소방청장이 정하여 고시하는 바에 따라 방화상 유효한 높이로 하여야 한다.

[해답]
① 2m 이상
② 내화구조 또는 불연재료

08 동영상에서 제1종 판매취급소의 내부 배합실을 보여준다. 다음 물음에 답하시오. (4점)
① 배합실에 설치하는 출입문의 종류를 쓰시오.
② 출입구의 문턱은 바닥으로부터 몇 m 이상으로 해야 하는가?

해설

배합실의 기준
㉮ 바닥면적은 $6m^2$ 이상 $15m^2$ 이하이다.
㉯ 내화구조 또는 불연재료로 된 벽으로 구획한다.
㉰ 바닥은 위험물이 침투하지 아니하는 구조로 하여 적당한 경사를 두고 집유설비를 한다.
㉱ 출입구에는 수시로 열 수 있는 자동폐쇄식의 갑종방화문을 설치한다.
㉲ 출입구 문턱의 높이는 바닥면으로부터 0.1m 이상으로 한다.
㉳ 내부에 체류한 가연성 증기 또는 가연성의 미분을 지붕 위로 방출하는 설비를 설치한다.

해답
① 자동폐쇄식 갑종방화문
② 0.1m 이상

09 동영상에서 ㉮ BaO_2, ㉯ CaC_2, ㉰ Na, ㉱ K이 담긴 시약병을 각각 보여준다. 실험자가 실험대 위의 살레 안에 여과지를 놓고 분무기를 이용해 물을 적신 다음, ㉮~㉱의 시약을 소량씩 옮기는 장면을 보여준다. 다음 물음에 답하시오. (6점)
① ㉯와 ㉱의 물질이 물과 반응하여 생성되는 기체의 명칭을 화학식으로 쓰시오.
② ㉮~㉱의 각 물질 1몰이 물과 반응할 때 생성되는 기체의 몰수가 가장 많은 것의 기호를 쓰시오.

해설

① 탄화칼슘은 물과 심하게 반응하여 수산화칼슘과 아세틸렌을 만들며, 공기 중 수분과 반응하여도 아세틸렌을 발생한다.
$CaC_2 + 2H_2O \rightarrow Ca(OH)_2 + C_2H_2$
칼륨은 물과 격렬히 반응하여 발열하고 수산화칼륨과 수소를 발생한다. 이때 발생된 열은 점화원의 역할을 한다.
$2K + 2H_2O \rightarrow 2KOH + H_2$

② ㉮ $BaO_2 + H_2O \rightarrow Ba(OH)_2 + \frac{1}{2}O_2$
㉯ $CaC_2 + 2H_2O \rightarrow Ca(OH)_2 + C_2H_2$
㉰ $Na + H_2O \rightarrow NaOH + \frac{1}{2}H_2$
㉱ $K + H_2O \rightarrow KOH + \frac{1}{2}H_2$

해답
① ㉯ C_2H_2, ㉱ H_2
② ㉯

10

동영상에서 각각의 옥외저장소에 메틸알코올과 과산화수소가 저장되어 있는 장면을 보여준다. 다음 물음에 답하시오. (4점)

① 메틸알코올 4,000L를 저장하는 경우 보유공지는 얼마인가?
② 과산화수소 30,000kg을 저장하는 경우 보유공지는 얼마인가?

해설

옥외저장소의 보유공지 기준

저장 또는 취급하는 위험물의 최대수량	공지의 너비
지정수량의 10배 이하	3m 이상
지정수량의 10배 초과 20배 이하	5m 이상
지정수량의 20배 초과 50배 이하	9m 이상
지정수량의 50배 초과 200배 이하	12m 이상
지정수량의 200배 초과	15m 이상

[비고] 제4류 위험물 중 제4석유류와 제6류 위험물을 저장 또는 취급하는 보유공지는 공지 너비의 1/3 이상의 너비로 할 수 있다.

메틸알코올의 지정수량은 400L이므로, 지정수량의 배수는 10배이다.
과산화수소의 지정수량은 300kg이므로, 지정수량의 배수는 100배이다.
따라서, 메틸알코올의 보유공지 기준은 3m 이상이며, 과산화수소의 경우 12m 이상이지만, 제6류 위험물의 경우 공지 너비의 $\frac{1}{3}$ 이상이므로 4m 이상이면 된다.

해답

① 3m 이상
② 4m 이상

2019. 11. 9. 시행

제4회 과년도 출제문제

제4회 일반검정문제

01 다음에 주어진 위험물의 경우 옥내저장소의 바닥면적을 몇 m² 이하로 해야 하는지 적으시오. (3점)
① 염소산염류
② 제2석유류
③ 유기과산화물

해설

하나의 저장창고의 바닥면적

위험물을 저장하는 창고	바닥면적
ⓐ 제1류 위험물 중 아염소산염류, 염소산염류, 과염소산염류, 무기과산화물, 그 밖에 지정수량이 50kg인 위험물 ⓑ 제3류 위험물 중 칼륨, 나트륨, 알킬알루미늄, 알킬리튬, 그 밖에 지정수량이 10kg인 위험물 및 황린 ⓒ 제4류 위험물 중 특수인화물, 제1석유류 및 알코올류 ⓓ 제5류 위험물 중 유기과산화물, 질산에스터류, 그 밖에 지정수량이 10kg인 위험물 ⓔ 제6류 위험물	1,000m² 이하
ⓐ~ⓔ 외의 위험물을 저장하는 창고	2,000m² 이하
내화구조의 격벽으로 완전히 구획된 실에 각각 저장하는 창고	1,500m² 이하

해답

① 1,000m², ② 2,000m², ③ 1,000m²

02 ① 트리에틸알루미늄의 물과의 반응식을 적고, ② 트리에틸알루미늄 228g과 물의 반응에서 발생된 기체의 부피(L)를 구하시오. (6점)

해설

물이 산과 접촉하면 폭발적으로 반응하여 에탄을 형성하고, 이때 발열·폭발에 이른다.
$(C_2H_5)_3Al + 3H_2O \rightarrow Al(OH)_3 + 3C_2H_6 + 발열$

$$\frac{228g-(C_2H_5)_3Al}{} \left| \frac{1mol-(C_2H_5)_3Al}{114g-(C_2H_5)_3Al} \right| \frac{3mol-C_2H_6}{1mol-(C_2H_5)_3Al} \left| \frac{22.4L-C_2H_6}{1mol-C_2H_6} \right. = 134.4L-C_2H_6$$

[해답]
① $(C_2H_5)_3Al + 3H_2O \rightarrow Al(OH)_3 + 3C_2H_6$
② 134.4L

03
다음 물음에 답하시오. (6점)
① 과산화나트륨이 분해되어 생성되는 물질 2가지를 적으시오.
② 과산화나트륨과 이산화탄소가 접촉하는 화학반응식을 쓰시오.

[해설]
과산화나트륨의 열분해반응식은 다음과 같다.
$Na_2O_2 \rightarrow 2Na_2O + O_2$
과산화나트륨이 공기 중의 탄산가스(CO_2)를 흡수하면 탄산염이 생성된다.
　$2Na_2O_2$　+　$2CO_2$　→　$2Na_2CO_3$　+　O_2
과산화나트륨　이산화탄소　탄산염　산소

[해답]
① 산화나트륨, 산소
② $2Na_2O_2 + 2CO_2 \rightarrow 2Na_2CO_3 + O_2$

04
주유취급소에 설치해야 하는 "주유 중 엔진정지" 게시판의 색상과 규격을 쓰시오. (4점)

[해설]
주유취급소의 게시판 기준
㉮ 화기엄금 게시판 기준
　㉠ 규격 : 한 변의 길이 0.3m 이상, 다른 한 변의 길이 0.6m 이상
　㉡ 색상 : 적색바탕에 백색문자
㉯ 주유 중 엔진정지 게시판 기준
　㉠ 규격 : 한 변의 길이 0.3m 이상, 다른 한 변의 길이 0.6m 이상
　㉡ 색상 : 황색바탕에 흑색문자

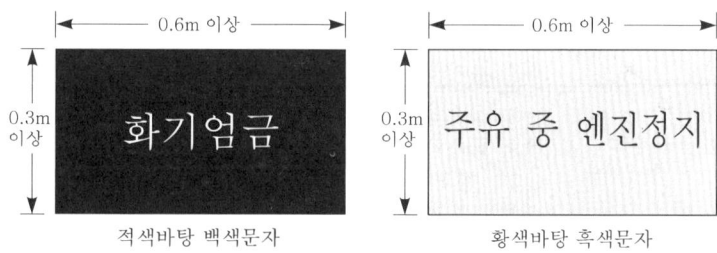

[해답]
① 게시판 색상 : 황색바탕 흑색문자
② 게시판 규격 : 한 변의 길이 0.3m 이상, 다른 한 변의 길이 0.6m 이상

05 다음 보기에 주어진 위험물을 연소방식에 따라 분류하시오. (6점)
(보기) ① 나트륨　　　　② TNT　　　　　　③ 에탄올
　　　④ 금속분　　　　⑤ 디에틸에테르　　⑥ 피크르산

해답
표면연소 : ①, ④
증발연소 : ③, ⑤
자기연소 : ②, ⑥

06 다음 보기에 주어진 위험물을 인화점이 낮은 것부터 순서대로 나열하시오. (4점)
(보기) ① 초산에틸　② 메틸알코올　③ 나이트로벤젠　④ 에틸렌글리콜

해설

구분	① 초산에틸	② 메틸알코올	③ 나이트로벤젠	④ 에틸렌글리콜
화학식	$CH_3COOC_2H_5$	CH_3OH	$C_6H_5NO_2$	$C_2H_4(OH)_2$
인화점	-4℃	11℃	88℃	120℃

해답
① - ② - ③ - ④

07 제3류 위험물 중 지정수량이 50kg인 위험물의 품명을 적으시오. (4점)

해설
제3류 위험물의 종류와 지정수량

성질	위험등급	품명	지정수량
자연발화성 물질 및 금수성 물질	I	1. 칼륨 2. 나트륨 3. 알킬알루미늄 4. 알킬리튬	10kg
		5. 황린	20kg
	II	6. 알칼리금속(칼륨 및 나트륨 제외) 및 알칼리토금속 7. 유기금속화합물(알킬알루미늄 및 알킬리튬 제외)	50kg
	III	8. 금속의 수소화물 9. 금속의 인화물 10. 칼슘 또는 알루미늄의 탄화물 11. 그 밖에 행정안전부령이 정하는 것 　　염소화규소화합물	300kg

해답
알칼리금속(칼륨 및 나트륨 제외) 및 알칼리토금속,
유기금속화합물(알킬알루미늄 및 알킬리튬 제외)

08
제1류 위험물 중 차광성 피복과 방수성 피복을 둘 다 해야 하는 위험물의 품명을 적으시오. (3점)

해설

적재하는 위험물에 따른 피복방법

차광성이 있는 것으로 피복해야 하는 경우	방수성이 있는 것으로 피복해야 하는 경우
• 제1류 위험물 • 제3류 위험물 중 자연발화성 물질 • 제4류 위험물 중 특수인화물 • 제5류 위험물 • 제6류 위험물	• 제1류 위험물 중 알칼리금속의 과산화물 • 제2류 위험물 중 철분, 금속분, 마그네슘 • 제3류 위험물 중 금수성 물질

해답

알칼리금속의 과산화물

09
제5류 위험물로서 담황색의 주상 결정이며 분자량이 227, 융점이 81℃이고, 물에 녹지 않으며, 알코올, 벤젠, 아세톤에 녹는 물질에 대하여 다음 각 물음에 답을 쓰시오. (6점)
① 이 물질의 품명을 쓰시오.
② 이 물질의 지정수량을 쓰시오.
③ 이 물질의 제조과정을 설명하시오.

해설

트리나이트로톨루엔[TNT, $C_6H_2CH_3(NO_2)_3$]

㉮ 비중 1.66, 녹는점 81℃, 끓는점 280℃, 분자량 227, 발화온도 약 300℃
㉯ 제법 : 1몰의 톨루엔과 3몰의 질산을 황산 촉매하에 반응시키면 나이트로화에 의해 TNT가 만들어진다.

$$C_6H_5CH_3 + 3HNO_3 \xrightarrow[\text{나이트로화}]{c-H_2SO_4} C_6H_2CH_3(NO_2)_3 \text{(TNT)} + 3H_2O$$

㉰ 운반 시 10%의 물을 넣어 운반하면 안전하다.

해답

① 나이트로화합물
② 시험결과에 따라 제1종과 제2종으로 분류하며, 제1종인 경우 10kg, 제2종인 경우 100kg에 해당한다.
③ 1몰의 톨루엔과 3몰의 질산을 황산 촉매하에 나이트로화 반응시키면 TNT가 만들어진다.

10 표준상태에서 톨루엔의 증기비중을 구하시오. (4점)

[해설]

톨루엔($C_6H_5CH_3$) – 비수용성 액체
㉮ 분자량 92, 액비중 0.871(증기비중 3.19), 끓는점 111℃, 인화점 4℃, 발화점 490℃, 연소범위 1.4~6.7%
㉯ 휘발성이 강하여 인화가 용이하며, 연소할 때 자극성·유독성 가스를 발생한다.
㉰ 1몰의 톨루엔과 3몰의 질산을 황산 촉매하에 반응시키면 나이트로화에 의해 TNT가 만들어진다.

[해답]

증기비중 $= \dfrac{92}{28.84} = 3.19$

11 다음의 위험물을 옥외저장탱크·옥내저장탱크 또는 지하저장탱크 중 압력탱크 외의 탱크에 저장할 경우에 유지하여야 하는 온도를 각각 쓰시오. (3점)
① 디에틸에테르   ② 아세트알데하이드   ③ 산화프로필렌

[해답]

① 30℃ 이하, ② 15℃ 이하, ③ 30℃ 이하

12 산화성액체를 판정하는 위험물시험방법으로서 연소시간을 측정하는 시험에 사용하는 물질 2가지를 적으시오. (3점)

[해설]

시험물품과 목분과의 혼합물 연소시간이 표준물질(질산 90% 수용액)과 목분과의 혼합물 연소시간 이하인 경우에는 산화성액체에 해당하는 것으로 한다.

[해답]

질산 90% 수용액과 목분

13 ABC 분말소화기 중 오르토인산이 생성되는 열분해반응식을 쓰시오. (3점)

[해설]

ABC 분말은 인산암모늄이 주성분인 제3종 분말소화약제를 의미한다.
인산암모늄의 열분해반응식은 다음과 같다.
$NH_4H_2PO_4 \rightarrow NH_3 + H_2O + HPO_3$
$\quad NH_4H_2PO_4 \rightarrow NH_3 + H_3PO_4$ (인산, 오르토인산)   at 190℃
$\quad 2H_3PO_4 \rightarrow H_2O + H_4P_2O_7$ (피로인산)   at 215℃
$\quad H_4P_2O_7 \rightarrow H_2O + 2HPO_3$ (메타인산)   at 300℃
$\quad 2HPO_3 \rightarrow H_2O + P_2O_5$ (오산화인)   at 1,000℃

[해답]

$NH_4H_2PO_4 \rightarrow NH_3 + H_3PO_4$

제4회 동영상문제

01 동영상에서 옥외탱크저장소와 함께 그 옆의 휘발유 드럼통을 보여준다. 드럼통 외부에는 위험등급이 Ⅲ등급으로 표시되어 있다. 다음 물음에 답하시오. (4점)
① 용기 외부에 적힌 등급을 맞게 수정하시오.
② 옥외탱크저장소에 설치된 위험물 주의사항 게시판의 기재사항이 비어있다. 주의사항을 쓰시오.

[해설]
휘발유는 제4류 위험물로서 위험등급 Ⅱ등급군이다.

유별	구분	주의사항
제1류 위험물 (산화성 고체)	알칼리금속의 과산화물	"화기·충격주의" "물기엄금" "가연물접촉주의"
	그 밖의 것	"화기·충격주의" "가연물접촉주의"
제2류 위험물 (가연성 고체)	철분·금속분·마그네슘	"화기주의" "물기엄금"
	인화성 고체	"화기엄금"
	그 밖의 것	"화기주의"
제3류 위험물 (자연발화성 및 금수성 물질)	자연발화성 물질	"화기엄금" "공기접촉엄금"
	금수성 물질	"물기엄금"
제4류 위험물 (인화성 액체)	-	"화기엄금"
제5류 위험물 (자기반응성 물질)	-	"화기엄금" "충격주의"
제6류 위험물 (산화성 액체)	-	"가연물접촉주의"

[해답]
① Ⅱ등급
② 화기엄금

02 동영상에서 디에틸에테르를 적신 화장솜을 45° 기울어진 홈틀 상부 위에 올려놓고, 홈틀 맨 아래쪽에 있는 양초에 불을 붙이자 불이 거꾸로 타들어가는 모습을 보여준다. 다음 물음에 답하시오. (4점)

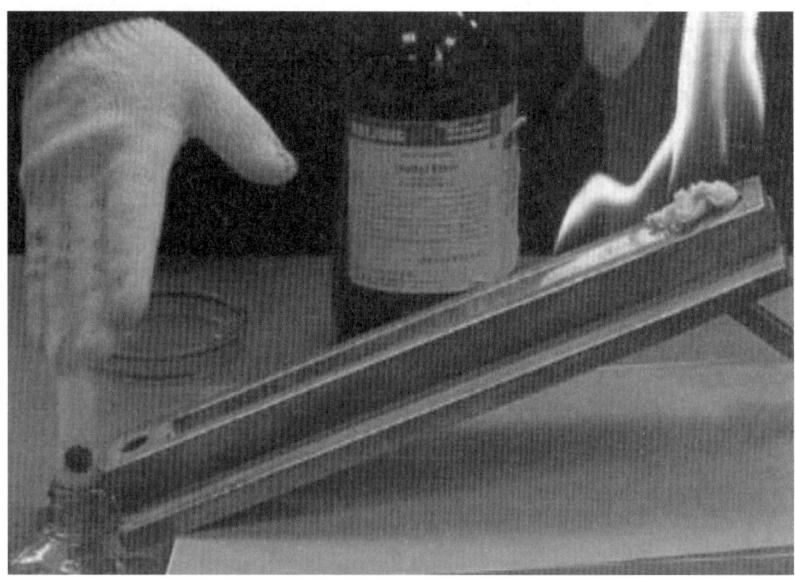

① 불이 거꾸로 타들어가는 이유를 쓰시오.
② 디에틸에테르의 증기비중을 구하시오.

[해설]
① 디에틸에테르($C_2H_5OC_2H_5$)는 제4류 위험물로, 제4류 위험물(인화성 액체)의 증기는 공기보다 무거워 낮은 곳에 체류한다.
 ※ 예외 : 시안화수소(HCN)
② 증기비중 = $\dfrac{\text{기체의 분자량}(74\text{g/mol})}{\text{공기의 분자량}(29\text{g/mol})} = 2.55$

[해답]
① 디에틸에테르는 증기비중(약 2.55)이 1보다 커서 공기 중에서 낮은 곳에 체류하므로 불이 붙게 된다.
② 2.55

03 동영상에서 실험실 온도가 25℃라는 것과 실험 테이블 위에 있는 A, B, C 3개의 비커를 보여준다. 각각의 비커에 담겨 있는 액체류에 성냥불을 떨어뜨리자 A비커에서만 불이 타올랐고, 나머지 B, C 비커에는 불이 붙지 않았다. 다음 보기 중 A비커에 해당하는 물질을 고르시오. (4점)
(보기) 아세톤, 메틸에틸케톤, 포름산, 하이드라진, 에틸렌글리콜

[해설]

구분	아세톤	메틸에틸케톤	포름산	하이드라진	에틸렌글리콜
화학식	CH_3COCH_3	$CH_3COC_2H_5$	$HCOOH$	N_2H_4	$C_2H_4(OH)_2$
품명	제1석유류 (수용성)	제1석유류 (비수용성)	제2석유류 (수용성)	제2석유류 (수용성)	제3석유류 (수용성)
인화점	-18.5℃	-7℃	55℃	40℃	120℃

[해답]

아세톤, 메틸에틸케톤

04 동영상에서 흑색화약의 원료인 황가루, 숯, 질산칼륨을 막자사발에 덜어 놓고 섞은 후 잘 혼합된 물질의 일부를 시험관에 넣고 가열하니 폭발하는 장면을 보여준다. 다음 각 물음에 답하시오. (6점)

① 질산칼륨의 역할을 쓰시오.
② 3가지 물질이 혼합하여 생성되는 물질은 무엇인지 쓰시오.

[해설]

질산칼륨은 강력한 산화제로 가연성 분말, 유기물, 환원성 물질과 혼합 시 가열·충격으로 폭발하며, 흑색화약(질산칼륨 75%+황 10%+목탄 15%)의 원료로 이용된다.
$16KNO_3 + 3S + 21C \rightarrow 13CO_2 + 3CO + 8N_2 + 5K_2CO_3 + K_2SO_4 + K_2S$

[해답]

① 산소공급원
② 흑색화약

05 동영상에서 다이크로뮴산염류와 과망가니즈산염류를 보여준다. A는 주황색 분말이며 물에 잘 녹고 알코올에는 녹지 않는다. 그리고 B는 흑자색 분말이며 물에 녹으면 자주색을 띠고 알코올에 잘 녹는다. 다음 물음에 답하시오. (4점)

① 물질 A의 지정수량을 쓰시오.
② 물질 A의 열분해반응식을 쓰시오.

해설

다이크로뮴산칼륨

흡습성이 있는 등적색 결정으로, 물에는 녹으나 알코올에는 녹지 않는다. 강산화제이며 500℃에서 분해하여 산소를 발생하고, 가연물과 혼합된 것은 발열·발화하거나 가열·충격 등에 의해 폭발할 위험이 있다.

$4K_2Cr_2O_7 \rightarrow 4K_2CrO_4 + 2Cr_2O_3 + 3O_2$

해답

① 1,000kg
② $4K_2Cr_2O_7 \rightarrow 4K_2CrO_4 + 2Cr_2O_3 + 3O_2$

06 동영상에서 다음 그림과 같은 제조소 근처의 건축물들을 보여준다. 이 건축물 중 안전거리가 가장 먼 대상물을 쓰시오. (3점)

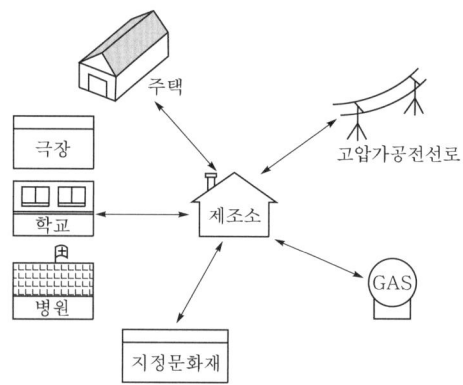

[해설]

건축물	안전거리
사용전압 7,000V 초과 35,000V 이하의 특고압가공전선	3m 이상
사용전압 35,000V 초과의 특고압가공전선	5m 이상
주거용으로 사용되는 것(제조소가 설치된 부지 내에 있는 것 제외)	10m 이상
고압가스, 액화석유가스 또는 도시가스를 저장 또는 취급하는 시설	20m 이상
학교, 병원(종합병원, 치과병원, 한방·요양병원), 극장(공연장, 영화상영관, 수용인원 300명 이상 시설), 아동복지시설, 노인복지시설, 장애인복지시설, 모·부자복지시설, 보육시설, 성매매자를 위한 복지시설, 정신보건시설, 가정폭력피해자 보호시설, 수용인원 20명 이상의 다수인시설	30m 이상
유형문화재, 지정문화재	50m 이상

[해답]

지정문화재

07

동영상에서 이동탱크저장소를 보여준다. 화면에서 화살표 방향이 가리키는 것이 무엇인지 명칭을 적고, 해당 시설물의 높이와 두께를 적으시오. (6점)

[해설]

방호틀의 설치기준

㉮ 설치목적 : 탱크의 운행 또는 전도 시 탱크 상부에 설치된 각종 부속장치의 파손 방지
㉯ 재질 : 두께 2.3mm 이상의 강철판으로 제작할 것
㉰ 형태 : 산 모양의 형상으로 하거나 이와 동등 이상의 강도가 있는 형상으로 할 것
  ※ 정상부분은 부속장치보다 50mm 이상 높게 하거나 동등 이상의 성능이 있는 것으로 할 것

[해답]

명칭 : 방호틀
높이 : 50mm 이상
두께 : 2.3mm 이상

08

학교 옆에 유기과산화물 100kg을 저장하고 있는 옥내저장소에 대해 다음 각 물음에 답하시오. (단, 시험결과에 따른 유기과산화물은 제1종에 해당하는 것으로 한다.) (4점)
① 담 또는 토제를 설치한 경우의 안전거리는 얼마인가?
② 담 또는 토제를 설치하지 아니한 경우의 보유공지를 얼마로 해야 하는가?

[해설]

문제에서 제1종에 해당한다고 했으므로 지정수량은 10kg이며, 따라서 유기과산화물에 대한 유기과산화물의 경우 지정수량의 배수는 $\frac{100\text{kg}}{10\text{kg}} = 10$배이다.

㉮ 지정과산화물의 옥내저장소의 안전거리

저장 또는 취급하는 위험물의 최대수량	안전거리					
	주거용 건물		학교, 병원, 극장		지정문화재	
	담 또는 토제를 설치한 경우	그 외의 경우	담 또는 토제를 설치한 경우	그 외의 경우	담 또는 토제를 설치한 경우	그 외의 경우
10배 이하	20m 이상	40m 이상	30m 이상	50m 이상	50m 이상	60m 이상
10배 초과 20배 이하	22m 이상	45m 이상	33m 이상	55m 이상	54m 이상	65m 이상

㉯ 지정과산화물의 옥내저장소의 보유공지

저장 또는 취급하는 위험물의 최대수량	공지의 너비	
	담 또는 토제를 설치한 경우	그 외의 경우
5배 이하	3.0m 이상	10m 이상
5배 초과 10배 이하	5.0m 이상	15m 이상
10배 초과 20배 이하	6.5m 이상	20m 이상

[해답]

① 30m 이상
② 15m 이상

09 다음 각 물음에 답하시오. (6점)

① 제4류 위험물의 인화점에 대해 다음 빈칸을 채우시오.
- 제1석유류 : 인화점이 (㉮)℃ 미만
- 제2석유류 : 인화점이 (㉮)℃ 이상 (㉯)℃ 미만
- 제3석유류 : 인화점이 (㉯)℃ 이상 (㉰)℃ 미만
- 제4석유류 : 인화점이 (㉰)℃ 이상 (㉱)℃ 미만

② 중유와 경유는 어느 석유류에 해당하는지 쓰시오.

해설

제4류 위험물

㉮ "제1석유류"라 함은 아세톤, 휘발유, 그 밖에 1기압에서 인화점이 섭씨 21도 미만인 것을 말한다.

㉯ "제2석유류"라 함은 등유, 경유, 그 밖에 1기압에서 인화점이 섭씨 21도 이상 70도 미만인 것을 말한다. 다만, 도료류, 그 밖의 물품에 있어서 가연성 액체량이 40중량퍼센트 이하이면서 인화점이 섭씨 40도 이상인 동시에 연소점이 섭씨 60도 이상인 것은 제외한다.

㉰ "제3석유류"라 함은 중유, 크레오소트유, 그 밖에 1기압에서 인화점이 섭씨 70도 이상 섭씨 200도 미만인 것을 말한다. 다만, 도료류, 그 밖의 물품은 가연성 액체량이 40중량퍼센트 이하인 것은 제외한다.

㉱ "제4석유류"라 함은 기어유, 실린더유, 그 밖에 1기압에서 인화점이 섭씨 200도 이상 섭씨 250도 미만인 것을 말한다. 다만, 도료류, 그 밖의 물품은 가연성 액체량이 40중량퍼센트 이하인 것은 제외한다.

해답

① ㉮ 21, ㉯ 70, ㉰ 200, ㉱ 250
② 중유 : 제3석유류, 경유 : 제2석유류

10 동영상에서 철(Fe)가루를 염산이 든 비커에 넣는 장면을 보여준다. 다음 물음에 답하시오. (4점)

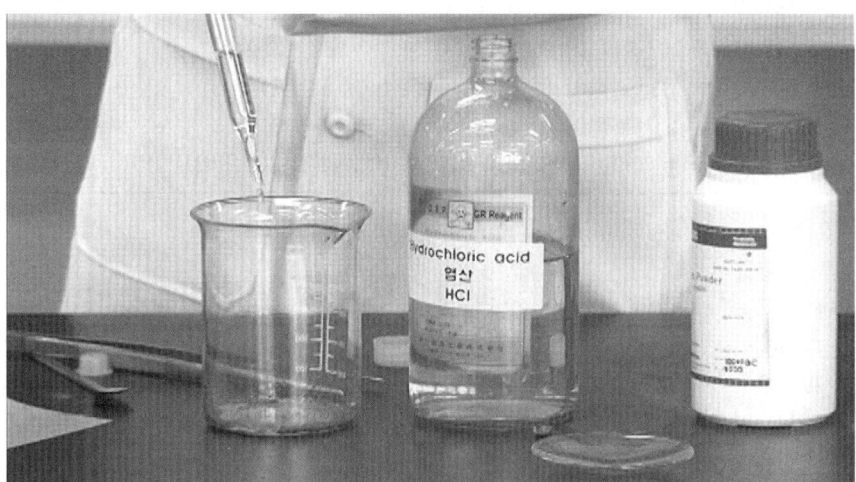

① 화학반응식을 쓰시오.
② 위 반응에서 발생하는 기체의 명칭을 쓰시오.

[해설]
철(Fe)은 묽은산과 반응하여 수소를 발생한다.
$Fe + 2HCl \rightarrow FeCl_2 + H_2$
$2Fe + 6HCl \rightarrow 2FeCl_3 + 3H_2$

[해답]
① $Fe + 2HCl \rightarrow FeCl_2 + H_2$ 또는 $2Fe + 6HCl \rightarrow 2FeCl_3 + 3H_2$
② 수소가스(H_2)

2020. 5. 24. 시행

제1회 과년도 출제문제

01 다음 각 위험물의 운반용기 외부에 표시하는 주의사항을 적으시오.

위험물	주의사항
제1류 위험물 중 알칼리금속의 과산화물	①
제3류 위험물 중 자연발화성 물질	②
제5류 위험물	③

해설

수납하는 위험물에 따른 주의사항

유별	구분	주의사항
제1류 위험물 (산화성 고체)	알칼리금속의 과산화물	"화기·충격주의" "물기엄금" "가연물접촉주의"
	그 밖의 것	"화기·충격주의" "가연물접촉주의"
제2류 위험물 (가연성 고체)	철분·금속분·마그네슘	"화기주의" "물기엄금"
	인화성 고체	"화기엄금"
	그 밖의 것	"화기주의"
제3류 위험물 (자연발화성 및 금수성 물질)	자연발화성 물질	"화기엄금" "공기접촉엄금"
	금수성 물질	"물기엄금"
제4류 위험물 (인화성 액체)	-	"화기엄금"
제5류 위험물 (자기반응성 물질)	-	"화기엄금" 및 "충격주의"
제6류 위험물 (산화성 액체)	-	"가연물접촉주의"

해답

① 화기·충격주의, 물기엄금, 가연물접촉주의
② 화기엄금, 공기접촉엄금
③ 화기엄금, 충격주의

02 이황화탄소 100kg이 완전연소할 때 발생하는 이산화황의 부피(m^3)를 구하시오. (단, 압력은 800mmHg, 기준온도는 30℃이다.)

[해설]

이황화탄소(CS_2)는 휘발하기 쉽고 발화점이 낮아 백열등, 난방기구 등의 열에 의해 발화하며, 점화하면 청색을 내고 연소하는데, 연소생성물 중 이산화황(SO_2)은 유독성이 강하다.

$CS_2 + 3O_2 \rightarrow CO_2 + 2SO_2$

$$\frac{100kg-CS_2}{} \left| \frac{1kmol-CS_2}{76kg-CS_2} \right| \frac{2kmol-SO_2}{1kmol-CS_2} \left| \frac{22.4m^3-SO_2}{1kmol-SO_2} \right| = 58.95m^3-SO_2$$

$$\frac{P_1 V_1}{T_1} = \frac{P_2 V_2}{T_2}$$

$$\frac{760 \times 58.95}{(0+273.15)} = \frac{800 \times V_2}{(30+273.15)}$$

$\therefore V_2 = 62.15m^3$

[해답]

$62.15m^3$

03 제1류 위험물인 염소산칼륨에 대해 다음 각 물음에 답을 쓰시오.
① 완전분해반응식을 쓰시오.
② 염소산칼륨 1,000g이 표준상태에서 완전분해 시 생성되는 산소의 부피(m^3)를 구하시오.

[해설]

염소산칼륨($KClO_3$)은 약 400℃ 부근에서 열분해되기 시작하여 540~560℃에서 과염소산칼륨($KClO_4$)을 생성하고, 다시 분해하여 염화칼륨(KCl)과 산소(O_2)를 방출한다.

[해답]

① $2KClO_3 \rightarrow 2KCl + 3O_2$

② $\frac{1,000g-KClO_3}{} \left| \frac{1mol-KClO_3}{122.5g-KClO_3} \right| \frac{3mol-O_2}{2mol-KClO_3} \left| \frac{22.4L-O_2}{1mol-O_2} \right| \frac{1m^3}{10^3 L-O_2} = 0.274m^3$

04 크실렌의 이성질체 3가지에 대한 명칭과 구조식을 쓰시오.

[해답]

명칭	ortho-크실렌	meta-크실렌	para-크실렌
구조식	CH_3기가 벤젠의 1,2 위치	CH_3기가 벤젠의 1,3 위치	CH_3기가 벤젠의 1,4 위치

05 오황화인에 대하여 다음 물음에 답하시오.
① 물과의 반응식을 쓰시오.
② 물과 반응 시 발생하는 기체의 연소반응식을 쓰시오.

해설

오황화인(P_2S_5)은 알코올이나 이황화탄소(CS_2)에 녹으며, 물이나 알칼리와 반응하면 분해하여 황화수소(H_2S)와 인산(H_3PO_4)으로 된다.
$P_2S_5 + 8H_2O \rightarrow 5H_2S + 2H_3PO_4$

해답

① $P_2S_5 + 8H_2O \rightarrow 5H_2S + 2H_3PO_4$
② $2H_2S + 3O_2 \rightarrow 2H_2O + 2SO_2$

06 위험물안전관리법상 제4류 위험물 중 동식물유에 대해 다음 물음에 답하시오.
① 아이오딘값의 정의를 쓰시오.
② 아이오딘값에 따라 동식물유를 구분하시오.

해설

아이오딘값

유지 100g에 부가되는 아이오딘의 g수를 아이오딘값이라 하며, 유지의 불포화도를 나타낸다. 불포화도가 증가할수록 아이오딘값이 증가하며, 자연발화의 위험이 있다. 동식물유는 아이오딘값에 따라 건성유, 반건성유, 불건성유로 구분한다.

㉮ 건성유 : 아이오딘값이 130 이상인 것
  이중결합이 많아 불포화도가 높기 때문에 공기 중에서 산화되어 액 표면에 피막을 만드는 기름
  예 아마인유, 들기름, 동유, 정어리기름, 해바라기유 등
㉯ 반건성유 : 아이오딘값이 100~130인 것
  공기 중에서 건성유보다 얇은 피막을 만드는 기름
  예 참기름, 옥수수기름, 청어기름, 채종유, 면실유(목화씨유), 콩기름, 쌀겨유 등
㉰ 불건성유 : 아이오딘값이 100 이하인 것
  공기 중에서 피막을 만들지 않는 안정된 기름
  예 올리브유, 피마자유, 야자유, 땅콩기름, 동백기름 등

해답

① 유지 100g에 부가되는 아이오딘의 g수
② • 건성유 : 아이오딘값이 130 이상인 것
  • 반건성유 : 아이오딘값이 100~130인 것
  • 불건성유 : 아이오딘값이 100 이하인 것

07 인화점이 −37℃이고, 분자량이 약 58g/mol이며, 위험물안전관리법상 제4류 위험물에 해당하는 물질에 대하여 다음 물음에 답하시오.
① 문제에서 설명하는 물질의 화학식과 지정수량을 쓰시오.
② 이 물질을 옥외저장탱크에 저장하는 경우, 연소성 혼합기체의 생성에 의한 폭발을 방지하기 위해 조치해야 하는 저장방법을 쓰시오.

[해설]
문제에서 설명하는 물질은 산화프로필렌이다.

[해답]
① CH_3CHOCH_2, 50L
② 불활성 기체 봉입

08 하이드라진과 반응하여 로켓의 추진 연료로 사용되며, 위험물안전관리법상 제6류 위험물에 해당하는 물질에 대하여 다음 각 물음에 알맞은 답을 쓰시오.
① 이 물질이 위험물일 조건을 쓰시오.
② 이 물질과 하이드라진의 폭발반응식을 쓰시오.

[해설]
과산화수소(H_2O_2) − 지정수량 300kg, 농도가 36wt% 이상인 것
㉮ 순수한 것은 청색을 띠고 점성이 있으며, 무취·투명하고, 질산과 유사한 냄새가 난다.
㉯ 일반 시판품은 30~40%의 수용액으로 분해하기 쉬워 인산(H_3PO_4), 요산($C_5H_4N_4O_3$) 등의 안정제를 가하거나 약산성으로 만든다.
㉰ 가열에 의해 산소가 발생한다.
$2H_2O_2 \rightarrow 2H_2O + O_2$
㉱ 농도 60wt% 이상인 것은 충격에 의해 단독 폭발의 위험이 있으며, 고농도의 것은 알칼리금속분, 암모니아, 유기물 등과 접촉 시 발화하거나 충격에 의해 폭발한다.
㉲ 하이드라진과 접촉 시 발화 또는 폭발한다.
$2H_2O_2 + N_2H_4 \rightarrow 4H_2O + N_2$

[해답]
① 농도가 36wt% 이상인 것
② $2H_2O_2 + N_2H_4 \rightarrow 4H_2O + N_2$

09 다음 주어진 물질이 물과 접촉하는 경우, 물과의 반응식을 쓰시오.
① 수소화알루미늄리튬
② 수소화칼륨
③ 수소화칼슘

[해답]
① $LiAlH_4 + 4H_2O \rightarrow LiOH + Al(OH)_3 + 4H_2$
② $KH + H_2O \rightarrow KOH + H_2$
③ $CaH_2 + 2H_2O \rightarrow Ca(OH)_2 + 2H_2$

10

다음은 제4류 위험물의 품명에 관한 내용이다. 괄호 안을 알맞게 채우시오.
- 특수인화물 : 이황화탄소, 디에틸에테르, 그 밖에 1기압에서 발화점이 섭씨 (①) 이하인 것 또는 인화점이 섭씨 영하 20도 이하이고, 비점이 섭씨 40도 이하인 것
- 제1석유류 : 아세톤, 휘발유, 그 밖에 1기압에서 인화점이 섭씨 (②) 미만인 것
- 제2석유류 : 등유, 경유, 그 밖에 1기압에서 인화점이 섭씨 (②) 이상 (③) 미만인 것
- 제3석유류 : 중유, 크레오소트유, 그 밖에 1기압에서 인화점이 섭씨 (③) 이상 섭씨 (④) 미만인 것
- 제4석유류 : 기어유, 실린더유, 그 밖에 1기압에서 인화점이 섭씨 (④) 이상 섭씨 (⑤) 미만인 것

[해설]
- 특수인화물 : 이황화탄소, 디에틸에테르, 그 밖에 1기압에서 발화점이 섭씨 100도 이하인 것 또는 인화점이 섭씨 영하 20도 이하이고, 비점이 섭씨 40도 이하인 것
- 제1석유류 : 아세톤, 휘발유, 그 밖에 1기압에서 인화점이 섭씨 21도 미만인 것
- 제2석유류 : 등유, 경유, 그 밖에 1기압에서 인화점이 섭씨 21도 이상 70도 미만인 것
- 제3석유류 : 중유, 크레오소트유, 그 밖에 1기압에서 인화점이 섭씨 70도 이상 섭씨 200도 미만인 것
- 제4석유류 : 기어유, 실린더유, 그 밖에 1기압에서 인화점이 섭씨 200도 이상 섭씨 250도 미만인 것

[해답]
① 100도, ② 21도, ③ 70도
④ 200도, ⑤ 250도

11

다음 주어진 물질에 대한 보호액을 한 가지씩 쓰시오.
① 황린
② 나트륨
③ 이황화탄소

[해설]
① 황린은 상온에서 서서히 산화하여 어두운 곳에서 청백색의 인광을 내며, 물속에 저장한다.
② 나트륨은 습기나 물에 접촉하지 않도록 보호액(석유, 벤젠, 파라핀 등) 속에 저장한다.
③ 이황화탄소는 물보다 무겁고 물에 녹기 어렵기 때문에 가연성 증기의 발생을 억제하기 위하여 물(수조)속에 저장한다.

[해답]
① 물
② 석유, 벤젠, 파라핀(이 중 한 가지 작성)
③ 물

12 위험물안전관리법상 제4류 위험물인 인화성 액체의 인화점 측정시험 방법 3가지를 쓰시오.

[해답]
① 태그(Tag)밀폐식 인화점 측정기에 의한 인화점 측정시험
② 신속평형법 인화점 측정기에 의한 인화점 측정시험
③ 클리브랜드(Cleaveland) 개방컵 인화점 측정기에 의한 인화점 측정시험

13 다음 보기에 주어진 위험물질에 대해 각 질문에 답하시오.
(보기) 과산화벤조일, 트리나이트로톨루엔, 트리나이트로페놀, 나이트로글리세린, 디나이트로벤젠
① 보기 중 품명이 질산에스터에 해당하는 것을 모두 골라 쓰시오.
② 보기 중 상온에서 액체이고 영하의 온도에서 고체인 위험물의 분해반응식을 적으시오.

[해설]
나이트로글리세린의 일반적 성질
㉮ 분자량 227, 비중 1.6, 융점 2.8℃, 비점 160℃
㉯ 다이너마이트, 로켓, 무연화약의 원료로 순수한 것은 무색투명한 기름상의 액체(공업용 시판품은 담황색)이며, 점화하면 즉시 연소하고 폭발력이 강하다.
㉰ 물에는 거의 녹지 않으나, 메탄올, 벤젠, 클로로포름, 아세톤 등에는 녹는다.
㉱ 다공성 물질인 규조토에 흡수시켜 다이너마이트를 제조한다.
㉲ 40℃에서 분해하기 시작하고, 145℃에서 격렬히 분해하며, 200℃ 정도에서 스스로 폭발한다.
$4C_3H_5(ONO_2)_3 \rightarrow 12CO_2 + 10H_2O + 6N_2 + O_2$

[해답]
① 나이트로글리세린
② $4C_3H_5(ONO_2)_3 \rightarrow 12CO_2 + 10H_2O + 6N_2 + O_2$

14 위험물안전관리법상 제3류 위험물에 해당하는 나트륨에 대해 다음 물음에 답하시오.
① 물과의 반응식을 쓰시오.
② 연소반응식을 쓰시오.
③ 연소 시 불꽃반응 색깔을 쓰시오.

[해설]
① 물과 격렬히 반응하여 발열하고 수소를 발생하며, 산과는 폭발적으로 반응한다. 수용액은 염기성으로 변하고, 페놀프탈레인과 반응 시 붉은색을 나타낸다.
$2Na + 2H_2O \rightarrow 2NaOH + H_2$
② 고온으로 공기 중에서 연소시키면 산화나트륨이 된다.
$4Na + O_2 \rightarrow 2Na_2O$(회백색)
③ 은백색의 무른 금속으로, 물보다 가볍고 노란색 불꽃을 내면서 연소한다.

[해답]
① $2Na + 2H_2O \rightarrow 2NaOH + H_2$
② $4Na + O_2 \rightarrow 2Na_2O$
③ 노란색

15
알루미늄분에 대해 다음 물음에 답하시오.
① 물과의 반응식을 쓰시오.
② 공기 중에서 연소하는 경우의 반응식을 쓰시오.
③ 염산과의 반응식을 쓰시오.

[해설]
알루미늄분의 위험성
㉮ 알루미늄분말이 발화하면 다량의 열을 발생하며, 불꽃 및 흰 연기를 내면서 연소하므로 소화가 곤란하다.
　$4Al + 3O_2 \rightarrow 2Al_2O_3$
㉯ 대부분의 산과 반응하여 수소를 발생한다(단, 진한질산 제외).
　$2Al + 6HCl \rightarrow 2AlCl_3 + 3H_2$
㉰ 알칼리수용액과 반응하여 수소를 발생한다.
　$2Al + 2NaOH + 2H_2O \rightarrow 2NaAlO_2 + 3H_2$
㉱ 제1류 위험물 같은 강산화제와의 혼합물은 약간의 가열·충격·마찰에 의해 발화·폭발한다.
㉲ 물과 반응하면 수소가스를 발생한다.
　$2Al + 6H_2O \rightarrow 2Al(OH)_3 + 3H_2$

[해답]
① $2Al + 6H_2O \rightarrow 2Al(OH)_3 + 3H_2$
② $4Al + 3O_2 \rightarrow 2Al_2O_3$
③ $2Al + 6HCl \rightarrow 2AlCl_3 + 3H_2$

16
과산화나트륨에 대해 다음 물음에 답하시오.
① 열분해반응식을 쓰시오.
② 표준상태에서 1kg의 과산화나트륨이 열분해할 때 발생하는 산소의 부피(L)를 구하시오.

[해설]
과산화나트륨은 가열하면 열분해하여 산화나트륨(Na_2O)과 산소(O_2)를 발생한다.
$2Na_2O_2 \rightarrow 2Na_2O + O_2$

$$\frac{1{,}000g\text{-}Na_2O_2}{} \times \frac{1mol\text{-}Na_2O_2}{78g\text{-}Na_2O_2} \times \frac{1mol\text{-}O_2}{2mol\text{-}Na_2O_2} \times \frac{22.4L\text{-}O_2}{1mol\text{-}O_2} = 143.59L\text{-}O_2$$

[해답]
① $2Na_2O_2 \rightarrow 2Na_2O + O_2$
② 143.59L

17

다음 물음에 답하시오.
① 대통령령이 정하는 위험물 탱크가 있는 제조소 등이 탱크의 변경공사를 하는 때에는 완공검사를 받기 전에 어떤 검사를 받아야 하는가?
② 지하탱크가 있는 제조소 등의 완공검사 신청시기는 언제인가?
③ 이동탱크저장소의 완공검사 신청시기는 언제인가?
④ 제조소 등의 완공검사를 실시한 결과 기술기준에 적합하다고 인정되는 경우, 시·도지사는 무엇을 교부해야 하는가?

해설

① 탱크 안전성능검사
위험물을 저장 또는 취급하는 탱크로서 대통령령이 정하는 탱크(이하 "위험물 탱크"라 한다)가 있는 제조소 등의 설치 또는 그 위치·구조 또는 설비의 변경에 관하여 규정에 따른 허가를 받은 자가 위험물 탱크의 설치 또는 그 위치·구조 또는 설비의 변경공사를 하는 때에는 규정에 따른 완공검사를 받기 전에 규정에 따른 기술기준에 적합한지의 여부를 확인하기 위하여 시·도지사가 실시하는 탱크 안전성능검사를 받아야 한다.

②~③ 완공검사의 신청시기
㉮ 지하탱크가 있는 제조소 등의 경우 : 당해 지하탱크를 매설하기 전
㉯ 이동탱크저장소의 경우 : 이동저장탱크를 완공하고 상치장소를 확보한 후

④ 완공검사의 신청
규정에 의한 신청을 받은 시·도지사는 제조소 등에 대하여 완공검사를 실시하고, 완공검사를 실시한 결과 당해 제조소 등이 규정에 의한 기술기준(탱크 안전성능검사에 관련된 것을 제외한다)에 적합하다고 인정하는 때에는 완공검사합격확인증을 교부하여야 한다.

해답

① 탱크 안전성능검사
② 당해 지하탱크를 매설하기 전
③ 이동저장탱크를 완공하고 상치장소를 확보한 후
④ 완공검사합격확인증

18

다음은 위험물의 저장 및 취급의 공통기준에 대한 설명이다. 괄호 안을 알맞게 채우시오.
• 위험물을 저장 또는 취급하는 건축물, 그 밖의 공작물 또는 설비는 해당 위험물의 성질에 따라 차광 또는 (①)를 해야 한다.
• 위험물은 온도계, 습도계, (②)계, 그 밖의 계기를 감시하여 해당 위험물의 성질에 맞는 적당한 온도, 습도 또는 (②)을 유지하도록 저장 또는 취급하여야 한다.
• 위험물을 용기에 수납하여 저장 또는 취급할 때에는 그 용기는 해당 위험물의 성질에 적응하고 파손·(③)·균열 등이 없는 것으로 하여야 한다.
• (④)의 액체·증기 또는 가스가 새거나 체류할 우려가 있는 장소 또는 (④)의 미분이 현저하게 부유할 우려가 있는 장소에서는 전선과 전기기구를 완전히 접속하고, 불꽃을 발하는 기계·기구·공구·신발 등을 사용하지 아니하여야 한다.
• 위험물을 (⑤) 중에 보존하는 경우에는 해당 위험물이 (⑤)으로부터 노출되지 아니하도록 하여야 한다.

[해설]
위험물의 저장 및 취급에 관한 공통기준
㉮ 제조소 등에서는 규정에 의한 신고와 관련되는 품명 외의 위험물 또는 이러한 허가 및 신고와 관련되는 수량 또는 지정수량의 배수를 초과하는 위험물을 저장 또는 취급하지 아니하여야 한다.
㉯ 위험물을 저장 또는 취급하는 건축물, 그 밖의 공작물 또는 설비는 해당 위험물의 성질에 따라 차광 또는 환기를 해야 한다.
㉰ 위험물은 온도계, 습도계, 압력계, 그 밖의 계기를 감시하여 해당 위험물의 성질에 맞는 적당한 온도, 습도 또는 압력을 유지하도록 저장 또는 취급하여야 한다.
㉱ 위험물을 저장 또는 취급하는 경우에는 위험물의 변질, 이물의 혼입 등에 의하여 해당 위험물의 위험성이 증대되지 아니하도록 필요한 조치를 강구하여야 한다.
㉲ 위험물이 남아 있거나 남아 있을 우려가 있는 설비, 기계·기구, 용기 등을 수리하는 경우에는 안전한 장소에서 위험물을 완전히 제거한 후에 실시하여야 한다.
㉳ 위험물을 용기에 수납하여 저장 또는 취급할 때에는 그 용기는 해당 위험물의 성질에 적응하고 파손·부식·균열 등이 없는 것으로 하여야 한다.
㉴ 가연성의 액체·증기 또는 가스가 새거나 체류할 우려가 있는 장소 또는 가연성의 미분이 현저하게 부유할 우려가 있는 장소에서는 전선과 전기기구를 완전히 접속하고, 불꽃을 발하는 기계·기구·공구·신발 등을 사용하지 아니하여야 한다.
㉵ 위험물을 보호액 중에 보존하는 경우에는 해당 위험물이 보호액으로부터 노출되지 아니하도록 하여야 한다.

[해답]
① 환기
② 압력
③ 부식
④ 가연성
⑤ 보호액

19
위험물제조소의 건축물에 다음과 같이 옥내소화전이 설치되어 있다. 이때 옥내소화전 수원의 수량은 몇 m³인지 각각 구하시오.
① 1층에 1개, 2층에 3개로, 총 4개의 옥내소화전이 설치된 경우
② 1층에 2개, 2층에 5개로, 총 7개의 옥내소화전이 설치된 경우

[해설]
수원의 수량은 옥내소화전이 가장 많이 설치된 층의 옥내소화전 설치개수(설치개수가 5개 이상인 경우는 5개)에 7.8m³를 곱한 양 이상이 되도록 설치한다.
① $Q(m^3) = N \times 7.8m^3$ (N, 5개 이상인 경우 5개) $= 3 \times 7.8m^3 = 23.4m^3$
② $Q(m^3) = N \times 7.8m^3$ (N, 5개 이상인 경우 5개) $= 5 \times 7.8m^3 = 39m^3$

[해답]
① 23.4m³
② 39m³

20

위험물안전관리자에 대해 다음 빈칸에 알맞은 내용을 채우시오.
- (①)은 제조소 등마다 대통령령이 정하는 위험물의 취급에 관한 자격이 있는 자를 위험물안전관리자로 선임한다.
- 안전관리자를 해임하거나 퇴직한 때에는 해임하거나 퇴직한 날부터 (②) 이내에 다시 안전관리자를 선임한다.
- 안전관리자를 선임한 경우에는 선임한 날부터 (③) 이내에 소방본부장 또는 소방서장에게 신고한다.
- 안전관리자가 여행·질병, 그 밖의 사유로 인하여 일시적으로 직무를 수행할 수 없는 경우 대리자(代理者)로 지정하여 그 직무를 대행하게 하여야 한다. 이 경우 대리자가 안전관리자의 직무를 대행하는 기간은 (④)을 초과할 수 없다.

[해설]

위험물안전관리자

㉮ 제조소 등의 관계인은 제조소 등마다 대통령령이 정하는 위험물의 취급에 관한 자격이 있는 자를 위험물안전관리자로 선임한다.
㉯ 안전관리자를 해임하거나 퇴직한 때에는 해임하거나 퇴직한 날부터 30일 이내에 다시 안전관리자를 선임한다.
㉰ 안전관리자를 선임한 경우에는 선임한 날부터 14일 이내에 소방본부장 또는 소방서장에게 신고한다.
㉱ 안전관리자를 해임하거나 안전관리자가 퇴직한 경우 관계인 또는 안전관리자는 소방본부장이나 소방서장에게 그 사실을 알려 해임되거나 퇴직한 사실을 확인받을 수 있다.
㉲ 안전관리자를 선임한 제조소 등의 관계인은 안전관리자가 여행·질병, 그 밖의 사유로 인하여 일시적으로 직무를 수행할 수 없거나 안전관리자의 해임 또는 퇴직과 동시에 다른 안전관리자를 선임하지 못하는 경우에는 국가기술자격법에 따른 위험물의 취급에 관한 자격취득자 또는 위험물안전에 관한 기본지식과 경험이 있는 자로서 행정안전부령이 정하는 자를 대리자(代理者)로 지정하여 그 직무를 대행하게 하여야 한다. 이 경우 대리자가 안전관리자의 직무를 대행하는 기간은 30일을 초과할 수 없다.

[해답]

① 제조소 등의 관계인
② 30일
③ 14일
④ 30일

제1·2회 통합 과년도 출제문제

2020. 7. 25. 시행

01 위험물안전관리법상 제4류 위험물에 해당하며, 분자량이 27이고, 끓는점이 26℃인 맹독성 물질에 대해 다음 물음에 답하시오.
① 시성식을 쓰시오.
② 증기비중을 쓰시오.

해설

시안화수소(HCN, 청산)

분자량	액비중	증기비중	비점	인화점	발화점	연소범위
27	0.69	0.94	26℃	−18℃	540℃	6~41%

㉮ 상온에서 독특한 자극성의 냄새가 나는 무색의 액체이다. 물, 알코올에 잘 녹으며, 수용액은 약산성이다.
㉯ 맹독성 물질이며, 휘발성이 높아 인화 위험도 매우 높다. 증기는 공기보다 약간 가벼우며, 연소하면 푸른 불꽃을 내면서 탄다.
㉰ 증기비중 $= \dfrac{\text{기체의 분자량}(27\text{g/mol})}{\text{공기의 분자량}(28.84\text{g/mol})} = 0.94$

해답
① HCN
② 0.94

02 1atm, 90℃에서 벤젠 16g이 완전 증발하는 경우, 부피는 몇 L인지 구하시오.

해설

이상기체방정식 : $PV = \dfrac{w}{M}RT \;\rightarrow\; V = \dfrac{wRT}{PM}$

벤젠(C_6H_6)의 분자량 $M = 12 \times 6 + 6 = 78\text{g/mol}$

∴ $V = \dfrac{16 \times 0.082 \times (90 + 273.15)}{1 \times 78} ≒ 6.11\text{L}$

해답
6.11L

03 위험물안전관리법상 농도가 36wt% 미만일 경우 위험물에서 제외되는 제6류 위험물에 대하여 다음 물음에 답하시오.
① 위험등급을 쓰시오.
② 열분해반응식을 쓰시오.
③ 이 물질을 운반하는 경우 외부에 표시해야 하는 주의사항을 쓰시오.

[해설]

과산화수소(H_2O_2)

㉮ 위험등급 I에 해당하며, 지정수량은 300kg이고, 농도가 36wt% 이상인 경우 위험물에 해당된다.

㉯ 가열에 의해 산소가 발생한다.
$2H_2O_2 \rightarrow 2H_2O + O_2$

㉰ 저장·취급 시 유리는 알칼리성으로 분해를 촉진하므로 피하고, 가열·화기·직사광선을 차단하며 농도가 높을수록 위험성이 크므로 분해방지안정제(인산, 요산 등)를 넣어 발생기 산소의 발생을 억제한다.

㉱ 용기는 밀봉하되, 작은 구멍이 뚫린 마개를 사용한다.

㉲ 화재 시 용기를 이송하고, 불가능한 경우 주수냉각하면서 다량의 물로 냉각소화한다.

[해답]
① 위험등급 I
② $2H_2O_2 \rightarrow 2H_2O + O_2$
③ 가연물접촉주의

04 탄화칼슘 32g이 물과 반응하여 발생하는 가연성 가스를 완전연소시키는 데 필요한 산소의 부피(L)를 구하시오.

[해설]

$CaC_2 + 2H_2O \rightarrow Ca(OH)_2 + C_2H_2$

위 식에서 먼저 탄화칼슘 32g에 대해 발생하는 아세틸렌가스의 생성량(g)을 구한다.

$$\frac{32g-CaC_2}{} \left| \frac{1mol-CaC_2}{64g-CaC_2} \right| \frac{1mol-C_2H_2}{1mol-CaC_2} \left| \frac{26g-C_2H_2}{1mol-C_2H_2} \right. = 13g-C_2H_2$$

한편, 아세틸렌가스에 대한 완전연소반응식은 다음과 같다.

$2C_2H_2 + 5O_2 \rightarrow 4CO_2 + 2H_2O$

여기서, 13g의 아세틸렌가스를 완전연소시키는 데 필요한 산소의 부피를 구한다.

$$\frac{13g-C_2H_2}{} \left| \frac{1mol-C_2H_2}{26g-C_2H_2} \right| \frac{5mol-O_2}{2mol-C_2H_2} \left| \frac{22.4L-O_2}{1mol-O_2} \right. = 28L-O_2$$

[해답]
28L

05

다음 주어진 물질이 물과 반응하는 경우의 화학방정식을 각각 완결하시오.
① 트리메틸알루미늄
② 트리에틸알루미늄

[해설]

트리메틸알루미늄[$(CH_3)_3Al$]과 트리에틸알루미늄[$(C_2H_5)_3Al$]은 알킬알루미늄으로서, 물과 반응하는 경우 물속의 수산기(OH^-)가 금속과 반응하여 수산화알루미늄과 가연성 가스를 발생한다.

[해답]

① $(CH_3)_3Al + 3H_2O \rightarrow Al(OH)_3 + 3CH_4$
② $(C_2H_5)_3Al + 3H_2O \rightarrow Al(OH)_3 + 3C_2H_6$

06

적린과 염소산칼륨이 혼촉하는 경우, 다음 물음에 답하시오.
① 적린과 염소산칼륨이 혼촉하여 폭발 반응하는 경우의 화학반응식은?
② 위 반응에서 생성되는 기체가 물과 반응하여 생성되는 물질의 명칭은?

[해설]

① 적린은 염소산염류, 과염소산염류 등 강산화제와 혼합하면 불안정한 폭발물과 같이 되어 약간의 가열·충격·마찰에 의해 폭발한다.
$6P + 5KClO_3 \rightarrow 5KCl + 3P_2O_5$
② 오산화인(P_2O_5)이 물과 반응하는 경우 오르토인산(H_3PO_4)이 생성된다.
$P_2O_5 + 3H_2O \rightarrow 2H_3PO_4$

[해답]

① $6P + 5KClO_3 \rightarrow 5KCl + 3P_2O_5$
② 오르토인산

07

제5류 위험물인 트리나이트로페놀에 대해 다음 물음에 답하시오.
① 품명은?
② 지정수량은?
③ 구조식은?

[해답]

① 나이트로화합물
② 시험결과에 따라 제1종과 제2종으로 분류하며, 제1종인 경우 10kg, 제2종인 경우 100kg에 해당한다.
③
```
        OH
   O₂N     NO₂
     [benzene ring]
        NO₂
```

08 다음 각 물질이 열분해하여 산소를 발생시키는 경우의 반응식을 적으시오.
① 아염소산나트륨
② 염소산나트륨
③ 과염소산나트륨

[해설]
① 아염소산나트륨은 가열 · 충격 · 마찰에 의해 폭발적으로 분해한다.
② 염소산나트륨은 248℃에서 분해하기 시작하여 산소를 발생한다.
③ 과염소산나트륨은 400℃에서 분해하여 산소를 방출한다.

[해답]
① $NaClO_2 \rightarrow NaCl + O_2$
② $2Na_2ClO_3 \rightarrow 2NaCl + 3O_2$
③ $NaClO_4 \rightarrow NaCl + 2O_2$

09 제5류 위험물의 지정수량 규정방법에 대해 설명하시오. (6점)

[해답]
시험결과에 따라 위험성 유무와 등급을 결정하여 제1종과 제2종으로 분류하며, 제1종은 10kg, 제2종은 100kg으로 규정한다.

10 다음은 위험물안전관리법상 위험물의 운반에 관한 기준에서 유별을 달리하는 위험물의 혼재기준 도표이다. 다음 빈칸에 알맞게 O, × 표시를 하시오. (단, 이 표는 지정수량의 1/10 이하의 위험물에 대하여는 적용하지 아니한다.)

위험물의 구분	제1류	제2류	제3류	제4류	제5류	제6류
제1류						O
제2류				O		
제3류						
제4류		O				
제5류						
제6류	O					

[해답]

위험물의 구분	제1류	제2류	제3류	제4류	제5류	제6류
제1류		×	×	×	×	O
제2류	×		×	O	O	×
제3류	×	×		O	×	×
제4류	×	O	O		O	×
제5류	×	O	×	O		×
제6류	O	×	×	×	×	

11 제4류 위험물에 해당하는 아세트알데하이드에 대하여 다음 물음에 답하시오.
① 옥외저장소(압력탱크 제외)에 저장할 경우의 저장온도를 쓰시오.
② 위험도를 구하시오.
③ 공기 중에서 산화하는 경우 생성되는 물질의 명칭을 쓰시오.

[해설]

① 옥외저장탱크 · 옥내저장탱크 또는 지하저장탱크 중 압력탱크 외의 탱크에 저장하는 디에틸에테르 등 또는 아세트알데하이드 등의 온도는 산화프로필렌과 이를 함유한 것 또는 디에틸에테르 등에 있어서는 30℃ 이하로, 아세트알데하이드 또는 이를 함유한 것에 있어서는 15℃ 이하로 각각 유지해야 한다.
② 아세트알데하이드의 연소범위는 4.1~57%이므로
$$H = \frac{U-L}{L} = \frac{57-4.1}{4.1} \fallingdotseq 12.90$$
③ 산화 시 초산, 환원 시 에탄올이 생성된다.
- $2CH_3CHO + O_2 \rightarrow 2CH_3COOH$ (산화작용)
- $CH_3CHO + H_2 \rightarrow C_2H_5OH$ (환원작용)

[해답]

① 15℃ 이하
② 12.90
③ 초산(또는 아세트산, CH_3COOH)

12 다음은 위험물안전관리법상 소화설비의 적응성에 관한 도표이다. 소화설비의 적응성이 있는 경우에 대해 빈칸에 O 표시를 하시오.

소화설비의 구분 \ 대상물의 구분	제1류 위험물		제2류 위험물			제3류 위험물		제4류 위험물	제5류 위험물	제6류 위험물
	알칼리금속과산화물 등	그 밖의 것	철분·금속분·마그네슘 등	인화성 고체	그 밖의 것	금수성 물품	그 밖의 것			
옥내소화전 또는 옥외소화전 설비										
스프링클러설비										
물분무소화설비										
포소화설비										
불활성가스소화설비										
할로겐화합물소화설비										

해답

소화설비의 구분 \ 대상물의 구분	제1류 위험물		제2류 위험물			제3류 위험물		제4류 위험물	제5류 위험물	제6류 위험물
	알칼리금속과산화물 등	그 밖의 것	철분·금속분·마그네슘 등	인화성 고체	그 밖의 것	금수성 물품	그 밖의 것			
옥내소화전 또는 옥외소화전 설비		O		O	O		O		O	O
스프링클러설비		O		O	O		O		O	O
물분무소화설비		O		O	O		O	O	O	O
포소화설비		O		O	O		O	O	O	O
불활성가스소화설비				O				O		
할로겐화합물소화설비				O				O		

13

다음은 위험물안전관리법상 위험물의 저장·취급 기준에 대한 설명이다. 괄호 안을 알맞게 채우시오.

- (①) 위험물은 불티·불꽃·고온체와의 접근이나 과열·충격 또는 마찰을 피하여야 한다.
- (②) 위험물은 가연물과의 접촉·혼합이나 분해를 촉진하는 물품과의 접근 또는 과열을 피하여야 한다.
- (③) 위험물은 불티·불꽃·고온체와의 접근 또는 과열을 피하고, 함부로 증기를 발생시키지 아니하여야 한다.

[해답]

① 제5류, ② 제6류, ③ 제4류

14

다음 주어진 위험물의 품명과 지정수량을 각각 쓰시오.
① KIO_3
② $AgNO_3$
③ $KMnO_4$

[해답]

① 아이오딘산염류, 300kg
② 질산염류, 300kg
③ 과망가니즈산염류, 1,000kg

15

다음 주어진 조건에서 위험물안전관리법령상 소요단위를 각각 구하시오.
① 내화구조의 옥내저장소로서 연면적이 150m²인 경우
② 에탄올 1,000L, 등유 1,500L, 동식물유류 20,000L, 특수인화물 500L를 저장하는 경우

[해설]

소요단위: 소화설비의 설치대상이 되는 건축물의 규모 또는 위험물 양에 대한 기준단위

1단위	제조소 또는 취급소용 건축물의 경우	내화구조 외벽을 갖춘 연면적 100m²
		내화구조 외벽이 아닌 연면적 50m²
	저장소 건축물의 경우	내화구조 외벽을 갖춘 연면적 150m²
		내화구조 외벽이 아닌 연면적 75m²
	위험물의 경우	지정수량의 10배

① 소요단위 = $\dfrac{150}{150} = 1.0$

② 소요단위 = $\dfrac{저장수량}{지정수량 \times 10} = \dfrac{1,000L}{400L \times 10} + \dfrac{1,500L}{1,000L \times 10} + \dfrac{20,000L}{10,000L \times 10} + \dfrac{500L}{50L \times 10} = 1.6$

[해답]

① 1.0, ② 1.6

16 다음 보기에서 주어진 위험물 중 비수용성인 것을 모두 고르시오.
(보기) 이황화탄소, 아세트알데하이드, 아세톤, 스티렌, 클로로벤젠

해설
보기의 물질은 모두 제4류 위험물(인화성 액체)이다.

물질명	이황화탄소	아세트알데하이드	아세톤	스티렌	클로로벤젠
화학식	CS_2	CH_3CHO	CH_3COCH_3	$C_6H_5CH=CH_2$	C_6H_5Cl
품명	특수인화물	특수인화물	제1석유류	제2석유류	제2석유류
수용성 여부	비수용성	수용성	수용성	비수용성	비수용성

해답
이황화탄소, 스티렌, 클로로벤젠

17 다음은 위험물안전관리법령에서 정하는 인화점 측정방법의 일부를 발췌한 것이다. 해당하는 인화점 측정시험 방법을 적으시오.
① (   ) 인화점 측정기에 의한 인화점 측정시험
  • 시험장소는 1기압, 무풍의 장소로 할 것
  • 인화점 측정기의 시료컵에 시험물품 50cm³를 넣고, 시험물품 표면의 기포를 제거한 후 뚜껑을 덮을 것
② (   ) 인화점 측정기에 의한 인화점 측정시험
  • 시험장소는 1기압, 무풍의 장소로 할 것
  • 인화점 측정기의 시료컵을 설정온도까지 가열 또는 냉각하여 시험물품(설정온도가 상온보다 낮은 온도인 경우에는 설정온도까지 냉각한 것) 2mL를 시료컵에 넣고, 즉시 뚜껑 및 개폐기를 닫을 것
③ (   ) 인화점 측정기에 의한 인화점 측정시험
  • 시험장소는 1기압, 무풍의 장소로 할 것
  • 인화점 측정기의 시료컵의 표선까지 시험물품을 채우고 시험물품 표면의 기포를 제거할 것
  • 시험불꽃을 점화하고 화염의 크기를 직경 4mm가 되도록 조정할 것

해답
① 태그(Tag)밀폐식
② 신속평형법
③ 클리브랜드(Cleaveland) 개방컵

18

방유제 내에 다음 그림과 같은 옥외저장탱크가 설치되어 있다. 다음 각 물음에 답하시오.

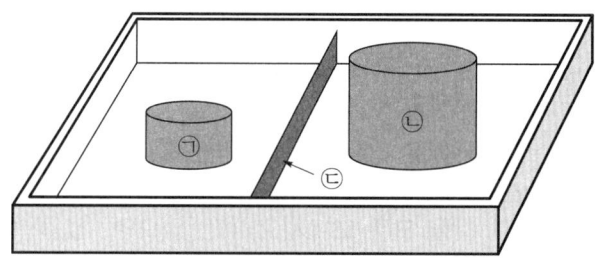

ⓐ 내용적 5천만L에 휘발유 3천만L를 저장하는 옥외저장탱크
ⓑ 내용적 1억2천만L에 경유 8천만L를 저장하는 옥외저장탱크

① 'ⓐ' 탱크의 최대용량은?
② 해당 방유제의 용량(공간용적 10/100)은?
③ 'ⓒ' 설비의 명칭은?

[해설]

① 공간용적은 5/100~10/100이므로, 탱크의 최대용량은 다음과 같다.
   50,000,000L×0.95=47,500,000L
② 방유제의 용량은 방유제 안에 설치된 탱크가 하나인 때에는 그 탱크 용량의 110% 이상, 2기 이상인 때에는 그 탱크 용량 중 용량이 최대인 것의 용량의 110% 이상으로 한다.
   ∴ 120,000,000L×0.9×1.1=118,800,000L
③ 용량이 1,000만L 이상인 옥외저장탱크의 주위에 설치하는 방유제에는 다음의 규정에 따라 해당 탱크마다 간막이둑을 설치하여야 한다.
   ㉮ 간막이둑의 높이는 0.3m(방유제 내에 설치되는 옥외저장탱크의 용량의 합계가 2억L를 넘는 방유제에 있어서는 1m) 이상으로 하되, 방유제의 높이보다 0.2m 이상 낮게 할 것
   ㉯ 간막이둑은 흙 또는 철근콘크리트로 할 것
   ㉰ 간막이둑의 용량은 간막이둑 안에 설치된 탱크 용량의 10% 이상일 것

[해답]

① 47,500,000L
② 118,800,000L
③ 간막이둑

19 다음은 위험물안전관리법령에 따른 자체소방대에 관한 내용이다. 묻는 말에 답하시오.
① 다음 보기 중 자체소방대를 두어야 하는 경우를 모두 고르시오.
　(보기) ㉮ 염소산염류 250t의 제조소
　　　　㉯ 염소산염류 250t의 일반취급소
　　　　㉰ 특수인화물 250kL의 제조소
　　　　㉱ 특수인화물 250kL를 충전하는 일반취급소
② 자체소방대에 두는 화학소방자동차 1대당 필요한 소방대원의 수는 몇 명인지 쓰시오.
③ 다음 보기 중 틀린 것을 모두 고르시오. (단, 없으면 "없음"이라고 적으시오.)
　(보기) ㉮ 다른 사업소 등과 상호 협정을 체결한 경우, 그 모든 사업소를 하나의 사업소로 볼 것
　　　　㉯ 포수용액 방사차에는 소화약액 탱크 및 소화약액 혼합장치를 비치할 것
　　　　㉰ 포수용액 방사차는 자체소방차 대수의 2/3 이상이어야 하고, 포수용액의 방사능력은 3,000L 이상일 것
　　　　㉱ 10만L 이상의 포수용액을 방사할 수 있는 양의 소화약제를 비치할 것
④ 자체소방대를 설치하지 않을 경우 어떤 처벌을 받는지 쓰시오.

해설

① 자체소방대 설치대상 : 지정수량의 3천배 이상의 제4류 위험물을 취급하는 제조소 또는 일반취급소와 50만배 이상 저장하는 옥외탱크저장소에 설치
　㉮ 염소산염류 250t의 제조소, ㉯ 염소산염류 250t의 일반취급소 : 염소산염류의 경우 제1류 위험물이므로, 해당사항 없음
　㉰ 특수인화물 250kL의 제조소

$$\text{지정수량 배수의 합} = \frac{\text{A품목 저장수량}}{\text{A품목 지정수량}} = \frac{250 \times 1{,}000\text{L}}{50\text{L}} = 5{,}000$$

　㉱ 특수인화물 250kL를 충전하는 일반취급소 : 충전하는 일반취급소는 해당사항 없음

② 자체소방대에 두는 화학소방자동차 및 인원

사업소의 구분	화학소방자동차의 수	자체소방대원의 수
제조소 또는 일반취급소에서 취급하는 제4류 위험물의 최대수량의 합이 지정수량의 3천배 이상 12만배 미만인 사업소	1대	5인
제조소 또는 일반취급소에서 취급하는 제4류 위험물의 최대수량의 합이 지정수량의 12만배 이상 24만배 미만인 사업소	2대	10인
제조소 또는 일반취급소에서 취급하는 제4류 위험물의 최대수량의 합이 지정수량의 24만배 이상 48만배 미만인 사업소	3대	15인
제조소 또는 일반취급소에서 취급하는 제4류 위험물의 최대수량의 합이 지정수량의 48만배 이상인 사업소	4대	20인
옥외탱크저장소에 저장하는 제4류 위험물의 최대수량이 지정수량의 50만배 이상인 사업소	2대	10인

③ 포수용액방사차에 갖추어야 하는 소화 능력 및 설비의 기준
  ㉮ 포수용액의 방사능력이 2,000L/분 이상일 것
  ㉯ 소화약액 탱크 및 소화약액 혼합장치를 비치할 것
  ㉰ 10만L 이상의 포수용액을 방사할 수 있는 양의 소화약제를 비치할 것
  ※ 포수용액을 방사하는 화학소방자동차의 대수는 규정에 의한 화학소방자동차 대수의 3분의 2 이상으로 하여야 한다.
④ 벌칙 : 다음의 어느 하나에 해당하는 자는 1년 이하의 징역 또는 1천만원 이하의 벌금에 처한다.
  ㉮ 규정에 따른 탱크 시험자로 등록하지 아니하고 탱크 시험자의 업무를 한 자
  ㉯ 규정을 위반하여 정기점검을 하지 아니하거나 점검기록을 허위로 작성한 관계인
  ㉰ 규정을 위반하여 정기검사를 받지 아니한 관계인
  ㉱ 규정을 위반하여 자체소방대를 두지 아니한 관계인
  ㉲ 규정을 위반하여 운반용기에 대한 검사를 받지 아니하고 운반용기를 사용하거나 유통시킨 자
  ㉳ 규정에 따른 명령을 위반하여 보고 또는 자료 제출을 하지 아니하거나 허위의 보고 또는 자료 제출을 한 자 또는 관계공무원의 출입·검사 또는 수거를 거부·방해 또는 기피한 자
  ㉴ 규정에 따른 제조소 등에 대한 긴급 사용정지·제한명령을 위반한 자

[해답]
① ㉰
② 5명
③ ㉰
④ 1년 이하의 징역 또는 1천만원 이하의 벌금

20 다음은 제1종 판매취급소의 시설기준 중 위험물을 배합하는 실에 대한 내용이다. 괄호 안에 적절한 내용을 순서대로 쓰시오.
① 바닥면적은 (   )m² 이상 (   )m² 이하로 할 것
② (   ) 또는 (   )로 된 벽으로 구획할 것
③ 바닥은 위험물이 침투하지 아니하는 구조로 하여 적당한 경사를 두고 (   )를 할 것
④ 출입구에는 수시로 열 수 있는 자동폐쇄식의 (   )을 설치할 것
⑤ 출입구 문턱의 높이는 바닥면으로부터 (   )m 이상으로 할 것

[해답]
① 6, 15
② 내화구조, 불연재료
③ 집유설비
④ 갑종방화문
⑤ 0.1

01
다음 위험물이 제6류 위험물이 되기 위한 조건을 각각 적으시오. (단, 조건이 없는 경우 "없음"이라 쓰시오.)
① 과염소산
② 과산화수소
③ 질산

[해답]
① 없음
② 농도 36wt% 이상
③ 비중 1.49 이상

02
제3류 위험물에 해당하는 탄화알루미늄이 물과 반응 시 생성되는 기체에 대해 다음 물음에 답하시오.
① 생성되는 기체의 화학식은?
② 생성되는 기체의 연소반응식은?
③ 생성되는 기체의 연소범위는?
④ 생성되는 기체의 위험도를 구하시오.

[해설]
탄화알루미늄(Al_4C_3)은 물과 반응하여 가연성·폭발성의 메탄가스를 만들며, 밀폐된 실내에서 메탄이 축적되는 경우 인화성 혼합기를 형성하여 2차 폭발의 위험이 있다.
$Al_4C_3 + 12H_2O \rightarrow 4Al(OH)_3 + 3CH_4$

[해답]
① CH_4
② $CH_4 + 2O_2 \rightarrow CO_2 + 2H_2O$
③ 5~15%
④ $H = \dfrac{U-L}{L} = \dfrac{15-5}{5} = 2$

03
과산화나트륨 1kg이 열분해 시 발생하는 산소의 부피는 350℃, 1기압에서 몇 L인지 구하시오.

해설

과산화나트륨(Na_2O_2)은 가열하면 열분해하여 산화나트륨(Na_2O)과 산소(O_2)를 발생한다.
$2Na_2O_2 \rightarrow 2Na_2O + O_2$

$$\frac{1,000g-Na_2O_2}{} \times \frac{1mol-Na_2O_2}{78g-Na_2O_2} \times \frac{1mol-O_2}{2mol-Na_2O_2} \times \frac{32g-O_2}{1mol-O_2} = 205.13g-O_2$$

이상기체방정식 : $PV = \frac{w}{M}RT \rightarrow V = \frac{wRT}{PM}$

산소(O_2)의 분자량 $M = 16 \times 2 = 32g/mol$

$\therefore V = \frac{205.13 \times 0.082 \times (350 + 273.15)}{1 \times 32} = 327.56L$

해답

327.56L

04
다음 각 물음에 답하시오.
① 트리메틸알루미늄의 연소반응식은?
② 트리에틸알루미늄의 연소반응식은?
③ 트리메틸알루미늄의 물과의 반응식은?
④ 트리에틸알루미늄의 물과의 반응식은?

해답

① $2(CH_3)_3Al + 12O_2 \rightarrow 6CO_2 + 9H_2O + Al_2O_3$
② $2(C_2H_5)_3Al + 21O_2 \rightarrow 12CO_2 + 15H_2O + Al_2O_3$
③ $(CH_3)_3Al + 3H_2O \rightarrow Al(OH)_3 + 3CH_4$
④ $(C_2H_5)_3Al + 3H_2O \rightarrow Al(OH)_3 + 3C_2H_6$

05
다음 보기 중 수용성 물질을 모두 고르시오.
(보기) 휘발유, 벤젠, 톨루엔, 아세톤, 메틸알코올, 클로로벤젠, 아세트알데하이드

해설

보기의 물질은 모두 제4류 위험물(인화성 액체)이다.

품목	휘발유	벤젠	톨루엔	아세톤	메틸알코올	클로로벤젠	아세트알데하이드
품명	제1석유류	제1석유류	제1석유류	제1석유류	알코올류	제2석유류	특수인화물
수용성	비수용성	비수용성	비수용성	수용성	수용성	비수용성	수용성

해답

아세톤, 메틸알코올, 아세트알데하이드

06

제2류 위험물 중 황화인에 대해 다음 물음에 답하시오.
(보기) 삼황화인, 오황화인, 칠황화인
① 보기의 황화인을 조해성이 있는 물질과 없는 물질로 구분하시오.
② 보기 중 발화점이 가장 낮은 물질의 화학식과 연소반응식을 쓰시오.

[해설]

황화인의 일반적 성질

성질 \ 종류	P_4S_3(삼황화인)	P_2S_5(오황화인)	P_4S_7(칠황화인)
분자량	220	222	348
색상	황색 결정	담황색 결정	담황색 결정 덩어리
물에 대한 용해성	불용성	조해성, 흡습성	조해성
비중	2.03	2.09	2.19
비점	407℃	514℃	523℃
융점	172.5℃	290℃	310℃
발생물질	P_2O_5, SO_2	H_2S, H_3PO_4	H_2S
발화점(착화점)	약 100℃	142℃	—

[해답]

① • 조해성이 있는 물질 : 오황화인, 칠황화인
 • 조해성이 없는 물질 : 삼황화인
② • 화학식 : P_4S_3
 • 연소반응식 : $P_4S_3 + 8O_2 \rightarrow 2P_2O_5 + 3SO_2$

07

다음 보기의 물질들을 건성유, 반건성유, 불건성유로 구분하여 쓰시오.
(보기) 아마인유, 야자유, 들기름, 목화씨기름, 쌀겨기름, 땅콩기름
① 건성유
② 반건성유
③ 불건성유

[해설]

제4류 위험물 중 동식물유는 아이오딘값에 따라 건성유, 반건성유, 불건성유로 구분하며, 각각의 대표적인 물질들을 정리하면 다음과 같다.
① 건성유 : 아마인유, 들기름, 동유, 정어리기름, 해바라기유 등
② 반건성유 : 참기름, 옥수수기름, 청어기름, 채종유, 면실유(목화씨유), 콩기름, 쌀겨유 등
③ 불건성유 : 올리브유, 피마자유, 야자유, 땅콩기름, 동백유 등

[해답]

① 건성유 : 아마인유, 들기름
② 반건성유 : 목화씨기름, 쌀겨기름
③ 불건성유 : 야자유, 땅콩기름

08 질산칼륨에 대해 다음 물음에 답하시오.
① 품명은?
② 지정수량은?
③ 위험등급은?
④ 제조소의 주의사항은? (단, 없으면 "없음"이라 쓰시오.)
⑤ 분해반응식은?

해설

㉮ 질산칼륨은 약 400℃로 가열하면 분해하여 아질산칼륨(KNO_2)과 산소(O_2)가 발생하는 강산화제이다.
$$2KNO_3 \rightarrow 2KNO_2 + O_2$$

㉯ 위험물제조소의 주의사항 게시판
　㉠ 화기엄금(적색 바탕 백색 문자) : 제2류 위험물 중 인화성 고체, 제3류 위험물 중 자연발화성 물품, 제4류 위험물, 제5류 위험물
　㉡ 화기주의(적색 바탕 백색 문자) : 제2류 위험물(인화성 고체 제외)
　㉢ 물기엄금(청색 바탕 백색 문자) : 제1류 위험물 중 무기과산화물, 제3류 위험물 중 금수성 물품

해답

① 질산염류, ② 300kg, ③ Ⅱ등급
④ 없음
⑤ $2KNO_3 \rightarrow 2KNO_2 + O_2$

09 지하저장탱크에 대해 다음 물음에 답하시오.
① 액체 위험물의 누설을 검사하기 위한 관을 몇 개소 이상 적당한 위치에 설치해야 하는가?
② 지하저장탱크의 윗부분은 지면으로부터 몇 m 이상 아래에 있어야 하는가?
③ 통기관의 선단은 지면으로부터 몇 m 이상의 높이에 설치해야 하는가?
④ 탱크 전용실의 벽 및 바닥의 두께는 몇 m 이상으로 해야 하는가?
⑤ 해당 탱크의 주위는 무엇으로 채워야 하는가?

해설

① 액체 위험물의 누설을 검사하기 위한 관을 기준에 따라 4개소 이상 적당한 위치에 설치해야 한다.
② 지하저장탱크의 윗부분은 지면으로부터 0.6m 이상 아래에 있어야 한다.
③ 통기관의 선단은 지면으로부터 4m 이상의 높이로 설치해야 한다.
④ 탱크 전용실의 벽·바닥 및 뚜껑의 두께는 0.3m 이상으로 해야 한다.
⑤ 해당 탱크의 주위에 마른 모래 또는 습기 등에 의하여 응고되지 아니하는 입자 지름 5mm 이하의 마른 자갈분을 채워야 한다.

해답

① 4개소, ② 0.6m, ③ 4m, ④ 0.3m
⑤ 마른 모래 또는 습기 등에 의하여 응고되지 아니하는 입자 지름 5mm 이하의 마른 자갈분

10 다음 제4류 위험물의 품명에 따른 인화점 범위를 각각 쓰시오.
① 제1석유류
② 제2석유류
③ 제3석유류
④ 제4석유류

[해설]

① "제1석유류"라 함은 아세톤, 휘발유, 그 밖에 1기압에서 인화점이 21℃ 미만인 것을 말한다.
② "제2석유류"라 함은 등유, 경유, 그 밖에 1기압에서 인화점이 21℃ 이상 70℃ 미만인 것을 말한다. 다만, 도료류, 그 밖의 물품에 있어서 가연성 액체량이 40wt% 이하이면서 인화점이 40℃ 이상인 동시에, 연소점이 60℃ 이상인 것은 제외한다.
③ "제3석유류"라 함은 중유, 크레오소트유, 그 밖에 1기압에서 인화점이 70℃ 이상 200℃ 미만인 것을 말한다. 다만, 도료류, 그 밖의 물품은 가연성 액체량이 40wt% 이하인 것은 제외한다.
④ "제4석유류"라 함은 기어유, 실린더유, 그 밖에 1기압에서 인화점이 200℃ 이상 250℃ 미만인 것을 말한다. 다만, 도료류, 그 밖의 물품은 가연성 액체량이 40wt% 이하인 것은 제외한다.

[해답]

① 21℃ 미만
② 21℃ 이상 70℃ 미만
③ 70℃ 이상 200℃ 미만
④ 200℃ 이상 250℃ 미만

11 다음 각 물질의 물과의 반응식을 쓰시오.
① K_2O_2
② Mg
③ Na

[해설]

① 과산화칼륨(K_2O_2)은 흡습성이 있고, 물과 접촉하면 발열하며 수산화칼륨(KOH)과 산소(O_2)를 발생한다.
$2K_2O_2 + 2H_2O \rightarrow 4KOH + O_2$
② 마그네슘(Mg)은 온수와 반응하여 많은 양의 열과 수소(H_2)를 발생한다.
$Mg + 2H_2O \rightarrow Mg(OH)_2 + H_2$
③ 나트륨(Na)은 물과 격렬히 반응하여 발열하고 수소를 발생하며, 산과는 폭발적으로 반응한다. 수용액은 염기성으로 변하고, 페놀프탈레인과 반응 시 붉은색을 나타낸다.
$2Na + 2H_2O \rightarrow 2NaOH + H_2$

[해답]

① $2K_2O_2 + 2H_2O \rightarrow 4KOH + O_2$
② $Mg + 2H_2O \rightarrow Mg(OH)_2 + H_2$
③ $2Na + 2H_2O \rightarrow 2NaOH + H_2$

12

다음은 옥내저장소에 위험물을 저장하는 경우의 저장기준에 대한 내용이다. 각 물음에 답하시오.

① 기계에 의하여 하역하는 구조로 된 용기만을 겹쳐 쌓는 경우에 있어서 몇 m를 초과해서는 안 되는가?
② 제4류 위험물 중 제3석유류, 제4석유류 및 동식물유류를 수납하는 용기만을 겹쳐 쌓는 경우에 있어서는 몇 m를 초과해서는 안 되는가?
③ 그 밖의 경우에 있어서는 몇 m를 초과해서는 안 되는가?
④ 옥내저장소에서는 용기에 수납하여 저장하는 위험물의 온도가 몇 ℃를 넘지 아니하도록 필요한 조치를 강구하여야 하는가?
⑤ 옥내저장소에서 동일 품명의 위험물이더라도 자연발화할 우려가 있는 위험물 또는 재해가 현저하게 증대할 우려가 있는 위험물을 다량 저장하는 경우에는 지정수량의 10배 이하마다 구분하여 상호간 몇 m 이상의 간격을 두어 저장하여야 하는가?

[해설]

㉮ 옥내저장소에서 위험물을 저장하는 경우에는 다음의 규정에 의한 높이를 초과하여 용기를 겹쳐 쌓지 아니하여야 한다(옥외저장소에서 위험물을 저장하는 경우에 있어서도 본 규정에 의한 높이를 초과하여 용기를 겹쳐 쌓지 아니하여야 한다).
  ㉠ 기계에 의하여 하역하는 구조로 된 용기만을 겹쳐 쌓는 경우에 있어서는 6m
  ㉡ 제4류 위험물 중 제3석유류, 제4석유류 및 동식물유류를 수납하는 용기만을 겹쳐 쌓는 경우에 있어서는 4m
  ㉢ 그 밖의 경우에 있어서는 3m
㉯ 옥내저장소에서는 용기에 수납하여 저장하는 위험물의 온도가 55℃를 넘지 아니하도록 필요한 조치를 강구하여야 한다.
㉰ 옥내저장소에서 동일 품명의 위험물이더라도 자연발화할 우려가 있는 위험물 또는 재해가 현저하게 증대할 우려가 있는 위험물을 다량 저장하는 경우에는 지정수량의 10배 이하마다 구분하여 상호간 0.3m 이상의 간격을 두어 저장하여야 한다. 다만, 위험물 또는 기계에 의하여 하역하는 구조로 된 용기에 수납한 위험물에 있어서는 그러하지 아니하다.

[해답]

① 6m, ② 4m, ③ 3m, ④ 55℃, ⑤ 0.3m 이상

13

다음 각 물질의 화학식과 지정수량을 쓰시오.
① 과산화벤조일
② 과망가니즈산암모늄
③ 인화아연

[해답]

① $(C_6H_5CO)_2O_2$, 10kg
② NH_4MnO_4, 1,000kg
③ Zn_3P_2, 300kg

14 다음 각 온도에서의 제1종 분말소화약제의 분해반응식을 쓰시오.
① 270℃
② 850℃

[해설]

제1종 분말소화약제의 소화효과

㉮ 주성분인 탄산수소나트륨이 열분해될 때 발생하는 이산화탄소에 의한 질식효과
㉯ 열분해 시의 물과 흡열반응에 의한 냉각효과
㉰ 분말운무에 의한 열방사 차단효과
㉱ 연소 시 생성된 활성기가 분말 표면에 흡착되거나, 탄산수소나트륨의 Na이온에 의해 안정화되어 연쇄반응이 차단되는 효과(부촉매효과)
㉲ 일반요리용 기름 화재 시 기름과 중탄산나트륨이 반응하면 금속비누가 만들어져 거품을 생성하여 기름의 표면을 덮어서 질식소화효과 및 재발화 억제·방지효과를 나타내는 비누화현상
※ 탄산수소나트륨은 약 60℃ 부근에서 분해되기 시작하여 270℃와 850℃ 이상에서 다음과 같이 열분해한다.

$2NaHCO_3 \rightarrow Na_2CO_3 + H_2O + CO_2$ 흡열반응(at 270℃)
(중탄산나트륨) (탄산나트륨) (수증기) (탄산가스)

$2NaHCO_3 \rightarrow Na_2O + H_2O + 2CO_2$ 흡열반응(at 850℃ 이상)

[해답]

① $2NaHCO_3 \rightarrow Na_2CO_3 + H_2O + CO_2$
② $2NaHCO_3 \rightarrow Na_2O + H_2O + 2CO_2$

15 아세트알데하이드에 대해 다음 물음에 답하시오.
① 시성식을 쓰시오.
② 증기비중을 쓰시오.
③ 산화 시 생성물질의 물질명과 화학식을 쓰시오.

[해설]

① 아세트알데하이드(CH_3CHO, 알데하이드, 초산알데하이드)는 수용성 액체이다.
② 증기비중 = $\dfrac{분자량}{28.84} = \dfrac{44}{28.84} = 1.525 ≒ 1.53$
③ 산화 시 초산, 환원 시 에탄올이 생성된다.
  · $2CH_3CHO + O_2 \rightarrow 2CH_3COOH$ (산화작용)
  · $CH_3CHO + H_2 \rightarrow C_2H_5OH$ (환원작용)

[해답]

① CH_3CHO
② 1.53
③ 아세트산, CH_3COOH

16 이산화탄소소화설비에 대해 다음 물음에 답하시오.
① 고압식 분사헤드의 방사압력은 몇 MPa 이상으로 해야 하는가?
② 저압식 분사헤드의 방사압력은 몇 MPa 이상으로 해야 하는가?
③ 저압식 저장용기는 내부의 온도를 영하 몇 ℃ 이상, 영하 ℃ 이하로 유지할 수 있는 자동냉동기를 설치해야 하는가?
④ 저압식 저장용기는 몇 MPa 이상 및 몇 MPa 이하의 압력에서 작동하는 압력경보장치를 설치해야 하는가?

[해설]
①~② 이산화탄소를 방사하는 분사헤드 중 고압식의 것(소화약제가 상온으로 용기에 저장되어 있는 것)에 있어서는 2.1MPa 이상, 저압식의 것(소화약제가 영하 18℃ 이하의 온도로 용기에 저장되어 있는 것)에 있어서는 1.05MPa 이상일 것
③ 이산화탄소를 저장하는 저압식 저장용기에는 용기 내부의 온도를 영하 20℃ 이상, 영하 18℃ 이하로 유지할 수 있는 자동냉동기를 설치할 것
④ 이산화탄소를 저장하는 저압식 저장용기에는 2.3MPa 이상의 압력 및 1.9MPa 이하의 압력에서 작동하는 압력경보장치를 설치할 것

[해답]
① 2.1MPa 이상
② 1.05MPa 이상
③ 영하 20℃ 이상, 영하 18℃ 이하
④ 2.3MPa 이상, 1.9MPa 이하

17 그림과 같이 횡으로 설치한 볼록한 원통형 탱크에 대해 다음 물음에 답하시오. (단, 여기서 $r=3$m, $l=8$m, $l_1=2$m, $l_2=2$m이며, 탱크의 공간용적은 내용적의 10%이다.)

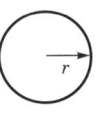 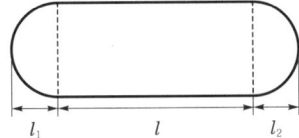

① 내용적은 몇 m³인지 구하시오.
② 용량은 몇 m³인지 구하시오.

[해설]
내용적 $V = \pi r^2 \left(l + \dfrac{l_1 + l_2}{3} \right) = \pi \times 3^2 \times \left(8 + \dfrac{2+2}{3} \right) = 263.89 \text{m}^3$
그러므로, 용량은 $263.89 \times 0.9 = 237.5 \text{m}^3$

[해답]
① 263.89m³
② 237.5m³

18 다음 각 위험물의 운반용기 외부에 표시해야 하는 주의사항을 쓰시오.
① 제2류 위험물 중 인화성 고체
② 제3류 위험물 중 금수성 물질
③ 제4류 위험물
④ 제5류 위험물
⑤ 제6류 위험물

해설

수납하는 위험물에 따른 주의사항

유별	구분	주의사항
제1류 위험물 (산화성 고체)	알칼리금속의 과산화물	"화기·충격주의" "물기엄금" "가연물접촉주의"
	그 밖의 것	"화기·충격주의" "가연물접촉주의"
제2류 위험물 (가연성 고체)	철분·금속분·마그네슘	"화기주의" "물기엄금"
	인화성 고체	"화기엄금"
	그 밖의 것	"화기주의"
제3류 위험물 (자연발화성 및 금수성 물질)	자연발화성 물질	"화기엄금" "공기접촉엄금"
	금수성 물질	"물기엄금"
제4류 위험물 (인화성 액체)	–	"화기엄금"
제5류 위험물 (자기반응성 물질)	–	"화기엄금" 및 "충격주의"
제6류 위험물 (산화성 액체)	–	"가연물접촉주의"

해답

① 화기엄금, ② 물기엄금, ③ 화기엄금, ④ 화기엄금, 충격주의, ⑤ 가연물접촉주의

19 다음 ①~③의 소화설비에 대해 적응성이 있는 위험물을 보기에서 골라 기호로 쓰시오.
(보기) ㉮ 제1류 위험물 중 무기과산화물(알칼리금속과산화물 제외)
㉯ 제2류 위험물 중 인화성 고체
㉰ 제3류 위험물(금수성 물질 제외)
㉱ 제4류 위험물
㉲ 제5류 위험물
㉳ 제6류 위험물
① 포소화설비
② 불활성가스소화설비
③ 옥외소화전설비

해설

소화설비의 적응성

소화설비의 구분			대상물의 구분	건축물·그 밖의 공작물	전기설비	제1류 위험물		제2류 위험물			제3류 위험물		제4류 위험물	제5류 위험물	제6류 위험물
						알칼리금속과산화물 등	그 밖의 것	철분·금속분·마그네슘 등	인화성 고체	그 밖의 것	금수성 물품	그 밖의 것			
옥내소화전 또는 옥외소화전설비				○			○		○	○		○		○	○
스프링클러설비				○			○		○	○		○	△	○	○
물분무 등 소화설비		물분무소화설비		○	○		○		○	○		○	○	○	○
		포소화설비		○			○		○	○		○	○	○	○
		불활성가스소화설비			○				○				○		
		할로겐화합물소화설비			○				○				○		
	분말 소화 설비	인산염류 등		○	○		○		○	○			○		○
		탄산수소염류 등			○	○		○	○		○		○		
		그 밖의 것				○		○			○				
대형·소형 수동식 소화기		봉상수(棒狀水)소화기		○			○		○	○		○		○	○
		무상수(霧狀水)소화기		○	○		○		○	○		○		○	○
		봉상강화액소화기		○			○		○	○		○		○	○
		무상강화액소화기		○	○		○		○	○		○	○	○	○
		포소화기		○			○		○	○		○	○	○	○
		이산화탄소소화기			○				○				○		△
		할로겐화합물소화기			○				○				○		
	분말 소화기	인산염류소화기		○	○		○		○	○			○		○
		탄산수소염류소화기			○	○		○	○		○		○		
		그 밖의 것				○		○			○				
기타		물통 또는 수조		○			○		○	○		○		○	○
		건조사				○	○	○	○	○	○	○	○	○	○
		팽창질석 또는 팽창진주암				○	○	○	○	○	○	○	○	○	○

해답

① 포소화설비 : ㉮, ㉯, ㉰, ㉱, ㉲, ㉳
② 불활성가스소화설비 : ㉯, ㉱
③ 옥외소화전설비 : ㉮, ㉯, ㉰, ㉲, ㉳

20 다음 각 물음에 답하시오.

① 제3류 위험물 중 물과 반응하지 않고 연소 시 백색 기체를 발생하는 물질의 명칭을 쓰시오.
② ①의 물질이 저장된 물에 강알칼리성 염류를 첨가하면 발생하는 독성 기체의 화학식을 쓰시오.
③ ①의 물질을 저장하는 옥내저장소의 바닥면적은 몇 m^2 이하로 해야 하는지 쓰시오.

해설

① 황린은 공기 중에서 격렬하게 오산화인의 백색 연기를 내며 연소하고, 일부 유독성의 포스핀(PH_3)도 발생하며, 환원력이 강하여 산소농도가 낮은 분위기에서도 연소한다.
$P_4 + 5O_2 \rightarrow 2P_2O_5$

② 황린은 수산화칼륨 용액 등 강한 알칼리 용액과 반응하여 가연성·유독성의 포스핀가스를 발생한다.
$P_4 + 3KOH + 3H_2O \rightarrow PH_3 + 3KH_2PO_2$

③ 하나의 저장창고의 바닥면적

위험물을 저장하는 창고	바닥면적
㉮ 제1류 위험물 중 아염소산염류, 염소산염류, 과염소산염류, 무기과산화물, 그 밖에 지정수량이 50kg인 위험물 ㉯ 제3류 위험물 중 칼륨, 나트륨, 알킬알루미늄, 알킬리튬, 그 밖에 지정수량이 10kg인 위험물 및 황린 ㉰ 제4류 위험물 중 특수인화물, 제1석유류 및 알코올류 ㉱ 제5류 위험물 중 유기과산화물, 질산에스터류, 그 밖에 지정수량이 10kg인 위험물 ㉲ 제6류 위험물	1,000m^2 이하
㉮~㉲ 외의 위험물을 저장하는 창고	2,000m^2 이하
내화구조의 격벽으로 완전히 구획된 실에 각각 저장하는 창고	1,500m^2 이하

해답

① 황린
② PH_3
③ 1,000m^2 이하

2020년 제4회 과년도 출제문제

2020. 11. 15. 시행

01
다음 제3류 위험물의 지정수량에 대한 표에서 빈칸에 알맞은 품명 또는 지정수량을 쓰시오.

품명	지정수량	품명	지정수량
칼륨	(①)kg	(⑤)	20kg
나트륨	(②)kg	알칼리금속 및 알칼리토금속	(⑥)kg
(③)	10kg	유기금속화합물	(⑦)kg
(④)	10kg		

해설

제3류 위험물(자연발화성 물질 및 금수성 물질)의 종류와 지정수량

위험등급	품명	대표품목	지정수량
I	1. 칼륨(K) 2. 나트륨(Na) 3. 알킬알루미늄 4. 알킬리튬	$(C_2H_5)_3Al$ C_4H_9Li	10kg
	5. 황린(P_4)		20kg
II	6. 알칼리금속류(칼륨 및 나트륨 제외) 및 알칼리토금속 7. 유기금속화합물(알킬알루미늄 및 알킬리튬 제외)	Li, Ca $Te(C_2H_5)_2$, $Zn(CH_3)_2$	50kg
III	8. 금속의 수소화물 9. 금속의 인화물 10. 칼슘 또는 알루미늄의 탄화물	LiH, NaH Ca_3P_2, AlP CaC_2, Al_4C_3	300kg
	11. 그 밖에 행정안전부령이 정하는 것 염소화규소화합물	$SiHCl_3$	300kg

해답

① 10, ② 10, ③ 알킬알루미늄, ④ 알킬리튬, ⑤ 황린, ⑥ 50, ⑦ 50

02
다음 보기의 물질을 인화점이 낮은 순으로 쓰시오.
(보기) 디에틸에테르, 이황화탄소, 산화프로필렌, 아세톤

해설

보기의 물질은 모두 제4류 위험물(인화성 액체)이다.

구분	디에틸에테르	이황화탄소	산화프로필렌	아세톤
화학식	$C_2H_5OC_2H_5$	CS_2	CH_3CHOCH_2	CH_3COCH_3
품명	특수인화물	특수인화물	특수인화물	제1석유류
인화점	$-40℃$	$-30℃$	$-37℃$	$-18.5℃$

해답

디에틸에테르 – 산화프로필렌 – 이황화탄소 – 아세톤

03 휘발유를 저장하는 옥외저장탱크의 주위에 설치하는 방유제에 대해 다음 물음에 답하시오.
① 방유제의 높이 기준을 쓰시오.
② 방유제의 면적은 얼마 이하로 하여야 하는지 쓰시오.
③ 하나의 방유제 안에 설치할 수 있는 탱크의 수를 쓰시오.

해설

옥외탱크저장소의 방유제 설치기준
㉮ 설치목적 : 저장 중인 액체 위험물이 주위로 누설 시 그 주위에 피해 확산을 방지하기 위하여 설치한 담
㉯ 용량 : 방유제 안에 설치된 탱크가 하나인 때에는 그 탱크 용량의 110% 이상, 2기 이상인 때에는 그 탱크 용량 중 용량이 최대인 것의 용량의 110% 이상으로 한다. 다만, 인화성이 없는 액체 위험물의 옥외저장탱크 주위에 설치하는 방유제는 "110%"를 "100%"로 본다.
㉰ 높이 : 0.5m 이상 3.0m 이하
㉱ 면적 : 80,000m² 이하
㉲ 하나의 방유제 안에 설치되는 탱크의 수 : 10기 이하(단, 방유제 내 전 탱크의 용량이 200kL 이하이고, 인화점이 70℃ 이상 200℃ 미만인 경우에는 20기 이하)
㉳ 방유제와 탱크 측면과의 이격거리
  ㉠ 탱크 지름이 15m 미만인 경우 : 탱크 높이의 $\frac{1}{3}$ 이상
  ㉡ 탱크 지름이 15m 이상인 경우 : 탱크 높이의 $\frac{1}{2}$ 이상

해답

① 0.5m 이상 3.0m 이하
② 80,000m² 이하
③ 10기 이하

04 제4류 위험물인 에틸알코올에 대해 다음 각 물음에 답하시오.
① 연소반응식을 쓰시오.
② 칼륨과의 반응에서 발생하는 기체의 명칭을 쓰시오.
③ 에틸알코올의 구조 이성질체로서 디메틸에테르의 시성식을 쓰시오.

해설

① 무색투명하고 인화가 쉬우며, 공기 중에서 쉽게 산화한다. 또한 연소 시 완전연소를 하므로 불꽃이 잘 보이지 않으며 그을음이 거의 없다.
  $C_2H_5OH + 3O_2 \rightarrow 2CO_2 + 3H_2O$
② Na, K 등 알칼리금속과 반응하여 인화성이 강한 수소를 발생한다.
  $2K + 2C_2H_5OH \rightarrow 2C_2H_5OK + H_2$

해답

① $C_2H_5OH + 3O_2 \rightarrow 2CO_2 + 3H_2O$
② 수소가스
③ CH_3OCH_3

05

다음 그림은 에틸알코올을 저장하는 옥내저장탱크 2기를 탱크 전용실에 설치한 상태이다. 각 물음에 답하시오.

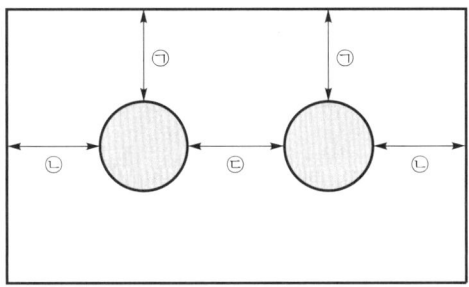

① ㉠의 거리는 얼마 이상으로 하여야 하는가?
② ㉡의 거리는 얼마 이상으로 하여야 하는가?
③ ㉢의 거리는 얼마 이상으로 하여야 하는가?
④ 전용실 내에 설치하는 옥내저장탱크의 용량은 얼마 이하로 하여야 하는가?

해설

옥내탱크저장소의 구조
㉮ 단층 건축물에 설치된 탱크 전용실에 설치할 것
㉯ 옥내저장탱크와 탱크 전용실 벽과의 사이 및 옥내저장탱크의 상호간에는 0.5m 이상의 간격을 유지할 것
㉰ 옥내저장탱크의 용량(동일한 탱크 전용실에 옥내저장탱크를 2 이상 설치하는 경우에는 각 탱크의 용량의 합계)은 지정수량의 40배(제4석유류 및 동식물유류 외의 제4류 위험물에 있어서 해당 수량이 20,000L를 초과할 때에는 20,000L) 이하일 것

해답

① 0.5m 이상, ② 0.5m 이상, ③ 0.5m 이상, ④ 20,000L 이하

06

이황화탄소에 대한 다음 물음에 답하시오.
① 품명을 쓰시오.
② 연소반응식을 쓰시오.
③ 다음 빈칸에 들어갈 알맞은 말을 쓰시오.
  이황화탄소의 저장탱크는 벽 및 바닥의 두께가 (   )m 이상이고 누수가 되지 않는 철근콘크리트의 수조에 넣어 보관해야 한다. 이 경우 보유공지, 통기관 및 자동계량장치는 생략할 수 있다.

해설

이황화탄소의 옥외저장탱크는 벽 및 바닥의 두께가 0.2m 이상이고 누수가 되지 아니하는 철근콘크리트의 수조에 넣어 보관하여야 한다. 이 경우 보유공지, 통기관 및 자동계량장치는 생략할 수 있다.

해답

① 특수인화물
② $CS_2 + 3O_2 \rightarrow CO_2 + 2SO_2$
③ 0.2

07

다음 보기는 제2류 위험물에 대한 설명이다. 옳은 내용을 모두 고르시오.

(보기) ① 고형 알코올은 제2류 위험물에 속하며, 품명은 알코올류이다.
② 황화인, 적린, 황은 위험등급 Ⅱ이다.
③ 물보다 가볍다.
④ 대부분 물에 잘 녹는다.
⑤ 산화성 물질이다.
⑥ 지정수량은 100kg, 500kg, 1,000kg이 존재한다.
⑦ 위험물제조소에 설치하는 주의사항은 위험물의 종류에 따라 "화기엄금" 또는 "화기주의"를 표시한다.

해설

제2류 위험물(가연성 고체)

㉮ 제2류 위험물의 종류와 지정수량

위험등급	품명	대표품목	지정수량
Ⅱ	1. 황화인 2. 적린(P) 3. 황(S)	P_4S_3, P_2S_5, P_4S_7	100kg
Ⅲ	4. 철분(Fe) 5. 금속분 6. 마그네슘(Mg)	Al, Zn	500kg
	7. 인화성 고체	고형 알코올	1,000kg

㉯ 제2류 위험물의 공통성질
  ㉠ 비교적 낮은 온도에서 착화하기 쉬운 가연성 고체로서, 이연성·속연성 물질이다.
  ㉡ 연소속도가 매우 빠르고 연소 시 유독가스를 발생하며, 연소열이 크고 연소온도가 높다.
  ㉢ 강환원제로서 비중이 1보다 크며, 물에 잘 녹지 않는다.
  ㉣ 인화성 고체를 제외하고 무기화합물이다.
  ㉤ 산화제와 접촉·마찰로 인하여 착화되면 급격히 연소한다.
  ㉥ 철분, 마그네슘, 금속분은 물과 산의 접촉 시 발열한다.
  ㉦ 금속은 양성원소이므로 산소와의 결합력이 일반적으로 크고, 이온화경향이 큰 금속일수록 산화되기 쉽다.

해답

②, ⑥, ⑦

08

다음 각 유별 위험물에 대해 위험등급 Ⅱ에 해당하는 품명을 쓰시오.
① 제1류
② 제2류
③ 제4류

해답

① 브로민산염류, 질산염류, 아이오딘산염류
② 황화인, 적린, 황
③ 제1석유류, 알코올류

09 보기의 물질 중 위험물안전관리법령상 옥내저장소의 동일한 실에 ①~③의 물질과 함께 저장할 수 있는 것을 골라 각각 쓰시오. (단, 유별끼리 저장하여 1m 이상의 거리를 둔 경우이다.)
(보기) 과염소산칼륨, 염소산칼륨, 과산화나트륨, 아세톤, 과염소산, 질산, 아세트산
① CH_3ONO_2
② 인화성 고체
③ P_4

해설

유별을 달리하는 위험물을 동일한 저장소에 저장하지 아니하여야 한다. 다만, 옥내저장소 또는 옥외저장소에 있어서 다음의 규정에 의한 위험물을 저장하는 경우로서, 위험물을 유별로 정리하여 서로 1m 이상의 간격을 두는 경우에는 그러하지 아니하다.

㉮ 제1류 위험물(알칼리금속의 과산화물 또는 이를 함유한 것을 제외한다)과 제5류 위험물을 저장하는 경우
㉯ 제1류 위험물과 제6류 위험물을 저장하는 경우
㉰ 제1류 위험물과 제3류 위험물 중 자연발화성 물질(황린 또는 이를 함유한 것에 한한다)을 저장하는 경우
㉱ 제2류 위험물 중 인화성 고체와 제4류 위험물을 저장하는 경우
㉲ 제3류 위험물 중 알킬알루미늄 등과 제4류 위험물(알킬알루미늄 또는 알킬리튬을 함유한 것에 한한다)을 저장하는 경우
㉳ 제4류 위험물과 제5류 위험물 중 유기과산화물 또는 이를 함유한 것을 저장하는 경우

위의 기준을 ①~③의 물질에 적용하여 풀이하면 다음과 같다.
① CH_3ONO_2(질산메틸)은 제5류 위험물로서 ㉮와 같이 저장할 수 있으므로, 알칼리금속이 과산화물을 또는 이를 함유한 것을 제외하고는 함께 저장이 가능하다. 따라서, 과염소산칼륨과 염소산칼륨은 함께 저장이 가능하다.
② 인화성 고체는 제2류 위험물로서 ㉱와 같이 제4류 위험물과 함께 저장이 가능하므로 아세톤, 아세트산과 함께 저장이 가능하다.
③ P_4(황린)은 제3류 위험물 중 자연발화성 물질에 해당하므로 ㉰와 같이 제1류 위험물과 함께 저장이 가능하므로 과염소산칼륨, 염소산칼륨, 과산화나트륨을 함께 저장할 수 있다.

해답

① 과염소산칼륨, 염소산칼륨
② 아세톤, 아세트산
③ 과염소산칼륨, 염소산칼륨, 과산화나트륨

10

다음 식은 압력수조를 이용한 가압송수장치에서 압력수조에 필요한 압력을 구하기 위한 공식이다. 괄호에 들어갈 내용을 보기에서 골라 알파벳으로 쓰시오.

$$P = p_1 + (\quad) + (\quad) + 0.35\text{MPa}$$

(보기) A : 전양정(MPa)
B : 필요한 압력(MPa)
C : 소방용 호스의 마찰손실수두압(MPa)
D : 배관의 마찰손실수두압(MPa)
E : 방수압력의 환산수두압(MPa)
F : 낙차의 환산수두압(MPa)

[해설]
압력수조를 이용한 가압송수장치
$P = p_1 + p_2 + p_3 + 0.35\text{MPa}$
여기서, P : 필요한 압력(MPa)
p_1 : 소방용 호스의 마찰손실수두압(MPa)
p_2 : 배관의 마찰손실수두압(MPa)
p_3 : 낙차의 환산수두압(MPa)

[해답]
D, F

11

주유취급소에 설치하는 고정주유설비 및 고정급유설비의 설치기준에 대해 다음에 주어진 거리는 각각 얼마 이상으로 하여야 하는지 쓰시오.
① 고정주유설비의 중심선을 기점으로 하여 도로경계선까지의 거리
② 고정급유설비의 중심선을 기점으로 하여 도로경계선까지의 거리
③ 고정주유설비의 중심선을 기점으로 하여 부지경계선까지의 거리
④ 고정급유설비의 중심선을 기점으로 하여 부지경계선까지의 거리
⑤ 고정급유설비의 중심선을 기점으로 하여 개구부가 없는 벽까지의 거리

[해설]
㉮ ㉠ 고정주유설비의 중심선을 기점으로 하여 도로경계선까지 4m 이상, 부지경계선·담 및 건축물의 벽까지 2m(개구부가 없는 벽까지는 1m) 이상의 거리를 유지
㉡ 고정급유설비의 중심선을 기점으로 하여 도로경계선까지 4m 이상, 부지경계선 및 담까지 1m 이상, 건축물의 벽까지 2m(개구부가 없는 벽까지는 1m) 이상의 거리를 유지
㉯ 고정주유설비와 고정급유설비의 사이에는 4m 이상의 거리를 유지

[해답]
① 4m 이상
② 4m 이상
③ 2m 이상
④ 1m 이상
⑤ 1m 이상

12 다음 보기 중 나트륨에 적응성이 있는 소화설비를 모두 골라 쓰시오.
(보기) 팽창질석, 인산염류 분말소화설비, 건조사, 불활성가스소화설비, 포소화설비

[해설]
나트륨은 제3류 위험물 중 금수성 물품에 해당한다.
따라서, 적응성이 있는 소화설비에는 탄산수소염류 분말소화설비, 건조사, 팽창질석 또는 팽창진주암이 있다.

소화설비의 구분			대상물의 구분	건축물·그 밖의 공작물	전기설비	제1류 위험물		제2류 위험물			제3류 위험물		제4류 위험물	제5류 위험물	제6류 위험물
						알칼리금속과산화물 등	그 밖의 것	철분·금속분·마그네슘 등	인화성 고체	그 밖의 것	금수성 물품	그 밖의 것			
옥내소화전 또는 옥외소화전설비				○			○		○	○		○		○	○
스프링클러설비				○			○		○	○		○	△	○	○
물분무 등 소화설비		물분무소화설비		○	○		○		○	○		○	○	○	○
		포소화설비		○			○		○	○		○	○	○	○
		불활성가스소화설비			○				○				○		
		할로겐화합물소화설비			○				○				○		
	분말소화설비	인산염류 등		○	○		○		○	○			○		○
		탄산수소염류 등			○	○		○	○		○		○		
		그 밖의 것				○		○			○				
기타		물통 또는 수조		○			○		○	○		○		○	○
		건조사				○	○	○	○	○	○	○	○	○	○
		팽창질석 또는 팽창진주암				○	○	○	○	○	○	○	○	○	○

[해답]
팽창질석, 건조사

13

다음은 제2류 위험물 품명에 대한 정의이다. 빈칸에 알맞은 내용을 쓰시오.
- 황은 순도 (①)중량% 이상인 위험물이다.
- 철분은 철의 분말로서 (②)마이크로미터의 표준체를 통과하는 것이 (③)중량% 미만인 것은 제외한다.
- 금속분은 알칼리금속 및 알칼리토금속, 마그네슘, 철분 외의 분말을 말하고, 니켈, 구리분 및 (④)마이크로미터의 체를 통과하는 것이 (⑤)중량% 미만인 것은 제외한다.

[해설]

① 황은 순도가 60wt% 이상인 것을 말한다. 이 경우 순도 측정에 있어서 불순물은 활석 등 불연성 물질과 수분에 한한다.
② "철분"이라 함은 철의 분말로서, 53μm의 표준체를 통과하는 것이 50wt% 미만인 것은 제외한다.
③ "금속분"이라 함은 알칼리금속·알칼리토류금속·철 및 마그네슘 외의 금속의 분말을 말하고, 구리분·니켈분 및 150μm의 체를 통과하는 것이 50wt% 미만인 것은 제외한다.

[해답]

① 60
② 53, ③ 50
④ 150, ⑤ 50

14

다음 물질이 물과 반응 시 1기압, 30℃에서 발생하는 기체의 몰수를 각각 구하시오.
① 과산화나트륨 78g
② 수소화칼슘 42g

[해설]

기체는 압력 및 온도에 따른 몰수의 변화는 없다.

① $2Na_2O_2 + 2H_2O \rightarrow 4NaOH + O_2$

$$\frac{78g\text{-}Na_2O_2}{} \times \frac{1mol\text{-}Na_2O_2}{78g\text{-}Na_2O_2} \times \frac{1mol\text{-}O_2}{2mol\text{-}Na_2O_2} = 0.5mol\text{-}O_2$$

② $CaH_2 + 2H_2O \rightarrow Ca(OH)_2 + 2H_2$

$$\frac{42g\text{-}CaH_2}{} \times \frac{1mol\text{-}CaH_2}{42g\text{-}CaH_2} \times \frac{2mol\text{-}H_2}{1mol\text{-}CaH_2} = 2mol\text{-}H_2$$

[해답]

① 0.5몰
② 2몰

15 다음 위험물의 운반용기 외부에 표시하는 주의사항을 쓰시오.
① 황린
② 아닐린
③ 질산
④ 염소산칼륨
⑤ 철분

해설

① 황린 : 제3류 위험물 중 자연발화성 물질
② 아닐린 : 제4류 위험물
③ 질산 : 제6류 위험물
④ 염소산칼륨 : 제1류 위험물
⑤ 철분 : 제2류 위험물

수납하는 위험물에 따른 주의사항

유별	구분	주의사항
제1류 위험물 (산화성 고체)	알칼리금속의 과산화물	"화기·충격주의" "물기엄금" "가연물접촉주의"
	그 밖의 것	"화기·충격주의" "가연물접촉주의"
제2류 위험물 (가연성 고체)	철분·금속분·마그네슘	"화기주의" "물기엄금"
	인화성 고체	"화기엄금"
	그 밖의 것	"화기주의"
제3류 위험물 (자연발화성 및 금수성 물질)	자연발화성 물질	"화기엄금" "공기접촉엄금"
	금수성 물질	"물기엄금"
제4류 위험물 (인화성 액체)	–	"화기엄금"
제5류 위험물 (자기반응성 물질)	–	"화기엄금" 및 "충격주의"
제6류 위험물 (산화성 액체)	–	"가연물접촉주의"

해답

① 화기엄금, 공기접촉엄금
② 화기엄금
③ 가연물접촉주의
④ 화기·충격주의, 가연물접촉주의
⑤ 화기주의, 물기엄금

16 제1류 위험물로서 품명은 질산염류이며, ANFO 폭약을 만들 때 사용하는 물질에 대해서 다음 물음에 답하시오.
① 화학식을 쓰시오.
② 질소와 산소, 그리고 물을 발생하는 반응식을 쓰시오.

[해설]

NH_4NO_3(질산암모늄, 초안, 질안, 질산암몬)
㉮ 조해성과 흡습성이 있고, 물에 녹을 때 열을 대량 흡수하여 한제로 이용된다.(흡열반응)
㉯ 강력한 산화제로 화약의 재료이며 200℃에서 열분해하여 산화이질소와 물을 생성한다. 특히 ANFO 폭약은 NH_4NO_3와 경유를 94%와 6%로 혼합하여 기폭약으로 사용되며 단독으로도 폭발의 위험이 있다.
㉰ 급격한 가열이나 충격을 주면 단독으로 폭발한다.
$$2NH_4NO_3 \rightarrow 4H_2O + 2N_2 + O_2$$

[해답]

① NH_4NO_3
② $2NH_4NO_3 \rightarrow 4H_2O + 2N_2 + O_2$

17 특수인화물류 200L, 제1석유류(수용성) 400L, 제2석유류(수용성) 4,000L, 제3석유류(수용성) 12,000L, 제4석유류(수용성) 24,000L에 대한 지정수량 배수의 합을 쓰시오.

[해설]

제4류 위험물(인화성 액체)의 종류와 지정수량

위험등급	품명		품목	지정수량
I	특수인화물	비수용성	디에틸에테르, 이황화탄소	50L
		수용성	아세트알데하이드, 산화프로필렌	
II	제1석유류	비수용성	가솔린, 벤젠, 톨루엔, 사이클로헥산, 콜로디온, 메틸에틸케톤, 초산메틸, 초산에틸, 의산메틸, 헥산, 에틸벤젠 등	200L
		수용성	아세톤, 피리딘, 아크롤레인, 의산메틸, 시안화수소 등	400L
	알코올류		메틸알코올, 에틸알코올, 프로필알코올, 아이소프로필알코올	400L
III	제2석유류	비수용성	등유, 경유, 테레빈유, 스티렌, 자일렌(o-, m-, p-), 클로로벤젠, 장뇌유, 뷰틸알코올, 알릴알코올 등	1,000L
		수용성	포름산, 초산(아세트산), 하이드라진, 아크릴산, 아밀알코올 등	2,000L
	제3석유류	비수용성	중유, 크레오소트유, 아닐린, 나이트로벤젠, 나이트로톨루엔 등	2,000L
		수용성	에틸렌글리콜, 글리세린 등	4,000L
	제4석유류		기어유, 실린더유, 윤활유, 가소제	6,000L
	동식물유류		• 건성유 : 아마인유, 들기름, 동유, 정어리기름, 해바라기유 등 • 반건성유 : 참기름, 옥수수기름, 청어기름, 채종유, 면실유(목화씨유), 콩기름, 쌀겨유 등 • 불건성유 : 올리브유, 피마자유, 야자유, 땅콩기름, 동백유 등	10,000L

지정수량 배수의 합 = $\dfrac{A품목\ 저장수량}{A품목\ 지정수량} + \dfrac{B품목\ 저장수량}{B품목\ 지정수량} + \dfrac{C품목\ 저장수량}{C품목\ 지정수량} + \cdots$

$= \dfrac{200L}{50L} + \dfrac{400L}{400L} + \dfrac{4,000L}{2,000L} + \dfrac{12,000L}{4,000L} + \dfrac{24,000L}{6,000L} = 14$

해답

14배

18

다음 각 위험물의 품명과 지정수량을 쓰시오.
① CH₃COOH
② N₂H₄
③ C₂H₄(OH)₂
④ C₃H₅(OH)₃
⑤ HCN

해설

① CH₃COOH : 초산
② N₂H₄ : 하이드라진
③ C₂H₄(OH)₂ : 에틸렌글리콜
④ C₃H₅(OH)₃ : 글리세린
⑤ HCN : 시안화수소

※ 문제 18번 해설의 '제4류 위험물의 종류와 지정수량' 표 참조

해답

① 제2석유류, 2,000L
② 제2석유류, 2,000L
③ 제3석유류, 4,000L
④ 제3석유류, 4,000L
⑤ 제1석유류, 400L

19

다음 각 위험물에 대한 운반용기의 수납률을 쓰시오.
① 과염소산
② 질산칼륨
③ 질산
④ 알킬알루미늄
⑤ 알킬리튬

해설

위험물의 운반에 관한 기준
㉮ 고체 위험물은 운반용기 내용적의 95% 이하의 수납률로 수납한다.
㉯ 액체 위험물은 운반용기 내용적의 98% 이하의 수납률로 수납하되, 55℃의 온도에서 누설되지 아니하도록 충분한 공간용적을 유지하도록 한다.
㉰ 제3류 위험물은 다음의 기준에 따라 운반용기에 수납한다.
　㉠ 자연발화성 물질에 있어서는 불활성 기체를 봉입하여 밀봉하는 등 공기와 접하지 아니하도록 할 것
　㉡ 자연발화성 물질 외의 물품에 있어서는 파라핀, 경유, 등유 등의 보호액으로 채워 밀봉하거나 불활성 기체를 봉입하여 밀봉하는 등 수분과 접하지 아니하도록 할 것
　㉢ 자연발화성 물질 중 알킬알루미늄 등은 운반용기 내용적의 90% 이하의 수납률로 수납하되, 50℃의 온도에서 5% 이상의 공간용적을 유지하도록 할 것

해답

① 98% 이하, ② 95% 이하
③ 98% 이하, ④ 90% 이하
⑤ 90% 이하

20. 인화칼슘에 대하여 다음 물음에 답하시오.
① 몇 류 위험물인지 쓰시오.
② 지정수량을 쓰시오.
③ 물과의 반응식을 쓰시오.
④ 물과 반응 시 발생하는 기체를 쓰시오.

해설

㉮ 제3류 위험물(자연발화성 물질 및 금수성 물질)의 종류와 지정수량

위험등급	품명	대표품목	지정수량
Ⅰ	1. 칼륨(K) 2. 나트륨(Na) 3. 알킬알루미늄 4. 알킬리튬	$(C_2H_5)_3Al$ C_4H_9Li	10kg
	5. 황린(P_4)		20kg
Ⅱ	6. 알칼리금속류(칼륨 및 나트륨 제외) 및 알칼리토금속 7. 유기금속화합물(알킬알루미늄 및 알킬리튬 제외)	Li, Ca $Te(C_2H_5)_2$, $Zn(CH_3)_2$	50kg
Ⅲ	8. 금속의 수소화물 9. 금속의 인화물 10. 칼슘 또는 알루미늄의 탄화물	LiH, NaH Ca_3P_2, AlP CaC_2, Al_4C_3	300kg
	11. 그 밖에 행정안전부령이 정하는 것 염소화규소화합물	$SiHCl_3$	300kg

㉯ 인화칼슘은 물과 반응하여 가연성이며 독성이 강한 인화수소(PH_3, 포스핀)가스를 발생한다.
$Ca_3P_2 + 6H_2O \rightarrow 3Ca(OH)_2 + 2PH_3$

해답

① 제3류
② 300kg
③ $Ca_3P_2 + 6H_2O \rightarrow 3Ca(OH)_2 + 2PH_3$
④ 포스핀

제5회 과년도 출제문제

2020. 11. 29. 시행

---

01 다음 소화약제의 구성 성분을 각각 적으시오.
① 할론 1301
② IG-100
③ 제2종 분말소화약제

해설

① 할론 X A B C D
- D → I 원자의 개수
- C → Br 원자의 개수
- B → Cl 원자의 개수
- A → F 원자의 개수
- X → C 원자의 개수

② IG-A B C (첫째 자리 반올림)
- C → CO_2의 농도
- B → Ar의 농도
- A → N_2의 농도

③ 분말소화약제의 종류

종류	주성분	화학식	착색	적응화재
제1종	탄산수소나트륨 (중탄산나트륨)	$NaHCO_3$	–	B·C급 화재
제2종	탄산수소칼륨 (중탄산칼륨)	$KHCO_3$	담회색	B·C급 화재
제3종	제1인산암모늄	$NH_4H_2PO_4$	담홍색 또는 황색	A·B·C급 화재
제4종	탄산수소칼륨+요소	$KHCO_3 + CO(NH_2)_2$	–	B·C급 화재

해답

① C, F, Br
② N_2
③ $KHCO_3$

02 알루미늄분에 대해 다음 물음에 답하시오.
① 연소반응식을 쓰시오.
② 염산과 반응 시 생성되는 기체의 명칭을 쓰시오.
③ 위험등급을 쓰시오.

해설
① 공기 중에서는 표면에 산화피막(산화알루미늄)을 형성하여 내부를 부식으로부터 보호한다.
  $4Al + 3O_2 \rightarrow 2Al_2O_3$
② 대부분의 산과 반응하여 수소를 발생한다(단, 진한질산 제외).
  $2Al + 6HCl \rightarrow 2AlCl_3 + 3H_2$
③ 알루미늄은 제2류 위험물 중 금속분에 해당하며, 위험등급은 Ⅲ등급이다.

해답
① $4Al + 3O_2 \rightarrow 2Al_2O_3$
② 수소, ③ Ⅲ등급

03 무색투명한 기름상의 액체로 열분해 시 이산화탄소, 질소, 수증기, 산소로 분해되며, 규조토에 흡수시켜 다이너마이트를 제조하는 물질에 대해 다음 물음에 답하시오.
① 구조식을 쓰시오.
② 품명과 지정수량을 쓰시오.
③ 분해반응식을 쓰시오.

해설
나이트로글리세린[$C_3H_5(ONO_2)_3$]은 40℃에서 분해하기 시작하고, 145℃에서 격렬히 분해하며, 200℃ 정도에서 스스로 폭발한다.
$4C_3H_5(ONO_2)_3 \rightarrow 12CO_2 + 10H_2O + 6N_2 + O_2$

해답
①
```
    H   H   H
    |   |   |
H - C - C - C - H
    |   |   |
    O   O   O
    |   |   |
   NO₂ NO₂ NO₂
```
② 품명 : 질산에스터
  지정수량 : 시험결과에 따라 제1종과 제2종으로 분류하며, 제1종인 경우 10kg, 제2종인 경우 100kg에 해당한다.
③ $4C_3H_5(ONO_2)_3 \rightarrow 12CO_2 + 10H_2O + 6N_2 + O_2$

04 20L의 아세톤 100개와 200L의 경유 5드럼의 지정수량 배수의 합을 구하시오.

해설
지정수량 배수의 합 $= \dfrac{A품목\ 저장수량}{A품목\ 지정수량} + \dfrac{B품목\ 저장수량}{B품목\ 지정수량} + \cdots = \dfrac{2,000L}{400L} + \dfrac{1,000L}{1,000L} = 6$

해답

05 아세트산에 대해 다음 물음에 답하시오.
① 과산화나트륨과의 화학반응식을 쓰시오.
② 연소반응식을 쓰시오.

[해설]

① 과산화나트륨은 에틸알코올에는 녹지 않으나, 묽은 산과 반응하여 과산화수소(H_2O_2)를 생성한다.
$Na_2O_2 + 2CH_3COOH \rightarrow 2CH_3COONa + H_2O_2$

② 아세트산은 연소 시 파란색 불꽃을 내면서 탄다.
$CH_3COOH + 2O_2 \rightarrow 2CO_2 + 2H_2O$

[해답]

① $Na_2O_2 + 2CH_3COOH \rightarrow 2CH_3COONa + H_2O_2$
② $CH_3COOH + 2O_2 \rightarrow 2CO_2 + 2H_2O$

06 간이탱크저장소에 대해 다음 물음에 답하시오.
① 옥외에 저장 시 이격거리는 얼마 이상으로 하여야 하는가?
② 옥내에 저장 시 전용실 벽과의 이격거리는 얼마 이상으로 하여야 하는가?
③ 강철판의 두께는 얼마 이상으로 하여야 하는가?
④ 탱크 용량은 얼마 이하로 하여야 하는가?
⑤ 수압시험압력은 얼마로 하여야 하는가?

[해설]

간이탱크저장소

㉮ 탱크의 설치방법
  ㉠ 하나의 간이탱크저장소에 설치하는 탱크의 수는 3기 이하로 할 것(단, 동일한 품질의 위험물 탱크를 2기 이상 설치하지 말 것)
  ㉡ 탱크는 움직이거나 넘어지지 않도록 지면 또는 가설대에 고정시킬 것
  ㉢ 옥외에 설치하는 경우에는 그 탱크 주위에 너비 1m 이상의 공지를 보유할 것
  ㉣ 탱크를 전용실 안에 설치하는 경우에는 탱크와 전용실 벽과의 사이에 0.5m 이상의 간격을 유지할 것

㉯ 탱크의 구조기준
  ㉠ 두께 3.2mm 이상의 강판으로 흠이 없도록 제작할 것
  ㉡ 70kPa 압력으로 10분간 수압시험을 실시하여 새거나 변형되지 아니할 것
  ㉢ 하나의 탱크 용량은 600L 이하로 할 것
  ㉣ 탱크의 외면에는 녹을 방지하기 위한 도장을 할 것

[해답]

① 1m 이상
② 0.5m 이상
③ 3.2mm 이상
④ 600L 이하
⑤ 70kPa

07 제3류 위험물의 품명 중 지정수량이 10kg인 품명 4가지를 쓰시오.

[해설]

제3류 위험물(자연발화성 물질 및 금수성 물질)의 종류와 지정수량

위험등급	품명	대표품목	지정수량
Ⅰ	1. 칼륨(K) 2. 나트륨(Na) 3. 알킬알루미늄 4. 알킬리튬	$(C_2H_5)_3Al$ C_4H_9Li	10kg
	5. 황린(P_4)		20kg
Ⅱ	6. 알칼리금속류(칼륨 및 나트륨 제외) 및 알칼리토금속 7. 유기금속화합물(알킬알루미늄 및 알킬리튬 제외)	Li, Ca $Te(C_2H_5)_2$, $Zn(CH_3)_2$	50kg
Ⅲ	8. 금속의 수소화물 9. 금속의 인화물 10. 칼슘 또는 알루미늄의 탄화물	LiH, NaH Ca_3P_2, AlP CaC_2, Al_4C_3	300kg
	11. 그 밖에 행정안전부령이 정하는 것 염소화규소화합물	$SiHCl_3$	300kg

[해답]

칼륨, 나트륨, 알킬알루미늄, 알킬리튬

08 제조소로부터 다음 대상물까지의 안전거리는 각각 몇 m 이상으로 해야 하는지 답하시오.
① 학교
② 문화재
③ 주거용 건축물
④ 7,000V 초과 35,000V 이하의 특고압가공전선
⑤ 고압가스시설

[해설]

제조소의 안전거리 기준

건축물	안전거리
사용전압 7,000V 초과 35,000V 이하의 특고압가공전선	3m 이상
사용전압 35,000V 초과의 특고압가공전선	5m 이상
주거용으로 사용되는 것(제조소가 설치된 부지 내에 있는 것 제외)	10m 이상
고압가스, 액화석유가스 또는 도시가스를 저장 또는 취급하는 시설	20m 이상
학교, 병원, 극장 등 수용인원 20명 이상의 다수인시설	30m 이상
유형문화재, 지정문화재	50m 이상

[해답]

① 30m 이상, ② 50m 이상
③ 10m 이상, ④ 3m 이상
⑤ 20m 이상

09
보기에 주어진 제4류 위험물을 인화점이 낮은 순으로 쓰시오.
(보기) 이황화탄소, 아세톤, 메틸알코올, 아닐린

해설

보기 물질의 인화점은 다음과 같다.
- 이황화탄소 : $-30℃$
- 아세톤 : $-18.5℃$
- 메틸알코올 : $11℃$
- 아닐린 : $70℃$

해답

이황화탄소 – 아세톤 – 메틸알코올 – 아닐린

10
흑색화약을 만드는 원료 중 위험물에 해당하는 물질 2가지를 쓰고, 이 두 가지 물질의 화학식과 지정수량을 각각 쓰시오.

해설

흑색화약은 '질산칼륨 75%+황 10%+목탄 15%'로 제조한다.
원료로 사용되는 질산칼륨은 강력한 산화제로 가연성 분말, 유기물, 환원성 물질과 혼합 시 가열·충격으로 폭발한다.
$16KNO_3 + 3S + 21C \rightarrow 13CO_2 + 3CO + 8N_2 + 5K_2CO_3 + K_2SO_4 + K_2S$

해답

① 질산칼륨 – 화학식 : KNO_3, 지정수량 : 300kg
② 황 – 화학식 : S, 지정수량 : 100kg

11
카바이드(탄화칼슘)에 대해서 다음 물음에 답하시오.
① 물과의 반응식을 쓰시오.
② ①의 반응으로 발생하는 기체의 명칭을 쓰시오.
③ ②에서 발생한 기체의 연소반응식을 쓰시오.

해설

카바이드는 물과 심하게 반응하여 수산화칼슘과 아세틸렌을 만들며, 공기 중 수분과 반응하여도 아세틸렌을 발생한다.
$CaC_2 + 2H_2O \rightarrow Ca(OH)_2 + C_2H_2$
발생하는 기체는 아세틸렌(C_2H_2)가스로, 공기 중의 연소반응식은 다음과 같다.
$2C_2H_2 + 5O_2 \rightarrow 4CO_2 + 2H_2O$

해답

① $CaC_2 + 2H_2O \rightarrow Ca(OH)_2 + C_2H_2$
② 아세틸렌
③ $C_2H_2 + 2.5O_2 \rightarrow 2CO_2 + H_2O$

12 인화알루미늄 580g이 표준상태에서 물과 반응하여 생성되는 기체의 부피(L)를 구하시오.

[해설]
인화알루미늄은 암회색 또는 황색의 결정 또는 분말로 가연성이며, 공기 중에서 안정하나 습기찬 공기, 물, 스팀과 접촉 시 가연성·유독성의 포스핀가스를 발생한다.
$AlP + 3H_2O \rightarrow Al(OH)_3 + PH_3$

$$\frac{580g\text{-}AlP}{} \left| \frac{1mol\text{-}AlP}{58g\text{-}AlP} \right| \frac{1mol\text{-}PH_3}{1mol\text{-}AlP} \left| \frac{22.4L\text{-}PH_3}{1mol\text{-}PH_3} \right. = 224L\text{-}PH_3$$

[해답]
224L

13 과산화나트륨, 칼슘, 나트륨, 황린, 염소산칼륨, 인화칼슘 중 물과 반응 시 가연성 가스를 발생시키는 물질을 모두 고르고, 각 물질의 물과의 반응식을 쓰시오.

[해설]
① 과산화나트륨 : $2Na_2O_2 + 2H_2O \rightarrow 4NaOH + O_2$
② 칼슘 : $Ca + 2H_2O \rightarrow Ca(OH)_2 + H_2$
③ 나트륨 : $2Na + 2H_2O \rightarrow 2NaOH + H_2$
④ 황린 : 물과 반응하지 않으며, 물속에 보관한다.
⑤ 염소산칼륨 : 산화성 고체로 화재 시 물로 냉각소화한다.
⑥ 인화칼슘 : $Ca_3P_2 + 6H_2O \rightarrow 3Ca(OH)_2 + 2PH_3$

[해답]
$Ca + 2H_2O \rightarrow Ca(OH)_2 + H_2$
$2Na + 2H_2O \rightarrow 2NaOH + H_2$
$Ca_3P_2 + 6H_2O \rightarrow 3Ca(OH)_2 + 2PH_3$

14 위험물제조소에 200m³와 100m³의 탱크가 각각 1개씩 2개가 있다. 탱크 주위로 방유제를 만들 때 방유제의 용량(m³)은 얼마 이상이어야 하는지 계산하시오.

[해설]
옥외에 있는 위험물 취급탱크로서 액체 위험물(이황화탄소를 제외한다)을 취급하는 것의 주위에는 방유제를 설치하여야 한다. 하나의 취급탱크 주위에 설치하는 방유제의 용량은 당해 탱크 용량의 50% 이상으로 하고, 2 이상의 취급탱크 주위에 하나의 방유제를 설치하는 경우 그 방유제의 용량은 당해 탱크 중 용량이 최대인 것의 50%에 나머지 탱크 용량 합계의 10%를 가산한 양 이상이 되게 하여야 한다. 이 경우 방유제의 용량은 당해 방유제의 내용적에서 용량이 최대인 탱크 외의 탱크의 방유제 높이 이하 부분의 용적, 당해 방유제 내에 있는 모든 탱크의 지반면 이상 부분의 기초의 체적, 간막이둑의 체적 및 당해 방유제 내에 있는 배관 등의 체적을 뺀 것으로 한다.

[해답]
(200m³×0.5)+(100m³×0.1)=110m³ 이상

15 제조소 또는 일반취급소에서 취급하는 제4류 위험물의 최대수량의 합이 다음 조건에 맞는 양에 따른 화학소방자동차 대수와 소방대원의 수를 각각 쓰시오.
① 12만 배 미만
② 48만 배 이상

해설

자체소방대에 두는 화학소방자동차 및 인원

사업소의 구분	화학소방자동차의 수	자체소방대원의 수
제조소 또는 일반취급소에서 취급하는 제4류 위험물의 최대수량의 합이 지정수량의 3천배 이상 12만배 미만인 사업소	1대	5인
제조소 또는 일반취급소에서 취급하는 제4류 위험물의 최대수량의 합이 지정수량의 12만배 이상 24만배 미만인 사업소	2대	10인
제조소 또는 일반취급소에서 취급하는 제4류 위험물의 최대수량의 합이 지정수량의 24만배 이상 48만배 미만인 사업소	3대	15인
제조소 또는 일반취급소에서 취급하는 제4류 위험물의 최대수량의 합이 지정수량의 48만배 이상인 사업소	4대	20인
옥외탱크저장소에 저장하는 제4류 위험물의 최대수량이 지정수량의 50만배 이상인 사업소	2대	10인

해답

① 1대, 5명
② 4대, 20명

16 위험물 운반에 관한 혼재기준에 따라, 다음 각 유별의 위험물과 혼재할 수 있는 위험물의 유별을 적으시오.
① 제2류
② 제3류
③ 제4류

해설

유별을 달리하는 위험물의 혼재기준

위험물의 구분	제1류	제2류	제3류	제4류	제5류	제6류
제1류		×	×	×	×	○
제2류	×		×	○	○	×
제3류	×	×		○	×	×
제4류	×	○	○		○	×
제5류	×	○	×	○		×
제6류	○	×	×	×	×	

해답

① 제4류, 제5류
② 제4류
③ 제2류, 제3류, 제5류

17 위험물안전관리법상 제4류 위험물 중 특수인화물에 해당하는 아세트알데하이드에 대해 다음 물음에 답하시오.
① 시성식을 쓰시오.
② 에틸렌의 직접산화법에 의한 제조반응식을 쓰시오.
③ 옥외저장탱크 중 압력탱크 외의 탱크에 저장하는 온도는 몇 ℃ 이하인지 쓰시오.
④ 이동저장탱크 중 보냉장치가 없는 탱크에 저장하는 온도는 몇 ℃ 이하인지 쓰시오.

해설
② 에틸렌의 직접산화법에 의한 제조 : 에틸렌을 염화구리 또는 염화팔라듐의 촉매하에서 산화시켜 제조한다.
$2C_2H_4 + O_2 \rightarrow 2CH_3CHO$
③~④ 옥외저장탱크 · 옥내저장탱크 또는 지하저장탱크 중 압력탱크 외의 탱크에 저장하는 디에틸에테르 등 또는 아세트알데하이드 등의 온도는 산화프로필렌과 이를 함유한 것 또는 디에틸에테르 등에 있어서는 30℃ 이하로, 아세트알데하이드 또는 이를 함유한 것에 있어서는 15℃ 이하로 각각 유지하고, 보냉장치가 없는 이동저장탱크에 저장하는 아세트알데하이드 등 또는 디에틸에테르 등의 온도는 40℃ 이하로 유지할 것

해답
① CH_3CHO
② $2C_2H_4 + O_2 \rightarrow 2CH_3CHO$
③ 15℃ 이하
④ 40℃ 이하

18 위험물제조소의 작업공정이 다른 작업장의 작업공정과 연속되어 있어 제조소의 건축물, 그 밖의 공작물의 주위에 공지를 두게 되면 그 제조소의 작업에 현저한 지장이 생길 우려가 있는 경우, 해당 제조소와 다른 작업장 사이에 다음의 기준에 따라 방화상 유효한 격벽을 설치한 때에는 해당 제조소와 다른 작업장 사이에 보유공지를 보유하지 아니할 수 있다. 다음 물음에 답하시오.
① 격벽의 구조는 무엇으로 하여야 하는가?
② 출입구에는 무엇을 설치하여야 하는가?
③ 외벽 및 지붕의 돌출길이는 얼마 이상으로 하여야 하는가?

해설
① 방화벽은 내화구조로 할 것. 다만, 취급하는 위험물이 제6류 위험물인 경우에는 불연재료로 할 수 있다.
② 방화벽에 설치하는 출입구 및 창 등의 개구부는 가능한 한 최소로 하고, 출입구 및 창에는 자동폐쇄식의 갑종방화문을 설치할 것
③ 방화벽의 양단 및 상단이 외벽 또는 지붕으로부터 50cm 이상 돌출하도록 할 것

해답
① 내화구조
② 자동폐쇄식의 갑종방화문
③ 50cm 이상

19. 다음 보기 중 수용성 물질을 모두 고르시오.
(보기) 시안화수소, 피리딘, 클로로벤젠, 글리세린, 하이드라진

[해설]

제4류 위험물(인화성 액체)의 종류와 지정수량

위험등급	품명		품목	지정수량
Ⅰ	특수인화물	비수용성	디에틸에테르, 이황화탄소	50L
		수용성	아세트알데하이드, 산화프로필렌	
Ⅱ	제1석유류	비수용성	가솔린, 벤젠, 톨루엔, 사이클로헥산, 콜로디온, 메틸에틸케톤, 초산메틸, 초산에틸, 의산에틸, 헥산, 에틸벤젠 등	200L
		수용성	아세톤, 피리딘, 아크롤레인, 의산메틸, 시안화수소 등	400L
	알코올류		메틸알코올, 에틸알코올, 프로필알코올, 아이소프로필알코올	400L
Ⅲ	제2석유류	비수용성	등유, 경유, 테레빈유, 스티렌, 자일렌(o-, m-, p-), 클로로벤젠, 장뇌유, 뷰틸알코올, 알릴알코올 등	1,000L
		수용성	포름산, 초산(아세트산), 하이드라진, 아크릴산, 아밀알코올 등	2,000L
	제3석유류	비수용성	중유, 크레오소트유, 아닐린, 나이트로벤젠, 나이트로톨루엔 등	2,000L
		수용성	에틸렌글리콜, 글리세린 등	4,000L
	제4석유류		기어유, 실린더유, 윤활유, 가소제	6,000L
	동식물유류		• 건성유 : 아마인유, 들기름, 동유, 정어리기름, 해바라기유 등 • 반건성유 : 참기름, 옥수수기름, 청어기름, 채종유, 면실유(목화씨유), 콩기름, 쌀겨유 등 • 불건성유 : 올리브유, 피마자유, 야자유, 땅콩기름, 동백유 등	10,000L

[해답]

시안화수소, 피리딘, 글리세린, 하이드라진

20. 다음 빈칸에 들어갈 소화설비의 종류를 쓰시오.

소화설비의 구분		건축물·그 밖의 공작물	전기설비	제1류 위험물 알칼리금속과산화물 등	제1류 위험물 그 밖의 것	제2류 위험물 철분·금속분·마그네슘 등	제2류 위험물 인화성고체	제2류 위험물 그 밖의 것	제3류 위험물 금수성물품	제3류 위험물 그 밖의 것	제4류 위험물	제5류 위험물	제6류 위험물
(①) 또는 (②)		O			O		O	O		O		O	O
스프링클러설비		O			O		O	O		O	△	O	O
물분무등소화설비	(③)	O	O		O		O	O		O	O	O	O
	(④)	O			O		O	O		O	O	O	O
	불활성가스소화설비		O				O				O		
	할로겐화합물소화설비		O				O				O		
	(⑤) 인산염류 등	O	O		O		O	O			O		O
	(⑤) 탄산수소염류 등		O	O		O	O		O		O		
	(⑤) 그 밖의 것			O		O			O				

해답

① 옥내소화전설비
② 옥외소화전설비
③ 물분무소화설비
④ 포소화설비
⑤ 분말소화설비

2021년 제1회 과년도 출제문제

2021. 4. 24. 시행

---

01 질산암모늄 중에서 다음 주어진 기체의 wt%를 각각 구하시오.
① 질소
② 수소

[해설]

질산암모늄(NH_4NO_3)의 분자량 = $14+1\times4+14+16\times3=80$

① 질산암모늄 중 질소 : $\dfrac{28}{80}\times100=35\text{wt\%}$

② 질산암모늄 중 수소 : $\dfrac{4}{80}\times100=5\text{wt\%}$

[해답]

① 35wt%, ② 2.5wt%

---

02 다음 주어진 분말소화약제의 1차 열분해반응식을 적으시오.
① 제1종 분말소화약제
② 제2종 분말소화약제

[해설]

① 제1종 분말소화약제의 소화효과 : 일반요리용 기름 화재 시 기름과 탄산수소나트륨이 반응하면 금속비누가 만들어지면서 거품을 생성하여 기름의 표면을 덮어 질식소화효과 및 재발화 억제·방지효과를 나타내는 비누화현상이 나타난다.

※ 탄산수소나트륨은 약 60℃ 부근에서 분해되기 시작하여 270℃와 850℃ 이상에서 다음과 같이 열분해한다.

$2NaHCO_3 \rightarrow Na_2CO_3 + H_2O + CO_2$ 흡열반응(at 270℃)
(탄산수소나트륨) (탄산나트륨) (수증기) (탄산가스)

$2NaHCO_3 \rightarrow Na_2O + H_2O + 2CO_2$ 흡열반응(at 850℃ 이상)
(탄산수소나트륨) (산화나트륨) (수증기) (탄산가스)

② 제2종 분말소화약제의 열분해반응식 : $2KHCO_3 \rightarrow K_2CO_3 + H_2O + CO_2$ 흡열반응
(탄산수소칼륨) (탄산칼륨) (수증기) (탄산가스)

[해답]

① $2NaHCO_3 \rightarrow Na_2CO_3 + H_2O + CO_2$
② $2KHCO_3 \rightarrow K_2CO_3 + H_2O + CO_2$

03

위험물안전관리법상 다음 각 물음에 알맞게 답하시오.
① 제조소, 취급소, 저장소를 통틀어 무엇이라 하는지 적으시오.
② 옥내저장소, 옥외저장소, 지하저장탱크, 암반탱크저장소, 이동탱크저장소, 옥내탱크저장소, 옥외탱크저장소 중 빠진 저장소의 종류를 적으시오. (단, 없으면 "없음"이라고 적으시오.)
③ 안전관리자를 선임할 필요가 없는 저장소의 종류를 모두 적으시오.
④ 주유취급소, 일반취급소, 판매취급소 중 빠진 취급소의 종류를 적으시오.(단, 없으면 "없음"이라고 적으시오.)
⑤ 이동저장탱크에 액체 위험물을 주입하는 일반취급소를 무엇이라 하는지 적으시오.

해답

① 제조소등, ② 간이탱크저장소, ③ 이동탱크저장소
④ 이송취급소, ⑤ 충전하는 일반취급소

04

다음 보기 중 위험물안전관리법상 품목과 지정수량이 바르게 연결된 것을 모두 골라 번호를 적으시오.

(보기) ① 테레빈유 : 2,000L ② 실린더유 : 6,000L
③ 아닐린 : 2,000L ④ 피리딘 : 400L
⑤ 산화프로필렌 : 200L

해설

제4류 위험물(인화성 액체)의 종류와 지정수량

위험등급	품명		품목	지정수량
I	특수인화물	비수용성	디에틸에테르, 이황화탄소	50L
		수용성	아세트알데하이드, 산화프로필렌	
II	제1석유류	비수용성	가솔린, 벤젠, 톨루엔, 사이클로헥산, 콜로디온, 메틸에틸케톤, 초산메틸, 초산에틸, 의산에틸, 헥산, 에틸벤젠 등	200L
		수용성	아세톤, 피리딘, 아크롤레인, 의산메틸, 시안화수소 등	400L
	알코올류		메틸알코올, 에틸알코올, 프로필알코올, 아이소프로필알코올	400L
III	제2석유류	비수용성	등유, 경유, 테레빈유, 스티렌, 자일렌(o-, m-, p-), 클로로벤젠, 장뇌유, 뷰틸알코올, 알릴알코올 등	1,000L
		수용성	포름산, 초산(아세트산), 하이드라진, 아크릴산, 아밀알코올 등	2,000L
	제3석유류	비수용성	중유, 크레오소트유, 아닐린, 나이트로벤젠, 나이트로톨루엔 등	2,000L
		수용성	에틸렌글리콜, 글리세린 등	4,000L
	제4석유류		기어유, 실린더유, 윤활유, 가소제	6,000L
	동식물유류		• 건성유 : 아마인유, 들기름, 동유, 정어리기름, 해바라기유 등 • 반건성유 : 참기름, 옥수수기름, 청어기름, 채종유, 면실유(목화씨유), 콩기름, 쌀겨유 등 • 불건성유 : 올리브유, 피마자유, 야자유, 땅콩기름, 동백유 등	10,000L

해답

②, ③, ④

05 다음 용어의 정의를 적으시오.
① 인화성 고체
② 철분

해답
① 고형 알코올, 그 밖에 1기압에서 인화점이 섭씨 40도 미만인 고체를 말한다.
② 철의 분말로서, 53마이크로미터의 표준체를 통과하는 것이 50중량퍼센트 미만인 것은 제외한다.

06 다음 물음에 답하시오.
① 마그네슘과 이산화탄소의 반응식을 적으시오.
② 마그네슘이 이산화탄소 소화약제로 소화가 안 되는 이유를 적으시오.

해설
마그네슘은 CO_2 등의 질식성 가스와 접촉 시 가연성 물질인 탄소의 재가 발생한다.
$2Mg + CO_2 \rightarrow 2MgO + C$

해답
① $2Mg + CO_2 \rightarrow 2MgO + C$
② 가연성 물질인 탄소의 재가 발생하여 폭발하기 때문에

07 제5류 위험물의 지정수량 규정방법에 대해 설명하시오. (6점)

해답
시험결과에 따라 위험성 유무와 등급을 결정하여 제1종과 제2종으로 분류하며, 제1종은 10kg, 제2종은 100kg으로 규정한다.

08

다음 물음에 답하시오.
① 탄화칼슘과 물과의 반응식을 적으시오.
② 위 ①의 반응에서 생성되는 기체의 연소반응식을 적으시오.

해설

탄화칼슘은 물과 심하게 반응하여 수산화칼슘과 아세틸렌을 만들며, 공기 중 수분과 반응하여도 아세틸렌을 발생한다.
$CaC_2 + 2H_2O \rightarrow Ca(OH)_2 + C_2H_2$

해답

① $CaC_2 + 2H_2O \rightarrow Ca(OH)_2 + C_2H_2$
② $2C_2H_2 + 5O_2 \rightarrow 4CO_2 + 2H_2O$

09

다음 물음에 답하시오.
① 메탄올의 연소반응식을 적으시오.
② 1몰의 메탄올 연소 시 생성되는 물질의 몰수는 얼마인가?

해설

2몰일 때 6몰이 생성되므로, 1몰일 때는 3몰이 생성된다.
$2CH_3OH + 3O_2 \rightarrow 2CO_2 + 4H_2O$

해답

① $2CH_3OH + 3O_2 \rightarrow 2CO_2 + 4H_2O$, ② 3몰

10

지름 10m, 높이 4m인 종형 원통형 탱크의 내용적을 구하시오.
① 계산과정
② 답

해설

종형 원통형 탱크의 내용적 $V = \pi r^2 l$

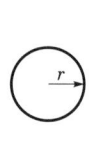
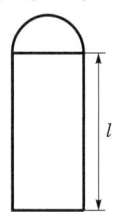

해답

① $V = \pi r^2 l = \pi \times 5^2 \times 4 = 314$
② $314 m^3$

11
다음 주어진 위험물의 운반용기 외부에 적어야 하는 주의사항을 적으시오.
① 황린
② 인화성 고체
③ 과산화나트륨

해설

① 황린 : 제3류 위험물 중 자연발화성 물질
② 인화성 고체 : 제2류 위험물
③ 과산화나트륨 : 제1류 위험물 중 알칼리금속의 무기과산화물

수납하는 위험물에 따른 주의사항

유별	구분	주의사항
제1류 위험물 (산화성 고체)	알칼리금속의 무기과산화물	"화기·충격주의" "물기엄금" "가연물접촉주의"
	그 밖의 것	"화기·충격주의" "가연물접촉주의"
제2류 위험물 (가연성 고체)	철분·금속분·마그네슘	"화기주의" "물기엄금"
	인화성 고체	"화기엄금"
	그 밖의 것	"화기주의"
제3류 위험물 (자연발화성 및 금수성 물질)	자연발화성 물질	"화기엄금" "공기접촉엄금"
	금수성 물질	"물기엄금"

해답

① 화기엄금, 공기접촉엄금
② 화기엄금
③ 화기·충격주의, 물기엄금, 가연물접촉주의

12
다음은 위험물제조소의 배출설비에 대한 내용이다. 빈칸을 알맞게 채우시오.
• 국소방식의 경우 배출능력은 1시간당 배출장소용적의 (①)배 이상인 것으로 하여야 한다. 다만, 전역방식의 경우에는 바닥면적 1m²당 (②)m³ 이상으로 할 수 있다.
• 배출설비의 배출구는 지상 (③)m 이상으로서 연소의 우려가 없는 장소에 설치하고, (④)가 관통하는 벽 부분의 바로 가까이에 화재 시 자동으로 폐쇄되는 (⑤)를 설치한다.

해답

① 20, ② 18, ③ 2
④ 배출덕트, ⑤ 방화댐퍼

13 다음은 지정과산화물 옥내저장소에 대한 내용이다. 빈칸에 들어갈 알맞은 내용을 적으시오.
지정과산화물을 저장 또는 취급하는 옥내저장소의 저장창고는 (①)m² 이내마다 격벽으로 완전하게 구획할 것. 이 경우 해당 격벽은 두께 (②)cm 이상의 철근콘크리트조 또는 철골철근콘크리트조로 하거나 두께 (③)cm 이상의 보강콘크리트블록조로 하고, 해당 저장창고의 양측 외벽으로부터 (④)m 이상, 상부의 지붕으로부터 (⑤)cm 이상 돌출하게 하여야 한다.

[해답]

① 150, ② 30, ③ 40, ④ 1, ⑤ 50

14 과산화수소가 이산화망가니즈 촉매에 의해 분해되는 반응에 대해, 다음 물음에 답하시오.
① 반응식을 적으시오.
② 발생기체의 명칭을 적으시오.

[해설]

$$2H_2O_2 \xrightarrow[\text{이산화망가니즈}]{MnO_2} 2H_2O + O_2$$
과산화수소 (정촉매) 물 산소가스

과산화수소(H_2O_2)는 강한 산화성이 있고, 물, 알코올, 에테르 등에는 녹으나 석유나 벤젠 등에는 녹지 않는다. 또한, 분자 내에 불안정한 과산화물[-O-O-]을 함유하고 있으므로 용기 내부에서 스스로 분해되어 산소가스를 발생한다. 따라서 분해를 억제하기 위하여 안정제인 인산(H_3PO_4), 요산($C_5H_4N_4O_3$)을 첨가하며 발생한 산소가스로 인한 내압의 증가를 막기 위해 구멍 뚫린 마개를 사용한다.

[해답]

① $2H_2O_2 \rightarrow 2H_2O + O_2$
② 산소

15 다음 각각의 물음에 답하시오.
① 다음 보기에 해당하는 물질의 명칭을 적으시오.
  (보기) • 아이소프로필알코올을 산화시켜 만든다.
     • 제1석유류에 속한다.
     • 아이오딘포름 반응을 한다.
② 아이오딘포름의 화학식과 색상을 적으시오.

[해설]

아세톤은 물과 유기용제에 잘 녹고, 아이오딘포름 반응을 한다. I_2와 NaOH를 넣고 60~80℃로 가열하면, 황색의 아이오딘포름(CHI_3) 침전이 생긴다.
$CH_3COCH_3 + 3I_2 + 4NaOH \rightarrow CH_3COONa + 3NaI + CHI_3 + 3H_2O$

[해답]

① 아세톤, ② CHI_3, 황색

16

위험물안전관리법에 따라 빈칸에 알맞게 채우시오.

- (①) 등을 취급하는 제조소의 설비
  ㉮ 불활성 기체 봉입장치를 갖추어야 한다.
  ㉯ 누설된 (①) 등을 안전한 장소에 설치된 저장실에 유입시킬 수 있는 설비를 갖추어야 한다.
- (②) 등을 취급하는 제조소의 설비
  ㉮ 은, 수은, 구리(동), 마그네슘을 성분으로 하는 합금으로 만들지 아니한다.
  ㉯ 연소성 혼합기체의 폭발을 방지하기 위한 불활성 기체 또는 수증기 봉입장치를 갖추어야 한다.
  ㉰ 저장하는 탱크에는 냉각장치 또는 보냉장치 및 불활성 기체 봉입장치를 갖추어야 한다.
- (③) 등을 취급하는 제조소의 설비
  ㉮ (③) 등의 온도 및 농도의 상승에 따른 위험한 반응을 방지하기 위한 조치를 강구한다.
  ㉯ 철, 이온 등의 혼입에 따른 위험한 반응을 방지하기 위한 조치를 강구한다.

해답

① 알킬알루미늄
② 아세트알데하이드
③ 하이드록실아민

17

자체소방대에 두는 화학소방자동차와 소방대원에 대해 빈칸에 적절한 내용을 순서대로 적으시오.

사업소의 구분	화학소방자동차의 수	자체소방대원의 수
① 제조소 또는 일반취급소에서 취급하는 제4류 위험물의 최대수량의 합이 지정수량의 3천배 이상 12만배 미만인 사업소	( )대	( )인
② 제조소 또는 일반취급소에서 취급하는 제4류 위험물의 최대수량의 합이 지정수량의 12만배 이상 24만배 미만인 사업소	( )대	( )인
③ 제조소 또는 일반취급소에서 취급하는 제4류 위험물의 최대수량의 합이 지정수량의 24만배 이상 48만배 미만인 사업소	( )대	( )인
④ 제조소 또는 일반취급소에서 취급하는 제4류 위험물의 최대수량의 합이 지정수량의 48만배 이상인 사업소	( )대	( )인
⑤ 옥외탱크저장소에 저장하는 제4류 위험물의 최대수량이 지정수량의 50만배 이상인 사업소	( )대	( )인

해답

① 1, 5, ② 2, 10
③ 3, 15, ④ 4, 20
⑤ 2, 10

18 다음 보기 중 소화난이도등급 I을 모두 골라 기호를 적으시오.
(보기) ① 질산 60,000kg을 저장하는 옥외탱크저장소
② 과산화수소를 저장하는 액표면적이 40m²인 옥외탱크저장소
③ 이황화탄소 500L 저장하는 옥외탱크저장소
④ 황 14,000kg을 저장하는 지중탱크
⑤ 휘발유 100,000L를 저장하는 해상탱크

[해설]
소화난이도등급 I에 해당하는 옥외탱크저장소
㉮ 액표면적이 40m² 이상인 것(제6류 위험물을 저장하는 것 및 고인화점 위험물만을 100℃ 미만의 온도에서 저장하는 것은 제외)
㉯ 지반면으로부터 탱크 옆판의 상단까지 높이가 6m 이상인 것(제6류 위험물을 저장하는 것 및 고인화점 위험물만을 100℃ 미만의 온도에서 저장하는 것은 제외)
㉰ 지중탱크 또는 해상탱크로서 지정수량이 100배 이상인 것(제6류 위험물을 저장하는 것 및 고인화점 위험물만을 100℃ 미만의 온도에서 저장하는 것은 제외)
㉱ 고체 위험물을 저장하는 것으로서 지정수량의 100배 이상인 것

보기 중 ④ 황은 지정수량이 100kg이므로 지정수량의 배수= $\dfrac{14,000\text{kg}}{100\text{kg}}$ =140배이고, ⑤ 휘발유는 지정수량이 200L이므로 지정수량의 배수= $\dfrac{100,000\text{L}}{200\text{L}}$ =500배이다. 따라서, 지정수량의 100배 이상으로 소화난이도등급 I에 해당한다.

[해답]
④, ⑤

19 1기압, 50℃에서 5kg의 이황화탄소가 모두 증기로 변했을 때의 부피(m³)를 구하시오.
① 계산과정
② 답

[해답]
① 이상기체 상태방정식으로부터,
$PV = nRT$
$V = \dfrac{wRT}{PM} = \dfrac{5 \times 10^3 \times 0.082 \times (50 + 273.15)}{1 \times 76} = 1743.30\text{L}$

$\dfrac{1743.30\text{L}}{} \Big| \dfrac{1\text{m}^3}{1,000\text{L}} = 1.74\text{m}^3$

② 1.74m³

20

다음은 위험물안전관리법상 알코올류에 대한 설명이다. 빈칸을 알맞게 채우시오.

"알코올류"라 함은 1분자를 구성하는 탄소원자의 수가 1개부터 (①)개까지인 포화1가 알코올(변성알코올을 포함한다)을 말한다. 다만, 다음의 어느 하나에 해당하는 것은 제외한다.

- 1분자를 구성하는 탄소원자의 수가 1개 내지 3개의 포화1가 알코올의 함유량이 (②)중량퍼센트 미만인 수용액
- 가연성 액체량이 60중량퍼센트 미만이고 인화점 및 연소점(태그개방식 인화점측정기에 의한 연소점을 말한다. 이하 같다)이 에틸알코올 (③)중량퍼센트 수용액의 인화점 및 연소점을 초과하는 것

해답

① 3
② 60
③ 60

제2회 과년도 출제문제

2021. 7. 10. 시행

01 금속칼륨에 대해 다음 물음에 답하시오.
① 물과의 반응식을 적으시오.
② CO_2와의 반응식을 적으시오.
③ 에틸알코올과의 반응식을 적으시오.

해설
① 칼륨은 물과 격렬히 반응하여 발열하고, 수산화칼륨과 수소를 발생한다. 이때 발생된 열은 점화원의 역할을 한다.
$2K + 2H_2O \rightarrow 2KOH + H_2$
② 칼륨은 CO_2와 격렬히 반응하여 연소·폭발의 위험이 있으며, 연소 중에 모래를 뿌리면 규소(Si) 성분과 격렬히 반응한다.
$4K + 3CO_2 \rightarrow 2K_2CO_3 + C$ (연소·폭발)
③ 칼륨은 Na, K 등 알칼리금속과 반응하여 인화성이 강한 수소를 발생한다.
$2K + 2C_2H_5OH \rightarrow 2C_2H_5OK + H_2$

해답
① $2K + 2H_2O \rightarrow 2KOH + H_2$
② $4K + 3CO_2 \rightarrow 2K_2CO_3 + C$
③ $2K + 2C_2H_5OH \rightarrow 2C_2H_5OK + H_2$

02 다음 주어진 물질의 완전연소반응식을 적으시오.
① P_2S_5
② Al
③ Mg

해답
① $2P_2S_5 + 15O_2 \rightarrow 2P_2O_5 + 10SO_2$
② $4Al + 3O_2 \rightarrow 2Al_2O_3$
③ $2Mg + O_2 \rightarrow 2MgO$

03

위험물제조소에 설치하는 옥내소화전에 대해 다음 물음에 답하시오.
① 수원의 양은 소화전의 개수에 몇 m^3를 곱해야 하는가?
② 하나의 노즐의 방수압력은 몇 kPa 이상으로 해야 하는가?
③ 하나의 노즐의 방수량은 몇 L/min 이상으로 해야 하는가?
④ 하나의 호스 접속구까지의 수평거리는 몇 m 이하로 해야 하는가?

해설

① 수원의 양 $Q(m^3) = N \times 7.8m^3$ (N이 5개 이상인 경우, 5개)
②~③ 옥내소화전설비는 각 층을 기준으로 하여 당해 층의 모든 옥내소화전(설치개수가 5개 이상인 경우는 5개의 옥내소화전)을 동시에 사용할 경우에 각 노즐 선단의 방수압력이 0.35MPa 이상이고, 방수량이 1분당 260L 이상의 성능이 되도록 할 것
④ 옥내소화전은 제조소 등의 건축물의 층마다 당해 층의 각 부분에서 하나의 호스 접속구까지의 수평거리가 25m 이하가 되도록 설치할 것. 이 경우 옥내소화전은 각 층의 출입구 부근에 1개 이상 설치하여야 한다.

해답

① $7.8m^3$, ② 350kPa, ③ 260L/min, ④ 25m

04

다음 위험물을 지정수량 이상으로 운반 시 혼재할 수 없는 유별 위험물을 적으시오.
① 제1류
② 제2류
③ 제3류
④ 제4류
⑤ 제5류

해설

유별을 달리하는 위험물의 혼재기준

위험물의 구분	제1류	제2류	제3류	제4류	제5류	제6류
제1류		×	×	×	×	○
제2류	×		×	○	○	×
제3류	×	×		○	×	×
제4류	×	○	○		○	×
제5류	×	○	×	○		×
제6류	○	×	×	×	×	

해답

① 제2류, 제3류, 제4류, 제5류
② 제1류, 제3류, 제6류
③ 제1류, 제2류, 제5류, 제6류
④ 제1류, 제6류
⑤ 제1류, 제3류, 제6류

05

다음은 위험물의 유별 저장·취급의 공통기준에 대한 내용이다. 빈칸에 알맞은 내용을 순서대로 적으시오.

① 제3류 위험물 중 자연발화성 물질에 있어서는 불티·불꽃 또는 고온체와의 접근·과열 또는 (　)와의 접촉을 피하고, 금수성 물질에 있어서는 물과의 접촉을 피하여야 한다.

② 제(　)류 위험물은 불티·불꽃·고온체와의 접근이나 과열·충격 또는 마찰을 피하여야 한다.

③ 제2류 위험물은 산화제와의 접촉·혼합이나 불티·불꽃·고온체와의 접근 또는 과열을 피하는 한편, (　)·(　)·(　) 및 이를 함유한 것에 있어서는 물이나 산과의 접촉을 피하고 인화성 고체에 있어서는 함부로 증기를 발생시키지 아니하여야 한다.

[해답]
① 공기
② 5
③ 철분, 금속분, 마그네슘

06

다음은 소화방법에 대한 물음이다. 묻는 말에 알맞게 답하시오.
① 대표적인 소화방법 4가지를 적으시오.
② ①의 소화방법 중 증발잠열을 이용하여 소화하는 방법은 무엇인지 적으시오.
③ ①의 소화방법 중 가스의 밸브를 폐쇄하여 소화하는 방법은 무엇인지 적으시오.
④ ①의 소화방법 중 불활성 기체를 방사하여 소화하는 방법은 무엇인지 적으시오.

[해설]
소화를 위해서는 화재의 초기단계인 가연물질의 연소현상을 유지하기 위한 연소의 3요소 또는 연소의 4요소에 관계되는 소화의 원리를 응용한 소화방법이 요구된다.
① 제거소화 : 연소에 필요한 가연성 물질을 제거하여 소화하는 방법
② 질식소화 : 공기 중 산소의 양을 15% 이하가 되게 하여 산소공급원의 양을 희석시켜 소화하는 방법
③ 냉각소화 : 연소 중인 가연성 물질의 온도를 인화점 이하로 냉각시켜 소화하는 방법
④ 부촉매(화학)소화 : 가연성 물질의 연소 시 연속적인 연쇄반응을 억제·방해 또는 차단시켜 소화하는 방법

[해답]
① 질식소화, 냉각소화, 부촉매소화, 제거소화
② 냉각소화
③ 제거소화
④ 질식소화

07

아세톤이 공기 중에서 완전연소하는 경우, 다음 물음에 답하시오.
① 아세톤의 연소반응식을 적으시오.
② 200g의 아세톤이 연소하는 데 필요한 이론공기량을 구하시오. (단, 공기 중 산소의 부피비는 21%이다.)
③ 위의 조건에서 탄산가스의 발생량(L)을 구하시오.

[해설]

② $\dfrac{200g-CH_3COCH_3}{} \Big| \dfrac{1mol-CH_3COCH_3}{58g-CH_3COCH_3} \Big| \dfrac{4mol-O_2}{1mol-CH_3COCH_3} \Big| \dfrac{100mol-Air}{21mol-O_2} \Big| \dfrac{22.4L-Air}{1mol-Air} = 1,471L-Air$

③ $\dfrac{200g-CH_3COCH_3}{} \Big| \dfrac{1mol-CH_3COCH_3}{58g-CH_3COCH_3} \Big| \dfrac{3mol-CO_2}{1mol-CH_3COCH_3} \Big| \dfrac{22.4L-CO_2}{1mol-CO_2} = 231.72L-CO_2$

[해답]

① $CH_3COCH_3 + 4O_2 \rightarrow 3CO_2 + 3H_2O$
② 1,471L−Air
③ 231.72L−CO_2

08

다음은 질산암모늄 800g이 폭발하는 경우의 반응식이다. 발생기체의 부피(L)는 표준상태에서 전부 얼마인지 구하시오.
(반응식) $2NH_4NO_3 \rightarrow 2N_2\uparrow + O_2\uparrow + 4H_2O\uparrow$

[해설]

이 문제에서는 조건 자체에서 반응식을 주고, 반응식에서 생성된 질소, 산소, 수증기가 모두 기체가 되었음을 보여주었다.

㉮ 질소가스의 부피

$\dfrac{800g-NH_4NO_3}{} \Big| \dfrac{1mol-NH_4NO_3}{80g-NH_4NO_3} \Big| \dfrac{2mol-N_2}{2mol-NH_4NO_3} \Big| \dfrac{22.4L-N_2}{1mol-N_2} = 224L-N_2$

㉯ 산소가스의 부피

$\dfrac{800g-NH_4NO_3}{} \Big| \dfrac{1mol-NH_4NO_3}{80g-NH_4NO_3} \Big| \dfrac{1mol-O_2}{2mol-NH_4NO_3} \Big| \dfrac{22.4L-O_2}{1mol-O_2} = 112L-O_2$

㉰ 수증기의 부피

$\dfrac{800g-NH_4NO_3}{} \Big| \dfrac{1mol-NH_4NO_3}{80g-NH_4NO_3} \Big| \dfrac{4mol-H_2O}{2mol-NH_4NO_3} \Big| \dfrac{22.4L-H_2O}{1mol-H_2O} = 448L-H_2O$

그러므로, 질소가스의 부피+산소가스의 부피+수증기의 부피=224+112+448=784L이다.

[해답]
784L

09
다음 물음에 답하시오.
① 다음 보기에서 설명하는 액체 위험물의 ㉠ 명칭과 ㉡ 지정수량을 적으시오.
 (보기) 정전기에 의한 재해 발생의 우려가 있는 액체 위험물을 이동탱크저장소에 주입하는 경우 주입관의 선단을 이동저장탱크 안의 밑바닥에 밀착시킬 것
② ①의 물질 중 겨울철에 응고할 수 있고 인화점이 낮아 고체상태에서도 인화할 수 있는 방향족 탄화수소에 해당하는 물질을 골라 그 구조식을 적으시오.

[해설]
정전기에 의한 재해 발생의 우려가 있는 액체 위험물(휘발유, 벤젠 등)을 이동탱크저장소에 주입하는 경우의 취급기준
㉮ 주입관의 선단을 이동저장탱크 안의 밑바닥에 밀착시킬 것
㉯ 정전기 등으로 인한 재해 발생 방지 조치사항
 ㉠ 탱크의 위쪽 주입관에 의해 위험물을 주입할 경우 주입속도를 1m/s 이하로 한다.
 ㉡ 탱크의 밑바닥에 설치된 고정주입배관에 의해 위험물을 수입할 경우 수입속도를 1m/s 이하로 한다.
 ㉢ 기타의 방법으로 위험물을 주입하는 경우 위험물을 주입하기 전에 탱크에 가연성 증기가 없도록 조치하고 안전한 상태를 확인한 후 주입한다.
㉰ 이동저장탱크는 완전히 빈 탱크 상태로 차고에 주차할 것

[해답]
① ㉠ 휘발유, 벤젠, ㉡ 200L
②

10
옥외저장탱크·옥내저장탱크 또는 지하저장탱크 중에 다음 위험물을 저장하는 경우, 저장온도는 몇 ℃ 이하로 해야 하는지 각각 적으시오.
① 압력탱크에 저장하는 디에틸에테르
② 압력탱크에 저장하는 아세트알데하이드
③ 압력탱크 외의 탱크에 저장하는 아세트알데하이드
④ 압력탱크 외의 탱크에 저장하는 디에틸에테르
⑤ 압력탱크 외의 탱크에 저장하는 산화프로필렌

[해설]
①~② 옥외저장탱크·옥내저장탱크 또는 지하저장탱크 중 압력탱크에 저장하는 아세트알데하이드 등 또는 디에틸에테르 등의 온도는 40℃ 이하로 유지할 것
③~⑤ 옥외저장탱크·옥내저장탱크 또는 지하저장탱크 중 압력탱크 외의 탱크에 저장하는 디에틸에테르 등 또는 아세트알데하이드 등의 온도는 산화프로필렌과 이를 함유한 것 또는 디에틸에테르 등에 있어서는 30℃ 이하로, 아세트알데하이드 또는 이를 함유한 것에 있어서는 15℃ 이하로 각각 유지할 것

[해답]
① 40℃, ② 40℃, ③ 15℃, ④ 30℃, ⑤ 30℃

11 제2류 위험물과 동소체의 관계에 있는 자연발화성 물질인 제3류 위험물에 대해 다음 물음에 답하시오.
① 연소반응식을 적으시오.
② 위험등급은 몇 등급인지 적으시오.
③ 옥내저장소의 바닥면적은 몇 m^2 이하인지 적으시오.

[해설]
① 황린은 공기 중에서 격렬하게 오산화인의 백색 연기를 내며 연소하고, 일부 유독성의 포스핀(PH_3)도 발생하며, 환원력이 강하여 산소농도가 낮은 분위기에서도 연소한다.
$P_4 + 5O_2 \rightarrow 2P_2O_5$
② 황린은 제3류 위험물 중 위험등급 I에 해당하며, 지정수량은 20kg이다.
③ 하나의 저장창고의 바닥면적

위험물을 저장하는 창고	바닥면적
ⓐ 제1류 위험물 중 아염소산염류, 염소산염류, 과염소산염류, 무기과산화물, 그 밖에 지정수량이 50kg인 위험물 ⓑ 제3류 위험물 중 칼륨, 나트륨, 알킬알루미늄, 알킬리튬, 그 밖에 지정수량이 10kg인 위험물 및 황린 ⓒ 제4류 위험물 중 특수인화물, 제1석유류 및 알코올류 ⓓ 제5류 위험물 중 유기과산화물, 질산에스터류, 그 밖에 지정수량이 10kg인 위험물 ⓔ 제6류 위험물	1,000m^2 이하
ⓐ~ⓔ 외의 위험물을 저장하는 창고	2,000m^2 이하
내화구조의 격벽으로 완전히 구획된 실에 각각 저장하는 창고	1,500m^2 이하

[해답]
① $P_4 + 5O_2 \rightarrow 2P_2O_5$
② I등급
③ 1,000m^2 이하

12 메탄올 320g을 산화시키면 포름알데하이드와 물이 발생한다. 이 반응에서 발생하는 포름알데하이드의 양을 구하시오.

[해설]
메탄올이 산화하여 포름알데하이드와 물이 생성되는 반응식
$2CH_3OH + O_2 \rightarrow 2HCHO + 2H_2O$
   $2 \times 32g$: $2 \times 30g$
      $320g$: x
∴ $x = 300g$

[해답]
300g

13. 특수인화물에 속하는 물질 중 물속에 저장하는 위험물에 대해 다음 물음에 답하시오.
① 연소 시 발생하는 독성가스의 화학식을 적으시오.
② 증기비중을 적으시오.
③ 이 위험물의 옥외저장탱크를 저장하는 철근콘크리트 수조의 두께는 몇 m 이상으로 해야 하는지 적으시오.

[해설]

① 휘발하기 쉽고 발화점이 낮아 백열등, 난방기구 등의 열에 의해 발화하며, 점화하면 청색을 내고 연소하는데, 연소생성물 중 SO_2는 유독성이 강하다.
$CS_2 + 3O_2 \rightarrow CO_2 + 2SO_2$

② 증기비중 = $\dfrac{76}{28.84}$ = 2.64

③ 이황화탄소의 옥외저장탱크는 벽 및 바닥의 두께가 0.2m 이상이고 누수가 되지 아니하는 철근콘크리트의 수조에 넣어 보관하여야 한다. 이 경우 보유공지·통기관 및 자동계량장치는 생략할 수 있다.

[해답]

① SO_2
② 2.64
③ 0.2m

14. 다음 보기에 주어진 물질에 대해 물음에 답하시오.
(보기) 과산화나트륨, 과망가니즈산칼륨, 마그네슘
① 염산과 반응 시 제6류 위험물이 발생되는 물질은 무엇인지 적으시오.
② 위 ①의 물질과 물과의 반응식을 적으시오.

[해설]

① 과산화나트륨은 염산과 반응하여 염화나트륨과 과산화수소를 발생한다.
$Na_2O_2 + 2HCl \rightarrow 2NaCl + H_2O_2$

② 과산화나트륨은 흡습성이 있으므로 물과 접촉하면 발열하고, 수산화나트륨(NaOH)과 산소(O_2)를 발생한다.
$2Na_2O_2 + 2H_2O \rightarrow 4NaOH + O_2$

[해답]

① 과산화나트륨
② $2Na_2O_2 + 2H_2O \rightarrow 4NaOH + O_2$

15

98중량%의 비중 1.51인 질산 100mL를 68중량%의 비중 1.41인 질산으로 바꾸려면 몇 g의 물이 첨가되어야 하는지 구하시오.
① 계산과정
② 답

해설
① $0.98 \times 1.51 \times 100 = 0.68 \times 1.41 \times (100 + x)$
② $x = 54.34$ mL이고, 물의 밀도는 1g/mL이므로, 54.34g이 첨가되어야 한다.

해답
① $0.68 \times 1.41 \times (100 + x) = 147.98$
② 54.34g

16

다음은 제조소등에서 위험물의 저장 및 취급에 관한 중요 기준을 나타낸 것이다. 옳은 것을 모두 고르시오.
① 옥내저장소에서는 용기에 수납하여 저장하는 위험물의 온도가 45℃가 넘지 아니하도록 필요한 조치를 강구하여야 한다.
② 제3류 위험물 중 황린, 그 밖에 물속에 저장하는 물품과 금수성 물질은 동일한 저장소에 저장할 수 있다.
③ 컨테이너식 이동탱크저장소 외의 이동탱크저장소에 있어서는 위험물을 저장한 상태로 이동저장탱크를 옮겨 싣지 아니하여야 한다.
④ 위험물 이동취급소에 위험물을 이송하기 위한 배관·펌프 및 이에 부속한 설비의 안전을 확인하기 위한 순찰을 행하고, 위험물을 이송하는 중에는 이송하는 위험물의 압력 및 유량을 항상 감시하여야 한다.
⑤ 제조소등에서 허가 및 신고와 관련되는 품명 외의 위험물 또는 이러한 허가 및 신고와 관련되는 수량 또는 지정수량의 배수를 초과하는 위험물을 저장 또는 취급하지 아니하여야 한다.

해설
① 옥내저장소에서는 용기에 수납하여 저장하는 위험물의 온도가 55℃를 넘지 아니하도록 필요한 조치를 강구하여야 한다.
② 제3류 위험물 중 황린, 그 밖에 물속에 저장하는 물품과 금수성 물질은 동일한 저장소에서 저장하지 아니하여야 한다.
④ 위험물 이송취급소에 위험물을 이송하기 위한 배관·펌프 및 이에 부속한 설비의 안전을 확인하기 위한 순찰을 행하고, 위험물을 이송하는 중에는 이송하는 위험물의 압력 및 유량을 항상 감시하여야 한다.

해답
③, ⑤

17 다음 보기에 주어진 물질에 대해 물음에 답하시오.
(보기) 메탄올, 아세톤, 클로로벤젠, 아닐린, 메틸에틸케톤
① 인화점이 가장 낮은 것을 고르시오.
② ①의 물질의 구조식을 적으시오.
③ 제1석유류를 모두 고르시오.

[해설]

품목	메탄올	아세톤	클로로벤젠	아닐린	메틸에틸케톤
품명	알코올류	제1석유류	제2석유류	제3석유류	제1석유류
인화점	11℃	-18.5℃	27℃	70℃	-7℃

[해답]
① 아세톤
②
```
     H   H
     |   |
 H — C — C — C — H
     |   ‖   |
     H   O   H
```
③ 아세톤, 메틸에틸케톤

18 면적이 300m²인 옥외저장소에 덩어리 상태의 황을 30,000kg 저장하는 경우, 다음 물음에 답하시오.
① 설치할 수 있는 경계구역의 개수를 적으시오.
② 경계구역과 경계구역의 간격은 몇 m 이상으로 해야 하는지 적으시오.
③ 이 옥외저장소에 인화점 10℃인 제4류 위험물을 함께 저장할 수 있는지의 유무를 적으시오.

[해설]
옥외저장소 중 덩어리 상태의 황만을 지반면에 설치한 경계표시의 안쪽에 저장 또는 취급하는 것에 대한 기준
㉠ 하나의 경계표시의 내부면적은 100m² 이하일 것
㉡ 2 이상의 경계표시를 설치하는 경우에 있어서는 각각의 경계표시 내부의 면적을 합산한 면적은 1,000m² 이하로 하고, 인접하는 경계표시와 경계표시와의 간격을 규정에 의한 공지 너비의 2분의 1 이상으로 할 것. 다만, 저장 또는 취급하는 위험물의 최대수량이 지정수량의 200배 이상인 경우에는 10m 이상으로 하여야 한다.
지정수량의 배수는 30,000/100=300배이므로 2 이상의 경계표시를 하는 경우경계구역의 간격을 고려하여 2개를 설치해야 한다. 또한, 유별을 달리하는 위험물은 동일한 저장소에 저장하지 않는 것이 원칙이다.

[해답]
① 2개
② 10m
③ 저장 불가능

19 다음은 옥외탱크저장소의 보유공지에 대한 내용이다. 빈칸을 알맞게 채우시오.

저장 또는 취급하는 위험물의 최대수량	공지의 너비
지정수량의 500배 이하	(①)m 이상
지정수량의 500배 초과, 1,000배 이하	(②)m 이상
지정수량의 1,000배 초과, 2,000배 이하	(③)m 이상
지정수량의 2,000배 초과, 3,000배 이하	(④)m 이상
지정수량의 3,000배 초과, 4,000배 이하	(⑤)m 이상

[해답]
① 3, ② 5, ③ 9, ④ 12, ⑤ 15

20 지정과산화물 옥내저장소에 대해 다음 물음에 답하시오. (단, 시험결과에 따른 지정과산화물은 제1종에 해당하는 것으로 한다.)
① 지정과산화물의 위험등급을 적으시오.
② 이 옥내저장소의 바닥면적은 몇 m^2 이하로 해야 하는지 적으시오.
③ 철근콘크리트로 만든 이 옥내저장소 외벽의 두께는 몇 cm 이상으로 해야 하는지 적으시오.

[해설]
① 문제에서 시험결과에 따른 지정과산화물은 제1종에 해당하는 것으로 한다고 했으므로 지정수량은 10kg에 해당한다.
② 하나의 저장창고의 바닥면적

위험물을 저장하는 창고	바닥면적
ⓐ 제1류 위험물 중 아염소산염류, 염소산염류, 과염소산염류, 무기과산화물, 그 밖에 지정수량이 50kg인 위험물 ⓑ 제3류 위험물 중 칼륨, 나트륨, 알킬알루미늄, 알킬리튬, 그 밖에 지정수량이 10kg인 위험물 및 황린 ⓒ 제4류 위험물 중 특수인화물, 제1석유류 및 알코올류 ⓓ 제5류 위험물 중 유기과산화물, 질산에스터류, 그 밖에 지정수량이 10kg인 위험물 ⓔ 제6류 위험물	1,000m^2 이하
ⓐ~ⓔ 외의 위험물을 저장하는 창고	2,000m^2 이하
내화구조의 격벽으로 완전히 구획된 실에 각각 저장하는 창고	1,500m^2 이하

③ 저장창고의 외벽은 두께 20cm 이상의 철근콘크리트조나 철골철근콘크리트조 또는 두께 30cm 이상의 보강콘크리트블록조로 할 것

[해답]
① I
② 1,000m^2
③ 20cm

2021년 제4회 과년도 출제문제

2021. 11. 13. 시행

01
다음 주어진 물질이 물과 반응할 때의 화학반응식을 쓰시오.
① 탄화알루미늄
② 탄화칼슘

해설

① 물과 반응하여 가연성·폭발성의 메탄가스를 만들며, 밀폐된 실내에서 메탄이 축적되는 경우 인화성 혼합기를 형성하여 2차 폭발의 위험이 있다.
$Al_4C_3 + 12H_2O \rightarrow 4Al(OH)_3 + 3CH_4$

② 물과 심하게 반응하여 수산화칼슘과 아세틸렌을 만들며 공기 중 수분과 반응하여도 아세틸렌을 발생한다.
$CaC_2 + 2H_2O \rightarrow Ca(OH)_2 + C_2H_2$

해답

① $Al_4C_3 + 12H_2O \rightarrow 4Al(OH)_3 + 3CH_4$
② $CaC_2 + 2H_2O \rightarrow Ca(OH)_2 + C_2H_2$

02
다음 그림과 같은 원통형 탱크의 용량을 구하시오. (단, 탱크의 공간용적은 5/100이다.)

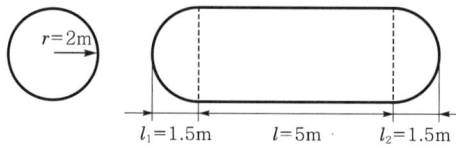

해답

$$V = \pi r^2 \left(l + \frac{l_1 + l_2}{3} \right) = \pi \times 2^2 \times \left(5 + \frac{1.5 + 1.5}{3} \right) = 75.398 \text{m}^3$$

공간용적이 5/100이므로, $75.398\text{m}^3 \times 0.95 = 71.628\text{m}^3$

$$\frac{71.628\text{m}^3 \mid 1,000\text{L}}{\mid 1\text{m}^3} = 71,628\text{L}$$

03 제5류 위험물인 T.N.T.의 합성과정을 화학반응식으로 나타내시오.

[해설]

트리나이트로톨루엔[T.N.T., $C_6H_2CH_3(NO_2)_3$]의 일반적 성질

㉮ 비중 1.66, 융점 81℃, 비점 280℃, 분자량 227, 발화온도 약 300℃이다.
㉯ 1몰의 톨루엔과 3몰의 질산을 황산 촉매하에 반응시키면 나이트로화에 의해 T.N.T.가 만들어진다.
㉰ 분해하면 다량의 기체를 발생하고 불완전연소 시 유독성의 질소산화물과 CO를 생성한다.
 $2C_6H_2CH_3(NO_2)_3 \rightarrow 12CO + 2C + 3N_2 + 5H_2$
㉱ 운반 시 10%의 물을 넣어 운반하면 안전하다.

[해답]

$$C_6H_5CH_3 + 3HNO_3 \xrightarrow[\text{나이트로화}]{c-H_2SO_4} \text{T.N.T.} + 3H_2O$$

04 위험물안전관리법상 보기에서 설명하는 제3류 위험물에 대해 다음 물음에 알맞게 답하시오.

(보기) • 지정수량이 300kg이다.
      • 분자량 64, 비중 2.2이다.
      • 질소와 고온에서 반응하여 석회질소가 생성된다.

① 보기에서 설명하는 물질의 화학식을 쓰시오.
② 물과 접촉했을 때의 반응식을 쓰시오.
③ 물과 접촉해서 발생되는 기체의 완전연소반응식을 쓰시오.

[해설]

카바이드는 물과 심하게 반응하여 수산화칼슘과 아세틸렌을 만들며, 공기 중 수분과 반응하여도 아세틸렌을 발생한다.
$CaC_2 + 2H_2O \rightarrow Ca(OH)_2 + C_2H_2$
발생된 아세틸렌(C_2H_2)가스의 공기 중 연소반응식은 다음과 같다.
$2C_2H_2 + 5O_2 \rightarrow 4CO_2 + 2H_2O$

[해답]

① CaC_2
② $CaC_2 + 2H_2O \rightarrow Ca(OH)_2 + C_2H_2$
③ $2C_2H_2 + 5O_2 \rightarrow 4CO_2 + 2H_2O$

05 제1종, 제2종, 제3종 분말소화약제의 주성분에 대한 화학식을 각각 쓰시오.

해설

종류	주성분	화학식	착색	적응화재
제1종	탄산수소나트륨(중탄산나트륨)	$NaHCO_3$	-	B·C급 화재
제2종	탄산수소칼륨(중탄산칼륨)	$KHCO_3$	담회색	B·C급 화재
제3종	제1인산암모늄	$NH_4H_2PO_4$	담홍색 또는 황색	A·B·C급 화재
제4종	탄산수소칼륨+요소	$KHCO_3+CO(NH_2)_2$	-	B·C급 화재

해답

① 제1종 분말소화약제 : $NaHCO_3$
② 제2종 분말소화약제 : $KHCO_3$
③ 제3종 분말소화약제 : $NH_4H_2PO_4$

06 다음 보기의 물질 중 연소범위가 가장 큰 물질에 대하여 묻는 말에 알맞게 답하시오.
(보기) 메틸알코올, 메틸에틸케톤, 아세톤, 디에틸에테르, 톨루엔
① 이 물질의 명칭을 적으시오.
② 위험도를 구하시오.

해설

구분	메틸알코올	메틸에틸케톤	아세톤	디에틸에테르	톨루엔
화학식	CH_3OH	$CH_3COC_2H_5$	CH_3COCH_3	$C_2H_5OC_2H_5$	$C_6H_5CH_3$
인화점	11℃	-7℃	-18℃	-45℃	4℃
품명	알코올류	제1석유류(비)	제1석유류	특수인화물	제1석유류(비)
연소범위	6~36%	1.8~10%	2.6~12.8%	1.9~48%	1.27~7%

해답

① 디에틸에테르
② $H=\dfrac{U-L}{L}=\dfrac{48-1.9}{1.9}≒24.26$

07 옥외소화전설비를 아래와 같이 설치할 경우, 필요한 수원의 양은 몇 m³인지 계산하시오.
① 3개
② 6개

해설

수원의 수량은 옥외소화전의 설치개수(설치개수가 4개 이상인 경우는 4개의 옥외소화전)에 $13.5m^3$를 곱한 양 이상이 되도록 설치한다($13.5m^3$란 법정 방수량 450L/min으로 30min 이상 기동할 수 있는 양이다).

① 수원의 양 $Q(m^3) = N \times 13.5m^3 = 3 \times 13.5m^3 = 40.5m^3$
② 수원의 양 $Q(m^3) = N \times 13.5m^3 = 4 \times 13.5m^3 = 54m^3$

해답
① $40.5m^3$, ② $54m^3$

---

08 제3류 위험물인 나트륨에 대해 다음 물음에 알맞게 답하시오.
① 지정수량을 쓰시오.
② 물과의 반응식을 쓰시오.
③ 보호액을 쓰시오.

해설
나트륨은 물과 격렬히 반응하여 발열하고 수소를 발생하며, 산과는 폭발적으로 반응한다. 수용액은 염기성으로 변하고, 페놀프탈레인과 반응 시 붉은색을 나타낸다.
$2Na + 2H_2O \rightarrow 2NaOH + H_2$

해답
① 10kg
② $2Na + 2H_2O \rightarrow 2NaOH + H_2$
③ 등유 또는 경유

---

09 위험물안전관리법상 옥외저장소에 저장할 수 있는 위험물의 품명을 5가지 이상 적으시오.

해설
옥외저장소에 저장할 수 있는 위험물
㉮ 제2류 위험물 중 황, 인화성 고체(인화점이 0℃ 이상인 것에 한함)
㉯ 제4류 위험물 중 제1석유류(인화점이 0℃ 이상인 것에 한함), 제2석유류, 제3석유류, 제4석유류, 알코올류, 동식물유류
㉰ 제6류 위험물

해답
황, 인화성 고체(인화점이 0℃ 이상인 것에 한함), 제1석유류(인화점이 0℃ 이상인 것에 한함), 제2석유류, 제3석유류, 제4석유류, 알코올류, 동식물유류, 과산화수소, 과염소산, 질산 중 5가지

10

위험물안전관리법상 제6류 위험물에 해당하는 물질로서 보기에서 설명하는 물질에 대해 다음 묻는말에 알맞게 답하시오.

(보기) • 저장용기는 갈색병에 넣어서 보관한다.
 • 단백질과 크산토프로테인 반응을 하여 황색으로 변한다.

① 지정수량을 쓰시오.
② 위험등급을 쓰시오.
③ 위험물이 되기 위한 조건을 쓰시오. (단, 없으면 "없음"이라고 표기하시오.)
④ 빛에 의한 분해반응식을 쓰시오.

[해설]

㉮ 질산은 햇빛에 의해 분해하여 이산화질소(NO_2)를 발생하므로 갈색병에 넣어 냉암소에 저장한다.

$4HNO_3 \rightarrow 2H_2O + 4NO_2 + O_2$
 질산   물(수증기) 이산화질소 산소가스

㉯ 제6류 위험물의 품명과 지정수량

성질	위험등급	품명	지정수량
산화성 액체	I	1. 과염소산($HClO_4$) 2. 과산화수소(H_2O_2) 3. 질산(HNO_3) 4. 그 밖의 행정안전부령이 정하는 것 - 할로겐간화합물(BrF_3, IF_5 등)	300kg

[해답]

① 300kg
② I
③ 비중 1.49 이상
④ $4HNO_3 \rightarrow 2H_2O + 4NO_2 + O_2$

11

트리에틸알루미늄에 대해 다음 물음에 답하시오.
① 물의 반응식을 쓰시오.
② 이때 발생하는 가스의 명칭을 쓰시오.

[해설]

트리에틸알루미늄은 물, 산과 접촉하면 폭발적으로 반응하여 에탄을 형성하고, 이때 발열·폭발에 이른다.

$(C_2H_5)_3Al + 3H_2O \rightarrow Al(OH)_3 + 3C_2H_6 + 발열$

[해답]

① $(C_2H_5)_3Al + 3H_2O \rightarrow Al(OH)_3 + 3C_2H_6$
② 에탄(C_2H_6)

12

위험물안전관리법상 다음 각 지정수량의 배수에 따른 제조소의 보유공지를 알맞게 적으시오.
① 1배
② 5배
③ 10배
④ 20배
⑤ 200배

해설

위험물을 취급하는 건축물, 그 밖의 시설(위험물을 이송하기 위한 배관, 그 밖에 이와 유사한 시설을 제외한다)의 주위에는 그 취급하는 위험물의 최대수량에 따라 다음 표에 의한 너비의 공지를 보유하여야 한다(보유공지란 위험물을 취급하는 건축물 및 기타 시설의 주위에서 화재 등이 발생하는 경우 화재 시에 상호연소 방지는 물론, 초기소화 등 소화활동 공간과 피난상 확보해야 할 절대공지를 말한다).

취급하는 위험물의 최대수량	공지의 너비
지정수량 10배 이하	3m 이상
지정수량 10배 초과	5m 이상

해답

① 3m 이상, ② 3m 이상, ③ 3m 이상
④ 5m 이상, ⑤ 5m 이상

13

다음 보기 중 제1류 위험물에 대한 설명으로 옳은 것을 고르시오.
(보기) ① 무기화합물 ② 유기화합물
   ③ 산화제   ④ 인화점 0℃ 이하
   ⑤ 인화점 0℃ 이상 ⑥ 고체

해설

제1류 위험물(산화성고체)의 일반적 성질
㉮ 대부분 무색 결정 또는 백색 분말로서, 비중이 1보다 크다.
㉯ 대부분 물에 잘 녹으며, 분해하여 산소를 방출한다.
㉰ 일반적으로 다른 가연물의 연소를 돕는 지연성(자신은 불연성) 물질이며, 강산화제이다.
㉱ 조연성 물질로 반응성이 풍부하여 열, 충격, 마찰 또는 분해를 촉진하는 약품과의 접촉으로 인해 폭발할 위험이 있다.
㉲ 착화온도(발화점)가 낮으며, 폭발 위험성이 있다.
㉳ 대부분 무기화합물이다(단, 염소화아이소시아눌산은 유기화합물에 해당한다).
㉴ 유독성과 부식성이 있다.

해답

①, ③, ⑥

14

다음은 위험물안전관리법령에 따른 위험물 유별 저장·취급에 관한 기준이다. 보기에서 설명하는 위험물에 대하여 물음에 답하시오
(보기) 불티·불꽃·고온체와의 접근이나 과열·충격 또는 마찰을 피하여야 한다.
① 운반 시 혼재가 가능한 위험물의 유별을 적으시오.
② 운반용기 외부에 표기해야 하는 주의사항을 적으시오.

해설

㉮ 제5류 위험물(자기반응성 물질)의 기준
  ㉠ 저장·취급 기준 : 제5류 위험물은 불티·불꽃·고온체와의 접근이나 과열·충격 또는 마찰을 피하여야 한다.
  ㉡ 운반 시 운반용기 외부 표시 주의사항 : "화기엄금" 및 "충격주의"
㉯ 유별을 달리하는 위험물의 혼재기준

위험물의 구분	제1류	제2류	제3류	제4류	제5류	제6류
제1류		×	×	×	×	○
제2류	×		×	○	○	×
제3류	×	×		○	×	×
제4류	×	○	○		○	×
제5류	×	○	×	○		×
제6류	○	×	×	×	×	

해답

① 제2류, 제4류
② "화기엄금" 및 "충격주의"
③ 유기과산화물, 질산에스터류 중 1가지

15

다음은 위험물안전관리법상 지하탱크저장소에 대한 내용이다. 빈칸을 알맞게 채우시오.
• 지하저장탱크의 윗부분은 지면으로부터 (①)m 이상 아래에 있어야 한다.
• 지하저장탱크를 2 이상 인접해 설치하는 경우에는 그 상호간에 (②)m(해당 2 이상의 지하저장탱크의 용량의 합계가 지정수량의 100배 이하인 때에는 (③)m) 이상의 간격을 유지하여야 한다. 다만, 그 사이에 탱크 전용실의 벽이나 두께 (④)cm 이상의 콘크리트 구조물이 있는 경우에는 그러하지 아니하다.
• 탱크 전용실은 지하의 가장 가까운 벽·피트·가스관 등의 시설물 및 대지경계선으로부터 (⑤)m 이상 떨어진 곳에 설치하여야 한다.

해답

① 0.6, ② 1, ③ 0.5, ④ 20, ⑤ 0.1

16 다음 보기의 위험물 중에서 공기 중에서 연소하는 경우에 생성되는 물질이 서로 같은 위험물의 연소반응식을 적으시오.
(보기) 적린, 삼황화인, 오황화인, 황, 철, 마그네슘

해설
㉮ 적린 : $4P + 5O_2 \rightarrow 2P_2O_5$
㉯ 삼황화인 : $P_4S_3 + 8O_2 \rightarrow 2P_2O_5 + 3SO_2$
㉰ 오황화인 : $2P_2S_5 + 15O_2 \rightarrow 2P_2O_5 + 10SO_2$
㉱ 황 : $S + O_2 \rightarrow SO_2$
㉲ 철 : $4Fe + 3O_2 \rightarrow 2Fe_2O_3$
㉳ 마그네슘 : $2Mg + O_2 \rightarrow 2MgO$
삼황화인과 오황화인은 연소 시 모두 오산화황과 이산화황을 생성한다.

해답
$P_4S_3 + 8O_2 \rightarrow 2P_2O_5 + 3SO_2$
$2P_2S_5 + 15O_2 \rightarrow 2P_2O_5 + 10SO_2$

17 다음은 옥내저장탱크에 관한 내용이다. 빈칸을 알맞게 채우시오.
㉠ 탱크 전용실 외의 장소에 펌프설비를 설치하는 경우
  • 이 펌프실은 벽·기둥·바닥 및 보를 내화구조로 할 것
  • 펌프실은 상층이 있는 경우에 있어서는 상층의 바닥을 내화구조로 하고, 상층이 없는 경우에 있어서는 지붕을 (①)로 하며, 천장을 설치하지 아니할 것
  • 펌프실에는 창을 설치하지 아니할 것. 다만, 제6류 위험물의 탱크 전용실에 있어서는 (②) 또는 (③)이 있는 창을 설치할 수 있다.
  • 펌프실의 출입구에는 갑종방화문을 설치할 것. 다만, 제6류 위험물의 탱크 전용실에 있어서는 을종방화문을 설치할 수 있다.
  • 펌프실의 환기 및 배출의 설비에는 방화상 유효한 댐퍼 등을 설치할 것
㉡ 탱크 전용실에 펌프설비를 설치하는 경우에는 견고한 기초 위에 고정한 다음, 그 주위에는 불연재료로 된 턱을 (④)m 이상의 높이로 설치하는 등 누설된 위험물이 유출되거나 유입되지 아니하도록 하는 조치를 할 것
㉢ 탱크 전용실의 창 또는 출입구에 유리를 이용하는 경우에는 (⑤)로 할 것
㉣ 액상 위험물의 옥내저장탱크를 설치하는 탱크 전용실의 바닥은 위험물이 침투하지 아니하는 구조로 하고 적당한 경사를 두는 한편, (⑥)를 설치할 것

해답
① 불연재료, ② 갑종방화문, ③ 을종방화문
④ 0.2, ⑤ 망입유리, ⑥ 집유설비

18

다음은 이동탱크저장소에 주입설비(주입호스의 선단에 개폐밸브를 설치한 것을 말한다)를 설치하는 경우에 대한 내용이다. 빈칸을 알맞게 채우시오.
- 위험물이 샐 우려가 없고 화재예방상 안전한 구조로 할 것
- 주입설비의 길이는 (①)m 이내로 하고, 그 선단에 축적되는 (②)를 유효하게 제거할 수 있는 장치를 할 것
- 분당 토출량은 (③)L 이하로 할 것

해답

① 50, ② 정전기, ③ 200

19

다음은 알코올류가 산화되는 과정이다. 주어진 질문에 알맞게 답하시오.
- 메틸알코올은 공기 속에서 산화되면 포름알데하이드가 되며, 최종적으로 (㉠)이 된다.
- 에틸알코올은 산화되면 (㉡)가 되며, 최종적으로 초산이 된다.
① ㉠의 물질명과 화학식을 쓰시오.
② ㉡의 물질명과 화학식을 쓰시오.
③ 위 ㉠, ㉡ 중 지정수량이 작은 물질의 연소반응식을 쓰시오.

해설

㉮ 메틸알코올은 공기 속에서 산화되면 포름알데하이드(HCHO)가 되며, 최종적으로 포름산(HCOOH)이 된다. 에틸알코올은 산화되면 아세트알데하이드(CH_3CHO)가 되며, 최종적으로 초산(CH_3COOH)이 된다.
㉯ 포름산은 제2석유류(수용성)로 지정수량은 2,000L이며, 아세트알데하이드는 특수인화물로 지정수량은 50L이다.

해답

① 포름산, HCOOH
② 아세트알데하이드, CH_3CHO
③ $2CH_3CHO + 5O_2 \rightarrow 4CO_2 + 2H_2O$

20

다음 보기에서 주어진 위험물 중 위험등급 Ⅱ에 해당하는 물질의 지정수량 배수의 합을 구하시오.
(보기) 황 100kg, 질산염류 600kg, 나트륨 100kg, 등유 6,000L, 철분 50kg

해설

품목	황	질산염류	나트륨	등유	철분
유별	제2류	제1류	제3류	제4류	제2류
위험등급	Ⅱ	Ⅱ	Ⅰ	Ⅲ	Ⅲ
지정수량	100kg	300kg	10kg	1,000L	500kg

∴ 지정수량 배수의 합 = $\dfrac{황의\ 저장수량}{황의\ 지정수량} + \dfrac{질산염류의\ 저장수량}{질산염류의\ 지정수량} = \dfrac{100kg}{100kg} + \dfrac{600kg}{300kg} = 3$

해답

3

2022. 5. 7. 시행

2022년 제1회 과년도 출제문제

01 다음 각 위험물의 증기비중을 구하시오.
① 이황화탄소
② 벤젠

[해설]

증기비중 = $\dfrac{\text{기체의 분자량}}{\text{공기의 평균분자량}}$

[해답]

① CS_2(M.W=76)의 증기비중 = $\dfrac{분자량}{28.84} = \dfrac{76}{28.84} = 2.64$

② C_6H_6(M.W=78)의 증기비중 = $\dfrac{분자량}{28.84} = \dfrac{78}{28.84} = 2.7$

02 에틸렌을 염화구리 또는 염화팔라듐의 촉매하에 산화반응시켜 생성되는 물질로, 분자량이 44인 특수인화물에 대해 다음 물음에 답하시오.
① 시성식을 적으시오.
② 증기비중을 구하시오.
③ 보냉장치가 없는 이동저장탱크에 저장하는 경우, 온도는 몇 ℃ 이하로 유지하여야 하는가?

[해설]

아세트알데하이드(CH_3CHO, 알데하이드, 초산알데하이드) - 수용성 액체

㉮ 분자량(44), 비중(0.78), 비점(21℃), 인화점(-39℃), 발화점(175℃)이 매우 낮고 연소범위(4~57%)가 넓으나, 증기압(750mmHg)이 높아 휘발이 잘 되고 인화성·발화성이 강하며, 수용액 상태에서도 인화의 위험이 있다.

㉯ 구리, 수은, 마그네슘, 은 및 그 합금으로 된 취급설비는 아세트알데하이드와의 반응에 의해 중합반응을 일으켜 구조불명의 폭발성 물질을 생성한다.

㉰ 탱크에 저장하는 경우에는 불활성 가스 또는 수증기를 봉입하고 냉각장치 등을 이용하여 저장온도를 비점 이하로 유지시켜야 한다. 보냉장치가 없는 이동저장탱크에 저장하는 아세트알데하이드의 온도는 40℃로 유지하여야 한다.

㉱ 에틸렌의 직접산화법 : 에틸렌을 염화구리 또는 염화팔라듐의 촉매하에서 산화반응시켜 제조한다.
$2C_2H_4 + O_2 \rightarrow 2CH_3CHO$

[해답]

① CH_3CHO, ② 증기비중 = $\dfrac{분자량}{28.84} = \dfrac{44}{28.84} = 1.525 ≒ 1.53$, ③ 40

03 불꽃반응 시 보라색을 띠는 제3류 위험물이 과산화반응을 통해 생성된 물질에 대해 다음 물음에 답하시오.
① 물과의 반응식을 적으시오.
② 이산화탄소와의 반응식을 적으시오.
③ 옥내저장소에 저장할 경우 바닥 면적은 몇 m^2 이하로 하여야 하는가?

해설

① 과산화칼륨(K_2O_2)은 흡습성이 있고, 물과 접촉하면 발열하며 수산화칼륨(KOH)과 산소(O_2)를 발생한다.
$2K_2O_2 + 2H_2O \rightarrow 4KOH + O_2$
② 과산화칼륨은 공기 중의 탄산가스를 흡수하여 탄산염이 생성된다.
$2K_2O_2 + 2CO_2 \rightarrow 2K_2CO_3 + O_2$
③ 유별 위험물 중 위험등급 Ⅰ군의 경우 바닥면적 $1,000m^2$ 이하로 한다(다만, 제4류 위험물 중 위험등급 Ⅱ군에 속하는 제1석유류와 알코올류의 경우 인화점이 상온 이하이므로 $1,000m^2$ 이하로 함).

해답

① $2K_2O_2 + 2H_2O \rightarrow 4KOH + O_2$
② $2K_2O_2 + 2CO_2 \rightarrow 2K_2CO_3 + O_2$
③ $1,000m^2$

04 위험물안전관리법에 따른 옥외저장소의 보유공지에 대해 다음 빈칸에 알맞은 답을 쓰시오.

저장 또는 취급하는 위험물의 최대수량	저장 또는 취급하는 위험물	공지의 너비
지정수량의 10배 이하	제1석유류	(①)m 이상
	제2석유류	(②)m 이상
지정수량의 20배 초과 50배 이하	제2석유류	(③)m 이상
	제3석유류	(④)m 이상
	제4석유류	(⑤)m 이상

해설

저장 또는 취급하는 위험물의 최대수량	공지의 너비
지정수량의 10배 이하	3m 이상
지정수량의 10배 초과 20배 이하	5m 이상
지정수량의 20배 초과 50배 이하	9m 이상
지정수량의 50배 초과 200배 이하	12m 이상
지정수량의 200배 초과	15m 이상

단, 제4류 위험물 중 제4석유류와 제6류 위험물을 저장 또는 취급하는 보유공지는 공지 너비의 $\frac{1}{3}$ 이상으로 할 수 있다.

해답

① 3, ② 3, ③ 9, ④ 9, ⑤ 3

05
위험물 운송·운반 시 위험물의 혼재기준에 따라, 다음에 주어진 위험물과 혼재 가능한 위험물은 몇 류 위험물인지 모두 적으시오.
① 제2류 위험물
② 제4류 위험물
③ 제6류 위험물

해설

유별을 달리하는 위험물의 혼재기준

위험물의 구분	제1류	제2류	제3류	제4류	제5류	제6류
제1류		×	×	×	×	○
제2류	×		×	○	○	×
제3류	×	×		○	×	×
제4류	×	○	○		○	×
제5류	×	○	×	○		×
제6류	○	×	×	×	×	

해답

① 제4류 위험물, 제5류 위험물
② 제2류 위험물, 제3류 위험물, 제5류 위험물
③ 제1류 위험물

06
다음 보기의 물질을 보고 금수성 및 자연발화성 물질인 것을 모두 고르시오. (단, 해당하는 물질이 없으면 "해당 없음"이라고 적으시오.)
(보기) 칼륨, 황린, 트리나이트로페놀, 나이트로벤젠, 글리세린, 수소화나트륨

해설

㉮ 칼륨은 물과 격렬히 반응하여 발열하며, 발생된 열은 점화원의 역할을 한다.
㉯ 황린은 물속에 저장하는 자연발화성 고체이다.
㉰ 트리나이트로페놀은 자연분해하지 않으므로 장기 저장해도 자연발화의 위험 없이 안정하다.
㉱ 나이트로벤젠은 물에 녹지 않으며, 유기용제에 잘 녹는 특유한 냄새를 지닌 담황색 또는 갈색의 액체이다.
㉲ 글리세린은 물보다 무겁고 단맛이 나는 무색 액체로, 물에 잘 녹는다.
㉳ 수소화나트륨은 회백색의 결정 또는 분말이며, 불안정한 가연성 고체로 물과 격렬하게 반응하여 수소를 발생하고 발열하고, 이때 발생한 반응열에 의해 자연발화한다.

해답

칼륨, 수소화나트륨

07 다음에 주어진 각 반응에서 생성되는 유독가스의 명칭을 적으시오. (단, 없으면 "없음"이라고 쓰시오.)
① 황린의 연소반응
② 황린과 수산화칼륨의 수용액반응
③ 아세트산의 연소반응
④ 인화칼슘과 물의 반응
⑤ 과산화바륨과 물의 반응

[해설]
① 황린은 공기 중에서 오산화인의 백색 연기를 내며 격렬하게 연소하고, 일부 유독성의 포스핀(PH_3 ; 인화수소)도 발생하며, 환원력이 강하여 산소농도가 낮은 분위기에서도 연소한다.
$P_4 + 5O_2 \rightarrow 2P_2O_5$
② 황린은 수산화칼륨 등 강한 알칼리 용액과 반응하여 가연성·유독성의 포스핀가스를 발생한다.
$P_4 + 3KOH + 3H_2O \rightarrow PH_3 + 3KH_2PO_2$
③ 아세트산은 연소 시 파란색 불꽃을 내면서 탄다.
$CH_3COOH + 2O_2 \rightarrow 2CO_2 + 2H_2O$
④ 인화칼슘은 물과 반응하여 가연성의 독성이 강한 포스핀가스를 발생한다.
$Ca_3P_2 + 6H_2O \rightarrow 3Ca(OH)_2 + 2PH_3$
⑤ 과산화바륨은 수분과의 접촉으로 수산화바륨과 산소를 발생한다.
$2BaO_2 + 2H_2O \rightarrow 2Ba(OH)_2 + O_2$

[해답]
① 오산화인, ② 포스핀, ③ 없음.
④ 포스핀, ⑤ 없음.

08 분말소화약제의 종류에 따라, 제1종, 제2종, 제3종 분말소화약제의 주성분에 대한 화학식을 각각 적으시오.

[해설]
분말소화약제의 종류

종류	주성분	화학식	착색	적응화재
제1종	탄산수소나트륨(중탄산나트륨)	$NaHCO_3$	–	B·C급 화재
제2종	탄산수소칼륨(중탄산칼륨)	$KHCO_3$	담회색	B·C급 화재
제3종	제1인산암모늄	$NH_4H_2PO_4$	담홍색 또는 황색	A·B·C급 화재
제4종	탄산수소칼륨+요소	$KHCO_3 + CO(NH_2)_2$	–	B·C급 화재

[해답]
① 제1종 분말소화약제 : $NaHCO_3$
② 제2종 분말소화약제 : $KHCO_3$
③ 제3종 분말소화약제 : $NH_4H_2PO_4$

09

다음 품명에 맞는 유별 및 지정수량을 빈칸에 알맞게 적으시오.

품명	유별	지정수량
황린	제3류	20kg
칼륨	①	⑥
질산	②	⑦
아조화합물	③	⑧
질산염류	④	⑨
나이트로화합물	⑤	⑩

해답

① 제3류, ② 제6류, ③ 제5류, ④ 제1류, ⑤ 제5류
⑥ 10kg, ⑦ 300kg, ⑧ 200kg, ⑨ 300kg, ⑩ 200kg

10

위험물안전관리법상 제3류 위험물 중 위험등급 I에 해당하는 품명 5가지를 적으시오.

해설

제3류 위험물의 종류와 지정수량

성질	위험등급	품명	지정수량
자연발화성 물질 및 금수성 물질	I	1. 칼륨(K) 2. 나트륨(Na) 3. 알킬알루미늄(R·Al 또는 R·Al·X) 4. 알킬리튬(R·Li)	10kg
		5. 황린(P_4)	20kg
	II	6. 알칼리금속류(칼륨 및 나트륨 제외) 및 알칼리토금속 7. 유기금속화합물(알킬알루미늄 및 알킬리튬 제외)	50kg
	III	8. 금속의 수소화물 9. 금속의 인화물 10. 칼슘 또는 알루미늄의 탄화물	300kg
		11. 그 밖에 행정안전부령이 정하는 것 염소화규소화합물	300kg

해답

칼륨, 나트륨, 알킬알루미늄, 알킬리튬, 황린

11 지하저장탱크를 2 이상 인접하여 설치하는 다음의 경우, 상호간 거리는 몇 m 이상의 간격을 유지해야 하는지 각각 적으시오.
① 경유 20,000L와 휘발유 8,000L
② 경유 8,000L와 휘발유 20,000L
③ 경유 20,000L와 휘발유 20,000L

[해설]
㉮ 지하저장탱크를 2 이상 인접해 설치하는 경우에는 그 상호간에 1m(해당 2 이상의 지하저장탱크 용량의 합계가 지정수량의 100배 이하인 때에는 0.5m) 이상의 간격을 유지하여야 한다. 다만, 그 사이에 탱크 전용실의 벽이나 두께 20cm 이상의 콘크리트 구조물이 있는 경우에는 그러하지 아니하다.
㉯ 경유의 지정수량=1,000L
휘발유의 지정수량=200L

①의 경우 지정수량배수의 합 = $\frac{20,000}{1,000} + \frac{800}{200} = 60$

②의 경우 지정수량배수의 합 = $\frac{8,000}{1,000} + \frac{20,000}{200} = 108$

③의 경우 지정수량배수의 합 = $\frac{20,000}{1,000} + \frac{20,000}{200} = 120$

[해답]
① 0.5m 이상, ② 1m 이상, ③ 1m 이상

12 제2류 위험물인 마그네슘에 대하여, 다음 각 물음에 답을 쓰시오.
① 물과의 반응식을 적으시오.
② 염산과의 반응식을 적으시오.
③ 다음 내용에서 빈칸에 공통으로 들어갈 내용을 적으시오.
마그네슘을 함유한 것에 있어서는 아래의 조건에 해당하는 경우 위험물로서 제외한다.
• ( )밀리미터의 체를 통과하지 아니하는 덩어리 상태의 것
• 직경 ( )밀리미터 이상의 막대 모양의 것
④ 위험등급을 적으시오.

[해설]
① 마그네슘은 물과 반응하여 가연성의 수소(H_2)가스를 발생한다.
$Mg + 2H_2O \rightarrow Mg(OH)_2 + H_2$
② 마그네슘은 산과 반응하여 수소(H_2)가스를 발생한다.
$Mg + 2HCl \rightarrow MgCl_2 + H_2$

[해답]
① $Mg + 2H_2O \rightarrow Mg(OH)_2 + H_2$
② $Mg + 2HCl \rightarrow MgCl_2 + H_2$
③ 2
④ Ⅲ등급

13
위험물안전관리법상 동식물유류에 관한 다음 물음에 답하시오.
① 아이오딘값의 정의를 쓰시오.
② 동식물유류를 아이오딘값에 따라 분류하시오.

[해설]

아이오딘값

유지 100g에 부가되는 아이오딘의 g수를 아이오딘값이라 하며, 불포화도가 증가할수록 아이오딘 값이 증가하고 자연발화의 위험이 있다. 유지의 불포화도를 나타내는 아이오딘값에 따라 건성유, 반건성유, 불건성유로 구분한다.

㉮ 건성유 : 아이오딘값이 130 이상인 것
  이중결합이 많아 불포화도가 높기 때문에 공기 중에서 산화되어 액 표면에 피막을 만드는 기름
  예) 아마인유, 들기름, 동유, 정어리기름, 해바라기유 등
㉯ 반건성유 : 아이오딘값이 100~130인 것
  공기 중에서 건성유보다 얇은 피막을 만드는 기름
  예) 참기름, 옥수수기름, 청어기름, 채종유, 면실유(목화씨유), 콩기름, 쌀겨유 등
㉰ 불건성유 : 아이오딘값이 100 이하인 것
  공기 중에서 피막을 만들지 않는 안정된 기름
  예) 올리브유, 피마자유, 야자유, 땅콩기름, 동백기름 등

[해답]

① 유지 100g에 부가되는 아이오딘의 g수
② 건성유 : 아이오딘값이 130 이상인 것
  반건성유 : 아이오딘값이 100~130인 것
  불건성유 : 아이오딘값이 100 이하인 것

14
다음은 주유취급소에 설치하는 탱크의 용량 기준에 대한 내용이다. 괄호 안을 알맞게 채우시오.
① 자동차 등에 주유하기 위한 고정주유설비에 직접 접속하는 전용탱크는 (   ) 이하이다.
② 고정급유설비에 직접 접속하는 전용탱크는 (   ) 이하이다.
③ 보일러 등에 직접 접속하는 전용탱크는 (   ) 이하이다.
④ 자동차 등을 점검·정비하는 작업장 등에서 사용하는 폐유, 윤활유 등의 위험물을 저장하는 탱크는 (   ) 이하이다.

[해답]

① 50,000L
② 50,000L
③ 10,000L
④ 2,000L

15 다음 보기에서 설명하는 위험물에 대하여 각 물음에 답하시오.
(보기) • 제4류 위험물 중 제1석유류 비수용성에 해당
• 무색투명하고 방향성을 갖는 휘발성이 강한 액체
• 분자량 78, 인화점 −11℃
① 물질의 명칭을 적으시오.
② 구조식을 적으시오.
③ 위험물을 취급하는 설비에 있어서 해당 위험물이 직접 배수구에 흘러가지 아니하도록 집유설비에 무엇을 설치하여야 하는가? (단, 해당 없으면 "해당 없음"이라고 적으시오.)

해답
① 벤젠
② ⬡
③ 유분리장치

16 휘발유를 저장하는 옥외저장탱크의 주위에 설치하는 방유제에 대해 다음 물음에 답하시오.
① 방유제의 면적은 얼마 이하로 하여야 하는지 쓰시오.
② 저장탱크의 개수에 제한을 두지 않는 경우에 대해 적으시오.
③ 제1석유류를 15만L 저장하는 경우 탱크의 최대 개수는?

해설
옥외탱크저장소의 방유제 설치기준
㉮ 설치목적 : 저장 중인 액체 위험물이 주위로 누설 시 그 주위에 피해 확산을 방지하기 위하여 설치한 담
㉯ 용량 : 방유제 안에 설치된 탱크가 하나인 때에는 그 탱크 용량의 110% 이상, 2기 이상인 때에는 그 탱크 용량 중 용량이 최대인 것의 용량의 110% 이상으로 한다. 다만, 인화성이 없는 액체 위험물의 옥외저장탱크 주위에 설치하는 방유제는 110%를 100%로 본다.
㉰ 높이 : 0.5m 이상 3.0m 이하
㉱ 면적 : 80,000m² 이하
㉲ 하나의 방유제 안에 설치되는 탱크의 수 : 10기 이하(단, 방유제 내 전 탱크의 용량이 200kL 이하이고, 인화점이 70℃ 이상 200℃ 미만인 경우에는 20기 이하)
㉳ 방유제와 탱크 측면과의 이격거리
 ㉠ 탱크 지름이 15m 미만인 경우 : 탱크 높이의 $\frac{1}{3}$ 이상
 ㉡ 탱크 지름이 15m 이상인 경우 : 탱크 높이의 $\frac{1}{2}$ 이상

해답
① 80,000m² 이하
② 인화점이 200℃ 이상인 위험물을 저장 또는 취급하는 경우
③ 10기

17

다음 위험물질의 연소반응식을 각각 적으시오.
① 메탄올
② 에탄올

[해설]

① 메탄올 : 무색투명하고 인화가 쉽다. 연소는 완전연소를 하므로 불꽃이 잘 보이지 않는다.
$2CH_3OH + 3O_2 \rightarrow 2CO_2 + 4H_2O$

② 에탄올 : 무색투명하고 인화가 쉬우며, 공기 중에서 쉽게 산화한다. 연소는 완전연소를 하므로 불꽃이 잘 보이지 않으며, 그을음이 거의 없다.
$C_2H_5OH + 3O_2 \rightarrow 2CO_2 + 3H_2O$

[해답]

① $2CH_3OH + 3O_2 \rightarrow 2CO_2 + 4H_2O$
② $C_2H_5OH + 3O_2 \rightarrow 2CO_2 + 3H_2O$

18

위험물안전관리법상 제4류 위험물 중에서 제2석유류로 수용성인 위험물을 다음 보기에서 고르시오.
(보기) 메틸알코올, 아세트산, 포름산, 글리세린, 나이트로벤젠

[해설]

제4류 위험물(인화성 액체)의 종류와 지정수량

위험등급	품명		품목	지정수량
Ⅰ	특수인화물	비수용성	디에틸에테르, 이황화탄소	50L
		수용성	아세트알데하이드, 산화프로필렌	
Ⅱ	제1석유류	비수용성	가솔린, 벤젠, 톨루엔, 사이클로헥산, 콜로디온, 메틸에틸케톤, 초산메틸, 초산에틸, 의산에틸, 헥산, 에틸벤젠 등	200L
		수용성	아세톤, 피리딘, 아크롤레인, 의산메틸, 시안화수소 등	400L
	알코올류		메틸알코올, 에틸알코올, 프로필알코올, 아이소프로필알코올	400L
Ⅲ	제2석유류	비수용성	등유, 경유, 테레빈유, 스티렌, 자일렌(o-, m-, p-), 클로로벤젠, 장뇌유, 뷰틸알코올, 알릴알코올 등	1,000L
		수용성	포름산, 초산(아세트산), 하이드라진, 아크릴산, 아밀알코올 등	2,000L
	제3석유류	비수용성	중유, 크레오소트유, 아닐린, 나이트로벤젠, 나이트로톨루엔 등	2,000L
		수용성	에틸렌글리콜, 글리세린 등	4,000L
	제4석유류		기어유, 실린더유, 윤활유, 가소제	6,000L
	동식물유류		• 건성유 : 아마인유, 들기름, 동유, 정어리기름, 해바라기유 등 • 반건성유 : 참기름, 옥수수기름, 청어기름, 채종유, 면실유(목화씨유), 콩기름, 쌀겨유 등 • 불건성유 : 올리브유, 피마자유, 야자유, 땅콩기름, 동백유 등	10,000L

[해답]

아세트산, 포름산

19 위험물안전관리법상 위험물의 운송에 관한 내용으로 물음에 알맞게 답하시오.

① 보기 중 운송책임자의 운전자 감독 또는 지원 방법으로 옳은 것을 모두 고르시오.
  (보기) A. 이동탱크저장소에 동승
       B. 사무실에 대기하면서 감독·지원
       C. 부득이한 경우 GPS로 감독·지원
       D. 다른 차량을 이용하여 따라다니면서 감독·지원

② 위험물 운송 시 운전자가 장시간 운전할 경우 2명 이상의 운전자로 하여야 하는데, 그러하지 않아도 되는 경우를 보기에서 모두 고르시오. (단, 없으면 "해당 없음"으로 적으시오.)
  (보기) A. 운송책임자가 동승하는 경우
       B. 제2류 위험물을 운반하는 경우
       C. 제4류 위험물 중 제1석유류를 운반하는 경우
       D. 2시간 이내마다 20분 이상씩 휴식하는 경우

③ 보기 중 위험물 운송 시 이동탱크저장소에 비치하여야 하는 것을 모두 고르시오. (단, 없으면 "해당 없음"으로 적으시오.)
  (보기) A. 완공검사 합격확인증
       B. 정기검사확인증
       C. 설치허가확인증
       D. 위험물 안전관리카드

[해설]

① 운송책임자의 감독 또는 지원 방법은 다음과 같다.
  ㉮ 운송책임자가 이동탱크저장소에 동승하여 운송 중인 위험물의 안전확보에 관하여 운전자에게 필요한 감독 또는 지원을 하는 방법. 다만, 운전자가 운송책임자의 자격이 있는 경우에는 운송책임자의 자격이 없는 자가 동승할 수 있다.
  ㉯ 운송의 감독 또는 지원을 위하여 마련한 별도의 사무실에 운송책임자가 대기하면서 다음의 사항을 이행하는 방법
    ㉠ 운송경로를 미리 파악하고 관할 소방관서 또는 관련 업체(비상대응에 관한 협력을 얻을 수 있는 업체를 말한다)에 대한 연락체계를 갖추는 것
    ㉡ 이동탱크저장소의 운전자에 대하여 수시로 안전확보상황을 확인하는 것
    ㉢ 비상시의 응급처치에 관하여 조언을 하는 것
    ㉣ 그 밖에 위험물의 운송 중 안전확보에 관하여 필요한 정보를 제공하고 감독 또는 지원하는 것
② 위험물 운송자는 장거리(고속국도에 있어서는 340km 이상, 그 밖의 도로에 있어서는 200km 이상을 말한다)에 걸치는 운송을 하는 때에는 2명 이상의 운전자로 할 것. 다만, 다음의 어느 하나에 해당하는 경우에는 그러하지 아니하다.
  ㉮ 운송책임자를 동승시킨 경우
  ㉯ 운송하는 위험물이 제2류 위험물·제3류 위험물(칼슘 또는 알루미늄의 탄화물과 이것만을 함유한 것에 한한다) 또는 제4류 위험물(특수인화물을 제외한다)인 경우
  ㉰ 운송 도중에 2시간 이내마다 20분 이상씩 휴식하는 경우

[해답]
① A, B
② A, B, C, D
③ A, D

20 탱크 바닥의 반지름이 3m, 높이가 20m인 원통형 옥외탱크저장소에 대해, 다음 물음에 답하시오.
① 내용적(L)을 구하시오.
② 기술검토를 받아야 하는지 쓰시오.
③ 완공검사를 받아야 하는지 쓰시오.
④ 정기검사를 받아야 하는지 쓰시오.

[해설]

① 내용적 $= \pi r^2 l = \pi \times 3^2 \times 20.0 ≒ 565.487 m^3 \times 1,000 = 565,487 L$

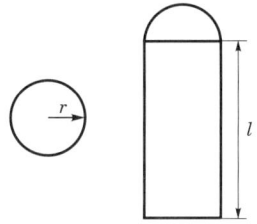

② 다음의 제조소 등은 한국소방산업기술원의 기술검토를 받고, 그 결과가 행정안전부령으로 정하는 기준에 적합한 것으로 인정될 것
  ㉮ 지정수량의 1천 배 이상의 위험물을 취급하는 제조소 또는 일반취급소 : 구조·설비에 관한 사항
  ㉯ 옥외탱크저장소(저장용량이 50만L 이상인 것만 해당한다) 또는 암반탱크저장소 : 위험물탱크의 기초·지반, 탱크 본체 및 소화설비에 관한 사항
③ 규정에 따른 허가를 받은 자가 제조소 등의 설치를 마쳤거나 그 위치·구조 또는 설비의 변경을 마친 때에는 당해 제조소 등마다 시·도지사가 행하는 완공검사를 받아 규정에 따른 기술기준에 적합하다고 인정받은 후가 아니면 이를 사용하여서는 아니 된다.
④ 정기검사의 대상인 제조소 등 : 액체 위험물을 저장 또는 취급하는 50만L 이상의 옥외탱크저장소

[해답]
① 565,487L
② 받아야 함.
③ 받아야 함.
④ 받아야 함.

2022년 제2회 과년도 출제문제

2022. 7. 10. 시행

01
트리에틸알루미늄과 메탄올의 반응에 대해 다음 물음에 답하시오.
① 반응식을 적으시오.
② 이때 생성되는 기체의 연소반응식을 쓰시오.

[해설]
트리에틸알루미늄은 물, 산, 알코올과 접촉하면 폭발적으로 반응하여 에탄을 형성하고, 이때 발열·폭발에 이른다.
$(C_2H_5)_3Al + 3H_2O \rightarrow Al(OH)_3 + 3C_2H_6$
$(C_2H_5)_3Al + HCl \rightarrow (C_2H_5)_2AlCl + C_2H_6$
$(C_2H_5)_3Al + 3CH_3OH \rightarrow Al(CH_3O)_3 + 3C_2H_6$

[해답]
① $(C_2H_5)_3Al + 3CH_3OH \rightarrow Al(CH_3O)_3 + 3C_2H_6$
② $2C_2H_6 + 7O_2 \rightarrow 4CO_2 + 6H_2O$

02
탄화알루미늄에 대하여 다음 물음에 답하시오.
① 물과 반응할 때의 화학반응식을 적으시오.
② 염산과 반응할 때의 화학반응식을 적으시오.

[해설]
탄화알루미늄(Al_4C_3)의 일반적 성질
㉮ 순수한 것은 백색이나, 보통은 황색 결정이며, 건조한 공기 중에서는 안정하지만 가열하면 표면에 산화피막을 만들어 반응이 지속되지 않는다.
㉯ 비중은 2.36이고, 분해온도는 1,400℃ 이상이다.
㉰ 물과 반응하여 가연성·폭발성의 메탄가스를 만들며, 밀폐된 실내에서 메탄이 축적되는 경우 인화성 혼합기를 형성하여 2차 폭발의 위험이 있다.
$Al_4C_3 + 12H_2O \rightarrow 4Al(OH)_3 + 3CH_4$
㉱ 염산과 반응하여 삼염화알루미늄과 메탄가스를 발생한다.
$Al_4C_3 + 12HCl \rightarrow 4AlCl_3 + 3CH_4$

[해답]
① $Al_4C_3 + 12H_2O \rightarrow 4Al(OH)_3 + 3CH_4$
② $Al_4C_3 + 12HCl \rightarrow 4AlCl_3 + 3CH_4$

03

다음은 위험물안전관리법에 따른 소화설비의 능력단위에 대한 내용이다. 괄호 안을 알맞게 채우시오.

소화설비	용량	능력단위
마른모래	(①)L(삽 1개 포함)	0.5
팽창질석, 팽창진주암	(②)L(삽 1개 포함)	1
소화전용 물통	(③)L	0.3
수조	190L(소화전용 물통 6개 포함)	(④)
	80L(소화전용 물통 3개 포함)	(⑤)

해답

① 50, ② 160, ③ 8
④ 2.5, ⑤ 1.5

04

다음은 지정과산화물의 옥내저장소 저장창고의 지붕에 대한 내용이다. 괄호 안을 알맞게 채우시오.
- 중도리 또는 서까래의 간격은 (①)cm 이하로 할 것
- 지붕의 아래쪽 면에는 한 변의 길이가 (②)cm 이하의 환강(丸鋼)·경량형강(輕量形鋼) 등으로 된 강제(鋼製)의 격자를 설치할 것
- 지붕의 아래쪽 면에 (③)을 쳐서 불연재료의 도리·보 또는 서까래에 단단히 결합 할 것
- 두께 (④)cm 이상, 너비 (⑤)cm 이상의 목재로 만든 받침대를 설치할 것

해답

① 30, ② 45, ③ 철망
④ 5, ⑤ 30

05

다음 각 용어의 정의를 적으시오.
① 인화성 고체
② 철분
③ 제2석유류

해답

① 고형 알코올, 그 밖에 1기압에서 인화점이 섭씨 40도 미만인 고체를 말한다.
② 철의 분말로서, 53마이크로미터의 표준체를 통과하는 것이 50중량퍼센트 미만인 것은 제외한다.
③ 1기압에서 인화점이 섭씨 21도 이상 70도 미만인 것을 말한다.

06
삼황화인과 오황화인이 연소할 때 공통으로 생성되는 물질 2가지를 화학식으로 쓰시오.

해설

$P_4S_3 + 8O_2 \rightarrow 2P_2O_5 + 3SO_2$

$2P_2S_5 + 15O_2 \rightarrow 2P_2O_5 + 10SO_2$

해답

P_2O_5, SO_2

07
다음에 주어진 제조소 등에 대한 알맞은 소요단위는 몇 단위인지 계산하시오.
① 내화구조 외벽을 갖춘 제조소로서 연면적 300m²
② 내화구조 외벽이 아닌 제조소로서 연면적 300m²
③ 내화구조 외벽을 갖춘 저장소로서 연면적 300m²

해설

소요단위
소화설비의 설치대상이 되는 건축물의 규모 또는 위험물의 양에 대한 기준단위

1단위	제조소 또는 취급소용 건축물의 경우	내화구조 외벽을 갖춘 연면적 100m²
		내화구조 외벽이 아닌 연면적 50m²
	저장소 건축물의 경우	내화구조 외벽을 갖춘 연면적 150m²
		내화구조 외벽이 아닌 연면적 75m²
	위험물의 경우	지정수량의 10배

해답

① $\dfrac{300m^2}{100m^2} = 3$

② $\dfrac{300m^2}{50m^2} = 6$

③ $\dfrac{300m^2}{150m^2} = 2$

08
제1류 위험물인 염소산칼륨에 관한 내용이다. 다음 각 물음에 답을 쓰시오.
① 완전분해반응식을 쓰시오.
② 염소산칼륨 24.5kg이 표준상태에서 완전분해 시 생성되는 산소의 부피(m³)를 구하시오. (단, 칼륨의 분자량 39, 염소의 분자량 35.5)

해답

① $2KClO_3 \rightarrow 2KCl + 3O_2$

② $\dfrac{24.5kg\text{-}KClO_3}{} \bigg| \dfrac{1kmol\text{-}KClO_3}{122.5kg\text{-}KClO_3} \bigg| \dfrac{3kmol\text{-}O_2}{2kmol\text{-}KClO_3} \bigg| \dfrac{22.4m^3\text{-}O_2}{1kmol\text{-}O_2} = 6.72m^3$

09
다음 불연성·불활성 소화약제에 대한 구성 성분을 각각 쓰시오.
① IG-55
② IG-541

해설

소화약제	화학식
불연성·불활성 기체 혼합가스(IG-01)	Ar
불연성·불활성 기체 혼합가스(IG-100)	N_2
불연성·불활성 기체 혼합가스(IG-541)	N_2 : 52%, Ar : 40%, CO_2 : 8%
불연성·불활성 기체 혼합가스(IG-55)	N_2 : 50%, Ar : 50%

해답

① N_2 : 50%, Ar : 50%
② N_2 : 52%, Ar : 40%, CO_2 : 8%

10
다음 주어진 물질이 물과 반응하여 생성되는 기체의 명칭을 적으시오. (단, 해당 없으면 "해당 없음"이라 적으시오.)
① 인화칼슘
② 질산암모늄
③ 과산화칼륨
④ 금속리튬
⑤ 염소산칼륨

해설

① 인화칼슘 : 물과 반응하여 가연성이며 독성이 강한 인화수소(PH_3, 포스핀)가스를 발생한다.
   $Ca_3P_2 + 6H_2O \rightarrow 3Ca(OH)_2 + 2PH_3$
② 질산암모늄 : 제1류 위험물로, 물로 소화하는 물질이다.
③ 과산화칼륨 : 흡습성이 있으며, 물과 접촉하면 발열하며 수산화칼륨(KOH)과 산소(O_2)를 발생한다.
   $2K_2O_2 + 2H_2O \rightarrow 4KOH + O_2$
④ 금속리튬 : 물과는 상온에서 천천히, 고온에서 격렬하게 반응하여 수소를 발생한다. 알칼리금속 중에서는 반응성이 가장 적은 편으로 적은 양은 반응열로 연소를 못하지만, 다량의 경우 발화한다.
   $2Li + 2H_2O \rightarrow 2LiOH + H_2$
⑤ 염소산칼륨 : 제1류 위험물로 물로 소화하는 물질이다.

해답

① 포스핀(PH_3)
② 해당 없음.
③ 산소(O_2)
④ 수소(H_2)
⑤ 해당 없음.

11 나이트로셀룰로오스에 대하여 다음 물음에 답하시오.
① 제조방법을 적으시오.
② 품명을 적으시오.
③ 지정수량을 적으시오.
④ 운반 시 운반용기 외부에 표시해야 하는 주의사항을 적으시오.

[해답]
① 셀룰로오스에 진한 황산과 진한 질산을 혼합하여 제조한다.
② 질산에스터류
③ 10kg
④ 화기엄금, 충격주의

12 위험물안전관리법상 제4류 위험물에 해당하는 산화프로필렌에 대하여 다음 물음에 답하시오.
① 증기비중을 적으시오.
② 위험등급을 적으시오.
③ 보냉장치가 없는 이동탱크저장소에 저장할 경우 온도는 얼마로 유지해야 하는가?

[해설]
① 산화프로필렌(CH_3CHOCH_2, 프로필렌옥사이드)의 분자량은 58g/mol이다.
  ∴ 증기비중 = $\frac{58}{29}$ = 2.0
③ 보냉장치가 없는 이동저장탱크에 저장하는 아세트알데하이드 등 또는 디에틸에터 등의 온도는 40℃ 이하로 유지할 것

[해답]
① 2.0, ② I 등급, ③ 40℃ 이하

13 금속칼륨이 다음의 물질과 반응할 때의 화학반응식을 각각 쓰시오.
① 이산화탄소
② 에탄올

[해설]
① 금속칼륨은 이산화탄소(CO_2)와 격렬히 반응하여 연소·폭발의 위험이 있으며, 연소 중에 모래를 뿌리면 규소(Si) 성분과 격렬히 반응한다.
  $4K + 3CO_2 \rightarrow 2K_2CO_3 + C$(연소·폭발)
② 금속칼륨은 알코올과 반응하여 칼륨에틸레이트를 만들며, 수소를 발생한다.
  $2K + 2C_2H_5OH \rightarrow 2C_2H_5OK + H_2$

[해답]
① $4K + 3CO_2 \rightarrow 2K_2CO_3 + C$
② $2K + 2C_2H_5OH \rightarrow 2C_2H_5OK + H_2$

14

제1류 위험물 중 위험등급Ⅰ의 품명을 3가지 쓰시오.

해설

제1류 위험물(산화성 고체)의 종류와 지정수량

위험등급	품명	대표품목	지정수량
Ⅰ	1. 아염소산염류 2. 염소산염류 3. 과염소산염류 4. 무기과산화물류	$NaClO_2$, $KClO_2$ $NaClO_3$, $KClO_3$, NH_4ClO_3 $NaClO_4$, $KClO_4$, NH_4ClO_4 K_2O_2, Na_2O_2, MgO_2	50kg
Ⅱ	5. 브로민산염류 6. 질산염류 7. 아이오딘산염류	$KBrO_3$ KNO_3, $NaNO_3$, NH_4NO_3 KIO_3	300kg
Ⅲ	8. 과망가니즈산염류 9. 다이크로뮴산염류	$KMnO_4$ $K_2Cr_2O_7$	1,000kg
Ⅰ~Ⅲ	10. 그 밖에 행정안전부령이 정하는 것 　① 과아이오딘산염류 　② 과아이오딘산 　③ 크로뮴, 납 또는 아이오딘의 산화물 　④ 아질산염류 　⑤ 차아염소산염류 　⑥ 염소화아이소시아눌산 　⑦ 퍼옥소이황산염류 　⑧ 퍼옥소붕산염류 11. 1~10호의 하나 이상을 함유한 것	KIO_4 HIO_4 CrO_3 $NaNO_2$ $LiClO$ $OCNClONClCONCl$ $K_2S_2O_8$ $NaBO_3$	300kg 50kg 300kg

해답

아염소산염류, 염소산염류, 과염소산염류, 무기과산화물류, 차아염소산염류 중 3가지

15

제4류 위험물(이황화탄소 제외)을 취급하는 제조소의 옥외탱크에 100만 리터 1기, 50만 리터 2기, 10만 리터 3기가 있다. 이 중 50만 리터 탱크 1기를 다른 방유제에 설치하고, 나머지를 하나의 방유제 안에 설치하는 경우 방유제 전체의 최소용량의 합계를 구하시오.

해설

제조소 등의 옥외탱크를 옥외에 설치하는 경우

㉮ 하나의 취급 탱크 : 해당 탱크 용량의 50% 이상
㉯ 둘 이상의 취급 탱크 : 용량이 최대인 것의 50%에 나머지 탱크 용량 합계의 10%를 가산한 양 이상

100만L 1기, 50만L 1기, 10만L 3기에 대한 방유제의 경우, 50만L+5만L+3만L=58만L
50만L 하나를 취급하는 경우, 50%에 해당하는 25만L
따라서, 58만L+25만L=83만L

해답

83만L

16 무색무취의 유동하기 쉬운 액체이며, 흡습성이 대단히 강하고 매우 불안정한 강산으로서, 분자량은 100.5g/mol, 비중은 3.5로 염소산 중 가장 강한 산에 해당하는 물질에 대하여 다음 물음에 답하시오. (단, 해당 없으면 "해당 없음"이라 적으시오.)
① 시성식을 적으시오.
② 위험물의 유별을 적으시오.
③ 이 물질을 취급하는 제조소와 병원과의 안전거리는 얼마인가?
④ 이 물질 5,000kg을 취급하는 제조소의 보유공지 너비는 얼마 이상으로 해야 하는가?

[해설]
① 과염소산($HClO_4$, 지정수량 300kg)의 일반적 성질
　㉮ 비중은 3.5, 융점은 −112℃이고, 비점은 130℃이다.
　㉯ 무색무취의 유동하기 쉬운 액체이며, 흡습성이 대단히 강하고 매우 불안정한 강산이다. 순수한 것은 분해가 용이하고 강한 폭발력을 가진다.
　㉰ 순수한 것은 농도가 높으면 모든 유기물과 폭발적으로 반응하고, 알코올류와 혼합하면 심한 반응을 일으켜 발화 또는 폭발한다.
　㉱ $HClO_4$는 염소산 중에서 가장 강한 산이다.
　　　$HClO < HClO_2 < HClO_3 < HClO_4$
② 과염소산은 제6류 위험물이다.
③ 제6류 위험물을 취급하는 제조소의 경우 안전거리 제외대상이다.
④ 지정수량은 300kg으로, 5,000/300≒16.67배이므로, 공지는 5m 이상 확보해야 한다.

취급하는 위험물의 최대수량	공지의 너비
지정수량 10배 이하	3m 이상
지정수량 10배 초과	5m 이상

[해답]
① $HClO_4$, ② 제6류, ③ 해당 없음, ④ 5m 이상

17 위험물안전관리법에 따른 옥내저장소의 기준에 대한 설명이다. 괄호 안을 알맞게 채우시오.
㉠ 옥내저장소에서 동일 품명의 위험물이더라도 자연발화할 우려가 있는 위험물 또는 재해가 현저하게 증대할 우려가 있는 위험물을 다량 저장하는 경우에는 지정수량의 (①) 이하마다 구분하여 상호 간 (②) 이상의 간격을 두어 저장하여야 한다.
㉡ 옥내저장소에서 위험물을 저장하는 경우에는 다음의 규정에 의한 높이를 초과하여 용기를 겹쳐 쌓지 아니하여야 한다.
　• 기계에 의하여 하역하는 구조로 된 용기만을 겹쳐 쌓는 경우에 있어서는 (③)
　• 제4류 위험물 중 제3석유류, 제4석유류 및 동식물유류를 수납하는 용기만을 겹쳐 쌓는 경우에 있어서는 (④)
　• 그 밖의 경우에 있어서는 (⑤)

[해답]
① 10배, ② 0.3m, ③ 6m, ④ 4m, ⑤ 3m

18

위험물안전관리법에 따라 다음 빈칸을 알맞게 채우시오.

위험물			지정수량
유별	성질	품명	
제1류	산화성 고체	질산염류	300킬로그램
		아이오딘산염류	(④)킬로그램
		과망가니즈산염류	1,000킬로그램
		(②)	1,000킬로그램
제2류	(①)	철분	500킬로그램
		금속분	500킬로그램
		마그네슘	500킬로그램
		(③)	1,000킬로그램
제4류	인화성 액체	제2석유류 — 비수용성 액체	(⑤)리터
		제2석유류 — 수용성 액체	2,000리터
		제3석유류 — 비수용성 액체	2,000리터
		제3석유류 — 수용성 액체	(⑥)리터

해답

① 가연성 고체
② 다이크로뮴산염류
③ 인화성 고체
④ 300
⑤ 1,000
⑥ 4,000

19

다음 그림과 같은 타원형 탱크에 위험물을 저장하는 경우, 최대용량과 최소용량을 구하시오.
(단, $a=2m$, $b=1.5m$이고, $l=3m$, $l_1=0.3m$, $l_2=0.3m$이다.)

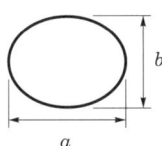 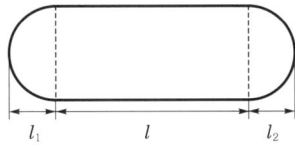

해설

내용적 $V = \dfrac{\pi ab}{4}\left(l + \dfrac{l_1 + l_2}{3}\right) = \dfrac{\pi \times 2 \times 1.5}{4}\left(3 + \dfrac{0.3 + 0.3}{3}\right) = 7.539 m^3$

∴ 일반 탱크의 용량은 내용적의 $\dfrac{5}{100} \sim \dfrac{10}{100}$ 이므로, $7.16 m^3 \sim 6.76 m^3$ 이다.

해답

$7.16 m^3 \sim 6.76 m^3$

20 아세트알데하이드가 산화할 경우 생성되는 제4류 위험물에 대해, 다음 물음에 답하시오.
① 시성식을 적으시오.
② 완전연소반응식을 적으시오.
③ 이 물질을 옥내저장소에 저장하는 경우의 바닥면적을 적으시오.

[해설]
① 아세트알데하이드는 산화 시 아세트산(초산, CH_3COOH), 환원 시 에탄올이 생성된다.
 • $2CH_3CHO + O_2 \rightarrow 2CH_3COOH$(산화작용)
 • $CH_3CHO + H_2 \rightarrow C_2H_5OH$(환원작용)
② 연소 시 파란 불꽃을 내면서 탄다.
 $CH_3COOH + 2O_2 \rightarrow 2CO_2 + 2H_2O$
③ 하나의 저장창고의 바닥면적

위험물을 저장하는 창고	바닥면적
ⓐ 제1류 위험물 중 아염소산염류, 염소산염류, 과염소산염류, 무기과산화물, 그 밖에 지정수량이 50kg인 위험물 ⓑ 제3류 위험물 중 칼륨, 나트륨, 알킬알루미늄, 알킬리튬, 그 밖에 지정수량이 10kg인 위험물 및 황린 ⓒ 제4류 위험물 중 특수인화물, 제1석유류 및 알코올류 ⓓ 제5류 위험물 중 유기과산화물, 질산에스터류, 그 밖에 지정수량이 10kg인 위험물 ⓔ 제6류 위험물	$1,000m^2$ 이하
ⓐ~ⓔ 외의 위험물을 저장하는 창고	$2,000m^2$ 이하
내화구조의 격벽으로 완전히 구획된 실에 각각 저장하는 창고	$1,500m^2$ 이하

아세트산의 경우 제2석유류에 해당하므로, 옥내저장소의 바닥면적은 $2,000m^2$ 이하에 해당한다.

[해답]
① 아세트산, CH_3COOH
② $CH_3COOH + 2O_2 \rightarrow 2CO_2 + 2H_2O$
③ $2,000m^2$ 이하

제4회 과년도 출제문제

2022. 11. 19. 시행

01 다음은 위험물안전관리법상 소화설비 적응성에 대한 도표이다. 소화설비 적응성이 있는 것에 ○ 표시를 하시오.

대상물의 구분		건축물·그 밖의 공작물	전기설비	제1류 위험물		제2류 위험물			제3류 위험물		제4류 위험물	제5류 위험물	제6류 위험물
				알칼리금속과산화물 등	그 밖의 것	철분·금속분·마그네슘 등	인화성 고체	그 밖의 것	금수성 물품	그 밖의 것			
소화설비의 구분	옥내소화전												
	옥외소화전설비												
물분무등소화설비	물분무소화설비												
	불활성가스소화설비												
	할로겐화합물소화설비												

해답

대상물의 구분		건축물·그 밖의 공작물	전기설비	제1류 위험물		제2류 위험물			제3류 위험물		제4류 위험물	제5류 위험물	제6류 위험물
				알칼리금속과산화물 등	그 밖의 것	철분·금속분·마그네슘 등	인화성 고체	그 밖의 것	금수성 물품	그 밖의 것			
소화설비의 구분	옥내소화전	○			○		○	○		○		○	○
	옥외소화전설비	○			○		○	○		○		○	○
물분무등소화설비	물분무소화설비	○	○		○		○	○		○	○	○	○
	불활성가스소화설비		○				○				○		
	할로겐화합물소화설비		○				○				○		

02 크실렌 이성질체 3가지에 대한 명칭과 구조식을 쓰시오.

[해답]

명칭	ortho-크실렌	meta-크실렌	para-크실렌
구조식	(CH₃ 두 개가 인접)	(CH₃ 두 개가 메타 위치)	(CH₃ 두 개가 파라 위치)

03 제5류 위험물로서 담황색의 주상 결정으로, 분자량이 227, 융점이 81℃이며, 물에는 녹지 않고, 알코올, 벤젠, 아세톤에 녹는 물질에 대하여 다음 각 물음에 답을 쓰시오.

① 이 물질의 품명을 쓰시오.
② 이 물질의 품명을 화학식으로 쓰시오.
③ 이 물질의 제조과정을 설명하시오.

[해설]

트리나이트로톨루엔[T.N.T., $C_6H_2CH_3(NO_2)_3$]

㉮ 비중 1.66, 녹는점 81℃, 끓는점 280℃, 분자량 227, 발화온도 약 300℃이다.
㉯ 제법 : 1몰의 톨루엔과 3몰의 질산을 황산 촉매하에 반응시키면 나이트로화에 의해 T.N.T.가 만들어진다.

$$C_6H_5CH_3 + 3HNO_3 \xrightarrow[\text{나이트로화}]{c-H_2SO_4} C_6H_2CH_3(NO_2)_3 \text{ (T.N.T.)} + 3H_2O$$

㉰ 운반 시 10%의 물을 넣어 운반하면 안전하다.

[해답]

① 나이트로화합물
② $C_6H_2CH_3(NO_2)_3$
③ 1몰의 톨루엔과 3몰의 질산을 황산 촉매하에 나이트로화 반응시키면 T.N.T.가 만들어진다.

04
다음 보기의 위험물을 인화점이 낮은 순서대로 그 번호를 적으시오.
(보기) ① 초산에틸
② 이황화탄소
③ 클로로벤젠
④ 글리세린

해설

구분	① 초산에틸	② 이황화탄소	③ 클로로벤젠	④ 글리세린
품명	제1석유류	특수인화물	제2석유류	제3석유류
수용성	수용성	비수용성	비수용성	수용성
인화점	-4℃	-30℃	32℃	160℃

해답

② → ① → ③ → ④

05
위험물안전관리법에서 정하는 소화설비의 소요단위에 대해 다음 각 경우에 알맞은 소요단위를 구하시오.
① 디에틸에테르 2,000L
② 면적 1,500m²로서 외벽이 내화구조가 아닌 저장소
③ 면적 1,500m²로서 외벽이 내화구조로 된 제조소

해설

소요단위
소화설비의 설치대상이 되는 건축물의 규모 또는 위험물 양에 대한 기준단위

1단위	제조소 또는 취급소용 건축물의 경우	내화구조 외벽을 갖춘 연면적 100m²
		내화구조 외벽이 아닌 연면적 50m²
	저장소 건축물의 경우	내화구조 외벽을 갖춘 연면적 150m²
		내화구조 외벽이 아닌 연면적 75m²
	위험물의 경우	지정수량의 10배

해답

① $\dfrac{2,000}{50 \times 10} = 4.0$

② $\dfrac{1,500}{75} = 20.0$

③ $\dfrac{1,500}{100} = 15.0$

06
트리에틸알루미늄에 대해 다음 물음에 답하시오.
① 트리에틸알루미늄과 물과의 반응식을 적으시오.
② 표준상태에서 트리에틸알루미늄 228g과 물의 반응에서 발생된 기체의 부피(L)를 구하시오.

[해설]

물이 산과 접촉하면 폭발적으로 반응하여 에탄을 형성하고, 이때 발열·폭발에 이른다.
$(C_2H_5)_3Al + 3H_2O \rightarrow Al(OH)_3 + 3C_2H_6 + $ 발열

$$\frac{228g-(C_2H_5)_3Al}{} \left| \frac{1mol-(C_2H_5)_3Al}{114g-(C_2H_5)_3Al} \right| \frac{3mol-C_2H_6}{1mol-(C_2H_5)_3Al} \left| \frac{22.4L-C_2H_6}{1mol-C_2H_6} \right| = 134.4L-C_2H_6$$

[해답]

① $(C_2H_5)_3Al + 3H_2O \rightarrow Al(OH)_3 + 3C_2H_6$
② 134.4L

07
다음에 주어진 위험물의 시성식을 각각 적으시오.
① 아세톤
② 포름산
③ 트리나이트로페놀
④ 초산에틸
⑤ 아닐린

[해답]

① CH_3COCH_3, ② $HCOOH$, ③ $C_6H_2OH(NO_2)_3$, ④ $CH_3COOC_2H_5$, ⑤ $C_6H_5NH_2$

08
다음 그림과 같은 원통형 탱크의 용량(L)을 구하시오. (단, 탱크의 공간용적은 5/100이다.)

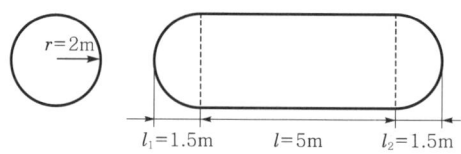

$l_1=1.5m$ $l=5m$ $l_2=1.5m$

[해답]

$$V = \pi r^2 \left(l + \frac{l_1 + l_2}{3} \right) = \pi \times 2^2 \times \left(5 + \frac{1.5 + 1.5}{3} \right) = 75.398 m^3$$

공간용적이 5/100이므로, $75.398 m^3 \times 0.95 = 71.628 m^3$

$$\frac{71.628 m^3}{} \left| \frac{1,000L}{1 m^3} \right. = 71,628 L$$

09

위험물안전관리법에서 제3류로 분류되는 금속칼륨이 다음에 주어진 물질과 반응하는 화학 반응식을 각각 적으시오. (단, 해당 없는 경우 "해당 없음"이라고 적으시오.)
① 물
② 경유
③ 이산화탄소

[해설]

금속칼륨의 성질

㉮ 은백색의 광택이 있는 경금속으로 흡습성·조해성이 있고, 석유 등 보호액에 장기 보존 시 표면에 K_2O, KOH, K_2CO_3가 피복되어 가라앉는다.

㉯ 물과 격렬히 반응하여 발열하고 수산화칼륨과 수소를 발생한다. 이때 발생된 열은 점화원의 역할을 한다.
$2K + 2H_2O \rightarrow 2KOH + H_2$

㉰ CO_2와 격렬히 반응하여 연소·폭발의 위험이 있으며, 연소 중에 모래를 뿌리면 규소(Si) 성분과 격렬히 반응한다.
$4K + 3CO_2 \rightarrow 2K_2CO_3 + C$(연소·폭발)

[해답]

① $2K + 2H_2O \rightarrow 2KOH + H_2$
② 해당 없음.
③ $4K + 3CO_2 \rightarrow 2K_2CO_3 + C$

10

위험물안전관리법상 제3류 위험물에 해당하는 금속나트륨에 대해 다음 물음에 답하시오.
① 에탄올과의 반응식을 쓰시오.
② 위의 반응식에서 생성되는 가연성 기체의 위험도를 구하시오.

[해설]

① 알코올과 반응하여 나트륨에틸레이트와 수소가스를 발생한다.
$2Na + 2C_2H_5OH \rightarrow 2C_2H_5ONa + H_2$

② $H = \dfrac{U-L}{L} = \dfrac{75-4}{4} ≒ 17.75$

[해답]

① $2Na + 2C_2H_5OH \rightarrow 2C_2H_5ONa + H_2$
② 17.75

11 위험물안전관리법상 제1류 위험물에 해당하는 질산암모늄은 열분해하여 N_2, O_2, H_2O를 생성한다. 다음 주어진 질문에 답하시오.
① 질산암모늄의 열분해반응식을 쓰시오.
② 300℃, 0.9atm에서 질산암모늄 1몰이 분해하는 경우 생성되는 H_2O의 부피(L)를 구하시오.

[해설]

① $2NH_4NO_3 \rightarrow 2N_2 + O_2 + 4H_2O$

② $\dfrac{1\text{mol}-NH_4NO_3}{} \Big| \dfrac{4\text{mol}-H_2O}{2\text{mol}-NH_4NO_3} \Big| \dfrac{18\text{g}-H_2O}{1\text{mol}-H_2O} = 36\text{g}-H_2O$

이상기체상태방정식에 따라,

$PV = \dfrac{w}{M}RT \rightarrow V = \dfrac{wRT}{PM}$

$\therefore V = \dfrac{36 \times 0.082 \times (300+273.15)}{0.9 \times 18} = 104.44\text{L}$

[해답]
① $2NH_4NO_3 \rightarrow 2N_2 + O_2 + 4H_2O$
② 104.44L

12 위험물안전관리법상 운반기준에 따라 차광성 또는 방수성 피복으로 모두 덮어야 하는 위험물의 품명을 다음 보기에서 모두 고르시오. (단, 없으면 "없음"이라고 적으시오.)
(보기) ① 알칼리금속의 과산화물
② 특수인화물
③ 금속분
④ 제5류 위험물
⑤ 제6류 위험물
⑥ 인화성 고체

[해설]

적재하는 위험물에 따른 피복

차광성이 있는 것으로 피복해야 하는 경우	방수성이 있는 것으로 피복해야 하는 경우
제1류 위험물 제3류 위험물 중 자연발화성 물질 제4류 위험물 중 특수인화물 제5류 위험물 제6류 위험물	제1류 위험물 중 알칼리금속의 과산화물 제2류 위험물 중 철분, 금속분, 마그네슘 제3류 위험물 중 금수성 물질

[해답]
① 알칼리금속의 과산화물

13

다음 주어진 조건을 보고, 위험물제조소의 방화상 유효한 담의 높이(h)는 몇 m 이상으로 해야 하는지 구하시오.

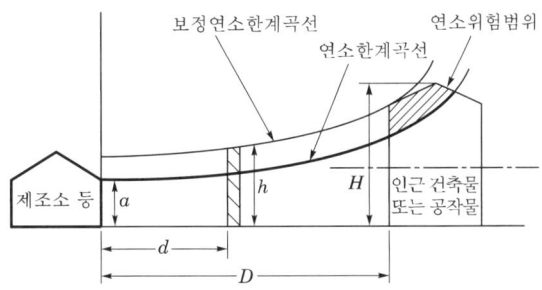

여기서, D : 제조소 등과 인근 건축물 또는 공작물과의 거리(10m)
 H : 인근 건축물 또는 공작물의 높이(40m)
 a : 제조소 등의 외벽의 높이(30m)
 d : 제조소 등과 방화상 유효한 담과의 거리(5m)
 h : 방화상 유효한 담의 높이(m)
 p : 상수(0.15)

해설

방화상 유효한 담의 높이

㉮ $H \leq pD^2 + a$인 경우 : $h = 2$
㉯ $H > pD^2 + a$인 경우 : $h = H - p(D^2 - d^2)$

따라서, $40 \leq 0.15 \times 10^2 + 30 = 45$이므로, $h = 2$

해답

2m

14

다음은 위험물안전관리법에 따른 위험물의 유별 저장·취급의 공통기준에 대한 설명이다. 빈칸을 알맞게 채우시오.

① 제( )류 위험물은 불티·불꽃·고온체와의 접근 또는 과열을 피하고, 함부로 증기를 발생시키지 아니하여야 한다.
② 제( )류 위험물은 불티·불꽃·고온체와의 접근이나 과열·충격 또는 마찰을 피하여야 한다.
③ 제( )류 위험물은 가연물과의 접촉·혼합이나 분해를 촉진하는 물품과의 접근 또는 과열을 피하여야 한다.
④ 유별을 달리하는 위험물은 동일한 저장소에 저장하지 아니하여야 한다. 다만, 옥내저장소 또는 옥외저장소에 있어서 다음의 규정에 의한 위험물을 저장하는 경우로서 위험물을 유별로 정리하여 저장하는 한편, 서로 1m 이상의 간격을 두는 경우에는 그러하지 아니하다.
　㉮ 제1류 위험물과 제( )류 위험물을 저장하는 경우
　㉯ 제2류 위험물 중 인화성 고체와 제( )류 위험물을 저장하는 경우

해답

① 4, ② 5, ③ 6, ④ ㉮ 6, ㉯ 4

15
다음 보기에서 주어진 위험물의 완전연소반응식을 각각 적으시오. (단, 해당 없는 경우 "해당 없음"이라 적으시오.)
(보기) ① 질산나트륨 ② 과산화수소 ③ 메틸에틸케톤
④ 염소산암모늄 ⑤ 알루미늄분

해설

물질명	① 질산나트륨	② 과산화수소	③ 메틸에틸케톤	④ 염소산암모늄	⑤ 알루미늄분
화학식	$NaNO_3$	H_2O_2	$CH_3COC_2H_5$	NH_4ClO_3	Al
류별	제1류	제6류	제4류	제1류	제2류
연소가능성	불연성	불연성	가연성	불연성	가연성

해답

① 해당 없음.
② 해당 없음.
③ $2CH_3COC_2H_5 + 11O_2 \rightarrow 8CO_2 + 8H_2O$
④ 해당 없음.
⑤ $4Al + 3O_2 \rightarrow 2Al_2O_3$

16
다음은 위험물안전관리법상 안전거리에 관한 기준이다. 빈칸을 알맞게 채우시오.

건축물	안전거리
사용전압 7,000V 초과 35,000V 이하의 특고압가공전선	(①)m 이상
주거용으로 사용되는 것(제조소가 설치된 부지 내에 있는 것 제외)	(②)m 이상
고압가스, 액화석유가스 또는 도시가스를 저장 또는 취급하는 시설	(③)m 이상
학교, 병원(종합병원, 치과병원, 한방·요양병원), 극장(공연장, 영화상영관, 수용인원 300명 이상 시설), 아동복지시설, 노인복지시설, 장애인복지시설, 모·부자복지시설, 보육시설, 성매매자를 위한 복지시설, 정신보건시설, 가정폭력피해자 보호시설, 수용인원 20명 이상의 다수인시설	(④)m 이상
유형문화재, 지정문화재	(⑤)m 이상

해답

① 3, ② 10, ③ 20, ④ 30, ⑤ 50

17
다음 보기에 주어진 성질을 갖는 물질에 대해 각 물음에 답하시오.
(보기) 분자량은 34로서 표백작용과 살균작용을 하며, 일정 농도 이상인 것에 대해 위험물로 판정한다. 운반용기 외부에 표시하여야 하는 주의사항은 "가연물 접촉주의"이다.
① 명칭
② 시성식
③ 분해반응식
④ 제조소의 표지판에 설치하여야 하는 주의사항(단, 해당 없으면 "해당 없음"이라 적으시오.)

해설

과산화수소(H_2O_2) — 지정수량 300kg : 농도가 36wt% 이상인 것

㉮ 순수한 것은 청색을 띠며 점성이 있고 무취·투명하며, 질산과 유사한 냄새가 난다.

㉯ 일반 시판품은 30~40%의 수용액으로 분해하기 쉬워 인산(H_3PO_4), 요산($C_5H_4N_4O_3$) 등 안정제를 가하거나 약산성으로 만든다.

㉰ 가열에 의해 산소가 발생한다.
  $2H_2O_2 \rightarrow 2H_2O + O_2$

㉱ 제조소의 주의사항 게시판
  ㉠ 규격
    방화에 관하여 필요한 사항을 기재한 게시판 이외의 것이다. 한 변의 길이 0.3m 이상, 다른 한 변의 길이 0.6m 이상이다.
  ㉡ 색깔
    ⓐ 화기엄금(적색 바탕 백색 문자) : 제2류 위험물 중 인화성 고체, 제3류 위험물 중 자연발화성 물품, 제4류 위험물, 제5류 위험물
    ⓑ 화기주의(적색 바탕 백색 문자) : 제2류 위험물(인화성 고체 제외)
    ⓒ 물기엄금(청색 바탕 백색 문자) : 제1류 위험물 중 무기과산화물, 제3류 위험물 중 금수성 물품

해답

① 과산화수소
② H_2O_2
③ $2H_2O_2 \rightarrow 2H_2O + O_2$
④ 해당 없음.

18 위험물안전관리법에 따른 안전관리자, 위험물운반자, 위험물운송자, 탱크시험자에 대한 교육시간에 대한 내용이다. 빈칸을 알맞게 채우시오.

교육과정	교육대상자	교육시간
강습교육	(①)가 되려는 사람	24시간
	(②)가 되려는 사람	8시간
	(③)가 되려는 사람	16시간
실무교육	(①)	8시간
	(②)	4시간
	(③)	8시간
	(④)의 기술인력	8시간

해답

① 안전관리자
② 위험물운반자
③ 위험물운송자
④ 탱크시험자

19 다음 보기에서 제4류 위험물 중 제2석유류에 대한 설명으로 옳은 것을 모두 골라 그 번호를 쓰시오.

(보기)
① 등유와 경유가 해당된다.
② 중유와 크레오소트유가 해당된다.
③ 1기압에서 인화점이 섭씨 70도 이상, 섭씨 200도 미만인 것을 말한다.
④ 1기압에서 인화점이 섭씨 200도 이상, 섭씨 250도 미만인 것을 말한다.
⑤ 도료류, 그 밖의 물품에 있어서 가연성 액체량이 40중량퍼센트 이하이면서 인화점이 섭씨 40도 이상인 동시에 연소점이 섭씨 60도 이상인 것은 제외한다.

[해설]
"제2석유류"라 함은 등유, 경유, 그 밖에 1기압에서 인화점이 21℃ 이상, 70℃ 미만인 것을 말한다. 다만, 도료류, 그 밖의 물품에 있어서 가연성 액체량이 40중량퍼센트 이하이면서 인화점이 40℃ 이상인 동시에 연소점이 60℃ 이상인 것은 제외한다.

[해답]
①, ⑤

20 분자량 78의 휘발성이 있는 액체로 독특한 냄새가 나며, 수소첨가반응으로 사이클로헥산을 생성하는 물질에 대해 다음 물음에 답하시오.
① 화학식을 적으시오.
② 위험등급을 적으시오.
③ 위험물안전카드 휴대 여부를 적으시오. (단, 해당이 없으면 "해당 없음"이라고 적으시오.)
④ 위험물운송자는 장거리(고속국도에 있어서는 340km 이상, 그 밖의 도로에 있어서는 200km 이상을 말한다)에 걸치는 운송을 하는 때에는 2명 이상의 운전자로 해야 한다. 이에 해당하는지의 여부를 적으시오. (단, 해당 없으면 "해당 없음"이라고 적으시오.)

[해설]
① 벤젠(C_6H_6)은 분자량 78g/mol의 무색투명하고 독특한 냄새를 가진 휘발성이 강한 액체로, 위험성이 크고 인화가 쉬우며, 다량의 흑연을 발생하고 뜨거운 열을 내며 연소한다.
② 벤젠은 제1석유류로 위험등급 Ⅱ에 해당한다.
③ 위험물(제4류 위험물에 있어서는 특수인화물 및 제1석유류에 한한다)을 운송하게 하는 자는 위험물안전카드를 위험물운송자로 하여금 휴대하게 해야 한다.
④ 위험물운송자는 장거리(고속국도에 있어서는 340km 이상, 그 밖의 도로에 있어서는 200km 이상을 말한다)에 걸치는 운송을 하는 때에는 2명 이상의 운전자로 할 것. 다만, 다음의 어느 하나에 해당하는 경우에는 그러하지 아니하다.
  ㉮ 운송책임자를 동승시킨 경우
  ㉯ 운송하는 위험물이 제2류 위험물·제3류 위험물(칼슘 또는 알루미늄의 탄화물과 이것만을 함유한 것에 한한다) 또는 제4류 위험물(특수인화물을 제외한다)인 경우
  ㉰ 운송 도중에 2시간 이내마다 20분 이상씩 휴식하는 경우

[해답]
① C_6H_6, ② Ⅱ, ③ 휴대해야 한다. ④ 해당 없음.

2023년 제1회 과년도 출제문제

2023. 4. 22. 시행

01 다음 보기에 주어진 위험물 중에서 제4류 위험물로 지정수량이 400L인 물질과 제조소 등의 게시판에 표시하여야 할 주의사항이 "화기엄금" 및 "물기엄금"인 물질이 반응할 경우의 화학반응식을 적으시오. (단, 해당 없으면 "해당 없음"으로 표기하시오.)
(보기) 에틸알코올, 칼륨, 질산메틸, 톨루엔, 과산화나트륨

해설
㉮ 제4류 위험물 중 지정수량 400L에 해당하는 품명은 알코올류로, 보기 중 에틸알코올이 해당된다.
㉯ 칼륨은 제3류 위험물로서 자연발화성 및 금수성 물질에 해당하므로, 게시판에 표시하여야 할 주의사항은 "화기엄금" 및 "물기엄금"에 해당한다.
㉰ 칼륨은 알코올과 반응하여 칼륨에틸레이트를 만들며 수소를 발생한다.

해답
$2K + 2C_2H_5OH \rightarrow 2C_2H_5OK + H_2$

02 2몰의 리튬이 물과 반응할 경우, 다음 물음에 알맞게 답하시오.
① 반응식을 쓰시오.
② 1atm, 25℃에서 생성되는 기체의 부피(L)를 구하시오.

해설
① 금속리튬은 물과 상온에서는 천천히, 고온에서는 격렬하게 반응하여 수소를 발생한다. 알칼리금속 중에서는 반응성이 가장 적은 편으로 적은 양은 반응열로 연소를 못하지만, 다량의 경우 발화한다.
$2Li + 2H_2O \rightarrow 2LiOH + H_2$
② 위의 반응식으로부터 표준상태(1atm, 0℃)에서 생성되는 기체의 부피는 1몰에서 22.4L이므로 샤를의 법칙에 따라,
$\dfrac{V_1}{T_1} = \dfrac{V_2}{T_2}$ 에서

$V_2 = V_1 \times \dfrac{T_2}{T_1} = 22.4 \times \dfrac{(25+273.15)}{273.15} = 24.45L$

해답
① $2Li + 2H_2O \rightarrow 2LiOH + H_2$
② 24.45L

03 위험물제조소 등에 배출설비를 설치할 때, 다음 각 조건에서의 배출능력을 구하시오.
① 배출장소의 용적이 300m³일 경우 국소방출방식의 배출설비 1시간당 배출능력
② 바닥면적이 100m²일 경우 전역방출방식의 배출설비 1m³당 배출능력

[해설]

배출설비

가연성의 증기 또는 미분이 체류할 우려가 있는 건축물에는 그 증기 또는 미분을 옥외의 높은 곳으로 배출할 수 있도록 배출설비를 설치하여야 한다.
㉮ 배출설비는 국소방식으로 하여야 한다.
㉯ 배출설비는 배풍기, 배출덕트, 후드 등을 이용하여 강제적으로 배출하는 것으로 하여야 한다.
㉰ 배출능력은 1시간당 배출장소 용적의 20배 이상인 것으로 하여야 한다. 다만, 전역방식의 경우에는 바닥면적 1m²당 18m³ 이상으로 할 수 있다.

따라서, ① $300m^2 \times 20m = 6,000m^3$
② $100m^2 \times 18m = 1,800m^3$

[해답]

① $6,000m^3$
② $1,800m^3$

04 위험물안전관리법상 동식물유류에 관하여 다음 물음에 각각 답하시오.
① 아이오딘값의 정의를 쓰시오.
② 동식물유류를 아이오딘값에 따라 분류하시오.

[해설]

아이오딘값 : 유지 100g에 부가되는 아이오딘의 g수로, 불포화도가 증가할수록 아이오딘값이 증가하며, 자연발화의 위험이 있다. 유지의 불포화도를 나타내는 아이오딘값에 따라 건성유, 반건성유, 불건성유로 구분한다.
㉮ 건성유 : 아이오딘값이 130 이상인 것
 이중결합이 많아 불포화도가 높기 때문에 공기 중에서 산화되어 액 표면에 피막을 만드는 기름
 예 아마인유, 들기름, 동유, 정어리기름, 해바라기유 등
㉯ 반건성유 : 아이오딘값이 100~130인 것
 공기 중에서 건성유보다 얇은 피막을 만드는 기름
 예 참기름, 옥수수기름, 청어기름, 채종유, 면실유(목화씨유), 콩기름, 쌀겨유 등
㉰ 불건성유 : 아이오딘값이 100 이하인 것
 공기 중에서 피막을 만들지 않는 안정된 기름
 예 올리브유, 피마자유, 야자유, 땅콩기름, 동백기름 등

[해답]

① 유지 100g에 부가되는 아이오딘의 g수
② 건성유 : 아이오딘값이 130 이상인 것, 반건성유 : 아이오딘값이 100~130인 것, 불건성유 : 아이오딘값이 100 이하인 것

05

인화알루미늄 580g이 표준상태에서 물과 반응하는 경우, 다음 물음에 답하시오.
① 물과의 반응식을 쓰시오.
② 이때 생성되는 기체의 부피(L)를 구하시오.

[해설]

① 인화알루미늄(AlP)은 암회색 또는 황색의 결정 또는 분말로, 가연성이며 공기 중에서 안정하나 습기 찬 공기, 물, 스팀과 접촉 시 가연성·유독성의 포스핀가스를 발생한다.

② $\dfrac{580g-AlP}{} \Big| \dfrac{1mol-AlP}{58g-AlP} \Big| \dfrac{1mol-PH_3}{1mol-AlP} \Big| \dfrac{22.4L-PH_3}{1mol-PH_3} = 224L - PH_3$

[해답]

① $AlP + 3H_2O \rightarrow Al(OH)_3 + PH_3$
② 224L

06

제2류 위험물 중 황화인에 대해 다음 물음에 답하시오.
① 다음 빈칸을 알맞게 채우시오.

구 분	삼황화인	오황화인	칠황화인
화학식	㉮	㉯	㉰
연소 시 공통으로 생성되는 기체의 화학식	㉱		

② 위 ①에서 주어진 물질 중 1몰당 산소 7.5몰을 필요로 하는 황화인의 종류를 선택하여, 이 물질의 완전연소반응식을 적으시오.
③ 황화인을 수납하는 경우 운반용기 외부에 표시하여야 할 주의사항을 적으시오.

[해설]

①, ② 삼황화인의 연소반응식 : $P_4S_3 + 8O_2 \rightarrow 2P_2O_5 + 3SO_2$
오황화인의 연소반응식 : $2P_2S_5 + 15O_2 \rightarrow 2P_2O_5 + 10SO_2$
칠황화인의 연소반응식 : $P_4S_7 + 12O_2 \rightarrow 2P_2O_5 + 7SO_2$

③ 제2류 위험물(가연성 고체) 운반용기 외부에 표시하여야 할 주의사항

구분	주의사항
철분·금속분·마그네슘	화기주의, 물기엄금
인화성 고체	화기엄금
그 밖의 것	화기주의

[해답]

① ㉮ P_4S_3, ㉯ P_2S_5, ㉰ P_4S_7, ㉱ P_2O_5, SO_2
② $2P_2S_5 + 15O_2 \rightarrow 2P_2O_5 + 10SO_2$
③ 화기주의

07

옥외저장소에 저장되어 있는 드럼통에 중유를 쌓을 경우, 다음 물음에 답하시오.
① 옥외저장소에서 위험물을 수납한 용기를 선반에 저장하는 경우 저장높이(m)는?
② 기계에 의하여 하역하는 구조로 된 용기만을 겹쳐 쌓는 경우 저장높이(m)는?
③ 중유만을 저장할 경우 저장높이(m)는?

해설

① 옥외저장소에서 위험물을 수납한 용기를 선반에 저장하는 경우에는 6m를 초과하여 저장하지 아니하여야 한다.
②, ③ 옥내저장소에서 위험물을 저장하는 경우에는 다음의 규정에 의한 높이를 초과하여 용기를 겹쳐 쌓지 아니하여야 한다(옥외저장소에서 위험물을 저장하는 경우에 있어서도 본 규정을 준용함).
 ㉮ 기계에 의하여 하역하는 구조로 된 용기만을 겹쳐 쌓는 경우에 있어서는 6m
 ㉯ 제4류 위험물 중 제3석유류, 제4석유류 및 동식물유류를 수납하는 용기만을 겹쳐 쌓는 경우에 있어서는 4m
 ㉰ 그 밖의 경우에 있어서는 3m

해답

① 6m
② 6m
③ 4m

08

다음 빈칸에 알맞은 답을 쓰시오.
• 옥외저장탱크 · 옥내저장탱크 또는 지하저장탱크 중 압력탱크 외의 탱크에 저장하는 디에틸에테르 등 또는 아세트알데하이드 등의 온도는 산화프로필렌과 이를 함유한 것 또는 디에틸에테르 등에 있어서는 (①)℃ 이하로, 아세트알데하이드 또는 이를 함유한 것에 있어서는 (②)℃ 이하로 각각 유지할 것
• 옥외저장탱크 · 옥내저장탱크 또는 지하저장탱크 중 압력탱크에 저장하는 디에틸에테르 등 또는 아세트알데하이드 등의 온도는 (③)℃ 이하로 유지할 것
• 보냉장치가 있는 이동저장탱크에 저장하는 아세트알데하이드 등 또는 디에틸에테르 등의 온도는 당해 위험물의 (④)℃ 이하로 유지할 것
• 보냉장치가 없는 이동저장탱크에 저장하는 아세트알데하이드 등 또는 디에틸에테르 등의 온도는 (⑤)℃ 이하로 유지할 것

해답

① 30
② 15
③ 40
④ 비점
⑤ 40

09 제1류 위험물인 KMnO₄에 대해 다음 각 물음에 답을 쓰시오.
① 지정수량을 쓰시오.
② 열분해할 경우와 묽은 황산과 반응 시에 공통으로 발생하는 물질을 쓰시오.
③ 위험등급을 쓰시오.

해설

㉮ KMnO₄(과망가니즈산칼륨)의 일반적 성질
  ㉠ 비중 2.7, 분해온도 약 200~250℃, 흑자색 또는 적자색의 결정이다.
  ㉡ 240℃에서 가열하면 망가니즈산칼륨, 이산화망가니즈, 산소를 발생한다.
    $2KMnO_4 \rightarrow K_2MnO_4 + MnO_2 + O_2$
  ㉢ 위험성
    • 에테르, 알코올류, [진한 황산+(가연성 가스, 염화칼륨, 테레빈유, 유기물, 피크린산)]과 혼촉되는 경우 발화하고 폭발의 위험성을 갖는다.
    (묽은 황산과의 반응식) $4KMnO_4 + 6H_2SO_4 \rightarrow 2K_2SO_4 + 4MnSO_4 + 6H_2O + 5O_2$
    (진한 황산과의 반응식) $2KMnO_4 + H_2SO_4 \rightarrow K_2SO_4 + 2HMnO_4$
    • 망가니즈산화물의 산화성 크기 : $MnO < Mn_2O_3 < KMnO_2 < Mn_2O_7$

㉯ 제1류 위험물(산화성 고체)의 품명에 따른 위험등급과 지정수량

위험등급	품명	대표품목	지정수량
I	1. 아염소산염류 2. 염소산염류 3. 과염소산염류 4. 무기과산화물류	$NaClO_2$, $KClO_2$ $NaClO_3$, $KClO_3$, NH_4ClO_3 $NaClO_4$, $KClO_4$, NH_4ClO_4 K_2O_2, Na_2O_2, MgO_2	50kg
II	5. 브로민산염류 6. 질산염류 7. 아이오딘산염류	$KBrO_3$ KNO_3, $NaNO_3$, NH_4NO_3 KIO_3	300kg
III	8. 과망가니즈산염류 9. 다이크로뮴산염류	$KMnO_4$ $K_2Cr_2O_7$	1,000kg
I~III	10. 그 밖에 행정안전부령이 정하는 것 ① 과아이오딘산염류 ② 과아이오딘산 ③ 크로뮴, 납 또는 아이오딘의 산화물 ④ 아질산염류 ⑤ 차아염소산염류 ⑥ 염소화이소시아눌산 ⑦ 퍼옥소이황산염류 ⑧ 퍼옥소붕산염류 11. 1~10호의 하나 이상을 함유한 것	KIO_4 HIO_4 CrO_3 $NaNO_2$ $LiClO$ $OCNClONClCONCl$ $K_2S_2O_8$ $NaBO_3$	300kg 50kg 300kg

해답

① 1,000kg
② 산소(O_2)가스
③ III

10 위험물안전관리법상 제5류 위험물인 트리나이트로톨루엔에 대해 다음 물음에 답하시오.
① 구조식을 쓰시오.
② 원료를 중심으로 제조과정을 설명하시오.

[해설]

$$C_6H_5CH_3 + 3HNO_3 \xrightarrow[\text{나이트로화}]{c-H_2SO_4}$$ 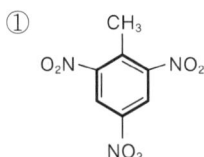 $$+ 3H_2O$$

[해답]

①

② 1몰의 톨루엔과 3몰의 질산을 황산 촉매하에 반응시키면 나이트로화에 의해 T.N.T.가 만들어진다.

---

11 위험물안전관리법상 제6류 위험물에 해당하는 과산화수소에 대해 다음 각 질문에 알맞게 답하시오.
① 분해반응식을 적으시오.
② 이 물질의 저장 및 취급 시 분해를 방지하기 위한 안정제를 2가지 적으시오.
③ 해당 물질이 옥외저장소에 저장이 가능한지 적으시오.

[해설]
㉮ 과산화수소(H_2O_2)의 일반적인 성질
　㉠ 위험등급 I 에 해당하며, 지정수량은 300kg이고, 농도가 36wt% 이상인 경우 위험물에 해당된다.
　㉡ 가열에 의해 산소가 발생한다.
　㉢ 저장·취급 시 유리는 알칼리성으로 분해를 촉진하므로 피하고, 가열·화기·직사광선을 차단하며, 농도가 높을수록 위험성이 크므로 분해방지안정제(인산, 요산 등)를 넣어 발생기 산소의 발생을 억제한다.
　㉣ 용기는 밀봉하되, 작은 구멍이 뚫린 마개를 사용한다.
　㉤ 화재 시 용기를 이송하고, 불가능한 경우 주수냉각하면서 다량의 물로 냉각소화한다.
㉯ 옥외저장소에 저장할 수 있는 위험물
　㉠ 제2류 위험물 중 황, 인화성 고체(인화점이 0℃ 이상인 것에 한함)
　㉡ 제4류 위험물 중 제1석유류(인화점이 0℃ 이상인 것에 한함), 제2석유류, 제3석유류, 제4석유류, 알코올류, 동식물유류
　㉢ 제6류 위험물

[해답]
① $2H_2O_2 \rightarrow 2H_2O + O_2$
② 인산, 요산
③ 가능하다.

12 소화약제에 대하여 다음 각 물음에 답하시오.
① 제2종 분말소화약제의 주성분을 화학식으로 쓰시오.
② 제3종 분말소화약제의 주성분을 화학식으로 쓰시오.
③ IG-55의 구성 성분과 비율을 쓰시오.
④ IG-541의 구성 성분과 비율을 쓰시오.
⑤ IG-100의 구성 성분과 비율을 쓰시오.

해설

㉮ 분말소화약제의 종류

종류	주성분	화학식	착색	적응화재
제1종	탄산수소나트륨(중탄산나트륨)	$NaHCO_3$	-	B·C급 화재
제2종	탄산수소칼륨(중탄산칼륨)	$KHCO_3$	담회색	B·C급 화재
제3종	제1인산암모늄	$NH_4H_2PO_4$	담홍색 또는 황색	A·B·C급 화재
제4종	탄산수소칼륨+요소	$KHCO_3+CO(NH_2)_2$	-	B·C급 화재

㉯ 불연성·불활성 소화약제에 대한 구성 성분

소화약제	화학식
불연성·불활성 기체 혼합가스(IG-01)	Ar
불연성·불활성 기체 혼합가스(IG-100)	N_2
불연성·불활성 기체 혼합가스(IG-541)	N_2 : 52%, Ar : 40%, CO_2 : 8%
불연성·불활성 기체 혼합가스(IG-55)	N_2 : 50%, Ar : 50%

해답

① $KHCO_3$
② $NH_4H_2PO_4$
③ N_2 : 50%, Ar : 50%
④ N_2 : 52%, Ar : 40%, CO_2 : 8%
⑤ N_2 : 100%

13 제3류 위험물인 탄화칼슘에 대해 다음 각 물음에 답을 쓰시오.
① 물과의 반응식을 쓰시오.
② 위 ①의 반응에서 생성된 물질과 구리와의 반응식을 쓰시오.
③ 구리와 반응하면 위험한 이유를 쓰시오.

해답

① $CaC_2 + 2H_2O \rightarrow Ca(OH)_2 + C_2H_2$
② $C_2H_2 + 2Cu \rightarrow Cu_2C_2 + H_2$
③ 아세틸렌가스는 많은 금속(Cu, Ag, Hg 등)과 직접 반응하여 가연성의 수소가스(4~75vol%)를 발생하고, 금속 아세틸레이트를 생성한다.

14
다음 보기는 주유취급소에 관한 특례기준이다. 아래 물음에 대해 해당 사항이 있다면 보기에서 모두 골라 기호를 쓰시오.

(보기) ㉮ 주유공지를 확보하지 않아도 된다.
㉯ 지하저장탱크에서 직접 주유하는 경우 탱크 용량에 제한을 두지 않아도 된다.
㉰ 고정주유설비 또는 고정급유설비의 주유관의 길이에 제한을 두지 않아도 된다.
㉱ 담 또는 벽을 설치하지 않아도 된다.
㉲ 캐노피를 설치하지 않아도 된다.

① 항공기 주유취급소 특례에 해당하는 것
② 자가용 주유취급소 특례에 해당하는 것
③ 선박 주유취급소 특례에 해당하는 것

[해답]
① ㉮, ㉯, ㉰, ㉱, ㉲
② ㉮
③ ㉮, ㉯, ㉰, ㉱

15
다음 주어진 조건에서 위험물안전관리법령상 소요단위를 각각 구하시오.
① 내화구조의 옥내저장소로서 연면적이 150m²인 경우
② 에탄올 1,000L, 등유 1,500L, 동식물유류 20,000L, 특수인화물 500L를 저장하는 경우

[해설]
소요단위
소화설비의 설치대상이 되는 건축물의 규모 또는 위험물 양에 대한 기준단위

1단위	제조소 또는 취급소용 건축물의 경우	내화구조 외벽을 갖춘 연면적 100m²
		내화구조 외벽이 아닌 연면적 50m²
	저장소 건축물의 경우	내화구조 외벽을 갖춘 연면적 150m²
		내화구조 외벽이 아닌 연면적 75m²
	위험물의 경우	지정수량의 10배

① 소요단위 $= \dfrac{150}{150} = 1.0$

② 소요단위 $= \dfrac{\text{저장수량}}{\text{지정수량} \times 10} = \dfrac{1,000L}{400L \times 10} + \dfrac{1,500L}{1,000L \times 10} + \dfrac{20,000L}{10,000L \times 10} + \dfrac{500L}{50L \times 10} = 1.6$

[해답]
① 1.0
② 1.6

16 다음 위험물의 완전연소반응식을 각각 적으시오.
① 아세트산
② 메탄올
③ 메틸에틸케톤

해답

① $CH_3COOH + 2O_2 \rightarrow 2CO_2 + 2H_2O$
② $2CH_3OH + 3O_2 \rightarrow 2CO_2 + 4H_2O$
③ $2CH_3COC_2H_5 + 11O_2 \rightarrow 8CO_2 + 8H_2O$

17 다음은 위험물안전관리법상 알코올류에 대한 설명이다. 설명 중 틀린 내용을 모두 찾아 기호를 적고, 알맞게 수정하시오. (단, 틀린 부분이 없다면 "없음"이라고 적으시오.)

① "알코올류"라 함은 1분자를 구성하는 탄소원자의 수가 1개부터 3개까지인 포화 1가 알코올(변성알코올을 포함한다)을 말한다.
② 1분자를 구성하는 탄소원자의 수가 1개 내지 3개의 포화 1가 알코올의 함유량이 60vol% 미만인 수용액은 제외한다.
③ 모든 알코올류의 지정수량은 400L이다.
④ 위험등급은 Ⅱ등급에 해당한다.
⑤ 옥내저장소에서 저장창고의 바닥면적은 1,000m^2 이하이다.

해설

㉮ "알코올류"라 함은 1분자를 구성하는 탄소원자의 수가 1개부터 3개까지인 포화 1가 알코올(변성알코올을 포함한다)을 말한다. 다만, 다음의 어느 하나에 해당하는 것은 제외한다.
  ㉠ 1분자를 구성하는 탄소원자의 수가 1개 내지 3개의 포화 1가 알코올의 함유량이 60중량퍼센트 미만인 수용액
  ㉡ 가연성 액체량이 60중량퍼센트 미만이고, 인화점 및 연소점(태그개방식 인화점측정기에 의한 연소점)이 에틸알코올 60중량퍼센트 수용액의 인화점 및 연소점을 초과하는 것
㉯ 하나의 저장창고의 바닥면적

위험물을 저장하는 창고	바닥면적
㉠ 제1류 위험물 중 아염소산염류, 염소산염류, 과염소산염류, 무기과산화물, 그 밖에 지정수량이 50kg인 위험물 ㉡ 제3류 위험물 중 칼륨, 나트륨, 알킬알루미늄, 알킬리튬, 그 밖에 지정수량이 10kg인 위험물 및 황린 ㉢ 제4류 위험물 중 특수인화물, 제1석유류 및 알코올류 ㉣ 제5류 위험물 중 유기과산화물, 질산에스테르류, 그 밖에 지정수량이 10kg인 위험물 ㉤ 제6류 위험물	1,000m^2 이하
㉠~㉤ 외의 위험물을 저장하는 창고	2,000m^2 이하
내화구조의 격벽으로 완전히 구획된 실에 각각 저장하는 창고	1,500m^2 이하

해답

② vol%를 wt%로 수정

18 다음에서 설명하는 위험물에 대하여 각 물음에 답하시오.
옥외저장탱크는 벽 및 바닥의 두께가 0.2m 이상이고 누수가 되지 않는 철근콘크리트의 수조에 넣어 보관해야 한다. 이 경우 보유공지, 통기관 및 자동계량장치는 생략할 수 있다.
① 이 물질의 품명을 쓰시오.
② 연소반응식을 쓰시오.
③ 위에서 설명하는 위험물과 혼재가 가능한 위험물을 아래 보기에서 모두 고르시오.
(단, 없으면 "없음"이라 적으시오.)
(보기) 과염소산, 과산화나트륨, 과망가니즈산칼륨, 삼불화브로민

[해설]
유별을 달리하는 위험물의 혼재기준

위험물의 구분	제1류	제2류	제3류	제4류	제5류	제6류
제1류		×	×	×	×	○
제2류	×		×	○	○	×
제3류	×	×		○	×	×
제4류	×	○	○		○	×
제5류	×	○	×	○		×
제6류	○	×	×	×	×	

과염소산, 과산화나트륨, 과망가니즈산칼륨은 제1류 위험물, 삼불화브로민은 제6류 위험물이다. 문제에서 설명하는 위험물은 이황화탄소로, 이황화탄소는 제4류 위험물에 해당하므로 혼재가 불가능하다.

[해답]
① 특수인화물
② $CS_2 + 3O_2 \rightarrow CO_2 + 2SO_2$
③ 없음.

19 적린이 완전연소 시 발생하는 기체의 화학식과 색상을 쓰시오.

[해설]
적린(P, 붉은인) – 지정수량 100kg
㉮ 원자량 31, 비중 2.2, 융점 600℃, 발화온도 260℃, 승화온도 400℃
㉯ 조해성이 있으며, 물, 이황화탄소, 에테르, 암모니아 등에는 녹지 않는다.
㉰ 암적색의 분말로 황린의 동소체이지만, 자연발화의 위험이 없어 안전하며 독성도 황린에 비하여 약하다.
㉱ 연소하면 황린이나 황화인과 같이 유독성이 심한 백색의 오산화인을 발생하며, 일부 포스핀도 발생한다.
$4P + 5O_2 \rightarrow 2P_2O_5$

[해답]
오산화인(P_2O_5), 백색

20 다음은 위험물안전관리법상 위험물제조소의 특례기준에 대한 내용이다. 괄호 안을 알맞게 채우시오.

- (①) 등을 취급하는 제조소의 특례는 다음 각 목과 같다.
  가. (①) 등을 취급하는 설비의 주위에는 누설범위를 국한하기 위한 설비와 누설된 (①) 등을 안전한 장소에 설치된 저장실에 유입시킬수 있는 설비를 갖출 것
  나. (①) 등을 취급하는 설비에는 불활성 기체를 봉입하는 장치를 갖출 것
- (②) 등을 취급하는 제조소의 특례는 다음 각 목과 같다.
  가. (②) 등을 취급하는 설비는 은·수은·동·마그네슘 또는 이들을 성분으로 하는 합금으로 만들지 아니할 것
  나. (②) 등을 취급하는 설비에는 연소성 혼합기체의 생성에 의한 폭발을 방지하기 위한 불활성 기체 또는 수증기를 봉입하는 장치를 갖출 것
  다. (②) 등을 취급하는 탱크(옥외에 있는 탱크 또는 옥내에 있는 탱크로서 그 용량이 지정수량의 5분의 1 미만의 것을 제외한다)에는 냉각장치 또는 저온을 유지하기 위한 장치(이하 "보냉장치"라 한다) 및 연소성 혼합기체의 생성에 의한 폭발을 방지하기 위한 불활성 기체를 봉입하는 장치를 갖출 것. 다만, 지하에 있는 탱크가 (②) 등의 온도를 저온으로 유지할 수 있는 구조인 경우에는 냉각장치 및 보냉장치를 갖추지 아니할 수 있다.
- (③) 등을 취급하는 제조소의 위치는 건축물의 벽 또는 이에 상당하는 공작물의 외측으로부터 해당 제조소의 외벽 또는 이에 상당하는 공작물의 외측까지의 사이에 다음 식에 의하여 요구되는 거리 이상의 안전거리를 둘 것

  $D = 51.1 \times \sqrt[3]{N}$

  여기서, D : 거리(m)
  N : 해당 제조소에서 취급하는 (③) 등의 지정수량의 배수

해답
① 알킬알루미늄
② 아세트알데하이드
③ 하이드록실아민

2023년 제2회 과년도 출제문제

2023. 7. 22. 시행

01 트리에틸알루미늄에 대해 다음 물음에 답하시오.
① 트리에틸알루미늄과 물과의 반응식을 적으시오.
② 표준상태에서 1몰의 트리에틸알루미늄이 물과 반응에서 발생된 기체의 부피(L)를 구하시오.
③ 옥내저장소에 저장할 경우 바닥면적을 적으시오.

해설

① 물이 산과 접촉하면 폭발적으로 반응하여 에탄을 형성하고, 이때 발열·폭발에 이른다.

② $\dfrac{1\text{mol}-(C_2H_5)_3Al}{} \bigg| \dfrac{3\text{mol}-C_2H_6}{1\text{mol}-(C_2H_5)_3Al} \bigg| \dfrac{22.4\text{L}-C_2H_6}{1\text{mol}-C_2H_6} = 67.2\text{L}-C_2H_6$

③ 옥내저장소의 바닥면적 기준

위험물을 저장하는 창고	바닥면적
ⓐ 제1류 위험물 중 아염소산염류, 염소산염류, 과염소산염류, 무기과산화물, 그 밖에 지정수량이 50kg인 위험물 ⓑ 제3류 위험물 중 칼륨, 나트륨, 알킬알루미늄, 알킬리튬, 그 밖에 지정수량이 10kg인 위험물 및 황린 ⓒ 제4류 위험물 중 특수인화물, 제1석유류 및 알코올류 ⓓ 제5류 위험물 중 유기과산화물, 질산에스터류, 그 밖에 지정수량이 10kg인 위험물 ⓔ 제6류 위험물	1,000m² 이하
ⓐ~ⓔ 외의 위험물을 저장하는 창고	2,000m² 이하
내화구조의 격벽으로 완전히 구획된 실에 각각 저장하는 창고	1,500m² 이하

해답

① $(C_2H_5)_3Al + 3H_2O \rightarrow Al(OH)_3 + 3C_2H_6$
② 67.2L
③ 1,000m³

02
위험물안전관리법령에서 정한 위험물의 운반에 관한 기준에 따라, 다음 유별 위험물이 지정수량 이상일 때 혼재해서는 안 되는 위험물의 유별을 모두 적으시오.
① 제1류
② 제2류
③ 제3류
④ 제4류
⑤ 제5류

해설

유별을 달리하는 위험물의 혼재기준

위험물의 구분	제1류	제2류	제3류	제4류	제5류	제6류
제1류		×	×	×	×	○
제2류	×		×	○	○	×
제3류	×	×		○	×	×
제4류	×	○	○		○	×
제5류	×	○	×	○		×
제6류	○	×	×	×	×	

해답

① 제2류, 제3류, 제4류, 제5류
② 제1류, 제3류, 제6류
③ 제1류, 제2류, 제5류, 제6류
④ 제1류, 제6류
⑤ 제1류, 제3류, 제6류

03
탄산수소나트륨의 분말소화설비에 대해 다음 물음에 답하시오.
① 열분해 시 270℃에서의 열분해반응식을 쓰시오.
② 탄산수소나트륨 10kg이 분해할 때 생성되는 이산화탄소의 부피(m^3)를 구하시오.

해설

① 탄산수소나트륨은 약 60℃ 부근에서 분해되기 시작하여 270℃와 850℃ 이상에서 다음과 같이 열분해한다.

$2NaHCO_3 \rightarrow Na_2CO_3 + H_2O + CO_2$ (흡열반응 at 270℃)
중탄산나트륨   탄산나트륨   수증기   탄산가스
$2NaHCO_3 \rightarrow Na_2O + H_2O + 2CO_2$ (흡열반응 at 850℃ 이상)

② $\dfrac{10kg\text{-}NaHCO_3}{} \Big| \dfrac{1kmol\text{-}NaHCO_3}{84kg\text{-}NaHCO_3} \Big| \dfrac{1kmol\text{-}CO_2}{2kmol\text{-}NaHCO_3} \Big| \dfrac{22.4m^3\text{-}CO_2}{1kmol\text{-}CO_2} = 1.33m^3\text{-}CO_2$

해답

① $2NaHCO_3 \rightarrow Na_2CO_3 + H_2O + CO_2$
② $1.33m^3$

04

옥외탱크저장소 방유제 안에 30만L 3기와 20만L(인화점 50℃) 9기, 총 12기의 인화성 액체가 저장되어 있다. 다음 물음에 답하시오.
① 설치해야 하는 방유제의 최소개수는?
② 30만L 2기와 20만L 2기가 하나의 방유제 안에 있을 경우 방유제의 용량은?
③ 해당 방유제에 인화성 액체 대신 제6류 위험물인 질산을 저장하는 경우 방유제의 개수는?

[해설]

옥외탱크저장소의 방유제 설치기준
㉮ 설치목적 : 저장 중인 액체 위험물이 주위로 누설 시 그 주위에 피해 확산을 방지하기 위하여 설치한 담
㉯ 용량 : 방유제 안에 설치된 탱크가 하나인 때에는 그 탱크 용량의 110% 이상, 2기 이상인 때에는 그 탱크 용량 중 용량이 최대인 것 용량의 110% 이상으로 한다. 다만, 인화성이 없는 액체 위험물의 옥외저장탱크 주위에 설치하는 방유제는 "110%"를 "100%"로 본다.
㉰ 높이 : 0.5m 이상 3.0m 이하
㉱ 면적 : 80,000m^2 이하
㉲ 하나의 방유제 안에 설치되는 탱크의 수 : 10기 이하(단, 방유제 내 전 탱크의 용량이 200kL 이하이고, 인화점이 70℃ 이상 200℃ 미만인 경우에는 20기 이하)
㉳ 방유제와 탱크 측면과의 이격거리
  ㉠ 탱크 지름이 15m 미만인 경우 : 탱크 높이의 $\frac{1}{3}$ 이상
  ㉡ 탱크 지름이 15m 이상인 경우 : 탱크 높이의 $\frac{1}{2}$ 이상

[해답]

① 2개, ② 33만L, ③ 2개

05

클로로벤젠에 대하여 다음 물음에 답하시오.
① 화학식을 쓰시오.
② 품명을 쓰시오.
③ 지정수량은 얼마인지 쓰시오.

[해설]

클로로벤젠(C_6H_5Cl, 염화페닐)의 일반적인 성질

분자량	비중	증기비중	비점	인화점	발화점	연소범위
112.5	1.11	3.9	132℃	32℃	638℃	1.3~7.1%

㉮ 마취성이 있고, 석유와 비슷한 냄새를 가진 무색의 액체이다.
㉯ 물에 녹지 않으나 유기용제 등에는 잘 녹고, 천연수지, 고무, 유지 등을 잘 녹인다.
㉰ 벤젠을 염화철 촉매하에서 염소와 반응하여 만든다.

[해답]

① C_6H_5Cl, ② 제2석유류, ③ 1,000L

06

20℃ 물 10kg으로 주수소화 시 100℃ 수증기로 흡수되는 열량(kcal)을 구하시오.

[해설]

㉮ 20℃ 물 10kg → 100℃ 물 10kg
   $Q(현열) = mc\Delta T = 10kg \times 1kcal/g \cdot ℃ \times (100-20)℃ = 800kcal$

㉯ 100℃ 물 10kg → 100℃ 수증기 10kg
   $Q = m\gamma = 10kg \times 539kcal/kg = 5,390kcal$

∴ ㉮ + ㉯ = 800kcal + 5,390kcal = 6,190kcal

[해답]

6,190kcal

07

환원력이 강하고 은거울반응과 펠링반응을 하며, 물, 에테르, 알코올에 잘 녹고 산화하여 아세트산이 되는 위험물에 대해 다음 물음에 답하시오.
① 명칭을 쓰시오.
② 화학식을 쓰시오.
③ 지정수량은 얼마인지 쓰시오.
④ 위험등급을 쓰시오.

[해설]

아세트알데하이드(CH_3CHO, 알데하이드, 초산알데하이드) – 수용성 액체

㉮ 분자량(44), 비중(0.78), 비점(21℃), 인화점(-39℃), 발화점(175℃)이 매우 낮고 연소범위 (4~57%)가 넓으나 증기압(750mmHg)이 높아 휘발이 잘 되고, 인화성·발화성이 강하며 수용액 상태에서도 인화의 위험이 있다.

㉯ 산화 시 초산, 환원 시 에탄올이 생성된다.

$CH_3CHO + \frac{1}{2}O_2 \rightarrow CH_3COOH$ (산화작용)

$CH_3CHO + H_2 \rightarrow C_2H_5OH$ (환원작용)

㉰ 구리, 수은, 마그네슘, 은 및 그 합금으로 된 취급설비는 아세트알데하이드와 반응에 의해 이들 간에 중합반응을 일으켜 구조불명의 폭발성 물질을 생성한다.

㉱ 탱크 저장 시는 불활성 가스 또는 수증기를 봉입하고 냉각장치 등을 이용하여 저장온도를 비점 이하로 유지시켜야 한다. 보냉장치가 없는 이동저장탱크에 저장하는 아세트알데하이드의 온도는 40℃로 유지하여야 한다.

[해답]

① 아세트알데하이드
② CH_3CHO
③ 50L
④ 위험등급 I

08
위험물안전관리법상 제4류 위험물인 인화성 액체의 인화점 측정시험방법 3가지를 쓰시오.

[해답]
① 태그(tag)밀폐식 인화점 측정기에 의한 인화점 측정시험
② 신속평형법 인화점 측정기에 의한 인화점 측정시험
③ 클리브랜드(cleaveland) 개방컵 인화점 측정기에 의한 인화점 측정시험

09
위험물안전관리법상 제3류 위험물로 비중 0.53, 융점 180℃이며, 은백색의 연한 경금속으로 불꽃 색상이 붉은색인 물질에 대해 다음 물음에 답하시오.
① 물과 반응하는 반응식을 적으시오.
② 위험등급을 적으시오.
③ 해당 물질 1,000kg을 제조소에서 취급하는 경우 보유공지를 적으시오.

[해설]
① 금속리튬 : 물과 상온에서는 천천히, 고온에서는 격렬하게 반응하여 수소를 발생한다. 알칼리금속 중에서는 반응성이 가장 적은 편으로 적은 양은 반응열로 연소를 못하지만, 다량의 경우 발화한다.
② 제3류 위험물의 품명 및 지정수량

성질	위험등급	품명	지정수량
자연발화성 물질 및 금수성 물질	I	1. 칼륨(K) 2. 나트륨(Na) 3. 알킬알루미늄 4. 알킬리튬	10kg
		5. 황린(P_4)	20kg
	II	6. 알칼리금속류(칼륨 및 나트륨 제외) 및 알칼리토금속 7. 유기금속화합물(알킬알루미늄 및 알킬리튬 제외)	50kg
	III	8. 금속의 수소화물 9. 금속의 인화물 10. 칼슘 또는 알루미늄의 탄화물	300kg
		11. 그 밖에 행정안전부령이 정하는 것 염소화규소화합물	300kg

③ 제조소의 보유공지 기준

취급하는 위험물의 최대수량	공지의 너비
지정수량 10배 이하	3m 이상
지정수량 10배 초과	5m 이상

지정수량 배수의 합 $= \dfrac{1,000\text{kg}}{50\text{kg}} = 20$배이므로, 보유공지의 너비는 5m 이상으로 해야 한다.

[해답]
① $2Li + 2H_2O \rightarrow 2LiOH + H_2$
② II 등급
③ 5m

10
흑색화약을 만드는 3가지 원료의 화학식과 품명을 각각 쓰시오. (단, 위험물이 아닌 경우 "해당 없음"이라 적으시오.)

해설

흑색화약은 "질산칼륨 75%+유황 10%+목탄 15%"로 제조한다.
원료로 사용되는 질산칼륨은 강력한 산화제로 가연성 분말, 유기물, 환원성 물질과 혼합 시 가열·충격으로 폭발한다.
$16KNO_3 + 3S + 21C \rightarrow 13CO_2 + 3CO + 8N_2 + 5K_2CO_3 + K_2SO_4 + K_2S$

해답

① KNO_3, 질산염류
② S, 황
③ C, 해당 없음.

11
톨루엔 1,000L, 스티렌 2,000L, 아닐린 4,000L, 실린더유 6,000L, 올리브유 20,000L가 함께 저장되어 있는 경우 지정수량의 합은 얼마인가?

해설

제4류 위험물(인화성 액체)의 종류와 지정수량

위험등급	품명		품목	지정수량
Ⅰ	특수인화물	비수용성	디에틸에테르, 이황화탄소	50L
		수용성	아세트알데하이드, 산화프로필렌	
Ⅱ	제1석유류	비수용성	가솔린, 벤젠, 톨루엔, 사이클로헥산, 콜로디온, 메틸에틸케톤, 초산메틸, 초산에틸, 의산에틸, 헥산, 에틸벤젠 등	200L
		수용성	아세톤, 피리딘, 아크롤레인, 의산메틸, 시안화수소 등	400L
	알코올류		메틸알코올, 에틸알코올, 프로필알코올, 아이소프로필알코올	400L
Ⅲ	제2석유류	비수용성	등유, 경유, 테레빈유, 스티렌, 자일렌(o-, m-, p-), 클로로벤젠, 장뇌유, 뷰틸알코올, 알릴알코올 등	1,000L
		수용성	포름산, 초산(아세트산), 하이드라진, 아크릴산, 아밀알코올 등	2,000L
	제3석유류	비수용성	중유, 크레오소트유, 아닐린, 나이트로벤젠, 나이트로톨루엔 등	2,000L
		수용성	에틸렌글리콜, 글리세린 등	4,000L
	제4석유류		기어유, 실린더유, 윤활유, 가소제	6,000L
	동식물유류		• 건성유 : 아마인유, 들기름, 동유, 정어리기름, 해바라기유 등 • 반건성유 : 참기름, 옥수수기름, 청어기름, 채종유, 면실유(목화씨유), 콩기름, 쌀겨유 등 • 불건성유 : 올리브유, 피마자유, 야자유, 땅콩기름, 동백유 등	10,000L

지정수량 배수의 합 $= \dfrac{A품목 \ 저장수량}{A품목 \ 지정수량} + \dfrac{B품목 \ 저장수량}{B품목 \ 지정수량} + \dfrac{C품목 \ 저장수량}{C품목 \ 지정수량} + \cdots$

$= \dfrac{1,000L}{200L} + \dfrac{2,000L}{1,000L} + \dfrac{4,000L}{2,000L} + \dfrac{6,000L}{6,000L} + \dfrac{20,000L}{10,000L} = 12$

해답

12

12
탄화칼슘에 대해 다음 물음에 답하시오.
① 탄화칼슘이 산화반응할 경우 산화칼슘과 이산화탄소를 생성하는 반응식을 쓰시오.
② 질소와 고온에서 반응할 경우 생성되는 물질 2가지를 쓰시오.

[해설]

탄화칼슘(CaC_2, 칼슘카바이드)

㉮ 분자량 64, 비중 2.22, 융점 2,300℃로, 순수한 것은 무색투명하지만 보통은 흑회색이며 불규칙한 덩어리로 존재한다. 건조한 공기 중에서는 안정하나 350℃ 이상으로 가열하면 산화한다.

㉯ 물(H_2O)과 반응하여 가연성 가스인 아세틸렌가스(C_2H_2)를 발생한다.

$$CaC_2 + 2H_2O \rightarrow Ca(OH)_2 + C_2H_2$$
탄화칼슘   물   수산화칼슘   아세틸렌

㉰ 질소(N_2)와는 700℃에서 질화되어 석회질소($CaCN_2$)가 생성된다.

$$CaC_2 + N_2 \rightarrow CaCN_2 + C$$

[해답]

① $CaC_2 + 5O_2 \rightarrow 2CaO + 4CO_2$
② 석회질소($CaCN_2$), 탄소(C)

13
무색투명한 기름상의 액체로 열분해 시 이산화탄소, 질소, 수증기, 산소로 분해되며, 규조토에 흡수시켜 다이너마이트를 제조하는 물질에 대해, 다음 물음에 답하시오.
① 구조식을 쓰시오.
② 품명과 지정수량을 쓰시오.
③ 분해반응식을 쓰시오.

[해설]

나이트로글리세린[$C_3H_5(ONO_2)_3$]은 40℃에서 분해하기 시작하고, 145℃에서 격렬히 분해하며, 200℃ 정도에서 스스로 폭발한다.

[해답]

①
```
      H   H   H
      |   |   |
  H - C - C - C - H
      |   |   |
      O   O   O
      |   |   |
     NO2 NO2 NO2
```

② 질산에스터, 10kg
③ $4C_3H_5(ONO_2)_3 \rightarrow 12CO_2 + 10H_2O + 6N_2 + O_2$

14

과산화칼륨과 아세트산의 화학반응을 통해 생성되는 위험물에 대해 다음 물음에 답하시오.
① 이 물질이 분해 시 산소가 생성되는 반응식을 쓰시오.
② 운반용기 외부에 표시해야 할 주의사항을 쓰시오.
③ 이 물질을 저장하는 장소와 학교와의 안전거리를 쓰시오. (단, 해당 없으면 "해당 없음"이라고 적으시오.)

해설

㉮ 과산화칼륨은 에틸알코올에는 녹지 않으나, 묽은 산과 반응하여 과산화수소(H_2O_2)를 생성한다.
$K_2O_2 + 2CH_3COOH \rightarrow 2CH_3COONa + H_2O_2$
㉯ 과산화수소(H_2O_2)는 제6류 위험물로 가열에 의해 산소가 발생한다.
$2H_2O_2 \rightarrow 2H_2O + O_2$
㉰ 제조소(제6류 위험물을 취급하는 제조소를 제외한다)는 건축물의 외벽 또는 이에 상당하는 공작물의 외측으로부터 해당 제조소의 외벽 또는 이에 상당하는 공작물의 외측까지의 사이에 규정에 의한 수평거리(안전거리)를 두어야 한다.

해답

① $2H_2O_2 \rightarrow 2H_2O + O_2$
② 가연물 접촉주의
③ 해당 없음.

15

다음 소화약제의 화학식을 각각 적으시오
① 할론 1301
② IG-100
③ 제2종 분말소화약제

해설

① 할론 X A B C D
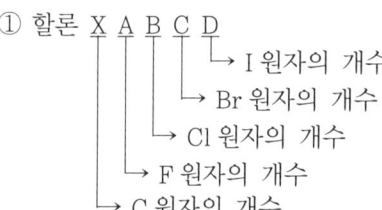

② IG-A B C (첫째 자리 반올림)
　　　　　↳ CO_2의 농도
　　　　↳ Ar의 농도
　　↳ N_2의 농도

③ 분말소화약제의 종류

구분	주성분	화학식	착색	적응화재
제1종	탄산수소나트륨 (중탄산나트륨)	$NaHCO_3$	–	B·C급 화재
제2종	탄산수소칼륨 (중탄산칼륨)	$KHCO_3$	담회색	B·C급 화재
제3종	제1인산암모늄	$NH_4H_2PO_4$	담홍색 또는 황색	A·B·C급 화재
제4종	탄산수소칼륨+요소	$KHCO_3 + CO(NH_2)_2$	–	B·C급 화재

해답

① CF_3Br, ② N_2, ③ $KHCO_3$

16. 다음 주어진 위험물의 운반용기 외부에 적어야 하는 주의사항을 적으시오.
① 벤조일퍼옥사이드
② 마그네슘
③ 과산화나트륨
④ 인화성 고체
⑤ 기어유

[해설]

① 벤조일퍼옥사이드 : 제5류 위험물
② 마그네슘 : 제2류 위험물
③ 과산화나트륨 : 제1류 위험물 중 알칼리금속의 무기과산화물
④ 인화성 고체 : 제2류 위험물
⑤ 기어유 : 제4류 위험물

수납하는 위험물에 따른 주의사항

유별	구분	주의사항
제1류 위험물 (산화성 고체)	알칼리금속의 과산화물	"화기·충격주의" "물기엄금" "가연물접촉주의"
	그 밖의 것	"화기·충격주의" "가연물접촉주의"
제2류 위험물 (가연성 고체)	철분·금속분·마그네슘	"화기주의" "물기엄금"
	인화성 고체	"화기엄금"
	그 밖의 것	"화기주의"
제3류 위험물 (자연발화성 및 금수성 물질)	자연발화성 물질	"화기엄금" "공기접촉엄금"
	금수성 물질	"물기엄금"
제4류 위험물 (인화성 액체)	-	"화기엄금"
제5류 위험물 (자기반응성 물질)	-	"화기엄금" 및 "충격주의"
제6류 위험물 (산화성 액체)	-	"가연물 접촉주의"

[해답]

① 화기엄금, 충격주의
② 화기주의, 물기엄금
③ 화기주의, 충격주의, 물기엄금, 가연물 접촉주의
④ 화기엄금
⑤ 화기엄금

17
제1류 위험물인 염소산칼륨에 대해 다음 각 물음에 답을 쓰시오.
① 완전분해반응식을 쓰시오.
② 염소산칼륨 1,000g이 표준상태에서 완전분해 시 생성되는 산소의 부피(m^3)를 구하시오.

[해설]

염소산칼륨($KClO_3$)은 약 400℃ 부근에서 열분해되기 시작하여 540~560℃에서 과염소산칼륨($KClO_4$)을 생성하고, 다시 분해하여 염화칼륨(KCl)과 산소(O_2)를 방출한다.

[해답]

① $2KClO_3 \rightarrow 2KCl + 3O_2$

② $\dfrac{1{,}000\text{g}\,KClO_3}{} \times \dfrac{1\,mol\,KClO_3}{122.5\text{g}\,KClO_3} \times \dfrac{3\,mol\,O_2}{2\,mol\,KClO_3} \times \dfrac{22.4\,L\,O_2}{1\,mol\,O_2} \times \dfrac{1\,m^3}{10^3\,L\,O_2} = 0.274\,m^3$

18
다음 각 물음에 답하시오.
① 대통령령이 정하는 위험물 탱크가 있는 제조소 등이 탱크의 변경공사를 하는 때에는 완공검사를 받기 전에 어떤 검사를 받아야 하는가?
② 지하탱크가 있는 제조소 등의 완공검사 신청시기는 언제인가?
③ 이동탱크저장소의 완공검사 신청시기는 언제인가?
④ 제조소 등의 완공검사를 실시한 결과 기술기준에 적합하다고 인정되는 경우, 시·도지사는 무엇을 교부해야 하는가?

[해설]

① 탱크 안전성능검사

위험물을 저장 또는 취급하는 탱크로서 대통령령이 정하는 탱크(위험물 탱크)가 있는 제조소 등의 설치 또는 그 위치·구조 또는 설비의 변경에 관하여 규정에 따른 허가를 받은 자가 위험물 탱크의 설치 또는 그 위치·구조 또는 설비의 변경공사를 하는 때에는 규정에 따른 완공검사를 받기 전에 규정에 따른 기술기준에 적합한지의 여부를 확인하기 위하여 시·도지사가 실시하는 탱크 안전성능검사를 받아야 한다.

②~③ 완공검사의 신청시기
  ㉮ 지하탱크가 있는 제조소 등의 경우 : 당해 지하탱크를 매설하기 전
  ㉯ 이동탱크저장소의 경우 : 이동저장탱크를 완공하고 상치장소를 확보한 후

④ 완공검사의 신청

규정에 의한 신청을 받은 시·도지사는 제조소 등에 대하여 완공검사를 실시하고, 완공검사를 실시한 결과 당해 제조소 등이 규정에 의한 기술기준(탱크 안전성능검사에 관련된 것을 제외한다)에 적합하다고 인정하는 때에는 완공검사 합격확인증을 교부하여야 한다.

[해답]

① 탱크 안전성능검사
② 당해 지하탱크를 매설하기 전
③ 이동저장탱크를 완공하고 상치장소를 확보한 후
④ 완공검사 합격확인증

19 다음 보기의 설명 중 맞는 내용의 번호만을 골라서 모두 적으시오.

(보기)
① 제1류 위험물에는 주수소화가 가능한 물질이 있고, 그렇지 않은 물질이 있다.
② 마그네슘 화재 시 물분무소화는 적응성이 없어 이산화탄소 소화기로 소화가 가능하다.
③ 제6류 위험물을 저장 또는 취급하는 장소로서 폭발의 위험이 없는 장소에 한하여 이산화탄소 소화기는 적응성이 있다.
④ 건조사는 모든 유별 위험물에 소화적응성이 있다.
⑤ 에탄올은 물보다 비중이 높아 물로 소화 시 화재면이 확대되어 주수소화가 불가능하다.

해설

② 마그네슘은 CO_2 등 질식성 가스와 접촉 시에는 가연성 물질인 C와 유독성인 CO 가스를 발생한다.
   $2Mg + CO_2 \rightarrow 2MgO + C$
   $Mg + CO_2 \rightarrow MgO + CO$
⑤ 에틸알코올(C_2H_5OH, 에탄올, 에틸알코올)

분자량	비중	증기비중	비점	인화점	발화점	연소범위
46	0.789	1.59	80℃	13℃	363℃	4.3~19%

해답

①, ③, ④

20 다음은 위험물안전관리법상 지하탱크저장소에 대한 내용이다. 빈칸을 알맞게 채우시오.

• 지하저장탱크의 윗부분은 지면으로부터 (①)m 이상 아래에 있어야 한다.
• 지하저장탱크를 2 이상 인접해 설치하는 경우에는 그 상호간에 (②)m 이상의 간격을 유지하여야 한다.
• 지하탱크는 용량에 따라 기준에 적합하게 강철판 또는 동등 이상의 성능이 있는 금속 재질로 (③)용접 또는 (④)용접으로 틈이 없도록 만드는 동시에 압력탱크 외의 탱크에 있어서는 70kPa의 압력으로, 압력탱크에 있어서는 최대상용압력의 (⑤)의 압력으로 각각 (⑥)간 수압시험을 실시하여 새거나 변형되지 아니하여야 한다.

해답

① 0.6
② 1
③ 완전용입
④ 양면겹침이음
⑤ 1.5배
⑥ 10분

2023. 11. 4. 시행

제4회 과년도 출제문제

01 다음 보기의 물질들을 건성유, 반건성유, 불건성유로 구분하여 쓰시오.
(보기) 아마인유, 야자유, 면실유, 피마자유, 올리브유, 동유
① 건성유
② 반건성유
③ 불건성유

[해설]
제4류 위험물 중 동식물유는 아이오딘값에 따라 건성유, 반건성유, 불건성유로 구분하며, 각각의 대표적인 물질들을 정리하면 다음과 같다.
① 건성유 : 아마인유, 들기름, 동유, 정어리기름, 해바라기유 등
② 반건성유 : 참기름, 옥수수기름, 청어기름, 채종유, 면실유(목화씨유), 콩기름, 쌀겨유 등
③ 불건성유 : 올리브유, 피마자유, 야자유, 땅콩기름, 동백유 등

[해답]
① 건성유 : 동유, 아마인유
② 반건성유 : 면실유
③ 불건성유 : 피마자유, 야자유, 올리브유

02 보기에 주어진 위험물을 인화점이 낮은 것부터 순서대로 나열하여 그 번호를 쓰시오.
(보기)
① 초산에틸
② 메틸알코올
③ 나이트로벤젠
④ 에틸렌글리콜

[해설]

구분	① 초산에틸	② 메틸알코올	③ 나이트로벤젠	④ 에틸렌글리콜
화학식	$CH_3COOC_2H_5$	CH_3OH	$C_6H_5NO_2$	$C_2H_4(OH)_2$
인화점	$-4℃$	$11℃$	$88℃$	$111℃$

[해답]
① - ② - ③ - ④

03 위험물제조소의 건축물에 다음과 같이 옥내소화전이 설치되어 있다. 이때 옥내소화전 수원의 수량은 몇 m³인지 각각 구하시오.
① 1층에 1개, 2층에 3개로, 총 4개의 옥내소화전이 설치된 경우
② 1층에 2개, 2층에 5개로, 총 7개의 옥내소화전이 설치된 경우

[해설]
수원의 수량은 옥내소화전이 가장 많이 설치된 층의 옥내소화전 설치개수(설치개수가 5개 이상인 경우는 5개)에 7.8m³를 곱한 양 이상이 되도록 설치한다.
① $Q(m^3) = N \times 7.8m^3 = 3 \times 7.8m^3 = 23.4m^3$
② $Q(m^3) = N \times 7.8m^3 = 5 \times 7.8m^3 = 39m^3$

[해답]
① $23.4m^3$
② $39m^3$

---

04 다음 보기는 알코올류가 산화되는 과정이다. 주어진 질문에 알맞게 답하시오.
(보기) (㉠)은 공기 속에서 산화되면 아세트알데하이드가 되며, 최종적으로 (㉡)이 된다.
① ㉠에 들어갈 물질은 무엇인가?
② ㉠이 공기 중에서 산화하는 경우의 연소반응식을 적으시오.
③ ㉡에 들어갈 물질은 무엇인가?
④ ㉡이 공기 중에서 산화하는 경우의 연소반응식을 적으시오.

[해설]
㉮ 에틸알코올은 산화하면 아세트알데하이드(CH_3CHO)가 되며, 최종적으로 초산(CH_3COOH)이 된다.
$$C_2H_5OH \xrightarrow{-H_2} CH_3CHO \xrightarrow{+O} CH_3COOH$$

㉯ 에틸알코올은 무색투명하고 인화가 쉬우며, 공기 중에서 쉽게 산화한다. 또한 연소는 완전연소를 하므로 불꽃이 잘 보이지 않으며 그을음이 거의 없다.
$C_2H_5OH + 3O_2 \rightarrow 2CO_2 + 3H_2O$

[해답]
① 에틸알코올(C_2H_5OH)
② $C_2H_5OH + 3O_2 \rightarrow 2CO_2 + 3H_2O$
③ 초산(CH_3COOH)
④ $CH_3COOH + 2O_2 \rightarrow 2CO_2 + 2H_2O$

05

다음 위험물이 공기 중에서 연소하는 경우의 연소생성물을 각각 화학식으로 적으시오. (단, 생성물이 없는 경우 "해당 없음"이라 적으시오.)
① $HClO_4$
② $NaClO_3$
③ Mg
④ S
⑤ P

해설

① $HClO_4$는 제6류 위험물, ② $NaClO_3$는 제1류 위험물로, 두 물질 모두 불연성 물질이므로 산소와 반응하지 않는다.
③ Mg(마그네슘)은 연소가 쉽고, 많은 양을 가열하는 경우 맹렬히 연소하며 강한 빛을 낸다.
$2Mg + O_2 \rightarrow 2MgO$
④ S(황)은 공기 중에서 연소하면 푸른 빛을 내며 독성의 아황산가스를 발생한다.
$S + O_2 \rightarrow SO_2$
⑤ P(적린)은 연소하면 유독성이 심한 백색의 오산화인을 발생하며, 일부 포스핀도 발생한다.
$4P + 5O_2 \rightarrow 2P_2O_5$

해답

① 해당 없음.
② 해당 없음.
③ MgO
④ SO_2
⑤ P_2O_5

06

탄화칼슘 32g이 물과 반응하여 발생하는 가연성 가스를 완전연소시키는 데 필요한 산소의 부피(L)를 구하시오.

해설

먼저, 다음의 탄화칼슘과 물의 반응식에서 탄화칼슘 32g에 대해 발생하는 아세틸렌가스의 생성량(g)을 구한다.
$CaC_2 + 2H_2O \rightarrow Ca(OH)_2 + C_2H_2$

$$\frac{32g-CaC_2}{} \left| \frac{1mol-CaC_2}{64g-CaC_2} \right| \frac{1mol-C_2H_2}{1mol-CaC_2} \left| \frac{26g-C_2H_2}{1mol-C_2H_2} \right. = 13g-C_2H_2$$

한편, 아세틸렌가스에 대한 완전연소반응식에서 13g의 아세틸렌가스를 완전연소시키는 데 필요한 산소의 부피를 구한다.
$2C_2H_2 + 5O_2 \rightarrow 4CO_2 + 2H_2O$

$$\frac{13g-C_2H_2}{} \left| \frac{1mol-C_2H_2}{26g-C_2H_2} \right| \frac{5mol-O_2}{2mol-C_2H_2} \left| \frac{22.4L-O_2}{1mol-O_2} \right. = 28L-O_2$$

해답

28L

07 위험물안전관리법상 유별을 달리하는 위험물은 동일한 저장소에 저장하지 아니하여야 한다. 다만, 옥내저장소 또는 옥외저장소에 있어서 서로 1m 이상의 간격을 두는 경우에는 위험물을 동일한 저장소에 저장할 수 있는데, 다음 보기 중 동일한 옥내저장소에 저장할 수 있는 종류의 위험물끼리 연결된 것을 골라 번호를 쓰시오.
(보기) ① 무기과산화물 – 유기과산화물
② 질산염류 – 과염소산
③ 황린 – 제1류 위험물
④ 인화성 고체 – 제1석유류
⑤ 황 – 제4류 위험물

[해설]
위험물의 저장기준(동일한 저장소 내에서 1m 이상의 간격을 두는 경우)
㉮ 제1류 위험물(알칼리금속의 과산화물 또는 이를 함유한 것 제외)과 제5류 위험물을 저장하는 경우
㉯ 제1류 위험물과 제6류 위험물을 저장하는 경우
㉰ 제1류 위험물과 제3류 위험물 중 자연발화성 물질(황린 또는 이를 함유한 것에 한함)을 저장하는 경우
㉱ 제2류 위험물 중 인화성 고체와 제4류 위험물을 저장하는 경우
㉲ 제3류 위험물 중 알킬알루미늄 등과 제4류 위험물(알킬알루미늄 또는 알킬리튬을 함유한 것에 한함)을 저장하는 경우
㉳ 제4류 위험물과 제5류 위험물 중 유기과산화물 또는 이를 함유한 것을 저장하는 경우

[해답]
②, ③, ④

08 다음 각 물질이 열분해하여 산소를 발생시키는 경우의 반응식을 적으시오.
① 아염소산나트륨
② 염소산나트륨
③ 과염소산나트륨

[해설]
① 아염소산나트륨은 가열 · 충결 · 마찰에 의해 폭발적으로 분해한다.
② 염소산나트륨은 248℃에서 분해하기 시작하여 산소를 발생한다.
③ 과염소산나트륨은 400℃에서 분해하여 산소를 방출한다.

[해답]
① $NaClO_2 \rightarrow NaCl + O_2$
② $NaClO_3 \rightarrow 2NaCl + 3O_2$
③ $NaClO_4 \rightarrow NaCl + 2O_2$

09
다음에 주어진 위험물의 유별과 혼재할 수 없는 유별 위험물을 각각 적으시오. (단, 위험물의 저장량은 지정수량의 1/10 이상을 저장하는 경우를 말한다.)
① 제1류   ② 제2류   ③ 제3류
④ 제4류   ⑤ 제5류

해설

유별을 달리하는 위험물의 혼재기준

위험물의 구분	제1류	제2류	제3류	제4류	제5류	제6류
제1류		×	×	×	×	○
제2류	×		×	○	○	×
제3류	×	×		○	×	×
제4류	×	○	○		○	×
제5류	×	○	×	○		×
제6류	○	×	×	×	×	

해답
① 제2류, 제3류, 제4류, 제5류
② 제1류, 제3류, 제6류
③ 제1류, 제2류, 제5류, 제6류
④ 제1류, 제6류
⑤ 제1류, 제3류, 제6류

10
특수인화물에 속하는 물질 중 물속에 저장하는 위험물에 대해 다음 물음에 답하시오.
① 이 위험물의 화학식을 적으시오.
② 이 위험물이 공기 중에서 연소하는 경우의 연소반응식을 적으시오.
③ 다음 설명에서 괄호 안에 들어갈 알맞은 내용을 적으시오.
  이 위험물의 옥외저장탱크는 벽 및 바닥의 두께가 0.2m 이상이고 누수가 되지 아니하는 철근콘크리트의 수조에 넣어 보관하여야 한다. 이 경우 보유공지·통기관 및 자동계량장치는 (   ).

해설

이황화탄소(CS_2)는 휘발하기 쉽고 발화점이 낮아 백열등, 난방기구 등의 열에 의해 발화하며, 점화하면 청색을 내고 연소하는데, 연소생성물 중 SO_2는 유독성이 강하다.

해답
① CS_2
② $CS_2 + 3O_2 \rightarrow CO_2 + 2SO_2$
③ 생략할 수 있다.

11 제4류 위험물 중 과산화수소와 만나면 격렬히 반응하고 폭발하는 어떤 물질에 대해 다음 각 물음에 알맞은 답을 쓰시오.
① 품명을 적으시오.
② 화학식을 적으시오.
③ 과산화수소와 접촉 시 폭발반응식을 쓰시오.

[해설]
강산, 강산화성 물질과 혼합 시 위험성이 현저히 증가하고, H_2O_2와 고농도의 하이드라진이 혼촉하면 심하게 발열반응을 일으키고 혼촉 발화한다.

[해답]
① 제2석유류
② N_2H_4
③ $2H_2O_2 + N_2H_4 \rightarrow 4H_2O + N$

---

12 다음 소화약제의 화학식 또는 구성 성분을 각각 적으시오.
① HFC-23
② HFC-227ea
③ IG-541

[해설]
할로겐화합물 소화약제와 불활성 가스 소화약제의 정의 및 종류

㉮ 할로겐화합물 소화약제 : 불소, 염소, 브로민 또는 아이오딘 중 하나 이상의 원소를 포함하고 있는 유기화합물을 기본성분으로 하는 소화약제이다.

소화약제	화학식
펜타플루오로에탄(HFC-125)	CHF_2CF_3
헵타플루오로프로판(HFC-227ea)	CF_3CHFCF_3
트리플루오로메탄(HFC-23)	CHF_3
도데카플루오로-2-메틸펜탄-3-원(FK-5-1-12)	$CF_3CF_2C(O)CF(CF_3)_2$

㉯ 불활성 가스(inert gases and mixtures) 소화약제 : 헬륨, 네온, 아르곤 또는 질소가스 중 하나 이상의 원소를 기본성분으로 하는 소화약제이다. 불활성 가스 소화약제는 압축가스로 저장되며, 전기적으로 비전도성이고 공기와의 혼합이 안정적이며 방사 시 잔류물이 없다.

소화약제	화학식
IG-01	Ar
IG-100	N_2
IG-541	N_2 : 52%, Ar : 40%, CO_2 : 8%
IG-55	N_2 : 50%, Ar : 50%

[해답]
① CHF_3
② CF_3CHFCF_3
③ N_2 : 52%, Ar : 40%, CO_2 : 8%

13 다음 보기에 주어진 위험물을 연소방식에 따라 분류하시오.
(보기) ① 나트륨 ② T.N.T. ③ 에탄올
④ 금속분 ⑤ 다이에틸에테르 ⑥ 피크르산

해답
표면연소 : ①, ④
증발연소 : ③, ⑤
자기연소 : ②, ⑥

14 다음은 위험물안전관리법상 소화설비 적응성에 대한 도표이다. 소화설비 적응성이 있는 것에 ○ 표시를 하시오.

소화설비의 구분		대상물의 구분	건축물·그 밖의 공작물	전기설비	제1류 위험물 알칼리금속과산화물 등	제1류 위험물 그 밖의 것	제2류 위험물 철분·금속분·마그네슘 등	제2류 위험물 인화성 고체	제2류 위험물 그 밖의 것	제3류 위험물 금수성 물품	제3류 위험물 그 밖의 것	제4류 위험물	제5류 위험물	제6류 위험물
	옥내소화전													
	옥외소화전설비													
물분무등소화설비	물분무소화설비													
	불활성가스소화설비													
	할로겐화합물소화설비													

해답

소화설비의 구분		대상물의 구분	건축물·그 밖의 공작물	전기설비	제1류 위험물 알칼리금속과산화물 등	제1류 위험물 그 밖의 것	제2류 위험물 철분·금속분·마그네슘 등	제2류 위험물 인화성 고체	제2류 위험물 그 밖의 것	제3류 위험물 금수성 물품	제3류 위험물 그 밖의 것	제4류 위험물	제5류 위험물	제6류 위험물
	옥내소화전		○			○		○	○		○		○	○
	옥외소화전설비		○			○		○	○		○		○	○
물분무등소화설비	물분무소화설비		○	○		○		○	○		○	○	○	○
	불활성가스소화설비			○				○				○		
	할로겐화합물소화설비			○				○				○		

15 제3류 위험물로서 나트륨으로 인해 화재가 발생하는 경우의 적절한 소화방법을 적으시오.

해설

금속나트륨의 경우 물, CO_2, 할론소화약제와 격렬히 반응하여 연소·폭발의 위험이 있고, 연소 중에 모래를 뿌리면 규소성분과 격렬히 반응하기도 한다. 따라서 팽창질석 또는 팽창진주암으로 질식소화해야 한다.

해답

팽창질석 또는 팽창진주암으로 질식소화한다.

16 하이드록실아민 1,000kg을 취급하는 위험물제조소에 대하여 다음 물음에 답하시오. (단, 하이드록실아민은 제2종 위험물로 판정되었다.)
① 안전거리는 얼마인지 구하시오.
② 토제 경사면의 경사도는 몇 도 미만으로 해야 하는지 쓰시오.
③ 표지판 주의사항에 대한 바탕색과 문자색을 쓰시오.

해설

① 하이드록실아민(N_3NO)은 제5류 위험물로서 제2종 위험물의 경우 지정수량이 100kg이므로,

지정수량의 배수 = $\dfrac{저장수량}{지정수량}$ = $\dfrac{1,000\text{kg}}{100\text{kg}}$ = 10배

안전거리(D) = $51.1 \times \sqrt[3]{N}$

여기서, D : 안전거리(m)
N : 해당 제조소에서 취급하는 하이드록실아민 등의 지정수량의 배수

즉, $51.1 \times \sqrt[3]{10}$ = 110.09m

② 하이드록실아민 등을 취급하는 제조소의 주위에는 담 또는 토제를 설치해야 한다.
㉮ 담 또는 토제는 해당 제조소의 외벽 또는 이에 상당하는 공작물의 외측으로부터 2m 이상 떨어진 장소에 설치할 것
㉯ 담 또는 토제의 높이는 해당 제조소에 있어서 하이드록실아민 등을 취급하는 부분의 높이 이상으로 할 것
㉰ 담은 두께 15cm 이상의 철근콘크리트조·철골철근콘크리트조 또는 두께 20cm 이상의 보강콘크리트블록조로 할 것
㉱ 토제의 경사면의 경사도는 60° 미만으로 할 것

③ 하이드록실아민은 제5류 위험물로, 표지판 주의사항은 "화기엄금"이며, 적색 바탕에 백색 문자로 표기해야 한다.

해답

① 110.09m
② 60도
③ 적색 바탕 백색 문자

17 다음 보기는 주유취급소에 태양광 발전설비를 설치하는 경우의 기준에 대한 내용이다. 옳지 않은 내용을 모두 골라 번호를 쓰시오. (단, 없으면 "해당 없음"이라 적으시오.)

(보기)
① 전기사업법의 관련 기술기준에 적합해야 한다.
② 접속반, 인버터, 분전반 등의 전기설비는 주유를 위한 작업장 등 위험물 취급장소에 면하지 않는 방향에 설치해야 한다.
③ 가연성의 증기가 체류할 우려가 있는 장소에 설치하는 전기설비는 방폭구조로 해야 한다.
④ 집광판 및 그 부속설비는 캐노피의 상부 또는 건축물의 옥내에 설치해야 한다.

[해설]
집광판 및 그 부속설비는 캐노피의 상부 또는 건축물의 옥상에 설치해야 한다.

[해답]
④

---

18 지정용량이 50만리터 이상인 옥외탱크저장소의 설치 허가를 받고자 한다. 다음 물음에 답하시오.
① 기술검토를 담당하는 부서를 쓰시오.
② 기술검토의 내용은 무엇인지 쓰시오.

[해설]
제조소 등의 설치 및 변경의 허가

㉮ 제조소 등의 설치허가 또는 변경허가를 받으려는 자는 설치허가 또는 변경허가 신청서에 행정안전부령으로 정하는 서류를 첨부하여 시·도지사에게 제출하여야 한다.

㉯ 시·도지사는 제조소 등의 설치허가 또는 변경허가 신청내용이 다음의 기준에 적합하다고 인정하는 경우에는 허가를 하여야 한다.
  ㉠ 제조소 등의 위치·구조 및 설비가 규정에 의한 기술기준에 적합할 것
  ㉡ 제조소 등에서 위험물의 저장 또는 취급이 공공의 안전 유지 또는 재해의 발생 방지에 지장을 줄 우려가 없다고 인정될 것
  ㉢ 다음 각 목의 제조소 등은 해당 목에서 정한 사항에 대하여 한국소방산업기술원의 기술검토를 받고 그 결과가 행정안전부령으로 정하는 기준에 적합한 것으로 인정될 것
    • 지정수량의 1천배 이상의 위험물을 취급하는 제조소 또는 일반취급소 : 구조·설비에 관한 사항
    • 옥외탱크저장소(저장용량이 50만리터 이상인 것만 해당) 또는 암반탱크저장소 : 위험물탱크의 기초·지반, 탱크 본체 및 소화설비에 관한 사항

[해답]
① 한국소방산업기술원
② 위험물탱크의 기초·지반, 탱크 본체 및 소화설비에 관한 사항

19 위험물안전관리법상 농도가 36wt% 미만일 경우 위험물에서 제외되는 제6류 위험물에 대하여 다음 물음에 답하시오.
① 위험등급을 쓰시오.
② 열분해반응식을 쓰시오.
③ 이 물질을 운반하는 경우 외부에 표시해야 하는 주의사항을 쓰시오.

해설

과산화수소(H_2O_2)의 일반적인 성질

㉮ 위험등급 I에 해당하며, 지정수량은 300kg이고, 농도가 36wt% 이상인 경우 위험물에 해당된다.
㉯ 가열에 의해 산소가 발생한다.
㉰ 저장·취급 시 유리는 알칼리성으로 분해를 촉진하므로 피하고, 가열·화기·직사광선을 차단하며, 농도가 높을수록 위험성이 크므로 분해방지안정제(인산, 요산 등)를 넣어 발생기 산소의 발생을 억제한다.
㉱ 용기는 밀봉하되, 작은 구멍이 뚫린 마개를 사용한다.
㉲ 화재 시 용기를 이송하고, 불가능한 경우 주수냉각하면서 다량의 물로 냉각소화한다.

해답
① 위험등급 I
② $2H_2O_2 \rightarrow 2H_2O + O_2$
③ 가연물 접촉주의

20 위험물안전관리법상 제4류 위험물인 아세톤에 대하여 다음 물음에 답하시오.
① 시성식을 쓰시오.
② 품명을 쓰시오.
③ 지정수량은 얼마인지 쓰시오.
④ 증기비중을 구하시오.

해설

아세톤(CH3COCH3, 디메틸케톤, 2-프로파논)

```
    H   H
    |   |
H − C − C − C − H
    |   ‖   |
    H   O   H
```

㉮ 제1석유류의 수용성 액체로, 지정수량은 400L이다.
㉯ 분자량 58, 비중 0.79, 비점 56℃, 인화점 −18℃, 발화점 468℃, 연소범위 2.5~12.8%이며, 휘발이 쉽고 상온에서 인화성 증기를 발생하며, 작은 점화원에도 쉽게 인화한다.

해답
① CH₃COCH₃
② 제1석유류
③ 400L
④ 증기비중 = $\dfrac{58}{28.84}$ = 2.01

인생에서 가장 멋진 일은
사람들이 당신이 해내지 못할 것이라 장담한 일을
해내는 것이다.
-월터 배젓(Walter Bagehot)-
☆
항상 긍정적인 생각으로 도전하고 노력한다면,
언젠가는 멋진 성공을 이끌어 낼 수 있다는 것을 잊지 마세요.^^

단기완성 위험물산업기사 실기

2019. 2. 20. 초 판 1쇄 발행
2020. 1. 6. 개정증보 1판 1쇄 발행
2021. 1. 5. 개정증보 2판 1쇄 발행
2021. 3. 22. 개정증보 2판 2쇄 발행
2022. 1. 5. 개정증보 3판 1쇄 발행
2023. 1. 11. 개정증보 4판 1쇄 발행
2024. 1. 3. 개정증보 5판 1쇄 발행

지은이 | 현성호
펴낸이 | 이종춘
펴낸곳 | BM (주)도서출판 성안당

주소 | 04032 서울시 마포구 양화로 127 첨단빌딩 3층(출판기획 R&D 센터)
      | 10881 경기도 파주시 문발로 112 파주 출판 문화도시(제작 및 물류)
전화 | 02) 3142-0036
      | 031) 950-6300
팩스 | 031) 955-0510
등록 | 1973. 2. 1. 제406-2005-000046호
출판사 홈페이지 | www.cyber.co.kr
ISBN | 978-89-315-2936-4 (13570)
정가 | 30,000원

이 책을 만든 사람들
책임 | 최옥현
진행 | 이용화, 곽민선
교정 | 곽민선
전산편집 | 이다혜, 오정은
표지 디자인 | 박현정
홍보 | 김계향, 유미나, 정단비, 김주승
국제부 | 이선민, 조혜란
마케팅 | 구본철, 차정욱, 오영일, 나진호, 강호묵
마케팅 지원 | 장상범
제작 | 김유석

이 책의 어느 부분도 저작권자나 BM (주)도서출판 성안당 발행인의 승인 문서 없이 일부 또는 전부를 사진 복사나 디스크 복사 및 기타 정보 재생 시스템을 비롯하여 현재 알려지거나 향후 발명될 어떤 전기적, 기계적 또는 다른 수단을 통해 복사하거나 재생하거나 이용할 수 없음.

※ 잘못된 책은 바꾸어 드립니다.

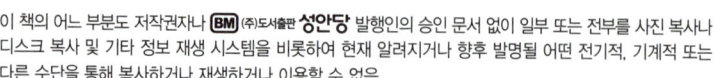

주기율표 (Periodic table)

족\주기	1	2	3	4	5	6	7	8	9	10	11	12	13	14	15	16	17	18
1	1 H 수소 Hydrogen 1.00794																	2 He 헬륨 Helium 4.002602
2	3 Li 리튬 Lithium 6.941	4 Be 베릴륨 Beryllium 9.012182											5 B 붕소 Boron 10.811	6 C 탄소 Carbon 12.0107	7 N 질소 Nitrogen 14.0067	8 O 산소 Oxygen 15.9994	9 F 플루오린 Fluorine 18.9984032	10 Ne 네온 Neon 20.1797
3	11 Na 나트륨 Natrium/Sodium 22.989770	12 Mg 마그네슘 Magnesium 24.3050											13 Al 알루미늄 Aluminium 26.9815386	14 Si 규소 Silicon 28.0855	15 P 인 Phosphorus 30.973761	16 S 황 Sulfur 32.065	17 Cl 염소 Chlorine 35.453	18 Ar 아르곤 Argon 39.948
4	19 K 칼륨 Kalium/Potassium 39.0983	20 Ca 칼슘 Calcium 40.078	21 Sc 스칸듐 Scandium 44.955910	22 Ti 티타늄(티탄) Titanium 47.867	23 V 바나듐 Vanadium 50.9415	24 Cr 크로뮴(크롬) Chromium 51.9961	25 Mn 망가니즈(망간) Manganese 54.938049	26 Fe 철 Iron 55.845	27 Co 코발트 Cobalt 58.933200	28 Ni 니켈 Nickel 58.6934	29 Cu 구리 Copper 63.546	30 Zn 아연 Zinc 65.409	31 Ga 갈륨 Gallium 69.723	32 Ge 제마늄(게르마늄) Germanium 72.64	33 As 비소 Arsenic 74.92160	34 Se 셀레늄(셀렌) Selenium 78.96	35 Br 브로민(브롬) Bromine 79.904	36 Kr 크립톤 Krypton 83.798
5	37 Rb 루비듐 Rubidium 85.4678	38 Sr 스트론튬 Strontium 87.62	39 Y 이트륨 Yttrium 88.90585	40 Zr 지르코늄 Zirconium 91.224	41 Nb 나이오븀(니오브) Niobium 92.90638	42 Mo 몰리브데넘(몰리브덴) Molybdenum 95.94	43 Tc 테크네튬 Technetium [98]	44 Ru 루테늄 Ruthenium 101.07	45 Rh 로듐 Rhodium 102.90550	46 Pd 팔라듐 Palladium 106.42	47 Ag 은 Silver 107.8682	48 Cd 카드뮴 Cadmium 112.411	49 In 인듐 Indium 114.818	50 Sn 주석 Tin 118.710	51 Sb 안티모니(안티몬) Antimony 121.760	52 Te 텔루륨(텔루르) Tellurium 127.60	53 I 아이오딘(요오드) Iodine 126.90447	54 Xe 제논 Xenon 131.293
6	55 Cs 세슘 Cesium 132.90545	56 Ba 바륨 Barium 137.327	란타넘족	72 Hf 하프늄 Hafnium 178.49	73 Ta 탄탈럼(탄탈) Tantalum 180.9479	74 W 텅스텐 Tungsten 183.84	75 Re 레늄 Rhenium 186.207	76 Os 오스뮴 Osmium 190.23	77 Ir 이리듐 Iridium 192.217	78 Pt 백금 Platinum 195.078	79 Au 금 Gold 196.96655	80 Hg 수은 Mercury 200.59	81 Tl 탈륨 Thallium 204.3833	82 Pb 납 Lead 207.2	83 Bi 비스무트 Bismuth 208.98038	84 Po 폴로늄 Polonium [209]	85 At 아스타틴 Astatine [211]	86 Rn 라돈 Radon [222]
7	87 Fr 프랑슘 Francium [223]	88 Ra 라듐 Radium [226]	악티늄족	104 Rf 러더포듐 Rutherfordium [261]	105 Db 더브늄 Dubnium [262]	106 Sg 시보귬 Seaborgium [266]	107 Bh 보륨 Bohrium [267]	108 Hs 하슘 Hassium [273]	109 Mt 마이트너륨 Meitnerium [268]	110 Ds 다름슈타튬 Darmstadtium [281]	111 Rg 뢴트게늄 Roentgenium [272]	112 Uub 코페르니슘(우눈븀) Ununbium [285]	113 Uut 우눈트륨 Ununtrium [278]	114 Uuq 우눈쿼듐 Ununquadium [289]	115 Uup 우눈펜튬 Ununpentium [288]	116 Uuh 우눈헥슘 Ununhexium [292]	117 Uus 우눈셉튬 Ununseptium [293]	118 Uuo 우눈옥튬 Ununoctium [293]

란타넘족	57 La 란타넘(란탄) Lanthanum 138.9055	58 Ce 세륨 Cerium 140.116	59 Pr 프라세오디뮴 Praseodymium 140.90765	60 Nd 네오디뮴 Neodymium 144.24	61 Pm 프로메튬 Promethium [145]	62 Sm 사마륨 Samarium 150.36	63 Eu 유로퓸 Europium 151.964	64 Gd 가돌리늄 Gadolinium 157.25	65 Tb 터븀 Terbium 158.92534	66 Dy 디스프로슘 Dysprosium 162.500	67 Ho 홀뮴 Holmium 164.93032	68 Er 어븀 Erbium 167.259	69 Tm 툴륨 Thulium 168.93421	70 Yb 이터븀 Ytterbium 173.04	71 Lu 루테튬 Lutetium 174.967
악티늄족	89 Ac 악티늄 Actinium [227]	90 Th 토륨 Thorium 232.0381	91 Pa 프로트악티늄 Protactinium 231.03588	92 U 우라늄 Uranium 238.02891	93 Np 넵투늄 Neptunium [237]	94 Pu 플루토늄 Plutonium [244]	95 Am 아메리슘 Americium [243]	96 Cm 퀴륨 Curium [247]	97 Bk 버클륨 Berkelium [247]	98 Cf 캘리포늄 Californium [251]	99 Es 아인슈타이늄 Einsteinium [252]	100 Fm 페르뮴 Fermium [257]	101 Md 멘델레븀 Mendelevium [258]	102 No 노벨륨 Nobelium [259]	103 Lr 로렌슘 Lawrencium [262]

원소기호
- 녹색: 기체원소
- 청색: 액체원소
- 검은색: 고체원소
- 붉은색: 인공원소

금속원소
- 알칼리 금속
- 알칼리 토금속
- 전이금속
- 그 외
- 란타넘족
- 악티늄족

비금속
- 비활성 기체
- 할로젠
- 칼코젠
- 그 외

원자번호 — 1 H 수소 Hydrogen — 원자량 1.00794
원자명

위험물산업기사 실기 합격플래너

단기완성 1회독 합격 플랜

Part	내용	한달 꼼꼼코스	2주 집중코스	일주일 속성코스
Part 1. 실기시험대비 요약본	기초화학 / 화재예방	☐ DAY 1	☐ DAY 1	☐ DAY 1
	소화방법 / 소방시설	☐ DAY 2		
	위험물의 지정수량, 게시판 / 중요 화학반응식	☐ DAY 3	☐ DAY 2	
	제1류 위험물 / 제2류 위험물 / 제3류 위험물	☐ DAY 4		
	제4류 위험물 / 제5류 위험물 / 제6류 위험물	☐ DAY 5	☐ DAY 3	☐ DAY 2
	위험물시설의 안전관리 (1) ~ (2)	☐ DAY 6		
	위험물의 저장기준 / 위험물의 취급기준 / 위험물의 운반기준	☐ DAY 7	☐ DAY 4	
	소화설비의 적응성 / 위험물제조소의 시설기준	☐ DAY 8		
	옥내저장소의 시설기준 / 옥외저장소의 시설기준	☐ DAY 9	☐ DAY 5	
	옥내탱크저장소의 시설기준 / 옥외탱크저장소의 시설기준	☐ DAY 10		
	지하탱크저장소의 시설기준 / 간이탱크저장소의 시설기준 / 이동탱크저장소의 시설기준	☐ DAY 11	☐ DAY 6	☐ DAY 3
	주유취급소의 시설기준 / 판매취급소의 시설기준	☐ DAY 12		
Part 2. 유별 위험물 성상 관련 예상문제	유별 위험물 성상 관련 예상문제 1 ~ 30	☐ DAY 13	☐ DAY 7	
Part 3. 위험물시설 관련 예상문제	위험물시설 관련 예상문제 1 ~ 10	☐ DAY 14		
Part 4. 실기 과년도 출제문제	2010년 위험물산업기사 실기 기출문제	☐ DAY 15	☐ DAY 8	☐ DAY 4
	2011년 위험물산업기사 실기 기출문제	☐ DAY 16		
	2012년 위험물산업기사 실기 기출문제	☐ DAY 17	☐ DAY 9	
	2013년 위험물산업기사 실기 기출문제	☐ DAY 18		
	2014년 위험물산업기사 실기 기출문제	☐ DAY 19	☐ DAY 10	
	2015년 위험물산업기사 실기 기출문제	☐ DAY 20		
	2016년 위험물산업기사 실기 기출문제	☐ DAY 21	☐ DAY 11	☐ DAY 5
	2017년 위험물산업기사 실기 기출문제	☐ DAY 22		
	2018년 위험물산업기사 실기 기출문제	☐ DAY 23		
	2019년 위험물산업기사 실기 기출문제	☐ DAY 24	☐ DAY 12	
	2020년 위험물산업기사 실기 기출문제	☐ DAY 25		
	2021년 위험물산업기사 실기 기출문제	☐ DAY 26		☐ DAY 6
	2022년 위험물산업기사 실기 기출문제	☐ DAY 27	☐ DAY 13	
	2023년 위험물산업기사 실기 기출문제	☐ DAY 28		
복습	Part 1~3. 요약본 & 예상문제 복습	☐ DAY 29	☐ DAY 14	☐ DAY 7
	Part 4. 실기 과년도 출제문제 복습	☐ DAY 30		

위험물산업기사 실기 합격플래너

유일무이 나만의 합격 플랜 — 나만의 합격코스

		1회독	2회독	3회독	MEMO
Part 1. 실기시험대비 요약본	기초화학 / 화재예방	월 일	☐	☐	☐	
	소화방법 / 소방시설	월 일	☐	☐	☐	
	위험물의 지정수량, 게시판 / 중요 화학반응식	월 일	☐	☐	☐	
	제1류 위험물 / 제2류 위험물 / 제3류 위험물	월 일	☐	☐	☐	
	제4류 위험물 / 제5류 위험물 / 제6류 위험물	월 일	☐	☐	☐	
	위험물시설의 안전관리 (1) ~ (2)	월 일	☐	☐	☐	
	위험물의 저장기준 / 위험물의 취급기준 /	월 일	☐	☐	☐	
	소화설비의 적응성 / 위험물제조소의 시설기준	월 일	☐	☐	☐	
	옥내저장소의 시설기준 / 옥외저장소의 시설기준	월 일	☐	☐	☐	
	옥내탱크저장소의 시설기준 / 옥외탱크저장소	월 일	☐	☐	☐	
	지하탱크저장소의 시설기준 / 간이탱크저장소	월 일	☐	☐	☐	
	주유취급소의 시설기준 / 판매취급소의 시설기준	월 일	☐	☐	☐	
Part 2. 유별 위험물 성상 관련 예상문제	유별 위험물 성상 관련 예상문제 1 ~ 30	월 일	☐	☐	☐	
Part 3. 위험물시설 관련 예상문제	위험물시설 관련 예상문제 1 ~ 10	월 일	☐	☐	☐	
Part 4. 실기 과년도 출제문제	2010년 위험물산업기사 실기 기출문제	월 일	☐	☐	☐	
	2011년 위험물산업기사 실기 기출문제	월 일	☐	☐	☐	
	2012년 위험물산업기사 실기 기출문제	월 일	☐	☐	☐	
	2013년 위험물산업기사 실기 기출문제	월 일	☐	☐	☐	
	2014년 위험물산업기사 실기 기출문제	월 일	☐	☐	☐	
	2015년 위험물산업기사 실기 기출문제	월 일	☐	☐	☐	
	2016년 위험물산업기사 실기 기출문제	월 일	☐	☐	☐	
	2017년 위험물산업기사 실기 기출문제	월 일	☐	☐	☐	
	2018년 위험물산업기사 실기 기출문제	월 일	☐	☐	☐	
	2019년 위험물산업기사 실기 기출문제	월 일	☐	☐	☐	
	2020년 위험물산업기사 실기 기출문제	월 일	☐	☐	☐	
	2021년 위험물산업기사 실기 기출문제	월 일	☐	☐	☐	
	2022년 위험물산업기사 실기 기출문제	월 일	☐	☐	☐	
	2023년 위험물산업기사 실기 기출문제	월 일	☐	☐	☐	
복습	Part 1~3. 요약본 & 예상문제 복습	월 일	☐	☐	☐	
	Part 4. 실기 과년도 출제문제 복습	월 일	☐	☐	☐	